中国科学院科学出版基金资助出版

中国科学院大学研究生教材系列

冰冻圈科学概论

主　编　秦大河
副主编　姚檀栋　丁永建　任贾文

科学出版社
北　京

内 容 简 介

本书从冰冻圈科学理论框架角度系统介绍了冰冻圈科学，内容涵盖冰冻圈各要素的形成发育、演化和研究方法，以及冰冻圈与气候系统其他圈层的相互作用、社会经济可持续发展和地缘政策等热点问题。

本书可供地理、水文、地质、地貌、大气、生态、环境、海洋和区域经济社会可持续发展等领域有关科研和技术人员、大专院校相关专业师生使用和参考，也可供在经济、社会、人文等领域和部门工作的同仁参考使用。

图书在版编目（CIP）数据

冰冻圈科学概论/秦大河主编. —北京：科学出版社，2017.8

（中国科学院大学研究生教材系列）

ISBN 978-7-03-053935-9

Ⅰ. ①冰… Ⅱ. ①秦… Ⅲ. ①冰冻圈-研究生-教材 Ⅳ. ①P343.6

中国版本图书馆 CIP 数据核字（2017）第 165428 号

责任编辑：杨帅英/责任校对：何艳萍

责任印制：肖 兴/封面设计：图阅社

科 学 出 版 社 出版

北京东黄城根北街 16 号

邮政编码：100717

http://www.sciencep.com

中国科学院印刷厂 印刷

科学出版社发行 各地新华书店经销

*

2017 年 8 月第 一 版 开本：787×1092 1/16

2017 年 8 月第一次印刷 印张：32 1/2

字数：740 000

定价：238.00 元

（如有印装质量问题，我社负责调换）

《冰冻圈科学概论》编写委员会

主　　编：秦大河

副 主 编：姚檀栋　丁永建　任贾文

主　　笔（按姓氏汉语拼音排序）：

丁永建　何元庆　康世昌　赖远明　李　新　李志军
李忠勤　刘时银　罗　勇　秦大河　任贾文　孙　波
孙俊英　王根绪　王宁练　温家洪　吴青柏　武炳义
效存德　姚檀栋　张廷军　赵　林　赵进平　周尚哲

主要作者（按姓氏汉语拼音排序）：

车　涛　陈仁升　丁明虎　窦挺峰　方一平　何剑锋
侯书贵　金会军　李国玉　刘耕年　刘晓宏　马丽娟
牛富俊　沈永平　田立德　王世金　肖　瑶　徐柏青
徐世明　阳　坤　杨建平　叶柏生　张　通　张建民
张人禾　张世强　朱立平

秘书组　马丽娟　窦挺峰　徐新武　王亚伟　俞　杰

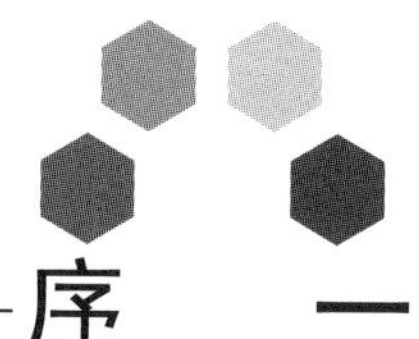

序　一

冰冻圈科学以自然界的冰、雪、冻土为研究主体。冰冻圈是受气候变暖影响最严重的一个圈层，突出表现在全球冰川严重退缩，北极海冰和北半球积雪迅速减少，以及多年冻土活动层增厚，等等。与此同时，冰冻圈通过与其他圈层间的物质、能量交换，对自然系统和社会经济系统也产生显著影响。中国科学家经过数十年的研究阐明了冰冻圈现状、演变规律及变化机理，并揭示了冰冻圈与其他圈层的相互作用。中国科学家还率先在冰冻圈与可持续发展的关联方面进行了探索性研究。

冰冻圈以其表面的高反射率、巨大的冷储和相变潜热，作为温室气体的源汇和气候环境的记录器，以及巨大的淡水储量等不可替代的功能，加之其变化过程、趋势和其他圈层的相互作用，已成为当前气候系统和可持续发展研究中最活跃的领域之一，受到前所未有的重视。2007 年，中国率先成立了冰冻圈科学国家重点实验室。同年，国际大地测量地球物理联合会（IUGG）将其下属原国际雪冰委员会（ICSI，二级学会）升格为国际冰冻圈科学联合会（IACS，一级学会），成为 IUGG 成立 87 年里增加的唯一的一级学会。2016 年，中国科学技术协会批准成立中国冰冻圈科学学会。

近几年来，冰冻圈科学国家重点实验室联合其他科研单位和高等院校的专家，先后在中国科学院大学、北京师范大学和兰州大学开设“冰冻圈科学概论”研究生课程，在此基础上编写出版了该书。这是继 2012 年《英汉冰冻圈科学词汇》和 2014 年《冰冻圈科学辞典》之后，秦大河院士等科学家编写出版的第三部冰冻圈科学系列书籍。

《冰冻圈科学概论》内容丰富，涵盖了冰冻圈科学的基本概念和理论，深入浅出地阐述了冰冻圈各要素的形成演化、冰冻圈与气候系统其他圈层的相互作用，以及冰冻圈变化对社会经济可持续发展的影响，可作为大专院校相关专业的教材和生态环境领域科技人员的参考文献。该书是至今第一部系统论述冰冻圈科学的专著，我相信该书的问世必将进一步促进冰冻圈科学的发展。

中国科学院院士

2017年3月

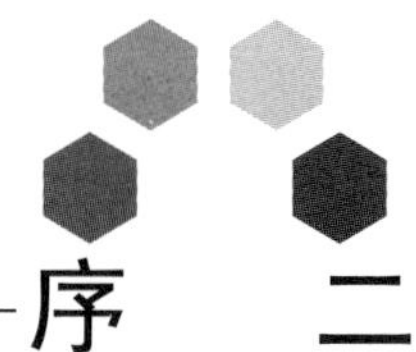

序　二

自 20 世纪 50 年代我国老一辈地理学家开启现代冰川和冻土科学考察以来，以分支学科并行研究冰川、冻土和积雪，历经了半个多世纪。近十几年来，以秦大河院士为首的团队用系统综合的思想，提出并发展了一门新兴学科——冰冻圈科学，组建成立了冰冻圈科学国家重点实验室，先后出版了《英汉冰冻圈科学词汇》和《冰冻圈科学辞典》。今天他们又推出了系统介绍冰冻圈科学内容的《冰冻圈科学概论》。我有幸目睹和经历了这一过程，一路走来，我对他们勇于开拓、勇攀高峰的精神所感动。作为随行者，我首先拜读了《冰冻圈科学概论》。

冰冻圈科学与地理学、气象气候学、水文学、地貌学、生态学、海洋科学、遥感科学、环境科学等学科交叉，与社会经济可持续发展乃至地缘政治相关。伴随新技术和新方法，冰冻圈科学的研究深度和广度都获得了长足发展，涉及全球变化、环境变迁、可持续发展等多个领域。“气候变暖冰先知”，冰冻圈的变化通过影响水资源、生态环境、海平面变化和极端天气气候事件等，对人类社会产生不可估量的影响。因此，冰冻圈科学的发展不仅关系到冰冻圈研究本身，还牵动着与之相关的人类生存环境、经济社会等多个方面，与我们日常生活息息相关。在此背景下，推出一本全面介绍冰冻圈基本概念、研究概况和前沿进展的书籍，对冰冻圈科学体系的建立和发展、教育和普及具有重要的现实意义。

冰冻圈科学包含冰川、冻土、积雪等多个分支，每个分支的内容又极为丰富、差异性大，要把冰冻圈所含各要素有机地统筹到冰冻圈系统中，针对某一方面内容（比如：冰冻圈物理、化学、观测、模拟等）集中在一章或一节中呈现给读者，还要确保内容的连贯性，这本身是有相当难度的。可以看出本书在这方面下了很大功夫，对讲授内容、讲解顺序和理论深度都作了较好的安排，使得冰冻圈科学中的各主要要素都在书中得到体现。在章节安排上循序渐进、由浅入深，既有基础知识、又有机理探究；既有野外工作介绍、又有观测实验分析。在获取理论知识的同时又不会觉得枯燥，可读性强。该书的另一个特点是取材新颖。书中不少资料是最近十年研究的新成果、新技术，不仅图文并茂地阐述冰冻圈观测事实，还作了物理解释，大大扩展了本书的受众。

尽管该书在内容上个别表述仍有专著的影子，但已适合具备一定自然地理学基础的本科生、研究生作为冰冻圈科学入门学习和后期科研参考的教科书，相信会对学生开阔视野乃至今后科研能力的发展大有裨益。该书亦可作为对冰冻圈科学感兴趣的教师、媒体等社会公众的参考书目。冰冻圈科学是一个注重野外实地观测的学科，观测技术的进步会大大促进该学科的发展。因此随着未来观测技术水平的进步，冰冻圈科学仍将快速发展壮大，新的研究成果必将不断涌现。相信再版时会更加完善。

学科要发展，教育须先行。作者团队高瞻远瞩，在连续出版了一系列冰冻圈科学工具书的基础上，又亲自在多所大学讲授相关课程，形成了系统介绍冰冻圈科学内容的《冰冻圈科学概论》，这是在冰冻圈科学领域的首开先河。该书的出版必将增强冰冻圈科学研究的中坚力量和后继人才队伍建设，势必推动冰冻圈科学取得实质性进展，并引领冰冻圈科学迈上新台阶。

傅伯杰

中国科学院院士

中国地理学会理事长

2017年2月

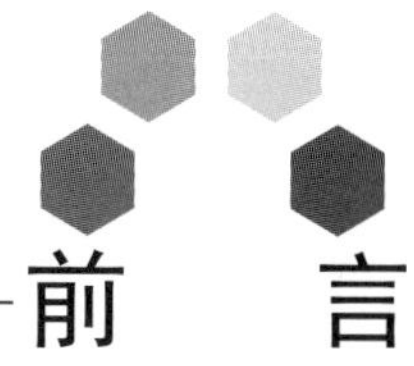

前言

当今世界，科技进步带来经济社会的快速发展，提高了人民生活水平，也带来了全球气候变暖、生态环境恶化的后果，引起社会广泛关注。山地冰川退缩、雪线上升、冻土退化、南极冰盖消融、北极海冰范围减小等冰冻圈科学涵盖的问题备受关注。不同领域的研究者已经发表了大量涉及冰冻圈科学的学术论著；大众传媒刊登大量文章，讨论气候变化和冰冻圈变化的影响，受众甚广；各种各类演讲报告里，拿冰冻圈举例说事的，比比皆是；……冰冻圈科学正在向不同学科领域交叉渗透，科学知识不断普及，影响日益扩大，社会效益日增，带来了冰冻圈科学的大发展、大传播。

将气候变化、冰冻圈变化的影响、适应与经济社会发展紧密接合，保护地球环境、实现可持续发展，是我们的夙愿。大好形势下实现夙愿和抱负，是喜事。但喜中也有忧。由于科技队伍快速扩大，人才培养滞后发展速度，部分冰冻圈科技工作者对本学科的新发展和未来趋势了解不够，专业知识结构存在缺陷。这不利于冰冻圈科学深入发展，不利于科学普及，也不利于保护地球、保护环境，实现可持续发展。随着人类生产活动的发展和科学技术水平的提高，特别是卫星及遥感探测技术的提高，使冰冻圈科学得到迅速发展。《冰冻圈科学概论》正是顺应这一发展需求，对此门科学做一个较为全面的介绍。

全书共分为11章，对冰冻圈科学的有关问题进行了较为系统的论述。第1章是冰冻圈与冰冻圈科学，系统讲述冰冻圈科学的定义和研究简史，以及冰冻圈在全球变化和社会发展中的作用等；第2章是冰冻圈的分类和地理分布，主要阐述冰冻圈各要素在全球的地理分布以及各要素的分类；第3章是冰冻圈的形成和发育，介绍冰冻圈发育的地带性，以及冰冻圈各要素的形成机制和发育条件等；第4章是冰冻圈的物理特征，从力学、热学、电学、磁学等方面介绍冰川、冻土、积雪、海冰等要素的物理特征；第5章是冰冻圈的化学特征，主要包括冰川的雪冰化学特征、冻土的化学特征，以及海冰的化学特征；第6章是冰冻圈内的气候环境记录，系统介绍从冰芯、冻土、树木年轮及寒区其他介质记录反映的气候演变；第 7 章是不同尺度的冰冻圈演化，主要从构造尺度、轨道/亚轨道尺度、千年尺度、百年-年代际尺度到年际-季节尺度介绍冰冻圈各要素的变化特征；第8章是冰冻圈与其他圈层的相互作用，讨论了冰冻圈与气候系统其他四大圈层之间相互作用关系，主要介绍其中密切关联的交叉部分；第9章是冰冻圈变化与可持续发展，介绍了冰冻圈变化对社会的影响、冰冻圈灾害与风险管理、冰冻圈区重大工程建设等与社会经济发展密切相关的内容；第10章是冰冻圈模式和冰冻圈变化的预估，介绍了冰冻圈各要素现有的模式，并讨论了冰冻圈过程与气候的耦合模拟；第11章是冰冻圈科学观测和实验技术，对冰冻圈探测的传统方法和实验室分析技术进行了系统介绍，并讨论了冰冻圈科学加速发展所使用的新技术和新方法。可以预料，未来十几年有关冰冻圈科学的研究将有更全面的进展，本书中提到的一些冰冻圈科学问题也将有更全面的结论，尤其是冰冻圈与其他圈层相互作用，冰冻圈变化与可持续发展等当前研究热点，一定会有更加成熟的结论。从这一点讲，本书作为“概论”，可将其视为冰冻圈科学的“初级阶段”，是进一步研究的基础。

本书主要面向高等院校相关专业的师生和科研机构的科技人员。通过阅读本书，使读者从圈层的角度重新认识冰冻圈及其组成要素的意义，了解冰冻圈变化的复杂性和重要影响，获得新的知识，从阅读中也可以提出需要研究的新问题。冰冻圈科学内容丰富，单靠一本概论无法详尽阐述，我们已经考虑在出版《冰冻圈科学概论》的同时，编撰冰冻圈科学分论系列书籍，作为概论的补充教学。由于我们第一次编撰《冰冻圈科学概论》，经验不足，学识有限，国际视野仍欠缺，加上涉及的学科面广、学科发展迅速，等等，难免有不当或疏漏之处，敬请读者批评指正，以便再版时补充或修正。

本书的编撰和出版得到国家自然科学基金创新研究群体项目（41421061）、国家重大科学研究计划项目（2013CBA01800）、国家重点基础研究发展计划项目（2007CB411507）、冰冻圈科学国家重点实验室自主课题（SKLCS-ZZ-2016）和中国科学院大学教材出版中心共同资助，同时还得到中国科学院学部局常委会自主部署的学科发展战略研究支持，作者表示衷心感谢。同时，也感谢对本书的出版给予关心、支持和帮助的所有师长、同仁和朋友。

秦大河

2016 年 12 月于北京

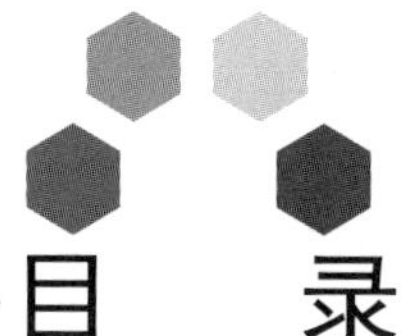

目　录

序一

序二

前言

第 1 章　冰冻圈与冰冻圈科学……1

1.1　冰冻圈……1

1.1.1　地球上的冰冻圈……1

1.1.2　冰冻圈的分类和数量特征……3

1.1.3　冰冻圈变化……4

1.2　冰冻圈科学……7

1.2.1　冰冻圈科学的定义、内容和范畴……7

1.2.2　学科体系和研究方法……9

1.2.3　国际重大科学计划中的冰冻圈科学……11

1.2.4　冰冻圈科学在中国……12

1.3　冰冻圈与气候系统……13

1.3.1　冰冻圈的发育机理、过程和变化……13

1.3.2　冰冻圈发育的时空尺度……14

1.3.3　冰冻圈与其他圈层的相互作用……16

1.3.4　冰冻圈在气候系统中的作用……18

1.4　冰冻圈科学在经济社会发展中的作用……20

1.4.1　水循环和水资源……21

1.4.2　矿产资源和工程建设……22

1.4.3　冰冻圈地区探险与旅游……23

1.4.4　冰冻圈灾害……25

1.4.5　冰冻圈地缘政策……26

1.5　行星冰冻圈……27

1.5.1　火星冰冻圈的特征……28

1.5.2　火星水冰的证据……30

思考题……32

延伸阅读……32
第 2 章　冰冻圈的分类和地理分布……35
2.1　冰冻圈的全球分布、组成与分类……35
2.1.1　冰冻圈分布的地带性……35
2.1.2　冰冻圈的组成和分布特征……36
2.1.3　海洋冰冻圈、陆地冰冻圈和大气冰冻圈……37
2.2　陆地冰冻圈的分类与分布……39
2.2.1　冰川与冰盖的分类与分布……39
2.2.2　冻土的分类与分布……49
2.2.3　积雪的分类与分布……55
2.2.4　河/湖冰的分类与分布……62
2.3　海洋冰冻圈的分类与分布……67
2.3.1　冰架与冰山的分类与分布……67
2.3.2　海冰的分类与分布……73
2.3.3　海底多年冻土的分类与分布……78
2.4　大气冰冻圈的分类与分布……80
2.4.1　大气冰冻圈的分类……80
2.4.2　大气冰冻圈的分布……80
思考题……83
延伸阅读……84
第 3 章　冰冻圈的形成和发育……87
3.1　冰冻圈形成与发育的条件……87
3.1.1　积雪的形成与发育条件……87
3.1.2　冰川的形成与发育条件……88
3.1.3　多年冻土的形成与发育条件……90
3.1.4　河/湖冰的形成与发育条件……91
3.1.5　海冰、冰架、冰山的形成与发育条件……91
3.2　冰冻圈形成与发育的物理基础……92
3.2.1　冰冻圈表面的能量平衡物理基础……92
3.2.2　冰冻圈表面的水量平衡物理基础……92
3.2.3　冰冻圈介质中的热量传输物理基础……93
3.2.4　冰冻圈物质平衡的物理基础……93
3.2.5　土壤中水分迁移/运动的物理机制……96
3.3　积雪与固态降水的形成与发育……98
3.3.1　冰晶和雪花的形成与发育……98

3.3.2　霰、冰粒和冰雹的形成与发育　100

3.4　冰川（盖）的形成与发育　101

3.4.1　成冰作用　101

3.4.2　冰盖的形成　103

3.5　冻土的形成与发育　104

3.5.1　季节冻土的冻结与融化　104

3.5.2　多年冻土的形成　105

3.5.3　地下冰和冻土组构　105

3.6　海冰的形成与发育　107

3.6.1　海冰的形成过程　107

3.6.2　海冰的结构与变化　108

3.6.3　海冰的融化过程　111

3.7　河/湖冰的形成　112

3.7.1　河冰　112

3.7.2　湖冰　114

思考题　115

延伸阅读　115

第 4 章　冰冻圈的物理特征　117

4.1　冰的主要物理性质概述　117

4.1.1　冰的晶体结构　117

4.1.2　冰的力学性质　120

4.1.3　冰的热学性质　123

4.1.4　冰的电学和光学性质　126

4.2　冰冻圈主要要素动力学特征　127

4.2.1　冰川运动和动力学特征　127

4.2.2　冻土力学特征　132

4.2.3　积雪的动力学特征　140

4.2.4　海/河/湖冰动力学特征　141

4.3　冰冻圈主要要素热学特征　142

4.3.1　冰川和积雪热学特征　142

4.3.2　冻土中的水热迁移　147

4.3.3　海/河/湖冰的热力学特征　152

4.4　冰冻圈主要要素的其他物理特征　155

4.4.1　反照率特征　155

4.4.2　电磁学特征　157

思考题 159
延伸阅读 159
第 5 章 冰冻圈的化学特征 161
5.1 冰冻圈化学成分的来源 161
5.1.1 大气化学成分进入冰冻圈的主要过程 163
5.1.2 冰冻圈化学对气候环境的影响 163
5.2 冰川化学 164
5.2.1 无机成分 164
5.2.2 有机成分 171
5.2.3 微生物 172
5.2.4 不溶性微粒 173
5.2.5 稳定同位素比率 175
5.3 冻土化学 176
5.3.1 已冻结土及正冻土的化学过程 176
5.3.2 天然气水合物 179
5.4 河/湖冰化学特征 182
5.4.1 氢-氧稳定同位素比率在冰-水两相间的变化与影响因素 182
5.4.2 电导率与离子变化 184
5.4.3 痕量气体在河/湖冰中的分布 185
5.4.4 河/湖冰中有色可溶性有机物的排斥效应与光学特性 185
5.5 海冰化学 186
5.5.1 现代海水的化学组成 187
5.5.2 海冰盐度及其演化 189
5.5.3 海冰相图 193
5.5.4 海冰中的气体 195
5.5.5 生物过程对海冰化学的影响 195
思考题 197
延伸阅读 197
第 6 章 冰冻圈内的气候环境记录 198
6.1 冰冻圈介质中的气候环境指标 198
6.1.1 冰川 198
6.1.2 冻土 200
6.1.3 树木年轮 200
6.1.4 湖泊沉积 201
6.2 冰芯记录 202

6.2.1 冰芯断代方法……203
6.2.2 极地冰盖记录……204
6.2.3 山地冰川记录……210
6.3 冻土记录……213
6.3.1 冰楔记录……214
6.3.2 冻胀丘泥炭层记录……216
6.4 树木年轮记录……218
6.4.1 寒区树木年轮记录的重大气候事件……218
6.4.2 寒区树木年轮记录的冰川末端进退……219
6.4.3 寒区树木年轮记录的冻土环境变化……221
6.4.4 树轮记录的积雪变化……221
6.5 寒区湖泊记录……223
6.6 寒区其他介质记录……223
思考题……227
延伸阅读……227
第7章　不同尺度的冰冻圈演化……229
7.1 构造尺度冰冻圈演化……229
7.1.1 前寒武纪大冰期……229
7.1.2 石炭-二叠纪大冰期……231
7.1.3 第四纪大冰期……232
7.1.4 三大冰期形成原因……234
7.2 轨道尺度冰冻圈演变-更新世气候演变与米兰科维奇理论……235
7.2.1 冰期天文理论的创立过程……235
7.2.2 冰期天文理论的基本原理……236
7.2.3 冰期天文理论的修正……239
7.2.4 冰期天文理论面临的挑战……240
7.3 晚更新世亚轨道尺度的冰冻圈演变……240
7.3.1 气候变化若干重要事件及其基本概念……241
7.3.2 末次冰期以来冰冻圈各要素演变……243
7.4 百年来冰冻圈变化……251
7.4.1 南极冰盖百年际变化……251
7.4.2 山地冰川变化……256
7.4.3 全球冻土变化……260
7.4.4 北半球积雪变化……265
7.5 年际至季节尺度变化……267

7.5.1 冰川变化 …… 267
7.5.2 冻土变化 …… 271
7.5.3 北半球积雪变化 …… 273
7.5.4 两极海冰年际-年代际尺度变化 …… 273
思考题 …… 277
延伸阅读 …… 277
第 8 章 冰冻圈与其他圈层的相互作用 …… 279
8.1 冰冻圈与大气圈 …… 279
8.1.1 冰雪-反照率反馈机制 …… 280
8.1.2 冰-气潜热和感热交换 …… 281
8.1.3 冰-气动量交换 …… 282
8.1.4 冰冻圈与气候相互作用——案例研究 …… 284
8.2 冰冻圈与生物圈 …… 287
8.2.1 冰冻圈与寒区生态 …… 287
8.2.2 冰冻圈与寒区碳氮循环 …… 298
8.2.3 极地海洋生物 …… 302
8.3 冰冻圈与水圈 …… 305
8.3.1 概述 …… 305
8.3.2 冰冻圈与大尺度水循环 …… 310
8.3.3 冰冻圈与海平面 …… 316
8.3.4 冰冻圈与陆地水文 …… 319
8.4 冰冻圈与岩石圈 …… 341
8.4.1 构造运动与冰期地表过程响应 …… 341
8.4.2 冰川侵蚀、搬运与堆积作用 …… 344
8.4.3 多年冻土与岩石圈表层 …… 349
思考题 …… 353
延伸阅读 …… 354
第 9 章 冰冻圈变化与可持续发展 …… 358
9.1 冰冻圈变化影响的评估方法与适应框架 …… 358
9.1.1 脆弱性及其评估方法 …… 358
9.1.2 冰冻圈变化的适应框架 …… 362
9.2 冰冻圈变化影响的适应案例 …… 363
9.2.1 冰冻圈变化对水文-生态影响的适应案例 …… 363
9.2.2 工程适应案例：青藏铁路适应多年冻土变化 …… 366
9.2.3 规划适应案例：印北城镇水资源供给适应冰川变化 …… 367

9.2.4 政策适应案例：瑞士旅游业适应阿尔卑斯山冰雪变化 …… 367

9.3 冰冻圈灾害与风险评估 …… 368

9.3.1 灾害风险与风险管理 …… 368

9.3.2 冰冻圈灾害风险评估 …… 369

9.4 冰冻圈区重大工程建设 …… 385

9.4.1 寒区铁路、公路与冻土融沉 …… 385

9.4.2 南水北调西线工程 …… 390

9.4.3 冻土区输油管道 …… 392

9.4.4 海冰区港口 …… 395

9.5 冰冻圈旅游 …… 396

9.5.1 冰冻圈旅游内涵 …… 396

9.5.2 冰冻圈旅游资源特点 …… 397

9.5.3 国际冰冻圈旅游发展概况 …… 397

9.5.4 冰冻圈旅游资源开发案例 …… 398

9.6 冰冻圈服务功能及其价值 …… 399

思考题 …… 402

延伸阅读 …… 402

第 10 章　冰冻圈模式和冰冻圈变化的预估 …… 405

10.1 冰冻圈模式及其在地球系统模式中的地位 …… 405

10.1.1 气候模式的发展 …… 405

10.1.2 地球系统中的冰冻圈模式 …… 408

10.2 冰冻圈过程的模拟 …… 420

10.2.1 冰川物质平衡模拟 …… 420

10.2.2 冰盖物质平衡模拟 …… 421

10.2.3 冻土分布与气候响应模拟 …… 421

10.2.4 积雪模拟 …… 423

10.2.5 海冰模拟 …… 424

10.2.6 河/湖冰模拟 …… 424

10.3 冰冻圈变化的预估 …… 426

10.3.1 IPCC 和排放情景 …… 426

10.3.2 冰冻圈变化的预估 …… 429

10.3.3 冰冻圈变化预估的不确定性 …… 438

思考题 …… 439

延伸阅读 …… 439

第 11 章　冰冻圈科学观测和实验技术 …… 443

11.1 观测和实验技术在冰冻圈科学发展中的作用 …… 443
11.2 野外观测和勘测方法与技术 …… 444
11.2.1 通用方法和技术 …… 444
11.2.2 冰冻圈要素监测 …… 454
11.3 实验室分析技术 …… 472
11.3.1 力学 …… 472
11.3.2 热学 …… 473
11.3.3 光学 …… 474
11.3.4 微观物理结构 …… 476
11.3.5 化学成分 …… 476
11.3.6 测年方法与技术 …… 479
11.4 遥感技术 …… 484
11.4.1 光学遥感 …… 486
11.4.2 微波遥感 …… 489
11.4.3 高度计 …… 494
11.4.4 无线电回波探测 …… 496
11.4.5 重力卫星 …… 496
思考题 …… 496
延伸阅读 …… 496
参考文献 …… 498

第1章 冰冻圈与冰冻圈科学

主笔：秦大河　张廷军
主要作者：王宁练　康世昌　效存德　丁永建　任贾文

自然界的冰体对全球升温特别敏感。联合国政府间气候变化专门委员会（IPCC）第五次评估报告（AR5）指出，1750年工业革命以来，人类活动排放温室气体、气溶胶和其他杂质及化学物质，加上土地利用和变化，极有可能是造成观测到的20世纪中叶以来变暖的主要原因。气候系统变暖，意味着冰冻圈也在变暖，冰川、积雪和冻土等冰冻圈各要素整体上呈退缩和减少。

冰冻圈变化对全球和区域气候、生态系统和人类福祉都有很大影响。南极冰盖和格陵兰冰盖的形成发育与气候相关，它们的变化影响大洋环流和海平面升降；积雪与海冰体量虽小但覆盖范围大，它们的变化对地球的能量收支、辐射平衡和大气环流的关键过程与反馈作用至关紧要；多年冻土冻融过程变化直接影响陆地土壤含水量、植被发育及生态系统。气候变暖条件下，“蛰伏”在多年冻土内的有机碳通过微生物的降解过程，释放温室气体到大气层，增加大气圈内甲烷（CH_4）、二氧化碳（CO_2）含量，加速变暖；多年冻土区内土壤不均匀冻胀与融沉，造成工程建筑被破坏及最终废弃。冰川、河冰、湖冰等冰冻圈组成要素变化及其灾害，在区域尺度上影响水资源、生态系统和人类经济社会活动；北冰洋海冰退缩为开发北极海底资源、开拓北冰洋航道，创造了前所未有的机遇，同时也增加了环北极国家之间的领土和资源纷争，……上述冰冻圈的种种“作用”，与诸多学科交叉，和人类活动关联，同国家利益相关，内容丰富且实用，过程复杂而有意义，成为冰冻圈和冰冻圈科学的主要内涵。

1.1 冰 冻 圈

1.1.1 地球上的冰冻圈

冰冻圈是指地球表层连续分布且具一定厚度的负温圈层，亦称为冰雪圈、冰圈或冷圈。冰冻圈内的水体应处于冻结状态。冰冻圈在大气圈内位于0℃线高度以上的对流层和平流层内，如降雪、冰雹等，属于大气冰冻圈；在岩石圈内是寒区从地面向下一定深度（数十米至上千米）的表层岩土，如冰川、冻土等，属于陆地冰冻圈；在水圈主要位于两极海表上下数米至上百米，以及周边大陆架向下数百米范围内，如海冰、冰架、海底多年冻土等，属于海洋冰冻圈。

冰冻圈的英文为 cryosphere，源自希腊文的 kryos，含义是“冰冷”。在中国，由于冰川、冻土和积雪的作用、价值和影响，以及冰川学和冻土学在中国发展过程中相辅相成的历史渊源，学术界习惯上将 cryosphere 称为冰冻圈。

冰冻圈的组成要素包括冰川（含冰盖）、冻土（包括多年冻土、季节冻土）、河冰、湖冰和积雪，冰架、冰山、海冰和海底多年冻土，以及大气圈对流层和平流层内的冻结状水体。在地球表面水平方位上，冰冻圈组成要素的分布颇不均匀，地球中、高纬度地区是冰冻圈发育的主要地带（图 1.1）。

图 1.1　冰冻圈的全球分布示意图（IPCC AR5 WGI，2013）

Figure 1.1　Distribution of global cryosphere（after IPCC AR5 WGI, 2013）

注：①在北半球图上，海冰覆盖显示的是北半球夏季海冰范围最小时（2012 年 9 月 13 日）的状态，30 年平均海冰范围（黄线）显示的是年最小海冰南界（海冰密集度 15%）在 1979~2012 年的平均值，所以在南半球显示的分别是最大海冰覆盖和年最大海冰北界的多年平均值；②该图为极射赤面投影，未表现低纬度的冰川和积雪信息

需要指出的是，在负温条件下，冰晶表面存在有“准分子厚度”的薄膜水，冻土内部因为毛细作用和土壤颗粒吸附作用，发育有未冻水。尽管它们处于“未冻结状态”，但仍属冰冻圈范畴。也就是说，冰川、积雪、海冰、冻土等要素里所含的未冻水，都参与这些要素的各种过程，且对这些要素的性质和变化产生重要影响，不能按是否冻结而将其排除在冰冻圈范畴之外。此外，南大洋和北冰洋表层的海水，温度在 0℃以下，未冻结成冰，它们不属于冰冻圈的范畴。

1.1.2　冰冻圈的分类和数量特征

在讨论本教科书的基本框架时，中国科学家根据冰冻圈要素形成发育的动力、热力条件和地理分布，将地球冰冻圈划分为陆地冰冻圈（continental cryosphere）、海洋冰冻圈（marine cryosphere）和大气冰冻圈（aerial cryosphere）3 个类型。

陆地冰冻圈由发育在大陆上的各个要素组成，包括冰川（含冰盖）、积雪、冻土（含季节冻土、多年冻土和地下冰，但不含海底多年冻土）、湖冰和河冰；海洋冰冻圈包括海冰、冰架、冰山和海底多年冻土，这些要素均与海洋紧密关联；大气圈内处于冻结状态的水体，包括雪花、冰晶等，构成了大气冰冻圈。大气冰冻圈也属于气象学范畴，两个学科交叉合作，但又各有侧重。

陆地冰冻圈占全球陆地面积的 52%~55%。其中，山地冰川和南极冰盖、格陵兰冰盖覆盖了全球陆地表面的 10%（南极冰盖和格陵兰冰盖占 9.5%，山地冰川占 0.5%）。积雪覆盖范围跨度比较大，平均占全球陆地面积的 1.3%~30.6%，北半球多年平均最大积雪范围可占北半球陆地表面的 49%。全球多年冻土区（不包括冰盖下伏的多年冻土）占全球陆地面积的 9%~12%。如果将格陵兰和南极冰盖的面积全部计入，则全球多年冻土面积约 3667 $\times 10^4$ km^2，占全球陆地面积的 24%。北半球季节冻土（包括多年冻土活动层）为 33%。也有资料显示，北半球季节冻土（包括多年冻土活动层）多年平均最大占到北半球陆地面积的 56%以上，极端寒冷年份可高达 80%以上。

冰冻圈内储存了地球淡水资源的 75%，其中现代冰川和格陵兰冰盖、南极冰盖约占全球淡水资源的 70%。南极冰盖和格陵兰冰盖的冰体总和折合水量，全部释放到海洋后，全球海平面分别上升约 58.3 m 和 7.36 m，山地冰川的当量仅为 0.41 m，多年冻土内过饱和冰的当量约为 0.10 m。全球变暖，冰冻圈内的冰量融化，已导致全球海平面上升，在 1993~2010 年，陆地冰冻圈内的冰量融化，使全球海平面平均每年上升 1.36 mm。

在海洋上，从多年平均值看， 5.3%~7.3%的海洋表面被海冰和冰架覆盖。北冰洋海冰最大范围可达到约 15×10^6 km^2，夏季最小时仅约为 6×10^6 km^2。南大洋的海冰范围季节变化更大，9 月最大时约为 18×10^6 km^2，2 月最小时仅约为 3×10^6 km^2。根据冰龄，海冰又分为当年冰、隔年冰和多年冰。大部分的海冰都是移动的浮冰群中的一部分，在风与大洋表面洋流的作用下漂流。浮冰在厚度、冰龄、雪的覆盖以及开阔水域的分布都极不均匀，空间尺度在几米到几百千米。南极冰盖外缘的诸多冰架，总面积约 161.7$\times10^4$km^2，占全球海洋面积的 0.45%。全球海底多年冻土约占海洋面积的 0.8%。

大气圈内水体含量很低，总量为 1.14×10^5 t，是 3 个冰冻圈类型中冰量最少、寿命最短的（表 1.1）。

表 1.1 全球冰冻圈各要素统计

Table 1.1 Representative statistics for cryospheric components indicating their general significance

陆地冰冻圈	占全球陆表面积[a]比例	海平面当量[b]/m
南极冰盖[c]	8.3%	58.3
格陵兰冰盖[d]	1.2%	7.36
冰川[e]	0.5%	0.41
多年冻土[f]	9%~12%	0.02~0.1[g]
季节冻土[h]	33%	不适用
积雪（季节变化）[i]	1.3%~30.6%	0.001~0.01
北半球淡水（湖泊河流）冰[j]	11%	不适用
总计[k]	52.0%~55.0%	约 66.1
海洋冰冻圈	**占全球海洋表面积[a]比例**	**体积[l]/10^3 km^3**
南极冰架	0.45%[m]	约 380
南极海冰，南半球夏季（春季）[n]	0.8%（5.2%）	3.4（1.1）
北极海冰，北半球秋季（冬季/春季）[n]	1.7%（3.9%）	13.0（16.5）
海底多年冻土[o]	约 0.8%	无数据
总计[p]	5.3%~7.3%	

a. 全球陆地面积按 14760×10^4 km^2，全球海洋面积按约 36250×10^4 km^2 计算。

b. 冰密度为 917 kg/m^3，海水密度 1028 kg/m^3，海平面以下冰体以等量海水替代。

c. 南极冰盖面积（不包含冰架）为 1229.5×10^4 km^2。

d. 该冰盖及其外围冰川面积为 180.1×10^4 km^2。

e. 包括格陵兰和南极周边的冰川。海平面当量资料来源见 IPCC AR5 WGI 表 4.2。

f. 多年冻土面积（不包括冰盖下伏的多年冻土）为 1320×10^4 ~1800×10^4 km^2。

g. 该数值系指北半球多年冻土的估计值。

h. 最大季节冻土面积（不包含南半球）多年平均值为 4810×10^4 km^2。

i. 该值只包含北半球。

j. 淡水（湖冰和河冰）范围和体积来源于模式估计的季节最大范围。

k. 多年冻土和季节冻土也被积雪覆盖，总面积不包含积雪。

l. 南极南半球秋季（春季）；和北极北半球秋季（冬季）。

m. 面积相当于 161.7×10^4 km^2。

n. IPCC AR5 WGI 评估中最大和最小范围，见 IPCC AR5 WGI 4.2.2 节和 4.2.3 节。

o. 关于海底多年冻土面积计算的文献很少。该数据来源于 Gruber 的论文总结而成，其数据中 280×10^4 km^2 有很大的不确定性。

p. 夏季和冬季分开进行评估。

资料来源：IPCC AR5, 2013

1.1.3 冰冻圈变化

早在 1939 年，苏联地理学家 C. B.卡列斯尼克就得出，“冰川首先是一定气候状况下的产物”的结论。随着科学家们对这种响应复杂性的深入研究和理解，科学家发现冰冻圈的各个要素更应被视为“天然的气候指示计（nature climate-meter）”。冰冻圈对气候系统的变化非常敏感，各组成要素对温度和其他气候变量（如降水）都很敏感。

研究冰冻圈变化，首先要明白什么是气候变化，这里先给出 IPCC 关于气候变化的定义：气候变化是指可识别的（如使用统计检验）持续较长一段时间（典型的为几十年或更长）的气候状态的变化，包括气候平均值和/或变率的变化。气候变化的原因可能是自然界内部过程，或是外部强 迫，如太阳周期、火山爆发，或者是人为地持续对大气成分和土地利用的改变。

联合国气候变化框架公约（UNFCCC）将气候变化定义为“在可比时期内所观测到的在自然气候变率之外的直接或间接归因于人类活动改变全球大气成分所导致的气候变化”。由此可见，UNFCCC 对可归因于人类活动改变大气成分导致的气候变化，与可归因于自然原因导致的气候变率作了明确区分。

当代的气候变化是指气候系统变化，即气候系统五大圈层的变化。气候系统五大圈层中的任何一个圈层的变化都应当视为气候变化。例如，全球变暖不仅表现在器测数据显示的地表平均温度的上升，其他如海洋热含量增加、冰川退缩、多年冻土活动层厚度增加、积雪和海冰范围减小、生物多样性锐减，等等，都是气候变暖的佐证。

冰冻圈是气候系统五大圈层之一，它的变化是气候内部变率而不是外强迫，所以也被视为气候变化的组成部分。广义地讲，冰冻圈变化是指冰冻圈内热状况及其空间分布的变化。具体地讲，是指冰冻圈各组成要素的变化，包括冰川/冰盖面积、厚度、冰量及末端/边缘变化；冻土（包括多年冻土和季节冻土/活动层）面积、厚度及温度变化；积雪范围和雪水当量变化；海冰范围和厚度变化；河冰、湖冰封冻和解冻日期，以及冻结日数、厚度的变化等。此外，冰冻圈内部的变化，如温度、物质结构、几何形态与体积的变化，也属于不定期变化的内容。

自 2007 年 IPCC 发布第四次评估报告（AR4）以来，新的观测数据进一步证明，全球气候系统的变暖“毋庸置疑”。冰冻圈作为气候系统的组成部分，海冰、冰川、冻土等冰冻圈组成要素的性质发生显著而广泛的变化时，又被用来作为气候变化影响的表征，是全球变暖的佐证，也是气候系统变暖的指示器（图 1.2）。

冰冻圈是全球气候变化研究的热点地区和领域之一。IPCC AR5 第一工作组（WGI）报告认为，全球变化的总趋势和 AR4 结论基本一致。冰冻圈是气候系统最敏感的圈层，全球持续变暖的今天，冰冻圈各要素的冰量总体处于亏损状态（图 1.3）。1971 年以来，全球几乎所有的山地冰川和格陵兰冰盖及南极冰盖的冰量都在减少。1992~2012 年，格陵兰冰盖和南极冰盖的冰量处于损失状态，1993~2009 年，几乎全球山地冰川都在退缩。1979~2012 年，北极海冰和北半球春季积雪范围继续减小。1979 年以来，北冰洋海冰范围以每 10 年 3.5%~4.1%的速率减少。北半球多年冻土活动层厚度增加、多年冻土的温度上升、南界北移，而季节冻土厚度变薄且范围缩小。冰冻圈远离人类活动集中区（如城市），独立观测到冰冻圈变暖这一事实，无可争辩地证明全球变暖“毋庸置疑”。

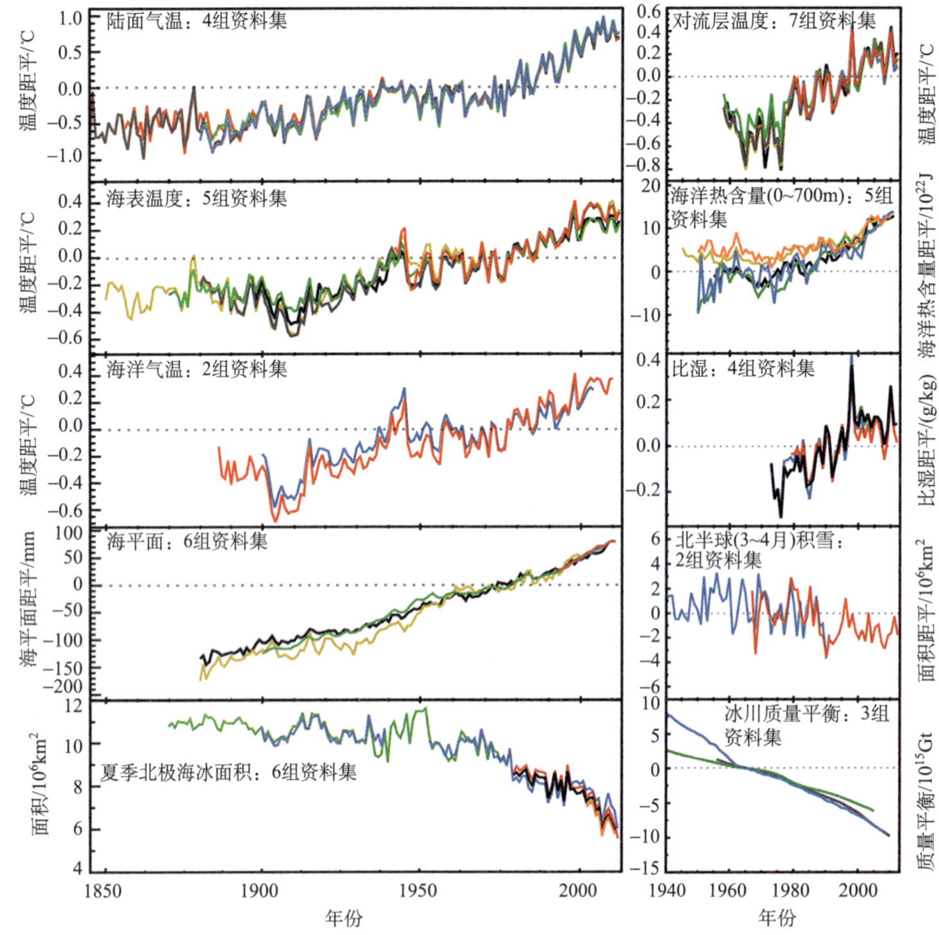

图 1.2　1850~2012 年全球气候变暖的多种指标（IPCC AR5 WGI TS, 2013）

Figure 1.2　Multiple complementary indicators of a changing global climate（after IPCC AR5 WGI TS, 2013）

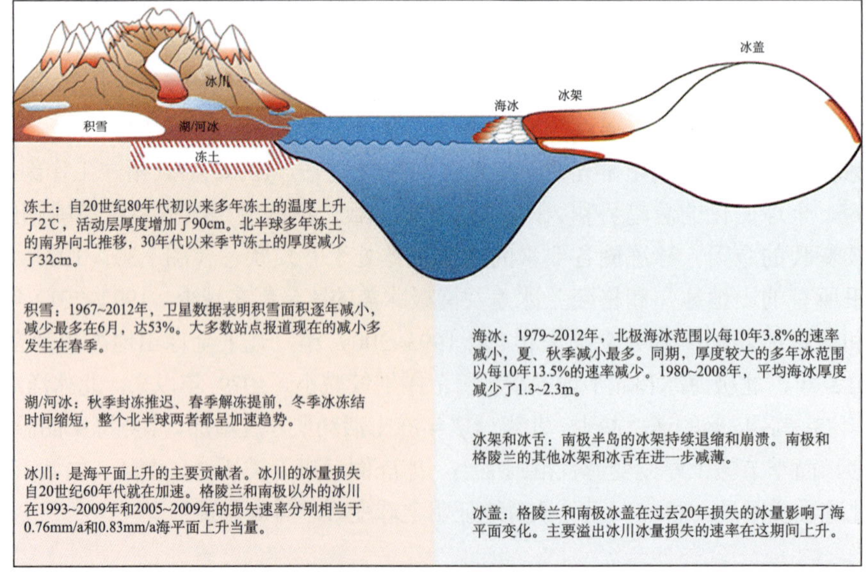

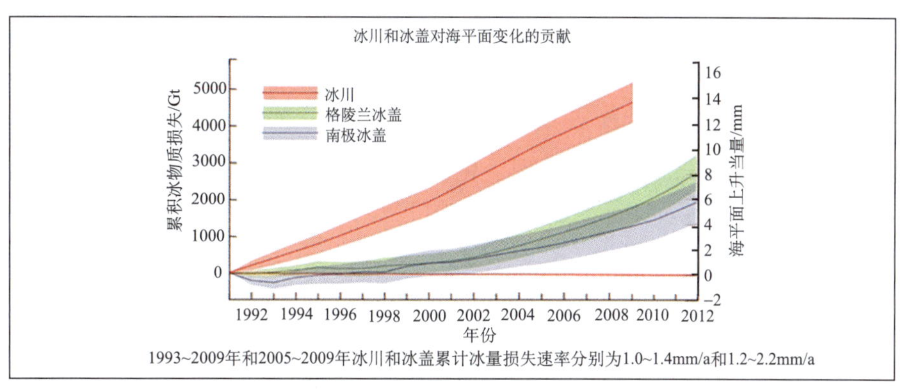

图 1.3　观测到的冰冻圈主要变化（IPCC AR5 WGI, 2013）

Figure 1.3　Schematic summary of the doinant observed variations in the cryosphere（after IPCC AR5 WGI，2013）

为了研究气候变化，物候学在观测中特别注意对植物发育影响较大的古今物候对比，其中许多观测与冰冻圈有关。例如，秋冬初雪和初霜，春季终雪和终霜，植物冻害和受冻植物种类，河、湖和近地表土壤第一次结冰日期，完全冻结和开始解冻、完全解冻日期，严寒开始、阴暗处开始结冰的日期，等等。生物、农业、气象和冰冻圈等要素的交叉观测研究，对丰富冰冻圈变化的内涵有重要意义，是冰冻圈科学研究的内容之一。

1.2　冰冻圈科学

1.2.1　冰冻圈科学的定义、内容和范畴

冰冻圈科学是研究自然背景条件下，冰冻圈各要素形成和变化的过程与内在机理，冰冻圈与气候系统其他圈层相互作用，以及冰冻圈变化的影响和适应的新兴交叉学科。研究冰冻圈科学的目的是在认识自然的基础上，服务人类经济社会可持续发展。此外，国家目标也是区域冰冻圈科学的重要内容。

传统上的冰冻圈科学以其组成要素为基础、以分支学科的形式开展研究，如冰川学、冻土学、冰川与冰缘地貌学，等等。这些传统研究历史悠长、基础扎实、内容丰富，贡献巨大。例如，南极冰盖记录的过去 80 万年地球气候变迁和大气圈内温室气体浓度变化，为全球气候变化作了其他学科不可取代的贡献。然而，这些分支学科之间相对独立，联系薄弱，随着全球变暖的后果日益严重和应对气候变化的迫切性与日俱增，这种分散独立的研究形式很难适应人类社会发展的需求。因此，为了从整体上认识冰冻圈，研究它和其他圈层的关系、对人类的影响和适应，需要把冰冻圈各要素的共性和内容归纳到一起，综合分析，系统阐述，如冰冻圈的形成、发育和演化规律，物理、化学性质等，同时在观测、模式模拟、与经济社会可持续发展和地缘政策的结合上更要体现圈层的整体性，从而形成一门新兴交叉学科——冰冻圈科学。

冰冻圈科学主要由冰冻圈内的水热动力机制和要素监测，冰冻圈变化，冰冻圈变化

的影响和适应研究 4 个层阶组成，其中的形成过程、机理和变化，属于基础研究（或基础性工作），与各圈层间相互作用和影响、适应内容属于应用基础研究，适应对策和促进经济社会可持续发展属于应用研究（图 1.4）

冰冻圈科学综合研究冰冻圈的物理、化学和生物地球化学过程，以及冰冻圈变化的影响和适应对策，前者涉及冰冻圈科学的机理机制，后者注重经济社会可持续发展问题。冰冻圈科学主要包括下列内容：

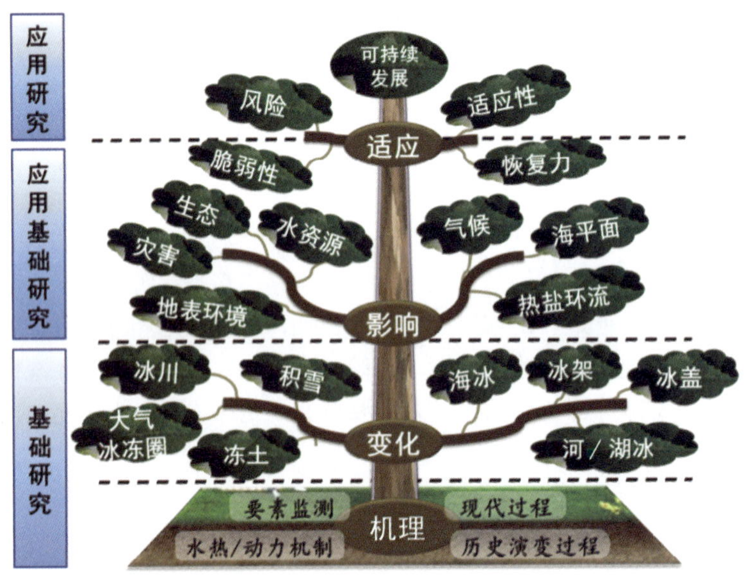

图 1.4　冰冻圈科学的研究构架

Figure 1.4　Framework of cryospheric science

（1）冰冻圈发育过程和机理：从微观和宏观尺度研究冰冻圈的物理、化学和生物地球化学过程，其中热力、动力机制是重点。通过传统的和现代化监测手段，如地基和空基监测，获取冰冻圈各要素及其变化的定量数据，通过模型模拟，分析不同时间（日、月、季节、年际和年代际）和不同空间（站点、局地、流域、区域、半球和全球尺度）尺度上，冰冻圈各要素变化过程，揭示其变化机理，为预测和预估未来变化、评估这些变化带来的影响奠定基础。

（2）冰冻圈变化的影响：是指冰冻圈组成要素及其变化对自然和人类经济社会系统产生的各种正面和负面的作用。可理解为气候系统各圈层相互作用中，冰冻圈起到的作用，如对气候、生态、水、环境和经济社会乃至地缘政策的影响。

（3）冰冻圈变化的适应性：利用对冰冻圈未来变化的预估，通过自然科学和社会科学交叉融合，分析冰冻圈变化的风险、暴露度和脆弱性，结合区域经济社会调查，建立冰冻圈变化适应性的评估方法，提出冰冻圈变化的适应和减缓对策，为全球和区域经济社会可持续发展提供科技支撑。

（4）冰冻圈演化及历史背景研究：主要通过古冰冻圈的地质地貌特征和模型模拟分

析，研究地质时期冰川、冰盖、多年冻土等的形成、演化过程与机理及其影响；此外，冰冻圈内不同分辨率的气候环境记录，也属于冰冻圈科学的研究内容，如冰芯记录可以高分辨地重建过去几十万年以来大气温室气体、气候变化和环境演变的历史，以及外太空事件的记录等，类似工作在冰冻圈其他要素的研究中也在尝试进行，如利用多年冻土温度梯度重建过去千年尺度的地球气候变化。这些记录可用来反演和验证冰冻圈动力过程，为建模提供服务，预估未来全球变暖新常态下冰冻圈变化对其他圈层（包括人类经济社会系统）的影响，并提出对策。

1.2.2　学科体系和研究方法

冰冻圈科学是一门交叉学科，是应用数学、物理、化学、生物学、人文社会科学原理和地理信息系统（GIS）、遥感（RS）、计算机等高新技术，对冰冻圈自身及其与大气圈、水圈、生物圈、岩石圈、人类经济社会的相互作用开展研究。冰冻圈与人类经济社会的关系，包括冰冻圈的组成要素与经济社会活动直接、间接的关系，涉及可持续发展，实用性强，需求量大，是当前重要的新兴研究领域。

冰冻圈科学的基础较为“宽泛”，地理、大气、水文、海洋、地质、生态、环境科学，以及人文、社会经济、可持续发展、旅游到地缘政策等，都在此行列。

从学科发展来看，冰冻圈科学最初始于冰川学、冻土学、雪冰物理学、冻土工程学、寒区水文和气象学、冻土水文学、冰川地貌学、冰缘地貌学、雪冰微生物学、寒区生态和积雪研究等，以及应运而生的冰冻圈遥感、地理信息系统和相关高新技术。在气候变化科学与人类经济社会可持续发展需求的带动下，根据冰冻圈科学自身特点，综合冰冻圈各要素，从动量、能量、水量、经济社会特征出发，研究冰冻圈和其他圈层（包括人类经济社会系统）相互作用中冰冻圈扮演的角色和作用，是冰冻圈科学研究的核心。

冰冻圈科学属基础和应用基础科学，全球变暖使这个学科的应用价值越来越高。如何发掘冰冻圈的致利效应，如何开展自然科学和社会科学综合交叉，已经成为该学科的重点发展方向之一。

通过建立立体观测体系，采集冰冻圈各要素观测资料，完善实验室测试系统，发展冰冻圈全球和区域模式，并与地球系统模式嵌套，科学精准认知冰冻圈变化的自然和人为过程、机理和影响，为经济社会可持续发展服务，是冰冻圈科学研究的重要目的。

将冰冻圈视为一个整体，应用学科交叉、多重手段集成和新技术，开展冰冻圈多要素综合研究，深刻认识冰冻圈变化的影响，探索社会应对冰冻圈变化的适应对策，是现阶段冰冻圈科学发展的主要任务。就区域发展而言，该学科对促进区域资源优化布局，促进区域经济发展和社会进步，发展绿色经济、低碳经济和循环经济，走可持续发展之路，都有重要意义。

在研究方法方面，冰冻圈科学研究同时使用自然科学和社会科学的方法，包括利用数学、物理学（光学、热学、力学、电学、电磁学等）、化学、生态学的知识和方法，特别注意使用经济学、社会科学的原理，研究冰冻圈自身规律及其与社会发展方面的内容，模拟冰冻圈变化机理及其与其他圈层的相互作用，并预估冰冻圈未来的变化趋势，利用社会科学的方法和原理，分析冰冻圈变化的脆弱性和适应性。

冰冻圈科学研究的路线图是，通过野外实地考察（调查）与定位观测、航空及卫星遥感观测、GIS 和实验室分析测试，同时展开社会调查等，获得冰冻圈各个要素的科学数据和统计资料，结合大数据和数据共享措施，建立模型，进行数值模拟和综合诊断，探讨冰冻圈及其与相关圈层相互作用的科学问题，阐明这些问题与经济社会可持续发展之间的关系，并提出适应对策，是冰冻圈科学研究的主要内容（图 1.5）。

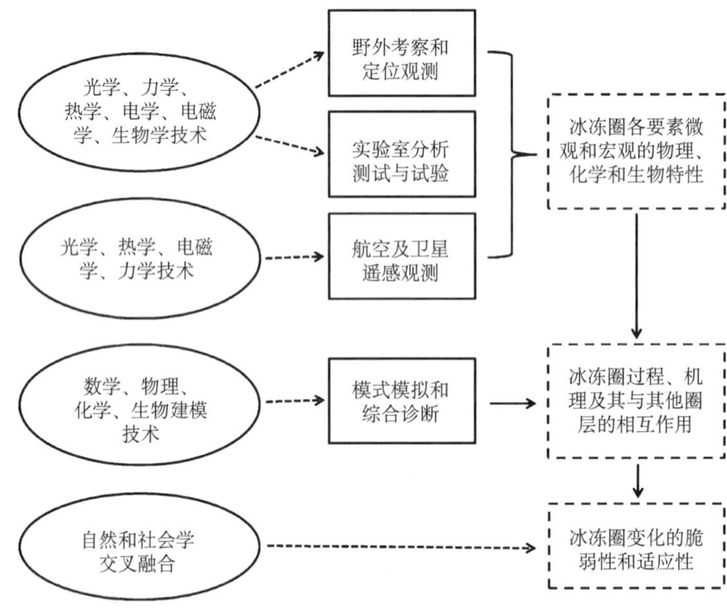

图 1.5　冰冻圈科学研究方法框架图

Figure 1.5　Schematic summary of methodology of cryospheric science

中国科学家根据学科发展和社会需求，结合气候变化科学和可持续发展需求，在建立冰冻圈科学方面走在了前面。

在西方社会，由于发展阶段、发展方式和发展理念不同，所处自然条件和人口结构也不一样，虽然最早提出了冰冻圈的概念，但发展成冰冻圈科学的路径却大相径庭。Cryosphere，即冰冻圈一词，最早是 1923 年由波兰学者 A.B.Dobrowolski 引入，20 世纪 60~70 年代，该术语又被俄罗斯科学家 P. A. Shumskii、O. Reinwarth 和 G. Stäblein 作了进一步论述。1972 年在斯德哥尔摩会议上世界气象组织（WMO）首次将“冰冻圈”这一独特自然环境综合体，与大气圈、水圈、生物圈和岩石圈并列，明确这五大圈层之间的相互作用与反馈，奠定了气候系统的概念，冰冻圈的重要性也得到共识。2000 年，世界气候研究计划（WCRP）科学委员会决定设立“气候与冰冻圈”（CliC）计划，旨在定量评估气候变化对冰冻圈各要素的影响，以及冰冻圈在气候系统中的作用。全球变化国家重大研究计划办公室和国际科学理事会（ICSU）等组织共同发起“全球综合观测战略计划”（IGOS），在 2004 年将冰冻圈一词正式纳入主要科学主题，即 IGOS-Cryospere Theme。2005 年，多国联合的“欧亚北部地球科学合作伙伴计划”（NEESPI）也强调了冰冻圈研究的重要性。此外，北极理事会（Arctic Council，AC）2008 年启动了“北极雪、水、冰和多年冻土计划（SWIPA）”，日本组织了“北半球冰冻圈研究计划”。2015 年 7 月，WMO 第 17 次全会正式将“极地与高山”列为 WMO 未来着力发展的七大任务之一，并与全球气候服务框架（GFCS，2009 年）接轨。2007 年 4 月，中国科学家正式提出冰冻圈科学的概念，同时成立了国际第一个以“冰冻圈科学”命名的国家重点实验室，即“中国科学院冰冻圈科学国家重点实验室”；2016 年 9 月，“中国冰冻圈科学学会（筹）”正式成立，成为中国科学技术协会旗下第 208 个一级学会。

国际冰冻圈科学研究沿着两条主线展开：一条以 WCRP/CliC 为主线展开，目标是加深对冰冻圈与气候系统之间相互作用的物理过程与反馈机制的理解，提高气候预测的准确性，为防灾减灾服务；另一条是以国际大地测量与地球物理学联合会（IUGG）麾下“国际冰冻圈科学协会（IACS）”为核心，推动建立冰冻圈科学体系，服务社会经济与可持续发展。

1.2.3　国际重大科学计划中的冰冻圈科学

国际地圈-生物圈计划（IGBP）、全球变化的人文因素计划（IHDP）、WCRP 和生物多样性计划（DIVERSITAS），是过去 20 多年 ICSU 协调下的全球变化“四大科学计划”之一。2002 年，四大科学计划合并为“地球系统科学合作伙伴（ESSP）”，但不久即告结束。2014 年，ICSU 和国际社会科学联合会（ISSU）联袂，推出了“未来地球（FE）”十年科学计划，同时，“四大科学计划”陆续将部分项目按 FE 的思路整合，经 FE 科学委员会批准后，转为 FE 的核心项目。“四大科学计划”中除 WCRP 作为 FE 观察员外，其余将宣告结束。

无论全球变化四大科学计划，还是 FE 核心项目，冰冻圈科学一直是其中的重要内容。WCRP/CliC 是冰冻圈科学最具代表性的国际计划，主要针对气候系统的预测，将冰冻圈作为气候重要变量（ECV），定量研究冰冻圈各要素的变化过程，冰冻圈与其他圈层的相互作用机理，研究冰冻圈自身及气候系统变化的可预报性。长期以来，CliC 以陆地冰冻圈、海洋冰冻圈、冰冻圈与海平面变化等议题开展研究，实际上已经成为冰冻圈科学的雏形。在 IGBP 计划中，“过去全球变化研究（PAGES）”是冰冻圈科学的重要阵地，冰芯研究是 PAGES 的核心子计划。国际冰芯科学伙伴计划（IPICS）瞄准几个不时间尺度的气候、环境问题，展开攻关。比如，大于百万年（1Ma）子计划、4 万年子计划、2000 年子计划，等等。其中，中国科学家曾领衔 IGBP 综合集成研究计划：“冰冻圈变化对亚洲干旱区生态与经济社会的影响”，在冰冻圈变化对区域可持续发展的影响和作用方面，作出过有意义的贡献。

IUGG 下属的 ICSI，之前是“国际水文科学协会（IAHS）”之下的一个二级学科。随着冰冻圈在气候变化中重要性的增加，2007 年 7 月，在意大利佩鲁贾举行的 IUGG 第

24 届大会上，ICSI 被升格成为 IACS，成为 IUGG 成立 87 年里唯一增加的一级协会。

继 1957~1958 年第三次国际极地暨地球物理年之后，国际又开展了 “2007~2009 年第四次国际极地年”，此间，全世界有 5 万多名科学家对南极和北极地区展开研究，实施了 228 个科学计划。第四次极地年之后， WMO 成立了极地和高山观测、研究与服务工作组（EC-PHORS），致力于极区和高山地区的观测与预测业务。2015 年夏季第 17 届 WMO 全会决定，将极地与高山地区的观测服务列为 WMO 未来七大核心计划之一，这些工作都与冰冻圈科学研究和服务密切相关。

在区域冰冻圈和环境变化的国际计划方面，中国科学家发起并主持的“第三极环境（TPE）计划”，是区域综合研究计划的代表。以青藏高原冰冻圈为核心的 TPE 计划，紧扣“第三极”多圈层相互作用，研究青藏高原及周边地区气候、环境变化的机制，预估未来区域气候和环境变化，为西藏自治区及其周边区域和国家的可持续发展服务作出了贡献。

1.2.4　冰冻圈科学在中国

地理学家竺可桢 20 世纪 20 年代初在大学教授《地学通论》时，设立专章讲述冰川，1943 年又提出，河西和天山南麓增加水源的办法是人工融化山区积雪，率先传授冰冻圈科学和应用知识。1957 年施雅风组织调查祁连山和天山现代冰川，在苏联冰川学家 L. D 道尔古辛教授指导下，开展现代冰川科学考察，并在兰州成立中国科学院高山冰雪利用研究队、中国科学院地理研究所兰州冰川冻土沙漠研究室，1965 年成立中国科学院兰州冰川冻土沙漠研究所，1978 年成立中国科学院兰州冰川冻土研究所。1998 年的改革大潮中，成立了中国科学院寒区旱区环境与工程研究所，成为中国冰冻圈科学的研究基地。

此间，中国继北京大学崔之久 1958 年发表第一篇报道现代冰川的论文后，出版了《祁连山现代冰川考察报告》等一批基础性工作研究成果，建成了天山冰川站、青藏高原冰冻圈观测研究站等一批野外台站，发表了大量研究论文和论著，为中央和地方政府决策和国家重大工程服务，获得了青藏铁路冻土工程国家科技进步一等奖等优异成绩。

20 世纪 80 年代起，随着全球变暖研究的深入，冰冻圈在全球变化研究中所起作用日益提高，国际冰冻圈科学界开始改变过去以单一要素进行“散点式”研究的范式，从全球尺度以冰冻圈整体展开全球变化研究，极大地提高了冰冻圈科学的地位。中国冰冻圈科学界立即抓住机遇，联系实际，引导了冰冻圈科学发展。2007 年 4 月中国科技部批准中国科学院在寒区旱区环境与工程研究所正式成立“冰冻圈科学国家重点实验室”，成为国际上第一个以“冰冻圈科学”命名的研究机构，承担有“冰冻圈变化及其影响适应”等国家重大科技专项研究任务，联系区域经济社会可持续发展的需求，开展冰冻圈影响的适应和对策等综合研究，标志着中国冰冻圈科学研究进入了新阶段（图 1.6）。

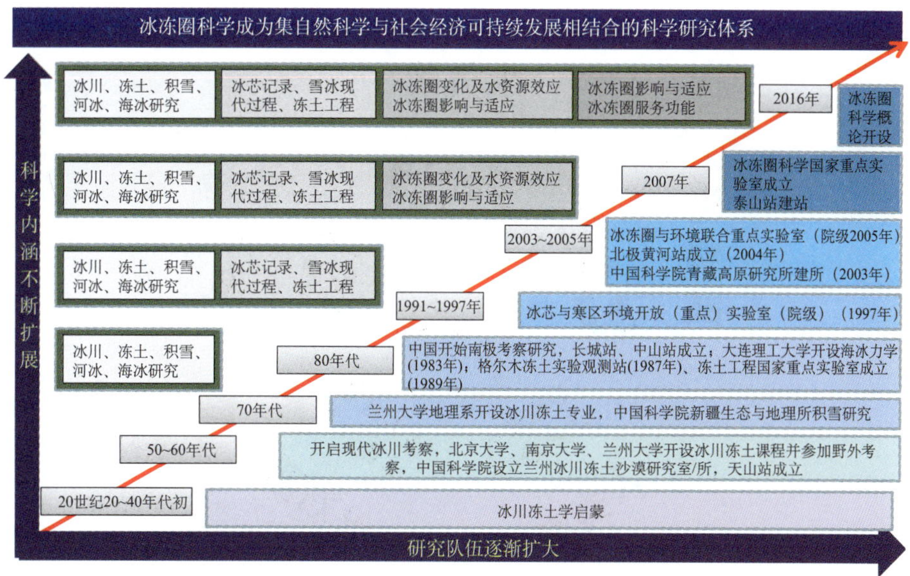

图 1.6　冰冻圈科学在中国发展的主要历程

Figure 1.6　Road map of cryospheric science in China

1.3　冰冻圈与气候系统

1.3.1　冰冻圈的发育机理、过程和变化

冰冻圈的形成过程、机理和变化及其监测是冰冻圈科学的研究对象（图 1.7 内圈），也是冰冻圈科学传统分支学科的研究内容。

冰冻圈形成发育的理论基础是以动力学和热力学为主的经典物理学。在适宜的温度、降水和地形条件下，冰川、冻土、积雪和其他冰冻圈各组成要素得以形成和发育。由于是自然界的行为，多种介质、元素乃至有机物的参与不可避免，所以生物地球化学过程伴随始终。

随着外界物理条件的变化，如变暖则冰冻圈退缩，变冷则推进，根据这种思路，考虑到纯冰物质和含杂质的非纯冰物质的物理属性，在外界物理条件发生变化时，可用数学物理方程描述冰冻圈的宏观变化，并对不同情景下未来冰冻圈变化进行预估。但自然界的情况远比理论模型复杂，加上生物地球化学作用，现有的物理模式尚不能完全反映自然界的真实状况，不断改进、完善模式也是冰冻圈科学研究的任务。目前，冰冻圈模式模拟已考虑了生物地球化学循环，模式研发取得了一定进展。

冰冻圈监测是过程研究的主要内容。冰冻圈监测始于早年对其各要素，即冰川（冰盖）、冻土、积雪的定点、定位观测，根据空间分布情况，观测内容既包括各要素的物理参数，也包括测点附近的水文、气象要素、地质地貌条件、有关生物地球化学参数、颗粒物沉降等。观测方式和手段随技术进步而日新月异，从早年的爬冰卧雪、人背马驮，

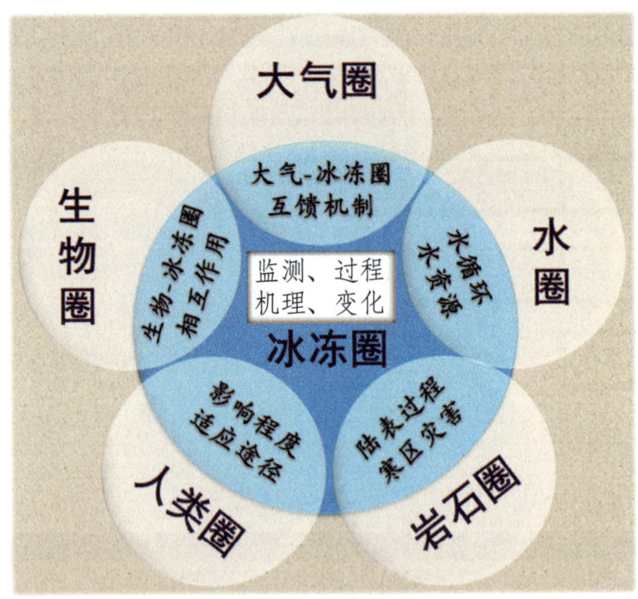

图 1.7　冰冻圈及与其他圈层相互作用关系

Figure 1.7　Cryosphere and its interaction with the hydrosphere, biosphere, lithosphere and anthroposphere

每年野外季节进行人工观测，到建站长期连续观测并采样，发展到现在的航空、卫星遥感遥测，小型无人机监测，观测范围从局部走向全球，结合数值模式、大数据和大型计算机，使人们对冰冻圈过程和变化的认知有了极大的提升。

冰冻圈影响和适应涉及人类经济社会，这一部分内容的“监测”和对自然界的观测方法迥然不同，社会调查、问卷等社会学调查方式是常用的方法。

1.3.2　冰冻圈发育的时空尺度

冰冻圈对温度和降水非常敏感，气候条件决定着冰冻圈及其各要素的生存寿命；连同地形因素，冰冻圈各要素的形成发育千差万别，空间分布不同，生存时间各异（图 1.8 和图 1.9）。冰冻圈的发育、分布及其变化，也是冰冻圈科学的研究内容。

从空间角度看，将大气冰冻圈一并考虑时，地球冰冻圈在空间上是一具有一定厚度的连续圈层，呈不规则椭球体状（空心椭球体）。在空间上，由于高度和纬度效应，冰冻圈下边界在赤道上海拔最高，可以达到 5000~6000 m 的高度，如非洲大陆赤道附近的乞力马扎罗（Kilimanjaro，3°03′39.11″S，37°21′35.69″E）冰川的高度达 5897 m asl。从赤道分别向南、向北，冰冻圈下边界的高度随纬度升高而逐渐降低，在高纬地区下降到海平面甚至以下，如北冰洋海底发育的多年冻土（图 1.9）。冰冻圈空间分布的尺度差别很大。陆地冰冻圈的空间尺度以冻土、南极冰盖、格陵兰冰盖的面积和积雪的范围最大，山地冰川、河冰和湖冰为最小。海洋冰冻圈以海冰分布范围最大。而大气冰冻圈在空间上为一个椭球体。在时间上，冰冻圈各组成要素的生存时间即寿命长短不一，形式也千差万别。冰冻圈的面积和范围都有明显的昼夜、季节、年际和年代际变化。

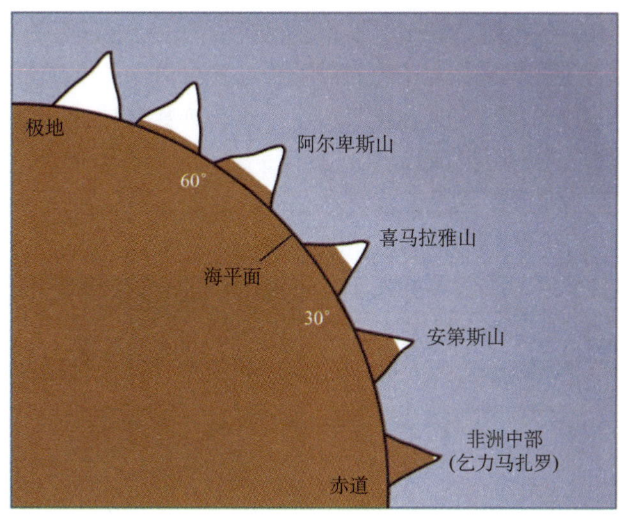

图 1.8　全球尺度上冰冻圈纬向和垂向分布示意图

Figure 1.8　Altitude distribution of the cryosphere on the Earth（illustration for summer case only）

（仅为夏季冰冻圈相对高度的示意图）

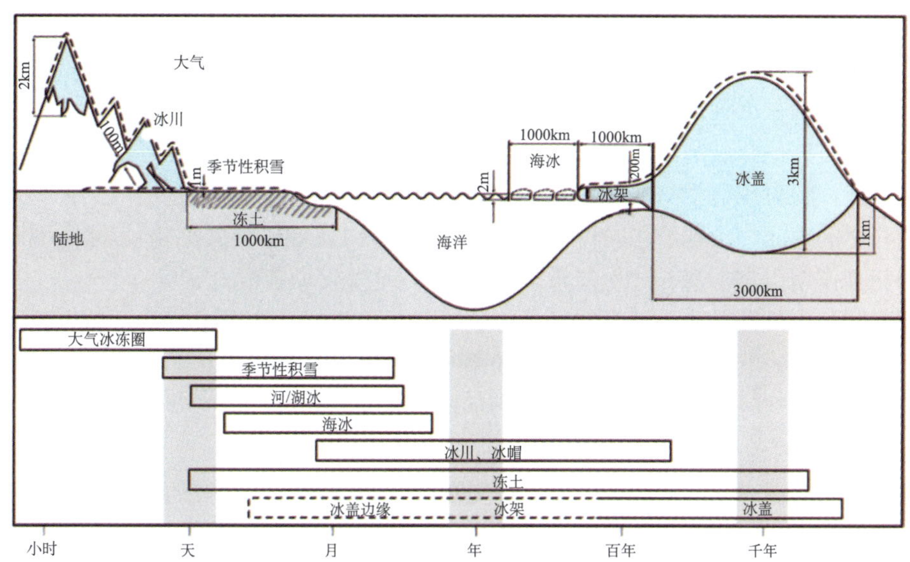

图 1.9　地球冰冻圈分类和时空尺度（据 IPCC AR4 WGI，2007 修改）

Figure 1.9　Components of the cryosphere and the scales of spatial and temporal（modified from IPCC AR4 WGI, 2007）

在陆地冰冻圈里，山地冰川的冰体从积累区流动到冰川末端消融流失，需要的时间因冰川规模和性质、所处地形和气候条件不同而不同，从几十年到数千年不等，南极冰盖和格陵兰冰盖需要的时间要长得多，需要数十万年到百万年之久。过去 1400 万年里东南极冰盖基本保持稳定，考虑到冰体的流变性质、气候条件和地形，估计东南极冰盖现存的最老冰体的年龄可能达 100 万年。从大的空间尺度看，冻土的范围远大于冰川、冰盖，在气候变暖的情况下，其变化在水平方向上表现为由连续多年冻土向不连续多年冻土或季节冻土转化，在垂直方向上表现为活动层厚度增加，多年冻土活动层厚度从上下两个方向相向减小。河冰、湖冰随着季节转换（冬季转夏季）而消失殆尽。积雪随着春去夏来融化流失，在一些山区形成春汛。

在海洋冰冻圈里，海冰主要是南大洋和北冰洋的海冰进退随季节变化而变化，初冬形成、初夏崩解消融。一般情况下，冰冻圈的这些要素生存不超过 12 个月，但北冰洋海冰有例外，那里的多年冰可以延续好几年。冰架的存活时间长短不一，从几十年到数千年不等。冰山发育在南大洋和北冰洋，它们的寿命从数月到数百年不等，且与大气环流、海温、洋流等密切相关，与冰山本身的规模、地点和产生的时间都有关系。冰盖和冰架崩解形成的冰山，随洋流和风向向较低纬度海洋漂移，逐渐融化消失，这一过程也需要数年到几十年时间。

大气冰冻圈内冻结状水体的存活时间，按天甚至小时计算，依具体条件而定。

1.3.3 冰冻圈与其他圈层的相互作用

冰冻圈与其他圈层相互作用是冰冻圈科学研究的另外一类内容。这里的“其他圈层”是指气候系统的大气圈、水圈、生物圈、岩石圈，考虑到冰冻圈变化与可持续发展有关，与国家利益也有关，这里一并归入人类经济社会系统考虑。

冰冻圈与其他圈层的相互作用、影响和适应，以及人类经济社会可持续发展、地缘政策等内容，将自然科学与社会科学融为一体，将科学与政策联系起来，丰富和发展了冰冻圈科学的内涵，凸显了它的科学和社会价值（图 1.7 圈层交叉部分）。冰冻圈和其他圈层的相互作用内容丰富、过程复杂（图 1.10），这里仅做扼要介绍。

冰冻圈与大气圈。冰冻圈是气候的产物，它一经生成，即通过相变、冰雪反照率和冰冻圈进退变化影响着天气、气候和气候系统。冰冻圈是气候系统的一员，它的变化也代表气候变化，同时，也是气候变化的指示器。冰冻圈和大气圈的互馈作用和物理机制是学界关注的重点。

冰冻圈与水圈。从物质组成上看，冰是自然界以固态形式存在的水体，传统地质学中的“四圈层”说，冰和水划分在一个圈层里，即冰冻圈是水圈的一部分。这个概念在 20 世纪 80 年代发生了变化。气候系统“五圈层”说，将冰冻圈从水圈里划分出来，成为一个单独的圈层，原因在于冰冻圈在反照率、相变潜热、改变洋流的热盐状况进而影响大洋环流，在全球、区域尺度上影响大气环流等，这些作用水圈不具备，在气候变化研究中冰冻圈成为了独立圈层。

冰冻圈是地球的天然固体水库，蕴藏的淡水资源量大且珍贵。冰冻圈内的水体参与地球水循环，影响全球和区域海平面、气候、生态、环境和经济社会可持续发展，这些都是当前科学和社会最关注的问题之一。尺度不同，关注内容也不一样。全球尺度上，冰冻圈变化引起海平面升降，改变全球水循环过程；区域或（更重要的）流域尺度上，冰冻圈变化影响流域水文过程，包括径流量变化、径流年内分配，进而影响水资源合理利用。

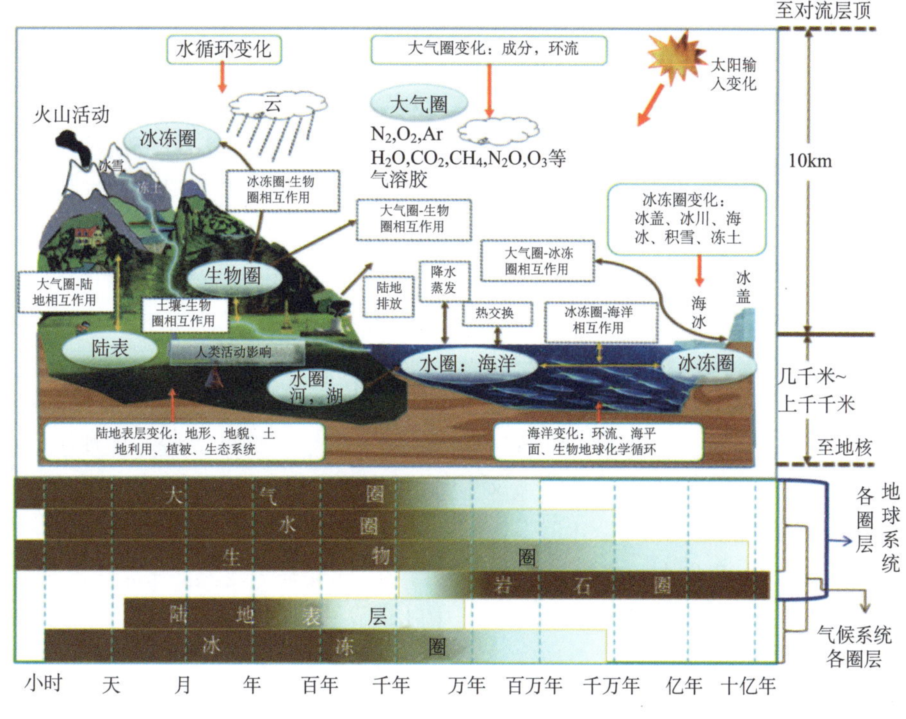

图 1.10　冰冻圈与其他圈层相互作用时空尺度关系

Figure 1.10　Interactions of cryosphere with other components of climate system

冰冻圈与生物圈。生物圈和冰冻圈相互作用，内容广泛、机理复杂，研究重点主要在陆地和海洋两个方面。在多年冻土区，生物群落和活动层之间相互影响，冬季积雪的加入，使这一过程更加复杂。生物圈在大气圈和冰冻圈之间的界面作用，生物地球化学循环和碳循环过程等，都是科学家感兴趣的内容。在陆地上，冰冻圈变化影响土壤的水、热状态，进而影响植被发育；而植被的改变，又会影响冰冻圈的生存环境，如多年冻土受植被的影响，植被退化也会影响冻土的发育。在海洋，冰冻圈变化给海洋带来的影响，如温度、盐度、营养盐、酸度，以及环流的变化和扰动，直接影响海洋生态系统。冰架、海冰和冰山与海洋表面的生物过程息息相关，这些冰体融化后进入海洋，参与大洋环流，影响海洋生态系统。此外，冰冻圈与粮食安全、渔业、森林、草原等人工和自然生态系统也关系密切。

冰冻圈与岩石圈。冰冻圈各要素强大的动力作用，在不同的时空尺度上改变和塑造地球的面貌。雪蚀作用、冰川作用、冻融作用和寒冻风化作用是冰冻圈对地球表层改造最显著的动力过程。各种侵蚀、堆积地貌，是冰冻圈作用塑造的“成果”，是地质时代地球环境演化的记录。许多被冰冻圈作用过的陆地，如北半球中高纬地区的西欧、北欧国家，土地肥沃、气候适宜、人口密集、经济发达、财富集中，是人类良好的栖居地。但是，冰冻圈作用区内的松散堆积物，在一定地形地貌和外部诱发条件下，也可能是发生泥石流、洪水等自然灾害的潜在危险区。

冰冻圈与人类经济社会系统。冰冻圈与人类关系密切，冰冻圈既是人类赖以生存和发展的重要物质基础，也是人类需要敬畏和保护的自然遗产。以往人类往往只注意到冰冻圈的致害作用，对冰冻圈的致利功能重视不够。冰冻圈能为人类提供水资源、生态调节、冰雪旅游、文化体育和生境服务，在冻土和雪、冰重大工程与技术服务等方面有巨大的功能与价值。加上南极、北极等地缘政治敏感区和战略区，研究开发冰冻圈对经济社会发展和实现国家目标有很大潜力。应当加强战略规划研究，提升在冰冻圈水资源利用、冰雪旅游开发、能源开发、航道通行等方面的服务能力，增强在南、北极国际重大事务中的话语权与影响力。对中国而言，开展“一带一路”中国及中亚干旱区冰冻圈水资源利用与生态建设服务功能研究，编制冰冻圈服务功能综合区划，依托2022年冬奥会，接力助推全国雪冰体育运动产业快速发展等，都属于这个方面的工作。

但是，人类生产和经济活动也会影响冰冻圈的发育环境，如在多年冻土地区开展工程建设、开发资源，扰动活动层，影响多年冻土稳定状态，除非采取特殊保护措施，一般都会加速冻土退化。同样，冰冻圈地区旅游可以促进当地经济发展，使人民富裕，但如果管理不当，游客过多，污染环境，也不利于冰冻圈保育。目前全球变暖，冰冻圈地区成为生态脆弱区，我们人类应当“敬畏”大自然，学会与大自然、与冰冻圈和谐共存，不为短期利益而破坏自然界的平衡。20世纪中叶，我们曾在祁连山冰川上搞人工融冰化雪，给冰面撒黑灰增加融水，这个教训要永远铭记！

1.3.4　冰冻圈在气候系统中的作用

冰冻圈是地球气候系统组成部分之一，它的组成要素都可作为气候变化的表征，也受气候变化的影响。不同时空尺度的冰冻圈变化，对大气环流、地表能量平衡、水文过程和水资源有影响、有反馈，还可以起调节气候的作用。冰冻圈在气候系统中发挥着重要作用，这里仅简要介绍几个主要的方面。

1. 积雪的作用

积雪和气候的关系比较特殊，尤其与季风和各种大气信号的关系较密切。这一方面由于积雪是季节性的，反照率的季节变化和冻融潜热影响地表能量平衡，另一方面积雪融水会改变土壤含水量，而后者具有时间“记忆”，时滞效应是积雪影响短期气候的重要特点。早在19世纪晚期，科学家就观察到喜马拉雅山区积雪变化，对印度夏季风有很大影响，那里积雪较多时，印度季风来得就晚，季风带来的降水也较少；反之，积雪偏少时，夏季风一般来得早，降水也会增加。青藏高原冬季积雪异常对东亚、南亚夏季风也有重要影响，高原东部积雪范围增加、以东地区及中南半岛的降水会减少，而印度东部、南部地区和孟加拉湾西北部的降水会增加。北美大陆也存在东部积雪异常时，气团生成的频率就会增加。积雪范围、深度的变化还与北大西洋涛动（NAO）、北极涛动（AO）等其他大气信号密切相关。20世纪70年代以来，随着NAO显著增强，气旋环流发生显著变化，影响水分输送路径，导致欧亚大陆许多地区积雪增厚。在青藏高原地区，1~3月的积雪深度与NAO呈显著正相关，当冬季NAO增强时，有利于加深青藏高原积雪，偏弱时则减小。在加拿大西部，NAO 与多年平均最大雪水当量呈显著负相关，自 20 世纪 80 年代以来，NAO 显示负位相，如果这种趋势持续下去，年最大雪水当量逐渐增加的概率就会增加，进而增加当地建筑物积雪负荷的风险。此外，冬季 AO 可以对欧亚大陆冬、春季积雪产生重要影响，AO 正相位，积雪显著偏少，而负相位加强时，积雪明显增多。在研究积雪与气候相互关系时还观察到，秋季气温升高和北冰洋海冰范围减少，会导致海面蒸发量上升，增加对流层水分，造成冬季欧亚大陆降雪量增加、积雪范围扩大。

2. 冰雪反照率反馈效应

洁净冰雪表面对太阳辐射有很高的反照率（最高可达 0.9），显著高于地表其他下垫面的反照率（一般在 0.2 以下）。地表反照率的微小变化都会影响地-气系统的能量平衡，进而引起天气、气候变化。地表反照率的减小意味着更多的太阳能量被地表接收，导致地表对太阳辐射吸收增强，地表温度升高，增强了地表长波辐射对大气的释放和对大气的加热，加快了大气升温的节奏，而气温升高则进一步加快冰雪融化，形成正反馈效应，简称冰雪反照率反馈效应。

冰雪覆盖范围发生变化，积雪粒度的增减、表面湿度改变，以及冰雪内杂质和黑炭含量的多寡等，都会改变冰雪反照率，影响全球能量分配。气候变暖，地表冰雪覆盖减少，这些区域的能量平衡发生变化，热量收入增加导致升温；反之，则降温。

气温升高，雪的粒雪化加速，雪颗粒的粒度增加，若有消融水分参与，湿雪量和范围增加。观测表明，积雪颗粒粒径和颗粒表面湿度增加，导致积雪表面反照率减小，但对此问题的定量评估仍然不足，还有大量工作要做。

化石燃料不完全燃烧、生活中使用薪柴等，产生黑炭附着在冰雪表面，降低冰雪反照率，使冰雪反照率反馈效应进一步加强。据 IPCC AR5 WGI 的评估，冰雪中黑炭的辐射强迫高达 0.04[0.02~0.09]W/m^2。

3. 冰冻圈与海洋

海洋是水圈里水量最大的组成要素。冰冻圈和海洋相互作用，不仅涉及海平面变化，还对“大洋输送带”和洋流强度产生影响，进而影响全球气候。

冬季，高纬地区海水冻结成冰时排出部分盐分，增加了海洋表层水的盐度和密度，较重的海水缓慢下沉，形成底层冷水流。夏季，海冰融化释放大量盐度较低的水体进入海洋表层。这些过程使近海面的和深部的海洋水体产生交换，发展成经向翻转环流（meridional overturning circulation，MOC）。最具代表性的大西洋经向翻转环流（Atlantic meridional overturning circulation, AMOC），是“大洋输送带”中的显著区段，是调节地球气候的关键因素。作为海洋环流和气候相互关系的一部分，大洋传送带向北半球高纬地区输送温暖的洋流，继而以深海流的方式将北大西洋的冷水向赤道方向传输，这一活动的关键之处是丹麦海峡溢流水，它通过格陵兰-苏格兰海脊实现低密度和高密度海水的交换。多年来，科学家们一直认为丹麦海峡溢流水主要源于东格陵兰洋流，但是，冰岛的海洋学家对此提出质疑，他们发现了一个深层洋流沿冰岛大陆坡向南流动，并命名为“北冰岛洋流”。数据显示，北冰岛洋流确实将溢流水运回丹麦海峡，是促成 AMOC 的关键要素。

气候学家和冰冻圈科学家们都认识到，由于全球气候变暖，AMOC 在逐渐变缓。洋流能使局部地区气候发生变化，使北大西洋北部海区的海冰融化并产生盐度较低水体进入海洋，加上格陵兰冰盖加速融化释放淡水，阻止了表层海水下沉速度，继而减少大西洋低纬度和高纬度之间的洋流循环，使这一地区海面结冰。冰雪反照率反馈作用会导致北半球气候变冷，即发生“气候突变”。虽然这一推测比较难以实现，但其科学意义重大。科学家认识到了 AMOC 的过程，并能准确预估未来气候与环流的关系。海洋学家们讲到，如果溢流水的一大分支源于北冰岛洋流，那我们就要重新思考 AMOC 冷暖交换的速度，是快了还是慢了， 气候变暖条件下，这一交换过程会发生什么变化。该研究还引发了关于全球海洋环流如何对未来气候变化作出反应的思考。

目前全球变暖，格陵兰冰盖、南极冰盖的冰量都为负平衡，意味着更多淡水注入了海洋，不仅海平面升高，高纬地区海洋表层水变暖、变淡，改变着温盐环流（thermohaline circulation，THC），影响全球气候。

4. 冰冻圈与生物地球化学循环

冻融过程，多年冻土发育演化，冻土地带的生物种群等，都和全球碳（C）、氮（N）循环有关。多年冻土的形成、退化直接影响区域和全球生物地球化学循环。

据统计，北半球多年冻土区内存储的土壤有机碳为 1832×10^9 t，是 1750 年以来人类总排放量（555×10^9 t 碳）的 3.3 倍。全球变暖，多年冻土退化，将加速多年冻土内碳汇的释放，增加大气温室气体的浓度，加速全球变暖。多年冻土变化对陆地生态系统和地气之间碳、氮循环起重要作用。在北极地区，多年冻土中的甲烷释放速率持续增加，北冰洋底部下伏多年冻土内的甲烷，也在向大气释放。

在全球气候变化背景下，研究多年冻土碳循环的过程、机理，估算多年冻土碳库变化和对气候变化的响应，尤其是释放量和释放速率，有重要现实意义。

1.4　冰冻圈科学在经济社会发展中的作用

冰冻圈是地球气候系统组成要素之一，也是可以利用的重要自然资源，与人类生活、生产和经济社会发展有密切的关系。全球变暖背景下，冰冻圈科学需要研究冰冻圈变化在经济社会发展、生态文明建设和维护国家权益中的作用，这对于有 13 亿多人口的中国有特别重要的意义。

冰冻圈变化影响中，常常先提到淡水资源。号称“亚洲水塔”的青藏高原及毗邻高海拔地区的冰冻圈，是中国西部和欧亚内陆腹地维系干旱区和绿洲生态、人民生活生产的“生命之水”。冰冻圈在气候、生态、工程、旅游和休闲、探险和体育、资源利用、特色人文等方面，可为经济社会发展提供多种服务，包括供给服务（如冷能、种质资源、天然气水合物）、调节服务（如调节气候、调节径流、涵养水源、生态调节等）、社会文化服务（如冰雪旅游休闲和体育服务、冰冻圈研究和教育服务、冰冻圈原住民文化结构、宗教与精神服务）和生境服务（如极地和亚极地地区的冰冻圈与栖息地等）。换言之，就是人类可以从冰冻圈获取各种惠益，是冰冻圈科学为经济社会发展作的贡献。

要注意冰冻圈变化和经济社会发展的相辅相成作用，特别是不同社会经济情景下，如何协调二者之间的关系。2016 年 12 月 12 日，UNFCCC 第 22 次缔约国大会（COP22）通过的“巴黎协议”，提出到 21 世纪末全球温升不超过 2℃、力争控制在 1.5℃（是指从 1750~2100 年，全球地表平均温度的升高）的减排要求。这个协议，关系社会转型、转变经济发展模式，冰冻圈科学如何适应此种大势，是本学科关注的问题之一。

1.4.1　水循环和水资源

冰冻圈是人类重要的淡水源地之一。地球上大江大河多数发源于冰冻圈地区，江河流动滋润大地，造福人类，延绵不绝。但是，全球变暖，冰川退缩、冻土退化、积雪范围减少，改变了这一切。目前，大多数冰冻圈融水补给的河川径流增加，据 IPCC AR5 预估，全球变暖条件下，冰冻圈加速消融，河川补给增加，当消融出现拐点、径流减小，持续下去将成为零补给。这一现象在中国西部祁连山东段冷龙岭冰川和石羊河流域已经出现，由于上游冰川强烈退缩、小冰川消失，冰川来水量大大减少，石羊河存在断流的可能。气候系统的持续变暖，冰冻圈退缩，引发区域水循环和水资源变化，给社会经济带来的影响是深刻的。

预估未来 50 年，欧亚内陆腹地和青藏高原的冰川、冻土变化，将影响北半球主要河流的补给和淡水资源的供给，不仅涉及 45%的世界人口，而且影响食物安全、人类健康、西太平洋和北冰洋海洋生态系统和经济社会发展。

多年冻土变化影响地表径流、地下水储量以及地表与地下水的交换。多年冻土含有大量地下冰，也是重要的水资源。全球变暖，预估青藏高原多年冻土内平均每年可能释出 50×10^{8}~110×10^{8} m^3 的水，相当于黄河兰州水文站年径流量的 1/6~1/3。多年冻土活动层厚度增加和多年冻土退化，可增加地下水量，影响河川径流量，直接影响水文循环。近年青藏高原多年冻土区湖泊水位普遍上升、面积扩大，周边牧场和居民用地被淹，除了降水、蒸发和冰川变化（在上游有现代冰川的地区）的因素，多年冻土退化导致地下冰融化也是原因之一。

积雪可以改变河流年内径流分配。秋冬季积雪深度增加，除升华进入大气圈外，大部分积雪春季融化并补充河川径流。春季积雪融化时间短、速度快，加上地形因素，常发生春汛，造成灾害。在北极地区，雪的积累时间长达 6 个月以上，消融则在 2~3 周完成，形成春汛和洪水。受季风气候影响，中国北方地区积雪相对较少，但在新疆、西部其他山区、青藏高原及东北地区，春季积雪融水提供重要水资源外，但也会带来洪水，形成灾害。由于全球变暖，中国天山、阿尔泰山山区的春汛日期提前了 1 个月之久，由

20 世纪中叶的 6 月初，提前到目前的 5 月初，持续时间为 1 周左右。

以中国西部冰冻圈分布现状为基准，对中国西部内陆河流域的冰冻圈水资源变化作评估，特别要对 1.5℃和 2℃温升条件下，2030 年、2050 年和 2100 年冰冻圈水资源量的变化进行预估，进而评估冰冻圈变化对内陆河流域河川径流影响；结合西北绿洲干旱区的实际，针对不同社会经济情景下冰冻圈水资源服务功能的盛衰过程和功能丧失阈限，在服务功能最大化目标下，提出未来绿洲及其城市群产业结构调整的最优化路径和方案。

1.4.2　矿产资源和工程建设

经济发展对矿产资源的需求，导致在蕴藏资源的冰冻圈地区开发加剧，配套的工程建设，如铁路、公路、机场及附属建设项目激增，经济社会发展的需求使冰冻圈科学和工程技术的研究内容与水平大幅提高。

加拿大北极地区、美国阿拉斯加北部、西伯利亚和北欧陆地及沿海大陆架蕴藏丰富的石油和天然气资源。海洋钻探、开采油气资源，多年冻土地区铺设输油管道，海冰上筑冰坝、进行油气钻探，多年冻土上架输油管线，等等，工程技术上都遇到很多难题。1970 年，美国得克萨斯石油公司设计的南北向横贯阿拉斯加的输油管线，设计造价约 10 亿美元，由于对多年冻土中的工程地质问题考虑不足，施工过程中问题迭出，不断改变原方案，成本剧增，延续近十年的工程结束时，造价超过 80 亿美元。额外的投入也带来收获，该项目发展了冰冻圈地区低温、冻融和地壳变动条件下输油管道不间断输送原油的新技术，如热管技术（图 1.11）。此外，加拿大、俄罗斯、挪威等国在冰冻圈地区的油气钻探、开采、输送，克服了低温、冻融等困难，取得了技术上的突破和成功。

图 1.11　北冰洋三角洲的海上石油钻井平台（左）和阿拉斯加输油管道设施（右，箭头指处为热管）

Figure 1.11　Oil drilling platform（left）on Arctic Ocean and pipeline（right）over Alaska

资源勘探开发伴随的是交通运输和工程建设，最早可以追溯到 19 世纪俄罗斯开发西伯利亚、建设横跨西伯利亚大铁路，需要关于多年冻土、积雪分布特征和冻土方面的知识，它的铺设成功总结出来的工程技术知识，给冰冻圈科学增加了新认知。此外，沿北冰洋大陆架开采石油、天然气时，深孔钻井中常遇到的多年冻土的工程地质问题，海冰对钻井平台的碰撞问题，公路、铁路、输油管线、通信线路、机场、房屋等工程建设及运行涉及的多年冻土、地下冰、海冰、河湖冰、积雪、风吹雪等，都受冰冻圈要素的制约，影响工程造价、质量和使用寿命。资源开发和工程建设的需求，带来了现代冻土工程技术和雪、冰工程等发展的机遇，丰富和发展了冰冻圈科学技术的内容，有些技术已成为冰冻圈科学技术的奇葩。

自 20 世纪中叶以来，中国对冰冻圈地区的资源开发和交通运输都有迫切需求。50 年代初，东北地区开发森林、矿产资源，面临低温条件下的工程地质问题，如冰锥、雪害、河湖冰害、道路冻胀和融沉等冻土学理论问题。此间，青藏公路建成通车，但多年冻土区的工程地质问题远未得到解决。60 年代，西部矿山的开采也遇到冻土工程地质问题，工程冻土学相应得到了重视。70 年代后期，青藏公路扩建，格尔木至拉萨的输油管线和通信线路建设都是在多年冻土区进行的，为日后冻土地区工程建设积累了经验。21 世纪初，青藏铁路建设充分利用了国内外在多年冻土区工程建设的经验，尤其是中国冻土学家的理论和实践经验，成功解决了与多年冻土有关的工程地质问题，是中国冻土学应用研究和实践的成功典范，成为全球多年冻土地区标志性工程，被列为世界冰冻圈科学应用研究的杰出成果。

中国正在处于社会经济建设的关键时期，西部大开发、“一带一路”等国家战略的实施，对冰冻圈科学及其工程技术都有更大需求和更高要求。目前，需要补充和完善青藏公路、青藏铁路、青藏直流联网工程和中俄输油管道工程等已建立的多年冻土热状态和工程稳定性监测网络体系，通过监测、数值模拟和 GIS 辅助制图方法，构建多年冻土地温带空间分布模型，摸清全球变暖背景下，中国多年冻土地温带分布和退化特征以及对工程稳定性的影响，预估 2030 年和 2050 年不同情景下多年冻土地温带变化及其对重大工程稳定性的影响，为国家经济社会发展作贡献。

1.4.3　冰冻圈地区探险与旅游

地球冰冻圈高纬度、高海拔和严寒的特征，使其成为探索大自然和探险活动的理想之地。在冰冻圈地区探险和旅游，可以满足人类探索大自然、认识大自然、保护大自然和挑战大自然的天性，实践、实现人与自然和谐发展的良好愿景。

北极地区的探险始于 16 世纪后期，马可波罗游记和新大陆的发现使欧洲各国燃起了对神秘北极的憧憬，1909 年 4 月 6 日，美国人伯特・皮尔里（第一个到达北极点的探险家）为实现这一目标花费了 23 年的时间，终于如愿以偿。皮尔里的北极探险证明：从格陵兰到北极不存在任何陆地，北极地区是一片海冰覆盖的大洋。与北极截然不同，南极洲是一片常年被白雪覆盖的大陆，英国人詹姆斯・库克船长 1774 年 1 月驾船驶到了 71°10′ S 海域，但直到 1911 年 12 月 14 日，历尽艰辛的挪威探险家罗阿德・阿蒙森才成为第一个登上南极点的人。而世界第一高峰珠穆朗玛峰（8844.43 m）在 1953 年 5 月被新西兰人埃德蒙・希拉里征服，随后同时登顶的是尼泊尔的夏尔巴人丹增・诺尔盖。在地球“第三极”和南极、北极地区，冰川、雪山探险活动增加了人类对冰冻圈的科学认知，为后来的科学考察、区域开发、资源调查，以及航海和旅游奠定了基础，并逐渐萌生出冰冻圈为人类服务的思想。所谓冰冻圈服务，即是指人类社会直接或间接从冰冻圈系统获得的所有惠益，如资源、产品、福利，乃至文化、体育等。

冰冻圈旅游大约始于 19 世纪的登山、探险、朝圣等活动，随着对冰冻圈各要素认知的加深，山地冰川和积雪作为旅游资源也开始被利用。大众观光旅游始于第二次世界大战以后，很多依托冰川和积雪景观的景区，成为游客青睐的目的地。目前全世界已开发的冰川旅游景点有 100 多处，比较典型的有欧洲阿尔卑斯山瑞士少女峰-阿莱奇-比奇峰旅游，北美洲冰川国际和平公园和南美洲阿根廷冰川国家公园，等等。这些旅游景区的旅游活动包括登山、观光、滑雪运动、狗拉雪橇等，以及伴随的餐饮、旅店、交通、摄影等项目的开发，使冰冻圈旅游资源被充分发掘和利用，为当地的就业和经济发展作出了巨大贡献。

经济发展和生活质量的提高，旅游需求也大幅度增加，特别对边远地带、原生态地区、极地与高山等的旅游需求剧增，这类地区许多都在冰冻圈区。冰冻圈区壮丽的自然景观、复杂多变的气象条件、独特的人文环境等，都是宝贵的旅游资源。冰冻圈区的旅游集探险、观光、科普和体育运动等于一体，吸引旅游者回归自然、挑战自我、休闲娱乐、陶冶性情。冰冻圈区旅游已成为世界许多国家大力发展和推动的旅游项目，对于文化交流、增加就业、促进区域经济社会可持续发展发挥着越来越重要的作用。

冰冻圈的服务功能还包括冰雪体育运动。在欧洲、北美洲等国家，冬季冰雪运动是一项普遍的体育活动。国际冬季奥林匹克运动会就是冰雪上的国际体育运动盛会。据统计，全世界已经建成的滑雪场有 6000 多个，主要分布在北美洲落基山、欧洲阿尔卑斯山和南美洲安第斯山脉山区，以及阿拉斯加、斯堪的纳维亚和西欧、北欧国家，这就不难理解，为什么冬奥会的奖杯多落入这些国家运动员之手。旅游业和与冰雪体育运动相伴的服务业，是这里重要的支柱产业之一。

中国是地球中低纬地区冰冻圈最发育的国家，冰冻圈旅游资源也非常丰富，但利用和开发仍很有限。目前，中国境内冰川和滑雪旅游景区（点）约有 200 处，开发成熟的冰冻圈旅游区非常少，与巨大的旅游资源很不相配，与国际上冰冻圈旅游资源的开发利用差距很大。随着中国经济发展，生活水平提高，特别是 2022 年国际第 24 届冬季奥林匹克运动会在中国北京-张家口的成功申办，对提高人民健康水平、促进冰雪运动和冰冻圈地区旅游活动，以及加快冰冻圈地区经济社会发展，有巨大促进作用。

中国冰冻圈地区的体育、探险、旅游等事业前景美好，需要及早做好准备，迎接产业大发展。依托已有冰川编目、冻土及其他冰冻圈要素空间分布数据库，结合国家旅游景区信息，利用拓扑和度量地理空间分析方法及其旅游空间结构优化理论，系统分析中国冰冻圈资源、景区（点）旅游空间结构特征、演化态势；借助遥感、地理信息技术及方法，建立中国冰冻圈旅游资源空间数据库，实现冰冻圈旅游资源的空间可视化表达；针对冰冻圈要素功能特征，正确辨识冰冻圈旅游服务功能及其价值属性。选择典型研究为突破点，利用替代或模拟市场法，系统评估不同区域冰冻圈旅游服务功能价值，预估不同区域在 2030 年和 2050 年不同气候变化情景下冰冻圈旅游服务功能的演变，在此基础上提出相应的开发策略和空间优化方案。

1.4.4 冰冻圈灾害

冰冻圈变暖带来了许多灾害。山地冰川退缩，河川径流变化，影响区域生态建设，甚至造成干旱等灾害；冰川泥石流暴发、冰湖溃决，埋没良田、冲毁公路、毁坏建筑、给下游带来人员伤亡和财产损失；雨雪冰冻灾害，造成冻害、凝冻、道路结冰、电线覆冰，等等。在全球变暖的条件下，冰冻圈灾害发生的频次和强度有增加趋势，影响也更加严重。研究应对变暖条件下冰冻圈变化直接和间接导致的灾害，提出对策，最大限度地减轻负面影响，是冰冻圈科学的重要内容。

在陆地冰冻圈多年冻土地区，活动层的冻融作用造成热融性灾害及冻胀性灾害等系列灾害。冻土灾害对冻土区内的道路、机场、输油管线、通信线路、房屋建筑等造成破坏（图 1.12）。在中国，建设青藏公路和铁路，解决冻土工程地质灾害是关键难题。雪灾是中国北方冬春季最常见的自然灾害，暴风雪带来的低温和严寒，给农牧业、交通造成威胁和损毁；中国冬季降雪丰沛的新疆北部山区，冰冻圈变暖导致近 30 年山区春汛日期提前 1 个月，融雪性洪水灾害频发；每年全球因雪崩死亡的人数达几十人甚至上百人。春季河流凌汛对生命和财产造成巨大威胁。

图 1.12　冻融作用下被破坏的公路和铁路

Figure 1.12　Highway and railway damages produced by repeated frost heave and thaw settlement

在海洋冰冻圈里，海冰的范围和厚度变化不仅对大洋环流、天气气候有重要影响，也对社会经济造成影响，形成灾害。海冰对交通运输、海洋生产作业、海上设施和沿岸工程设施造成损害。海平面上升造成海水倒灌，土地盐碱化和地下水咸化，海岸线后退，威胁海岸带超大城市的安全，影响世界经济和金融，因为全世界政治和金融中心几乎都坐落在海岸带上，中国的上海、深圳、广州，美国纽约、日本东京，欧洲的阿姆斯特丹，无不如此。

在大气冰冻圈里，与低温相关的气象灾害，是冰冻圈科学和大气科学都关注的内容。以雨雪冰冻灾害为例，雨雪冰冻灾害是在低温雨雪天气下发生的一种冻灾，一般发生在冬季。雨雪冰冻天气的发生常以低温、高湿、风速小为主要特征，灾害的发生也可以由多次连续天气过程累积造成。强度相当的冷暖空气交汇产生持续的雨雪天气，大气湿度偏大，风速偏低，雨雪难以蒸散。连续的天气过程，使得由雨凇和融雪冰挂组成的复合积冰在各种载体表面形成，大大加重了各种载体的负荷，严重影响甚至破坏交通、通信、输电线路等生命线工程，对人们生活和生命财产安全造成威胁。最为著名的是 2008 年农历春节前夕中国南方出现的这一灾害，低温雨雪冰冻灾害天气导致广东、湖南等地交通瘫痪，车辆、人员流动出现严重滞留和拥堵，影响务工人员回家过年，成为一个引以为戒的实例。

对冰冻圈灾害的预报预警工作是气候变化适应的重要内容，对减轻灾害影响非常重要。例如，中国科学家在 2011 年、2012 年，对中国与吉尔吉斯斯坦接壤附近吉尔吉斯斯坦境内的麦兹巴赫冰湖溃决，作了成功预警，验证了中国科学家提出的预警方法可行、有效，卫星遥感技术可迅速准确制作冰湖面积和溃决指数图，制定防御突发冰川洪水灾害的有效对策和措施，对冰湖实施实时动态监测，对溃决快速反应，发布洪水预报，使下游损失减少到最小。

1.4.5　冰冻圈地缘政策

地缘政治学是西方政治地理学中创立较早、影响较大的核心理论。它历经兴衰，至今仍通行于世界各国，成为制定国防和外交政策的重要依据。中国改革开放以来，地理学界对地缘政治的研究也迅速展开，成为国家智库之一。

“地缘政治学”一词最早由瑞典政治地理学家哲伦(1864~1922 年)在《论国家》(1917)一书中提出。他将地缘政治学定义为“把国家作为地理的有机体或一个空间现象来认识的科学”，着重研究国家形成、发展和衰亡的规律。《牛津英语辞典》（2 版，1989）解释为：“①地理学对国际政治的特征、历史、结构尤其是与他国关系的影响，以及这种影响的研究本身；②在民主社会主义德国发展起来的一门伪科学。”第一种解释是给地缘政治学下的又一个定义，它和美国学者的定义大同小异；第二种解释专指为德国法西斯对外侵略扩张提供理论依据的“地缘政治学说”，而后者无疑会遭到人类社会的谴责，这也是为什么第二次世界大战后，地缘政治学一度“消沉”的主要原因。《中国大百科全书（地理卷）》定义地缘政治学“是政治地理学的一个部分，它根据各种地理要素和政治格局的地域形式，分析和预测世界地区范围的战略形势和有关国家的政治行为。地缘政治学把地缘因素视为影响甚至决定国家政治行为的一个基本因素，这种观点为国际关系理论所吸收，对国家的政治决定有相当的影响。” 此外，还有拉采尔（美国）的有机体说，麦金德（英国）的心脏地带学说，等等。

地缘政治学历史较长，其理论随国际格局变化而发展，更确切地说，地缘政治学是一门非常实际的科学。

冰冻圈变化对区内的矿产资源、水资源、气候环境、航道、民族、经济、领土、领海、国家安全等都有很大影响，有重要的国家利益，是冰冻圈地缘政治学研究的重要内容。地球冰冻圈主要发育在高海拔、高纬度地区，有不少地方是不毛之地。全球变暖，经济发展，科技进步，冰冻圈科学和技术发展迅速，昔日的不毛之地频频出现地缘政治问题，已经摆在了世人面前。

在北冰洋，气候变暖，夏季海冰厚度、范围减小，东北和西北航道的通航，缩短了东亚和欧洲-北美间海上航行距离，节省时间、资金，减少能耗、降低碳放排，商业利益和环境效应明显，同时，军事和战略意义也浮出水面。

北极海冰退缩为大陆架和洋盆的矿产资源开发创造了条件，产生了领土和资源纷争。1990 年以来，伴随北极海冰的显著退缩，美国和加拿大对北极大陆架的争端也见诸媒体。目前环北冰洋 8 个国家都不同程度地对北冰洋大陆架及海域提出领土要求，并进行资源开发。2005 年 8 月 4 日俄罗斯向联合国提出拥有 120 万 km^2 海域资源开发权的要求。2007 年 8 月 2 日，俄罗斯一支科考队乘深海下潜器，抵达北极点附近 4000 m 深的海底，插上钛合金制作的俄罗斯国旗。

号称地球“第七大陆”的南极洲是冰冻圈最发育的地区，它包括南极冰盖、周边的冰架、海冰和南大洋上漂浮着的冰山。南极洲是科学研究的殿堂和圣地。1957～1958 年国际地球物理年期间，12 个国家的上万名科学家踏上南极洲，开展科学考察和研究，许多国家都对此作出了贡献。但地缘问题一直困扰着这里。1908 年英国宣布对包括南极半岛在内的扇形地块及其水域拥有主权，接着，澳大利亚、新西兰、法国、智利、阿根廷、挪威也先后提出领土要求。到 40 年代，这 7 国的领土要求已占南极大陆面积的 83%。为此，几经协商，1959 年 12 月，美国和苏联等 12 个国家签订了《南极条约》，并于 1961 年 6 月 23 日生效。《南极条约》承认为了全人类的利益，各国可以自由开展南极科学考察，发展国际合作，冻结领土要求，确保南极仅用于和平目的。《南极条约》是 20 世纪最成功的国际条约，保证了各国在此合作开展南极科学研究，保证了南极洲的和平。目前世界 20 个国家在南极洲建有 150 多个考察站和基地，中国已在南极洲建立了 4 个科学考察站。

有世界“第三极”之称的青藏高原及其毗邻地区，是中低纬地区冰冻圈最为发育的地方。高原冰冻圈变暖，可能影响到区域水资源和水循环，这里发源的大江大河，直接或间接影响下游地区近 20 亿人口的水源供给，气候变化引发河流变化，导致风险增加，处理不当，产生国际纠纷。有人预言 21 世纪是水世纪，水资源的争夺更加激烈，地缘问题将更加突出，此言不虚。

冰冻圈变化的影响不仅仅是区域性的，也是全球性的，涉及环境、资源、领土主权。中国是一个有 13 亿人口的发展中国家，随着改革开放的深入、国家实力的增长，在冰冻圈地区开发和发展方面，中国科技工作者应当敢于担当，作出贡献。

1.5　行星冰冻圈

行星科学也称为行星学、行星天文学，是研究行星或行星系统以及太阳系的科学。地球本身就是一颗行星，因此研究地球科学对于认识和解决与其他行星相关的科学问题具有重要意义。比较行星学就是应用地球科学的基本理论和方法，融合物理学、化学、生物学和遥感技术，对太阳系行星体（包括卫星）的物质组成、结构、构造、成因机制及演化历史进行类比和研究的学科。行星科学研究的目的在于通过对比它们的异同点，来推断行星体的整体演化历史和未来发展趋势，深化人类对地球和其他行星自然规律的认知。

人类对地球冰冻圈的研究已积累了较丰富的知识和经验，这对类比和阐明行星冰冻圈的构成、形成和演化有了重要参照。随着人类探索太空技术的发展，对太阳系行星也有了较深入的探测与观测研究，已经发现在水星、金星和火星上发育过冰冻圈（水冰），而且在一些行星的卫星上（如月球、木卫二、土卫二、土卫六等）也存在冰冻圈。

本节主要介绍研究程度较高的火星冰冻圈。

1.5.1　火星冰冻圈的特征

火星是太阳系行星中一员，是类地行星。其公转周期为 687 地球日（即 1.88 地球年），或 668.6 火星日；平均一个火星日为 24 小时 39 分 35.244 秒，即 1.027 491 251 地球日；火星自转轴倾角为 25.19°，与地球的相近，因此也有四季。2013 年 9 月 26 日，火星探测车“好奇号”发现火星土壤含有丰富的水分，其含量为 1.5~3 质量百分数。由于火星距离太阳的距离比地球远，日射量较少，表面温度较低（平均温度比地球低 30℃以上），计算值约 210K，但实际观测到的火星表面温度平均约 240K，这主要是因为火星大气中大量二氧化碳所造成的温室效应的结果（火星大气成分的 95%为二氧化碳，3%为氮气，1.6%为氩气，氧气、水汽等含量很少）。由于火星表面极低的温度，从而导致其存在水冰，并且在其两极地区发育以 CO_2 及其水合物为主的冰盖（极冠）。

火星南北极有明显的极冠，曾被认为是由干冰组成，但实际上绝大部分为水冰，只有表面一层为干冰。这层干冰在北极约 1 m 厚，在南极则约 8 m 厚，是冬季时凝华而成，到夏季则再度升华进入大气，不过南极的干冰并不会完全升华。夏季仍存在的部分被称为永久极冠，而整体构造被称为极地层状沉积（polar layered deposits），与地球南极冰盖和格陵兰冰盖的冰层一样，为一层层的沉积构造。北极冠宽度达 1100 km，厚度达 2 km，体积约为 $82.1\times10^4 km^3$；南极冠宽度达 1400 km，最厚处达 3.7 km，体积约 $1.6\times10^6 km^3$（图 1.13）。两极冰冠皆有独特的螺旋状凹谷（图 1.14），主要是由光照与夏季接近升华点的温度使沟槽两侧水冰发生差异融解和凝结而逐渐形成的。由火星“奥德赛号”X 射线光谱仪的中子侦测器得知，自极区延伸至纬度约 60°的地方，表层 1 m 的土壤含冰量超过 60%，估计有更大量的水冻结在地下冰层中。火星地表遍布着类似流水的遗迹。一些规模较小的冲蚀沟，常分布于撞击坑壁，形态多样，其成因有两种观点：一种认为是由流水造成的；另一种认为是凹处累积的干冰促使了松软物质滑动。

与地球上的状况相比较，液态水在火星表面几乎不存在。现在火星表面环境因为大气压力（火星表面平均气压只有 600 Pa）和温度过低，会让液态水凝固而无法存在，因此火星上的水大多封存于冻土和极冠中，在火星表面没有足够的液态水可以形成水圈，只有极少量的水蒸气存在于火星大气层。目前已有许多直接和间接证据证明火星表面曾经有液态水存在于表面或地表下，如河床、被侵蚀的撞击坑和针铁矿等矿物都直接显示火星曾经存在液态水。在地球南极冰盖之下存在大量冰下湖泊，因此，目前火星上如果仍有液态水存在，很可能是以冰下湖的形式存在于冰冠之下。

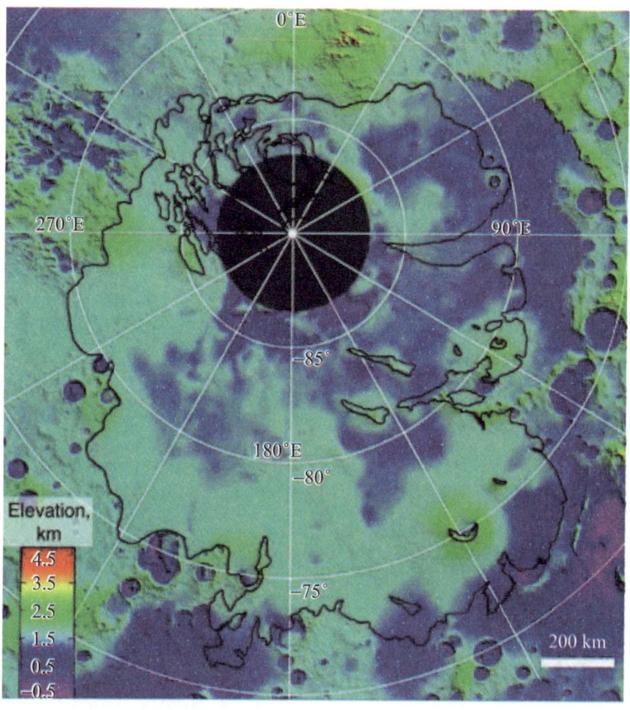

图 1.13　火星南极地下富水冰层状沉积下边界范围（源自：NASA/JPL/ASI/ESA/Univ. of Rome/MOLA Science Team/USGS）

Figure 1.13　Lower boundary of icy layered deposits covering Mars' south-polar region（from NASA/JPL/ASI/ESA/University of Rome/MOLA Science Team/USGS）

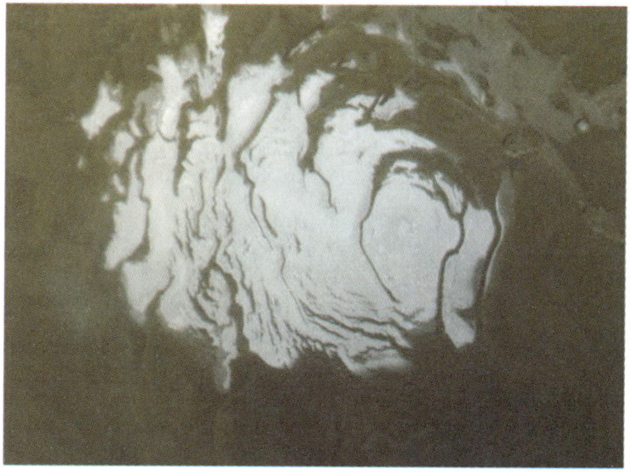

图 1.14　火星南极极冠（源自：NASA/JPL/MSSS，http://photojournal.jpl.nasa. gov/catalog/PIA02393）

Figure 1.14　The south polar cap of Mars（from NASA/JPL/MSSS，http://photojournal. jpl.nasa.gov/catalog/PIA02393）

1.5.2 火星水冰的证据

2005 年 7 月 28 日，欧洲航天局（ESA）公布了火星上一个撞击坑被水冰部分充填的照片（图 1.15）。该照片是由 ESA 火星快车号（Mars Express）上的高分辨率立体相机拍摄的。影像中显示了明显的一层冰位于火星北方大平原北纬 70.5°、东经 103°的撞击坑内。这个撞击坑直径约 35km，深度约 2 km。撞击坑底部和冰层表面高度差约 200 m。虽然没有指出这是冰湖，但目前的证据可以证明这是水冰，而且这一水冰在火星上是全年存在。水冰和冻土的沉积物在火星表面多个地方已被发现。

图 1.15　欧洲航天局火星快车拍摄的火星撞击坑内的水冰（源自：ESA/DLR/FU Berlin）

Figure 1.15　A photo of crater with water ice by Mars Express of European Space Agency（ESA）（from ESA/DLR/FU Berlin）

冰川在火星表面广大地区形成许多可以被观测到的地形特征，如图 1.16 所示。这些地区大多在高纬度，尤其是 Ismenius Lacus 区被认为仍然有大量的水冰。最近的证据让许多行星科学家相信水冰仍然在火星表面以冰川形式存在，且表面覆盖一层可以隔热的薄岩石。2010 年 3 月科学家释出了在都特罗尼勒斯桌山群（Deuteronilus Mensae）的雷达探测影像，在该区数米岩石下找到了冰存在的证据。一般认为冰川是和侵蚀地形、许多的火山，甚至是一些撞击坑一起出现。冰川表面上残余物的顶端显示了冰移动的方向。一些冰川的表面因为底下的冰升华的关系而相当粗糙。冰直接升华成水蒸气且留下空洞使冰川上的物质坍塌进了空洞。冰川并非只有冰，而是带有许多岩石和表土，冰川也会丢下其携带的物质形成类似山脊的地形，被称为冰碛。火星上有些地方有许多扭曲的冰碛群；可能是因为冰碛形成后又因为其他的运动改造而成。有些大块的冰从冰川脱落并且埋在地表以下，当这些冰融化时或多或少留下了一些空洞，在地球上这类地形被称为壶穴冰碛。

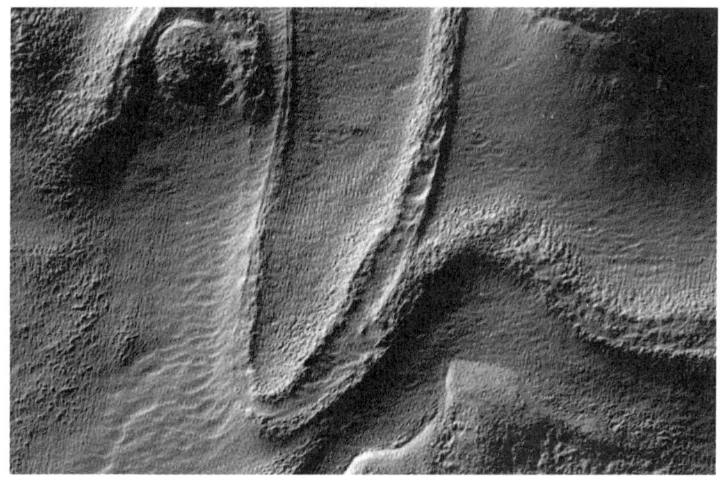

图 1.16 火星上的舌形冰川（源自：http://www.msss.com）

Figure 1.16 The tongue shape glacial of Mars（from http://www.msss.com）

许多科学家长年以来认为火星表面部分区域很像地球上的冰缘区，或者也可以说这些区域就是冻土区。许多观测显示有冰层存在于这类地区地下。在高纬度地区常可见到所谓的“多边形土”（图 1.17）。在地球上这种地形是因为土壤中的水分冻结和融化而引

图 1.17 “凤凰号”火星探测器在火星北极的登陆地点附近拍摄的多边形土（源自：NASA/Jet Propulsion Lab/University of Arizona）

Figure 1.17 A photo of polygonal ground by the phoenix Mars lander near the landing point the north polar of Mars（from NASA/Jet Propulsion Lab/University of Arizona）

起。地表下有冰的证据除了地表上明显特征以外，2001 年火星“奥德塞号”的伽马射线光谱仪的观测结果和“凤凰号”火星探测器的直接探测也提供了许多证据。

火星部分地形有贝状沉降的特征。这样的特征被认为是富含冰沉淀物的残余，贝状是因为冰从冻土中升华后留下的。这些覆盖物可能是当火星自转轴改变造成气候变化时，从大气中以冰的形式附着在尘埃上降下。这些贝状特征有数十米深，长度延伸数百至数千米，而形状几乎都是圆形或长椭圆形。有一部分地形看起来是由河流造成大规模凹坑地形，造成这种地形的原因可能是水冰从缝隙中升华。

另外，关于火星上曾存在液态水的证据，就是发现有特定的矿物，如赤铁矿和针铁矿，而这两者都需在有水环境才能形成。2008 年 7 月 31 日，美国国家航空航天局科学家宣布，“凤凰号”在火星上加热土壤样本时鉴别出有水蒸气产生，确认火星有水存在。

思 考 题

1. 冰冻圈科学的内涵和主要内容是什么？

2. 如何理解冰冻圈与气候系统其他圈层的关系？根据自己体会，简单谈谈冰冻圈和人类经济社会的关系。

3. 传统地质学将冰冻圈归到水圈，而气候系统将其列为一个独立圈层，为什么？

4. 联系“和平与发展是当今时代的主题”，谈谈你对冰冻圈在国家“一带一路”战略中意义的认识。

延 伸 阅 读

【代表人物】

1. 施雅风（1919~2011 年）

江苏海门人。地理学家，冰川学家，中国冰川冻土事业的开拓者。1980 年当选为中国科学院学部委员（院士）。1944 年浙江大学研究院史地所毕业，获硕士学位。中国科学院寒区旱区环境与工程研究所名誉所长、研究员，南京地理与湖泊研究所研究员；中国地理学会名誉理事长，国际冰川学会、国际第四纪联合会与皇家伦敦地质学会名誉会员。施雅风长期致力于冰川与地理环境的探索与研究。自 20 世纪 50 年代起，他多次领队进行祁连山、天山、喜马拉雅山、喀喇昆仑山冰川的考察，提出高亚洲冰川可分为海洋性温冰川、亚大陆性与极大陆性冷冰川等三大类型；领导编纂完成多卷中国冰川目录，详查了中国的冰川资源；在第四纪研究方面，提出青藏高原最大冰期出现在 60 万~80 万年前，但未形成统一冰盖；重建 2 万年前中国末次冰期的冰川范围与气候环境，认为青藏高原与东亚大陆在 3 万~4 万年前均盛行暖湿气候；关于中国东部是否有第四纪冰川发育的历史争议，他明确指出只有少数高山存在末次冰期的冰川遗迹，而庐山、黄山、北京西山等地的冰川遗迹均属误解；他开拓、倡导中国冻土与泥石流研究，并在西北水资源、第四纪环境演变、全球变暖对海平面上升的影响等研究领域都有重要贡献。发表论文 200 余篇，主编专著 20 余部。曾获国家自然科学奖一等奖、二等奖、三等奖和国家科学技术进步奖二等奖，中国科学院自然科学奖一等奖和多次二等奖，香港何梁何利基金科学技术进步奖，中国地理学会地理科学成就奖，甘肃省科技功臣奖，中国第四纪研究会功勋科学家奖。

2. B.A.库德里亚夫采夫

B.A.库德里亚夫采夫教授是苏联莫斯科大学冻土学派的创立者，在现代冻土学的许多领域中作出了重要贡献。早在 20 世纪 50 年代，B.A.库德里亚夫采夫继承并发展冻土学的地球物理研究方向，主张把冻土学中的地质地理方向与数学物理方向结合起来，应用热学观点研究冻土层的形成和发育。他认为冻土层是地壳表层在地质地理环境中与大气层热交换的产物，并随这一过程中各因子作用的改变而改变。他所提出的季节冻土成因分类获得苏联冻土学界的公认和肯定。他总结了前人对地质地理环境因子在冻土发育趋势和变化中的作用，并使这些因子成为判断冻土发育演化的依据。B.A.库德里亚夫采夫教授不仅对冻土学的基础理论有创造性的贡献，而且出色地把冻土学最新理论应用于生产实践。正是他提出了季节冻土层的调绘方法；他领导研究的 1∶20 万冻土水温地质勘测方法和规范，已由前苏联地质保矿部审定、公布，在冻土区推广使用。由于在这一领域中的杰出成就，1977 年荣获一等罗蒙诺索夫奖。

【经典著作】

The Global Cryosphere: Past, Present and Future

作者：　Roger G. Barry，Thian Yew Gan

出版社：剑桥大学出版社，　2011

内容简介：

这是一部介绍全球冰冻圈分布、分类、演化和未来变化的书籍。全书对冰川、冰盖、积雪、河冰、湖冰、冻土、海冰和冰山等冰冻圈主要要素做了详细介绍，重点是现状、变化和未来变化的预估。本书是 Barry 教授多年从事教学科研工作的经验和总结，时代原因，未涉及冰冻圈变化的影响、适应和可持续发展等现代问题。

全书共 458 页，分为四篇、十一章，四篇分别是：陆地冰冻圈、海洋冰冻圈、冰冻圈的过去与未来、冰冻圈的应用。该书内容丰富，材料翔实，还有许多专家学者传记，有彩图、照片、注释窗、名词解释等，是一部较全面反映冰冻圈科学全貌的英文专著，阅读该书对理解冰冻圈科学很有帮助，尤其适合大学高年级及以上学历从事环境科学、地理、地质、地貌、气候、水文水资源、海洋和气候变化科学等领域的科技人员阅读。

Roger Barry and Thian Yew Gan
THE
Global Cryosphere
Past, Present and Future
CAMBRIDGE

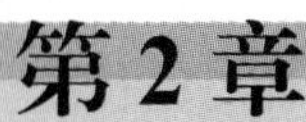

第2章 冰冻圈的分类和地理分布

主笔：效存德　温家洪

主要作者：刘时银　张廷军　马丽娟　张人禾　赵林　丁明虎

本章阐述冰冻圈要素的分类及其在全球的地理分布。先从全球尺度阐述陆地冰冻圈、海洋冰冻圈和大气冰冻圈的总体分布情况；在此基础上，着重针对冰川和冰盖、冻土、积雪、海冰、河冰与湖冰、固态降水等冰冻圈要素分述其分类和地理分布特点。对冰冻圈各要素地理分布的介绍，尽可能依次按全球、半球、中国的顺序展开。

2.1　冰冻圈的全球分布、组成与分类

2.1.1　冰冻圈分布的地带性

气候是决定冰冻圈形成、发育过程的首要因子。因此冰冻圈的分布总体上与特定的气候带相契合，具有一定的纬度地带性和垂直地带性规律。在全球尺度，根据冰冻圈形成和分布与陆地、海洋和大气的关联特点，可分为陆地冰冻圈、海洋冰冻圈和大气冰冻圈。陆地冰冻圈主要是指分布在大陆上的冰冻圈，如冰川、冰盖、冻土、积雪、河冰、湖冰等。海洋冰冻圈则主要是指海冰及其上覆积雪，另外，冰架、冰山和海底多年冻土也归入海洋冰冻圈。大气冰冻圈包括在大气圈内发育形成的冻结状的水体。根据冰冻圈地带性分布规律可以将陆地冰冻圈和海洋冰冻圈分开来看。

陆地冰冻圈的纬度地带性和垂直地带性：由于地球呈球形，太阳高度角不同导致太阳辐射沿纬度呈不均匀分布。太阳辐射的地带性分布直接和间接地反映在地球气候系统的各种过程中，它首先使各种大气过程和气象因素，如气温、气压、大气环流、蒸发、空气湿度、云量和降水等表现出地带性，作为这些因素之综合的气候最终也表现出地带性分布特征即地带性差异。陆地冰冻圈的分布具有明显随纬度变化的特征。冰冻圈的各种分量，如冰川、积雪、海冰、河冰、湖冰、季节冻土和多年冻土，主要分布在中高纬度，南极冰盖和格陵兰冰盖分别盘踞于南北半球高纬度陆地之上。陆地冰冻圈分布具有

明显的纬度地带性。

陆地冰冻圈的分布亦遵循垂直地带性规律。气温通常随山地高度增加而降低，降水与空气湿度在一定高度以下随海拔升高而递增，从而使自然环境及其成分发生垂直变化的现象，称为垂直地带性或垂直地带性。与纬度地带性不同，垂直带的温度随高度递减不是因太阳光线入射角的变化而导致太阳辐射量和气温的降低，而是因长波辐射的热辐射随高度增加迅速加强而导致辐射平衡和气温的下降。通常只要有足够的相对高度，山地就会出现高度地带的分异。由于冰冻圈各组成要素受温度影响显著，所以陆地冰冻圈具有明显的垂直地带性。冰雪带和寒漠带均分布于垂直地带的最高一个带中。这个带又受纬度地带控制，因而在地球不同纬度上处于不同的高度（图 1.8）。在山地和高原地区这种现象尤为突出，如赤道附近的乞力马扎罗山顶部终年被冰雪覆盖。在青藏高原地区，由于海拔高，气候严寒，分布了除海冰以外的冰冻圈各要素，如冰川、冻土、积雪、河冰和湖冰等。垂直地带性是中尺度的地域分异规律，同时受大尺度地域分异规律的制约。山地高度自然带谱的结构类型与基带（山体所在地理位置）及山地高度等有密切关系。在青藏高原地区，冰冻圈要素分布受海拔影响显著，同时纬度地带性和海陆分布也会产生一定的影响。例如，在青藏高原北部昆仑山垭口东侧煤矿冰川多年平均粒雪线为 5060 m，昆仑山北麓西大滩地区多年冻土分布下界海拔为 4360 m；在青藏高原南部唐古拉山小冬克玛底冰川多年平均粒雪线为 5620 m，唐古拉山南麓的安多北多年冻土下界海拔在 4780 m；在东部，阿尼玛卿山的雪线高度在 4950~5200 m，多年冻土下界在 4000~4050 m；在西部西昆仑地区，雪线海拔在 5600~6000 m，多年冻土下界海拔在 4550 m 左右。

海洋冰冻圈的纬度地带性：与陆地冰冻圈受控于纬度效应一样，海洋冰冻圈（主要是指海冰及其上覆积雪）亦如此。极区的热量主要来自太阳，高纬度太阳辐射随纬度变化而变化，纬度越高，获得的太阳辐射能越少，因而，海冰的分布具有很强的纬度地带性。比如，南大洋海冰在冬季的扩展以及夏季的消退，就显示了空间上显著的纬度地带性。与陆地冰冻圈不同，由于海洋冰冻圈受控于海洋，它的分布没有垂直地带性。

2.1.2　冰冻圈的组成和分布特征

冰冻圈的主要组成（要素）包括冰川、冰盖、冻土、积雪、海冰、冰架、冰山、河冰和湖冰以及固态降水等（图 2.1）。

北半球积雪范围在 1 月达到最大值，1964~2004 年平均为 45.2×10^6 km^2，在 8 月最小，平均为 1.9×10^6 km^2。在 11 月至翌年 4 月，积雪覆盖了北半球陆地面积的 33%以上，其中 1 月达到了 49%的覆盖率。南半球积雪主要分布在南美洲南部，新西兰南岛和澳大利亚东部高山区。南半球因为陆地分布不连片，积雪在空间上也不连续。积雪在气候系统中的作用随着纬度和季节的变化而变化，包括与反照率等有关的强的正反馈，以及与水分存储、潜热和地表绝热作用相关的弱反馈作用。

高纬度的河流和湖泊在冬季被冰覆盖，尽管与其他冰冻圈组成部分相比体积和表面积都很小，但在淡水生态系统、冬季交通、桥和管道方面扮演了重要角色。因此，其厚

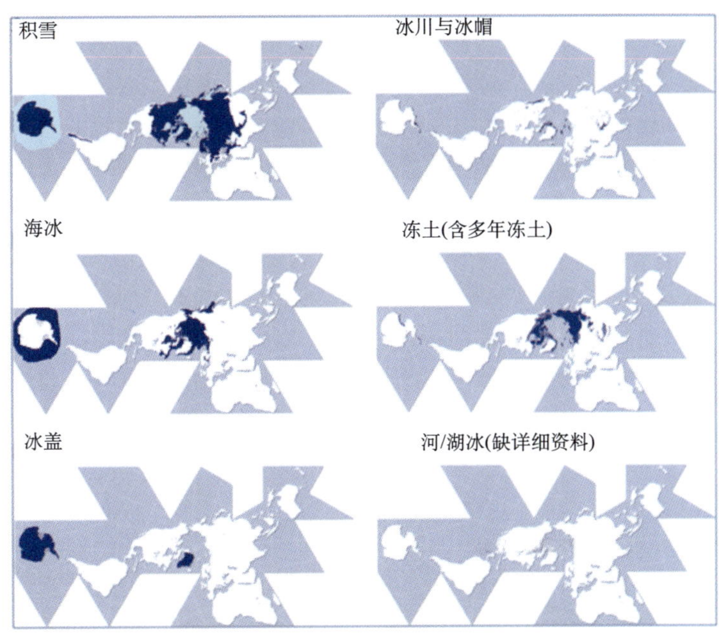

图 2.1 全球冰冻圈各要素（深蓝色）的地理分布（UNEP, 2007）

Figure 2.1 Distribution of major cryospheric components（dark blue）（after UNEP, 2007）

度和持续时间对自然环境和人类活动都会产生重要影响。河冰的解冻破碎常常形成“冰塞”（碎冰堆积形成的堵塞）；这种堵塞阻碍了水的流动，可能导致严重的洪水。

陆地上的冰冻圈储存了全球 75%的淡水。格陵兰与南极冰盖存储的水当量可使海平面分别上升约 7.36 m 和 58.3 m。陆地冰量的变化已经导致了最近几年海平面高度的变化。冰川和积雪还是重要的淡水来源。

目前，冰覆盖了陆地表面的 10%，南极和格陵兰占了主要部分（表 1.1）。从年平均看，7%的海洋表面由冰覆盖。在隆冬季节，北半球 49%的陆地表面被积雪覆盖。冻土是冰冻圈组成中面积最大的要素（图 2.1）。基于其动力和热力的特征，冰冻圈不同组成部分的变化发生在不同的时间尺度。

北极海冰最大范围达到 $15\times10^6\,km^2$，而在夏季最小只有 $6\times10^6\,km^2$ 左右。南极海冰季节变化更大，冬季最大范围超过 $18\times10^6\,km^2$，而夏季最小范围只有 $3\times10^6\,km^2$ 左右。大部分的海冰都是移动的“浮冰群”中的一部分，在风和表面洋流的作用下，在极地海洋中漂流。浮冰在厚度、冰龄、雪的覆盖以及开阔水域的分布等都极不均匀。空间尺度在几米到几百千米。

2.1.3 海洋冰冻圈、陆地冰冻圈和大气冰冻圈

从冰体生成和下垫面角度，我们将全球冰冻圈大致分为 3 类：海洋冰冻圈（marine cryosphere）、陆地冰冻圈（continental cryosphere）及大气冰冻圈（aerial cryosphere）。

海洋冰冻圈有两种来源的定义，WCRP/CliC 仅指海冰及其上覆积雪，IPCC AR5 WGI（2013）则定义除了海冰及其上覆积雪之外，冰架和冰山也属于海洋冰冻圈。除了上述三要素外，我们认为海底多年冻土（submarine permafrost or subsea permafrost）也应归入海洋冰冻圈。这样，海洋冰冻圈就是指海冰及其上覆积雪，冰架与冰山，以及海底多年冻土。海冰是海洋冰冻圈的主体，全球海冰的覆盖范围为 19×10^6~27×10^6 km^2。在北半球，海冰的南界可达中国的渤海（约 38°N），在南半球，海冰主要出现在环南极海域，其北界可达 55°S（图 2.2）。全球 15%的海洋面积在一年中存在发育时间长短不一的海冰。

海洋冰冻圈由于主要位于地球两极，伴随着太阳高度角的变化，冬夏之间范围变化很大，通过反照率极大地影响地球能量平衡；海洋冰冻圈的主体海冰通过析出盐分，生成重而冷的下沉水，驱动全球洋流。此外，海洋冰冻圈对航海、生物栖息地等有重要影响。

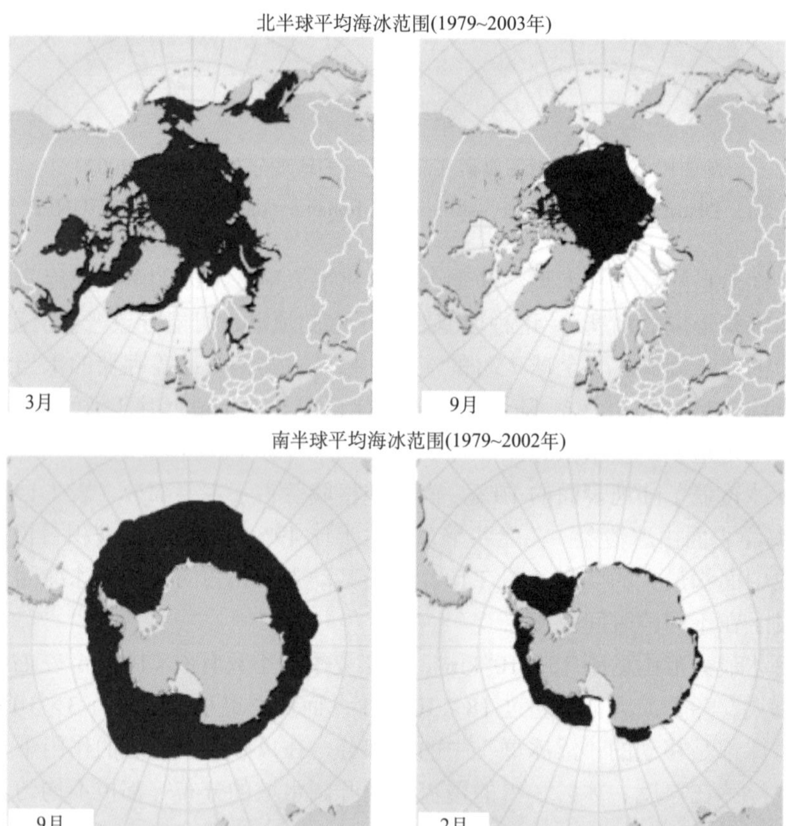

图 2.2　海洋冰冻圈的主体——海冰的平均范围（UNEP, 2007）

Figure 2.2　Distribution of the main part of marine cryosphere in the north and south hemispheres（after UNEP, 2007）

在北半球，冬季（3 月）海冰范围最大，夏季（9 月）海冰范围最小；南半球相反

陆地冰冻圈是指形成并存在于陆地表面的冰冻圈，包括冰盖、冻土（不包括海底多年冻土)、冰川、积雪、河冰和湖冰等主要组分。与海洋冰冻圈不同的是，除少数咸水湖上的湖冰之外，陆地冰冻圈的水体多为淡水。陆地冰冻圈是全球水循环的重要组分，也是重要环节。一是对海平面变化和大洋环流具有重要影响，陆地冰冻圈水量的释放会造成海平面上升，相反，陆地冰冻圈的生成和增长则导致海平面下降；冰盖的淡水释放生成大洋冷水，是全球海洋环流的重要驱动力之一。二是陆地冰冻圈融水径流是陆地水循环的重要一环，往往是大江大河的源头，也是重要的水资源；积雪的季节交替变化不但具有水循环效应，还具有重要的气候效应。三是陆地冰冻圈融水的突发性释放常常具有灾害效应，导致冰湖溃决、山区春汛、河流凌汛以及陆面融沉坍塌等。

大气冰冻圈是指存在于大气圈内的固态水体，也称为固态降水。大气冰冻圈主要包括降雪、冰雹、霰等。但如冰雹等却是夏季强对流天气造成。因此，大气冰冻圈实际上分布于任何季节。冰雹是重要的致灾因子。

2.2　陆地冰冻圈的分类与分布

本节以陆地冰冻圈的主要成员：冰川，冻土，冰盖，以及河冰和湖冰为主，分别介绍其分类与分布。

2.2.1　冰川与冰盖的分类与分布

冰川是指陆地表面由雪或其他固态降水积累演化（通过压缩、重结晶、融化再冻结等）而形成的、在自身重力作用下通过内部应变变形或者沿底部界面滑动等方式运动着的多年存在的巨大冰体。根据规模不同，通常将冰川分为山地冰川（简称冰川）和冰盖，以下予以分述。

1. 冰川分类

地球上的山地冰川数量众多，类型多样，可以按形态分类，也可按地理分类，或按物理性质分类等，但常见的是形态分类和物理分类。此节首先介绍冰川的形态分类，然后给出冰川的物理分类，最后简要介绍中国的冰川类型。

1）冰川形态分类

按照冰川的形态和规模，地球上的冰川基本上可分为两类，即冰盖和冰川。

冰盖（ice sheet)。也称为大陆冰盖，简称冰盖，是指面积大于 5×10^4 km^2 的冰川，不受地形约束。冰盖几乎不受下伏地形的影响，自中心向四周外流。目前地球上有南极冰盖和格陵兰冰盖。在气候寒冷，有一定降雪量的高纬地区，发育有除少数山峰突出冰面外（冰原岛山)，全部地面几乎被厚达数百米至数千米连续冰雪覆盖的盾形冰体。因为冰盖是冰川的特殊形式，下文将对其分类和分布单独论述。

冰川（glacier）。地球上由降雪和其他固态降水积累、演化形成的处于流动状态的冰体均称为冰川。除冰盖之外的冰川是一种完全受地形约束的冰川，其规模与厚度远不及冰盖。冰川是对除冰盖外陆地冰川的统称，包括冰帽、冰原、山地冰川等。不同地区、不同地形条件下，冰川形态各异，规模不等。在南半球高纬地区的一些岛屿上发育的冰川，面积小于 5×10^4 km^2，冰面呈水平状，没有明显的穹状，其冰厚度不足以完全遮蔽冰下的地形，这种形态的冰川称为冰原。冰川面积明显小于冰原，整体为穹隆状，呈放射状向四周流动的一类冰川称为冰帽。具有从粒雪盆伸入谷地，有狭窄而长大冰舌的一类冰川，称为山谷冰川；短小而仅占据单一谷盆的山谷冰川，称为冰斗冰川；由冰盖、冰原或冰帽外流，形态上具有山谷冰川的特点，通常分布在冰原或冰帽周围地形比较低洼地区的冰川，称为溢出冰川。还有一类冰川称为山地冰川（mountain glacier），该用法除指代山地（岳）冰川外，在冰川编目分类中还指形态上类似于斗状、壁龛状、火山口状等形态类型的冰川。

冰川形态分类是在上述分类基础上延伸的，主要划分为

悬冰川（hanging glacier）：悬贴于山坡而不能下伸到山麓的冰川。

坡面冰川（slope glacier）：坡度与悬冰川相比较为平缓，规模一般大于悬冰川，受到地形限制不明显的一类冰川。

冰斗-悬冰川（hanging cirque glacier）：是指超出冰斗范围的悬冰川。

冰斗冰川（cirque glacier）：发育在山坡或谷源呈围椅状洼地中的冰川。

冰斗-山谷冰川（cirque valley glacier）：是指超出冰斗范围而延伸到山谷的冰川。

山谷冰川（valley glacier）：是指延伸到山谷，随山谷地形展布的冰体。其形态多样，可分为单式山谷冰川、复式山谷冰川、树枝状山谷冰川和网状山谷冰川，还有一些特殊的类型。若干冰流汇合，常造成彼此并列或相互重叠的冰川组合。

峡湾冰川（fjord glacier）：类似于山谷冰川，也是发育在山谷中，但没有明显的粒雪盆，形态表现为明显的细长特征。

冰帽（ice cap）：外形与冰盖相似，规模较小而穹形更为突出的覆盖型冰川，冰体从中心向四周呈放射状漫流。有高原冰帽和岛屿冰帽之分。一类冰帽型冰川为平顶冰川，周围一般均是陡峻的山坡甚至悬崖，其顶部十分平坦，坡度一般小于 10°。

2）冰川物理分类

主要根据冰川冰的温度状况或热力特征进行划分，有多种分类形式。

拉加里分类：拉加里根据冰川活动层（由冰川表面以下 15~20 m 深度内，参见第 4 章）以下的恒温层的热力特征，将冰川分为暖型、过渡型和冷型冰川 3 类。暖型冰川是指冰川表层到底部具有相应压力下的冰融点温度；冷型冰川是指活动层以下直到底部为低于冰融点的温度所控制；过渡型冰川是指表层温度处于零度以下，而接近底部的冰体达到相应的压力融点温度的一类冰川。

阿夫修克分类：阿夫修克根据冰川所处的气候条件和冰川温度状况，将冰川分为 5

类：①干极地型——整个冰层温度低于融点，并稍低于当地年平均气温；②湿极地型——夏季气温高于 0℃，冰川浅表层接近 0℃，有少量融水形成；③湿冷型——冰的平均温度高于年平均气温，但仍低于零度，融水可渗至活动层底部；④海洋型——冰体热状况取决于融水，活动层温度夏季为 0℃，冬季随深度负温，活动层上部温度低于下部，深层全部为零温；⑤大陆型——辐射强烈、降水稀少，各深度冰温低于零度。表层 5~10 cm 深度内夏季可达 0℃，下部冰体恒为负温。

阿尔曼分类：属地球物理分类法。阿尔曼根据冰川上部的物质结构和冰川温度状况，将冰川分为温（temperate）冰川、亚极地（sub polar）冰川和高极地（high polar）冰川 3 类。温冰川是指融水渗浸再结晶作用强烈，整个冰体温度处于压力融点，只有冬季上层几米处于负温；极地冰川的绝大部分冰体处于负温，高极地冰川的积累区由厚度很大的负温粒雪组成，夏季通常也无融化；亚极地冰川的积累区由厚 10~20 m 的粒雪组成，夏季温度接近零度，有融化现象。

3）中国的冰川类型

参考国际不同分类，中国现代冰川划分为大陆型和海洋型，其中大陆型冰川进一步划分为极大陆型冰川和亚大陆型冰川。利用观测冰川各类物理指标进行聚类分析，制定出极大陆型、亚大陆型和海洋型冰川亚类间的阈值标准，以划分中国不同类型冰川的分布范围。基于这些研究，总结出中国 3 类冰川具有以下特征和分布状态：

海洋型冰川或温型冰川。平衡线高度年降水量可达 1000~3000 mm，年平均气温高于−6℃，夏季 6~8 月平均气温 1~5℃，冰温−1~0℃。冰川运动速度快，年运动速度 100 m 以上；冰面消融强度大，冰舌下端年消融深达 10 m 等。主要分布于念青唐古拉山东段、横断山和喜马拉雅山东段。

亚大陆型或亚极地型冰川。平衡线高度年降水量 500~1000 mm，年平均气温−6~12℃，夏季 6~8 月平均气温 0~3℃，冰层温度 20 m 深以内为−10~−1℃。冰川运动速度较快，平均 5~100 m；冰面年消融深 2~8 m。主要分布于青藏高原除藏东南外的外围山地、帕米尔高原、天山和阿尔泰山。

极大陆型或极地形冰川。平衡线高度年降水量 200~500 mm，年平均气温低于−10℃，夏季 6~8 月平均气温低于−1℃。冰川运动速度较慢，年平均 30~50 m；冰舌年消融深 1~2 m。主要分布于青藏高原内部、祁连山西段。

2. 冰川的全球分布

据 IPCC AR5 统计，除冰盖外，全球有冰川（含冰帽）168 331 条，冰川总面积 726258 km^2，储量在 113915~191879 Gt，对海平面上升潜在贡献量 412 mm，其数量和分布见表 2.1 和图 2.3，具有如下分布特征：

（1）北半球是全球山地冰川分布最多的地方。这里分布有现代冰川 143450 条，冰川面积 560915 km^2，冰川冰储量 82270~141762 Gt（水当量），对海平面上升贡献量 301.4 mm，冰川条数、面积、储量和海平面贡献量分别占全球山地冰川总量的 85.2%、77.23%、

72.2%~73.9%和 73.2%。

（2）中低纬地区冰川数量要比高纬地区多，但冰川面积、冰储量及对海平面当量则高纬（50°以上）地区要大。例如，北半球中低纬（图 2.3 和表 2.1 中 2、11、12、13）有冰川 87360 条，冰川面积 137849 km^2，冰储量 9103~12900 Gt，对海平面上升贡献量 33 mm；而 50°N 以北的高纬地区，分布有冰川 56090 条，要较中低纬度地区少，但冰川面积 423065 km^2，冰储量 72567~126759 Gt，其海平面当量为 268.4 mm，均要大于北纬 50°以南中低纬地区。南半球中低纬（图 2.和表 2.1 中 16、18）地区分布有冰川 21607 条，冰川面积 33076 km^2，冰储量 4421~6345 Gt，相当于海平面上升量 14.2 mm；而 50°S 以南高纬地区，分布有山地冰川 3274 条，冰川面积 132267 km^2，冰储量 27224~43772 km^3，及对海平面上升贡献量 96.3 mm，较南半球中低纬地区大。

表 2.1　全球山地冰川的数量分布

Table 2.1　The 19 regions used in IPCC AR5 and their respective glacier numbers and area（absolute and in percent）

编号	地区名称	冰川条数/条	冰川面积/km^2	最小冰储量/Gt	最大冰储量/Gt	海平面当量/mm
1	阿拉斯加	32112	89267	16168	28021	54.7
2	加拿大西部与美国	15073	14503.5	906	1148	2.8
3	加拿大北极地区北部	3318	103990.2	22366	37555	84.2
4	加拿大北极地区南部	7342	40600.7	5510	8845	19.4
5	格陵兰	13880	87125.9	10005	17146	38.9
6	冰岛	290	10988.6	2390	4640	9.8
7	斯瓦尔巴群岛	1615	33672.9	4821	8700	19.1
8	斯堪的纳维亚	1799	2833.7	182	290	0.6
9	俄罗斯北部	331	51160.5	11016	21315	41.2
10	亚洲北部	4403	3425.6	109	247	0.5
11	欧洲中部	3920	2058.1	109	125	0.3
12	喀斯喀特	1339	1125.6	61	72	0.2
13	亚洲中部	30200	64497	4531	8591	16.7
14	南亚西部	22822	33862	2900	3444	9.1
15	南亚东部	14006	21803.2	1196	1623	3.9
16	低纬地区	2601	2554.7	109	218	0.5
17	安第斯山南部	15994	29361.2	4241	6018	13.5
18	新西兰	3012	1160.5	71	109	0.2
19	南极及亚南极地区	3274	132267.4	27224	43772	96.3
总计		168331	726258.3	113915	191879	411.9

资料来源：IPCC AR5 WGI, 2013

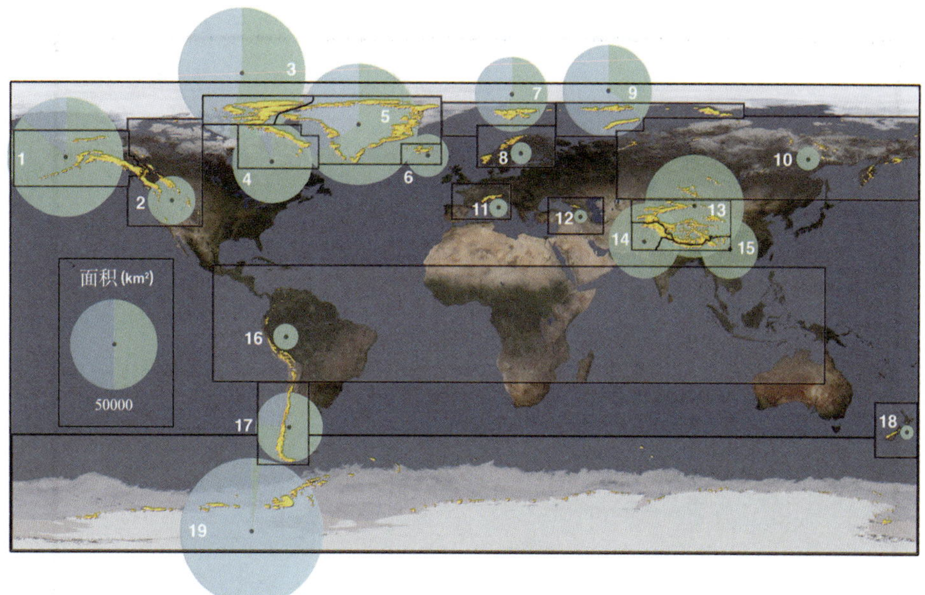

图 2.3　全球冰川（不包括冰盖）19 个主要分布区分布示意图（IPCC AR5 WGI, 2013）

Figure 2.3　Main distribution of global 19 glacier regions (excluding ice sheet) (after IPCC AR5 WGI, 2013)

图中数字为分区序号（1.阿拉斯加, 2.加拿大西部和美国, 3.加拿大北极（北部）, 4.加拿大北极（南部）, 5.格陵兰周边, 6.冰岛, 7.斯瓦尔巴群岛, 8.斯堪的纳维亚, 9.俄罗斯北极, 10.亚洲北部, 11.中欧, 12.高加索和中东, 13.中亚, 14.南亚（西部）, 15.南亚（东部）, 16.低纬度地区, 17.南安第斯山, 18.新西兰, 19.南极和亚南极地区）

3. 中国现代冰川分布

按照冰川发育的气候条件，中国现代冰川可划分为海洋型冰川、大陆型冰川和极大陆型冰川的类型（图 2.4）。在气候变暖的今天，以前划分的类型边界是否应调整，则需要新的调查后方可进行，目前尚不具备这样的资料储备。

经第一次中国冰川编目数据的最新修订统计，第 2 次冰川编目的最新统计表明：中国冰川条数共 48571 条，面积 51766.08 km^2，冰储量（4494.00±175.93）km^3。其中，第二次冰川编目共解译出冰川 42370 条，面积 43012.58 km^2，若按中国第一次冰川编目中这些冰川覆盖范围计算，占全国冰川总面积的 85.53%。无现状冰川编目的地区，利用地形图数字化结果作为替代，以第一次冰川编目替代的冰川共 6201 条，面积 8753.50 km^2，主要分布在西藏自治区的林芝、山南、那曲和昌都 4 个地市以及云南怒江傈僳族自治州。

就各山系而言，昆仑山、念青唐古拉山、天山、喜马拉雅山和喀喇昆仑山是中国冰川分布比较多的山系，统计表明（表 2.2），分布在昆仑山山系的冰川数量最多（8922 条），面积和冰储量也最大（11524.13 km^2、1106.34 km^3），其数量、面积和冰储量占全国冰川各自总量的 18.37%、22.26%和 24.62%；天山山系冰川数量仅次于昆仑山而位居第 2，但其面积和冰储量低于昆仑山和念青唐古拉山而位居第 3。除上述 3 座山系外，喜马拉雅山和喀喇昆仑山冰川数量均在 5000 条以上，这 5 座山系共分布了冰川 35104 条，面积 41072.75 km^2，约分别占中国冰川相应总量的 3/4 和 4/5。羌塘高原深居青藏高原腹地，

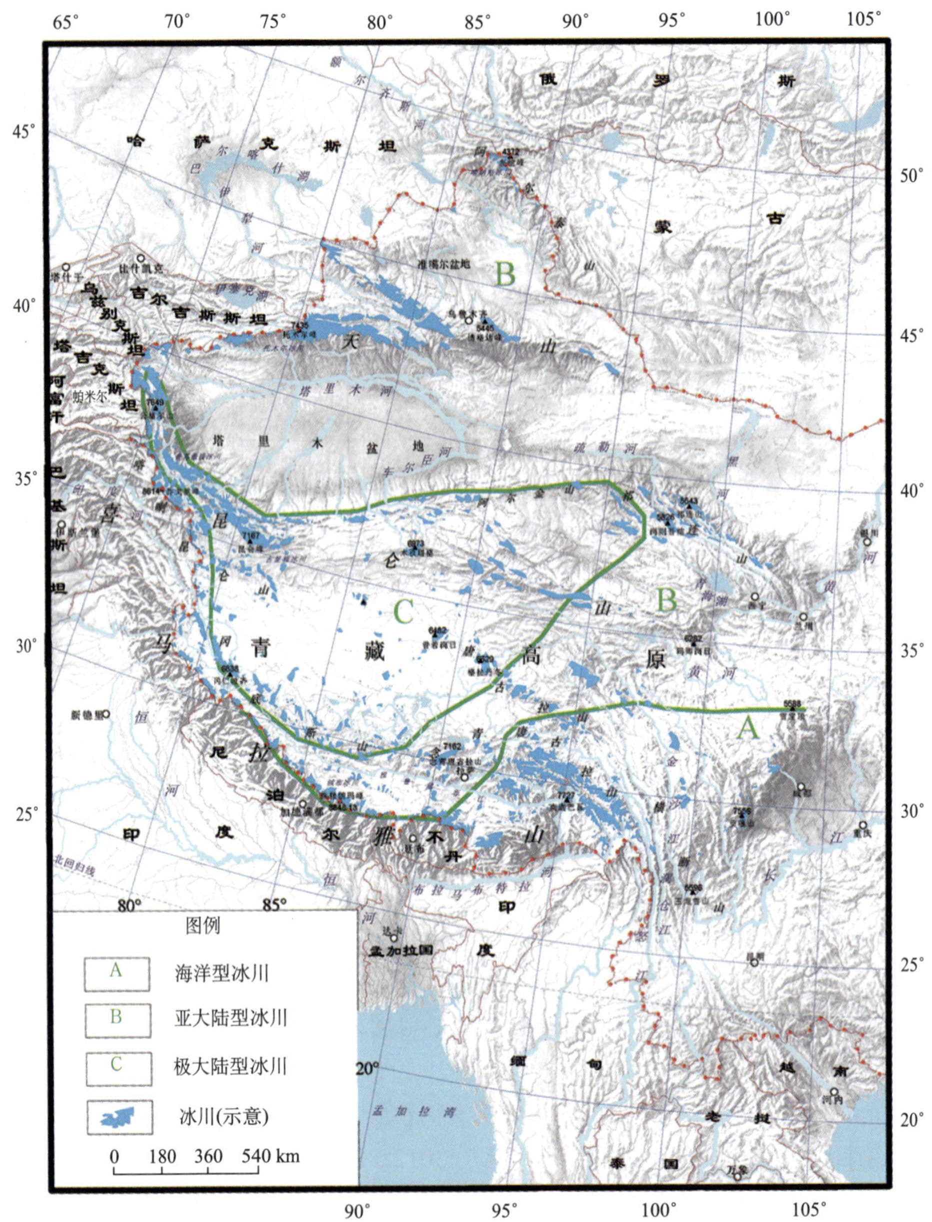

图 2.4　中国冰川分布的主要山脉、雪线高度和冰川类型示意图（施雅风，2005）

Figure 2.4　The distribution of different types of glaciers in western China（after Shi, 2005）

其上分布若干海拔 6000 m 以上的较为平坦的山峰，以这些山峰为中心发育了普若岗日、藏色岗日、土则岗日、金阳岗日等较大放射状冰帽冰川，这些山区发育有规模较大的冰川（≥2.00 km^2），大冰川的面积占该区域冰川总面积的 78.64%，小冰川数量虽多但面积仅占 21%左右，大面积冰川使冰川平均面积可达 1.65 km^2，从而成为中国冰川平均规模最大的高原（山系）。帕米尔高原冰川数量虽仅有 1612 条，但冰川总面积高达 2159.62 km^2，冰川平均规模达到 1.34 km^2，仅次于羌塘高原和念青唐古拉山（1.39 km^2）。世界最高峰——珠穆朗玛峰（8844.43 m）所在的喜马拉雅山虽然非常高峻，但由于山脊较狭窄而限制了冰川扩展，冰川平均面积只有 1.12 km^2，与喀喇昆仑山冰川平均规模类似。相比较而言，冈底斯山冰川数量尽管较多（3703 条），但总面积为帕米尔高原冰川面积的一半多，冰川平均面积仅有 0.35 km^2，是中国冰川平均规模最小的山系。冰川数量和面积最少的 3 座山系分别为穆斯套岭、阿尔泰山和阿尔金山，冰川平均规模均在 0.75 km^2 以下。

表 2.2 中国西部各山系（高原）冰川数量统计

Table 2.2 The statistics of glaciers in the mountains in western China

山系（高原）	数量		面积		冰储量	
	数量/条	比例/%	面积/km^2	比例/%	储量/km^3	比例/%
阿尔泰山	273	0.56	178.79	0.35	10.50±0.21	0.23
穆斯套岭	12	0.02	8.96	0.02	0.40±0.03	0.01
天山	7 934	16.33	7 179.77	13.87	707.95±45.05	15.75
喀喇昆仑山	5 316	10.94	5 988.67	11.57	592.86±34.68	13.19
帕米尔高原	1 612	3.32	2 159.62	4.17	176.89±4.63	3.94
昆仑山	8 922	18.37	11 524.13	22.26	1 106.34±56.60	24.62
阿尔金山	466	0.96	295.11	0.57	15.36±0.65	0.34
祁连山	2 683	5.52	1 597.81	3.09	84.48±3.13	1.88
唐古拉山	1 595	3.28	1 843.91	3.56	140.34±1.70	3.12
羌塘高原	1 162	2.39	1 917.74	3.70	157.29±3.11	3.50
冈底斯山	3 703	7.62	1 296.33	2.50	56.62±3.43	1.26
喜马拉雅山	6 072	12.50	6 820.98	13.18	533.16±8.71	11.87
念青唐古拉山	6 860	14.12	9 559.20	18.47	835.30±31.30	18.59
横断山	1 961	4.04	1 395.06	2.69	76.50±2.41	1.70
总计	**48 571**	**100.00**	**5 1766.08**	**100.00**	**4 494.00±175.93**	**100.00**

资料来源：刘时银等, 2015

按照国际冰川流域编目规范，中国西部山地冰川分布区域首先划分为内流区和外流区，次分为 10 个一级流域（表 2.3）和 29 个二级流域。根据统计，中国内流区和外流区冰川数量分别为 28912 条和 19659 条，相应面积为 31242.58 km^2（60.35%）和 20 523.50 km^2（39.65%）。在 10 个一级流域中，东亚内流区（5Y）冰川数量最多，面积和冰储量亦最大，分别占中国冰川总量的 42.03%、43.30%和 47.04%；其次是中国境内的恒河-雅鲁藏布江流域（5O），其冰川条数、面积、冰储量分别占中国冰川总量的 26.03%、30.36%和 29.08%。冰川分布数量最少和冰川规模最小的一级流域是黄河水系（5J），仅有冰川 164 条，面积 126.72 km^2，冰储量 8.53 km^3。从冰川平均面积来看，恒河-雅鲁藏布江流域（5O）最大（1.24 km^2），其次是青藏高原内流区（5Z），为 1.14 km^2；东亚内流区（5Y）和长江流域（5K）冰川平均面积持平，为 1.10 km^2；中国境内印度河上游（5Q）和发源于唐古拉山东段的湄公河流域（5L，中国境内称为澜沧江）冰川平均规模最小，分别为 0.46 km^2 和 0.49 km^2。

表 2.3　中国各水系冰川数量统计

Table 2.3　The statistics of glaciers in different watersheds in China

分区	一级流域（编码）	数量		面积		冰储量	
		数量/条	比例/%	面积/km^2	比例/%	储量/km^3	比例/%
内流区	中亚内流区（5X）	2 122	4.37	1 554.70	3.00	106.00±0.27	2.36
	东亚内流区（5Y）	20 412	42.03	22 414.58	43.30	2 113.98±112.51	47.04
	青藏高原内流区（5Z）	6 378	13.13	7 273.30	14.05	662.06±27.78	14.73
	合计	**28 912**	**59.53**	**31 242.58**	**60.35**	**2 882.04±140.56**	**64.13**
外流区	鄂毕河（5A）	279	0.57	186.12	0.36	10.84±0.23	0.24
	黄河（5J）	164	0.34	126.72	0.24	8.53±0.03	0.19
	长江（5K）	1 528	3.15	1 674.69	3.24	117.24±0.14	2.61
	湄公河（5L）	469	0.97	231.32	0.45	11.15±0.55	0.25
	萨尔温江（5N）	2 177	4.48	1 479.09	2.86	91.88±0.86	2.04
	恒河-雅鲁藏布江（5O）	12 641	26.03	15 718.65	30.36	1 306.95±38.01	29.08
	印度河（5Q）	2 401	4.94	1106.91	2.14	65.37±1.11	1.45
	合计	**19 659**	**40.47**	**20 523.50**	**39.65**	**1 611.96±35.37**	**35.87**
总计		**48 571**	**100.00**	**51 766.08**	**100.00**	**4 494.00±175.93**	**100.00**

资料来源：刘时银等, 2015

从一级流域冰川规模等级组成（图 2.5）来看，面积≥100.0 km^2 的冰川仅分布在东亚内流区（5Y）、青藏高原内流区（5Z）和恒河-雅鲁藏布江流域（5O）3 个流域，其中东亚内流区（5Y）数量最多（14 条），面积亦最大（2681.49 km^2）；恒河-雅鲁藏布江流域（5O）和青藏高原内流区（5Z）各分布有 4 条面积≥100 km^2 的冰川，但前者面积（673.33 km^2）略高于后者（623.09 km^2）。鄂毕河（5A）、黄河（5J）、湄公河（5L）、萨尔温江（5N）和印度河（5Q）5 个一级流域没有面积≥50.0 km^2 的冰川分布，其中鄂毕河流域（5A）仅分布 1 条面积为 20.0~50.0 km^2 的冰川，即喀纳斯冰川（25.47 km^2）；湄公河流域（5L）单条冰川面积均小于 20.0 km^2；黄河流域（5J）面积≥10.0 km^2 的冰川仅有 3 条，即哈龙冰川（20.61 km^2）、耶和龙冰川（17.63 km^2）和唯格勒当雄冰川（12.53 km^2）。整体而言，除印度河流域（5Q）冰川数量以面积<0.1 km^2 居多之外，其他 9 个一级流域均以面积为 0.1~0.5 km^2 的冰川数量最多；除青藏高原内流区（5Z）、黄河流域（5J）、湄公河流域（5L）和萨尔温江（5N）4 个流域冰川面积分别以 20.0~50.0 km^2、10.0~20.0 km^2、1.0~2.0 km^2 和 0.1~0.5 km^2 最多之外，其他流域冰川面积最多的等级均为 2.0~5.0 km^2。

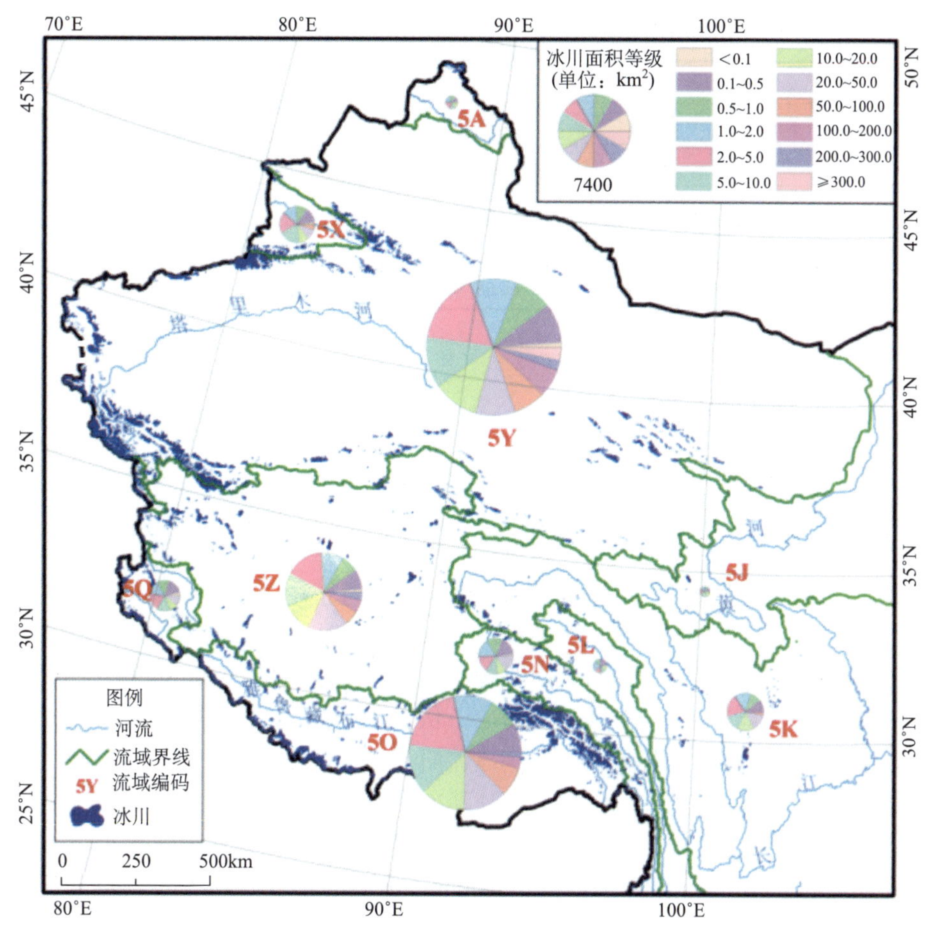

图 2.5　中国一级流域冰川规模分布（刘时银等, 2015）

Figure 2.5　Glacier area rank distribution of first level watersheds in glacier inventory（after Liu et al., 2015）

中国冰川资源分布在新疆、西藏、青海、甘肃、四川和云南 6 省（自治区）（表 2.4）。考虑到行政区划的变更，第二次中国冰川编目数据统计时参考最新的行政区划界线。从冰川数量来看，西藏自治区最多，其次是新疆维吾尔自治区，中国 22 条面积≥100 km^{2}的冰川都分布在这两个自治区，二者冰川数量和面积可占全国冰川总量的 87.62%和 89.67%。

表 2.4　中国西部 6 省（自治区）冰川数量统计

Table 2.4　The statistics of glaciers of six provinces（autonomous regions）in western China

省（自治区）	数量		面积		冰储量	
	数量/条	比例/%	面积/km^2	比例/%	储量/km^3	比例/%
西藏	21 863	45.01	23 795.78	45.97	1 984.78±61.22	44.17
新疆	20 695	42.61	22 623.82	43.70	2 155.82±116.60	47.97
青海	3 802	7.83	3 935.81	7.60	274.74±0.32	6.11

续表

省（自治区）	数量		面积		冰储量	
	数量/条	比例/%	面积/km^2	比例/%	储量/km^3	比例/%
甘肃	1 538	3.17	801.10	1.55	39.90±1.76	0.89
四川	611	1.26	549.12	1.06	35.02±0.38	0.78
云南	62	0.13	60.45	0.12	3.74±0.07	0.08
总计	**48 571**	**100.00**	**51 766.08**	**100.00**	**4494.00±175.93**	**100.00**

4. 冰盖的分类与分布

冰盖是指面积大于 5×10^4 km^2 的巨大冰川体，是陆地冰川的特殊类型。冰盖通常呈穹状，冰流轨迹呈辐散状从冰盖中心地带（分冰岭）流向冰盖边缘。

对于冰盖，目前只以面积达到一定规模而定义，对其类型的研究尚少。对当今现存的南极冰盖和格陵兰冰盖，只从其底部基底的性质认为存在两种不同稳定度的冰盖，即以海洋为基底的冰盖，指的是西南极冰盖。东南极冰盖和格陵兰冰盖均属于以陆地为基底的冰盖。我们不妨将冰盖分为两类，即海基冰盖（marine-based ice sheet）和陆基冰盖（continent-based ice sheet）。虽然陆基冰盖的下伏介质是陆地，但常常有部分区域被压至海平面以下，如东南极冰盖就如此；海基冰盖的下部虽然总体上在海平面以下，但仍有部分岛屿支撑着冰盖的存在。总体而言，陆基冰盖稳定而海基冰盖不稳定。

当前仅存的冰盖为南极冰盖和格陵兰冰盖（图 2.6）。南极冰盖面积约 14×10^6 km^2，占全球陆地总面积的 8.3%，平均冰厚约 2100 m，冰储量约 30×10^6 km^3，相当于全球海

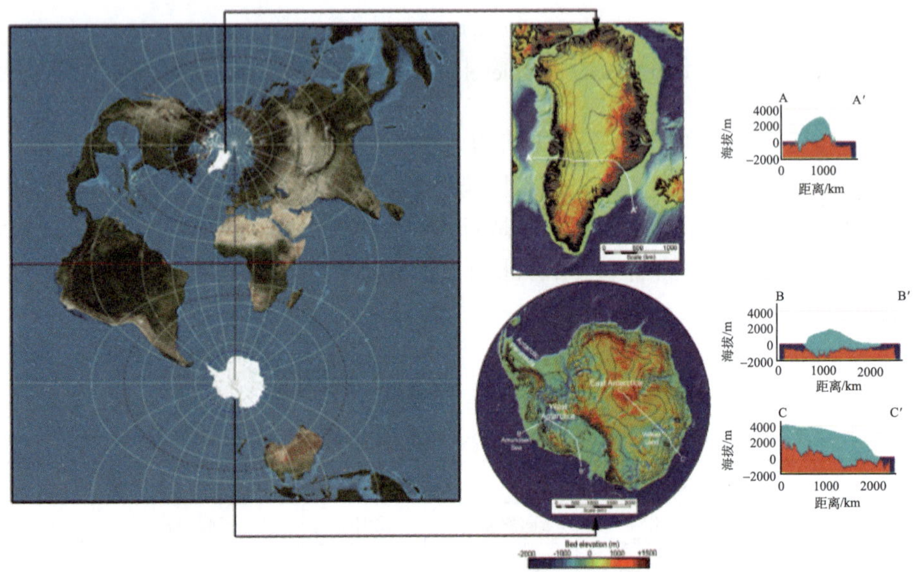

图 2.6　格陵兰冰盖（左上部白色部分）与南极冰盖（左下部白色部分）的地理位置，及两大冰盖的形态与典型断面的冰下地形分布（据 IPCC AR5 WGI, 2013 改绘）

Figure 2.6　Location of Greenland and Antarctic ice sheets（modified from IPCC AR5 WGI, 2013）

平面 56.6 m 变化量。南极冰盖以南极横断山为界分为东南极冰盖和西南极冰盖，前者以陆地为基底，后者多半漂浮于海洋之上，稳定性差；南极冰盖下伏大量湖泊和水流系统，冰盖底部的科学研究已成为重要的前沿领域。格陵兰冰盖当前面积约 1.84×10^6 km^2，占全球陆地总面积的 1.2%，平均冰厚约 1600 m，冰储量约 3×10^6 km^3，相当于全球海平面 7.4 m 变化量。

虽然冰盖表面气温很低，但冰盖底部却因地热释放、压力作用以及流动热而温度相对较高，发生底部融化，产生润滑作用而促使冰盖流动加速。上述过程导致冰盖存在快速流动的通道，称之为快速冰流。

2.2.2 冻土的分类与分布

冻土是指在 0℃或 0℃以下，并含有冰的各种岩石或土。冻土是由矿物颗粒、冰、未冻水、气体及有机质等组成的多成分和多相体物质。

1. 冻土分类

依据不同目的和参数，冻土的分类具有很多种。以下主要针对多年冻土和季节冻土的常见分类简要介绍。如果从土壤发生学的角度划分冻土类型，则属于土壤学范畴，此处不赘述。

1）存在时间分类

按土的冻结状态保持时间的长短，冻土一般可以分为短时冻土（冻结时间为数小时、数日以至半月）、季节冻土（冻结时间为半月至数月）、隔年冻土（冻结时间超过 1 年但短于 2 年）以及多年冻土（连续冻结时间持续在 2 年以上）4 种类型。短时冻土主要分布在中低纬度地区，其分布特征主要受天气尺度的大气寒冷气流的影响，生存时间较短，冻结深度一般小于 30 cm。季节冻土的多年平均面积大约为 4812×10^4 km^2，占北半球陆地面积的 50.5%。隔年冻土在理论上是存在的，但目前尚无文献报道。隔年冻土一词在俄文文献应用较多，在北美及欧洲文献中没有对应的词条。北半球短时冻土多年平均面积为 627×10^4 km^2，约占北半球陆地面积的 6.6%。季节冻土分布范围较大，主要分布在中高纬度地区。特别需要指出的是，多年冻土区的活动层属于季节冻土，因为活动层是冬季冻结、夏季融化的土层。多年冻土主要分布在北半球，约占北半球陆地面积的 24%。

2）空间连续性分类

在多年冻土区内，按照空间连续性可将冻土分为连续多年冻土（连续性超过 90%）和不连续多年冻土（连续性低于 90%）。在不连续多年冻土中，又可细分为断续多年冻土（连续性 75%~90%）、大片多年冻土（连续性系数 60%~75%）、岛状多年冻土（连续性 30%~60%）和稀疏岛状多年冻土（连续性系数小于 30%），其中连续性系数为冻土面积与区域面积之比。

国际多年冻土协会（international permafrost association，IPA）的空间连续性分类指标是：连续多年冻土区（连续性大于 90%）、不连续多年冻土区（连续性 50%~90%）、大片不连续多年冻土区（连续性 10%~50%），及稀疏岛状多年冻土区（连续性小于 10%）。

虽然按空间连续性指标划分的多年冻土分区被广泛应用，其分区原则很不严谨，空间上在多大的范围内来计算连续性，这个问题一直没有得到很好的解决。例如，在某一地区，1 km^2 以内，90%的面积可能是多年冻土，按照国际多年冻土协会的定义，这里应该是连续多年冻土区；但在 100 km^2 以内，多年冻土面积可能就只有 20%，这里应该是大片不连续多年冻土区。

3）热稳定性分类

根据多年冻土温度及厚度，可将其分为以下几个类型：

极稳定型，年平均地温小于–5℃，多年冻土厚度大于 170 m；

稳定型，年平均地温–5~–3℃，多年冻土厚度 110~170 m；

亚稳定型，年平均地温–3.0~–1.5℃，多年冻土厚度 60~110 m；

过渡型，年平均地温–1.5~–0.5℃，多年冻土厚度 30~60 m；

不稳定型，年平均地温–0.5~0.5℃，多年冻土厚度 0~30 m；

极不稳定型，其余更高温和更薄厚度的多年冻土。

多年冻土温度和厚度是由很多因素决定的，是反映一个地区或局地多年冻土生存的综合指标。对于同一地区或地点，多年冻土类型的变化反映了当地气候或局地条件的变化，可以用来作为多年冻土变化的主要证据。但是，不同地区多年冻土类型在空间上的变化不能作为多年冻土进化或退化的证据，这点在目前研究气候变化框架下，对多年冻土退化的研究尤其重要。目前多年冻土类型划分的指标主要是基于中国山地多年冻土在 20 世纪 80 年代研究结果。随着全球多年冻土资料的积累和研究的深入，多年冻土稳定性指标的确定，也有待于进一步的修订，特别是应从大陆及全球尺度上需要进一步探讨。

4）温度分类

根据多年冻土年平均地温，可以将多年冻土分为以下几类：

低温多年冻土，一般年平均地温小于–2.0℃，当其受到短期干扰时，能够在较短冻融周期（为 1~2 年）中得到恢复；

中温多年冻土，是过渡类型多年冻土，当年平均地温低于–1.0℃时，对应的多年冻土厚度一般大于 50 m；这些地区相对稳定，年平均地温的波动一般在±0.1℃；

高温多年冻土，一般年平均地温在–1.0~–0.5℃，其对地表扰动的影响较敏感，扰动造成的多年冻土变化同样是不可逆的；

极高温多年冻土，一般年平均地温在–0.3℃左右，其对地表扰动的影响极为敏感，在人为因素影响下多年冻土的变化基本是不可逆的；

这个划分在中国国内文献中应用较多，但还没有被国际同行认可或引用。对于多年冻土温度类型指标的选择，有很大的随意性，没有认真地从多年冻土热学性质、力学性质等方面进行科学的论证。我们在应用多年冻土温度分类时要倍加谨慎。

5）含冰量分类

按含冰量从少到多，多年冻土可分为干寒土、少冰多年冻土、多冰多年冻土、富冰多年冻土、饱冰多年冻土与含土冰层。致密的岩体和干土在 0℃或 0℃以下时，既不含冰也不含水，称为干寒土。少冰多年冻土包裹的冰体积含冰量一般小于 3%，多冰和富冰多年冻土体积含冰量为 3%~20%，饱冰多年冻土为 20%~40%，含土冰层的体积含冰量一般大于 40%。

根据多年冻土中总含水量来划分，对碎砾石土，少冰多年冻土的总含水量小于 10%，多冰多年冻土为 10%~18%，富冰多年冻土为 18%~25%，饱冰多年冻土为 25%~65%，含土冰层超过 65%；对砂土、砂性土，少冰多年冻土总含水量小于 12%，多冰多年冻土为 12%~21%，富冰多年冻土为 21%~28%，饱冰多年冻土为 28%~65%，含土冰层一般大于 65%；对粉性土、黏性土，一般是根据土体的塑限和液限来进行划分。

多年冻土含冰量是影响多年冻土工程性质的主要因素，是多年冻土工程分类的主要参数。

6）工程分类

冻土工程的分类是以工程应用为目的，是在综合分析冻土的内在规律的基础上，并考虑与建筑物基础的相互关系，按其工程性质的好坏，人为地将冻土分为几类。分类的原则是能较充分地反映多年冻土对工程建筑物破坏的主要因素，主要是在热作用下，冻土的融沉性；除了考虑工程性质的差别外，更重要的是要能反映客观存在的差异，使冻土体组构与物理力学指标统一起来；分类既要适用于多年冻土，又要基本适用于多年冻土之上的季节融化层；还要注意科学性，以定量数据为依据，同时考虑现场的可能性和实现性。

根据以上分类的原则，从不同的指标类别考虑，将分为 3 种方案划分：

（1）融沉方案，以融沉系数（A）作为指标，划分为 5 类，分别是不融沉土、弱融沉土、融沉土、强融沉土和强融陷土；

（2）冻胀方案，以冻胀系数（η）为指标，划分为 5 类，分别是不冻胀土、弱冻胀土、中等冻胀土、冻胀土、强冻胀土；

（3）强度方案，以相对强度为指标，划分为 4 类，分别是少冰冻土、多-富冰冻土、饱冰冻土、含土冰层。

冻土的工程分类对于多年冻土区及深季节冻土区工程设计、建设及运营都非常重要。目前国际上还没有一个标准的划分指标，但各国根据自己国家的建设规范，相应地制定了冻土工程分类及其基于冻土工程类型的建筑规范。

7）空间分布分类

空间分布分类是指按照决定冻土形成和分布规律的主要自然因素的综合特征对冻土进行分类。从大的方面，可以分为高纬度冻土和高海拔冻土。以中国境内冻土为例，可按照空间分布将其分为中国东部冻土、中国西北冻土、中国西南（青藏高原）冻土。中国东部冻土处于海拔相对较低，地形起伏不大的第一阶梯和第二阶梯上，热量条件随纬度变化而变化明显，受季风影响显著。而中国西北冻土则位于高大的山脉和低陷的盆地之间，水热条件的垂直分异十分明显，地貌外营力亦随海拔变化而变化。而位于第三阶梯的中国西南（青藏高原）冻土的水热条件垂直分异则更为显著，整个高原主体处于低温状态，冻土的厚度和连续性还具备一定的纬向特征。而以上 3 种冻土类型也可根据其内部形成条件和分布规律进行进一步的划分。

8）季节冻土分类

比较系统的季节冻土分类是苏联的库德里亚夫采夫分类。他将季节冻土分为两大类：季节冻结层和季节融化层。季节融化层（活动层）下伏多年冻土，并与多年冻土上限衔接，而季节冻结层下伏非多年冻土层。他的分类原则是既要考虑气候地带性及大陆度，又要考虑影响冻土发育的地域差异。库德里亚夫采夫应用年平均地温、地表温度年较差、岩性和土壤含水量 4 个指标对季节冻土进行系统分类。年平均地温主要反映气候地带性特征，地表温度年较差主要代表大陆度，岩性和土壤含水量主要是反映区域及差异。在这 4 个指标中，又有不同的界限指标。排列组合后，这个分类方法将全球季节冻土分出 1200 多种。这个分类原则比较全面，主要是从发生学、影响冻土形成及发育出发，探讨季节冻土的分布规律及类型划分。但实际操作性很差，一方面缺乏资料，另一方面冻土的类型太多，应用性差，还没有被广泛应用。

根据季节冻结深度，可将季节冻土深度大于 1 m 的定义为深季节冻土，而小于 1 m 的为浅季节冻土。美国陆军寒区实验室将冬季土壤冻结深度大于 30 cm 的地区划分为季节冻土区。根据土壤冻结时间，近地表土壤冻结时间大于 15 天为季节冻土，小于 15 天为短时冻土。

2. 冻土的分布

冻土（包括多年冻土及季节冻土）是冰冻圈的主要组成部分之一，就其空间范围而言，冻土是冰冻圈的最大组成部分。土的冻结与融化状态对土壤的热学及物理性质有很大的影响，从而对地-气间水热交换，生态-水文过程，地-气间碳循环，以及天气气候系统都起着至关重要的作用。因此，研究冻土时空分布是非常重要的。

1）全球冻土分布概况

全球多年冻土主要分布在北半球的极地地区以及北美、亚洲的高山地区。南半球多年冻土主要分布在安第斯山及南极大陆没有被冰川覆盖的基岩裸露地区。然而，南极冰盖下多年冻土的具体面积不详。此外，据初步分析，一般而言高山大陆型冰川下应该有多年冻土存在，而在海洋型冰川下是否有多年冻土还没有定论，有待进一步研究。环北极大陆架下也有大量的多年冻土存在，称为海底多年冻土，这部分归入海洋冰冻圈。

2）北半球冻土分布

北半球多年冻土主要分布在欧亚大陆和北美洲大陆及其北部的北冰洋岛屿（包括格陵兰、冰岛等）及大陆架和部分洋底（图 2.7）。研究发现，在去除冰川和冰盖的面积，北半球多年冻土的面积为 $2279\times10^4\ km^2$，占北半球陆地面积为 23.9%（表 2.5）；季节冻土的多年平均面积大约为 $4812\times10^4\ km^2$，占北半球陆地面积的 50.5%；短时冻土多年平均面积为 $627\times10^4\ km^2$，占北半球陆地面积的 6.6%。在极端条件下，北半球季节冻土面积可达北半球陆地面积的 80%以上。

表 2.5　北半球多年冻土面积统计

Table 2.5　Statistics of permafrost areas in the Northern Hemisphere

陆地总面积/$10^4\ km^2$		多年冻土面积	
		面积/$10^4\ km^2$	比例/%
包括冰川和冰盖	9 746	2491	25.6
不包括冰川和冰盖	9 534	2279	23.9

注：其中北半球冰川和冰盖的面积为 $212\times10^4\ km^2$

资料来源：Zhang et al., 2008

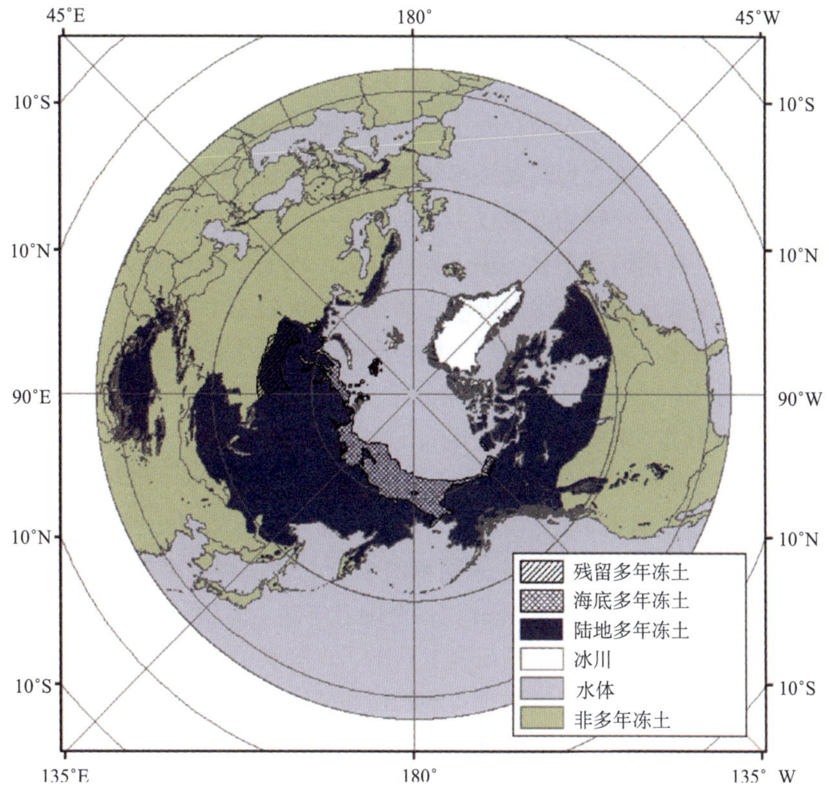

图 2.7　北半球多年冻土分布（Zhang et al., 2008）

Figure 2.7　Distribution of permafrost in the Northern Hemisphere（after Zhang et al., 2008）

从空间分布角度，北半球多年冻土从 26°N 的喜马拉雅山脉到 84°N 的格陵兰岛，其中 70%分布于 45°~67°N。从海拔角度，北半球大约有 62%的多年冻土分布在海拔 500 m 以下，10%的多年冻土分布于海拔 3000 m 以上。

从多年冻土的含冰量角度，体积含冰量高于 20%的高含冰量多年冻土，主要分布在北半球高纬度地区，大约为多年冻土面积的 8.57%，占北半球陆地面积的 2.02%；体积含冰量小于 10%的多年冻土，主要分布于高海拔的山地多年冻土区，大约为多年冻土面积的 66.5%，占北半球面积的 15.8%。

3）中国冻土分布

中国是世界上三大多年冻土国之一，多年冻土区面积大约为 220×10^4 km^2，占国土面积的 22.3%，在世界上位居第三位，其中高海拔多年冻土面积则居世界之最，季节冻土更遍布大部分国土。多年冻土主要是分布在东北大、小兴安岭和松嫩平原北部及西部高山和青藏高原，并零星分布在季节冻土区内的一些高山上（图 2.8）。其中，东北多年冻土区位于欧亚大陆多年冻土区的南缘地带，面积约为 39×10^4 km^2，位于 46°30′ N~53°30′N，其分布的主要特点表现在：主要受纬度地带性制约；海拔影响的叠加使东北多年冻土分布更具特色；低洼处冻土条件更为严酷；东北岛状、稀疏岛状和零星分布冻土区南北宽达 200~400 km，其面积比大片和大片-岛状冻土两个区的面积大得多。西部高山、高原多年冻土区主要分布在阿尔泰山、天山、祁连山及青藏高原上，由于多年冻土分布主要受海拔的控制，称之为高海拔多年冻土，又可称为山地或者高原多年冻土。高山高原多年冻土仅出现在一定的海拔以上，岛状冻土出现的最低海拔的连线即为多年冻土分布下界，也就是自然地理下界。由下界往高处，冻土分布的连续性增大，由岛状分布至大片分布再至连续分布，冻土温度随之降低、厚度随之增大，具有明显的垂直性。此外，季节冻结和融化、冷生过程和现象也相应随海拔增高有规律的变化。

气候是冻土分布的主导因素，主要受纬度和高度控制的中国多气候带特征导致各种冻土在中国均有分布。中国区域内多年冻土主要为中高纬度多年冻土与高海拔多年冻土。其中，高海拔区域多年冻土面积占全国多年冻土面积的 92%，主要分布于青藏高原及西部高山地区。依据不同的估算模型，青藏高原多年冻土面积约为 130×10^4 km^2，占国土面积的 13.5%，占全中国多年冻土总面积的 87.2%，占高海拔多年冻土面积的 94.5%。中高纬度多年冻土面积约为 12×10^4 km^2，占全国多年冻土面积的 7.8%，分布于东北大、小兴安岭和松嫩平原北部。尽管不同研究者给出了许多有关多年冻土分布的结果，但由于中国大部分多年冻土分布区仍然缺少实测工作和验证，目前的结果主要是基于三纬地带性规律得出，个别地区经过较少数据的修正，估算方案中没有考虑坡度、坡向及地表植被的影响，因此，相应的结果具有较大不确定性，从而导致模拟结果的差异。

季节冻土（包括多年冻土区的活动层）面积约占中国陆地总面积的 70%（含多年冻土区），如果算上短时冻土，其面积则要占到 90%。由于受季风的影响，中国冬季降雪相对较少，导致季节冻土非常发育。中国季节冻土主要分布在 25°N 以北的地区（图 2.8）。在中国西部地区，由于受海拔的影响，季节冻土分布的南界基本上沿 25°N 的纬度线，而在中国东部地区，海拔较低，季节冻土分布的南界北移，大约与 30°N 纬度线吻合。季节冻土的厚度变化较大，在其南界地区，季节冻土厚度一般只有十几厘米或几十厘米，而在北方地区，特别是中国的东北、内蒙古及西部山地地区，季节冻土厚度可达 2 m 以上。随着气候变暖，特别是冬季气温的升高及寒冷季节的变短，季节冻土在冻结时间上及厚度上都发生了很大的变化，季节冻结时间在变短，冻结厚度在减薄。

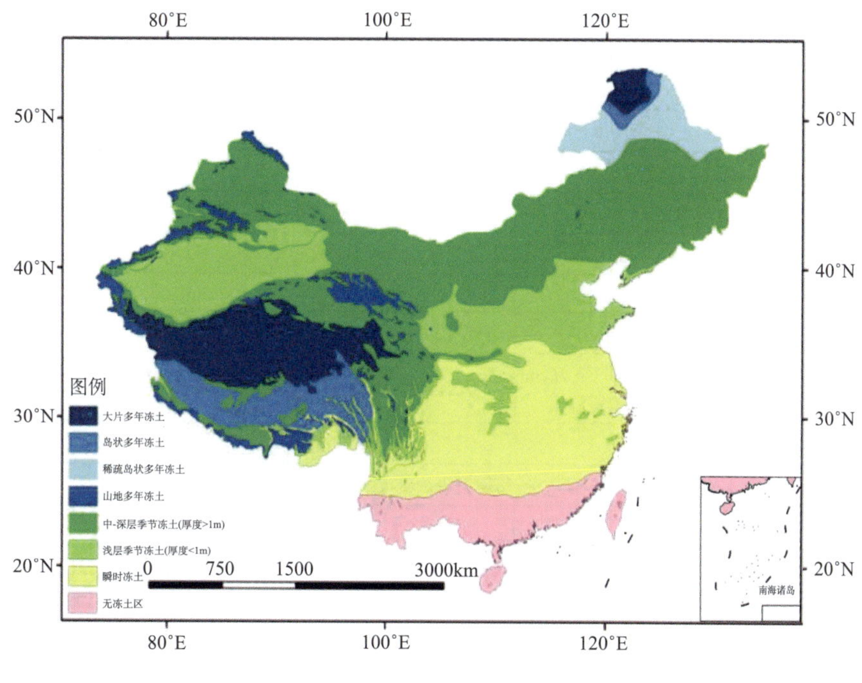

图 2.8　中国冻土分布（周幼吾，2000）

Figure 2.8　Distribution of frozen ground in China（after Zhou, 2000）

2.2.3　积雪的分类与分布

地球表面存在时间不超过一年的雪层，即季节性积雪，简称积雪。

1. 积雪分类

积雪分类可以有微观尺度和宏观尺度两个方面。微观尺度上通常是雪的分类。雪分类是指对积雪的雪层剖面进行层位划分或者对整个积雪区进行类型划分。雪层剖面的层位划分依据的是雪颗粒和雪层的微观结构、形态特征和物理参数，指标较多，划分的类型也多。例如，根据雪颗粒特征可分为新雪、老雪、粗颗粒雪、细颗粒雪、深霜，等等；根据颜色可分为洁净雪、污化雪，等等；根据密度、硬度、含水率、温度等也可划分出多种类型（表 2.6）。

表 2.6　国际雪分类

Table 2.6　Classification of snow

项目	符号	亚类						备注
颗粒形状	F	降水粒子 PP	人造雪粒子 MM	分解碎片降水粒子 DF	圆形颗粒 RG	片状颗粒 FC	深霜 DH	使用代码标识
		表面霜 SH	融化状态 MF	冰组构 IF				
颗粒大小	E	很细	细	中等	粗	很粗	非常粗	单位 mm
		<0.2	0.2~0.5	0.5~1.0	1.0~2.0	2.0~5.0	>5.0	
液态水含量	LWC	干	潮湿	湿	很湿	湿透		
		0	0~3	3~8	8~15	>15		体积/%
		D	M	W	V	S		代码
硬度	R	很软	软	中等	硬	很硬	冰	手工测量方法
		拳头	四指	一指	铅笔	刀片	冰	
		F	4F	1F	P	K	I	
温度	T	T_s（H）	T_s（-H）	T_{ss}	T_a	T_g		标出观测位置及数值
		地面以上 *H* cm 处雪温度	表面以下 *H* cm 处雪温度	雪面温度	雪面上 1.5 m 处气温	雪下伏地表温度		
密度	G	指标密度值						
纯度	J	需说明杂质类型及其质量百分比						
微观结构		孔隙度	比表面积	曲率	弯曲度	配位数		指标名称及数值

资料来源：Fierz et al., 2009

宏观尺度上，对整个积雪区进行类型划分主要是基于积雪的物理属性，如深度、密度、热传导性、含水率、雪层内晶体形态和晶粒特征，以及各雪层间相互作用、积雪横向变率和随时间变化特质等，并经验性地参考各类积雪存在的气候环境特点（如降水、风、气温），将全球积雪分为 6 类：苔原积雪、针叶林积雪、高山积雪、草原积雪、海洋性积雪和瞬时积雪，欧亚和北美各类积雪分布见图 2.9。ICSI 根据积雪液态水含量，将积雪划分为干雪（0%）、潮雪（0~3%）、湿雪（3%~8%）、很湿雪（8%~15%）和雪浆（>15%）。

以年累计积雪日数和连续积雪日数为界定标准，中国积雪可分为稳定积雪区和不稳定积雪区两大类。

在 20 世纪 80 年代初期，李培基等应用中国气象台站积雪观测资料，以年累计积雪日数 60 天为界，将一年累计积雪日数大于 60 天的地区定义为稳定积雪区，小于 60 天的定义为不稳定积雪区。不稳定积雪区进一步可以划分为两个亚区：年周期性不稳定积雪区，平均年积雪日数为 10~60 天；非周期性不稳定积雪区，平均年积雪日数小于 10 天。该方法划分结果显示，中国的稳定积雪区主要包括青藏高原地区（藏北高原和柴达木盆地除外），东北和内蒙古地区，北疆和天山地区，同时在秦岭、贺兰山、六盘山、五台山、峨

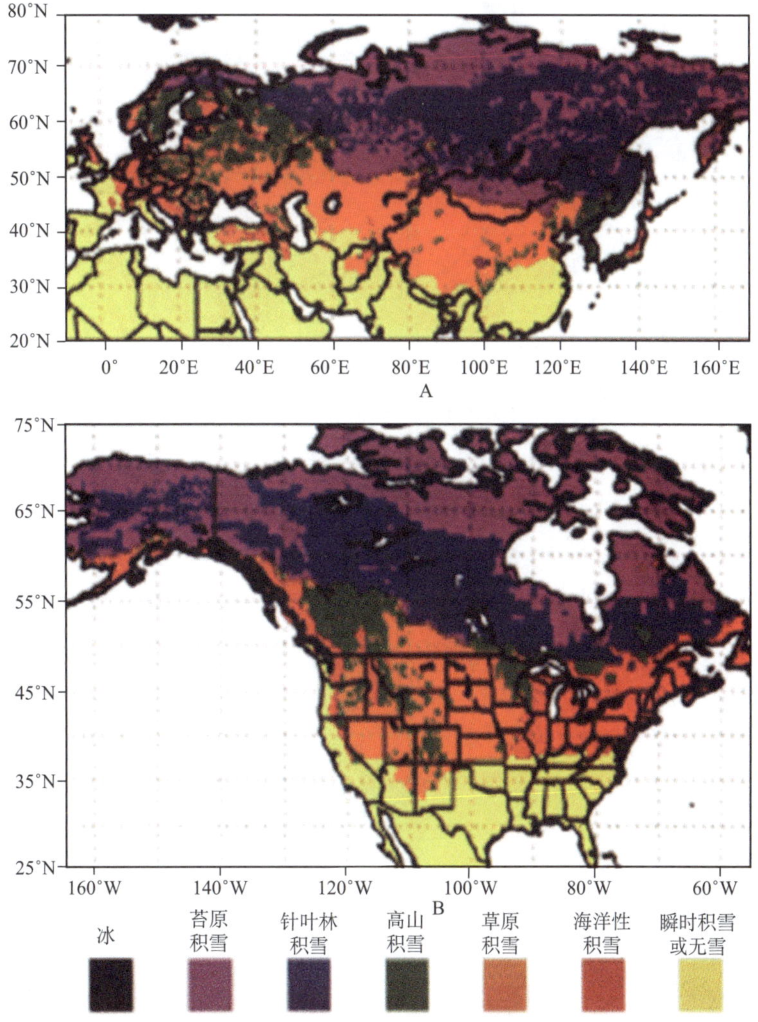

图 2.9　基于不同气候区的各类积雪分布，欧亚（A）和北美（B）（Sturm et al., 1995）

Figure 2.9　Snow cover distribution based on different climate regimes, Eurasia（A）and North America（B）（after Sturm et al., 1995）

眉山等地也有零星分布。年周期性不稳定积雪区主要包括辽河流域至秦岭、大别山之间的广大地区。非年周期性不稳定积雪区包括秦岭、大别山以南地区，以及塔里木和柴达木盆地。无积雪区主要位于中国 25°N 以南的区域（图 2.10A）。近年来，气象台站和卫星遥感资料得到了极大的丰富。在此基础上，何丽烨和李栋梁应用 1951~2004 年中国 105°E 以西地区 232 个地面气象观测站积雪日数资料和 1980~2004 年 SMMR、SSM/I 逐日雪深资料，对中国西部各类型积雪重新进行了划分（图 2.10B）。可以看出，北疆、天山和青藏高原东部地区为稳定积雪区，南疆盆地中心、四川盆地和云南省南部无积雪，其他地区为不稳定积雪区，北疆、天山、河西走廊以及成都、昆明一线广大地区积雪类型稳定少变。

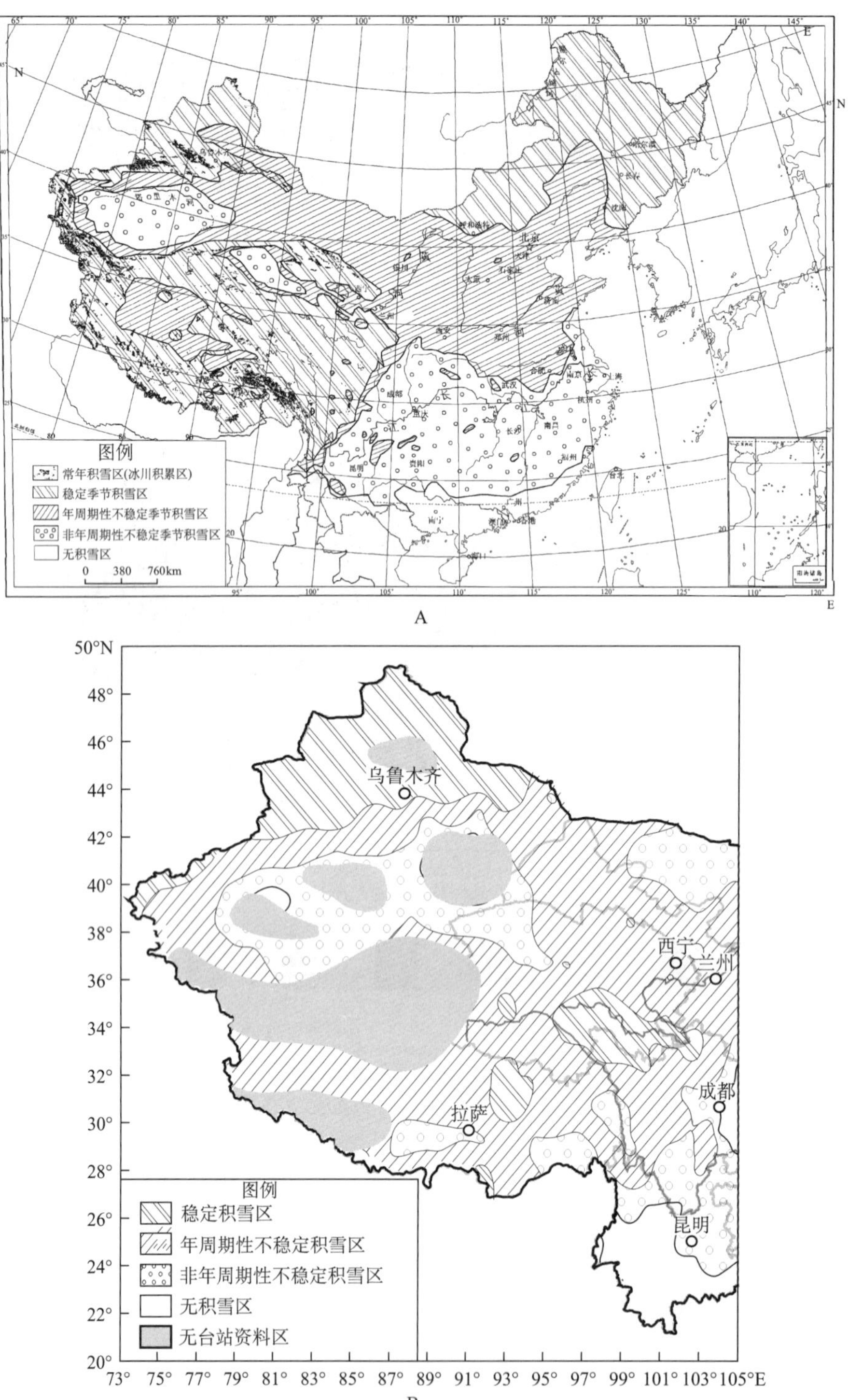

图 2.10　基于年积雪日数划分的中国（A）（据李培基和米德生，1983 改绘）和中国西部（B）积雪类型分布图（何丽烨和李栋梁，2011）

Figure 2.10　Distribution of snow cover types according to snow cover duration in overall China（A）（modified from Li and Mi, 1983）and western China（B）（after He and Li, 2011）

以年积雪日数划分积雪类型的方法只考虑了积雪在年累计积雪日数上的空间差异，没有考虑积雪在时间上的连续性，即对于积雪累积时间的持续性考虑较少，而积雪持续时间是判断稳定积雪和不稳定积雪的关键标准。基于此，张廷军等以连续积雪日数 30 天为界定标准，对欧亚大陆的积雪区类型进行了划分（图 2.11），即连续积雪日数大于 30 天的地区为稳定积雪区，小于 30 天的为不稳定积雪区。不稳定积雪区又以连续积雪日数 10 天作为界定标准，分为周期性不稳定积雪区和非周期性不稳定积雪区。利用连续积雪日数划分欧亚大陆积雪类型结果显示，稳定积雪区主要位于前苏联大部分地区，蒙古高原北部，中国天山以北地区，东北平原大部和内蒙古平原东北部地区。周期性不稳定积雪区包括里海附近区域、卡拉库姆沙漠和克孜勒库姆沙漠大部分地区、蒙古高原中部和南部、喜马拉雅山脉、唐古拉山中段、青藏高原东部、祁连山以北大部分地区、黄土高原大部、内蒙古高原中部以及辽河流域大部分地区至黄土高原北部区域。非周期性不稳定积雪区主要分布于中国境内，位于 40°N 以南大部分地区以及东北平原西南部部分区域。无积雪区主要位于中国 25°N 以南地区。

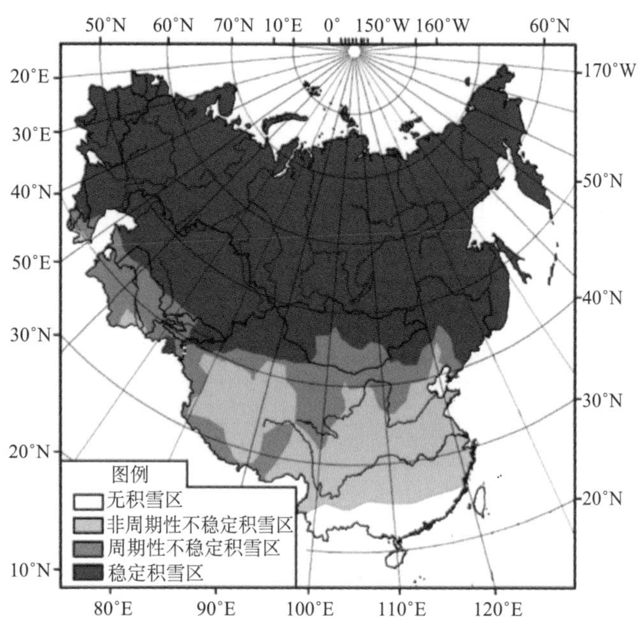

图 2.11　基于连续积雪日数划分的欧亚大陆积雪类型分布（张廷军和钟歆玥，2014）

Figure 2.11　Distribution of snow cover types of Eurasian continent according to continous snow cover days (after Zhang and Zhong, 2014)

利用累计积雪日数和连续积雪日数对积雪类型进行划分的结果在中国存在显著差异。与累计积雪日数划分结果相比，连续积雪日数划分的稳定积雪区范围在天山以北地区向东扩大，内蒙古中部的稳定积雪区有所缩减，青藏高原不存在稳定积雪区，周期性不稳定积雪区范围明显减少，40°N 以南的大部分区域为非周期性不稳定积雪区。对比结果显示，采用连续积雪日数划分的方法不仅将盆地、沙漠、低地势等地区划分为不稳定积雪区，同时也包含了海拔高但积雪连续累积时间较短的区域，体现了这些地区积雪持续性和连续性较差，无法连续长时间稳定累积的特点。因此，以连续积雪日数作为划分标准更符合对稳定积雪区和不稳定积雪区的定义。

此外，随着气候变暖，有些地区降雪量占总降水量的比例，以及新雪累积量占总降雪量的比例都在减小，这样的区域被称为“脆弱”降雪区和“脆弱”积雪区。在青藏高原，定义气温 0℃为降雨或降雪的临界温度，发生在 0℃以上的降雪因气温较高而不稳定，当气温升高时，这部分降雪有可能转化为降雨，因而是脆弱降雪；秋/春季，发生在日平均气温 0℃以上且降雪量≥4.0/3.0 mm 的降雪，因气温较高降雪量较大而不容易累积，因而是脆弱积雪。

2. 积雪分布

1）全球积雪分布

在冰冻圈中，积雪的空间覆盖范围仅次于季节冻土，最大可达 47×10^6 km^2。积雪98%分布在北半球，南半球除南极洲之外鲜有大范围陆地被积雪覆盖。积雪季节变化显著，北半球陆地积雪范围最小仅为 1.9×10^6 km^2，最大可达 45.2×10^6 km^2，接近北半球陆地面积的一半（图 2.12），而南半球最大积雪范围只约占其陆地总面积的 25%。

积雪通常分布在季节雪线以上。季节雪线即积雪的最南界线（北半球）和山区积雪的下线，其随着积雪的融化向高纬度或高海拔上移，积雪完全融化，雪线消失，所以此雪线是随季节变化而变化的（表 2.7）。

表 2.7　北半球山区雪线的海拔

Table 2.7　Snowline distribution of mountains in the Northern Hemipshere

纬度 /（°）	80	70	60	50	40	30	20	10
最高海拔/m	600	1500	2600	3700	5100	6100	5300	4700
最低海拔/m	100	300	700	1100	2500	4200	4700	4500

注：其中纬度为各纬度带的中心值，如 80°指 85°~75°纬度带。

资料来源：Shutov, 2009

2）中国积雪分布

中国积雪的地理分布比较广泛，但极不均匀（图 2.13）。中国积雪主要分布在东北和内蒙古自治区东部地区、新疆北部和西部地区及青藏高原地区，共约 3.4×10^6 km^2。中国年平均雪深、积雪密度、雪水当量分别为 0.49 cm、140 kg/m^3、0.7 mm。积雪日数最多的区域位于东北大、小兴安岭北部山区，帕米尔高原、喀喇昆仑山、喜马拉雅山、天山等地的积雪日数也很长。青藏高原积雪日数在冬季的 1 月和夏季的 8 月分别达到最大（7 天以上）和最小（不足 1 天），6~9 月的积雪日数均不足 1 天。季节尺度上，冬季最大，平均在 18 天以上；春季次之，在 14 天以上；秋季也可达到 8 天以上。年积雪日数平均

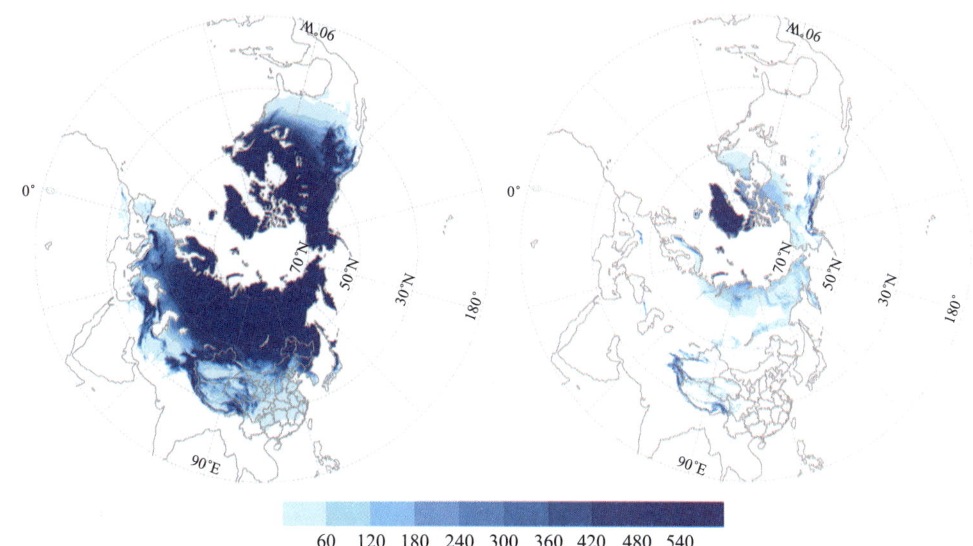

图 2.12　北半球冬季（左）和夏季（右）积雪范围气候场分布（单位：km^2）
（采用美国国家冰中心的 IMS 数据）

Figure 2.12　Snow cover distribution in winter（left）and summer（right）in the Northern Hemisphere on an averaged climate regime

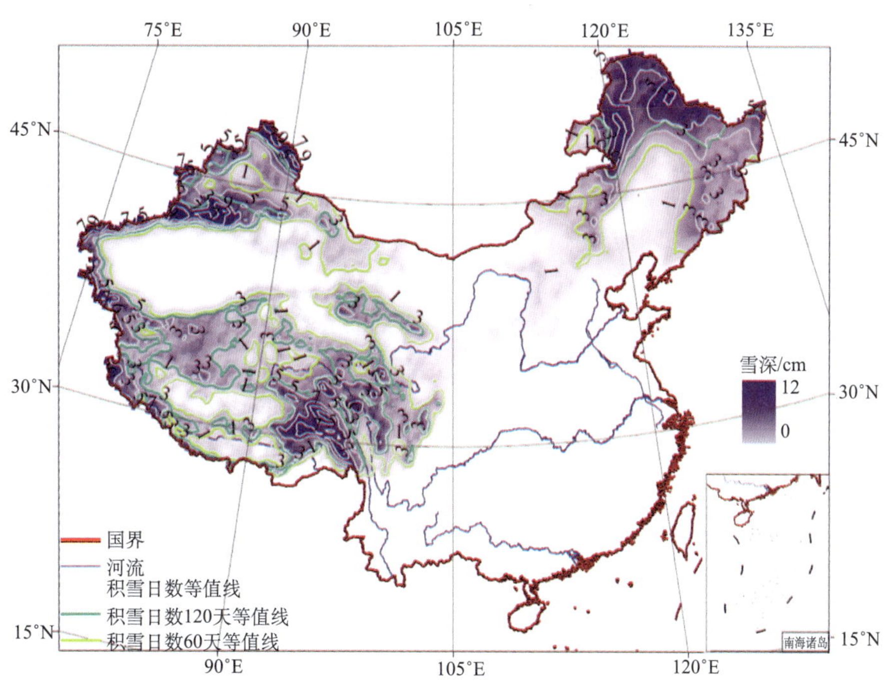

图 2.13　中国 1979~2006 年平均积雪深度和积雪日数（Li et al., 2008）

Figure 2.13　Snow cover depth and duration of China averaged over 1979~2006（after Li et al., 2008）

图中数值表示积雪深度

大于 42 天。空间上，在积雪较厚的中部和东到东北部区域，积雪日数也为大值区，最大年积雪日数超过 158 天，但同样积雪较深的喜马拉雅山西段和帕米尔高原地区并非积雪日数大值区。高原东部比高原南部的积雪日数更长。就多年平均年积雪日数而言，青藏高原和新疆地区年积雪日数都大于东北地区，但东北地区积雪范围更大一些。

2.2.4 河/湖冰的分类与分布

河冰与湖冰是指寒冷地区河水和湖水冻结而成的季节性冰体。河冰的形成和消融受气候、水温和流量等影响。在我国北方，河流封冻通俗地分为武封和文封，前者主要受冰动力影响而封冻，后者主要受温度影响而封冻；同样，河冰解冻又分为武开和文开，前者主要受冰动力影响而开河，后者主要受温度影响而开河。

河冰与湖冰是气候变化的良好指示器。用于指示气候变化的河（湖）冰参数包括：封冻日期，解冻日期，封冻日数，冰厚等。随着全球变暖，河（湖）冰的封冻日期推后，解冻日期提前，封冻日数缩短，冰厚减薄。

河（湖）冰可切割储存用于生活的多个方面，如制冷、冰雕等；也可方便交通。当然，河冰也常给人类带来危害，如航道中断、堵塞引水口、凌汛等。

1. 河冰分类

河冰按照河道的形态（梯度）、河道宽窄以及寒冷程度，可分为六大类，分别为冰壳（ice shell）、悬浮覆冰（suspened ice cover）、漂浮覆冰（floating surface ice cover）、承压覆冰（confined surface ice cover）、坚覆冰（solid ice cover）、无冰（no ice）（图 2.14 和表 2.8）。

冰壳：形成于封冻期早期十分陡峭的河道，常常依附于低温的表面物质，如裸露的岩石、堤岸等，冰壳不会随波逐流。形成冰壳的温度并不需要很低，甚至在 0℃的时候也会形成，所以在较温暖的水源地区也会发现冰壳的存在。冰壳主要由喷冰、水波产生的冰以及二者的混合冰组成。喷冰由水流飞溅并且被冷冻而形成，通常产生于瀑布、小瀑布或水台处。另一种冰壳形成于近水表层，在水波频繁的激打作用下发展。这种冰壳常见于紊流河道的堤岸处，如急流、浅滩，并且在寒冷期会向河道中间延伸。冰壳的厚度从几厘米到几米不等，主要取决于水流飞溅的范围和波动的幅度。冰壳一般呈透明或白色。

悬浮覆冰：河水温度降至 0℃以下的陡峭河道，在动力作用下产生。在冰冻第一阶段，锚冰脱离河底向上漂浮。在冰冻第二阶段，锚冰积累促使冰坝形成。第三阶段，在冰坝演变崩解的过程中，冰坝后的水得以释放，使得覆冰悬浮于流水之上。悬浮覆冰的厚度薄至几厘米，厚至 1 m 以上，而极薄易碎的部分常在新的降雪过程中崩解。悬浮覆冰一旦形成，河道不再冰冻，使得水面以上产生冰壳。此种上层悬浮覆冰，下层冰壳的结构使得河道表面结构混乱。

漂浮覆冰：漂浮覆冰形成于相对较平缓的河道，主要由岸冰横移、底层冰或冰盘堵塞、前端推进 3 种过程产生。漂浮覆冰向下是深色或透明的柱状冰，向上是雪冰。漂浮至水面的水内冰形成冰盘，冰盘在随水流动的过程中积聚冻结形成的漂浮覆冰，以及岸冰横向漂移形成的漂浮覆冰表面均比较光滑，此类覆冰比较薄且易碎。另外，由冰前锋推

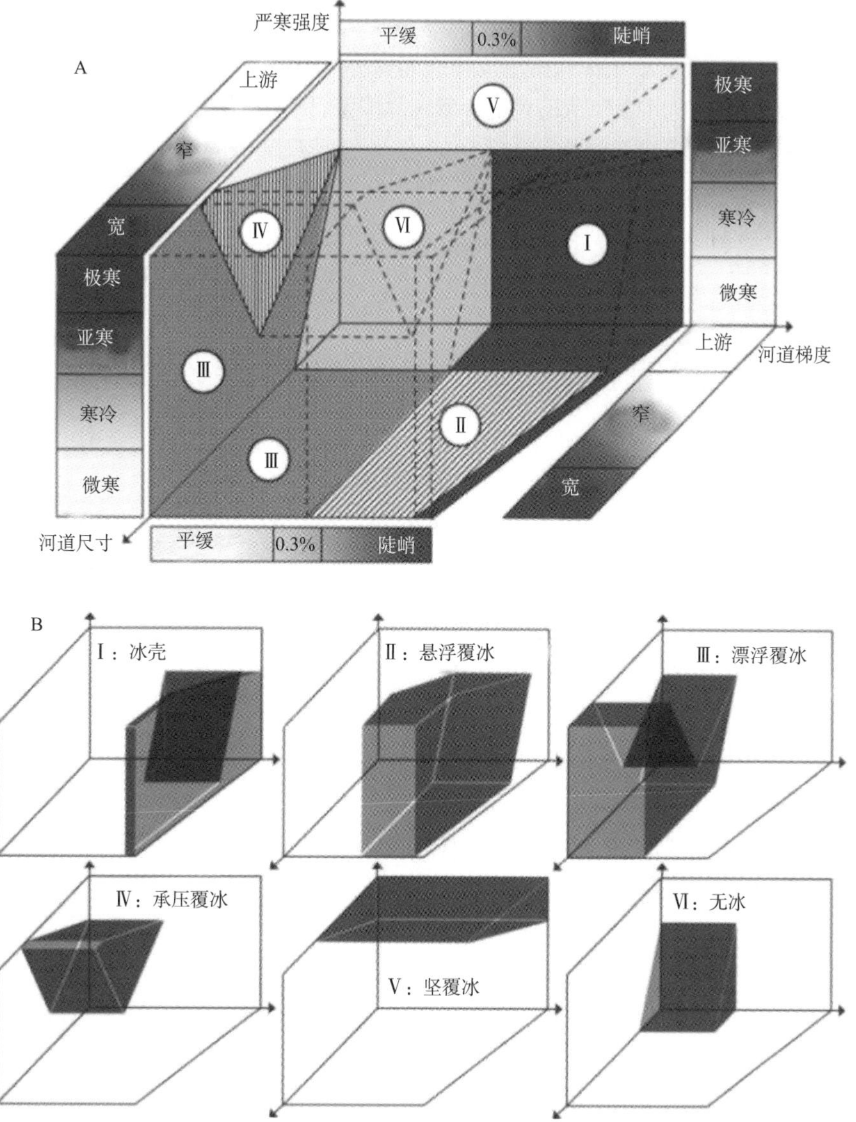

图 2.14　河冰按河道坡度、河道宽窄和气候条件划分为六大类型（Turcotte and Morse, 2013）

Figure 2.14 （A）3-D model framework including six ice cover types,（B）Six ice cover types presented separately as afunction of the same parameters（after Turcotte and Morse, 2013）

进形成的漂浮覆冰表面起伏不平，十分敦厚，阻力较大。由于阻力以及柱状冰的增加，漂浮覆冰会使得水位升高。河道上的覆冰是由顺流而下的流冰受阻滞后而形成的。取决于上游来冰情况和水流条件，河流中覆冰向上游发展有两种基本形式：平封和立封。平封冰面平整光滑，覆冰由冰块并置积聚形成。当河段流速较大，或受大风影响，致使冰花相互挤压堆叠，结成覆冰后表面起伏不平，犬牙交错故称立封。

承压覆冰：消融期开始时，覆冰下出现水波的传播现象，使覆冰产生裂缝，覆冰的厚度形状大小不同，所能对抗水压的能力也不同。承压覆冰与漂浮覆冰不同，可以引起河床冲刷，增大沉积物的输送。此种覆冰常形成于河道源头和中游地区。

坚覆冰：形成于河道消融末期或覆冰冻结并入河床时。此种覆冰最常形成于极寒区的上游和中游。坚覆冰可能导致的两种结果：①限制冬季水流量；②使河滩积冰量增加。

无冰：有的河道从不形成稳定的覆冰，尤其是河源温暖的河道。在平缓且窄的河道区域，没有水流的飞溅，任何表面冰出现的时间都极为短暂，使得水体温度在整个冬季一直在结冰温度以上。即使没有冰层覆盖，温暖的河道源区仍会被雪覆盖。

2. 湖冰分类

湖冰是指湖表层形成的冰，主要分布在北半球高纬度与高山区。通常存在 4 种类型（图 2.15）。

表 2.8　依据河道形态和气候条件划分的河冰类型

Table 2.8　River ice types according to topography and climate zones

河道形态（梯度）和大小		严寒强度			
		微寒	寒冷	亚寒	极寒
瀑布	中游	局部冰壳	局部冰壳	冰壳	坚冰
	下游	局部冰壳	局部冰壳	局部冰壳	冰壳
小瀑布（3%~20%）	上游或中游	局部冰壳 悬浮覆冰	局部冰壳 悬浮覆冰	悬浮覆冰，可能有坚冰	坚冰
水台（2%~8%）	上游或中游	局部冰壳 悬浮覆冰	局部悬浮覆冰	悬浮覆冰，可能有坚冰	坚冰
急流（0.5%~4%）	中游/凸出的岩石	局部冰壳 悬浮覆冰	局部悬浮覆冰	悬浮覆冰，可能有坚冰	坚冰
	下游/无凸出岩石	局部冰壳	局部冰壳	冰壳	冰壳
浅滩（0.5%~2%）	所有流域浅水区	局部冰壳 悬浮覆冰	局部悬浮或漂浮覆冰	悬浮或漂浮覆冰，并可能有坚冰	漂浮冰 坚冰
碎石床（> 0.3%）	所有流域浅水区	局部冰壳 悬浮覆冰	局部悬浮覆冰	悬浮覆冰， 可能有坚冰	悬浮覆冰， 可能有坚冰
平缓（< 0.3%）	上游或中游	漂浮覆冰	承压覆冰	承压覆冰	坚冰
	下游	局部漂浮覆冰	漂浮覆冰	漂浮覆冰	漂浮冰

资料来源：Turcotte and Morse, 2013

黑冰：最初在河、湖表层形成的冰，因为冻结过程中含有少量来自下伏水中的有色物质，颜色较普通冰较深，因此，称为黑冰，是河、湖冰的主要成分，其形成过程较慢；

雪冰：冬季积雪沉降在冰面冻结形成的冰；

白冰：随着积雪在河、湖冰表面的增加，在静水压力的扰动下致使黑冰开裂，下伏水沿裂隙快速上升与表层积雪冻结而成的冰，含有大量的气泡，更加透明。因此，称为白冰。

雪泥：下伏水沿裂隙上升，因积雪成分较少，经过了多次冷冻与溶出作用，形成一种富含营养物质的“泥炭层”。

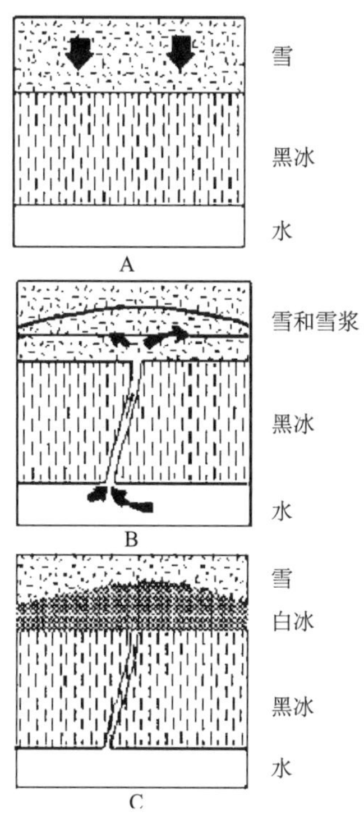

图 2.15　湖冰分类及形成过程（Adams and Lasenby，1985）

Figure 2.15　Lake ice types and its formation（after Adams and Lasenby, 1985）

3. 河冰与湖冰的地理分布

河冰与湖冰属于陆地冰冻圈，也是两类重要的淡水冰冻圈，其存在具有明显季节循环。河冰与湖冰广泛分布在高纬度地区和高海拔地区。以结冰期和解冻期为标志日期，河冰与湖冰的结冰期与气温 0℃等温线紧密相关。据此，Bannet 和 Prowse 利用 4 种遥感资料，基于气候平均态（1961~1990 年）划分出北半球河冰与湖冰分布的 3 个等温线界限，分别对应河湖冰大致存在 6 个月、3 个月和 0.5 个月的地理范围（图 2.16）。如此计算，此 3 个等温线内所包含的面积分别对应北半球陆地面积的 52%、45%和 25%，如果单以平均河流网络计算，河冰则可分别占到河网的 56%，47%和 28%。3 条等温线在北美洲分别位于 33°N、35°N 和 50°N，在欧亚大陆则均位于 27°N 线左右，这主要是受到青藏高原高海拔地形的影响，在南界上纬向效应转化成了高度效应。

对北半球主干河流选择 15 条，详细研究了其结冰河段的长度，以结冰期 6 个月、3 个月和 0.5 个月进行划分，则得出统计如表 2.9 所示。

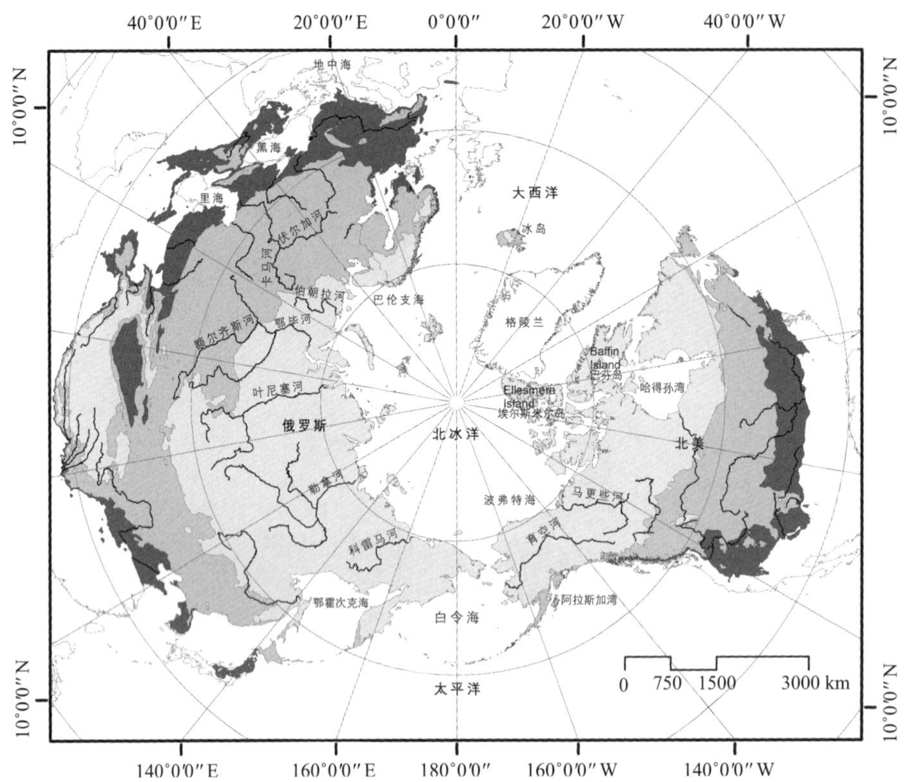

图 2.16 河湖冰冻结期的 3 条等温线分布（Bennett and Prowse, 2010）

Figure 2.16 Three isotherms indicated by different frozen time（after Bennett and Prowse, 2010）

浅灰色范围代表年均气温均在 0℃以下的区域；中度灰色范围代表 10 月至翌年 3 月气温 0℃以下的区域；深色范围代表 1 月气温在 0℃以下的区域。

表 2.9 北半球河流结冰期划分（3 个等温线内）对应的 15 条主干河结冰长度（km）及其河冰长度覆盖率（%）

Table 2.9 Length of frozen rive ice and its percentage to the whole river length for 15 big rivers in the North Hemisphere

河流名称	$I_{0.5}$ / km	%	河流名称	I_3 / km	%	河流名称	I_6 / km	%
勒拿河	5217	100	勒拿河	5217	100	勒拿河	5217	100
鄂比河	4912	100	鄂比河	4912	100	育空河	4465	100
黄河	4484	94	育空河	4465	100	叶尼塞河	3598	85
育空河	4465	100	叶尼塞河	4245	100	鄂比河	3575	73
叶尼塞河	4245	100	阿穆尔河	4232	100	维柳伊河	3449	100
阿穆尔河	4232	100	额尔齐斯河	4017	100	阿穆尔河	3195	76
额尔齐斯河	4017	100	伏尔加河	3842	97	科雷马河	3194	100
伏尔加河	3950	100	维柳伊河	3449	100	阿尔丹河	2824	100
密苏里河	3689	100	黄河	3334	70	马更些河	2246	100
维柳伊河	3449	100	科雷马河	3194	100	伯朝拉河	2110	100

续表

河流名称	$I_{0.5}$ / km	%	河流名称	I_3 / km	%	河流名称	I_6 / km	%
多瑙河	3288	99	阿尔丹河	2824	99	安加拉河	2103	100
科雷马河	3194	100	密苏里河	2708	100	利亚德河	1405	100
阿尔丹河	2824	100	皮斯河	2359	100	皮斯河	1356	57
皮斯河	2359	100	马更些河	2246	100	黄河	1084	23
马更些河	2246	100	萨斯喀彻温河	2123	100	长江	1077	21

注：马更些河是指大奴隶湖（Great Slave Lake）以下河段。

资料来源：Bennett and Prowse, 2010（略有改动）

南半球河湖冰主要局限于高海拔地区，且结冰期通常较短，在区域生产生活中重要性不显著，研究不多，在此不做论述。

2.3　海洋冰冻圈的分类与分布

海洋冰冻圈是指冰架、冰山、海冰及其上覆积雪以及海底冻土。需要说明，虽然海洋冰冻圈将海冰和其上的积雪视为整体，但在研究海冰生成与发育，海冰遥感反演方法时，海冰表面的积雪有时作为独立问题出现，在此我们并不涉及此类问题。

2.3.1　冰架与冰山的分类与分布

冰盖几乎不受下伏地形影响，自中心向四周外流，边缘有一些大冰舌伸向海中，有的长达几百千米，漂浮在海上的冰体称为冰架。由冰架溢出的冰川末端，常常由于消融而崩解，大大小小的冰块脱离母体落入海中，在海面上四处漂浮，称为冰山。

1. 冰架的分类与分布

根据冰架内的应力、速度分布及稳定状态下剖面形态，主要分为 3 种：

无侧限冰架：冰架自由向外扩张，其内任意一条水平线伸长量相同；

有侧限冰架：冰架受两侧平行壁约束，其流动速度受水深、冰前端运动速度大小及冰架厚度共同控制；

峡湾冰架：分布在峡湾内的冰架，峡湾形态会阻碍其流动;根据其在峡湾的分布形态，又分峡湾扩张型冰架与峡湾收缩型冰架。

全球冰架主要分布在环南极冰盖沿岸地带以及加拿大高北极海岸。在全球变暖背景下，冰架不断崩解甚至消失，是一个快速变化中的冰冻圈要素。

以下为 Rignot 统计的南极冰架最新数据（图 2.17，表 2.10）。

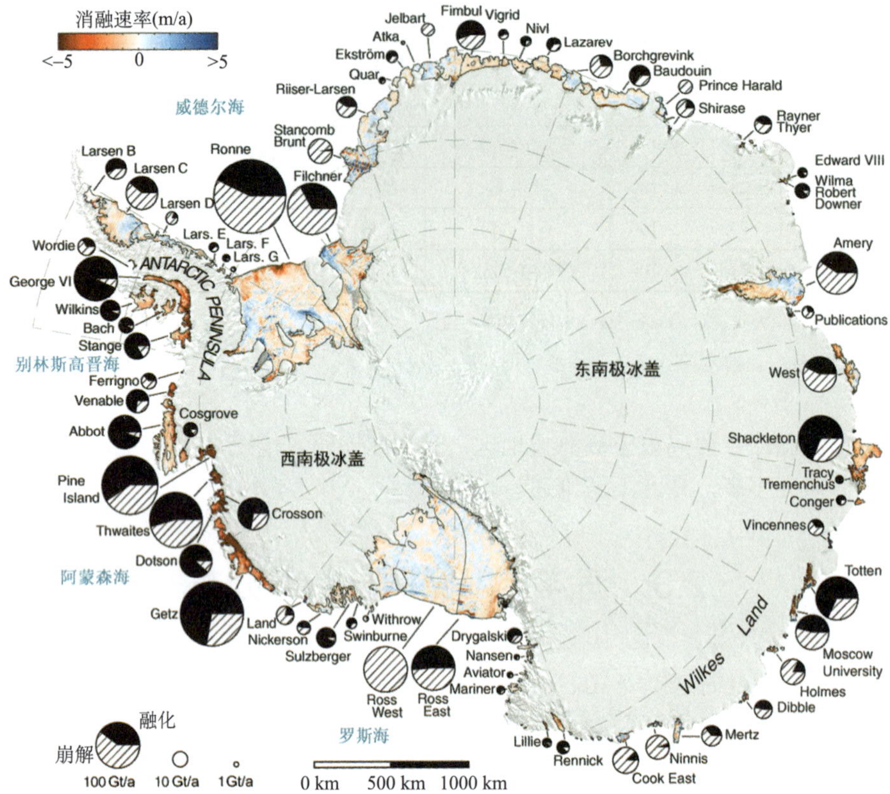

图 2.17　环南极大陆的冰架分布及其底部融化量估算（Rignot et al., 2013）

Figure 2.17　Distribution and estimated melting rates of ice shelves surrounding Antarctic Ice Sheet（after Rignot et al., 2013）

数据区间 2003~2008 年。每个圆圈以百分比分为两部分：崩解（斜线）和底部融化（黑色），单位 Gt/a。具体信息见表 2.10

表 2.10　环南极大陆冰架的参数统计

Table 2.10　Statistics of ice shelves around Antarctica

冰架名称	面积 /km^2	触地线通量 /（Gt/a）	表面物质平衡 /（Gt/a）	前缘崩解量 /（Gt/a）	$\partial H/\partial t$ /（Gt/a）	底部融化 /（Gt/a）(m/a)
Larsen G	412	0.9 ± 0.2	0.1 ± 0	0.7 ± 1	0.0 ± 0	0.3 ± 0.2（0.71 ± 0.6）
Larsen F	828	1.5 ± 0.3	0.3 ± 0.1	0.6 ± 1	−0.7 ± 0.5	1.2 ± 0.4（1.4 ± 0.5）
Larsen E	1 184	3.6 ± 0.7	0.4 ± 0.1	1.5 ± 1	1.1 ± 0.7	1.4 ± 1（1.2 ± 0.9）
Larsen D	22 548	18.5 ± 4	9.8 ± 2	6.3 ± 1	20.5 ± 14	1.4 ± 14（0.1 ± 0.6）
Larsen C	46 465	29.6 ± 3	23.8 ± 4	31.3 ± 3	1.4 ± 67	20.7 ± 67（0.4 ± 1）
Larsen B*	6 755	13.6 ± 3	3.0 ± 0.6	8.9 ± 1	−4.5 ± 13	12.2 ± 14（1.8 ± 2）
Wordie	277	13.8 ± 1	0.3 ± 0	7.6 ± 3	−0.1 ± 0	6.5 ± 3（23.6 ± 10）
Wilkins	12 866	7.8 ± 2	8.3 ± 2	0.7 ± 0.4	−3.4 ± 16	18.4 ± 17（1.5 ± 1）
Bach	4 579	5.4 ± 1	1.8 ± 0.3	0.8 ± 0.2	−4.0 ± 0.3	10.4 ± 1（2.3 ± 0.3）
George VI	23 434	68.2 ± 5	12.7 ± 2	5.7 ± 1.2	−13.8 ± 16	89.0 ± 17（3.8 ± 0.7）

续表

冰架名称	面积 /km^2	触地线通量 /（Gt/a）	表面物质平衡 /（Gt/a）	前缘崩解量 /（Gt/a）	$\partial H/\partial t$ /（Gt/a）	底部融化 /（Gt/a）（m/a）
Stange	8 027	21.0 ± 3	6.0 ± 1	4.6 ± 0.8	−5.6 ± 5	28.0 ± 6（3.5 ± 0.7）
南极半岛合计	127 375	184 ± 26	66 ±13	69 ± 13	−9 ± 74	191 ± 80（1.5 ± 0.6）
Ronne	338 887	156.1 ± 10	59.3 ± 11	149.2 ± 22	−47.4 ± 22	113.5 ± 35（0.3 ± 0.1）
Ferrigno	117	11.2 ± 1	0.16 ± 0	6.6 ± 2	−0.3 ± 0	5.1 ± 2（43.4 ± 17）
Venable	3 194	14.6 ± 2	3.5 ± 1	6.5 ± 1	−7.7 ± 1	19.4 ± 2（6.1 ± 0.7）
Abbot	29 688	34.0 ± 4	25.0 ± 5	2.4 ± 0.5	4.7 ± 18	51.8 ± 19（1.7 ± 0.6）
Cosgrove	3 033	5.2 ± 1	1.5 ± 0.3	1.3 ± 1.2	−3.1 ± 2	8.5 ± 2（2.8 ± 0.7）
Pine Island	6 249	126.4 ± 6	4.6 ± 0.9	62.3 ± 5	−33.2 ± 2	101.2 ± 8（16.2 ± 1）
Thwaites	5 499	113.5 ± 4	4.8 ± 0.9	54.5 ± 5	−33.7 ± 3	97.5 ± 7（17.7 ± 1）
Crosson	3 229	27.4 ± 2	3.7 ± 0.7	11.7 ± 2	−19.2 ± 1	38.5 ± 4（11.9 ± 1）
Dotson	5 803	28.4 ± 3	5.7 ± 1	5.5 ± 0.7	−16.6 ± 2	45.2 ± 4（7.8 ± 0.6）
Getz	34 018	96.7 ± 5	34.2 ± 7	53.5 ± 2	−67.6 ± 12	144.9 ± 14（4.3 ± 0.4）
Land	640	14.5 ± 1	0.8 ± 0.1	12.2 ± 1	−0.7 ± 0.3	3.8 ± 1（5.9 ± 2）
Nickerson	6 495	7.8 ± 1	4.6 ± 0.9	4.3 ± 0.6	3.9 ± 1	4.2 ± 2（0.6 ± 0.3）
Sulzberger	12 333	15.1 ± 2	8.2 ± 2	1.0 ± 0.2	4.1 ± 2	18.2 ± 3（1.5 ± 0.3）
Swinburne	900	4.9 ± 0.4	0.9 ± 0.2	1.5 ± 0.3	0.6 ± 0.2	3.8 ± 0.5（4.2 ± 0.6）
Withrow	632	1.3 ±0.2	0.3 ± 0.0	1.2 ± 0.3	0.1 ± 0.1	0.3 ± 0.4（0.5 ± 0.6）
Ross West	306 105	73.0 ± 4	33.5 ± 6	100.4 ± 8	7.6 ± 17	−1.4 ± 20（0.0 ± 0.1）
西南极冰盖合计	756 822	730 ± 47	191 ± 36	494 ± 57	−208 ± 36	654 ± 89（0.9 ± 0.1）
Ross East	194 704	56.1 ± 4	31.0 ± 6	45.9 ± 4	−7.8 ± 11	49.1 ± 14（0.3 ± 0.1）
Drygalski	2 338	9.6 ± 0.6	0.3 ± 0.1	3.0 ± 1	−0.8 ± 0.4	7.6 ± 1（3.3 ± 0.5）
Nansen	1 985	1.3 ± 0.5	0.3 ± 0.1	0.2 ± 0.1	0.4 ± 0.1	1.1 ± 0.6（0.6 ± 0.3）
Aviator	785	1.1 ± 0.2	0.2 ± 0	0.2 ± 0.1	−0.3 ± 0.1	1.4 ± 0.2（1.7 ± 0.3）
Mariner	2 705	2.5 ± 0.4	1.1 ± 0.2	0.6 ± 0.2	0.6 ± 0.3	2.4 ± 0.6（0.9 ± 0.2）
Lillie	770	3.6 ± 0.3	0.2 ± 0	0.5 ± 0.1	0.0 ± 0	3.4 ± 0.3（4.4 ± 0.4）
Rennick	3 273	4.8 ± 1	0.7 ± 0.1	0.8 ± 0.2	−2.3 ± 0.9	7.0 ± 1（2.2 ± 0.3）
Cook	3 462	36.0 ± 3	1.7 ± 0.3	27.6 ± 3	5.5 ± 1	4.6 ± 5（1.3 ± 1）
Ninnis	1 899	27.6 ±2	1.3 ± 0.2	24.6 ± 3	2.0 ± 0.9	2.2 ± 3（1.2 ± 2）
Mertz	5 522	20.0 ± 1	3.6 ± 0.7	12.0 ± 2	3.6 ± 1	7.9 ± 3（1.4 ± 0.6）
Dibble	1 482	12.5 ± 1	1.5 ± 0.3	8.2 ± 0.9	−2.3 ± 0.7	8.1 ± 1（5.5 ± 0.9）
Holmes	1 921	26.0 ± 2	2.8 ± 0.5	24.7 ± 4	−2.5 ± 1	6.7 ± 4（3.5 ± 2）
Moscow Univ.	5 798	52.3 ± 1	4.7 ± 0.9	29.6 ± 3	−0.1 ± 3	27.4 ± 4（4.7 ± 0.8）
Totten	6 032	71.0 ± 3	6.2 ± 1	28.0 ± 2	−14.0 ± 2	63.2 ± 4（10.5 ± 0.7）
Vincennes	935	12.7 ± 1	0.5 ± 0.1	6.8 ± 1	1.3 ± 0.6	5.0 ± 2（5.3 ± 2）
Conger/Glenzer	1 547	1.7 ± 0.4	0.9 ± 0.2	1.1 ± 0.8	−2.1 ± 1	3.6 ± 1（2.3 ± 0.9）
Tracy/Tremenchus	2 845	0.6 ±0.4	1.0 ± 0.2	0.2 ± 0.1	−1.7 ± 2	3.0 ± 2（1.5 ± 0.7）

续表

冰架名称	面积/km^2	触地线通量/（Gt/a）	表面物质平衡/（Gt/a）	前缘崩解量/（Gt/a）	$\partial H/\partial t$/（Gt/a）	底部融化/（Gt/a）(m/a)
Shackleton	26 080	55.0 ± 4	16.2 ± 3	30.3 ± 3	−31.7 ± 14	72.6 ± 15（2.8 ± 0.6）
West	15 666	41.9 ± 4	6.9 ± 1	32.6 ± 7	−11.1 ± 7	27.2 ± 10（1.7 ± 0.7）
Publications	1 551	5.8 ± 0.8	0.4 ± 0.1	5.2 ± 1	−0.5 ± 0.8	1.5 ± 2（1.0 ± 1）
Amery	60 654	56.0 ± 0.5	8.5 ± 2	50.4 ± 8	−21.4 ± 21	35.5 ± 23（0.6 ± 0.4）
Wilma/Robert/Downer	858	10.3 ±0.5	0.6 ± 0.1	0.8 ± 0.4	0.0 ± 0	10.0 ± 0.6（11.7 ± 0.7）
Edward VIII	411	4.1 ± 0.8	0.4 ± 0.1	0.3 ± 0.1	0.0 ± 0	4.2 ± 0.8（10.2 ± 2）
Rayner/Thyer	641	14.2 ± 1	0.3 ± 0.1	7.8 ± 0.6	0.0 ± 0	6.7 ± 1（10.5 ± 2）
Shirase	821	15.0 ± 1	0.4 ± 0.1	9.6 ± 1	0.0 ± 0	5.7 ± 1（7.0 ± 2）
Prince Harald	5 392	8.3 ± 1	4.1 ± 0.8	10.3 ± 2	4.0 ± 2	−2.0 ± 3（−0.4 ± 0.6）
Baudouin	32 952	22.0 ± 3	8.4 ± 2	6.5 ± 1	9.8 ± 11	14.1 ± 12（0.4 ± 0.4）
Borchgrevink	21 580	19.6 ± 3	6.1 ± 1	17.5 ± 3	0.7 ± 4	7.5 ± 6（0.3 ± 0.3）
Lazarev	8 519	3.7 ± 0.6	2.0 ± 0.4	3.1 ± 1	−3.6 ± 2	6.3 ± 2（0.7 ± 0.2）
Nivl	7 285	3.9 ± 0.8	1.8 ± 0.3	1.3 ± 0.4	0.6 ± 1	3.9 ± 2（0.5 ± 0.2）
Vigrid	2.089	2.7 ± 0.4	0.4 ± 0.1	2.0 ± 0.4	−2.0 ± 0.4	3.2 ± 0.7（1.5 ± 0.3）
Fimbul	40 843	24.9 ± 4	12.7 ± 2	18.2 ± 2	−4.0 ± 7	23.5 ± 9（0.6 ± 0.2）
Jelbart	10 844	9.9 ± 1	4.9 ± 0.9	8.8 ± 2	6.9 ± 2	−1.0 ± 3（−0.1 ± 0.3）
Atka	1 969	0.9 ± 0.2	0.8 ± 0.1	1.0 ± 0.2	1.1 ± 0.2	−0.5 ± 0.4（−0.2 ± 0.2）
Ekstrom	6 872	4.1 ± 0.8	2.6 ± 0.5	2.3 ± 0.6	0.0 ± 0	4.3 ± 2（0.6 ± 0.2）
Quar	2 156	1.0 ±0.2	0.5 ± 0.1	0.6 ± 0.1	−0.5 ± 0.4	1.4 ± 0.5（0.7 ± 0.2）
Riiser-Larsen	43 450	21.5 ± 3	12.7 ± 2	12.1 ± 2	13.4 ± 8	8.7 ± 9（0.2 ± 0.2）
Brunt/Stancomb	36 894	20.3 ± 3	11.4 ± 2	28.1 ± 4	2.6 ± 4	1.0 ± 7（0.03 ± 0.2）
Filchner	104 253	97.7 ± 6	13.4 ± 2	82.8 ± 4	−13.6 ± 7	41.9 ± 10（0.4 ± 0.1）
东南极冰盖合计	669 781	782 ± 80	174 ± 33	546 ± 70	−70 ± 34	480 ± 116（0.7 ± 0.2）
调查冰架合计	1 553 978	1 696 ± 146	430 ± 81	1 089 ± 139	−287 ± 89	1 325 ± 235（0.85 ± 0.1）
全南极总计	1 561 402	2 048 ± 149		1 265 ± 141		1 500 ± 237

注：冰架名称来自美国地质调查局。图中数据区间为 2003~2008 年，冰架的统计样本合计水当量损失达 287±89 Gt/a，这一数值较保持冰架稳定的数值高出 28%±9%。Larsen B 冰架于 2002 年崩解，此处仅计算孑遗部分。

资料来源：Rignot et al., 2013

加拿大高北极 Ellesmere 群岛上曾发育有较大规模冰架，但随着 20 世纪后期气候的显著变暖和北极地区变暖的放大作用，Ellesmere 群岛诸多冰架逐渐崩解入海，截至目前，冰架的数量和面积已经大大萎缩。Vincent 等恢复了 20 世纪 Ellesmere 冰架的演变过程（图 2.18）。

2. 冰山的分类与分布

冰山是指冰盖和冰架边缘或冰川末端崩解进入水体的大块冰体。南极冰盖和格陵兰冰盖是冰山的主要来源区。冰山形成受冰川运动、冰裂隙发育程度、海洋条件、海冰范围和天气条件的影响。全球变暖对冰山形成也有影响，可加速冰山的形成。冰山是淡水冰，大量冰山进入海洋后可改变海洋的温度和盐度。冰山漂移对航海安全造成巨大威胁。

冰山分类主要依据冰山的形状和大小。世界气象组织主要依据形状分类，定义了冰山、小型冰山和碎冰山。冰山的出水高度高于 5 m，又细分为平顶、圆丘形、尖顶冰山等。小型冰山的出水高度在 1~5 m，面积通常在 100~300 m^2。碎冰山的出水高度低于 1 m，面积一般是 20 m^2 左右。国际冰情巡逻队（International Ice Patrol，IIP）根据冰山尺寸建立了分类系统。目前国际上对于冰山的尺寸和大小分类的依据主要是使用国际冰情巡逻队所设计的分类表（表 2.11）。

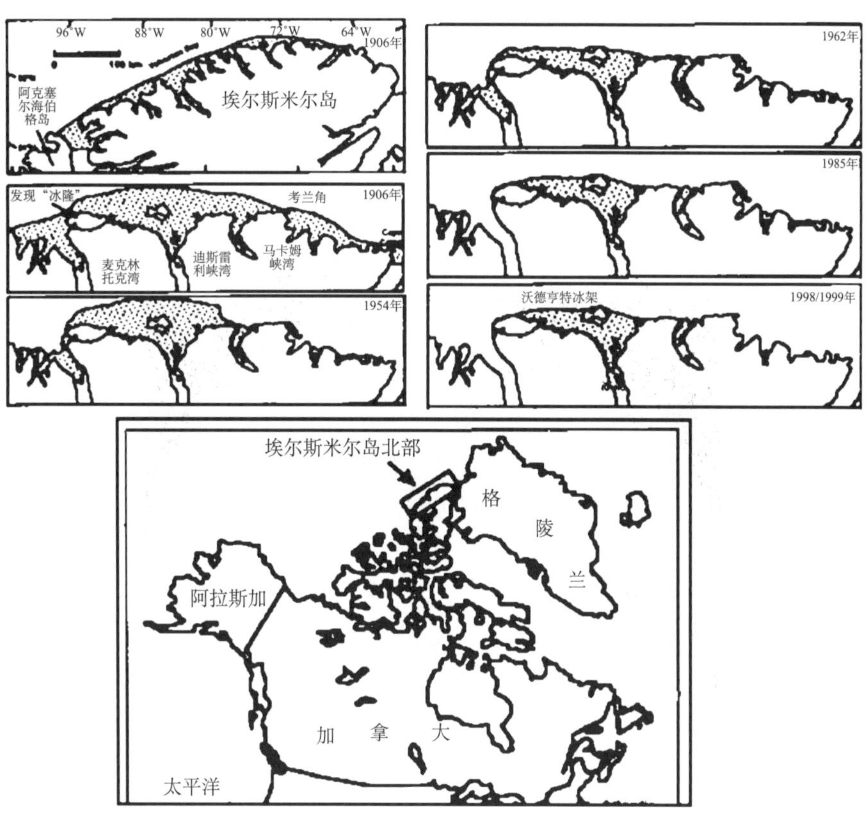

图 2.18　加拿大埃尔斯米尔岛北部冰架分布（Vincent et al., 2001）

Figure 2.18　Ice shelves and changes in the northern Ellesmere Island（after Vincent et al., 2001）

自 1906 年 Marvin 绘制 Ellesmere 冰架后，利用历次调查和遥感资料绘制的冰架变化序列（其中 1998/1999 年系根据 RADARSAT-1 遥感影像获取），下图为冰架所在地理位置

表 2.11　依据大小级别对冰山的分类

Table 2.11　Size classification of ice burgs

大小分类	高度/m	长度/m
极小	<1	<5
较小	1~5	5~15
小	5~15	15~60
中	15~45	60~120
大	45~75	120~200

地球上的大多数冰山来源于南极冰盖，南大洋冰山的总量可达 20 万座左右，数量约占全球冰山总量的 93%，总重量达 10^{12}t。北半球冰山主要来源于格陵兰冰盖西侧，据估计，那里每年分离出大约一万座冰山。冰山的寿命主要取决于漂流过程，洋流会把冰山带进暖水区域，加速了冰山融化。

北冰洋有几个冰山来源，包括格陵兰冰盖、加拿大北极地区，挪威斯瓦尔巴群岛和俄罗斯北极地区许多地方的冰架。阿拉斯加的一些冰川，如哥伦比亚冰川也有冰山崩解，冰山的移动距离它们源区不远。北冰洋的冰山分布中最有名的地点是大西洋西北部，因为这里是世界上冰山分布与跨洋运输线的唯一相交区域（图 2.19）。1912 年泰坦尼克号就是在这里撞上冰山而沉没。

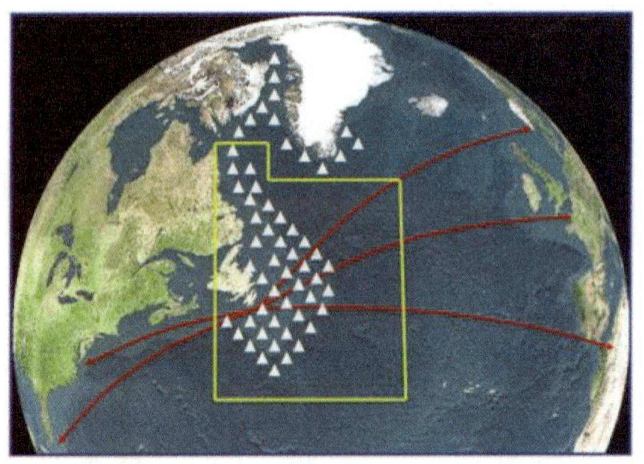

图 2.19　多年来冰山进入北大西洋航线（红色线）示意图（源自：http://www.navcen.uscg.gov/?pageName=IcebergLocations）

Figure 2.19　Areas of ice burgs drifting into voyage lines over the Atlantic Ocean（from:http://www.navcen.uscg.gov/?pageName=IcebergLocations）

更多更巨大的冰山是从南极冰架崩解的，集中分布在环绕南极大陆的南大洋海面，随着沿岸洋流自东向西移动。有时这些冰山会漂移到南大西洋靠近新西兰的区域和南太平洋靠近南美海岸附近的区域（图 2.20）。美国国家冰中心（NIC）和杨百翰大学（BYU）已建立了过去几十年全南极的崩解冰山数据库，对冰山实行周期为 15~20 天连续跟踪，监测记录了大小在 176~2109 km²的大型平顶冰山。NIC 根据冰山初始位置对冰山进行命名，将全南极划分为 A、B、C、D 4 个区。A 区位于 0°~90°W 的别林斯高晋海和威德尔海区域；B 区位于 90°~180°W 的阿蒙森海和东罗斯海区域；C 区为 90°~180°E 的罗斯海西部和威尔克斯地区域；D 区，东经 0~90°E 的埃默里冰架和威尔德海东部区域。

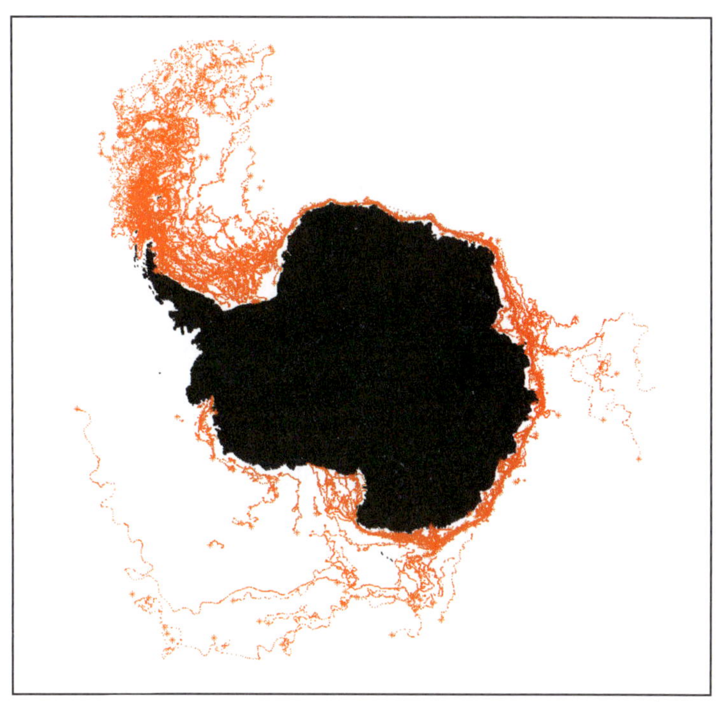

图 2.20　1999~2010 年南极巨型扁平冰山位置跟踪示意图

（数据源自杨百翰大学冰山数据库 http://www.scp.byu.edu/data/iceberg/database1.html）

Figure 2.20　Tracking large tabular icebergs（1999~2010）in the Southern Oceans using the SeaWinds Ku-band microwave scatterometer（from http://www.scp. byu.edu/data/ iceberg/database1.html）

杨百翰大学 1976~2001 年冰山数据库记录曾揭示南极冰山有增加的趋势，但最终发现冰山数目的增加是由于遥感监测能力的提升使得更多的冰山被监测到。

2.3.2　海冰的分类与分布

海洋表面海水冻结产生的冰称为海冰，海冰表面降水再冻结也成为海冰的一部分。由于海水含有盐分，因此海水冻结温度一般在大约–1.8℃。海冰的盐度是指其融化成海水的盐度，一般为 3‰~7‰。海水结冰时，是其中的水冻结，而将其中的盐分排挤出来，部分来不及流走的盐分以卤汁的形式被包围在冰晶之间的空隙里形成“盐泡”。此外，海水结冰时，还将来不及逸出的气体包围在冰晶之间，形成“气泡”。因此，海冰实际上是淡水冰晶、卤汁和气泡的混合物。纯水冰 0℃时的密度一般为 917 kg/m³，海冰中因为含有气泡，密度一般低于此值，新冰的密度为 914~915 kg/m^3。冰龄越长，由于冰中卤汁渗出，密度则越小。海冰对太阳辐射的反射率远比海水的大，海水的反射率平均只有 0.07，而海冰可高达 0.5~0.7。

1. 海冰分类

海冰开始冻结时，其表层水中混有分散的冰晶、冰针、冰片，它们没有固定的形状。因海冰形成时的海况与天气状况（如海面平静，有扰动，降雪等）不同，新冰有多种形式。新冰又可分为水内冰（frazil）、脂状冰（grease）、冰屑（shuga）、湿雪（slush）和尼罗冰（Nilas）。水内冰是海冰形成的初始阶段，为悬浮于水中细小的针状或盘状冰，使海洋出现汤状表层。开阔水域，在波浪等动力作用下，新形成的冰晶可到达数米深的水层。水内冰的聚结形成脂状冰（grease），脂状冰颜色较浅，它的出现使海面像披上一层毯子。湿雪是由降雪形成的海冰。冰屑是在有扰动的水面形成的，为数厘米大小的白色海绵状海冰团，一般由脂状冰或湿雪形成，也可以由锚冰上浮到水面形成。在风和浪的作用下冰屑容易在主风方向上呈线状排列，形成冰带。尼罗冰是由水内冰、脂状冰、冰屑凝固成的弹性薄层，在涌浪的作用下容易形成指状冰，它又可分为暗尼罗冰（dark Nilas），厚度一般在 0~5 cm 和明尼罗冰（light Nilas），厚度一般在 5~10 cm。

持续低温会在海冰底部和边缘引起进一步的冰凝结，这使海冰加厚并改变颜色。当海冰厚度在 10~30 cm 时称为初冰。初冰可分为灰冰（grey ice）和灰白冰（grey-white ice）。灰冰的厚度为 10~15 cm，其弹性比尼罗冰差，在涌的作用下，灰冰容易发生断裂，也容易出现成筏现象。灰白冰的厚度一般为 15~30 cm，在压力的作用下更加容易出现成脊现象，而非成筏。

只经历了一个冬季生长期的海冰称为一年冰，一年冰由初冰发展而成，无变形的一年冰厚度在 30~200 cm，发生动力变形的一年冰可以达到 2 m 以上，在南极由于冰底海洋热通量的作用，单纯由热力过程形成的海冰很少超过 2 m。

至少经历一个融冰季节的海冰称为陈冰。陈冰的盐分比一年冰低，表面经受了更多的风化作用。陈冰又分为隔年冰（second year ice），即经受了一个融冰季节的冰。多年冰（multi-year ice）是指至少经过两个夏季而未融化的冰。

以上所述的海冰类型均属于热力发展的某个阶段。在海冰发育过程，还有一类是动力形成的，即莲叶冰（pancake），也称为饼冰，是指直径 30 cm~3 m、厚度 10 cm 以内的圆碟形海冰，由于彼此互相碰撞而具有隆起的边缘。在较轻的风浪下，由脂状冰、碎冰屑，或由冰壳（ice rind）、尼罗冰破裂后，相互碰撞形成，也可在更大的风浪下，由灰冰形成。

海冰按动态可以分为固定冰（fast ice）和漂流冰（drift ice 或 pact ice）两类。前者不随洋流和大气风场移动，而后者则受洋流和海表风场强迫影响。固定冰是指沿着海岸，冰壁，冰川前，两浅滩之间或搁浅的冰山之间生成的海冰或附着于此的海冰。固定冰可以在原地由海水冻成，也可以由不同冰龄的浮冰群冻结到岸边形成。固定冰可从岸边向海中延伸数米到数百千米。固定冰的冰龄可以超过 1 年，为陈冰，即二年冰或多年冰。从形态上分，固定冰附着于岸边的是冰脚；附着于浅滩上的是岸冰；浅海水域里一直冻结到底的是锚冰。

浮冰（floe）是指海冰形成后，在风、海水、潮流及潮汐的作用下发生破碎，形成大小不一的碎块称为浮冰。根据浮冰的大小，浮冰可分为碎浮冰（brash）、饼冰（pancake）、块冰（ice cake）、小浮冰（small floe）、中浮冰（medium floe）、大浮冰（big floe）和巨型浮冰（vast ice）（表 2.12）。

表 2.12　不同浮冰名称及其对应尺寸

Table 2.12　Size of different types of pack ice

名称	尺寸/m	参照物
碎浮冰	<2	
饼冰	0.3~3	台球桌
块浮冰	≤20	排球场
小浮冰	20~100	仓库
中浮冰	100~500	城市的一个街区
大浮冰	500~2000	高尔夫球场
巨型浮冰	≥2000	小城镇

海冰密集度（sea ice concentration）是指单位面积海域内海冰所占的比率，用“成”（数字 1~10）表示（图 2.21）：

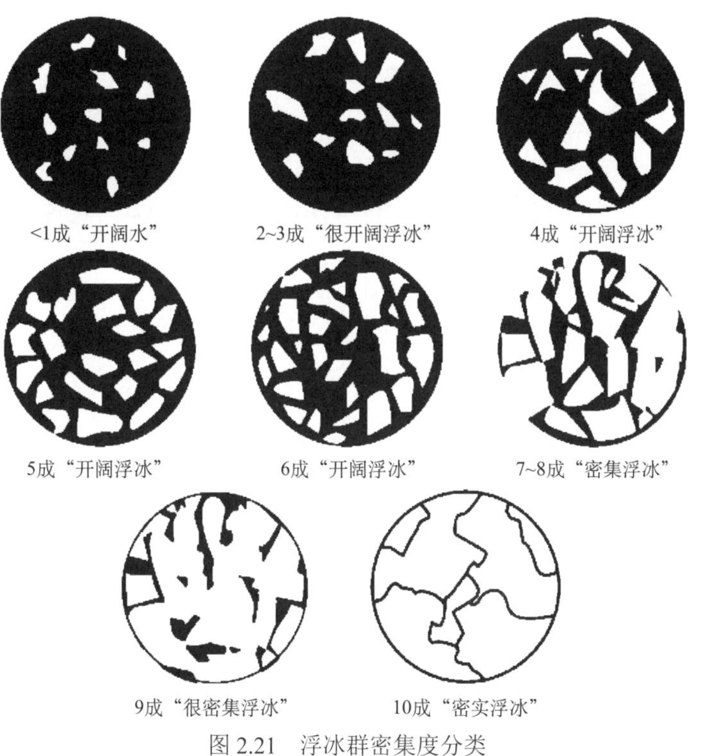

图 2.21　浮冰群密集度分类

Figure 2.21　Classification of pack ice concentration

（1）1 成到 3 成：水面非常开阔；

（2）4 成到 6 成：水面开阔，有较多的水道或冰间湖，浮冰之间基本没有接触；

（3）7 成到 8 成：海冰密集，冰区主要由相互接触的浮冰组成；

（4）9 成到小于 10 成：海冰非常密集；

（5）10 成：没有水面可看见，如果浮冰相互冻结在一起则称之为固结浮冰群。

按海冰表面特征可分为平坦冰（level ice）和变形冰（deformed ice），裸冰（bare ice）和积雪覆盖冰（snow-covered ice），污化冰（dirty ice）等。平坦冰是指没有受变形影响的海冰。变形冰是伴随表面和水下海冰汇聚而发生挤压和断裂的海冰的统称，可细分为重叠冰（rafted ice）、脊化冰（ridged ice）和粗糙冰（rough ice）等。薄冰的汇聚一般会发生重叠，形成重叠冰；厚冰的汇聚一般会发生挤压，形成冰脊。成筏（重叠）现象一般在海冰生长初期出现，其作用使海冰厚度迅速增加到 0.4~0.6 m。当浮冰厚度大于 0.4 m 以后浮冰之间的相互聚合就容易发生造脊现象，成筏和造脊作用对海冰生长和厚度分布都产生很大的作用。重叠冰和冰脊的出现会显著增大海冰厚度，冰脊在水线以下的形变程度一般会大于水线以上部分，脊化程度较高的冰脊表面脊高可以达到 12 m，底部冰龙骨（ice draft）则可以达到 45 m。

裸冰是指没有积雪覆盖的海冰。污化冰是指表面或冰层内含有自然或人类源的矿物或有机物。由于冰内海藻高度集中使得海冰呈现褐黄色，称为褐色冰（brown ice），褐色冰在海冰的各层都会出现。

冰间水域包括开裂（fracture）、水道（lead）和冰间湖（polynya）和潮汐缝（tide crack）等。

开裂是压力作用下海冰产生永久性变形并发生破裂的现象。极密集或固结的浮冰群、固定冰和单个大浮冰都会发生开裂。开裂长度从几米到数千米不等。开裂的发展形成水道，水道内容易出现新冰，水道和开裂一样以线状的形式出现，比水道更大的开阔水域被称为冰间湖。聚集冰与海岸之间的水道称为沿岸或岸冰水道（shore lead）。聚集冰与固定冰之间的水道称为裂缝水道（flaw lead）。开裂要比水道窄许多，对于船舶的航行帮助不大，水道则有利于船舶的航行，开裂和水道的出现增强了海洋和大气之间的热交换，在其水域容易出现水蒸气、海雾或冻烟（frost smoke）的现象。开裂和水道还为海豹和企鹅提供进出海洋的通道，为鲸鱼提供呼吸的气孔。

冰间湖是由海冰包围着的非线状的开阔水域，冰间湖有可能覆盖有新冰，尼罗冰或初冰，潜艇人员把冰间湖当作天窗。冰间湖可分为

（1）沿岸冰间湖（shore polynya）：聚集冰与海岸之间或聚集冰与冰前沿之间的冰间湖。

（2）裂缝冰间湖（flaw polynya）：聚集冰与固定冰之间的冰间湖。

（3）复现冰间湖（reccuring polynya）：在同一地方多年重复出现的冰间湖。

冰间湖的面积变化范围较大，到目前观测到的最大冰间湖是 1975~1977 年在威德尔海域出现的冰间湖，面积达 $20\times10^4\,km^2$。

冰间湖按其形成机制分为潜热冰间湖（latent heat Polynya）和感热冰间湖（sensible

heat polynya)。潜热冰间湖是下降风的频繁作用形成的，新形成的海冰在风的作用下向北漂移，导致开阔水的出现，开阔水的出现又导致更多新冰的形成，感热冰间湖可谓海冰的加工厂。沿岸冰间湖大多都为潜热冰间湖。感热冰间湖是在上涌的海洋暖流作用下形成的，这种冰间湖不会大量出现新冰。当然也有感热和潜热过程共同作用下形成的冰间湖。

由于潮汐作用，海面频繁上升和下降，在固定冰区形成的裂缝称为潮汐缝。潮汐缝为企鹅和海豹进出海洋提供了通道。

海冰的形成可以开始于海水的任何一层，甚至于海底。在水面以下形成的冰称为水内冰，也称为潜冰，是过冷却水冻结形成，粘附在海底的冰称为锚冰。海冰生成以后，由于密度比海水小，会逐渐上升，和海面生成的海冰结合，使海面的海冰逐渐变厚。

2. 海冰分布

1）全球海冰分布

海冰覆盖了地球表面约 7%，约占全球海洋面积的 12%。海冰全年出现在多年海冰区，包括北冰洋的中央和南极洲的小部分，主要位于西威德尔海。只在冬季出现海冰的称为季节性海冰区，该区可延伸至平均纬度约 60 º 的位置。世界上大部分的海冰集中在两极地区。在南半球，海冰主要分布在南极大陆周围的南大洋。南大洋海冰覆盖实际呈环状，长度约 2×10^4 km，宽度夏季几近于零，冬季可达 1000 km，以南极洲为中心横跨 60°~70°S。在北半球，海冰主要分布在北冰洋及相邻海域，以及其他冬季寒冷的海域和海湾，如鄂霍次克海、白令海、巴芬湾、哈得孙湾、格陵兰海、拉布拉多海、波罗的海和渤海等。纬度最低的海冰分布区为中国的黄、渤海，为 37°~41°N。

从 20 世纪 70 年代初起，被动微波遥感数据为海冰范围提供了最为完整的记录。在此之前，岸边的海冰观测只能在特定的地点和时间进行。

海冰具有显著的季节和年际变化。北半球海冰范围在 3~4 月达到最大，8~9 月最小。北极海冰最大范围超过 15×10^6 km^2，夏季最小时只有约 6×10^6 km^2。2012 年北极夏季海冰范围最小时仅为 3.44×10^6 km^2，成为自 1979 年有卫星观测以来的最小记录（图 2.2），南极的海冰范围季节性变化更显著，海冰范围在 9 月最大，2 月最小，冬季最大时，海冰范围超过 18×10^6 km^2，最小时只有大约 3×10^6 km^2。

2）中国海冰分布

黄、渤海地处中纬度季风气候带，是全球纬度最低的结冰海域之一。渤海和北黄海的逐年冰情随着每年冬季气候的差异而不同，暖冬结冰范围不足 15%海域，而在严寒冬季海冰覆盖 80 %以上海域。20 世纪渤海海域几乎全部被海冰覆盖的重冰年有 3 次：1936 年 1~2 月、1947 年 1~2 月、1969 年 2~3 月。

根据观测的和历史记载的冰厚和冰范围资料把渤海和北黄海冰情划分为 5 个等级。图 2.22 为冰情等级示意图，表示与冰情等级相应的冰外缘线分布。

随着全球气候变暖，黄、渤海海冰自 20 世纪 80 年代以来持续偏轻。根据海洋站冰情监测资料，20 世纪 60 年代至 21 世纪初，渤海各结冰海区的初冰日随着年代增加越来越推后，而终冰日越来越提前。由于初冰日推后，终冰日提前，冰期日数较 20 世纪 60 年代偏少 30 天左右。

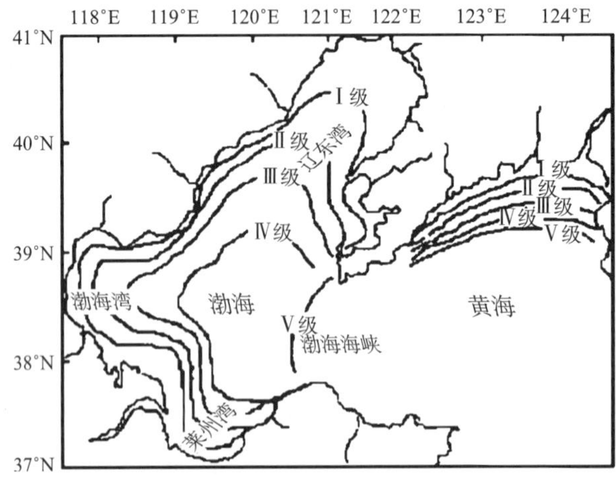

图 2.22　渤海和黄海北部冰情等级（根据海冰外缘线位置示意表示）（白珊等，2001）

Figure 2.22　Classification of sea ice in Bohai and north Yellow seas, China（after Bai et al., 2001）

2.3.3　海底多年冻土的分类与分布

海底多年冻土也称为滨外多年冻土（subsea permafrost，submarine permafrost，offshore permafrost），是指分布于极地大陆架海床的多年冻土。冰期或末次冰盛期时，海平面比现在要低 100 多米，极地海洋沿岸地区的大陆架直接暴露于大气，发育了多年冻土。当古冰盖消失，海平面上升后，这部分原来分布在极地海洋沿岸地区的多年冻土被海水淹没，位于海床之下，下伏于温暖和含盐度高的海洋，成为海底多年冻土。海底多年冻土与陆地多年冻土有很大区别，主要是其残余性、相对温暖的环境以及一直处于退化状态等。海底多年冻土带因蕴藏大量石油和天然气水合物而具有潜在经济价值。

海底多年冻土的发育、分布和特征很大程度上取决于所处的海洋环境及其过程，主要影响因素有：①地质地貌条件。包括地热通量、大陆架地形、沉积物和岩性、地质构造等；②气候。主要是形成时和后期的气温；③海洋学特征。包括温度、盐度、海流系统、潮汐、上覆海冰状况等；④水文条件。例如，入海淡水径流。

一般情况下，海底多年冻土以距海岸远近及是否在海冰区而划分为 5 个区（图 2.23），分别是陆地区域（岸区）、海滨区、上覆海洋常年受海冰影响且海冰冻结至底床的区域、海冰底部洋流受到限制且海水盐度较大的区域，以及开阔洋区。

对海底多年冻土的详细分布尚无充分的实测资料支持。但环北极沿岸是主要的分布区（图 2.24），尤其欧亚大陆一侧是重点区。已有的探测工作包括 Pechora 海与 Kara 海，Laptev 海，Bering 海，Chukchi 海，阿拉斯加 Beaufort 海，Mackenzie 河三角洲地带，等等。

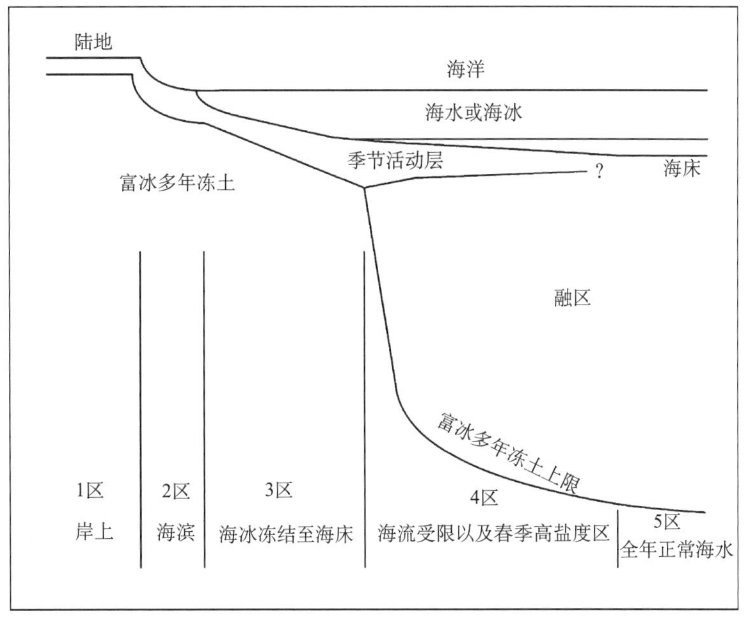

图 2.23　海底多年冻土分区示意（Osterkamp , 2001）

Figure 2.23　Schematic illustration of the transition of permafrost from sub-aerial to sub-sea conditions（after Osterkamp, 2001）

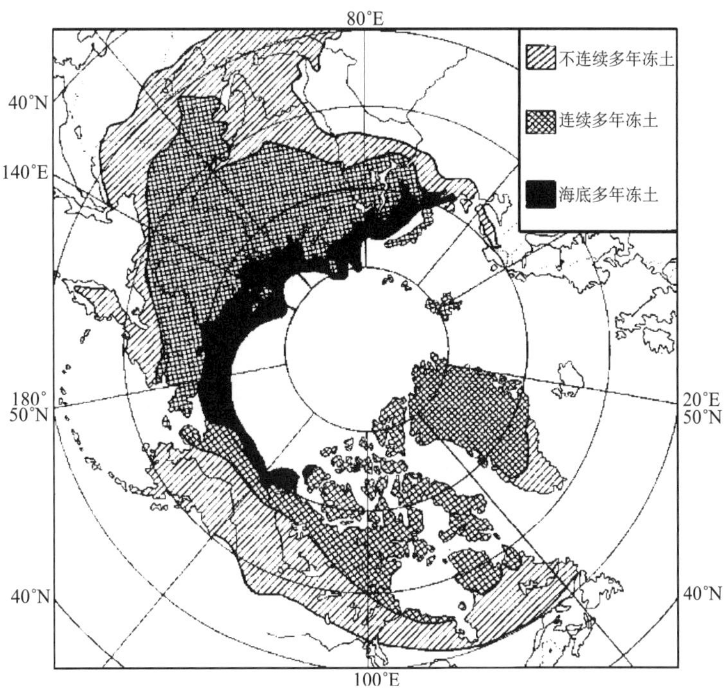

图 2.24　北极海底多年冻土的大致分布范围（Pewe, 1983）

Figure 2.24　Map showing the approximate distribution of sub-sea permafrost in the continental shelves of the Arctic Ocean（after Pewe, 1983）

在南极，只有在 McMurdo 站曾探测到水深 122 m，海床表面以下 56 m 处存在负温以及正温度梯度现象，但无迹象表明该地层含冰。

2.4 大气冰冻圈的分类与分布

大气冰冻圈（aerial cryosphere）温度低于冰点（0℃）的大气对流层和平流层空间，均为大气冰冻圈。这个空间是随季节变化而变化的，严格地讲，大气中的冰云等低温现象都属于大气冰冻圈的范畴。大气冰冻圈主要以固态降水的形态而存在，在降落至地面之前，以各种形态存在于大气之中。为了与地面的新降雪截然分开，我们将落地之前的雪花、冰雹、霰和其他各种冰晶统称为大气冰冻圈。固态降水落到地面则为陆地冰冻圈的一部分（积雪），落到海冰表面则成为海洋冰冻圈的一部分（海冰上覆积雪）。这样划分冰冻圈的大类也是为了便于与陆地冰冻圈、海洋冰冻圈形成较为统一的体系。

2.4.1 大气冰冻圈的分类

由于气象条件和生长环境的差异，大气冰冻圈即固态降水是多种多样的，称谓也名目繁多，极不统一。为方便起见，ICSI 在征求各国专家意见的基础上，于 1949 年召开专门性的国际会议，通过了关于大气固态降水简明分类的提案。即大气固态降水分为 10 种（图 2.25）：雪片（plate）、星形雪花（stellar crystal）、柱状雪晶（column）、针状雪晶（needle）、多枝状雪晶（spatial dendrite）、轴状雪晶（capped column）、不规则雪晶（irregular forms）、霰（graupel）、冰粒（ice pellet）和雹（hail）。前面的 7 种统称为雪，是天空中的水汽经凝华而来的固态降水；后面 3 种则是水汽先变成水，然后水再凝结成冰晶而形成的。

此后，Magono 和 Lee 对自然形成的雪晶进行了详细的分类——80 种，并被广泛用于雪冰晶型研究；直至 2013 年有学者经过观测从中纬度的日本到极地地区的雪晶，又新增了 41 种，被认为是适用于全球的一种分类方法。从分类的不同标准看，这 121 种晶型被分为 3 个级别，即通用级 8 种（general）、中间级 39 种（intermediate）、基本级 121 种（elementary）。

尽管分类方法很多，也各有支持者。这里仅介绍联合国科学、教育及文化组织（UNESCO）授权 ICSU 的简明分类，介绍固态降水的分布。

2.4.2 大气冰冻圈的分布

1. 全球大气冰冻圈分布

降雪是水或冰在空中凝结再落下的自然现象，是大气固态降水中最广泛、最普遍、最主要的形式。降雪是一个随机过程，全球大部分地区均会出现降雪，区域气候和纬度均会影响降雪分布。

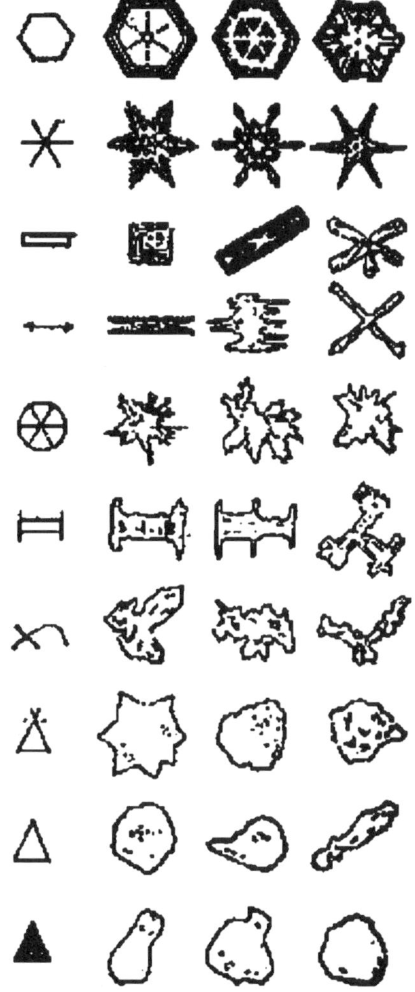

图 2.25　10 种固态降水示意图（源自中国科普博览 http://www.kepu.net.cn）

Figure 2.25　Ten forms of solid precipitation（from: http://www.kepu.net.cn）

从上向下分别为雪片、星形雪花、柱状雪晶、针状雪晶、多枝状雪晶、轴状雪晶、不规则雪晶、霰、冰粒、雹

固态降水的全球分布可视为大致与全球积雪范围相当。但因为固态降水范围的南界会产生落地后快速融化而不积累的现象，理论上，发生固态降水的范围应略大于积雪范围。

下面仅以研究较深入的美国和中国为例，说明固态降水的区域分布特点。

在美国，根据事件的平均年发生率，定义 1~2 天内降雪 15.2 cm 以上的为一次暴雪事件，其具有很大的空间变率。在美国东半部，大部地区暴雪频次呈纬向分布，在南方腹地平均约每 10 年发生一次，向北沿加拿大边界增加到 2 次/10 年。这种分布型式在五大湖下风方向和阿巴拉契亚山脉有所改变，代之以较高的平均发生次数。在美国西部，低海拔地区平均每年发生暴雪事件 0.1~2 次，其余大部分地区多年未发生过暴雪事件，但西部和东北部高海拔地区暴雪的年最小发生频次也在 1 次以上。年最大发生次数的空间分布型式与平均次数相似。时间上，暴雪最先于 9 月出现在落基山脉，10 月出现在高海拔平原地区，11 月遍布美国大部地区，12 月最后出现在南部腹地。全美大部地区暴雪结束在 4 月。在五大湖的下风方向，暴雪发生频次最高的月份为 12 月，其他地区的峰值则出现在 1 月。

2. 中国大气冰冻圈分布

中国西部遍布高原和高山，固态降水是重要的降水形式。但因自然条件严酷，在地域上对固态降水的监测覆盖远远不够。

1）降雪（snow）

中国降雪表现为高纬度、高海拔地区降雪多，南方主要降雪地区集中的特点。降雪比较集中的区域有 4 个：东北北部、东部和长白山地区，新疆北部及帕米尔高原西部，祁连山及青藏高原东部、南部地区，长江中、下游地区。

新疆北部和东北北部、东部地区纬度高，受北方冷空气影响强度大，次数多，时间长，容易造成大的降雪，前者降雪时间从当年 9 月，一直可以持续到翌年 6 月，后者可持续到翌年 5 月。长江中、下游地区也是中国主要的降雪区。这里处于亚热带季风气候区，降雪含水量大，在冬季一旦有冷空气南下，很容易形成雨雪交加的局面，因此这里也是中国冬季的主要降雪中心。由于受到秦岭的阻挡，冷空气很难进入，以四川盆地为中心的西南地区是中国的少雪区，只是在与青藏高原接壤的盆地西部边缘降雪量较大。广东、广西等低纬度地区和台湾省基本是无雪区。华北平原、东北平原地区属于暖温带大陆性季风气候，是中国的半干旱半湿润地区，冬季主要受北方冷空气和西风带系统影响，年降雪量在 30 mm 左右，低于气候平均值。中国内陆干旱的荒漠地区包括内蒙古的西部地区，年降雪量都在 10 mm 以下，是少雪区。

降雪事件受气温和水汽条件控制，因此中国降雪的地理分布与寒潮活动影响的区域密切相关。降雪的南北分布主要受气温的影响，而东西分布主要受水汽条件的控制。高海拔地区降雪多，尤其是大雪多，则兼受气温和高海拔局地水汽两个因素的影响。

2）冰雹（hail）

冰雹是指坚硬的球状、锥状或形状不规则的固态降水，小如绿豆、黄豆，大似栗子、鸡蛋。也称为“雹”，俗称雹子，有的地区叫“冷子”，夏季或春夏之交最为常见。雹灾是中国严重灾害之一。中国除广东、湖南、湖北、福建、江西等省冰雹较少外，各地每年都会受到不同程度的雹灾。尤其是北方的山区及丘陵地区，地形复杂，天气多变，冰雹多，受害重，对农业危害很大。

从中国降雹的区域分布看，降雹高值区呈现“一区两带”的特点：“一区”是指青藏高原多雹区；“两带”是指南方多雹带和北方多雹带，前者主要分布在海拔 1000~2000 m 的云贵高原，向东延伸到湘西、川鄂边界，后者从青藏高原的北部出祁连山、六盘山经黄土高原和内蒙古高原连接。中国冰雹成害的区域分异与冰雹致灾（降雹）的区域分异相比较，有明显的向东、向南、向西扩展的趋势，具有以下 3 个明显的差异。其一，从大区域看，冰雹灾害多发区和冰雹致灾最高频区截然不同，前者为人口稠密的华北-长江中下游一带，后者则为人口稀少的青藏高原地区。其二，冰雹成害与致灾均存在两条多发带，但前者较后者位置更偏东，特别是在东部形成南北向的多雹灾带。其三是多雹灾区域均位于多降雹带内，且呈现团块状分布。由此可见，中国冰雹灾害的区域分异深受人类活动范围的影响，呈现中东部多、西部少的空间格局特点。再从区域的降雹和雹灾空间分异对比看，降雹仅是一个自然过程，受灾体性质的变化使得冰雹致灾的高值区不一定是成灾高值区。虽然受灾体并不是造成灾情的直接动力，但是它使得冰雹灾害的灾情产生相对的扩大或缩小。

3）霰（graupel）和冰粒（ice pellet）

与雪和冰雹相比，霰和冰粒均不常见到。

霰是指由白色不透明的近似球状（有时呈圆锥形）的、有雪状结构的冰相粒子组成的固态降水，又称为雪丸或软雹。霰的直径通常为 2~5 mm，着硬地常反弹，松脆易碎。霰通常在地面气温不太冷时降落，常见于降雪前或与雪同时下降。

霰不属于雪的范畴。霰的结构较一般的雪及微粒更为密实，是外覆的霜所造成，结合体的重量及低黏性使得表层无法稳固在斜坡上，20~30 cm 的霰层会有大雪崩的风险。由于气温及霰的特性，霰于雪崩后 1~2 天变得较紧密及稳固。霰和冰雹的主要区别是霰比较松散，而冰雹很硬；冰雹常出现在对流活动较强的夏秋季节，而霰常出现在降雪前或与雪同时降落。冰雹是一种短时间的强对流现象，而霰是一种稳定的“固态降水”。从视觉上，冰雹是半透明的，而霰一般是不透明的。霰很少出现，但也是一种正常的天气现象。霰产生于扰动强烈的云中，由雪晶（或雪团）大量地碰撞过冷云滴，使之冻结并合而成，下降时常呈阵性。

冰粒为透明的丸状或不规则的固态降水，较硬，着硬地一般反弹，直径常小于 5 mm。有时内部还有未冻结的水，若被碰碎，则只剩下破碎的冰壳。

冰粒和冰雹均为比较大的能够流淌的水滴围绕着凝结核一层又一层地冻结而形成的半透明的冰珠。气象学上把粒径不超过 5 mm 的称为冰粒，把粒径超过 5 mm 的称为冰雹。夏天，在北方平原地区常常会遇到冰粒和冰雹。冰粒与雪花的主要区别在于，雪花形成的温度要比冰粒低，一般大范围出现，冰粒则容易在对流天气里出现，所以经常发生在局部。

思　考　题

1. 试阐述全球冰冻圈分布具有一定地带性规律。
2. 冰冻圈要素分类的主要依据是什么？
3. 大气冰冻圈的上、下边界处于怎样的季节变动中？

延 伸 阅 读

【经典著作】

1.《中国冰川概论》

作者：施雅风主编

出版社：科学出版社，1988

内容简介：

施雅风主编的《中国冰川概论》1988 年由科学出版社出版。1958~1988 年 30 年间，中国冰川工作者跑遍了祖国各大山脉，登上了许许多多有代表性的冰川，查清了中国冰川的基本情况。《中国冰川概论》就是这种劳动和牺牲的结晶，该书是基于 30 年间大量野外考察和室内大量的编目统计计算工作后编纂而成。该书共分 12 章，36 万字，参考文献近 40 条，照片 60 多张，图文并茂。对中国冰川的基本情况有了全面系统的介绍。

该书对中国冰川的发育条件、热量平衡、成冰作用、物质平衡、冰川运动、冰川温度、冰川地球化学、冰川类型分布、冰川变化、冰川水文、冰川灾害各方面进行了系统的阐述。在冰川平衡线与气温和降水的关系、冰川运动与冰川性质的关系、冰川成冰作用等许多方面都有独到的研究或理论上的进展。特别是对中国冰川进退变化的研究资料在认识气候变化规律，预测未来全球变化方面有重要价值。本书最后两章对中国冰川水文与冰川灾害作了较详细的介绍，这无疑对中国西部地区的开发建设具有十分重要的意义。

2.《中国冻土》

作者：周幼吾、郭东信、邱国庆、程国栋、李树德

出版社：科学出版社，2000

内容简介：

《中国冻土》一书全面总结了从 20 世纪 50 年代后期至今中国在冻土学领域的主要研究成果，向中国和世界冻土界展示了中国在多年冻土和季节冻土研究中取得的显著成就。正如书名所表明，本书主要阐述中国的冻土研究，但它同时也广泛论述了全球多年冻土和地下冰的分布及特征。

该书由绪论、三篇共 13 章组成。绪论部分简述了冻土研究和冻土学中的基本定义及术语。本书中采用的术语与国际冻土学界采用的术语一致。全书第一、第二、第三篇分别为“中国冻土形成条件及其主要特征”、“冻土区划与各冻土区的冻土特征”、“中国冻土历史演变与冻土区的开发”。

该书为研究冻土和冻结现象、冻土的形成和发展、季节冻结和融化提供了科学的原理，尤其是为季节冻土和多年冻土的区划和分类提供了原则和方法，对中国每个冻土大区和亚区冻土的特性作了详尽的描述，并编制了最新的中国冻土分布图。在考虑全球变化的背景和各地区特殊性的基础上，作者阐明了冻土的历史变化及未来可能发生的变化。基于 50 余年的经验与教训，该书也简述了多年冻土区工程结构的设计和施工的工程地质与环境保护原则，是第一部全面系统地总结中国学者对冻土学研究的最新成果和独特观点的著作。

3. *The International Classification for Snow Cover on the Ground*

作者：Charles Fierz, Armstrong R.L., Durand Y., et al.

出版社：IHP-VII Technical Documents in Hydrology N°83/IACS Contribution N°1 UNESCO Working Series SC-2009/WS/1

内容简介：

积雪研究是一个跨学科的领域，其涉及的领域又非常广泛，制定一些对积雪规范性的描述及通用的测量方法是非常重要的。国际水文科学协会的雪冰委员会（IASH）认识到这个需求，专门在 1948 年任命了一个委员会，以尽快完成关于规范国际雪分类系统的可能性报告。这个报告在 1954 年出版，报告命名为《国际雪分类——陆地积雪专论》。随着时间的推移，人们对积雪过程的认识不断增长，同时国家和国家之间的观测方法的差异越来越大。这就是为什么在 1985 年国际雪冰委员会（ICSI）建立了一个新的关于积

雪分类的委员会。5 年后，一个全面修订和更新的《季节性陆面积雪的国际分类》发行。这项工作已被广泛用作季节性陆面积雪最重要的特征描述的标准，经常在公开发行的出版物中被引用。

自 1990 年以来，科学家对积雪的认识不断深化，对积雪的观测技术不断演变。因此到了 2003 年，大家认为目前的积雪分类标准（Colbeck et al., 1990）需要更新。但 1990 年版分类标准的使用用户认为，应将“更正”和“补充”保持在最低限度。在遵循前版本思想的原则上，本积雪分类工作组再编制一份简明的文件，以方便积雪研究科学家、相关人士、其他领域的科学家以及感兴趣的非专业群体使用。无论如何，改进的版本更加具备知识性，测量技术和观测方法会更加先进。

该书对雪粒形态的分类增加了一个新的主类（机造雪，简写为 MM），一些额外的子类，和旧表面再分配的沉淀物子类放在其他主要类别中。缩写代码不再是字母数字式，树状分类结构没有表示积雪变质的精细变化。新的代码有助于避免误解并增加了分类方案的灵活性。该书的附录 B 提供了最先进的目前正在使用的积雪微观结构参数的讨论，同时给积雪研究科学家提供了通用的语言来形容雪的微观结构，即便是该领域的专家之间也尚未达成全面共识。

第3章 冰冻圈的形成和发育

主笔：赵　林　李忠勤　赵进平

主要作者：张人禾　车涛　马丽娟　效存德

冰冻圈的形成过程是地球表层固体水形成和变化的过程，不同类型冰冻圈要素具有不同的形成和发育过程，主要包括固态降水的积累、转化和融化过程，即积雪本身的形成和消失过程以及冰川的形成和变化过程；地表水的冻结和积累过程，即海、湖和河冰的形成和消亡过程；空隙水，如孔隙水、裂隙水、洞穴水及气态水的冻结和融化过程，也即冻土的形成和发育过程。冰冻圈中冰、水和汽的相互转化及变化过程在满足质量平衡定律的同时，也伴随着能量的耦合和转化。因此，质量和能量耦合过程是冰冻圈形成和变化的物理基础。本章首先从冰冻圈形成和发育的条件开篇，然后简单介绍冰冻圈形成和发育的物理基础，即物质和能量的平衡过程，最后分节论述冰冻圈各要素的形成和发育过程，以期读者通过阅读本章，既了解了冰冻圈形成和发育的关键物理机制，又能对其各组分的具体形成过程有一个概念性的认识。

3.1　冰冻圈形成与发育的条件

固态水存在是冰冻圈的本质特征，固态水形成和发育的基本条件是温度低于水分的冻结温度，因此，寒冷的气候条件是冰冻圈形成发育的主导因子。不同冰冻圈要素赖以存在的环境背景，如陆地冰冻圈的地质、地貌、地理背景，以及海洋冰冻圈的海洋表面特征等都是影响冰冻圈形成和发育的环境因子，但冰冻圈各要素的分布和特征不同，其形成条件也有极大差异。

3.1.1　积雪的形成与发育条件

积雪是覆盖在陆地表面，存在时间不超过一年的雪层，即季节性积雪。积雪的形成，首先需要有降雪过程发生，雪降落到地表后，能够形成肉眼可以感观或者是仪器可以测量到的雪层时，才能被称为积雪。积雪的形成与发育不仅与地表温度有关，还与降雪量、地表形态、风场等因素有关。只有当一个地点、地区的降雪量与风吹雪累积量之和大于地表融雪量和风吹雪损失量之和时，积雪才能够形成。因此，地表温度低、降雪量大、地表的风速小，则积雪可能就厚，存在时间就长。

由于气候的纬度地带性，降雪频次和持续时间也就随纬度的升高而增加（图 3.1）。在高海拔地区，随着海拔的增加，降雪频次和存在时间同样增加。

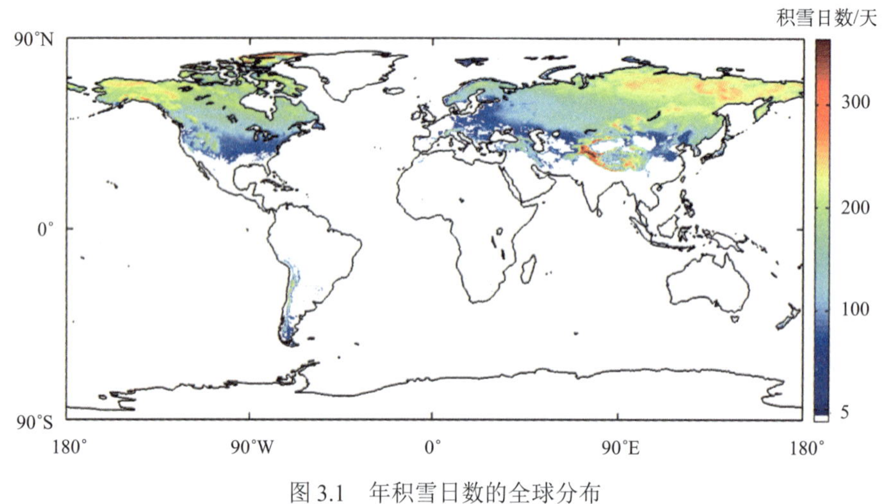

图 3.1　年积雪日数的全球分布

Figure 3.1　Distribution of the number of annual snow cover days

地形条件是影响积雪形成与发育的重要条件。平地和缓坡有利于降雪在地面的积累和保存。不同坡向的坡面除表现为接受到的太阳辐射量不同外，所承受的风力作用也不同，积雪存在条件也有较大差异。总体而言，在我国的大部分地区，冷季的主风向为西北风，西北坡的太阳辐射量较小，地表温度较低，到达地面降雪的融化量较小，但风吹雪的损失量却较大。阳坡反之。

地表风速的大小对积雪形成与发育的影响也极大，大风不仅可能导致平缓地表的降雪被风的动力作用带到背风低洼地带，还可能极大增加积雪的升华，不利于稳定积雪的形成。在较大范围的青藏高原高原腹地，一年四季的不同时期，降雪过程都有发生，但在较强太阳辐射和大风的作用下，高原面上积雪存在的范围并不大，积雪存在的时间也不长。

3.1.2　冰川的形成与发育条件

冰川是地表的积雪经过长期积累、变质、压缩，并在重力作用下流动的冰体。冰川发育的物质条件是固态降水，而保证固态降水在一年以上不被完全融化，即较低的气温，则是冰川的环境条件。而区域地理背景对降雪过程、雪的积累过程和地表能量条件，即辐射平衡过程和气温，产生着较大影响。因此，气温、降水和区域地理背景是冰川形成与发育的主要影响因素。

较低的气温是冰川形成与发育的基本条件。众所周知，气温呈现随纬度升高而降低的地带性分布规律，在南北极气温降到最低值，其中以南极内陆地区温度为最低，年平均气温低达–40~–50℃，北极格陵兰岛内陆年平均气温也低达–30℃。极端低温条件，为冰盖的形成创造了条件。尽管极区降水并不充沛，尤其在南极大陆，中心地带的年降水量仅有 50~150 mm，但由于冰雪几乎不发生融化，形成的极地冰盖集中了全球冰川面积的 97%和冰体积的 99.7%。南北极形成巨大冰盖的另外一个原因是冰盖吸收的太阳辐射能量极低，因为冰盖表面由积雪和冰面组成，具有很高的反射率，太阳辐射热量的 70%~90%被反射回到宇宙空间。

气温在山区随着高度升高而降低，表现出明显的垂直地带性规律。海拔升高对气温的递降作用，即使在中低纬度，高大山峰的年均气温也会降到零度以下。例如，源自珠穆朗玛峰的绒布冰川的平衡线高度处（海拔 5800 m）的年平均气温可降到–9~–6℃，估算在珠穆朗玛峰顶（海拔 8844 m）可低达–30℃以下。天山乌鲁木齐河源 1 号冰川积累区渗浸-冻结带 4130 m 处的年均气温为–9℃。而中国西部山区冰川雪线处年均气温为–15~–4℃。这样，中低纬度高大山地就成为镶嵌于谷地或盆地之上的负温区，为冰川发育提供了所必需的低温条件，从而发育了数量较南北两极多但规模较小的各种类型的山地冰川。

固态降水是冰川发育的物质条件。有利的降水条件对冰川发育的规模至关重要，在某些山区甚至具有决定性作用。降水量的多少主要取决于水汽补给源地的远近，而山区盛行的山谷风对高山区降水的形成也有重要影响。山区白天的上升气流强烈，所形成的积云上升到水汽凝结高度，导致中高山冰雪带远比谷地或山麓有更多的降水。世界上较大的山地冰川分布中心，几乎都处在位于水汽来源的主要通道上的大山脉中。来自大西洋及地中海、北海和挪威海等水汽，被西风环流输送到欧亚大陆的中西部冰川区，在临近其水汽补给源地的阿尔卑斯山，冰川区年降水量大于 3000 mm。由此向东，随着离水汽补给源地距离的增加，降水量逐渐减少，当到达大陆内部的西昆仑山时，减少到 300~500 mm。随着降水量的减少，冰川粒雪线也不断升高。南亚季风环流是青藏高原东南部诸山地冰川的哺育者。雅鲁藏布江大拐弯是印度洋暖湿气流进入高原的门户，地形的强迫抬升使这里成为青藏高原降水最多的山地，在念青唐古拉山南坡的年降水量可高达 2500~3000 mm。北美洲西部包括阿拉斯加沿岸南北向伸延的山脉，拦截的大量太平洋湿润汽团，是该区众多山地冰川的补给源。

降水的年内分配形式和最大降水的集中时间也影响着冰川的积消特征。冬春季节的降水，多呈固态形式沉降于冰川，能有效地增加冰川积累。而夏季的降水事件虽然能够在一定程度上使气温降低，减缓冰川消融，但由于降水中存在的液态水组分会增强冰川消融，难以形成对冰川的有效补给。尤其在如今气候变暖、降水中液态水组分增加的情形下，这种“夏季积累型冰川”的消融更为剧烈，对气候的变化更为敏感。

在冰川分布区，年固态降水量与年消融量相等的海拔为平衡线。在夏季末，能够明显看到有雪覆盖和无雪覆盖的界线被称为雪线或粒雪线。雪线一般略高于平衡线，二者之间的区域为雪融化后部分融水没有流失而再冻结形成冰的区域，被称为附加冰带。所以，平衡线是通过观测获得的，而雪线则是直观看到的。

地理条件是影响冰川发育的另外一重要因素。山脉或山峰的海拔及其雪线以上的相对高差是决定冰川数量、形态和规模的主要地形要素。山地海拔越高，冰川形成的积累空间就越大，同时也为冰川发育提供了更多的冷储和拦截更多的大气降水。中纬度地区，规模巨大的山谷冰川均以高大山峰为中心呈放射状或星状分布。如果山地的海拔高出雪线以上，但山势或山峰陡峻，没有停积冰雪的地形条件也不可能发育成冰川。若雪线以上为一平缓的山顶面，则可发育成平顶冰川或小冰帽。若山脊的海拔高出雪线较多，则可形成山谷冰川，反之则常为冰斗冰川或悬冰川发育的场所。山脉和谷地的走向与大气环流的流动方向是否一致，对冰川发育也有影响，若三者走向一致，则有利于水汽输送和冰川的发育。另外，山脉的坡向也会影响冰川的分布，阴坡有利于冰川的发育，阳坡因接受太阳的辐射较多，消融相对强烈，不利于冰川的发育。

3.1.3 多年冻土的形成与发育条件

多年冻土是特定气候条件下地表岩石圈与大气间能量、水分交换的产物，其中严寒的气候是多年冻土形成的必要条件，只有在气温足够低，地气能量的交换保证特定深度（多年冻土上限）之下的地温长期低于 0℃时，才能形成多年冻土。气候是地球上某一地区多年时段天气的平均状态，其本身与太阳活动、地表各圈层，如水圈、岩石圈、生物圈和冰冻圈的水热状况有着密不可分的关系。因此，多年冻土的分布和特征在很大程度上受到气候、地质及地形地貌、地表覆被、土质等因素的影响。

陆地气候系统的区域差异是导致冻土分布区域差异的主要原因。年平均气温随纬度和海拔的升高逐渐降低，当年平均气温降低到一定程度时，多年冻土逐渐开始发育。统计表明，我国季节冻结/融化深度处的年平均温度 T_0 与年平均气温 T_a 密切相关，而 T_0 的大小本身就是判定多年冻土存在与否的一个关键指标。因此，气温的空间分布格局，基本决定了多年冻土的分布格局，全球的多年冻土分布区也因此而被划分为受控于纬度气候带的高纬度多年冻土和受控于海拔气候带的高海拔多年冻土两大类。

多年冻土与降水的关系比较复杂，降水形式、降水时间乃至降水频率和强度等的变化均会改变地气之间的能量平衡关系。对于同一个地区，降水量的长期增加可能会导致地面蒸发增大、地表温度降低，不仅使得地表的感热、潜热发生变化，同时由于水分下渗，土壤水分状态发生变化，进而导致土层中热流、水分运移状况以及土层水热参数发生变化，进而改变地表的热通量，影响多年冻土的发育发展。

云量和日照决定了地面接受的太阳辐射强度，进而通过地面辐射平衡影响到地面和土层的温度。我国的多年冻土区一般都为少云多日照区，相对来讲，夏季云量多、降水也多、日照少，从而减弱了地面的受热程度；而冬季云量少，尽管日照多，但受太阳高度角的影响，总辐射量也较弱，辅之以冬季植被冠层密度减小、积雪增多，使得地表反照率增大，净辐射也可能出现负值，有利于地面冷却和土壤降温。

季节性积雪对冻土区土/岩层的热状况有着较大影响，积雪有较高的地表反照率，有利于降低雪表面乃至地面温度；积雪较低的导热特性发挥着隔热层的作用，阻滞了地气间的能量交换；积雪融化时，将以融化潜热的形式吸收较大部分太阳辐射能量，抑制了地面和地层温度的升高。因此，积雪对冻土热状况的影响是一个复杂的过程，积雪形成和融化日期、持续时间以及积雪密度、结构和厚度等都发挥着重要作用。连续多年冻土区冬季的积雪可以导致多年冻土上限处的地温升高数度之多，而没有积雪覆盖的不连续和岛状多年冻土区有利于多年冻土的发育和扩展。

此外，多年冻土的形成发育与区域地质背景密切相关。地壳表层的温度场是地球内部热量与地表能量平衡过程共同作用的结果。地表太阳辐射的年度变化过程，即地表气温的年变化过程可影响到地表之下 10~20 m 深度，10 年尺度的地表辐射变化可影响到数十米乃至百米深度的地层，深层地温，如千米尺度的地温变化是地球内部热量与地表能量平衡过程共同作用数千年乃至数万年的结果。受地震、火山以及构造运动的影响，不同区域的地热流背景存在较大差异，地热流越高，越不利于多年冻土发育。

3.1.4　河/湖冰的形成与发育条件

河（湖）冰是一种水文现象，普遍存在于北半球中高纬度地区和高海拔地区，如北欧、亚欧大陆北部和北美洲北部以及青藏高原等地区的河（湖）面。河（湖）冰是在冷季表面被冻结而形成的冰体，因此其发生具有显著的季节性特征，一般在每年秋冬季冻结，翌年春夏季消融。河（湖）冰的持续日数与年内月平均气温显著相关，但同时也受到降水、风和太阳辐射等气象条件的影响。由于河（湖）冰的状况、冻结和消融时间主要受当地气候的影响，反映了当地的气候状况，因此河（湖）冰被认为是局地气候的良好指示器和重要指标。

随着秋末冬初气温的逐渐下降，河流和湖泊水体失热大于吸热，发生水体冷却。当水温降至 0℃以下时，常伴有河（湖）冰的发生。河湖冰冻结会经历水内冰、薄冰、岸冰、冰覆盖和封冻等阶段。湖冰的生消过程主要受局地表面能量平衡影响，冰的消光系数和冰面反照率可以影响冰-气之间热量交换、冰内和冰底的光通量以及冰底热通量等，进而对冰层的生消过程产生影响。河冰除了受气象条件的影响外，河道几何形状和水的动力作用也会对河冰的生消产生影响。河流的封冻和解冻主要受冰动力影响时分别称为武封和武开，主要受温度影响时分别称为文封和文开。

3.1.5　海冰、冰架、冰山的形成与发育条件

海冰的生成不仅要有寒冷的气候条件，还要没有暖流的输入。冷季来临且气温低于海水冻结温度时，海表向大气放热。海表温度降低到冻结温度以下时，如果海表放热速度大于热量由下层海水向海表传输的速度时，海冰开始形成。北欧的大部分海域和巴伦支海都处于北极圈之内，但因为有强大的暖流输入热量，海冰无法形成。在有些海域，冬季没有暖流而结冰，春季，当暖流流入，海冰就快速融化。发生在楚科奇海的海冰在

春季由于来自白令海的暖流而最先融化。

冰架是冰盖在海洋中的延伸部分。冰架崩塌、断裂，与冰架分离，成为漂浮于海面的自由冰体，即形成冰山。

3.2　冰冻圈形成与发育的物理基础

冰冻圈各组分冰-水-汽转化过程中的能量平衡和水量平衡过程是冰冻圈形成和发育的物理基础，其中包括冰冻圈表面的能量平衡过程、水分平衡过程，冰冻圈组分内部的能量传输过程和水分流动/迁移过程。不同冰冻圈组分的形成和发育的物理机制有着较大差异。例如，冰川的形成发育的物理基础还包括冰川的物质平衡过程和动力过程；河、湖、海冰的物质平衡过程还与河、湖和海洋的动力过程有关。本节试图对上述影响冰冻圈各组分能水循环过程的主要物理基础予以介绍。

3.2.1　冰冻圈表面的能量平衡物理基础

冰冻圈表面的能量平衡就是冰冻圈表面净辐射通量与其转变为其他能量消耗或能量补偿之间的平衡，对于大陆，其平衡方程如下：

$$R = \lambda E + H + G \tag{3-1}$$

式中，R 为净辐射通量；H 为感热通量；λE 为蒸发潜热通量；G 为地表向下的热通量。

净辐射通量（R）为冰冻圈表面收入的总辐射能与支出的总辐射能的差额，为冰冻圈表面的辐射平衡，其平衡方程如下:

$$R = Q(1-\alpha) + R_{\mathrm{L}} - U \tag{3-2}$$

式中，R 为冰冻圈表面净辐射；Q 为到达冰冻圈表面的总辐射，包括直接太阳辐射和散射太阳辐射；α 为冰冻圈表面反照率，根据实际观测，冰冻圈表面反照率受到下垫面状况、颜色、干湿程度、表面粗糙度、植被状况和土壤性质等因子的影响；R_{L} 为大气向下的长波辐射（大气逆辐射）；U 为冰冻圈表面放出的长波辐射。

3.2.2　冰冻圈表面的水量平衡物理基础

冰冻圈组分表面的水分平衡，是指任意选择冰冻圈区域，在任意时段内，冰冻圈表面收入的水量与支出的水量之间的差额等于该时段区域内储水量的变化，由水分平衡方程来描述：

$$\Delta W_l = P_l - E_l - E_c - R_l - K + M_l \tag{3-3}$$

式中，ΔW_l 为研究时段内冰冻圈组分表面下各类介质（冻土：土/岩层；冰川、冰盖、海冰、河冰、湖冰等：雪和冰）水分储量的变化量；P_l 为降水量；E_l 和 E_c 分别为冰冻圈表面直接蒸发量和植被的蒸腾量；R_l 为冰冻圈表面径流量或冰的侧向流量；K 为冰冻圈表面渗透量，是垂直方向进入冰冻圈表面之下的水分交换量；M_l 为表面积雪或冰的融化量。

3.2.3 冰冻圈介质中的热量传输物理基础

冰冻圈表面的净辐射经过重新分配成为感热（H）、潜热（λE）和冰冻圈表面介质热通量（G）[式（3-1）]，其中的地表热通量 G 将继续向下部的冰冻圈介质中传输。对于不同的冰冻圈组分，能量传输的过程有较大差异。冰川是运动的固体介质，冰川运动过程中，伴随着能量的传递，其热量传输满足下列热传递方程：

$$\frac{\partial T}{\partial t}=k\frac{\partial^2 T}{\partial {x_i}^2}+v_i\frac{\partial T}{\partial x_i}+\frac{Q}{\rho C}+\frac{(\frac{\partial \lambda}{\partial x_i}\frac{\partial T}{\partial x_i})}{\rho C} \tag{3-4}$$

式中，v_i 为沿 x_i 的运动速度矢量；Q 为单位体积内能产生速率；T 为 x_i 处的温度；t 为时间；λ 为热扩散系数；k 为导热率；ρ 为密度；C 为比热容。

该方程右边第一项为介质中的温度梯度变化，第二项是介质运动引起的温度变化，第三项是内部热源引起的温度变化，最后一项为导热率变化的影响。对于具体某一冰冻圈要素，可依据实际情况对该方程进行简化。

对于冻土、积雪与河、湖和海冰等冰冻圈介质，热量与水分的运动、相变过程是耦合发生的，其垂直方向上的热传输过程满足下列热传递方程：

$$\frac{\partial (CT)}{\partial t}-L_f\rho\frac{\partial \theta_i}{\partial t}=\frac{\partial}{\partial z}(k\frac{\partial T}{\partial z})+C_wT\frac{\partial q_w}{\partial z}+L_v\frac{\partial q_v}{\partial z}-S_h \tag{3-5}$$

$$k=\frac{\lambda}{C} \tag{3-6}$$

$$\lambda\approx\lambda_\theta^{\theta u}\cdot\lambda_i^{\theta-\theta u}\cdot\lambda_m^{1-\theta} \tag{3-7}$$

$$C=C_f+L\cdot\rho\cdot\frac{\partial\theta_u}{\partial T} \tag{3-8}$$

$$C_f=C_{\mathrm{sf}}+(W-W_u)C_i+W_u\cdot C_u \tag{3-9}$$

式中，θ，θ_w 和 θ_i 为体积总含水量、未冻水体积含水量和体积含冰量；z 为深度；v_w 为水分垂直方向的运动速度矢量；W 是总含水量；λ，λ_w，λ_i，λ_m 分别是冻土、液态水、冰和土壤矿物质的热扩散系数；C，C_f，C_{sf}，C_i，C_u 分别是冻土热容量、感热热容量以及冰、矿物质和未冻水的热容量；L，L_f 和 L_v 分别是相变潜热、冻结潜热和蒸发潜热；q_w，q_v 是液态和汽态水分对流通量；能量平衡源汇项；S_h 为能量平衡源汇项。

3.2.4 冰冻圈物质平衡的物理基础

1. 积雪的物质平衡

积雪的物质平衡涉及降水（固态和液态）、升华/再冻结、蒸发/凝结、融雪，以及风吹雪，其中降水是积雪物质的来源，融雪则是积雪物质的损失，蒸发与凝结、升华与再冻结是两个同时发生的过程，即雪中液态水不断蒸发的过程伴随着水汽凝结过程，冰晶升华的过程伴随着水汽再冻结过程，而风吹雪是积雪在水平空间上再分配的过程。积雪的物质平衡可用式（3-10）来表示：

$$\Delta M = P - S + F - E + C + B - R \tag{3-10}$$

式中，ΔM 表示积雪总物质变化量，不仅包括了雪层中的冰晶，也包括了液态水含量；P 表示降水；S 和 F 分别表示升华和再冻结；E 和 C 表示蒸发和凝结；B 表示风吹雪的迁移量；R 表示融雪量。此处需注意的是 R 表示融雪水从雪层中流出的量，如果仅仅发生相变，但是水分依然保持在雪层中时，只是增加了雪层的液态水含量，雪层物质保持不变。

2. 冰川、冰盖的物质平衡

物质平衡是指单位时间内冰川上以固态降水形式为主的物质收入（积累）和以冰川消融为主的物质支出（消融）的代数和（图 3.2）。积累是指冰川收入的固态水分，包括冰川表面的降雪、凝华、再冻结的雨以及由风及重力作用再分配的吹雪堆、雪崩堆等。消融是指冰川固态水的所有支出部分，包括冰雪融化形成的径流、蒸发、升华、冰体崩解、流失于冰川之外的风吹雪及雪崩。

积累与消融随时间变化的变化率被称为积累速率（$\dot{c}$）及消融速率（$\dot{a}$）。物质平衡通常以年度为计算单位，从当年消融期末到下一年度消融期末的时段称为物质平衡年。$\dot{a}$ 与 $\dot{c}$ 在平衡年上的积分即为年积累（c_a）与年消融（a_a）。年积累与年消融的差值称为年平衡（b_a），即

$$b_a = c_a - a_a \tag{3-11}$$

若以任意时间为研究时段，则称为某一时段的积累（c_t）、消融（a_t）和物质平衡（b_t），因此可以区别冷季积累（c_w）、冷季消融（a_w）和冬平衡（b_w）以及暖季积累（c_s）、暖季消融（a_s）与夏平衡（b_s）。在一条冰川上，$b_t = 0$ 与 $b_s = 0$ 的点的各自连线称为瞬时平衡线（ELAt）和年平衡线（ELA）。平衡线高度以上的区域为积累区，以下的区域为消融区。

设冰川面积水平投影为 s，则 c_a、a_a 和 b_a 对面积 s 的积分称为总积累（C_a）、总消融（A_a）和年总平衡（B_n），即

$$C_a = \iint_S c_a \mathrm{d}x\mathrm{d}y\,,\quad A_a = \iint_S a_a \mathrm{d}x\mathrm{d}y\,,\quad B_n = \iint_S b_a \mathrm{d}x\mathrm{d}y \tag{3-12}$$

以此类推，对积累区和消融区水平投影面积积分可得纯积累（又称为积累区净平衡，B_n）及纯消融（又称为消融区净平衡，B_n）区域面积。在实际应用中，往往采用上述量值的面积平衡更有意义，如净平衡（b_n）定义为

$$b_n = B_n / S \tag{3-13}$$

式中，S 为区域面积。对平均纯积累（$\overline{c}$）、平均纯消融（$\overline{a}$）、平均总积累（$\overline{c}_a$）、平均总消融（$\overline{a}_a$）则定义如下：

$$\overline{c} = B_c / S, \overline{a} = B_a / S$$
$$\overline{c}_a = C_a / S, \overline{a}_a = A_a / S \tag{3-14}$$

上述各要素均以毫米水当量（mm w.e.）为单位。

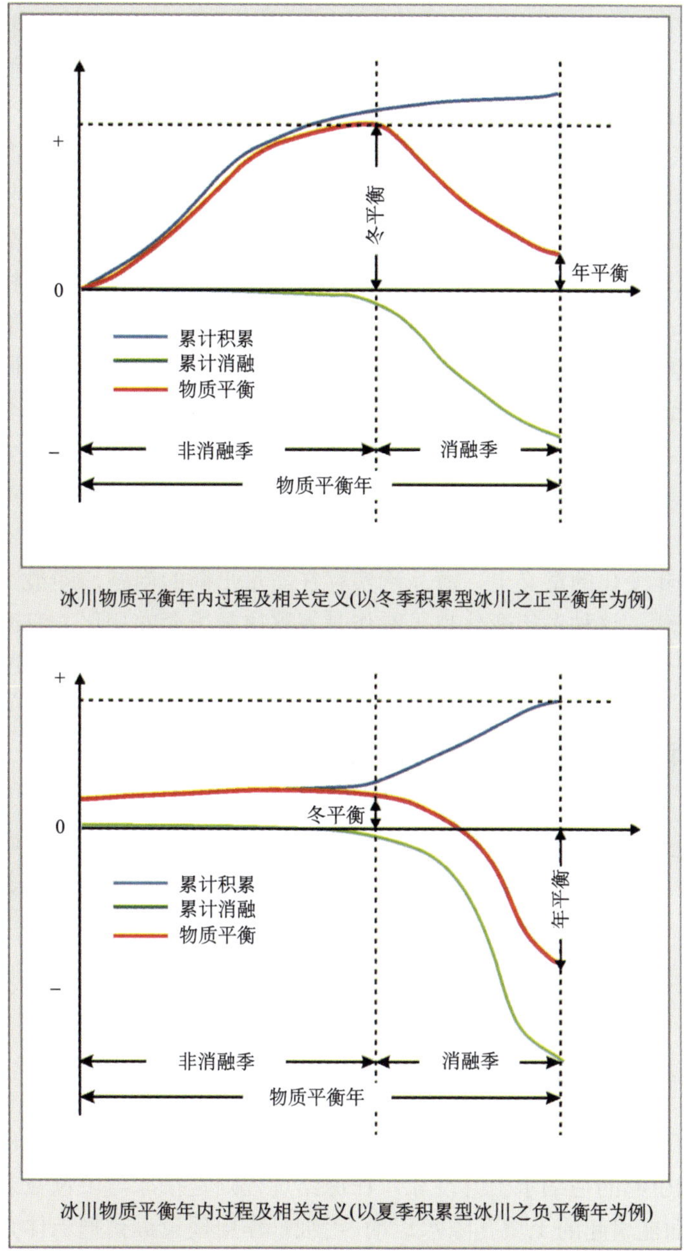

图 3.2　冰川物质平衡年内过程及相关定义（其中冬积累型冰川图根据 Cuffry and Paterson, 2010 改绘；夏积累型冰川图依据天山乌鲁木齐河源 1 号冰川实测资料绘制）

Figure 3.2　Annual mass balance process of a glacier（winter accumulation type modified from Cuffry and Paterson, 2010, and summer accumulation type from observation on the Glacier No.1 at the headwaters of urumqi River, Tianshan Mountains）

3. 河、湖和海冰的物质平衡

河、湖和海冰的形成是河、湖和海冰水体表面（以下简称水面）地气能量交换的结果。当气温低于水体冻结温度后，当水面向大气释放的能量持续大于下部水体传输到水面的能量时，水面的水分子开始结晶形成冰体。因此，河、湖和海冰的物质平衡过程实际上是水（冰）面、冰层与下部水体的水热耦合过程，符合表面能量平衡、冰体内部热量传导、水体内部能量传输及水热耦合平衡等方程。

海冰的季节变化基本没有外来物质的参与，即使有河流等外来物质参与到海冰的冻结过程，也需要以海水的身份参与。因此，海冰的物质平衡是海水冻融状态决定的。在这个意义上，海冰的质量是不平衡的，发生的是质量的季节性增多和减少，变化后的海冰质量转变为海水的质量，或者反之。极区海冰通常用海冰质量平衡浮标来进行观测，主要是观测海冰上下表面的融化和冻结过程，而不是常规意义下的质量平衡。

在北极研究中，海冰的物质平衡更多的是指海冰输入输出，以及不同海域间产生的海冰通量。如果海冰输出较多，意味着海冰存流量的减小，到下一个冬季需要冻结更多的海冰。如果海冰输出较多，海水的盐度就要升高，冬季冻结和海冰将大幅减少，在北冰洋形成海冰总量减少的局面。由于海冰厚度难以观测，人们对海冰质量的补充与平衡知之甚少。

但是，从多年变化的意义上，海冰确实存在质量平衡的问题，即最大海冰量或最小海冰量的多年变化。这种多年变化也可看作是海冰质量平衡的变化。海冰量的多年变化首先是对气候变化的直接响应，其次也受到河流、风场、经向热输送等过程的影响。

3.2.5 土壤中水分迁移/运动的物理机制

水分迁移是土壤冻融过程中各种势能综合作用下的质量迁移，土壤中水分的运动取决于控制水分的各种力的变化，包括土粒对水分的吸引力、水的表面张力、重力、渗透压和水汽压等。针对冻融条件下土壤水分迁移的问题，许多学者各自提出自己的理论或假说，达 14 种之多，主要有：毛细管作用理论、薄膜水理论和吸附-薄膜水理论等。经过大量的研究、试验，薄膜水迁移理论被越来越多的学者接受。

1. 毛细管作用理论

土壤中毛细水迁移机制在融化状态是指土壤固体矿物颗粒与空气所形成的毛细空间和气液界面所能引起的毛细水上升现象，在冻结过程则是指冰与土颗粒之间形成的毛细空间和冰-水界面能引起的土壤孔隙水运动。毛细管作用理论最初把土体孔隙比作一束毛细管，以后又假定球形土粒呈规则排列所成的孔隙为粗细相间的念珠状管道，水分受毛细作用在毛细管道中从毛管势高的地方流向毛管势低的地方。这种理论把包气带水分运移的驱动力完全归结为毛细力。水在毛细管力的作用下沿土体中的裂隙和“冻土中的孔隙”所形成的毛细管向冻结锋面迁移。然而，“冻结孔隙”的形成和冻结边界处毛细管弯液面的存在未能被试验证实，因此这一理论未能得到进一步发展。

2. 薄膜水理论

薄膜水迁移机制是目前在冻土学中用来解释细粒土在冻结和融化过程中引起水分迁移和冰透镜体及天然条件下厚层地下冰形成机制的一种比较普遍的看法。该理论认为土颗粒外围的未冻水膜是不对称的，暖面厚、冷面薄，这种不对称性导致了一个不平衡的渗透压力，于是所产生的液流提供了透镜体生长所需要的水分。薄膜迁移理论认为，介于冰和土颗粒间的未冻水膜的厚度是温度的函数。在一定温度下未冻水膜厚度保持不变，靠近冰透镜体生长点的水膜被吸入冻结，此处的未冻水膜变薄，使原处于平衡状态的未冻水冰土颗粒系统失去平衡。为了维持新的平衡，未冻水膜较厚处的水分向温度较低的未冻水膜变薄处补充，以达到新的平衡。这种迁移是一种连续从高温向低温处、从薄膜水厚处向薄膜水薄处迁移的结果。由此可知，水膜厚则迁移快，水膜过薄而失去连续性时，液态水停止迁移。薄膜水迁移理论把冻结过程中未冻水迁移与温度梯度联系起来。因此，在负温范围内，当土壤中存在温度梯度时，将同时形成未冻水含量的梯度，在这个梯度作用下，未冻水将从未冻水量高的区域向未冻水量低的区域迁移，迁移速度有正在冻结和融化土层内的土壤导水系数以及未冻水含量梯度或土壤基质势梯度决定。该理论既适用于未冻土，在一定程度上也应用于正冻细粒土。试验证明，冻土中有未冻水存在并把冰和土颗粒分割开来，因此冻土中液相水迁移的薄膜假说得到多数学者的承认。该理论的发展需要论证重力作用下产生的颗粒外围水膜下面厚、上面薄与冻结过程中相对的颗粒上面冷、下面暖两者之间的平衡。薄膜水迁移理论为定量研究土壤冻结过程中的水分运动奠定了基础。非饱和土体中水分迁移量与饱和度密切相关，饱和度降低，水分迁移机制逐步由毛管水、薄膜水向气态水过渡。

3. 吸附-薄膜水理论

吸附-薄膜水理论把吸附力和薄膜水迁移理论结合起来，认为水从水分子较活跃、水化膜较厚处向水分子较稳定、水化膜较薄处移动。该理论认为液相水沿冻土中土颗粒与冰之间的未冻水膜迁移，该理论既适用于未冻土，也在一定程度上适用于正冻细粒土。

在自然条件下，水分迁移取决于力学的、物理的和物理化学因素的总和，所以上述每一种假说，都只能代表某种特定条件下水分迁移的动力。自然界的物质都具有能量。由于水分在土壤孔隙中的运动速度很慢，其动能一般很小，常忽略不计。所以，“土水势”就是土壤水分所具有的位能，即势能。对于所研究的冻融土壤系统来说，任意两点的土水势之差，即为此两点间水分运动的驱动力。土水势理论的引入，不仅从根本上解决了土壤水分迁移机制问题（土壤水分由高土水势向低土水势区运动，土水势梯度为土壤水分运动的驱动力），而且使采用数学物理方程定量研究土壤水分的时空分布和运动规律成为可能。

3.3 积雪与固态降水的形成与发育

降落到地表并能够存在一定时段的固态降水均是冰冻圈的组分之一。而降雪是固态降水的主要形式，此外还有霰、冰粒和冰雹等。固态降水在大气中的形成过程是从冰晶的形成开始的。

3.3.1 冰晶和雪花的形成与发育

1. 冰晶

冰晶，是水汽在冰核上凝华增长而形成的固态水成物，包括微观结构为晶体的任何形式的固态水颗粒，如柱状冰晶、片状冰晶、树枝状冰晶、冰针，等等，以及各种冰晶体的组合。冰晶是雪花形成的必要介质，它以一些尘埃为中心，与水蒸气一起在较低的温度下形成一个像冰一样的物质，即冰核。在冰晶增长的同时，冰晶附近的水汽会被消耗，越靠近冰晶的地方，水汽越稀薄，过饱和程度越低。冰晶逐渐扩大形成的冰花，降落到地面便成为雪花。自然界中冰晶常以具有高度对称性的雪花的形式出现。

冰晶的形成发生在云层中、云层下和近地表层。冰核是冰晶赖以形成的必不可少介质。形成冰晶首先需要活化冰核，也就是能够吸附其周围水汽的冰核。冰核的活化受控于温度，不同冰核活化的温度不同。温度下降后，活化的冰核数量增加。冰核活化后，大气中的过冷水汽会在冰核上凝华使冰核增长形成冰晶。这个过程与大气中的温度和湿度有密切联系，在不同环境中形成的冰晶形状是有差异的（图 3.3）。在冰晶下降过程中会经过各种不同的温度和湿度的环境，因而最终形成的形状往往是各种基本形状的结合体。冰晶的大小与其在云层中停留的时间、温度和气压，以及冰的过饱和程度有关。

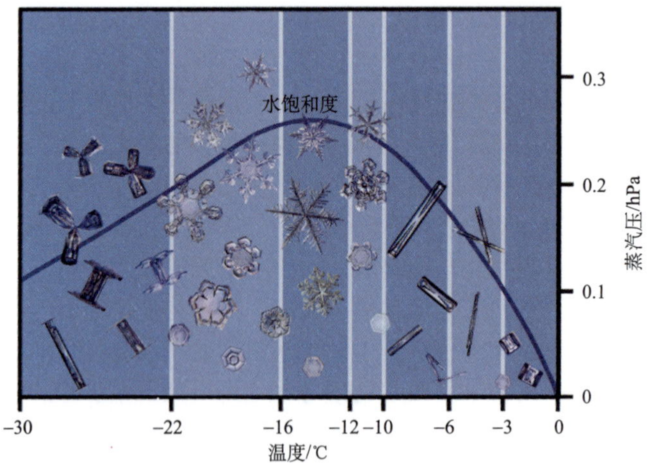

图 3.3　不同生长环境形成的冰晶形状（摘自维基百科）

Figure 3.3　Ice crystals formed in different ambient temperatures（from Wikipedia Encyclopedia）

2. 雪花

雪花是在大气中形成并向地面降落的冰晶体的聚合体。最初云层中过冷却水滴冻结成冰晶，这些冰晶在下落过程中其形态和体积会不断发生变化，在大气中水汽饱和情况下，水汽在冰晶表面凝结使体积增长，晶粒相互碰触合并聚合。因温度、湿度、气压、以及风力等条件的时空差异，到达地面时这些冰晶聚合体的形态和体积各有不同，以至于不存在结构、形态和尺寸等各个方面完全相同的雪花，但它们最基本的形态为六角形（图 3.4）。当云下气温低于 0℃时，雪花可以一直落到地面而形成降雪。如果云下气温高于 0℃时，则可能出现雨夹雪。雪花的形状极多，有星状、柱状、片状等，但基本形状是六角形。

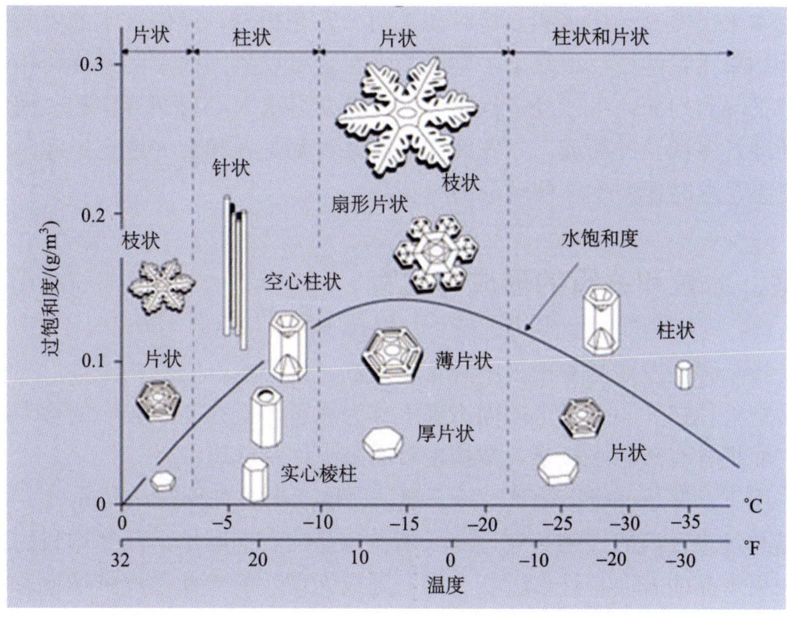

图 3.4　不同温度和过饱和度条件下形成的雪花形态

（源自 http://earthsky.org/earth/how-do-snowflakes-get-their-shape）

Figure 3.4　Snowflakes formed under different ambient temperatures and supersaturation（from http://earthsky.org/earth/how-do-snowflakes-get-their-shape）

雪花大都是六角形的，属于六方晶系。云中雪花“胚胎”的小冰晶，主要有两种形状：一种呈六棱体状，长而细，称为柱晶，但有时其两端是尖的，像一根针，称为针晶；另一种则呈六角形的薄片状，就像从六棱铅笔上切下来的薄片那样，称为片晶。如果周围的空气过饱和度比较低，冰晶便增长得很慢，并且各边都在均匀地增长。它增大下降时，仍然保持着原来的样子，分别被称为柱状、针状和片状的雪晶。如果周围的空气呈高度过饱和状态，那么冰晶在增长过程中不仅体积会增大，而且形状也会变化。最常见的是由片状变为星状。紧临冰晶表面空气中的多余水汽都已凝华在冰晶上，呈饱和状态。这种过饱和度梯度驱动水汽向冰晶移动。水汽分子首先遇到冰晶的各个棱角和突起，并在这里凝华而使冰晶增长。棱角和突起的迅速增长，可使冰晶逐渐成为枝杈状。而在各个角棱和枝杈之间的凹陷处，空气已经不再饱和。有时，在这里甚至发生升华，水汽进而被输送到冰晶的其他部位。结果，棱角和枝杈更为凸出，慢慢地形成了星状雪花。这种典型的星状雪花只有在一个理想的、平静的环境中（如实验室内）才能形成。在大气中，由于大气的运动等原因，雪花形状千姿百态。这是因为随着冰晶的逐渐增大和下降，其有时在旋转，各个枝杈接触到的水汽多少有所不同，导致了冰晶枝杈的生长速度不同。其次，雪花在云内下降的过程中，也会从适宜于形成这种形状的环境降到适宜于形成另一种形状的环境，于是便出现了各种复杂的雪花形状。同时，雪花也很容易互相攀附结合在一起，成为更大的雪片。在以下 3 种情况下，雪花易发生合并现象：①温度低于 0℃时，雪花在缓慢下降途中相撞，并产生了压力和热而彼此粘附在一起；②温度略高于 0℃时，雪花上本来已覆有一层水膜，这时如果两个雪花相碰，便借着水的表面张力而粘合在一起；③如果雪花的枝杈很复杂，则两个雪花也可以只因简单的攀连而相挂在一起。雪花从云中下降到地面，可能经多次攀连合并而变得很大。自然界中的“鹅毛大雪”的大雪花就是经过多次合并而成。雪花间的互碰并不都是互相合并连在一起，也有可能破碎而变得更小，这时便产生一些畸形的雪花。

3.3.2 霰、冰粒和冰雹的形成与发育

冰雹是指从强烈发展的积雨云中降落下来的固态降水，它结构坚实，大小不等。气象学中通常把直径在 5 mm 以上的固态降水称为冰雹，直径 2~5 mm 的称为冰粒，也称为小冰雹，而把含有液态水较多，结构松软的降水称为软雹或霰。

压力作用下，雪晶可能接触到过冷云滴，这种云滴的直径约 10 μm，在−40℃时仍呈液态。雪晶与过冷云滴的接触导致过冷云滴在雪晶的表面凝结，晶体增长的过程即为凝积作用。如果雪晶的表面有许多过冷云滴，则成为霜，而当此过程持续使原本雪晶的晶形消失则称为霰，霰是冰雹的“胚胎”。

冰雹形成于对流特别强烈的对流云（积雨云）中，这种云又称为雹云。雹云云层很厚，云内水汽丰富，上下对流强烈，云顶可伸至 10 km 以上的高空，这一高度的温度在−40~−20℃。云体的下部离地面 1 km 左右，温度在 0℃以上。云的中上部主要由冰晶、雪花或过冷水滴组成，而云的下部大多是水滴。由于雹云中气流升降变化很剧烈，当冰雹“胚胎”下降过程中遇有较强上升气流就会随之上升。在它上升运动过程中，会吸附其周围小冰粒或水滴而长大，直到其重量无法为上升气流所承载时即开始下降，当其降落至较高温度区时，其表面会融解成水，同时亦会吸附周围之小水滴，此时若又遇强大的上升气流会再被抬升，其表面则又凝结成冰，如此反复，其体积越来越大，直到它的重量大于空气的浮力，即往下降落，若达地面时未融解成水仍呈固态冰粒则称为冰雹，若融解成水则是我们平常所见的雨。

3.4　冰川（盖）的形成与发育

3.4.1　成冰作用

雪花降落到地面（雪面或者冰面）后，随着外界条件和时间的变化，雪花会变成完全丧失晶体特征的圆球状雪，称之为粒雪。积雪变成粒雪后，粒雪的硬度和相互之间的紧密度不断增加，大大小小的粒雪相互挤压，紧密地镶嵌在一起，孔隙不断缩小，甚至消失，雪层的亮度和透明度逐渐减弱，其中也会封闭一些空气，进而形成冰川冰。这种由雪到冰的变质演变过程被称为成冰作用。

成冰过程中，孔隙率不断降低，密度不断增大。新雪的密度平均只有 0.13~0.21 g/cm^2，在无融水情况下，粒雪圆化-沉陷作用可使粒雪的密度增加至 0.55 g/cm^2 左右，之后的烧结和重结晶作用可进一步提高粒雪的密度。当粒雪晶粒之间的孔隙完全封闭成气泡，则认为粒雪变成了冰。此时，冰的密度在 0.83 g/cm^2 左右。0.55 g/cm^3 和 0.83 g/cm^3 分别被称为干雪机械压密临界密度和气泡封闭或成冰临界密度。成冰之后，冰内气泡的压缩也可以使冰的密度逐步加大到 0.923 g/cm^2。这种无融水参与的成冰过程被称为动力成冰过程，形成的冰称为动力变质冰。如果上覆冰层很厚（通常在 800 m 以上），巨大压力会使气泡中的气体以水合物形式存在，气泡消失。

雪层的演化是一个“动态”的过程，可能会伴随着新的降水、凝华、风吹雪等方面的物质输入以及由于消融和升华等发生的物质输出，升华与凝华作用可以形成深霜层，而融化冻结可以形成冰片层与冰透镜体，此外，沙尘沉降、融水聚集作用可形成污化层。例如，在天山乌鲁木齐河源 1 号冰川积累区中部海拔 4130 m（年均气温约为–9℃，平均年降水量约为 700 mm）的粒雪密实成冰过程中，夏季以暖型变质作用为主，冬季以冷型变质作用为主。新雪依次演化成细粒雪、中粒雪和粗粒雪，最终形成冰川冰，时间为 41~47 个月，8~9 月为主要成冰期。融水和气温是影响成冰时间及成冰量的重要因素。雪层中污化层的形成时间是在夏季消融期末，由融水将雪层中的杂质聚集而成。春季出现的沙尘污化层十分微弱，仅靠肉眼无法识别，并最终与夏末污化层合并为一。春季气温在 0℃上下波动，造成冰片大量发育。10 月中旬，雪层中的温度梯度达到 13.0℃/m，形成深霜。到了翌年 6 月，深霜层会受融水改造而变为粗粒雪层。

成冰作用受水热条件、冰川运动等诸多因素决定。一条冰川可能跨越数千米的高度差，不同高度的水热条件存在极大差异，冰川的成冰作用也不同，具有垂直地带性特征。目前，国际上有两种经典冰川带的划分理论。其一是由苏联冰川学家 Shumskii 于 1964 年提出，一条完整的冰川自顶部到末端可划分为重结晶带或雪带、再冻结-重结晶带、冷渗浸-重结晶带、暖渗浸-重结晶带、渗浸带、渗浸-冻结带和消融带共 7 个冰川带。其二是由加拿大冰川学家佩特森（Paterson）在其《冰川物理学》（第一版为 1969 年）专著中总结欧美学者的研究而提出，是被西方冰川学家普遍采用的冰川带谱划分理论，该理论将冰川带归纳为 5 个，自上而下为干雪带、渗浸带、湿雪带和附加冰带，附加冰带以下为消融带，自上而下各带之间的界线分别为干雪线、湿雪线、雪线和平衡线（图 3.5）。

不同类型冰川的成冰带谱不同，即使同一类型的冰川之间也会存在差异。一般山地冰川并不具有完整的成冰带谱，尤其是缺乏干雪带。20 世纪 80 年代以前，我国主要采用苏联冰川学家 Shumskii 的冰川带划分方案，后来引入欧美的概念，但某些术语仍采用前者，如成冰带（欧美则称为冰川带）。

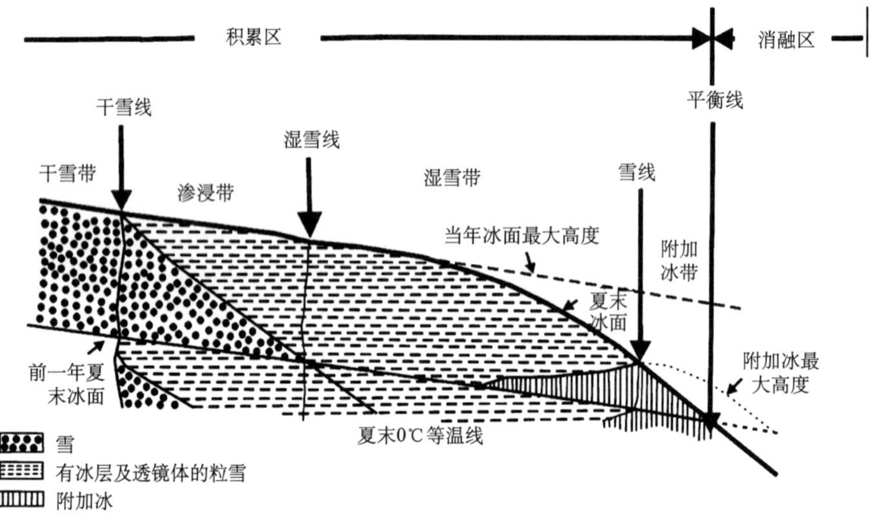

图 3.5 冰川带划分（据 Cuffry and Paterson, 2010 改绘）

Figure 3.5 Division of glacial zones（modified from Cuffry and Paterson, 2010）

冰川带对气候变化十分敏感。随着全球气温不断升高，山地冰川带谱也发生着显著变化。例如，天山乌鲁木齐河源 1 号冰川在 20 世纪 60 年代由 4 个冰川带组成，自下而上分别为消融带、渗浸-冻结带、渗浸带和重结晶-渗浸带，到 80 年代后期，冰川上部的重结晶-渗浸带消失，被渗浸带所取代。而到了 2002 年之后，成冰带的高度和范围进一步变化，带谱由“冷”向“暖”转化的趋势更为明显，表现为消融区面 积持续扩大，各带谱间的界线上移，雪层剖面特征趋于简单化（图 3.6）。如今，由于气候变暖，冷型成冰作用和与之相应的重结晶带（或干雪带）在山地冰川上已鲜有发现。

雪变成冰的方式和所需的时间取决于水热条件。温度较高而产生融水情况下，雪层发生融化与再冻结过程，形成暖型成冰作用。由于融水量、雪层温度以及融水渗浸粒雪层深度的不同，成冰方式和过程长短也有差异。如果温度很低，如南极中部，冰川的形成则完全依赖重力作用，粒雪晶体的密实变质作用，即冷型成冰作用。即便是同一条冰川，由于各个部分所处的温度不同，其成冰过程也不同。

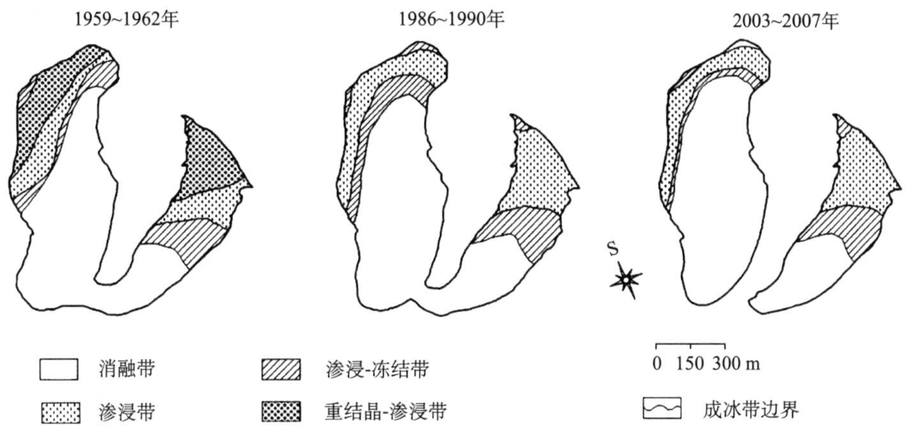

图 3.6　天山乌鲁木齐河源 1 号冰川不同时期的成冰带

Figure 3.6　Ice formation zones in different time of the Glacier No .1 at the headwaters of Urumqi River, Tianshan Mountains

3.4.2　冰盖的形成

冰盖是指面积大于 5×10^4 km^2 的冰川，地球上目前只有南极冰盖和格陵兰冰盖两个冰盖。冰盖中心部分为积累区，边缘为消融区。冰盖几乎不受下伏地形影响，自中心向四周外流，边缘部分自陆地向海洋伸展。冰盖流动并延伸漂浮在海上的冰体被称为冰架，冰架冰断裂、崩解后入海形成冰山。

现有的南极冰盖、格陵兰冰盖以及在第四纪后期消失的劳伦泰德冰盖、斯堪的纳维亚冰盖均位于高纬度地区。这些地区太阳高度角小，接受的太阳辐射小，极低的气温条件保证了降雪的不断积累，进而形成冰盖。

充足的水汽源也是冰盖形成的必要条件之一。南极大陆被南大洋环绕，格陵兰冰盖也基本上被北大西洋和北冰洋环绕。第四纪后期消退的劳伦泰德冰盖、斯堪的纳维亚冰盖均毗邻水汽充足的北大西洋两侧。低温和充足水汽为冰盖的形成和扩张造成充分条件，随着时间长期积累，冰盖便形成了。

除了不存在争议的冰盖外，对于其他地区是否曾经存在大的冰盖争议不断，通常在两个基本问题上存疑：①地貌学和其他证据不足；②气候条件不具备，如未达到冰冻圈高度，没有形成冰盖的充足水汽条件。青藏高原是否曾存在大冰盖长期存在争议，现在越来越趋向于同意没有大冰盖，原因也是形成大冰盖的必要条件不具备。

南极冰盖的气候由高的纬度位置、高大地势和巨大的冰盖所决定，严寒干燥，成为全球最冷的大陆。例如，东方站（Vostok 78°28′S 和 106°48′E，海拔 3488 m）年平均气温仅为−55 ℃，1983 年 7 月 2 日测得极端最低温度为−89.2℃。南极冰盖的水汽补给来源于周围海洋的强大气旋。该气旋形成于南极大陆和亚热带高压区之间的低压区，受其影响，冰盖边缘降水较为丰富，年降水量达 500~1000 mm，并向大陆内部逐渐减少。由于气旋不能到达大陆内部，在冰盖中心，年降水量仅有 50~150 mm。

格陵兰冰盖的气候由高的纬度位置决定，并受大西洋和北冰洋以及冰盖自身的影响。冰盖北部和东北部气候相当严寒，夏季平均气温为−10℃，冬季平均气温低达−45℃，冰盖中部更加寒冷，其阿伊斯米特站（70°54′N 和 40°42′W，海拔 3020 m）的年平均气温为−30.2 ℃，最冷月（2 月）的平均气温也可以低达−47.9 ℃。格陵兰冰盖从大西洋和巴芬湾获得水汽补给。严寒的冰盖与温暖的大西洋之间的温度差有利于气旋的形成，带来丰富的降水。冰盖南部边缘具有较温和而湿润的气候特征，年降水量在 1000 mm 以上，而向岛的西北和东北方向，年降水量减少到 400~600 mm，岛的最北端和冰盾的中心地带，年降水量仅 150~200 mm，且全部为固态降水，为寒冷而干燥的大陆性气候。

3.5　冻土的形成与发育

3.5.1　季节冻土的冻结与融化

季节性冻结和融化是指发生在地表之下一定深度的土层在冷季发生冻结，暖季又被融化的过程，这个土层被称为季节冻土。而在多年冻土区，这个土层被称为活动层，其能够达到的最大深度为多年冻土上限。而在季节冻土区，季节冻土就是指一年中冷季冻结深度所能够到达最大深度之上的土层。

在季节冻土区，土层的季节冻结和融化过程被简称为季节冻结过程，表现为冷季气温稳定降低到 0℃以下时，地表开始冻结；随着气温继续降低，冻结锋面缓慢下降，当气温降低到最低之后的一段时间内，冻结锋面下降到最大深度；随后当气温升高到高于冻结层温度时，这个冻结层开始由底部向上融化，当气温稳定高于 0℃时，开始了由地表向下和下部继续向上的双向融化过程，直至季节冻结层全部融化结束（图 3.7）。而在多年冻土区，土层的季节冻结和融化过程则被简称为季节融化过程。其冻融锋面的动态过程正好与季节冻土相反（图 3.7），此处不再赘述。

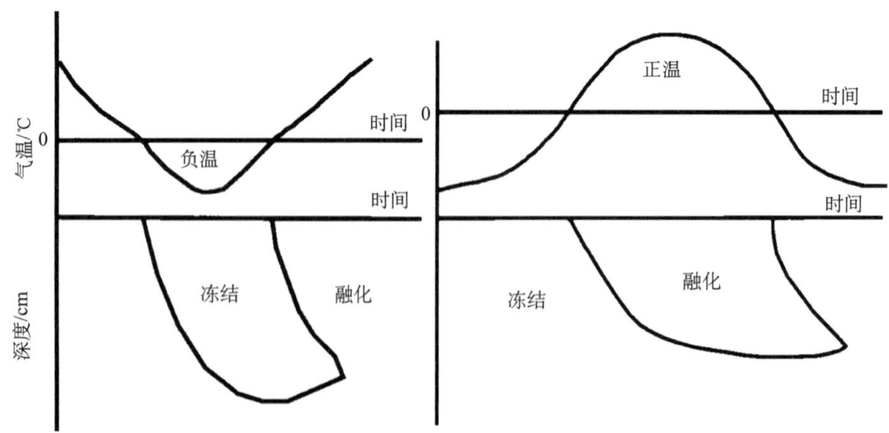

图 3.7　季节冻土的冻结过程（左）和多年冻土活动层的融化过程（右）示意图

Figure 3.7　Freezing and thawing processes of seasonally frozen ground（left）and active layer（right）

3.5.2　多年冻土的形成

当气温低于一定温度之后，前一个冷季形成的冻土层在下一个暖季不能被完全融化，形成隔年冻土，隔年冻土可连续存在两个暖季时，就形成了多年冻土。多年冻土的形成包括后生、共生和混合生三种成因。简述如下：

后生多年冻土是气候持续变冷的产物，是当气温持续下降到可以形成隔年冻土后，隔年冻土的下限继续向下延伸，多年冻土层的厚度逐渐增厚而形成。这种类型多年冻土的本质是土层的冻结过程发生于土层的沉积作用之后，也就是先有岩、土层，后被冻结。

共生多年冻土是在较为严寒的气候条件下，土层不断向上沉积，多年冻土上限也随之而上升，致使多年冻土厚度不断增加。也就是说，多年冻结作用与沉积作用大致同时进行。

共生多年冻土与后生多年冻土的本质区别为，前者是多年冻土上限伴随着沉积物的加积逐渐上升而形成，后者则是多年冻土下限逐渐下降的结果。

地表大部分地区的多年冻土是混合形成的，也就是共生和后生两种冻结作用交互作用的结果。

3.5.3　地下冰和冻土组构

地下冰是正在冻结的土体（正冻土）和已经被冻结的土体（冻土）中的所有类型冰的总称，用体积含冰量（cm^3/cm^3）或重量含冰量（kg/kg）表示。地下冰主要分布在岩石圈上部 10~30 m 以上的深度内，如在北半球的高纬度地带有很多地方分布在其上部 0~30 m 的深度内，其体积含冰量达到 50%~80%。地下冰的形成、存在和融化对气候、水文与水循环、生态环境、生物、土壤、碳循环、地形、地貌以及工程建筑物等均有重大的影响。地下冰可能是后生的或共生的，也可能是同时发生的或残余的，进化的或退化的，多年性的或季节性的。地下冰发生在土体或岩石孔隙、洞穴，或其他开放的空间中，包括大块冰。常以透镜状、冰楔、脉状、层状、不规则块状，或者作为单个晶体或帽状存在于矿物质颗粒之上。多年生地下冰只能够存在于多年冻土体中。

多年冻土中存在最普遍的是分凝冰，大多分凝冰都是重复冰分凝作用的产物。冰分凝是指孔隙水向冻结矿物或有机质土体特定部位迁移、冻结和聚集过程，系由冷抽吸力引起的孔隙水向冻结缘迁移。只要当温度梯度存在时，就会产生自由能梯度，从而引起水分向温度降低的方向移动。当水分迁移至冻结锋面附近时，其吉布斯自由能增加，造成该处冰和未冻水之间原有平衡被破坏，从而形成新的冰，以使系统达到新的平衡。当冻土加积时，正冻土中的成冰作用使冰夹层之间的间距增大，引起土体冻胀。冰分凝可引起岩石破裂，增强了岩石的风化，其作用比传统认识冻融作用更为有效。冰分凝是导致土体的冻胀和岩石的破裂的基础。

冰分凝作用所形成的冰称为分凝冰。在松散土中，是指由薄膜水向结晶锋面迁移而形成的冰体。在一定条件下，分凝冰的体积可大大超过冻结前土体中的孔隙，分凝冰体通常呈透镜状、层状、脉状，肉眼可见，其厚度可由几厘米到几十米。特别需要指出的是，侵入冰并不总是与分凝冰有明显的区别，有时侵入冰成冰作用与分凝作用可交织在一起。

冻结过程中，当土层容易获得外来水分时，分凝冰的生长与冻结锋面平行并可快速生长，直到水-冰放出的热量加热冰透镜体边界，降低土体中的温度梯度，进而抑制了冰分凝的速率。而继续降温会进一步促进分凝冰的形成。当水分不易获得，分凝冰缓慢生长，冻结放热对冰透镜体边界的加热作用不足，新的分凝冰会在最初形成的分凝冰层之下形成。在适当条件下，这个过程是可重复的，从而引起多层冰。在有外部水源补给的情况下，土的冻结强度与水分迁移速度之间的平衡若能长期维持，则往往形成大块分凝冰。这种大块冰一般厚 1~40 m，水平延伸几十米甚至数千米，分布深度为 3~5 m 至 40 m，有时可达 200 m 深。分凝冰局限于某处时，往往形成冻胀丘。由于分凝冰的形成，土冻结后体积的增长往往远大于土体原来含水量 9%的冻胀量。

在多年冻土层上限附近经常可见到厚层地下冰，以堆积地形中地温较低的细粒土里最为常见，由于它埋藏浅、厚度大，对多年冻土区许多冷生现象的形成以及各种工程建筑物的稳定性产生重大影响。这是一种特殊的冷生构造，称之为斑杂状冷生构造或悬浮状冷生构造，体积含冰量一般超过 50%。这种厚层地下冰的形成是冻结锋面附近冰的重复分凝而导致，被称为重复分凝成冰机制，又被称为“程氏假说”。

重复分凝成冰作用发生在现有多年冻土上限附近，由该作用形成的厚层地下冰也可随着地表的加积被埋藏在多年冻土上限之下。其形成的条件是多年冻土上限附近的土层是细颗粒土，或者由含较多细颗粒土组成的混杂沉积物组成。现代分凝冰体呈透镜状或层状，上表面大致与多年冻土上限吻合，厚度可达数十厘米至数米。其主要成冰过程包括：①冻融循环中活动层自下而上冻结时的水分迁移和成冰。当暖季活动层融化到最大深度开始双向冻结时，多年冻土上限处的温度（处于冻结温度或略低于冻结温度）低于上部的活动层温度。此时，由于多年冻土上限土层冻结状态，透水性较差，不同地区的多年冻土上限之上一般会形成一个冻结层上水层，受温度梯度导致的土水势梯度作用，活动层中的水分在重力和土水势梯度的双重作用下，向多年冻土上限迁移，并被冻结。②未冻水的不等量迁移。活动层冻结过程结束之后，整个冻土温度剖面呈现上部温度低，温度梯度大，而下部温度高，温度梯度也小。受温度梯度的驱动，未冻水发生自下而上的迁移，且上部的迁移速率大于下部，水分在多年冻土上部富积成冰，形成不等量迁移；③冰的自净。冰的自净是指受土层中温度梯度的驱动，土颗粒向温度较高一段移动的过程；未冻水迁移过程中，由土颗粒温度较高一端向温度较低的一端移动，并在温度较低的一端被冻结成冰，从而推动土颗粒向温度高的方向移动；④地表土层加积造成地下冰共生增长。多年冻土上限附近地下冰形成的同时，如果地表在发生土层的缓慢加积，地下冰也同时随着多年冻土上限的抬升而逐渐向上扩展；⑤上述成冰作用年复一年的重复。

3.6　海冰的形成与发育

海冰是海水冻结的产物，也可以说是海水相变的结果。海水从液态变成固态，从而形成了海冰。世界上海冰多发于高纬度海区，我国青岛胶州湾的海冰是世界上纬度最低的海冰。纬度较低的海冰大都是季节性的海冰，如北半球的渤海、鄂霍次克海、白令海、波罗的海、拉布拉多海都只有季节性海冰。整个南极大陆周边除了威德尔海、罗斯海、普利兹湾之外，其他的海冰也属于季节性的海冰。主要的全年存在的海冰主要出现在北冰洋。

3.6.1　海冰的形成过程

海冰按其发展阶段可分为：初生冰、尼罗冰、饼冰、初期冰等。海冰初生时，呈针状或薄片状冰晶；继而形成糊状或海绵状；进一步冻结后，成为漂浮于海面的冰皮或冰饼，也称为莲叶冰；海面布满这种冰之后，便逐渐增厚，形成覆盖海面的灰冰和白冰。每个阶段海冰都有其特定的形状，但不同海面条件会有不同的现象。

初生冰：当海水气温下降到海水的冰点，或有雪降到低温的海面上时，海水会开始结冰。这时结成的海冰是呈针状、薄片状的细小冰晶；大量的冰晶凝结，聚集形成黏糊状或者海绵状的海冰（图 3.8）。海面多呈灰暗色且无光泽，遇微风不起皱纹。

图 3.8　初生冰，包括冰针、油脂状冰、黏冰和海绵状冰

Figure 3.8　New ice, including frazil ice, grease ice, slush ice and shuga ice

冰皮：从初生冰到尼罗冰，中间会有一个过渡阶段——冰皮。冰皮可由初生冰继续冻结而成，也可由平静海面直接冻结而成。冰皮表面平滑而湿润，色灰暗，面积较饼冰为大。厚度大约为 5 cm，比较脆，很容易被海风或海流弄碎，变成长方形的薄冰块。冰皮也称为冰饼或莲叶冰。

尼罗冰（nilas）：当初生冰成长到 10 cm 左右，此时的海冰开始变得比较有弹性，表面无光泽，但在外力作用下依然容易弯曲，易被折断，并能产生“指状”重叠现象，这就是尼罗冰。尼罗冰一般包括暗尼罗冰、明尼罗冰和冰皮（图 3.9）。尼罗冰被折碎成的长方形冰块就是饼冰。简单地说，尼罗冰是最早具有承载力和覆盖性的冰，此前的冰还只是海洋形成海冰的准备阶段。

图 3.9 尼罗冰和冰皮

Figure 3.9 Nilas and ice rind

初期冰：由尼罗冰或冰饼直接冻结而形成厚度为 10~30 cm 的冰层。初期冰多呈灰白色，包括灰冰和灰白冰。

一年冰：初期冰继续发展，形成厚度为 70 cm 到 2 m 的冰层。一般一年冰的时间都不超过一个冬季，由白冰形成。一年冰一般包括薄一年冰、中一年冰和厚一年冰。

海冰的形成过程中，海表面由于冷却作用达到过冷却状态，产生了结晶核，然后生成细小的冰晶体——冰晶。冰晶的生长实际上是液体的结晶过程，在晶体能生长前，在液体中还必须存在一定量的细小结晶核，即所谓的晶核。一般冰晶核由降雪或大气冰形成。有了外界晶核，冰结晶过程就大大缩短。所以结晶既可以是自发的，也可能被认为是诱导的。

海冰向下生长的过程中，其冰芯结构先是粒状冰，然后是柱状冰，之间是过渡混合晶体。很强的冷空气出现时，会发生粒状冰和柱状冰交替出现的现象。当海冰生长到一定厚度之后，主要发生向下生长的柱状冰。

3.6.2 海冰的结构与变化

1. 冰内气泡和盐泡的形成

当海水结冰时，海水冻结结晶，而 3%的杂质则从晶体结构中游离出来，形成高浓度的“卤汁”（brine）。卤汁的积聚空间称为“盐泡”（salt bubble）。这些卤汁在重力的作用下向下积聚，并依靠其重力破坏了海冰晶体的化学键，进入海水，形成细长的盐泡。由于新冰生长时会将盐泡封冻起来，部分卤汁会被封冻在盐泡之中，构成海冰的剩余盐度。除了盐泡之外，海冰冻结时还会裹挟一些空气形成气泡，也使晶体结构无法产生。

不论这些盐泡和气泡在冬季是否封堵，在夏季都会由于海水升温而与海水开通，海水进入盐泡和气泡。海水比海冰有更强的吸热能力，进入海冰的太阳短波辐射会被盐泡中的海水吸收，使水温迅速升高。盐泡里温暖的海水与海冰交换热量而融化海冰，使盐泡变粗，导致海冰从内部发生融化。

2. 海冰的成脊过程

在风力的作用下，冰块之间发生相对的运动和变化。如果冰块之间相互分离，就会产生冰间水道和冰间湖（见下节），而如果冰块之间相向运动，可能导致冰间水域的封闭。当相向运动很强，冰块会发生相互撞击，海冰在撞击中破碎而堆积，成为冰脊（图 3.10）。冰脊是两块大面积的海冰撞击而成的，海洋中一排排冰脊的平行度很高。

冰脊的生成与海冰之间的撞击速度密切相关。风暴过程可引起强烈的辐聚，海冰会形成高大的冰脊，而风力较弱的年份冰脊普遍低矮。20 世纪，北极处于寒冷期，海冰厚度 3~4 m，但那时风力比现在强，形成的冰脊可以达到 6 m；而近年来，北极的海冰减薄到 2 m 左右，风力也呈减弱的态势，形成的冰脊普遍低矮，高度大多小于 2 m。

冰脊只是堆积海冰的水面部分，而冰脊的水下部分，要远比海面的冰脊高很多，已知冰脊水下部分最深的可达 40 m。

图 3.10　海冰冰脊

Figure 3.10　Pressure ridge of sea ice

3. 冰间水道与冰间湖

冰间水道（leads）是海冰之间海水暴露在空气中的水道，冰间湖（polynya）则是比较大范围的开阔水域，二者并没有本质上的区别。夏季海冰大范围开裂，处处都是开阔水域，这时的开阔水域与海冰混杂的区域称为海冰边缘区（marginal ice zone）。冰间水道和冰间湖特指冰封季节（晚秋、冬季和春季）的开阔水域。

冰间水道和冰间湖有 3 种主要成因：第一种是由于风力和海流空间不均匀造成的冰块间运动不一致形成的狭长形开阔水域，这种水域称为冰间水道。第二种是陆缘固定冰（land fast ice）和流冰（pack ice）之间不断形成和变化的开阔水域，称为环北极水道（circumpolar flaw leads）。前两种都是由于海冰之间差动造成的，这种原因形成的水域不论多大，都被称为冰间水道。而第三种开阔水域与海冰运动差动没有关系，称为冰间湖。

4. 融池的形成

在崎岖不平的冰面，覆盖的积雪在春季融化后，会聚集在低洼处，形成融池（图 3.11 和图 3.12）。融池的形状取决于冰面低洼处的几何特征，而融池的深度则取决于进入融池

图 3.11　海冰上的冰面融池

Figure 3.11　Melt pond on sea ice

图 3.12　夏季冰面的融池远景

Figure 3.12　Distant view of melt ponds on sea ice

雪水的“流域”范围，因此，不同融池的形状和深度差异极大。一旦有的融水直接注入海洋，融池的深度就会明显减小。在很多情况下，由于冰脊都是平行排列，导致大范围的融池相互沟通，形成很多联通的水域。

融池的形成与冰面粗糙度有关，当有比较高大的冰脊时，形成的融池会较深。而如果冰面非常平整，没有冰脊，就不会形成融池。观测表明，平整冰表面没有融池，积雪融化的水沉降到冰面，在稀疏的积雪之下形成积水层。近年来，几乎每年都发生大量的冰脊，虽然低矮，但覆盖率较高。这个特征与海冰变薄，受风力影响加重有关。这些冰脊的存在使得冰间湖的覆盖率保持很高的水平，夏季融池覆盖率可达 56%以上。

3.6.3 海冰的融化过程

海冰的融化有很强的季节性特征，对于一年冰，在第二年的夏季将全部融化。第二年夏季没有融化的海冰，将成为二年冰，以致发展成多年冰。即使海冰在夏季没有全部融化，其厚度也会大幅减少。观测数据表明，有些多年冰冬季的厚度为 4 m，夏季的厚度也会减小到 1.2 m 左右。

海冰的融化过程比陆地冰复杂很多。陆地冰的融化以上表面为主，而海冰不仅有上表面的融化，还有下表面融化、侧向融化和内部融化。

1. 海冰的上表面融化

海冰的上表面融化主要是上表面接收的太阳辐射能直接作用于海冰所致。到达冰面的太阳辐射能只有波长较短的光（400~550 nm）能够进入海冰内部，用来升高海冰的温度，而波长较长的光在上表面很薄的冰层中全部被吸收，辐射能转化为热能，并通过海冰的热传导进入海冰内部。当太阳辐射强度超出海冰热传导通量后，剩余的热量使海冰表面升温，进而引发上表面的海冰开始融化。

融冰产生的水可能流入海洋，或者进入融池。上表面平整的海冰所融化的冰水有时无处可流，会形成一层积水层。水比冰有更小的反照率和更大的吸热率，会加剧太阳辐射能的吸收，加速海冰的融化。

2. 海冰的下表面融化

温暖的海水会形成海洋热通量（oceanic heat flux），这些热量到达海冰底部时，只有很少的部分进入海冰，大部分海洋热量滞留在冰底，导致海冰融化。海洋热通量最大可达 500 W/m^2，其融冰速度甚至比上表面要大。云层存在时，上表面的辐射热通量会大幅减小，而来源相对稳定的热量导致底部融化比上表面更快。最近的研究表明，在北冰洋的大部分海域，下表面的融化已经远超上表面的融化量。

下表面融化主要取决于海洋中可用的热量。来自其他海域较暖的水平水流所携带的热量往往非常巨大。大部分平流而至的暖水往往经历过无冰水域的太阳辐射加热，其热储量远大于冰下海水直接吸收的太阳辐射能。这部分海水进入冰下后会受到阻滞，流动的速度减缓，其热量直接向海冰释放，形成很大的海洋热通量，导致海冰的快速底部融化。

3. 海冰的侧向融化

夏季，大范围的流冰分裂成大大小小的冰块。对于同样面积的海冰，冰块越多，其与海水接触的面积就越大。海水的温度高于海冰，海冰侧面与海水接触的部分就会发生融化而消融或剥蚀，称为侧向融化。

海冰的侧向融化速度包括海水热量导致的海冰侧向直接融化，海冰渗透导致的海冰剥蚀，海冰之间碰撞导致的侧向粉碎，这些过程的机制虽然不同，在观测中几乎无法区分各自的贡献。此外，侧向融化的速度取决于海水中的热含量，热含量越高，侧向同化速度将越大。已经有了一些观测获得了直接的侧向融化速度，也有一些关于侧向融化速度的理论研究成果和算法。所有的结果表明，在不同的季节、不同的海冰密集度、不同的区域，侧向融化速度都不一样。随着北极变暖和海冰减退，侧向融化对海冰密集度的贡献将越来越大。

4. 海冰的内部融化

夏季，海水进入海冰内部的盐泡和气泡，使海冰成为充水体。水比冰有更强吸收太阳辐射能的能力，致使温度升高，使盐泡扩大，这就是海冰的内部融化。海冰内部的融化过程并不改变海冰的密集度和厚度，但改变了海冰的孔隙率，使海冰结构变得稀松，冰的力学强度减小更容易破碎，加速了海冰的融化。

最为显著的内部融化出现在融池底部。融池水保持了比较高的水头，可以穿过盐泡注入冰下，形成融池冰下的淡水池（freshwater pool），这个过程称为冲洗效应（flushing effect）。由于融池水吸收了较多的热量而温度较高，沿着盐泡下泄时与海冰交换热量导致盐泡中的海冰融化而变粗。与海冰中的冰芯相比，从融池直接取的冰芯有更高的孔隙率，盐泡全部通透，孔隙有手指粗细，冰芯很像藕段。

3.7 河/湖冰的形成

3.7.1 河冰

河冰的演变过可分为发生、发展及消融过程，这些过程取决于气象条件和水流过程、河道形态、地貌状况等。

1. 河冰生消过程

随着秋末冬初气温的逐渐下降，水体失热大于吸热，发生水体冷却。当水温降至 0℃以下时，在过冷却水中形成细小的以柱状体为主的冰晶。在河岸附近流速较缓以及水流紊动较弱的区域，冰晶上浮至水面，在水体表面形成并且聚集成水面上的一层连续薄冰，随着水体失热不断生长变大，形成“岸冰”。在远离河岸流动较快的水流以及水流紊动强度较强的区域中，由于湍流作用，表面的冷却水通过水流混合，冰晶可以在水温为 0℃以下的整个水深范围内形成，随着水流的掺混作用冰晶相互碰撞、黏结，形成较大的冰花团或冰块并上浮至水面，它们之间的相互融合形成更大的冰单元。随着热量的不断耗散和冰的黏性作用，河道中的流冰密度逐渐增加，在合适的水力条件下会形成冰盖、冰塞或冰坝，形成特有的冰情现象。随着气温进一步下降，水-冰交界面上的持续冻结使得河冰增厚，冰上积雪中的雪水冻结形成的雪冰也可以促进冰层增厚。

冬末春初气温回暖，在热力和机械作用共同影响下，河冰解冻和解体，冰盖发生消融、破裂，河道中形成流冰。当流冰沿河流输移到还未解冻的冰盖时，会发生流冰在冰盖后面堆积，再次形成冰塞或冰坝。根据水力和气象条件，解冻过程在文开河和武开河两种极端情况之间变化。文开河是指在天气温暖并缺乏降雨而流量较低时，冰盖在适当的水流条件和力的作用下在原地破碎。武开河是指上游水量增大、水位快速升高，河冰被水流冲破的开河方式，与快速的径流有关，通常是快速融化和暴雨结合作用的结果。河道封冻期间，由于上下河段气温差异较大，春季气温上升，上段河道先行解冻，而下段河道因纬度偏北，冰凌仍然固封，冰水齐下，水鼓冰开，为武开河的特征。在武开河时，有时大量冰块在弯曲形的窄河道内容易堵塞，形成冰坝，使水位上升，易形成严重凌汛。

2. 河冰生消的物理成因

河冰的生消取决于水力学、力学、热力学以及天气和水文条件之间复杂的相互作用。在冷季开始时，由于太阳入射短波的减小，水体表面散失的热量超过所获得的热量，导致水温降到冰点，水温进一步变冷可使得河水过度冷却并形成冰晶，冰晶是各种类型河冰的起源。由于紊流的混合作用，河中过冷水中的冰晶体积增大，数量增多，可以凝结在一起形成絮状冰。同时，在过冷条件下河道底部的水内冰晶，可以黏结在河床和水下物体上形成锚冰。当水内冰晶和絮状冰体积增大时，在浮力的作用下河流表面形成较高密度的流凌。由于来自水内粒状冰的冻结、上浮以及热力增厚，表层冰体的体积和强度会进一步增大而形成冰盘。

水面冰随河水向下游输送时，会因拥挤作用造成水面流冰堵塞，形成冰盖。冰盖的出现造成上游来冰在冰盖的上游累积，使得冰盖在上游方向上增长延伸。在冰盖下游前沿，冰盖的增长率除了取决于水面冰的供应和新冰盖的形成外，也与前沿处水流条件密切有关。当流速较低时，水中的冰盘与冰盖前沿并置，形成单层较光滑的平封冰盖。较高的流速使得水面冰下翻或潜没，而形成一个更厚的冰盖，这种增长模式成为窄河冰坝或水力增厚。当冰盖前沿的流速过大，超过临界值时，冰盖的延伸会停止，达到前缘的水面冰会潜入冰盖下向下游输移。冰盖受到诸如水流拖曳力、风拖曳力、冰盖重量和河岸应力的作用，当冰盖具有足够的厚度可以抵抗这些力的作用时，冰盖可以通过推挤增厚。若冰盖停止移动，上游水流带来的粒状冰团能在冰盖的下面形成冰塞，导致水位和冰盖的上升。由于冰盖表面的热量交换，在冰盖空隙中水从表面向下结冰，也会使得冰盖厚度向下发展。

到暖季时，除了冰盖表面由于接收到的太阳辐射增强以及温度升高造成的消融外，变暖的河水与冰盖之间的紊动热量转移能显著加强热力侵蚀过程，发生冰盖融化。冰盖融化阶段其下侧波纹的形成加强了河流水体和冰盖之间的紊动热量交换率，加速了冰盖消退直至完全消失，形成文开河。由于河道流量和水位变化，在水力和机械力作用下可以造成冰盖的破碎消失过程，形成了武开河。由于透入冰盖的太阳辐射所引起的内部融化和冰结构的破坏，造成冰盖强度的降低，也是武开河的一个重要因素。

3.7.2　湖冰

湖冰生消过程极其复杂，涉及气象条件以及湖泊地理位置和形态等。相对于河冰，湖冰生消过程受动力作用的影响比较小，冰的生消过程在很大程度上受气-冰界面、冰内以及冰-水界面的光通量和热通量影响。

1. 湖冰生消过程

湖冰一般在每年秋冬季冻结，翌年春夏季消融。由于水体和陆地热容量的差异，湖冰的冻结和消融都首先出现在沿岸区域。秋冬季太阳辐射减弱、气温下降，湖水损失热量使得水温降低，当水温降到 0℃以下时在湖水中产生冰晶并发生冻结现象。当湖表面的水结成湖冰时，由于冰的反照率（约为 70%）远大于水的反照率（约为 8%），进入湖泊的太阳辐射将进一步减少，水体的热通量和太阳短波辐射的减弱加剧了湖冰的进一步发展。反之，在春夏季由于气温的回升和太阳辐射的增强，湖冰发生消融。湖冰的变化体现出显著的季节特征。

从冰层生消过程的能量平衡考虑，冰的消光系数和冰面反照率对湖冰生消过程有重要的影响。冰面积雪是影响冰层能量平衡的一个重要因素，它可以通过降低冰-气之间热交换以及冰内和冰底的光通量对冰层的生消过程产生影响。冰厚是反映冰生消过程最为综合的指标。冰厚的变化一方面源于冰底的生长和消融，这主要取决于冰层的光通量对湖冰冰底热通量的影响。秋冬季太阳辐射的减弱以及积雪增加了冰层的光学厚度，导致冰底的光通量和来自水体的热通量都比较低，造成冰厚的增大。随着春夏季太阳辐射的加强和积雪的融化，冰底光通量迅速升高，从而导致冰下水温和冰底热通量随之升高。另外，积雪压载下冰面容易形成湿雪层，重新冻结形成雪冰。冰厚的变化还源于冰面雪冰的形成与消融，通过雪冰的形成和融化对冰层的生消过程产生影响。由于融冰期气温的升高和雪冰的消融直接作用于湖冰表面，冰面的消融比冰底的消融更加强烈。

2. 湖冰生消的物理原因

湖冰的生消取决于湖泊区域能量的垂直传输和气象因子的强迫。太阳辐射到达湖冰表面后，一部分辐射被反射返回到大气中，部分传输进入到湖冰层内。进入湖冰层内的短波辐射分别被湖冰吸收、散射和传输到冰下水体中。太阳短波辐射的输入对湖冰的生消具有重要的作用。输入湖冰的太阳短波辐射在很大程度上受湖冰反照率的影响。湖冰的出现将改变湖表面的反照率，湖表面的水结成冰后进入湖泊的太阳辐射可减少 62%左右，极大地影响了湖泊表面的辐射收支。从对湖冰生消的影响来看，湖冰反照率决定了进入冰层的太阳辐射能，对冰层和冰下水体的能量平衡产生影响。若湖冰上有积雪，积雪厚度和雪面特性可以影响反照率。若为无积雪的裸冰，反照率在冰层厚度较小时对冰厚比较敏感，在冰厚较大时主要取决于冰面特性。另外，入射太阳辐射的波谱能量分布主要取决于太阳高度角、云量、云状以及大气光学物质，冰/雪表面对太阳辐射的反射特性主要取决于入射太阳辐射的波谱能量分布以及表面特性。雪/冰层对短波辐射的散射和吸收作用主要取决于冰内气泡和杂质的含量及分布、雪/冰的层理结构。同样冰/雪条件对于不同波段的入射辐射反照率会有较大的差异，因此冰面总的反照率还与入射辐射的能量谱分布有关，云量、云状以及大气光学物质对冰/雪面的反照率具有重要的影响。融冰季节，由于冰/雪会发生较大的变化，冰/雪面反照率也随之发生较为明显的变化。散射作用对辐射传输的主要影响是使其能量发生衰减，而吸收作用的主要影响是使其谱形发生改变。

除了太阳短波辐射外，水体的热通量对湖冰具有重要影响，冰生长速率与冰底热传导、冰表面温度和冰厚有关。冰厚的时间变化与冰的热传导系数以及冰底温度和表面温度之差成正比，与冰厚度、冰密度和冰的融解潜热成反比，湖冰的热传导系数主要依赖于冰温度。雪的隔热作用和与相变相联系的能量交换对冰温度有重要影响。冰的消光系数对湖冰生消过程影响很大，湖冰生长速率的变化、冻融过程的交替、降水带来的大气悬浮质以及冰裂缝漫溢水流带来的杂质都是导致冰层光学性质垂向差异的原因。湖冰光通量主要受制于冰面积雪，湖冰及其上的积雪隔绝了湖泊水体与太阳短波辐射之间的直接作用，从而改变了水体的光场环境。光学性质的变化对表面能量通量具有重要的影响。

湖冰在湖气系统中的湖面过程和水热交换也起着重要的作用。湖水中热量传输 的重要过程，即湍流扩散过程在有湖冰存在的时候将极大地被抑制。湖冰也会减少向上输送的感、潜热通量并增加低层大气的稳定度。湖冰减少也与湖水蒸发增加相联系。

思　考　题

1. 冰冻圈不同组分的形成发育条件。
2. 雪线和冰川物质平衡线。
3. 冻融过程中活动层内部的水热运移特征和主要驱动因子。

延 伸 阅 读

【经典著作】

1.《冰川》

作者：Glaciers. M. J. Hambrey 和 J. Alean

出版社：牛津大学出版社，2004

书号：ISBN 0-521-82808-2

内容简介：

本书为介绍冰川的形成和演化的专著。本书简明生动、通俗易懂地描述了冰川的基本特征，并配有漂亮的照片，是了解冰川形成和发育以及演化过程的基础读物，其在线阅读功能极大地方便了读者，因而广受欢迎。

2.《普通冻土学》

出版社：（原著）苏联科学院西伯利亚分院冻土研究所，1974，俄文版

（中文版）科学出版社，1988，郭东信等译校

内容简介：

本书共 318 页，为多年冻土学的经典著作，系统介绍了冻土学的基本概念和定义，岩土的季节冻结融化，冻土的热力学性质，地下冰及冷生现象，多年冻土的形成、发展历史和分布规律，多年冻土层的成分、性质、组构，以及冻土带的温度动态和厚度等。

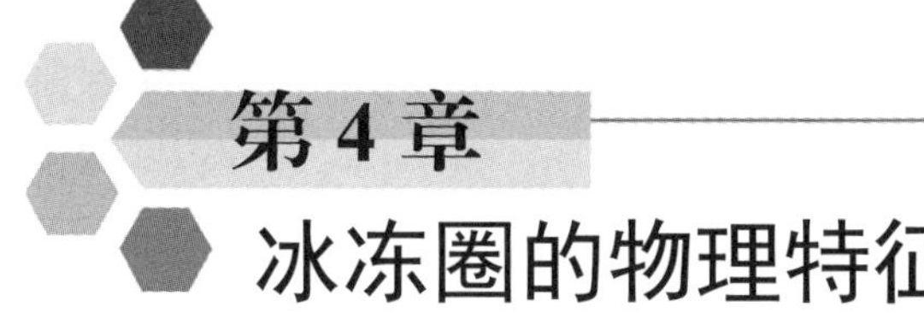

第4章 冰冻圈的物理特征

主笔：任贯文　吴青柏　李志军
主要作者：车涛

冰冻圈的物理性质和主要物理特征是冰冻圈各种过程、机制和模拟研究的基础。尽管冰冻圈的核心物质是冰，但冰冻圈各要素的物质组成和结构以及形成发育条件存在差异，从而使它们的物理特征并不相同。因此，关于冰冻圈各要素的物理性质、物理特征和过程有大量的研究结果，也有很多专著。由于篇幅所限，本章重点对冰的物理性质和冰冻圈主要要素的力学、热学特征基本概念予以扼要阐述，同时给出必要的示例图、数据和经验公式。冰冻圈探测技术，尤其是冰冻圈遥感发展极为迅猛，为此，对冰冻圈电学和光学特性及其遥感应用也予以简短介绍。

4.1　冰的主要物理性质概述

4.1.1　冰的晶体结构

1. 冰的晶体结构基本特征

冰是水的固态形式，为无色透明的晶体物质，其化学物质成分与水相同。我们常看到的冰是冰晶体的聚合体，如冰川冰、海冰、湖冰、河冰、地下冰、雪和霜，等等。在不同的压力、温度等条件下（其中压力是最为主要的控制因素），可以形成不同结构的冰晶体。目前为止在实验室人为制造的冰已经有近 10 种晶体结构，但离开实验条件都不能稳定存在。自然形成的冰通常为六方晶体结构，在冰结晶学上被标记为 I_h。

冰 I_h 的晶体结构可简单概括为，单个水分子可粗略地看作一个氧原子核构成的球体，周围环绕着它自身的电子和通过化学键联系的两个氢原子所提供的电子。这些电子提供 4 个负电荷中心，其中 2 个之上带有氢核（质子），多于平衡负电荷所需之量。其最终结果大体是，以氧原子核为中心的规则的四面体的顶角上分别为 2 个正电中心和 2 个负电中心所占据。一个水分子的正电荷与相邻一个分子的负电荷邻接。因此，每个分子有 4 个最邻近的相邻分子，其几何排列与硅的相似。冰 I_h 的晶格为一个四面体三棱柱结构，每个角上的氧原子分别为相邻晶胞所共有，3 个棱上氧原子各为 3 个相邻晶胞所共有，2 个轴顶氧原子各为 2 个晶胞所共有，只有中央一个氧原子算是该晶胞所独有（图 4.1）。冰晶体的这个四面体是一个敞开式的松弛结构，因为 5 个水分子不能把全部四面体的体积占完，是氢键把这些四面体联系起来，成为一个整体（图 4.2）。这种通过氢键

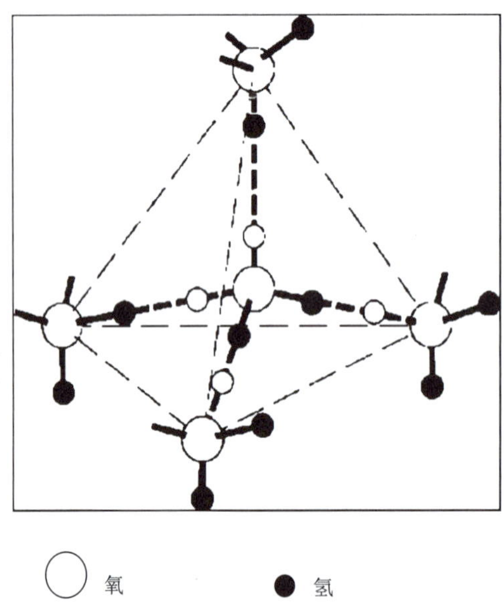

图 4.1　单个冰晶体的晶格结构（秦善，2011）

Figure 4.1　The lattice structure of a single crystal of ice（after Qin, 2011）

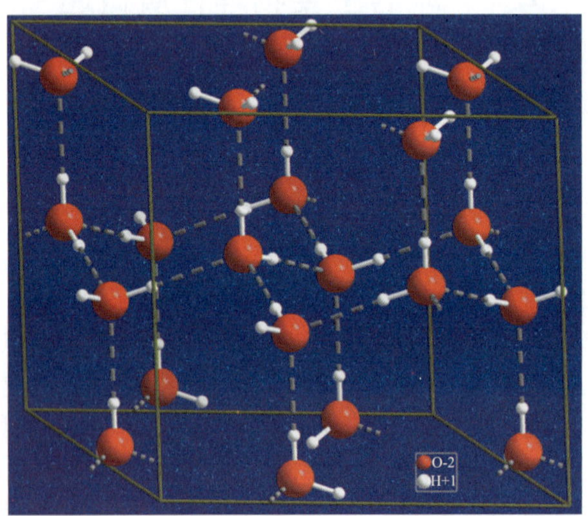

图 4.2　六方晶体冰的晶体结构（引自 Wikipedia）

Figure 4.2　The hexagonal crystal structure of ice（from Wikipedia）

灰色短划线表示氢键

The grey dashed lines show hydrogen bonds

形成的定向有序排列，空间利用率较小，因此冰的密度比液态水的密度小。液态水在约 4℃时密度最大，为 1000 kg/m^3。在 4℃以上遵从一般热胀冷缩规律，4℃以下，原来水中呈线形分布的缩合分子中，出现一种像冰晶结构一样的似冰缔合分子，称为“假冰晶体”。因为冰的密度比水小，“假冰晶体”的存在，降低了水的密度，约接近冻结温度，“假冰晶体”越多，因而密度越小。在 0℃时，水的密度为 999.87 kg/m^3，冰的密度为 917 kg/m^3。在高压等实验条件下形成的冰所具有的晶体结构，有些有序，有些无序，而有些两者兼有，它们的密度都大于冰 I_h 的密度。水冻结成冰时的密度减小伴随体积增大，会产生强大压力。据实验观测，封闭条件下水冻结时，体积增加所产生的压力可达 2500 个 atm[①]。

2. 冰的晶粒形状特征

冰晶体的最小单元是晶格点阵为六方柱状的晶胞，而自然界中以单个体独立存在的冰晶体通常都是多个晶胞的聚合体，被称为晶粒（关于晶粒还有更严格的定义，这里只是取晶粒的泛指）。在饱和水汽和水中最初形成的晶粒因温度、压力等因素影响，其体积和形状会不断发生变化。例如，最初云层中过冷却水滴冻结形成的冰晶在下落过程中因水汽在表面凝结而使体积增长，晶粒相互碰触则会合并聚合。因温度、湿度、气压以及风力等条件的时空差异，到达地面时这些冰晶聚合体的形态和体积各有不同，以至于不存在结构、形态和尺寸等各个方面完全相同的雪花，尽管六角形仍为它们的基本特色，但有的已看不出六角形特征（关于雪花的种类和形态见第 3 章）。

雪花降落地面以后在自动圆化作用下向颗粒状变化。因此，无论冰川、海冰、河冰、湖冰表面的雪层，还是陆地表面积雪，每个冰晶粒（亦称为雪粒或雪颗粒）与沙粒形状相似。除了自动圆化作用外，还有烧结、晶粒之间相互挤压、融水浸润和再冻结作用等，雪颗粒以及变质成冰以后仍可分辨的晶粒多呈不规则形状。

海洋、湖泊和河流等水体中由水冻结形成的冰，其晶粒形态大多为颗粒状和柱状。静态水中结冰易于形成柱状（针状）冰晶，非静态水冻结易于形成颗粒状冰晶。

3. 冰的晶体组构特征

单个冰晶体有 4 个晶轴，其中 3 个互呈 120° 相交于同一个平面，该平面被称为基面，另一个垂直于这个平面，称为主轴，也称为光轴或 c 轴，沿主轴方向光线不发生折射。单晶体冰是各向异性的，因为沿基面方向与光轴方向其物理性质不同。例如，冰晶体在受力后，沿基面上的位错滑移是变形的最基本机制，但如果受力方向垂直于基面，则很难产生位错滑移。单晶冰只有一个固定的 c 轴取向，多晶冰的 c 轴取向或者杂乱无章，或者有多个定向。由于在一定应力状态下，c 轴取向不同会使冰的变形有所不同，冰晶体的 c 轴取向组构对冰的力学特性有重要意义。

自然条件下形成的冰体主要为多晶冰，即由 c 轴取向各不相同的众多晶粒组成的冰

---

① 1 atm=1.013 25×10^{5}Pa。

体。但如果处在应力作用状态下，其 c 轴取向会发生变化，晶粒尺寸也会变化。冰晶体在应力作用下除沿基面位错滑移外，还伴随其他变形，如晶界滑动、扩散型蠕变等。所谓扩散型蠕变是指在温度很高或位错数目很少、位错能动性很差的情况下，应力梯度引起的空位扩散流成为主要的蠕变。在低密度的粒雪里，晶界滑动则可以是最主要的。在应变过程中，冰体通常还会出现晶粒长大、多边形化和再结晶作用。晶粒长大的驱动因素主要是各晶粒的晶界弯曲程度和各晶粒储存的应变能有所差异而引起晶界迁移，使得小晶粒越来越小，大晶粒越来越大，小晶粒被大晶粒吞噬。多边形化则是晶粒因为局部应力和变形差别较大时逐渐被分割形成新晶粒，并和老晶粒共存，晶粒尺寸减小。晶粒长大和多边形化都不会使冰体中原来 c 轴取向明显改变。实验研究表明，当温度高于 −10℃时冰体易出现再结晶作用，再结晶形成的新的晶粒其 c 轴取向与原来晶粒有明显变化，而且新晶粒群的 c 轴取向依据应力状态趋于一个大致固定的态势。通过冰样的室内力学实验和冰川冰盖的应力状态分析可以对各种冰组构进行解释。一般认为，单轴压缩情况下易于形成环状 c 轴组构，而剪切应力占优势时冰晶组构主要为单极大型，这两种组构在冰川和冰盖上最为常见。在冰川和冰盖的表面和近表层内，应力作用微弱，晶体组构通常都是随机型的，随着深度的增加，应力作用越来越大，晶体组构逐渐变得具有优势方位。环状组构出现的深度一般都不会太大，单极大型组构往往形成于深度较大的冰层。在接近冰川和冰盖底部时，虽然剪切应力占主导地位，但在底床起伏影响下应力状态比较复杂，而且由于温度较高，重结晶作用也很突出，c 轴组构多呈现多极大型。竖条带状组构被认为与单轴拉伸应力状态有关，而且没有重结晶作用。

4.1.2　冰的力学性质

1. 冰的弹性和内摩擦力

冰在高温、小荷载、小应变和低应变率下表现为韧性，在低温、大荷载、大应变和高应变率下表现为脆性。所以，冰的力学特性比较复杂，既有黏性流体的特点，又有弹性塑性特征，还具有刚体脆性，必须通过不同应力和温度条件下的实验观测才能揭示冰的变形规律及各种力学特性。

冰的力学特性与冰内所含杂质有很大关系，针对不同类型冰体有专门的分支学科进行实验研究，如冰川冰、海冰、冻土、河冰等力学研究。

弹性变形和塑性变形是连续介质在应力作用下发生变形的两个主要过程。研究表明，冰在受力后的弹性变形非常短暂，绝大部分变形属于塑性变形。弹性研究中，一般都假定研究对象为各向同性材料，这对冰来说只能是近似假设，尽管大多情况下块体冰基本是各向同性的。冰的弹性实验研究表明，不同研究者得出的弹性特征参数并不相同，主要是测试技术和试验条件（如温度）等的差异所致。据一些实验研究结果的汇总(Hobbs,1974)，纯冰的杨氏模量、刚度模量（或剪切模量）、泊松比、体积模量分别大致为 8.3×10^7~9.9×10^7 hPa, 3.4×10^7~3.8×10^7 hPa, 9.3×10^7 hPa 和（8.7~11.3）$\times10^7$ hPa。其中，杨氏模量是最基本的特征参数，刚度模量和体积模量既可由实验得出，也可依据杨氏模量推导计算得出。

虽然冰晶体在短暂的小应力作用下不会长久变形，但如果应变和应力出现位相不同步，则冰的内能会有明显损失，起因就在于冰晶的内摩擦力所致，也被称为机械松弛特征，与介电松弛类似。试验表明，冰的这种因内摩擦导致的活动能损失大小与晶体结构、晶粒边界特征和冰内所含杂质有关。特别是杂质含量及其微小的差异都会使试验结果有很大不同。

2. 冰的塑性变形和蠕变规律

冰的塑性变形和蠕变是冰的最基本力学特性，尤其在冰川运动和动力学中是最为主要的。单晶冰的变形主要是晶体内的位错，其次是晶界滑动和扩散型蠕变等。对多晶冰的大量实验研究表明，冰在应力作用下，应变与应力之间随时间在不同阶段具有不同的关系：

（1）弹性应变：在应力作用最初瞬时出现，也称为瞬时弹性应变，服从胡克定律，即应变与应力呈线性正比例关系，系数为弹性模量的倒数。

（2）滞弹性应变：在应力卸载后其变形基本上可以逐渐慢慢得以恢复，但又表现出具有一定的蠕变率，因而又称为第一蠕变，瞬时蠕变，可恢复蠕变或伪弹性应变。

（3）第二蠕变应变：应力作用一适当长时间后，冰的蠕变变形随时间增加越来越小，亦即应变率不断减小，并趋于一恒定的最小值，称为第二蠕变。

（4）第三蠕变应变：经过了最小应变率后，又进入应变率不断增加阶段，被称为第三蠕变。如果实验持续时间足够长，第三蠕变后期应变率会达到一个恒定不变值。

但是，在不同应力条件下 3 个蠕变过程有所不同（图 4.3）：在小应力作用下第二蠕变阶段持续时间非常长，要保持实验条件长时间（达几个月）严格不变以观测第三蠕变

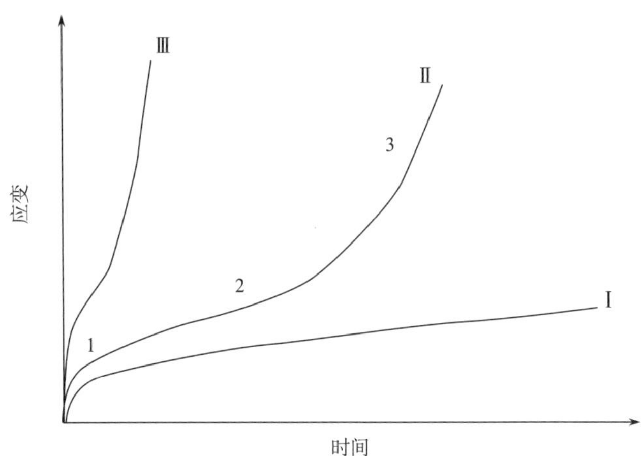

图 4.3　冰在小应力（Ⅰ）、中等应力（Ⅱ）和大应力（Ⅲ）作用下的应变示意图

Figure 4.3　Typical creep curves of polycrystalline ice showing the different stages of creep

1、2 和 3 分别表示第一、第二和第三蠕变阶段

I, II and III show the situations under small, medium and large stresses, respectively

的出现比较难；在大应力作用下各个蠕变阶段出现都非常快，特别是第一蠕变阶段很短暂。因此，主要结论基本上都来自于应力大小较为适中的实验研究。

由于冰的变形中绝大部分为蠕变变形，其实验研究常被称为冰的蠕变实验，所获得的应变率与应力之间的关系被称为蠕变规律。冰的应变率与应力之间的关系在蠕变的各个阶段是不一样的。综合各种实验结果，冰的蠕变变形中应变率与应力之间的关系可表示为幂函数多项式，但其中最主要的项为

$$\dot{\varepsilon} = A_0 \exp\left[-Q/\left(KT\right)\right]\tau^n \tag{4-1}$$

式中，$\dot{\varepsilon}$ 为有效应变率；A_0 为依赖于冰晶组构、晶粒尺寸或杂质含量等因素的一个因子；Q 为活化能；K 为玻耳兹曼常数；T 为绝对温度；τ 为有效应力，n 为常数，多数实验得出的 n 值接近 3。或者更简单地可表述为

$$\dot{\varepsilon} = A\tau^n \tag{4-2}$$

被称为 Glen 定律，源于 J.W.Glen 早期实验研究对冰蠕变规律的揭示。

冰的蠕变变形具有黏性变形特征，在冰川运动中，由此引起的冰体运动有点类似于流体运动，所以，冰的蠕变规律又称为冰的流动定律。但是，冰的流动定律与黏性流体定律又明显不同，黏性流体的流动定律为线性关系。另一种与冰的变形规律具有一定程度近似性的为理想塑性体，即应力较小时不产生变形，当应力达到屈服应力后变形产生，而且应力不再增加变形也会持续下去。图 4.4 所示为冰、黏性流体和理想塑性体应力与应变率之间的关系对比。

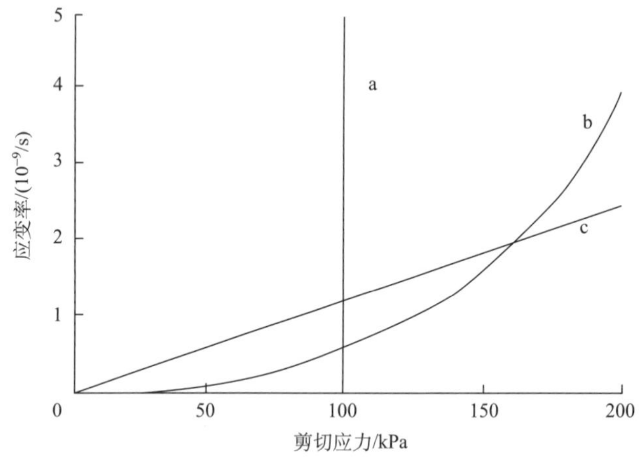

图 4.4 冰与黏性流体和理想塑性体变形规律对比（Paterson, 1994）

Figure 4.4 Different types of flow relation（after Paterson, 1994）

（a）屈服应力为 100 kPa 的理想塑性体；（b）冰的流动定律，n=3, A= 5×10^{-15}/s（kPa）^{3}；

（c）牛顿黏性流体，黏度为 8×10^{13} Pa s

3. 冰的强度

强度是某种材料在外力作用下抵抗变形和断裂的能力，依据受力情况，可分为抗压强度、抗拉强度、抗弯强度和抗剪强度等，在工程应用中非常重要。对冰来说，其强度最主要的是抵抗断裂的能力，即能承受多大的拉、压、剪切和冲击力而不断裂。

冰的断裂强度主要取决于两个方面：一是冰样本身的特征，包括冰的形成方式和特性（如水冻结冰、雪变质冰、含杂质冰以及单晶或多晶冰等）以及冰样尺寸和形状。二是施加应力的方式，如单独拉、压、剪或组合应力、静荷载、动荷载、逐渐加载、突然加载，等等。因此，关于冰的强度实验研究是一个非常广泛的领域，无论哪一种类型的冰（海冰、河冰、冰川冰、冻土、积雪等），都需要开展针对具体应用目的和符合实际情况的大量实验。

对纯净的单晶冰来说，某些实验结果表明（Hobbs,1974），在温度为–50~–90℃条件下，出现断裂的平均应力大致为 1.2~3.2 MPa。

4. 含杂质冰的力学特性复杂性

自然界中的冰，往往都不是纯净的。冰川上的冰一般或多或少都含有杂质，其中固体杂质含量对冰的蠕变有较大影响。对含岩屑冰的实验研究表明，固体杂质有延缓冰蠕变过程的效应，其影响程度与岩屑含量、岩屑颗粒大小和岩屑成分的性质有关。

冻土中冰的含量往往少于土质，因而是含冰的特殊土体，其中还含有未冻水和气体，力学特性不仅取决于土体物质的成分、颗粒结构和物理化学性质，还与冰的性质和分布（分散状、层状或网状分布等）、未冻水特征和温度条件等有很大关系。

海冰、河冰和湖冰，虽然都是水冻结冰，但海冰和咸水湖冰含有大量盐分，河冰、湖冰和近岸海冰中陆地尘土含量也很多。因此，它们的力学特性也随着杂质成分和含量的不同而有差异。

4.1.3　冰的热学性质

1. 纯净冰体的热学性质

一种材料的热学性质通常由几种参数来表征，如融（熔）点（融化时的温度）、比热（又称为比热容或热容量）、相变潜热、导热率（或称为热导率、导热系数）、热扩散率（或称为热扩散系数、导温系数）等。冰的各种热学参数随温度和压力不同而有所差异。就融点来说，纯冰在常压环境（一个大气压）下开始融化的温度为 0℃。冰的融点与压力存在着一种奇妙的关系：在 2200 个大气压以下，冰的融点随压力的增大而降低，大约每升高 130 个大气压降低 1℃；超过 2200 个大气压后，冰的融点则随压力增加而升高。

在正常压力条件下，冰的相变潜热为常量，热扩散率由比热、导热率和密度决定（与导热率成正比，与比热和密度的乘积成反比）。许多实验已经基本明确了温度对冰的热学性质的影响：比热随温度降低而减小，导热率则随着温度降低而增大。大量实验结果表明，比热与温度大致上呈线性关系，导热率与温度之间则为非线性关系，如指数或者幂函数。图 4.5 所示为某些实验得出的冰的比热和导热率随温度变化的变化情况举例。

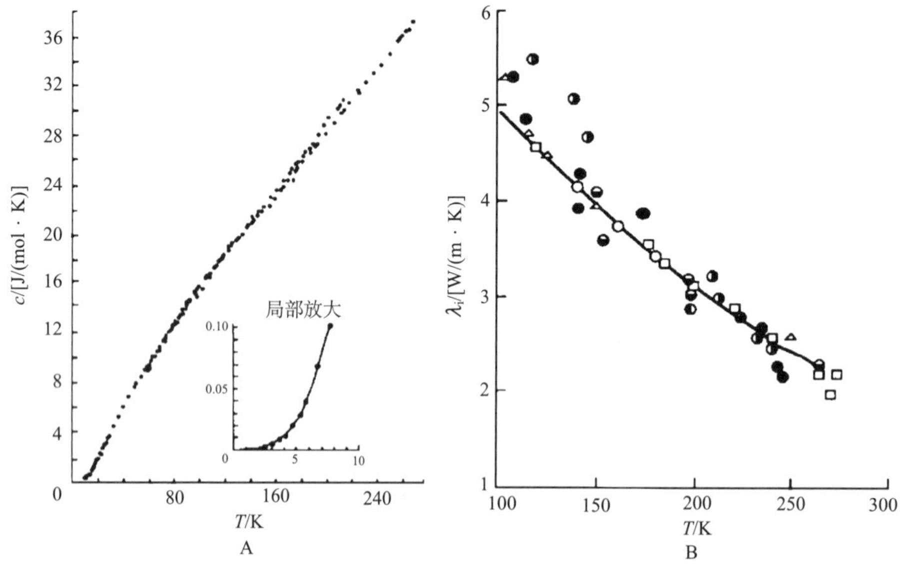

图 4.5　冰的比热（c_i）和导热率（λ_i）与温度（T）的关系（Yen et al., 1991, 1992）

Figure 4.5　Relations of specific heat（c_i）and thermal conductivity（λ_i）of ice with temperature（T）（after Yen et al., 1991, 1992）

关于冰的热学参数实验数据很多，其中的差异不可避免，但可根据某些结果大致对比一下冰与水以及冰在高温（0℃）和低温（−50℃）下的热学参数：一个大气压下，纯水在 0℃时的冻结潜热约为 333 kJ/kg（约 80 cal/g），蒸发潜热约为 2500 kJ/kg（约 596 cal/g），比热约为 4.187 kJ/（kg • K），导热率约为 0.598 W/（m • K）。纯冰在 0℃时的融化潜热等同于水的冻结潜热，升华潜热约为 2837 kJ/kg（约 676 cal/g），比热容约为 2.097 kJ/（kg •K），导热率约为 2.1 W/（m •K）。在−50℃，冰的比热为 1.741 kJ/（kg •K），导热率为 2.76 W/（m • K）。如果将冰的密度看作是常量（917 kg/m^3），热扩散率在 0℃时为 1.09×10^{-6} m^2/s，在−50℃时为 1.73×10^{-6} m^2/s（Paterson, 1994）。

在冰的热学性质方面，还有一些关于冰的热膨胀特性等内容的研究。大多实验结果表明，冰的线性热膨胀系数大致在 10^{-5} 数量级上，在一般温度变化范围不大的情况下可不用考虑冰的热膨胀，但工程应用中则要考虑这一因素，因为即使很微小的膨胀，都会产生巨大的力。

2. 雪的热学性质

雪的基本物质为冰晶体，但一般我们所说的雪并不是指单个雪花或雪粒，而是有一定规模的雪粒堆积体，比如积雪（或称为季节性积雪）和冰川、海冰等冰体表面的雪层。雪的密度范围很大，一般在 200~600 kg/m^3，但新降雪可低于 100 kg/m^3，冰川上的粒雪密度一直可增大到接近 830 kg/m^3。因此，雪的热学性质与密度的关系是一个重要研究课题。由于比热和融化潜热采用的是质量比热和质量融化潜热，它们与密度无关，对雪的热学性质的研究主要通过实验确定雪的导热率与密度和温度之间的关系。

雪粒间空气的存在，使雪层中的热传递除了传导之外，还有对流和辐射以及源于升华和凝华的水汽扩散作用。所以，实验得出的导热率又被称为有效导热率。一般认为低温条件下雪颗粒之间微量的空隙和气体导致的对流和辐射也很微弱，水汽扩散则相对较为重要。

实验结果普遍表明，雪的导热率随密度增大而增大，但不同实验研究得出的关系式不尽相同。由于同样密度的雪，雪粒粒径、形态、雪粒之间的连接程度不同会导致导热率不同，再加上测试技术方面（如使用的设备和实验环境条件）的差异，各研究结果之间存在差异是必然的。尽管如此，相对较多的研究结果倾向于导热率与密度的二次方成正比，如图 4.6 所示。

Yen 等（1991，1992）汇总多人的研究结果给出的关系式为

$$\lambda_{se} = 2.224\rho_s^{1.885} \tag{4-3}$$

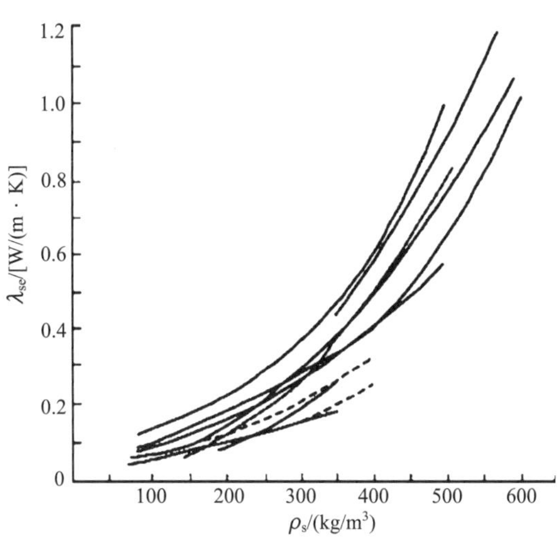

图 4.6　雪的有效导热率（λ_{se}）随密度（ρ_s）变化的某些实验结果（Yen et al., 1991, 1992）

Figure 4.6　Effective thermal conductivity of snow（λ_{se}）vs. density（ρ_s）revealed by various experiments（after Yen et al., 1991, 1992）

式中，λ_{se} 为雪的有效导热率；ρ_s 是雪的密度，单位为 mg/m^3。综合考虑密度和温度因素，则得出：

$$\lambda_{se} = 0.0688\exp\left(0.0088T + 4.6682\rho_s\right) \tag{4-4}$$

式中，T 为温度。

也有从理论上推导的研究，如 Schwerdtfeger（1963）应用非均一介质电导率理论对

雪的导热率作过理论推导，得出

$$\lambda_s = 2\rho_s / (3\rho_i - \rho_s)\lambda_i \tag{4-5}$$

式中，λ_s 和 λ_i 分别为雪和冰的导热率；ρ_s 和 ρ_i 分别为雪和冰的密度。

按照这些近似公式和某些实验结果，大体上，密度为 100 kg/m^3 雪的导热率约为 0.05 W/（m • K），与玻璃丝绝缘体相似；密度为 300 kg/m^3 时，导热率约为 0.13 W/（m • K）；密度为 500 kg/m^3 时，导热率约为 0.44 W/（m • K），与砖块相似。

4.1.4 冰的电学和光学性质

电学性质：冰的电学性质主要为介电和导电性能，分别以介电常数（又称为电容率）和电导率来表征。由于冰与其他物质的介电常数有明显差异，冰的介电常数是冰川雷达探测的理论基础。冰的高频介电常数和静态介电常数都随温度降低而有所增大，但其变化率很难确定。尽管已经有许多实验研究，但得出的增大速率有所不同，因为冰的晶体组构、密度和电场与冰晶体 c 轴之间的夹角以及冰内杂质也有影响。对实验室冻结的冰和取自冰川的冰样进行测试的结果表明，高频介电常数基本在 3.1~3.2；静态介电常数多为 90~110。冰的电导率对温度、电场、冰组构和冰内杂质等的差异非常敏感，特别是冰川冰内不同杂质成分的影响尤为突出，因而通过电导率测量判定杂质成分种类是冰川化学和冰芯研究的重要内容之一。对纯冰来说，电导率除了具有随温度降低而减小的特点外，晶体组构的影响非常重要，已有的实验数据给出的直流电导率范围在 10^{-9}~10^{-6}/（Ω •m）之间，较多地在 10^{-7}/（Ω •m）（即 10^5 S/cm）数量级上（Hobbs,1974）。

光学性质：对一个冰晶粒来说，沿 c 轴方向不发生折射，其他方向上都会有折射发生。基于冰晶体的折射性质，可用偏振光来测定一个冰薄片中每一个晶粒的 c 轴取向。如果不含气泡和其他杂质，冰的透光性很好，但随着冰厚度增加，冰体可能呈现蓝色或深绿色，是因为波长较短的蓝色光被部分吸收和散射，如同较深水体一样。绝大部分冰川冰都含有杂质和/或气泡，其透光性减弱。冰的反射率也取决于其洁净程度，纯冰的反射率与冰晶组构、温度和波长有关。

对自然界中的冰体来说，最受关注的是反照率。反射率与反照率之间的区别在于反射率是指物体对入射光线的反射能力，常需要指定光线的波长和入射方向，因为同一物体对不同波长光线以不同方向入射的反射能力是不同的；反照率则是指对全波段光线半球方向的总反射能力，也就是反射率在全波段上的积分，在地球科学领域，又特别指某种物体（表面）对太阳辐射的反射能力，用反射辐射通量与入射辐射通量之比（用小数或百分数）表示。比较洁净的冰面，反照率可达 0.6，如果是干净的新雪面，则可达 0.9 或更高。

4.2　冰冻圈主要要素动力学特征

4.2.1　冰川运动和动力学特征

1. 冰川运动速度分布特征

在自身重力作用下朝下游方向运动是冰川最主要的物理特征，因而朝冰川下游方向的运动速度是最主要的运动速度分量，被称为纵向速度。横向速度通常很小，但在冰体纵向运动受到局地地形阻滞时会增大。竖向速度取决于表面积累或消融：在积累区，因每年有物质净积累，在新的上覆雪冰层压力下，运动速度有一个竖直向下的分量；在消融区，老冰不断消融，上游来的冰对此则给予补偿，运动速度有一个竖直向上的分量，因而积累区为下沉流区，消融区为上升流区。在平衡线附近，运动速度相对地与表面平行，并且达到最大值，向上游和下游方向都逐渐减小。竖直方向上，运动速度在表面最大；横过冰川的水平方向上，运动速度在中间最大，但如果在冰川拐弯处，最大速度位置偏向拐弯外侧。从冰川上游到下游最大速度的连线为冰川主流线。如果冰川处于稳定状态，积累区某一断面上每年的冰通量应该等于该断面上游区域的净积累量，消融区某断面上的冰通量则等于该断面下游的净消融量。这些都是对形态很规则的山谷冰川而言所得出的一般性概念。对于大多数冰川来说，地形实际很复杂，运动速度受局地地形影响在短距离内会有很大变化。

冰川运动速度随时间变化也会有变化。一年当中，通常暖季的速度比冷季要大；多年时间尺度上，较暖时期运动速度相对较大。主要原因在于温度较高时冰的变形或者(和)滑动都会增大。比季节更短的时间内的变化也常可观测到，可能与冰川内部和冰下的水流系统变化有关。

2. 冰川的冰体变形运动

冰川冰的蠕变变形是冰川运动的主要分量。源于冰川冰变形运动的规律可基于冰体的应力平衡方程、变形几何方程（运动速度与应变率关系）和本构方程（冰的流动定律）来进行理论探讨。由于冰川冰在晶体结构上具有各向异性特征，同一条冰川不同部位杂质成分及其含量差异很大，温度也不相同，局地地形对应力状态影响又非常复杂，想要对三维全分量三组方程求解极为复杂和困难，为了得到一般性基本概念，需要做许多假定使方程简单化，其中最简单的就是“层流”假设。如果假定在分析讨论的空间范围内冰川厚度、宽度和坡度都保持不变，而且宽度和长度都比厚度大得多，冰的变形仅由剪应力引起，则冰的运动速度矢量（流线）与表面平行（图 4.7），而且流动速度仅随深度变化而变化，因而称为“层流”。这种情况下，冰体所受的剪应力在冰川底部达到最大，为

$$\tau_b = \rho g h \sin\alpha \tag{4-6}$$

式中，τ_b 为底部剪应力；ρ 为密度；g 为重力加速度；h 为冰厚度；α 为底床坡度（与表面坡度相等）。

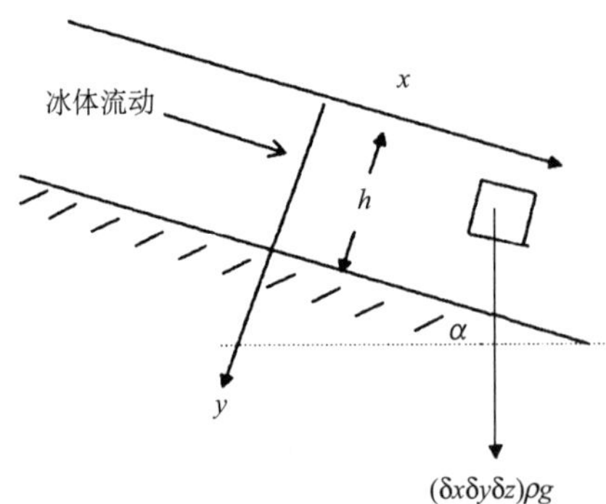

图 4.7　冰川表面与底床平行情况下冰体层流运动的坐标系统

Figure 4.7　Coordinate system for parallel-sided slab of a glacier

按照层流假设，冰体仅沿冰川下游方向运动，只有一个剪应力为非零应力分量，于是根据运动速度与应变率关系和冰的流动定律，可得出运动速度为

$$u = u_s - 2A\left(\rho g \sin\alpha\right)^n y^{n+1} / \left(n+1\right) \tag{4-7}$$

式中，u 为运动速度；u_s 为表面运动速度；A 和 n 为冰流动定律中的常数，实际应用中通常取 n 值为 3，A 值根据温度确定。

依据这两个简单公式，可以得出几点重要结论：τ_b 值可根据冰体厚度和冰面坡度计算；如果把冰看作理想塑性体，可得出 $h = \tau_0 / \left(\rho g \sin\alpha\right)$；由于 $h\sin\alpha$ 为常数，冰面坡度与厚度成反比（这里假定冰面坡度与底床坡度相等）。

在理想塑性体模型中，剪切应力只有在冰川底部才达到屈服应力，变形主要发生在冰体下部；运动速度在表面最大，随深度增加而减小。对许多冰川的观测结果与这些概念大致上是吻合的，说明层流和理想塑性体假设具有很好的近似性。

很显然，冰面和底床坡度相等且保持不变、厚度也不变、冰体只受剪应力作用等假设可能只在很小范围较为近似。如果坡度和厚度有变化，冰体会受到拉伸或压缩应力，这在运动速度上能够表现出来。相邻的两个断面之间，上游速度较大时冰体受到压缩，相反则受到拉伸。在压缩区域，冰体厚度趋于增大；在拉伸区域，易于出现断裂裂隙。

另外一个重要问题是冰川宽度比厚度大得多的假设不太满足，冰川谷地两侧的影响不可忽略。于是，在实际应用中，可通过对剪应力加一个冰川横断面影响因子给予一定程度的改进。该因子既取决于断面形状，又与宽度与厚度的比值有关，通常介于 1 和 0.5 之间（表 4.1）。

表 4.1　冰川谷壁对底部剪应力影响因子

Table 4.1　Valley shape factor for calculation of basal shear stress of glaciers

冰川宽度的一半与中心线处厚度的比值	抛物线断面	半椭圆形断面	矩形断面
1	0.445	0.500	0.558
2	0.646	0.709	0.789
3	0.746	0.799	0.884
4	0.806	0.849	
∞	1	1	1

资料来源：Paterson,1994

3. 冰川底部滑动

冰川沿底床的滑动是冰川运动的一个重要分量。当有滑动发生时，滑动速度往往会超过冰体变形运动速度分量。通常认为，冰川滑动的先决条件是底部温度达到或接近融点（压力融点）。当温度处于融点时，冰与基岩之间往往会有液态水存在，冰体极易沿基岩面滑动；如果只是接近融点而没有液态水存在的话，局部应力增大导致复冰现象（应力作用下瞬时融化又重新冻结）发生和塑性变形增强，冰体仍然可滑动运动，尽管滑动速度比有液态水存在情况下的要小一些。一般性概念认为，温冰川的主要运动分量为底部滑动，冷冰川可能局部存在滑动。滑动速度可由表面运动速度减去冰体变形运动分量来大致估计。

按照冰川滑动的基本理论模型，滑动速度主要取决于底部剪应力和底床粗糙度，但都不是线性关系。比较经典的是，如果取冰的流动定律参数中的指数为 3，则滑动速度与底部剪应力的平方成正比，与粗糙度参数的四次方成反比。

然而，冰川底部的实际情况与理论假设往往有较大差异。例如，底床形态不能用简单的粗糙度来描述；冰与基岩之间并不是处处有融水存在；底部冰内可能含有大量岩屑，不仅具有普适性的冰体流动定律不适用，冰与岩屑层之间、岩屑层内以及岩屑层和与基岩之间的相对运动很难定量描述；冰或者岩屑层与基岩之间可能会有很多空隙，基岩的岩性差异会导致某些地点基岩发生差异变形，等等。另外，由于冰川底部滑动观测极为困难，理论模型的验证受到很大限制。

4. 冰川底部岩屑层的运动

依据某些冰川钻孔和人工冰洞的观测，再加上冰川地质地貌证据，认为大部分冰川的底部有石块岩屑层存在。观测到的岩屑层厚度有的几十厘米，有的达一米以上。通常情况下，岩屑层具有减小冰川滑动的作用。岩屑层的运动主要由两部分构成：一是岩屑层的连续变形，二是岩屑层沿基岩面的滑动。若岩屑层由于融水作用而成为松散状态的话，其中的石块可沿基岩面滑动，也可滚动。另外，含杂质较少的冰和含岩屑较多的冰之间也可能是逐渐过渡的。如果没有明显界面，所谓冰川滑动实际上就是岩屑层的运动。

如果有明显界面时，冰体会沿这个界面滑动，岩屑层就如同运动着的冰川底床一样。据天山乌鲁木齐河源 1 号冰川底部人工冰洞观测研究（Echelmeyer and Wang，1987），冰川底部有厚度小于 1 m、含冰量约 30%的岩屑砾石层，冰面运动速度的 60%~80%源于岩屑层运动；岩屑层的运动由两部分构成，一是岩屑层的连续变形，二是岩屑层沿剪切面或剪切带的滑动，前者占冰面运动的 60%左右，后者在 20%以内；冰川底部温度在低于融点的情况下仍可有滑动存在，只不过量值较小。

如果把底部岩屑层看作冰川底床的话，这样的底床就不再是坚硬不变形的基岩面，而是运动着的软底床。另外一方面，基岩岩性也可能对冰川滑动会有一定程度的影响，如果基岩较软，对滑动有减缓作用，易于受岩屑层和冰体侵蚀。

如果将冰川运动各种机制的贡献归纳起来简单示于图 4.8，可以看出，在底床冻结情况下，表面测得的运动速度只是冰的变形运动；在底部处于融点但底床是基岩面情况下，运动速度包括了冰体变形和冰体滑动；如果底部是未冻结岩屑层，冰体变形、冰体滑动和底部岩屑层运动都有贡献。

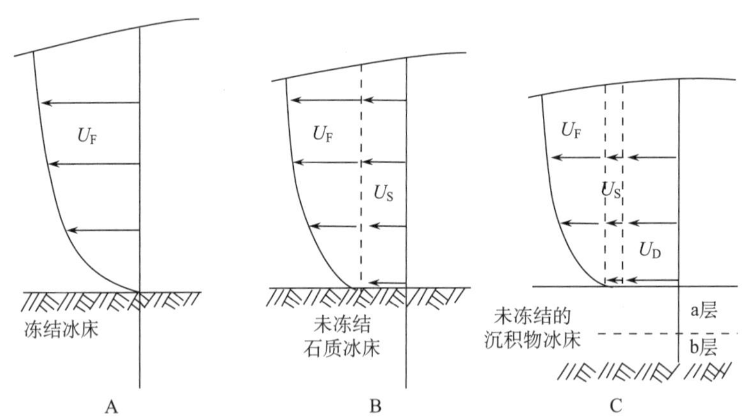

图 4.8　垂直剖面上冰川运动速度分布示意图：（A）只有冰体变形运动（U_F）；（B）冰体变形和滑动（U_S）；（C）冰体变形和滑动，再加上底部岩屑层运动（U_D），底部岩屑层又分为连续变形的 a 层和沿基岩滑动的 b 层（谢自楚和刘潮海，2010）

Figure 4.8　Vertical profile of ice velocity.（A）only ice deformation（U_F）,（B）ice deformation plus basal sliding（U_S）, and（C）ice deformation and basal sliding plus debris layer movement（U_D）consisting of continuous deformation（a）and sliding on the bedrock surface（b）（from Xie Zichu and Liu Chaohai, 2010）

5. 冰盖运动特征

冰盖的冰体是从中心向周围边缘方向放射状运动。当冰下地形平坦时，冰盖和冰帽典型的理想化横截面为剖物线形状。若假设为理想塑性体，冰盖剖面可表示为 $(h/H)^2+(x/L)=1$，h 和 x 分别为冰体厚度和距中心水平距离，H 为中心处厚度，L 为中心至边缘的距离。表面全为积累区的冰盖在稳定状态下，由于距中心 x 处的冰通量等于这一区段上的积累量，水平运动速度应为 $(b/h)x$，其中 b 为表面平均积累速率。因此，在冰盖中心水平速度为零，向边缘随距离增大而增大。对东南极冰盖用此简单公式计算值和观测结果在数量级上是比较吻合的，进一步说明理想塑性体假定具有较好的近似性。

冰盖从中心到边缘大部分区域坡度和厚度变化不大，水平速度增加缓慢，竖向运动速度就显得非常重要。在稳定状态下，若不存在底部滑动，竖向速度在表面应与积累速率相等，在底部为零。如果假定竖向速度随深度线性变化，则可得出表面的冰竖向运动一段距离所需的时间为$(h/b)\ln(h/y)$，其中 y 为从底床向上到某一深度的距离。

实际情况中，冰盖的冰下地形起伏对冰体运动有很大影响，在许多地方也存在底部滑动。底床坡度较大和底部为山谷的区域易于形成快速冰流，西南极冰盖很大区域底部基岩低于海平面，快速冰流较多，东南极冰盖的 Lambert 冰川谷地也属于快速冰流区。

6. 冰架运动特征

冰架运动的最大特点是冰体底部没有剪应力作用，整个冰体从表面到底部运动速度相同。冰架有两种形态，一种是侧面没有任何障碍限制；另一种是处于峡湾中的冰架，侧面受到陆地影响。无侧限冰架的运动速度在水平方向上几乎不发生变化，只在触地线附近会受到陆地冰速度差异的影响。在表面有物质积累情况下冰体向外扩张而保持厚度不变；有消融情况下冰体厚度则会减薄。有侧限冰架受侧面陆地拖拽使得冰架中心运动速度快，向两侧减小。有侧限冰架运动速度往往要比无侧限冰架的快，因为上游来的冰必须在有限的断面内通过。冰架前段受海水压力变化断裂成冰山后，后段冰体向前运动的阻碍没有了，运动速度会有所增大。冰架如果大量崩解成冰山或者运动快速加快，陆地冰运动的阻力减小，冰盖运动速度也会加快。

7. 冰川跃动

跃动冰川是具有间歇性和周期性快速运动的冰川。这种冰川在短时间内以超出正常速度好多倍的速度运动，冰川末端会突然前进较长距离，然后又减缓到平静状态，冰川规模也逐渐恢复到快速运动前的大致范围，在经过一段时期以后又会再次快速运动和扩张。冰川跃动难以直接观测，推测其机制可能有构造因素、蠕变不稳定性和水热不稳定性等几个方面。构造因素包括冰川发育在断裂活动带上、地热异常活动等。蠕变不稳定性是指如果应力和应变增大，温度会升高，反过来又使变形进一步增大，这种正反馈导致原来底部冻结的冰体达到融点从而出现滑动，并不断带动更多区域冰体滑动；或者冰川深部或接近底部存在着暖冰层，暖冰层和上部冷冰层之间的界面上剪应力达到临界值后会出现快速滑动并迅速扩展。水热不稳定性则主要是底部融水聚集到一定程度时，一方面浸润了底部突起障碍而减少冰体运动阻力，另一方面水压增高更有利于冰体滑动。

除了在斯瓦尔巴群岛、阿拉斯加、安第斯山、喀喇昆仑、天山、喜马拉雅、昆仑山等许多地区发现有跃动冰川外，南极和格陵兰冰盖上的某些冰流和溢出冰川也被认为可能发生过跃动，更有人认为南极冰盖可能发生过跃动，尽管按照跃动冰川具有间歇性和周期性特征来看，南极和格陵兰的冰川和冰流以及冰盖本身可能不属于跃动冰川范畴。

4.2.2　冻土力学特征

1. 冻土基本物理指标

自然界冻土是由矿物颗粒、冰、液态水和气体组成的四相体系，对冻土基本物理性质的探讨主要是了解这 4 个组成部分的比例关系。描述冻土基本物理性质主要有 4 个指标：密度、总含水量、未冻水含量或相对质量含冰量和土粒比重。

（1）冻土密度：密度（ρ）被定义为单位体积的质量（g/cm^3），工程上则常采用容重（γ）来表示类似的概念，即单位体积的重量（kN/m^3），与密度关系为$\gamma = 9.8\rho$。

（2）冻土总含水量：总含水量（w）是指冻土中冰和未冻水的总质量与土颗粒质量之比，其中冰的质量包括冰透镜体、冰夹层和冰夹层之间土体孔隙冰的总质量。

（3）未冻水含量和冻土含冰量：未冻水含量（w_u）是指在一定的负温条件下，冻土中未冻水的质量与干土质量之比。含冰量可用质量（或体积）含冰量和相对质量含冰量（i_c）来表示，前者是冰的质量（体积）与土颗粒质量（体积）之比，后者是冰的质量与冻土中全部水的质量之比。

（4）冻土土粒的比重（G_s）：冻土土粒的比重沿用了未冻土中对土粒比重的定义，即 G_s 是土粒的质量与同体积 4℃时蒸馏水质量之比。

获得密度、土粒比重、总含水量和未冻水含量后，可对其他物理指标进行计算：冻土干密度：$\rho d = \rho / (1 + w)$，相对含冰量：$i_c = \rho d (w - w_u)$，孔隙比：$e = G_s / \rho d - 1$，饱和系数：$S_r = wG_s / e$。

2. 冻土强度

冻土强度是冻土的重要力学性质之一。主要是指冻土所具有的抵抗外界破坏的能力，其值为在一定受力状态和工作条件下，冻土所能承受的最大应力。按荷载作用时间分为瞬时强度，短期（时）强度，长期强度；按不同受力阶段有：基本强度，标准强度，设计强度，临界强度，极限强度，屈服强度，破坏强度；按冻土的反应有：静态强度，动态强度，疲劳强度；按受力状态有：抗剪强度，抗压强度，抗拉强度，冻结强度，抗切削强度。

1）冻土强度与破坏

冻土作为特殊土体的最大特征在于含有冰，冰在不同温度、压力和作用时间情况下的应变有所不同，使冻土力学性质具有不稳定性。温度影响着冻土中冰-未冻水的动态平衡，载荷压力改变着冰点，载荷作用历时使冻土出现松弛和蠕变变形，其核心都是影响冻土中冰-未冻水的变化，也就是改变了冻土中冰的胶结力及其含量、特性，进而影响冻土的力学性质。冻土中的冰不但起胶结土颗粒的作用，且自身在冻结过程中水分凝聚、迁移作用形成冰包裹体，构成冻土具有抵抗外力作用的特殊性。当含冰量较少时，冰不能将全部的矿物颗粒胶结成坚硬整体，所以强度比未冻土略高。多冰、富冰冻土由于含冰量较大，充分发挥冰的胶结作用，强度最大。饱冰冻土及含土冰层除了含胶结冰之外，还含有大量的冰包裹体和纯冰，其强度又明显降低，随着含冰量增高其力学性质逐渐向冰靠近。

大量试验表明，冻土强度受到温度、压力、应变速率（或加荷速率）和土体性质等因素的影响（图 4.9）。随着温度降低，冰胶结作用提高了土的黏聚力，使强度增加；随着荷载历时延长，土体矿物颗粒接触点处冰点降低、未冻水量增大而具有流变性，导致冻土抵抗外力能力降低，冻土的瞬时强度很大，长期强度很小；随着应变速率或加荷速率的增大，冻土强度也逐渐增大，由塑性破坏转变到脆性破坏。

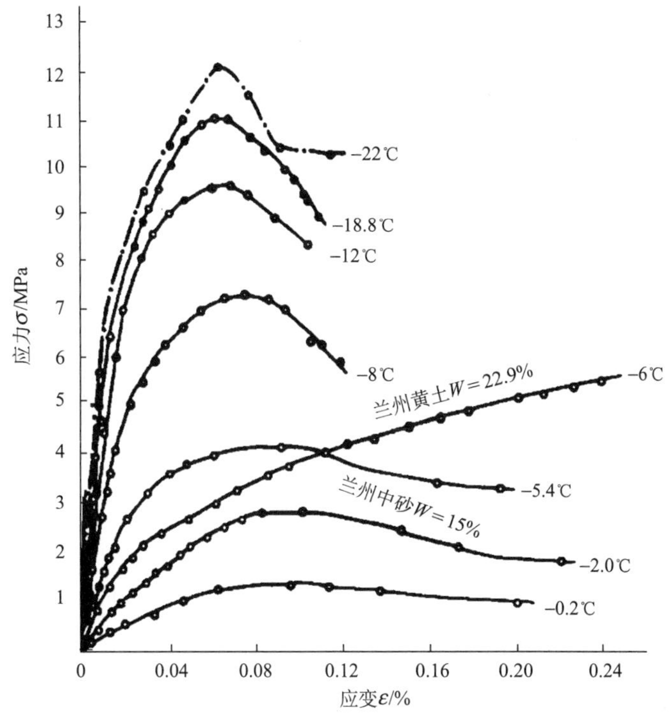

图 4.9　冻土应力-应变曲线（破坏时间 3 分钟）（吴紫汪和马巍，1994）

Figure 4.9　Stress-strain curve of frozen soil（failure time is 3 minutes）（after Wu and Ma, 1994）

从冻土的应力-应变曲线特征可看出，冻土破坏形式一般可分为两种，塑性破坏和脆性破坏（图 4.9）。塑性破坏意味着应力-应变曲线无明显的转折点，而脆性破坏则具有明显的峰值。影响冻土破坏形式的主要影响因素有：

土颗粒成分：一般来说，粗颗粒冻土多呈脆性破坏，黏性冻土多呈塑性破坏。相同条件下，脆性破坏的峰值强度较高。

土体温度：土体温度低多呈脆性破坏，土体温度高多呈塑性破坏。土体温度越低，冻土强度越高。

含水率：随着含水率增加，强度随之增大，通常将会由脆性破坏过渡到塑性破坏，但当含水率进一步增加时，将会由塑性破坏过渡到脆性破坏，因冰体多呈脆性破坏。

应变率：应变率大，多呈脆性破坏；反之，则呈塑性破坏（图 4.10）。

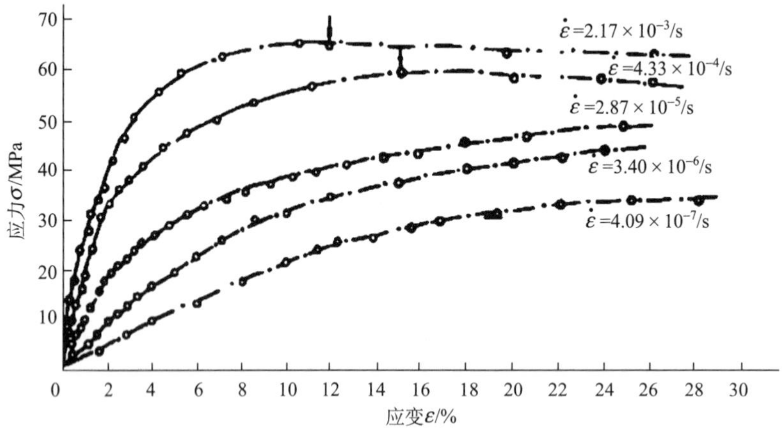

图 4.10　冻结砂土在不同应变速率下的压力–应变曲线（吴紫汪和马巍，1994）

Figure 4.10　Stress-strain curve of frozen sand under the different strain rate（after Wu and Ma, 1994）

（土温为–15℃，含水率为 15%）

2）冻土弹性模量与压缩模量

冻土变形通常可分为瞬时变形、长期变形和破坏变形。第一种变形中，弹性变形具有重要的实际意义，其大小对冻土动荷载下（冲击、爆炸、地震波、震动等）的工作有着重要影响。

冻土的弹性性能较差。在高于–5℃的土温下，弹性变形只占总变形量的10%~25%，在较低的土温时，也只有 50%~60%（图 4.11）。冻土含水率对弹性变形影响很大，细颗粒土中，含水率小于塑性含水率时，弹性变形所占比例随含水率增大而

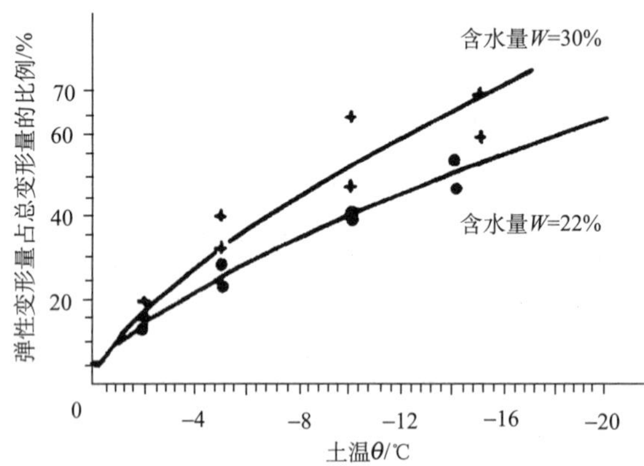

图 4.11　淮南黏土弹性变形占总变形量的比例与土温的关系曲线（吴紫汪和马巍，1994）

Figure 4.11　Soil temperature vs. the percent of elastic deformation in total deformation for Huainan clay（after Wu and Ma, 1994）

增加。试验表明，冻结砂的弹性模量最大，冻结黏土最小，冻结粉质黏土介于两者之间。弹性模量不仅与土质、土温和含水率有关，而且与应力的大小也密切相关（图 4.12）。外压力越小，温度对冻土弹性模量的影响越大，即温度与外压力对冻土弹性模量的影响有着相反的作用。

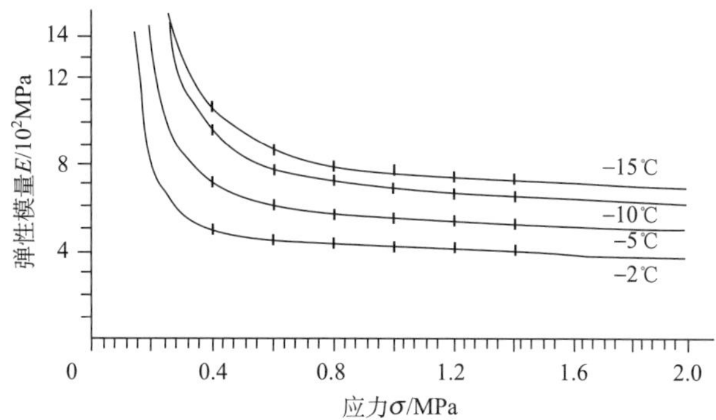

图 4.12　不同土温下黏土弹性模量与应力关系（吴紫汪和马巍，1994）

Figure 4.12　Elastic module vs. stress under different soil temperature（after Wu and Ma, 1994）

土温是影响冻土压缩变形的重要因素，随着土温降低，未冻水含量减小，固体颗粒间的胶结力增强。土温在−5℃范围，黏性土的变形以压密为主，其所占比例较小，变形过程线与应力关系近似于线性；在−10℃以下，变形主要以蠕变变形为主。

由图 4.13 可见，土温为−2℃和−5℃时，黏土的压缩模量随应力增加而增大；当土温低于−10℃时，压缩模量随应力的增加而减小。砂土仅在−2℃时，压缩模量随应力增加而增大，低于−5℃时，则随应力增加而减小。

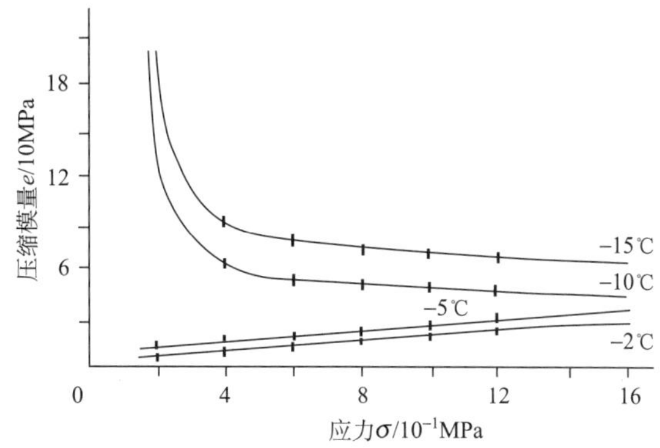

图 4.13　淮南黏土压缩模量与应力的关系（吴紫汪和马巍，1994）

Figure 4.13　Compress module vs. stress for Huainan clay（after Wu and Ma, 1994）

3）瞬时强度和长期强度

瞬时（接近最大值）强度通常采用极限强度或短时强度表示；长期强度是在该阻力下变形一直具有衰减特征，但尚未过渡到渐进破坏。

冻土极限抗压强度即使在不是最大的加荷速度下也是极高的，可达几个到几十个兆帕。有资料表明，加荷速度 50~90 MPa/min，土温为–40℃，冻结砂的抗压强度达 15.4 MPa 以上，冻结黏土可达 75 MPa。可见冻土具有很强的抵抗短时荷载作用的能力。

土体温度是控制冻土极限抗压强度的主要因素。不论是粗颗粒还是细颗粒冻土的抗压强度均随土温降低而增大（图 4.14）。在剧烈相变区（砂土为–1~0℃，黏土为–5~–0.5℃），随着温度降低，冻土抗压强度增加最为剧烈，且孔隙水冻结最快，在更低的温度下，抗压强度仍增加，且增加的速度以更复杂的规律变化，不能再用冻土中含冰量的增加进行解释（崔托维奇，1985）。

冻土的长期抗压强度比瞬时抗压强度小很多。含水率为 19.3%的冻结砂的瞬时抗压强度为 7.5 MPa，长期抗压强度仅为 0.65 MPa；含水率为 31.8%的冻结粉质黏土则分别为 3.5 MPa 和 0.36 MPa。

4）抗剪强度（包括残余强度）

冻土的抗剪强度表示冻土在某一点具有足够的抵抗剪切的能力，即反映冻土的联结力，特别是冰的胶结力。正压力小于 10 MPa 时，仍可采用非冻土的库伦定律来表示冻土的抗剪强度。

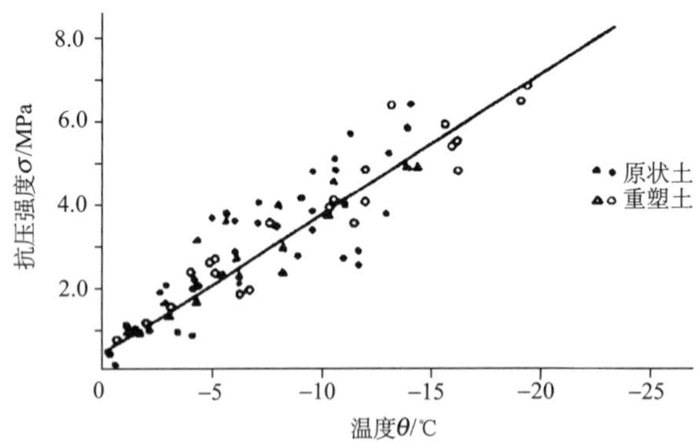

图 4.14　低含水率冻结黏土抗压强度与温度的关系曲线（吴紫汪和马巍，1994）

Figure 4.14　Compressive strength vs. temperature for frozen clay with low moisture content（after Wu and Ma, 1994）

大量的试验资料表明，冻土在平面剪切下的极限（破坏）强度与正压力有关（图 4.15），不仅受黏聚力的制约，且受内摩擦力的制约。

影响冻土抗剪强度的因素主要有 3 个：

（1）土体颗粒成分：粗颗粒土的抗剪强度要比细颗粒土高。在相同土温（–9.0~–8.0℃）条件下，冻结细砂的黏聚力为 1.57 MPa，内摩擦角为 24°，而中液限冻结黏性土分别为 1.27MPa 和 22°。

（2）土温：由图 4.15 可见，冻结细砂的抗剪强度随着土温降低而增大，即黏聚力（c）和内摩擦角（φ）随土温（θ）降低而增强。当土温接近 0℃时，冻土的内摩擦角实际上是非冻土的内摩擦角，而黏聚力则比非冻土大得多。

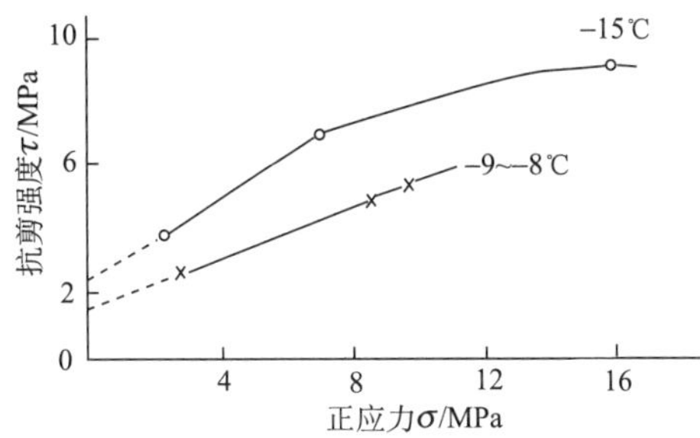

图 4.15　淮南原状冻结细砂的抗剪强度（吴紫汪和马巍，1994）

Figure 4.15　Shear strength of Huainan frozen sand undisturbed（after Wu and Ma, 1994）

（3）荷载作用时间：在荷载长期作用下，冻土的抗剪强度降低较大。土温为–2.0℃，含水率为 33%的网状构造冻结黏性土的瞬时抗剪强度为 1.37 MPa，长期抗剪强度仅为 0.11 MPa。抗剪强度降低主要是黏聚力减小所致，黏聚力急剧衰减是在加荷 4 小时以内，24 小时以后衰减则很缓慢。一般情况下，$C_{长期}/C_{瞬时}$=1/6~1/3，内摩擦角的降低很小。

图 4.16A 是同一种冻土（含水率为 33%）在土温为–1.0℃条件下的试验结果，直线 1 表示不同正压力（P）快速加载的抗剪强度，直线 2 表示为荷载长期作用下的极限抗剪强度。图 4.16B 表示该黏土黏聚力随时间延长而松弛。可以看出，冻结黏土的内摩擦角从 14°（快剪）降到 4°（长期剪切），而黏聚力则从 0.52 MPa（快剪）降到 0.09 MPa（长期剪切）。

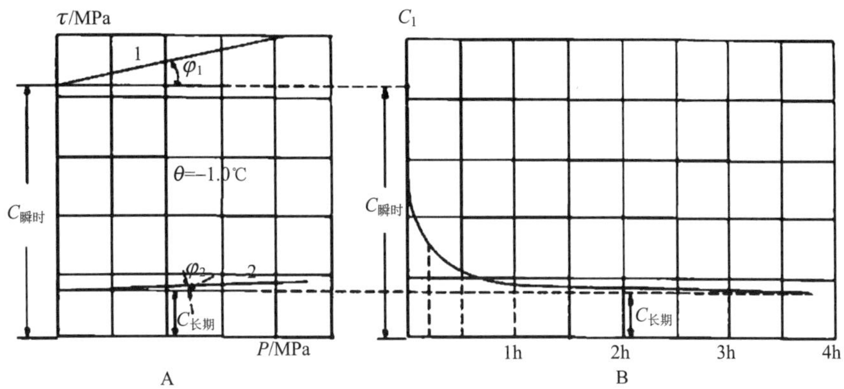

图 4.16　冻土抗剪强度与荷载作用时间的关系图（崔托维奇，1985）

Figure 4.16　Shear strength of frozen soil vs. load action time（after Tsytovich, 1985）

冻土的抗剪强度是指试验时的峰值强度，如果在峰值后继续测量应力应变，则得到剪应力随着应变的发展逐渐降低，最终趋于一个稳定值。此时的强度就是冻土的残余强度（图 4.17），表明了黏聚力的松弛过程，其值却略小于长期黏聚力，可看成是冻土的长期黏聚力。

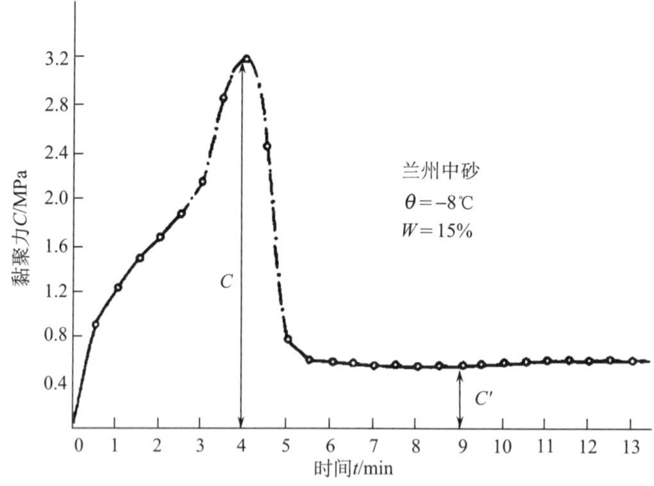

图 4.17　冻土抗剪试验中黏聚力随时间的变化（吴紫汪和马巍，1994）

Figure 4.17　Change in cohesion with time in shear test of frozen soil（after Wu and Ma, 1994）

影响冻土残余强度的主要因素为土温、含水率和颗粒成分。残余黏聚力随土温降低而增大；随着含水率增大而增大，当含水率超过某一极限值后，残余黏聚力反而会减小；一般砂土残余黏聚力最大，黏性土较小。

3. 冻土的变形和蠕变特征

1）冻土的变形

冻土不是不可压缩体，但土温很低的冻土可视为不可压缩。在外荷载作用下，冻土压缩变形会随着外荷载大小及作用时间而发展，即使在很小荷载作用下，高温冻土仍具有压缩变形。荷载作用使未冻水迁移，颗粒间的冰融化，孔隙减小。这部分压密变形不超过总变形的 1/3，其余变形则是冻土内部固体颗粒在压力作用下产生从高应力向低应力区的相互错动的不可逆的剪切位移所控制的衰减变形。初始阶段，冻土体变形很快，随着应力作用时间延长，变形逐渐变缓，最终达到相对稳定。

在一般情况下，冻土在恒定负温下压缩曲线可分为 3 个基本段（图 4.18）：aa_1 段表征压缩时的弹性变形和结构可逆变形，变形速度很大，可认为是瞬时的。至 a_1 相应的压力接近冻土的结构强度，超过此压力后才会开始压密。该应力下（50~100 kPa），结构可逆变形占总变形的 100%。a_1a_2 段表征压密时的结构不可逆变形，占总变形的 70%~90%，这是由于土颗粒集合体的不可逆剪切所引起的。a_2a_3 段表征冻土的强化，主要是颗粒间的距离缩短时粒间分子联结增强所致。

因此，在冻土的长期极限强度范围内，恒荷载下的变形为三部分组成，即瞬时变形、非稳定变形和衰减变形。瞬时变形量一般很小，与整体稳定变形量相比可忽略不计。非稳定和衰减变形是整个变形的主要组成部分，它们的比值随应力增大而减小。在长期强度极限范围内，蠕变变形量和蠕变稳定时间均受土温和水分制约。

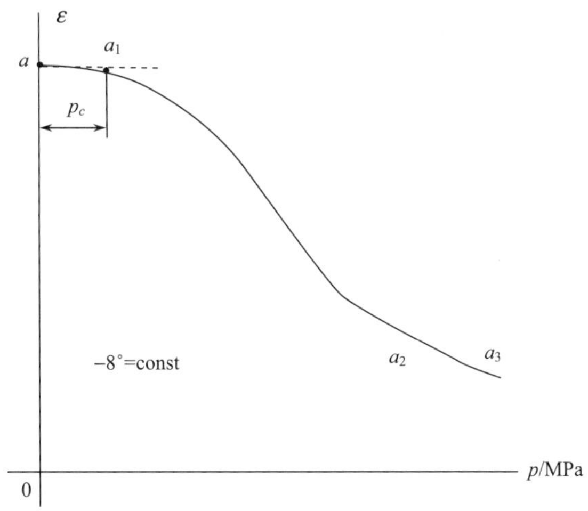

图 4.18　冻土的压缩曲线

Figure 4.18　Compressive curve of frozen soil

2）冻土蠕变与蠕变强度

由于冻土中有冰包裹体（胶结冰和层状冰），冰的胶结作用几乎制约了冻土的强度与变形性质。因此，任何数值的荷载都将导致冰的塑性流动和冰晶的重新定向，都会发生不可逆的结构再造作用，导致很小的荷载下出现应力松弛和蠕变变形。当应力小于长期强度极限值时，冻土变形随时间发展呈衰减蠕变。

在描述冻土变形的全过程时，其蠕变方程必须同时考虑应力大小、土温高低、应力作用时间长短以及冻土的自身性质，尤其是含冰率。冻土的蠕变可用式（4-8）表示：

$$\varepsilon = \varepsilon_0 t^{\alpha} \quad 或 \quad \frac{d\varepsilon}{dt} = \varepsilon_0 \alpha t^{\alpha-1} \tag{4-8}$$

式中，ε 为蠕变变形量；ε_0 为初始变形；t 为蠕变时间；α 为试验系数，且 $\alpha<1$；$d\varepsilon/dt$ 为任一时间的变形速率。

衰减蠕变的稳定时间仍取决于土温、含水率及应力。其条件是 $w<w_p+35\%$，应力小于长期强度极限值。尚未出现冻土非衰减变形（黏塑流）时的最大压力称为冻土的长期强度。其精度不仅取决于荷载等级的大小，而且还取决于变形的测量精度。

图 4.19 是分级加荷下的变形曲线绘制在同一坐标原点的相对变形曲线。曲线 1、2 表示衰减蠕变时的应变，其余曲线则表示非衰减蠕变值应变变化。

冻土的衰减蠕变对实践有重要意义。在一定负温下其应力不超过某个界限值，即冻土强度极限值。当超过此界限值，则在某一应力值下出现随时间非衰减的不可逆结构变形，即非衰减蠕变，再增大应力时就会导致冻土的脆性或塑性破坏。当应力大于长期强度极限值时，蠕变将是非衰减的，而当应力小于长期强度极限值时，蠕变将是衰减的。此应力为不出现渐进流的最大应力。

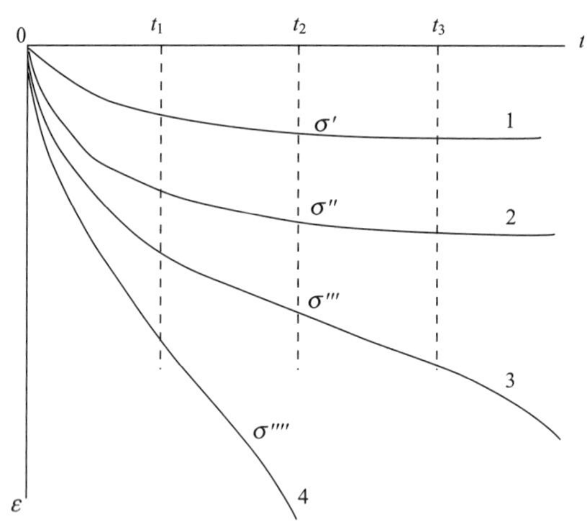

图 4.19　分级加荷下冻土蠕变

Figure 4.19　Creep of frozen soil under multi-stage loading

4.2.3　积雪的动力学特征

积雪的动力学特征主要受雪层结构和温度条件所控制。如果积雪雪层结构单一，亦即雪颗粒粒径和密度等指标比较均一，雪层温度低于融化温度，没有融水，则雪层的黏聚性较差，如果受到外力，如风的作用，易于被吹蚀。被风吹起的雪颗粒沿风作用方向运动，形成风雪流，亦即风吹雪。风吹雪的产生主要受控于风力和雪层的黏聚力，而雪层的黏聚力又与雪层密度、雪颗粒粒径和温度、湿度等相关。风吹雪基本属于固-气二相流，但如果湿度较大，会有液相水分参与。另外，雪颗粒在运动过程中因相互碰撞会产生黏聚或者破碎，比起风沙流更为复杂。

如果是在山坡上的积雪，有时会发生崩塌，即所谓雪崩，因为一旦雪层的重量作用在坡面上的力超过雪层的临界黏聚力，雪颗粒就会沿坡面运动。山坡上的积雪雪层内若有密度和粒径等突变层，则这个层面会成为比地面更为光滑的滑塌界面，更容易发生雪崩。发生雪崩的条件可依据坡度、雪层密度、雪层厚度、雪颗粒粒径和温度等参数大致估算。

如果积雪层温度达到融化温度或者曾经有过融化发生，融水作用使雪层黏聚性显著增强，雪层比较稳定。因此，温度和雪层内液态水量是雪层稳定性至关重要的因素。

在冰川、海冰和河湖冰等冰体表面，往往会有雪存在。这些雪层通常被看作是这些冰体的一部分，特别是冰川本身就是由雪的积累演变而成。冰川表层雪的变质过程主要取决于气候条件，但海河湖冰表面的雪层变质过程除了受气候条件制约外，还会受到海浪、水流等因素的影响。关于这些雪层的变质过程在第 3 章有所述及。在冰川学研究中，对南极和格陵兰冰盖干雪带雪层的压缩黏滞系数和晶体生长速率等曾有较多观测研究，基本认为压缩黏滞系数的对数和晶粒尺寸都与年平均温度的倒数具有线性关系，风力和雪的积累速率也有一定影响。

4.2.4 海/河/湖冰动力学特征

1. 海冰的动力学特征

海冰是由咸水冻结的，晶粒间含有盐分、卤水，而且大部分海冰还含有气泡，密度差异很大，多低于纯水冻结冰的密度。一般来说，海冰形成初期和稳定期，密度相对稍大一些；融化期的海冰密度明显减小，主要是孔隙率增大所致。

缘于破冰、海冰对岸堤和建筑物的破坏作用等工程需要，海冰力学特性的研究主要集中在强度实验方面。由于不同海区气候和海洋环境的差异，海冰结构和所含杂质不同，实验得出的海冰强度也不一致。例如，北美海域海冰的抗压强度为 28~42 kg/cm^2,中国渤海海冰的抗压强度 5~19 kg/cm^2。一般来说，影响海冰力学性质的主要因素是杂质（成分和含量）、结构（晶体组构、粒径、密度）、温度以及荷载方式。

通常，海冰中所含杂质最多的是盐分，可用卤水体积或盐度来表征。实验表明，海冰强度具有随卤水体积增加而降低的特点（图 4.20），与晶粒粒径具有反相关关系，与密度则呈正相关。海冰强度与温度关系比较复杂，似乎随温度降低强度有所增大，但在高应变率情况下，强度随温度降低反而有减小趋向。加载方向和加载速率不同，强度也有所不同。关于冰晶体 c 轴取向对应变率和强度的影响在冰的晶体结构中已有所阐述，这里不再重复。

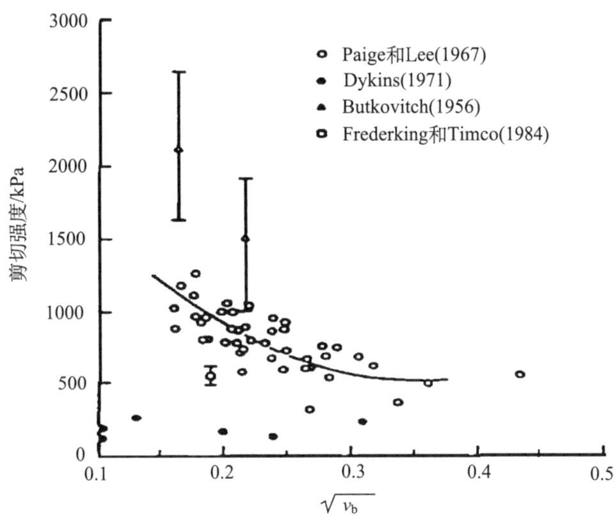

图 4.20　海冰剪切强度与卤水体积平方根的关系（Fredesking and Timco, 1984）

Figure 4.20　Relationship between sea ice shear strength and square root of brine volume（after Fredesking and Timco, 1984）

海冰对岸堤和建筑物的静态破坏作用中最主要的是随着温度变化海冰体积会有变化，亦即热膨胀力。由于盐分和水的热膨胀系数比冰的小，海冰的热膨胀系数低于纯冰的值，但具体数值需要对实际冰样进行测试，或者依据杂质成分和含量、温度范围等来估算。

海冰从最初开始形成，到进一步扩大，再到融化逐渐消亡，基本都处于运动和变化状态。温度和海浪是控制海冰运动的主要因素。初生岸冰和尼罗冰在海浪和潮汐动力作用下极易破碎。进一步降温时，海冰范围继续扩大，破碎冰连接成片，厚度增加。但由于冰块之间相互碰撞挤压甚至重叠，连片海冰表面崎岖不平，有的区域还会形成冰脊和冰丘。由冰架或冰盖、溢出冰川前缘断裂崩解的冰山也常常被裹在海冰中。即使厚度和连片面积都很大的海冰，在海浪作用下也会移动，特别是北极海域多年海冰，在穿极激流作用下也处于运动状态。

对海冰动力学过程和模拟研究的关键是要准确描述 3 个要素，一是海浪和风力作用，二是海冰厚度以及结构的空间分布，三是海水和冰体相互作用的热力学过程。

2. 河湖冰的动力学特征

河流冻结的冰有岸冰、水内冰、封冻冰和冰塞等。河冰力学研究主要分为静态冰力学和运动冰体力学。前者主要研究静止冰的热膨胀对河堤和建筑物的破坏作用和河冰承载力，后者主要研究随河水运动冰体对河堤和建筑物的冲击破坏作用。

静态河冰的热膨胀主要由冰的膨胀系数来表征。纯冰在 0℃时的线膨胀系数约为 51×10^{-6}/K,但河冰有时含有尘土等杂质，某些情况下需要对具体地点的冰样进行测试。封冻的河面如果作为临时桥梁被利用，需要对冰进行悬臂梁弯曲强度实验，以计算其承载力。

河冰的冲击力与冰块运动速度、温度和冰结构有关，因而也需要依据具体地点的冰、温度和水流等进行实验测试和模拟。

河冰的形成、发展和运动与河流水动力学和热力学密切相关。从水力学角度，无论河面全部封冻，还是部分结冰以及冰块在河流中运动，都会改变河流水力学状况。于是，进行实验室模拟实验以揭示各种河流条件和冰情下的水力学特征以及河冰运动，是河冰动力学研究的主要内容之一。模拟实验中，为了满足几何相似和物理相似原则，需要选取冰的替代材料，如有的模拟实验中采用以尿素为主的材料来代替冰。

相对于海冰和河冰，湖冰力学和动力学特征的研究极少。不过，冬季结冰的大水库一般都有冰情监测和冰的物理特征观测。这些水库冰的观测研究结果可为理解小型淡水湖湖冰的特征提供一定的借鉴。但目前，有关这方面的研究报道还是很少。

咸水湖的湖冰力学和动力学特征在某种程度上有些类似海冰，特别是面积很大的湖泊。

4.3　冰冻圈主要要素热学特征

4.3.1　冰川和积雪热学特征

1. 冰川近表层温度分布

地表能量平衡方程在冰冻圈各要素表面能量平衡描述中是通用的[式（3-1）]，但由于不同冰冻圈要素以及同一要素不同地点表面状况和气象条件的差异，能量平衡各个分量所占的比例不尽相同。通过对能量平衡方程中各项的观测或者估算，可确定表面热量状况。

从表面向内部的热量传递可由连续介质热传递方程所描述[式（3-4）]。与其他类型地表一样，冰川（或冰盖）从表面向内部随着深度的增加，温度变化的幅度越来越小，周期越短，减小越快。如果将冰川或冰盖看作均匀介质，只考虑竖向热传导的话，其温度分布可由最简单的一维热传导方程近似描述：

$$\frac{\partial T}{\partial t}=k\frac{\partial^2 T}{\partial y^2} \tag{4-9}$$

若边界条件为

$$T(0,t)=T_0(0)+A\sin(\omega t) \tag{4-10}$$

其解为

$$T(y,t)=T_0+A\exp\left\{-y\left[\omega/(2k)\right]^{1/2}\right\}\sin\left\{\omega t-y\left[\omega/(2k)\right]^{1/2}\right\} \tag{4-11}$$

式中，T 为温度；t 为时间；y 为从表面竖直向下的深度；A 为表面处温度波动的振幅；ω 为温度波动的角频率；T_0 为平衡温度；k 为热扩散率。这种结果可适用于表面任意周期或频率的温度波动向内部的传播，但一般最主要考虑的是年周期温度波动情况。

公式（4-11）表明，温度波动正振幅为 $\exp\left[-y(\omega/2k)^{1/2}\right]$，意味着频率越高（周期越短），温度波动振幅随深度减小越快。例如，如果取热学参数为纯冰的值，年周期的温度波动振幅在 10 m 深处仅为表面振幅的 5%，在 15 m 深处为 1.1%，20 m 深度处为 0.24%。所以，通常可将十几至二十米深度看作是年变化层底部。年变化层还可以分为温度梯度方向随季节变化的上部和温度梯度方向不变的下部。中国冰川学者曾称温度具有年变化的冰川近表面层为“活动层”，但国际上多称“表面层”“近表面层”，因为“活动层”是冻土研究专业术语，其核心意义是年内有冻融循环。

除了热传导以外，影响冰川近表层温度的因素还有融水作用、冰雪体运动等。表面融化的程度和融水渗透深度非常重要，如果表面融化强烈、介质为雪而不是冰时，融水向雪层内的渗透和再冻结作用甚至超过热传导而占主导地位，温度具有年变化的深度可超过 20 m，热传导方程不足以描述其温度分布。消融区表面融水绝大部分以径流方式流失，而且冰不透水，融水对冰温的影响反而比积累区要弱一些，从而可能出现积累区年变化层底部温度高于消融区的温度。因此，从冰川末端向上游方向，年变化层底部温度虽然也呈现随海拔增加而降低的总趋势，但在渗浸带却突然出现转折，有些冰川的渗浸带甚至接近或处于 0℃，再向上游随着融化减弱温度又不断降低。

竖向运动也有一定影响，主要取决于表面物质平衡，其作用在于积累具有消减温度波穿透的效应，消融则具有相反效应。

对中低纬度冰川中大陆型冰川来说，由公式（4-11）确定的冰川近表层典型温度剖面如图 4.21 所示。该剖面中 T_0 左右两边并不对称，其原因在于 T_0 随深度而升高，是除热传导作用外的其他因素（如融水作用、下层冰温受地热影响等）所导致。对高纬地区大冰帽和冰盖的干雪带来说，没有融水影响，底部热量也很难对近表层有显著影响，在几十米深度范围 T_0 几乎没有变化，冬季和夏季、春季和秋季的温度剖面基本对称。

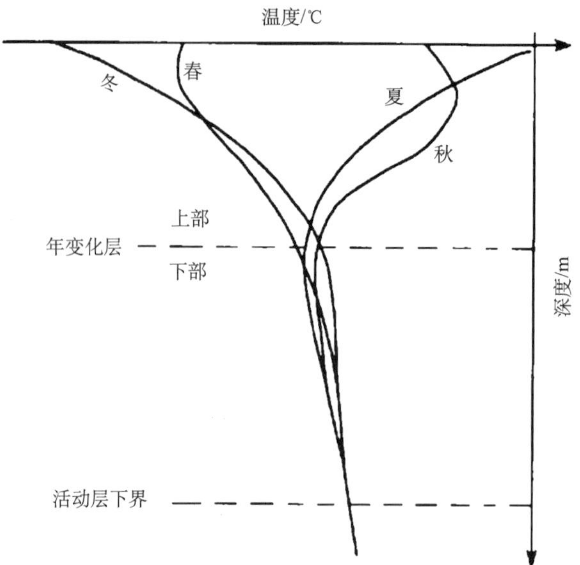

图 4.21　大陆型冰川近表层温度-深度剖面示意图（谢自楚和刘潮海，2010）

Figure 4.21　Schematic profile showing the seasonal variations in temperature in the near surface of continental-type glaciers（after Xie and Liu, 2010）

海洋型冰川以大降雪量和高消融为特点，绝大部分区域的近表层下部温度终年接近或处于融点，但表面数米内温度有季节变化。如果积累区上部海拔很高，可能存在温度较低的情况。

2. 冰川深层温度分布

在年变化层以下的更大深度上，温度分布可用稍微简化一些的热量迁移方程来表述。如果取坐标原点在冰川底床，y 为竖直向上（避免将坐标原点放在冰川表面会因积累或消融引起坐标原点不固定），x 指向冰川流动方向，z 为横过冰川水平方向， 则 z 方向温度梯度和运动速度都相对很小，若将热学参数取作常量，简化的热量迁移方程为

$$k\frac{\partial^2 T}{\partial y^2}+u\frac{\partial T}{\partial x}+v\frac{\partial T}{\partial y}+\frac{Q}{\rho c}=\frac{\partial T}{\partial t} \tag{4-12}$$

式中，u 和 v 分别为沿 x 和 y 方向的运动速度分量；Q 为内部热源产生速率。

在非常特殊的条件下，如假定为稳定状态，将水平运动效应和内部热源都取作常量，并将 v 看作是 y 的线性函数（均匀应变率），可得到最简单的竖向温度剖面解析解：

$$T-T_s=\frac{1}{2}\pi^{1/2}l(\partial T\partial y)_b\left[\mathrm{erf}(y/l)-\mathrm{erf}(h/l)\right] \tag{4-13}$$

式中，$\mathrm{erf}(z)=2\pi-\frac{1}{2}\int_0^z \exp(-y^2)\mathrm{d}y$，为误差函数；$l^2=2kh/B$，$h$为冰川厚度，$B$为表面物质平衡；$(\partial T\partial y)_b$为冰川底部温度梯度；$T_s$为表面温度（亦即年变化层底部温度）。

如果将深度和温度表示成无量纲单位，公式（4-13）描述的温度剖面如图 4.22 所示，其中$\xi=y/h$，$\theta=\lambda(T-T_s)/(Gh)$，$\gamma=Bh/k$，$\lambda$为导热率，$G$为地热通量。从该图可以看出，稳定状态竖向温度剖面总的特点是随深度增加温度升高，剖面的形状主要取决于底部温度梯度和物质平衡。如果物质平衡为零，温度剖面为一条直线，其斜率等于地热温度梯度。积累速率越大，表面温度与底部温度的差值越小，尤其是温度梯度在上部随积累速率增大而减小更为显著。

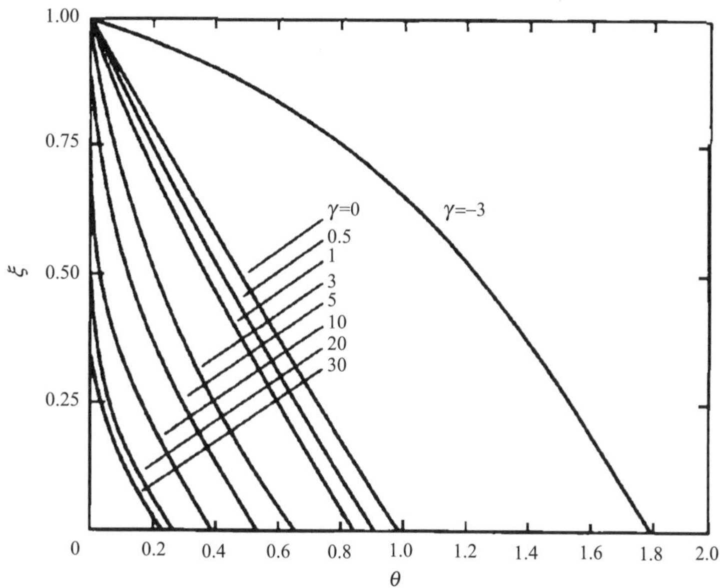

图 4.22　冰川和冰盖无量纲稳定状态温度剖面（Paterson,1994）

Figure 4.22　Dimensionless steady temperature profiles for various values of the advection parameters（after Paterson, 1994）

获得公式（4-13）所需要的条件非常苛刻，仅在冰盖和冰帽中心区域且底床平坦才较为近似。对于山地冰川和冰盖非中心区域，水平运动速度和冰体受底床阻滞而产生的剪切应变热量的影响不可忽略。实际上，冰川在自重力和底床阻滞作用下的剪切变形主要发生在接近底部冰层，因而在接近底床时温度梯度会明显增大。另外，稳定状态假定在很多情况下也与实际偏离较大，热学参数、运动速度、物质平衡、地形因素等的空间分布也很复杂，所以冰川温度场的模拟需要根据对其结果精确程度的要求和相关参数获得情况来确定模式和参数的简化。

3. 冰川底部热状况

冰川或冰盖底部温度是否处于融点是冰体滑动运动产生的必要条件，因而格外受到重视。通常认为，温冰川或海洋型冰川底部温度处于融点，冷冰川或大陆型冰川如果厚度较大，或者受融水作用影响，可能局部地方底部温度也处于或接近融点（压力融点）。冰川底部温度观测难度大，实测资料很少，但可以依据一定深度测温资料推测出大致状况。

当冰川底部处于融点时，可能温度刚好只在底部界面上达到融点，没有多余的热量使底部冰发生融化；或者底部有一层冰处于融点，底部界面上有融化发生。另外一方面，当压力或剪切应力减小时，融水又会重新冻结。底部相变可表述为

$$M = \frac{\lambda}{L\rho}\left(\gamma_G - \gamma_b\right) \tag{4-14}$$

式中，M 为融化或冻结速率；λ，L 和 ρ 分别为冰的导热率、融化潜热和密度；γ_G 为地热温度梯度；γ_b 为底部冰的温度梯度。由于 $\frac{\lambda}{L\rho}$ 为常数，M 取决于底部温度梯度 γ_G 和 γ_b 的差值。

4. 冰架温度剖面

与内陆冰体相比，关于冰架温度分布的研究相对较少。冰架底部的温度恒等于海水的冰点。冰架底部是从海水中吸收热量还是向海水中释放热量，主要取决于海水的温度和运动情况。如果冰架保持稳定状态，即厚度不随时间变化而变化，则表面积累、竖向运动和底部的相变必然保持平衡。由于冰架不同地点受内陆冰的影响程度、冰体运动、冰体厚度、表面积累、底部相变和冰下海水的特征（温度、盐度、流动等）等诸多方面存在差异，冰内温度剖面必然有所不同。越靠近内陆冰体，受冰盖影响程度越大，温度剖面的弯曲特征越明显；深入海洋越远，温度剖面更接近直线，其斜率取决于表面与底部温度之差和厚度（图 4.23 所示为几个冰架实测温度剖面）。

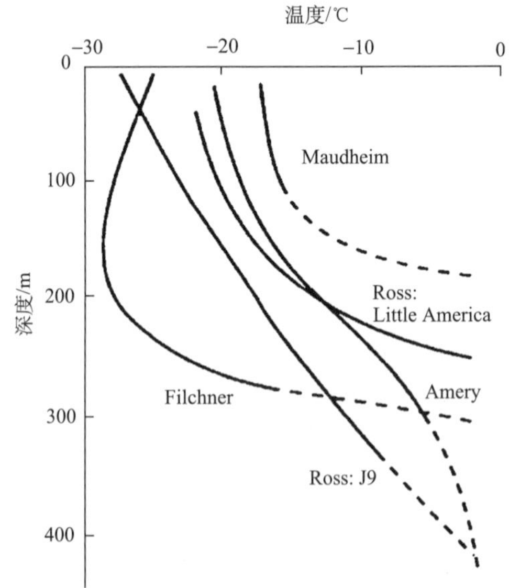

图 4.23　实测的冰架温度剖面（Paterson,1994）

Figure 4.23　Measured temperature profiles in ice shelves（after Paterson, 1994）

（其中虚线系依据冰架底部海水温度推测）

（The broken lines indicate extrapolations）

5. 积雪温度

由于不同积雪区的气候条件不同，积雪的存在时间、厚度等有很大差异，温度剖面特征也很不相同。而且同一积雪区从积雪初期到积雪融化，温度剖面也处在不断变化中。

积雪内部温度主要受表面温度和雪层下地面温度影响，表面温度则受控于气温变化。如果表面温度低于 0℃且日变化遵从正弦函数规律，由热传导引起的表面温度波向内部的传播速度略小于 0.5 m/d[依据前面关于雪的热学性质阐述，取雪在密度为 300 kg/m^3 时导热率为 0.13 W/（m·K）]。但是，温度变幅随深度衰减很快，在 0.1 m 深度上约为表面的 1/3，0.2 m 深度上约为 11%，0.4 m 深度约为 1%。加上辐射和对流等传热因素，雪层内温度日变幅达到表面日变幅 1%的深度也不会超过 0.5 m。因此，积雪厚度超过 0.5 m 时，温度剖面可分为两层，0.5 m 深度之内温度随表面温度处于不断变化中；0.5 m 深度以下到地面，温度基本没有日变化，温度梯度取决于上层日平均温度和地面温度的差值。

当有表面融化时，融水渗透和再冻结释放潜热会显著提高雪层温度。特别是整个雪层或大部分深度上都有未冻结水时，整个雪层温度基本都处于 0℃。这在气候较为温湿的地区和积雪融化期是较为普遍的。

有学者按温度或含水量特征，将积雪分为干寒型和暖（温）湿型，也有的按区域气候特征将积雪区划分为大陆型积雪区和海洋型积雪区。

4.3.2　冻土中的水热迁移

1. 冻土中水分迁移

1）冻土中未冻水

大量实验证明，在低于 0℃条件下，大多数细颗粒土中并非所有的水都会冻结成冰，其中的结合水、毛细水均受到土粒表面分子引力作用，冰点降低。强结合水在–78℃仍不冻结，弱结合水在–30~–20℃时才全部冻结，毛细水的冰点也稍低于 0℃。因此，负温条件下始终存在部分未冻水，包括可运动的自由水和不运动的吸附水。冻土中未冻水含量主要受温度、矿物颗粒的比表面、矿物类型、孔隙体积分布、孔隙水的溶质含量和可交换的离子等影响。未冻水与温度之间保持着动态平衡的关系，随着温度降低，未冻水减少。

除了上述主要的影响因素外，冻融过程和外部荷载对未冻水含量也有一定的影响。研究表明，冻结过程中的未冻水含量始终大于融化过程中的含量，融化过程中测得的未冻水含量曲线较冻结过程有显著的滞后现象。相同温度条件下，未冻水含量随着压力增大而增大，其主要原因是压力对土中冻结温度产生影响，冻结温度随压力增大而呈线性降低（斜率近似–0.075℃/MPa）。

2）正冻土中水分迁移

土冻结时，在土的相态平衡遭到破坏和外部作用改变（如温度、压力、含水量、矿物颗粒表面能、水膜中分子活性等的梯度的存在）时，水分会向冻结锋面迁移，这一物理化学过程称为正冻土中的水分迁移。

由于土中的水分会含有可溶盐，当水分运移时将携带部分可溶盐一起运移，在水分相变成冰时产生脱盐作用，因此在冰透镜体两侧会形成可溶盐的高浓度带。在冰水相变的同时，体积发生变化，土颗粒也随之产生位移，从而产生土体冻胀、融化下沉、盐胀和地表次生盐渍化等一系列问题。由温度梯度诱导冻土中水分迁移的驱动力是一系列分子作用力的总和。根据驱动力类型，曾提出了 14 种水分迁移驱动力假说，如薄膜理论和毛细理论等。由于自然条件下，冻土中水分迁移取决于物理力学和物理化学因素的总和。因此，每种假说都只能代表某种特定条件下水分迁移的驱动力。

土中水是冻结过程中成冰的源泉，成冰多少不但取决于土中的初始含水量，而且取决于冻结过程中水分运动状况。一般来说，后者是更为重要的因素。

如果把土体与其所在的环境作为一个系统来看，则土中水处于不断的运动状态，参与大气及下伏水层的大循环。土中水的运动取决于控制水分的各种力的变化，包括土粒对水分的吸引力、水的表面张力、重力、渗透压和水汽压等。土中水的运动形式主要有入渗、毛管水上升、蒸发和汽化、水汽扩散、薄膜水迁移、毛管水迁移和地下水流动等。土颗粒外围主要有 3 层水膜：吸湿水、薄膜水和毛管水。土中孔隙完全被水充满（饱和状态）时，土中只有液态水；孔隙未完全被水充满（非饱和状态），则还有气体存在。土体冻结后，由于温度高处未冻水含量高、土颗粒外围水膜厚度大、土水势绝对值小，使薄膜水从温度高处向温度低处迁移。

土中水分迁移量的大小与土质、水分性状及外界因素（温度和压力）有关。水膜厚则迁移快，水膜过薄而失去连续性时，液态水停止迁移。黏性土中因土颗粒细小，比表面积大，孔隙小，水分迁移所受摩擦力大，且胶体易阻塞孔隙，但毛细势大，所以水分迁移速度慢但迁移距离远。温度高表面张力和黏滞性小，温度低表面张力和黏滞性大，水分向温度低处迁移，但在低温处迁移速度减缓。土中易溶盐含量高，表面张力大，虽有利于水分迁移，但水中摩擦力大又使迁移速度减小，同时冰点降低，不利于冻结过程中的水分迁移。

2. 冻土的热学性质

1）冻土导热率

冻土作为一种混合材料，其热学参数随温度、土的类别、含水率、饱和度以及土的密度等而变化。

对于一定结构土体的冻土来说，温度是影响其导热率的最重要因素。由于矿物成分的导热率变化范围很小，实际计算中，可视为与温度无关。结合水与自由水的导热率也可视为常数，取纯水的值。冰的导热系数可取纯冰的值。气体的导热率则有比较大的变化范围，一般情况下，可认为与压力无关。冰和气体导热率都有随温度升高而增大的特性。

冻土由土质（矿物成分）、冰、水和气体组成，这些成分的比例变化，必然引起冻土导热率的变化。因而，冻土导热率具有随干密度、含水率、未冻水量、含盐量和吸附阳离子成分的变化而变化的特点。图 4.24 和图 4.25（徐敩祖等，2001）所示为典型土的导热率与干密度和含水率的关系曲线，融土和冻土的导热率均随干密度增大呈对数或指数形式增大，但在测定范围内，可近似地看成线性关系。土的导热率也随含水率的增大而增大。同类土在冻融两种不同状态下，导热率的比值（ λ_f/λ_u ）随含水率变化的变化曲线可分为 3 段：第一段 λ_f/λ_u 随含水率增大而减小，第二段为迅速增大，第三段则为缓慢增大。

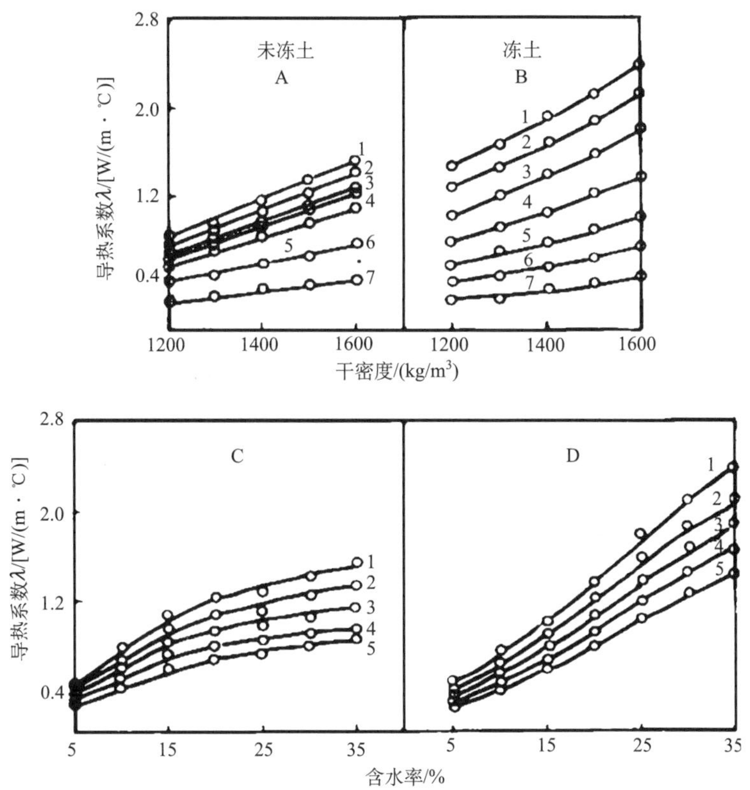

图 4.24　粉质黏土导热系数与干密度（ ρ_d ）和含水率（ w ）关系曲线（徐敩祖等，2001）

Figure 4.24　Thermal conductivity vs. dry density and moisture content for silty clay（after Xu et al., 2001）

（A 和 B：1.w=35%；2.w=30%；3. w=25%；4.w=20%；5.w=15%；6. w=10%；7. w=5%；C 和 D：1. ρ_d=1600 kg/m^3；2. ρ_d=1500 kg/m^3；3. ρ_d=1400 kg/m^3; 4. ρ_d=1300 kg/m^3；5. ρ_d=1200 kg/m^3）

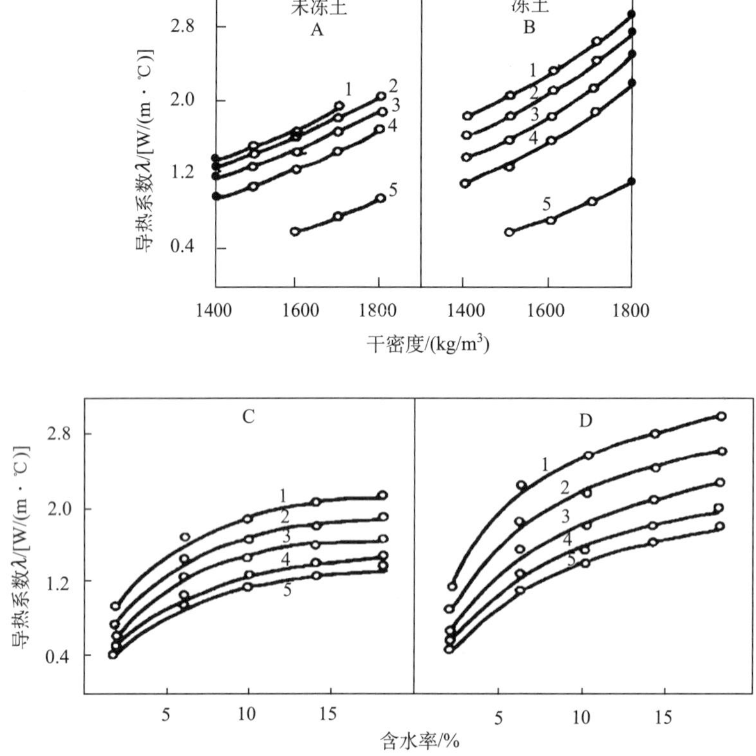

图 4.25　砾砂导热系数与干密度（ρ_d）和含水率（w）的关系曲线（徐敩祖等，2001）

Figure 4.25　Thermal conductivity vs. dry density and moisture content for gravel sand（after Xu et al., 2001）

（A 和 B：1. w=18%, 2. w=14%, 3. w=10%, 4.w=6%, 5.w=2%；C 和 D：1. ρ_d=1800 kg/m^3, 2. ρ_d=1700 kg/m^3, 3. ρ_d=1600 kg/m^3, 4. ρ_d=1500 kg/m^3, 5. ρ_d=1400 kg/m^3）

干密度和含水率相同时，粗颗粒土的导热率比细颗粒土大，其原因在于粗颗粒土总孔隙度比细颗粒土要小。同类土因矿物成分和分散度的差异，使导热率的均方差可达±5%~11%。

冻土导热率随温度降低略有增大，但增率很小。温度变化 1.0℃，导热率变化小于 5%。

2）冻土的比热

常用容积热容量来刻画冻土的热容，其定义为单位体积的土体变化一个温度单位所需要的热量，实际上也就是比热（容）与密度的乘积。

冻土是由有机质、矿物骨架、水溶液和气体组成的多相细碎介质。试验表明，土的比热具有按各物质成分的质量加权平均的性质。由于气体充填物的含量及比热均很小，可忽略不计。

土的骨架比热主要取决于矿物成分和有机质含量，并与温度有关。有机质比热大于矿物质比热，有机质含量高时，土的骨架比热显著增大。

虽然水的比热随温度升高而减小，冰的比热随温度升高而增大，但变化率都很小，再加上一般实际情况中冻土温度变化也不大，可不考虑温度变化对比热的影响。

3. 冻土温度

若已知土体空间上在每一时刻的温度值，则土体的温度场就是完全确定的。若地表等温面的位置不随时间变化而变化，则为稳定温度场；若等温面的位置随空间和时间变化而变化，则为不稳定温度场。冻土温度场多半是根据钻孔观测资料确定的。钻孔中以一定深度间隔在一定时刻测量温度，可建立 3 种形式的温度曲线：①各不同时刻温度随深度变化的变化（图 4.26）；②某个深度上，温度随时间变化的变化曲线（图 4.27）；③温度等值线图（图 4.28）。等温面法线方向上土体温度变化的强度称为地温梯度。由自地球内部向地表的热流所形成的温度梯度，称为地热梯度，地热梯度的倒数称为地温率，地温率表明温度变化 1℃的垂直距离。地表以下温度随季节变化而变化，其变化幅度随深度增加而衰减。在某一深度下，地温变化在一年内不超过±0.1℃，这一深度称为地温年变化深度，年变化深度处的地温称为年平均地温。

影响多年冻土温度状态的因素主要来自两个方面：一个是由地面进入冻土层内的热量与冻土层向地面释放热量之间的平衡；另一个是冻土层内的热传递过程和多年冻土下限的热量平衡。地表气象条件和地面状况（植被、积雪、地形和地貌特征、地面性质等）决定到达地面并进入地层内的热通量，可由地表热量平衡方程来确定[式（3-1）]。由于地热通量一般比较恒定，冻土下限的热量平衡相对较为稳定。

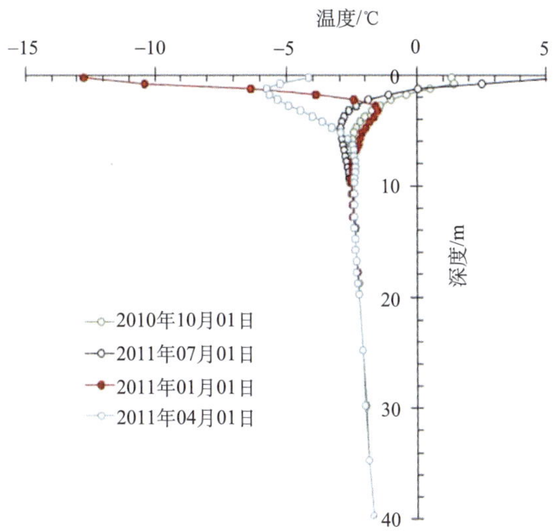

图 4.26　不同时间土体温度随深度的变化曲线

Figure 4.26　Change curve of soil temperature with depth in different time

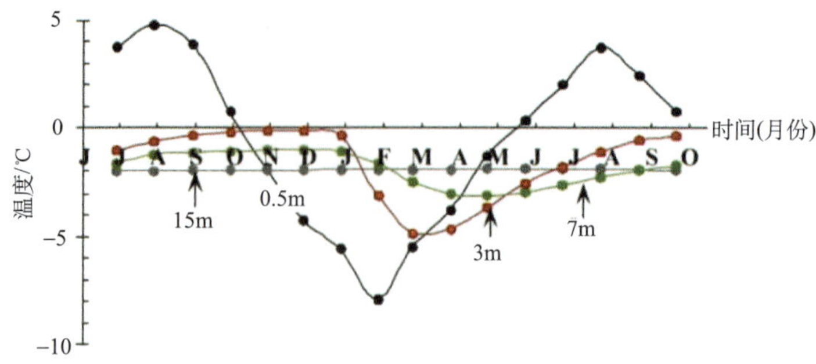

图 4.27　不同深度土体温度随时间的变化曲线

Figure 4.27　Change curve of soil temperature at different depth with time

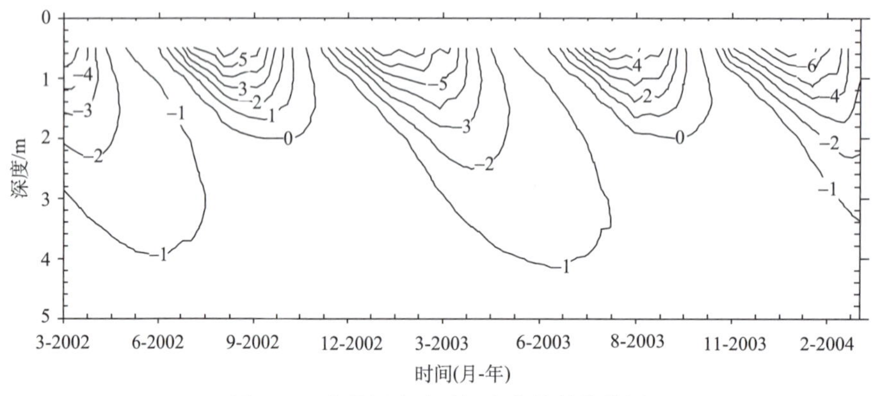

图 4.28　土体温度随时间变化的等值线图

Figure 4.28　Isothermal lines in soil temperature with time

冻土层内的冻结和融化相变对温度分布有重要影响，即使微小的相变也能产生很大潜热。另外，冻土相变也引起热学参数的变化，因为水和冰的热学参数差异很大。可以说，冻土温度场的复杂性正是由于有相变的缘故。

天然条件下多年冻土温度状况可用具有活动相变界面条件的微分方程[式（3-5）]和边界条件来近似描述。

确定土的季节和多年冻结（融化）深度可由斯蒂芬公式（见第 10 章冻土模式）计算获得。如果近似地假定为均匀介质，可通过研究半无限均匀介质的冻结过程来理解冻土的相变界面变化。为尽可能简化，假定冻结区的温度竖向分布服从直线规律，可得出冻结区任意时刻的冻结深度。

由于土体参数随温度变化而变化，以及相变界面的移动，冻土温度场计算问题是一个强非线性问题，不易获得解析解，故一般采用数值计算方法来获得数值解。

4.3.3　海/河/湖冰的热力学特征

1. 海湖冰的热学参数

河流和淡水湖冻结冰的热学参数与纯冰的接近，尽管也有陆地尘土等杂质会散落其中，但含量一般都很低。咸水湖冰与海冰有些类似，其热学参数可参照海冰。海冰含有盐分和气泡，而且盐分的一部分以固态形式存在，另一部分则溶于水，因而海冰是固态冰和盐、卤水、气体等物质的多相体混合物，其热学参数与纯冰有很大不同。

海水没有固定的冰点，含盐量为 3.25%的海水从–1.5℃开始结冰，但是一直冷至–53.8℃并不完全冻实。开始冻结的冰含盐度略低于海水，并含有大量的盐细胞。随着封冻的发展盐细胞缩小并有更多盐进入冰体。大部分海冰的含盐度为 0.3%~0.5%，冰龄超过 1 年，含盐度通常只有 0.1%。然而这种微小的变化，也能引起海冰的物理特性的明显变化。

海冰的融化潜热比纯冰的要小，而且随温度和盐度变化而变化。如果用 T（℃）和 S（‰）分别表示温度和盐度，则在–8~0℃，海冰的融化潜热 L_{si} 为（Yen et al.，1991，1992）：

$$L_{si} = 4.187\left(79.68 - 0.505T - 0.0273S + 4.3115\frac{S}{T} + 0.0008ST - 0.009T^2\right) \tag{4-15}$$

海冰的比热容可以认为是由冰、卤水、凝结的盐分的潜热和由于温度变化而引起的相变潜热的总和。所以，海冰的比热与温度和盐度的关系比较复杂，不同研究者在不同的温度区间依据实验结果拟合的公式也有所不同。最简单的经验公式（Untersteiner，1961）为

$$c_{si} = c_i + 17.2\times10^{-3} S / T^2 \tag{4-16}$$

式中，c_i 为纯冰的比热。总体来说，海冰的比热随着盐度增加而增大，随温度降低而减小。在接近融化温度（如–2℃）时，盐度的影响特别显著，2%和 5%盐度冰的比热相差 1 倍多。

卤水的导热率基本低于纯冰的值，与温度的关系可近似地表述为（Yen et al., 1991，1992）：

$$\lambda_b = 0.4184\left(1.25 + 0.030T + 0.00014T^2\right) \tag{4-17}$$

海冰中常有汽包夹杂其中，气体的导热系数又明显低于冰和海水的值。因此，海冰的导热系数不仅受温度和盐度的影响，也与气体含量（可由孔隙率或者密度来反映）有关（图 4.29）。依据实验测试结果，可分别拟合导热率与温度和盐度之间关系，如对温度的影响，有的实验得出（Yen et al., 1991, 1992）：

$$\lambda_{si} = 1.16\left(1.94 - 9.07\times10^{-2}T + 3.37\times10^{-5}T^2\right) \tag{4-18}$$

也有关于温度和盐度共同影响的拟合简单公式，如（Untersteiner，1961）

$$\lambda_{si} = \lambda_i + 0.13S / T \tag{4-19}$$

式中，λ_i 为纯冰的导热率。

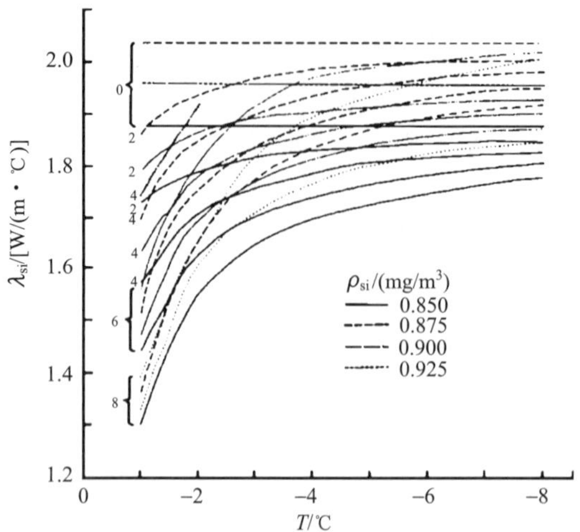

图 4.29　不同密度（相当于不同孔隙率）和盐度的海冰导热系数与温度的关系（Yen et al., 1991, 1992）

Figure 4.29　Effective thermal conductivity of sea ice as a function of temperature for various salinities and densities（after Yen et al., 1991, 1992）

2. 河湖冰的热学特征

海河湖冰的共同特点是上表面与大气相互作用，底面与水体相互作用。表面能量交换由能量平衡方程决定，冰内温度竖向剖面可用一维热传导方程近似描述，上边界条件为表面温度，下边界条件为水体与冰接触面上的温度，可定义为冰的融点。因此，冰内温度剖面主要取决于表面温度如何变化。在强烈融化时段，表面温度也处于融点，期间的整个冰层温度也基本处于融点。

表面温度变化的波向冰内的传播速度和振幅衰减取决于冰的热学参数和温度波动周期。如果取纯冰的热学参数值，表面温度日变化向冰内的传播速度为每天约 1.08 m，在 1 m 深度上的温度日变化振幅仅为约表面的 0.3%，0.4 m 处约为 10%。海冰的热传导率和热扩散率都略低于纯冰的值，因而温度波传播速度比纯冰的小，振幅衰减比纯冰的快。

尽管无论咸水冰还是淡水冰，其导热率和热扩散率都大于海水和淡水的值，但水面的冰阻碍了大气冷波向水中的传播，也阻碍了水面的蒸发，减少了水与大气之间的能量交换。

基于海河湖冰和水体（海洋、湖泊、河流）的热力学和动力学参数建立模式可以归纳海河湖冰形成和变化过程的规律，将其与气候模式耦合来预测预估未来变化情景具有极为强烈的社会需求，是冰冻圈科学和气候系统科学发展的重要方向之一。有关海河湖冰模式和气候模式等内容在其他相关章节中有专门介绍。

4.4　冰冻圈主要要素的其他物理特征

4.4.1　反照率特征

1. 积雪反照率

冰冻圈面积巨大，其反照率的确定对评估地表能量平衡至关重要。在冰冻圈诸要素中，积雪不仅覆盖范围大，时空变化率也最大。影响积雪反照率的因素可归为积雪自身某些特征和外在条件的变化。

在积雪自身方面，雪粒粒径、含水率、空隙度（密度）、积雪厚度和雪面及雪层内杂质，等等。粒径小、含水率低、密度大、雪层厚的洁净积雪反照率大，反之亦然。综合雪的各种特征，可简单地将雪分为新雪、洁净密实干雪、粗颗粒老雪、湿雪和污化雪等。它们的反照率分别为 70%~90%或更高、80%~90%、50%~70%、30%~50%和 20%~30%或更低。新雪反照率范围较大是因为粒径和密度有较大差异的缘故。

还可按单一指标划分雪的类型来研究各指标的光学效应，如按粒径划分为甚细粒雪（< 0.2 mm）、细粒雪（0.2~0.5 mm）、中粒雪（0.5~1.0 mm）、粗粒雪（1.0~2.0 mm）、甚粗粒雪（2.0~5.0 mm）和极粗粒雪（＞5.0 mm）；按液态水含量体积百分率划分为干雪（0）、潮湿雪（0~3%）、湿润雪（3%~8%）、甚湿雪（8%~15%）和湿透雪（＞15%）。

积雪所含杂质，特别是积雪表面的杂质，对反照率影响极为重要，因为这些杂质大多具有显著的吸光性，如粉尘、黑碳、有机质等。通常可将杂质含量多寡称为污化程度，污化较重的雪面反照率较低。

影响积雪反照率的外在因素主要有太阳高度角（太阳高度角对所有地表类型都是必须要考虑的一个重要因素）、地形（如遮蔽度）、天气气候条件（如云和气溶胶）等。对某一地点或地区来说，太阳高度角、地形因素相对较易确定，天气气候条件相对复杂一些。

目前，利用卫星遥感监测反照率非常通行。不过，卫星传感器通常提供窄波段数据，获取宽波段数据还需要一定的计算方法。另外，卫星传感器测得的数据只是来自一定方向辐射，包括了地面和大气辐射，必须经过大气校正和方向（各向异性）校正后才能进行波段转换。这样得到的反照率遥感数据还需要足够的地面观测验证才能应用。

2. 海冰反照率

与积雪类似，海冰不仅范围巨大且时空变化剧烈，研究海冰反照率的重要意义不言而喻。海冰表面的反照率因表面状况差异而有很大的变化范围（图 4.30）。一般来说，雪覆盖的厚冰（多年积冰）的反照率是最高的，而融冰或薄冰则是最低的。表 4.2 列出晴天和完全阴天时，不同类型冰的总体反照率差异。

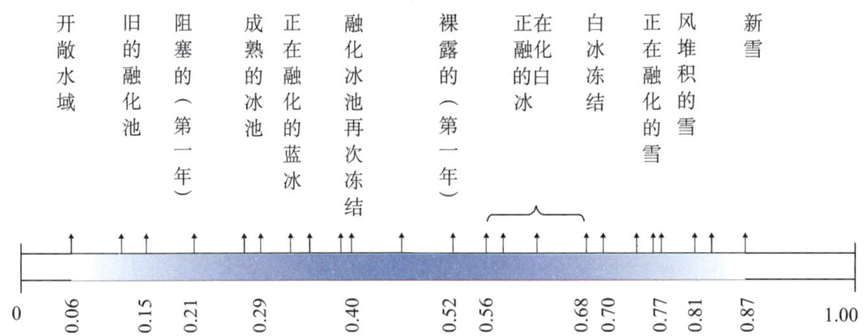

图 4.30　不同浮冰表面观测到的总反照率的变化范围（Grenfell and Maykut, 1977）

Figure 4.30　Variations in total albedo observed for various sea ice surface features（after Grenfell and Maykut, 1977）

表 4.2　不同类型海冰在晴天和阴天的总反照率

Table 4.2　Total albedo values in sunshine and cloudy weathers for various sea ice types

冰类型	晴天	阴天
多年融化冰	0.63	0.77
融化白冰	0.56	0.70
融化蓝冰	0.25	0.32
成熟的融池	0.22	0.29

资料来源：Grenfell and Maykut, 1977

3. 冰川反照率

与积雪和海冰相比，除南极和北极地区外，某一流域或区域内冰川面积覆盖度都比较小，单条冰川面积更小。然而，冰川融水的水文水资源效应和对海平面变化的贡献却非常巨大。在一条冰川上，影响冰川消融关键因子之一的反照率时空变化非常复杂。

如果从冰川末端向上一直到顶部都被雪覆盖，反照率空间变化相对较小。但是真实情况是冰川不同高度带或者同一高度上不同地点表面特征在大部分时间都是有差异的，不仅物质特征不同（雪或者冰，雪型，杂质含量，等等），表面地形以及受周边地形影响也不一样。因此，对冰川反照率的确定要根据具体问题来确定精细程度。例如，要估算某条冰川平均消融，依据表面状况大致确定整条冰川消融期平均反照率即可；若想知道杂质对消融的影响机制和过程，则需要定点连续观测冰川表面物质、反照率和消融速率的变化，还要对主要杂质成分进行物理、化学和生物学实验研究。

冰川反照率在气温与冰川消融反馈过程中起着非常关键的作用。当气温升高以后，冰川消融增强，消融区面积扩大，冰川平均反照率降低；单点上杂质较之前也相对富集，进一步降低反照率。反照率减小又使消融再度增强，物质亏损加剧。所以，在全球变暖背景下，冰川消融与反照率反馈机制是冰川加速退缩的主要原因之一。

4. 冻土反照率

冻土反照率在局地空间上的变化虽然没有冰川的大，但由于冻土区面积巨大，大范围内地表状况也有很大差异。冻土区地表状况大的方面主要取决于植被覆盖度和植被类型。在裸土或非常稀疏植被情况下，影响地表反照率的因素主要为土质类型和表层土湿度。影响植被下垫面反照率的因素较多，机制也很复杂，除土壤湿度外，植被形态（可用粗糙度来表征）和生理作用（如叶面积大小）非常重要。

冻土区土壤湿度、植被等虽然也有季节变化，但引起冻土区地表反照率具有很大变化特性的一个最重要因素是积雪。由于积雪反照率极高，时空变化又大，使冻土区反照率的变化非常复杂。因此，冻土反照率是和积雪及其反照率变化紧密联系在一起的。图 4.31 所示为青藏高原多年冻土区唐古拉气象站和季节冻土区那曲毕节观测站一年中积雪深度变化与地表反照率变化的对比。

4.4.2 电磁学特征

1. 冰川和积雪电磁学特征

本章第一节简单介绍过纯冰的介电和导电特性。在冰川上，虽然主体物质是冰，但冰内含有各种杂质，而且杂质分布往往是不均匀的。这些杂质以及液态水的电磁学性能与冰有很大差异。另外，冰雪体虽然都是由冰晶体构成，但晶粒大小、晶体组构、晶粒连接程度等对介电和导电性能有影响。

根据冰与其他物质介电性能的巨大差异和不同结构类型的冰体之间介电特性差异，利用无线电回波探测（echo-sounding,又称为回声探测）原理研发的冰川探测雷达（DPR）技术已经在冰川和冰盖上广泛应用，通过调节频率，可以有目的地探测冰体厚度、冰下地形、底部含岩屑层、冰内和冰下水流、暖冰层、冰结构突变层位和冰内杂质富集层（带），等等。

利用冰与其他物质导电性能差异和冰结构对电导率的影响，在野外现场对钻取的冰芯进行固体电导率测量，既可以判别竖直方向上冰体的物质组成，也能对冰体物理特征有很好的了解，因为冰芯放置一段时间或切割样品以后，其物理特征会有变化。还可以在实验室对冰雪样品测定液体电导率，研究引起电导率变化的环境因素。

雪的电磁学特性受密度、粒径、含水率、杂质含量、温度等因素影响。据此，可通过实验研究确定各参数对雪的电磁特性的影响程度，然后通过测量雪对电磁波的吸收、反射和穿透以及辐射电磁波的能力来反推雪的各种参数。

一般来说，超高频无线电波即微波波段的电磁波（频率 0.3~300 GHz，波长 0.1 mm~1 m）对积雪类型等因素较为敏感，因而应用微波探测可揭示积雪的某些特征。目前，利用卫星微波遥感反演积雪和冰川表面雪层物理特征的技术和方法发展极为迅速，较早的主要是被动（无源）微波遥感，近年来主动（有源）微波遥感发展更快，如合成孔径雷达（SAR）、干涉合成孔径雷达（InSAR）、极化干涉合成孔径雷达（Pol-InSAR），等等。

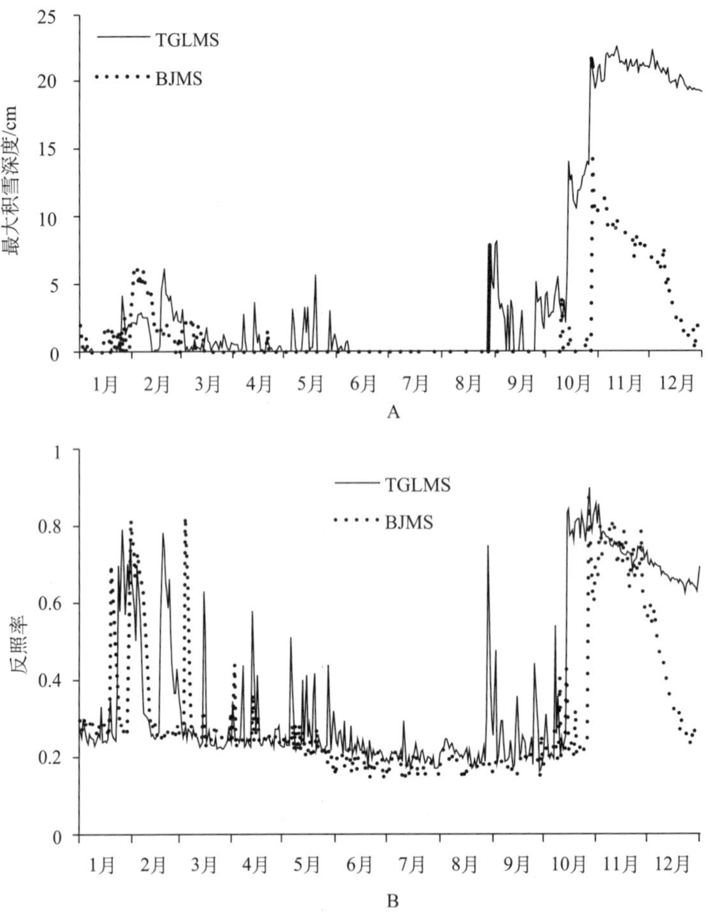

图 4.31　2008 年唐古拉站（TGLMS）和那曲毕节站（BJMS）日积雪深度变化（A）和反照率逐日变化（B）对照（姚济敏等，2013）

Figure 4.31　Variations of the daily maximum snow depth（A）and the daily albedo（B）at TGLMS and BJMS in Tibetan Plateau in 2008（after Yao et al., 2013）

2. 冻土电学特征

冻土的电学性质主要指标是电阻率。冻土的电阻率比融土要大得多。融土电阻率的大小取决于土的矿物成分、比表面积和形状、孔隙率、含水率和孔隙水的矿化度等。但对冻土来说，除上述以外，还取决于冻土中冰的含量和冻土构造。土体中水冻结过程中，水结晶膨胀，改变了土中孔隙的空间结构和土颗粒的空间分布特性。冰晶的析出，使孔隙中水的数量减少，矿化度增大，冰的含量增大，因而改变了冻土的电阻率。影响冻土电阻率的主要因素有温度、冻土构造、含水量和孔隙水的矿化度等。

就温度影响而言，一般情况下，冻土电阻率随温度降低而增大。

由于冰的导电性较低，冻土中的冰体分布状态对电阻率有重要影响。试验结果表明，冻土为整体状构造时，电阻率比融土状态约增加 10 倍，可达 1 kΩ·m 左右；层状构造冻土的电阻率比融土状态约增加 100 倍，可达 20 kΩ·m 左右；网状构造冻土的电阻率比融土状态约增加 400 倍，可达 140 kΩ·m。

冻结条件相同时，含水量小的土体，多形成整体状构造冻土，含水量大的土体，可形成层状或网状构造冻土。因而，冻土含水量对电阻率的影响是和冻土构造联系在一起的。

孔隙水的矿化度主要影响土的冻结温度和冻土的含冰率。矿化度增加，起始冻结温度降低，冻土含冰率减少。反之亦然。孔隙水的矿化度增加，导电阻离子的数量增加，冻土的电阻率减小。

依据冻土和融土以及冰与其他物质的电学性质差异，可应用雷达探测等技术获取冻土厚度、地下冰以及冻土构造等重要信息。

3. 海河湖冰的电磁学特征

海冰是纯冰和其他杂质的混合体，冰和这些杂质具有不同的介电性质，要准确地确定某种类型海冰的介电常数，必须对海冰的含盐物质和其他杂质以及气泡分别进行介电性质实验研究。相对来说，海冰中卤水和气泡的影响最为重要。对于一年或更年轻的海冰来说，卤水影响较为突出；多年海冰由于盐度降低，气泡的作用更为重要。因此，可用纯冰-空气模型和纯冰-盐水模型分别描述二者对海冰介电性质的影响，海冰介电混合模型则为这两种模型的叠加。

通常情况下，海冰结构（*c* 轴取向、晶粒尺寸、气泡和盐分的分布、表面特征，等等）和厚度随地点可能会有很大变化。所以，在应用遥感雷达技术探测大范围海冰特性时，还必须考虑海冰结构和厚度的不均一性。

河湖冰的电磁学特征相对于海冰较为简单，可直接参照纯冰或者较为均一的咸水冰相关研究结果。

思　考　题

1. 冰冻圈不同要素力学特性的差异及其原因。
2. 影响冰冻圈各要素温度分布的主要因素。
3. 冰冻圈各要素核心物质都是冰，为何其物理特征却各不相同？

延 伸 阅 读

【代表人物】

J.F.Nye 和 J.W.Glen

英国著名物理学家。20 世纪中期以前很长时间，由于缺乏精密的观测和实验设备，人们对冰的微观结构和物理性质处于各种假想之中，尽管 20 世纪 20 年代应用 x 射线测量就认识到冰是一种晶体。40 年代后期 J.F.Nye 首次用理想塑性体理论解释冰的变形和冰川流动规律，得到广泛认同。紧接着，J.W. Glen 通过实验室冰样的剪切实验得出冰的蠕变规律既不同于理想塑性体也不同于黏性流体，从而引发了冰的力学实验研究热潮，冰的变形规律也被称为 Glen 定律。J.F.Nye 进一步较为系统地总结归纳了各种实验研究结果，并将其应用在冰川、冰盖的运动理论上。此后，冰物理的实验研究和冰川（包括冰盖）动力学理论虽然不断发展，但 Glen 定律和 Nye 理论仍然是最基本的原理。

【经典著作】

1. *The Physics of Glaciers* 4 th edition

作者：Cuffey K. M., Paterson W. S. B.

出版社：Elsevier, Amsterdam, etc., 2010.

内容简介：

由加拿大学者 W. S. B. Paterson（1924~2013 年）所著的 *The Physics of Glaciers* 是冰川学界的经典著作，除对冰的基本物理性质和冰川主要物理特征给予全面论述外，对冰川学研究的其他主要内容也有介绍，如冰川物质平衡、冰川水文、冰川能量平衡与气候、冰芯记录研究，等等。该专著不仅内容丰富，而且以基本概念和理论基础介绍为主，虽有很多公式，但都基于物理概念解释，相对易于理解。作为冰川学研究的重要参考书和大学高年级及研究生教材，广受欢迎。该专著自 1969 年第一版后，每十多年补充修订一次，1981 年第二版，1994 年第三版，2010 年第四版。其中第二版还被译成中文出版。每个新版本都依据当时热点和最新研究进展给予较大的改动，尽可能增添新的内容。2010 年第四版由 K. M. Cuffey 和 W. S. B. Paterson 合作完成，在第三版基础上，又增加了“冰盖和地球系统”、“冰、海平面和现代气候变化”等章节，冰芯记录研究也有很大扩充。

2. *Ice physics*

作者：Hobbs V. Peter

出版社： Clarendon Press, Oxford, 1974

内容简介：

由美国学者 Peter V. Hobbs 编著的 *Ice physics* 于 1974 年出版。该书对冰的物质组成、微结构、电学、光学、力学、热学以及冰的成核理论、水汽和水中冰的形成、大气圈中的冰等基本概念和研究结果给予汇总，是了解冰的基本物理性质的重要参考书。该书 2010 年由牛津大学出版社再版重印，显示了其重要性和广泛需求。

第5章 冰冻圈的化学特征

主笔：康世昌　孙俊英
主要作者：张廷军　吴青柏　效存德　李志军

冰冻圈的化学特征是冰冻圈科学的重要研究内容之一。冰冻圈是地球表层连续分布且具有一定厚度的负温圈层，包括冰川（冰盖）、冻土（季节冻土和多年冻土）、积雪、河湖冰、海冰、冰架等多种要素。本章将分别从雪冰化学、冻土化学、河湖冰化学、海冰化学等方面进行阐述。由于冰冻圈各种要素的特性不同，其化学特征的认识程度也有差异，其中雪冰化学的研究最为深入和广泛，成为认识过去全球变化的主要手段之一。冻土化学、海冰化学和河湖冰化学则由于其较强的季节性和流动性，认知水平相对较弱。

5.1 冰冻圈化学成分的来源

水是冰冻圈最活跃的物质之一。地球上的水处在不停的运动状态。地表水蒸发到大气中，遇冷后凝结成雨、雪、冰雹等降落到海洋和陆地。陆地上的降水部分在地面汇成江河、湖泊（又称为地面径流），另一部分渗入地下形成水层或水流（又称为地下渗流）。这两部分水体有时相互转化，最后汇入海洋或内陆湖泊。同时，一部分地表水又经蒸发、凝结、降落……上述过程循环往复，形成了地表水循环。伴随着水循环，各种化学成分的生物地球化学循环也随之发生，水既是重要的参与者，又是一种重要的介质（图 5.1）。

冰川、积雪是大气降水的产物。大气降水的化学成分主要来自于降水在降落过程中对大气气溶胶的溶解和冲刷。不同地区、不同气候条件对大气降水的化学成分有着显著的影响，具有明显的区域差异和季节变化。大气降水中主要化学离子有：HCO_3^-, SO_4^{2-}, Cl^-, NO_3^-, Na^+, Ca^{2+}, Mg^{2+}, K^+, NH_4^+等。这些化学成分主要来自于：①自然的各种物理、化学和生物过程等的排放，如火山活动、沙尘暴、海浪、雷电、陆地及海洋上的动植物排放、外太空尘埃等；②人类的工农业生产等活动的各种排放。

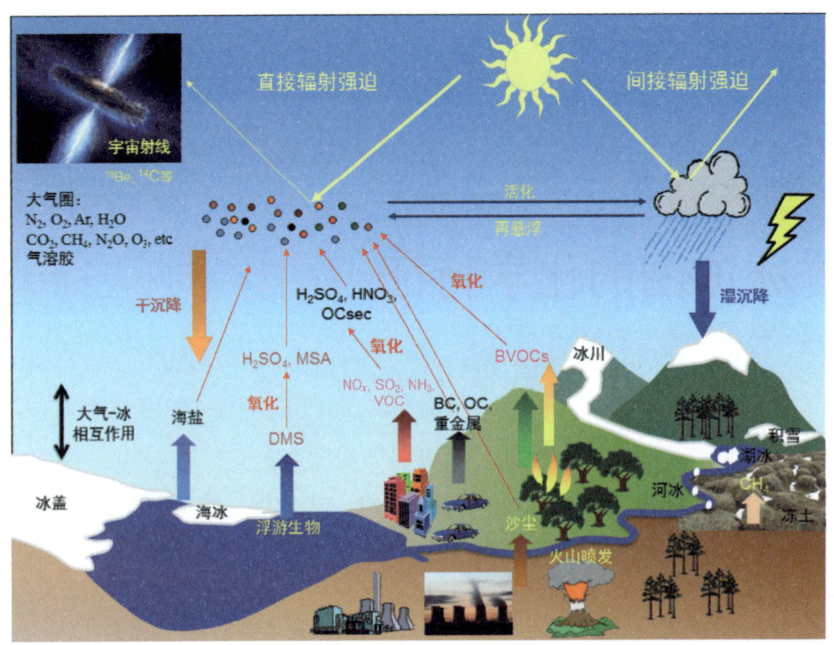

图 5.1　冰冻圈化学成分的来源和相关过程

Figure 5.1　Sources and processes of chemical components in cryoshpere

DMS (Dimethyl Sulfide) 二甲基硫；MSA (Methanesulfonic Acid) 甲基磺酸；OCsec (Secondary Organic Carbon) 二次有机碳；OC (Organic Carbon) 有机碳；BC (Black Carbon) 黑碳；BVOCs (Biogenic Volatile Organic Compounds) 生物挥发性有机物；VOCs (Volatile Organic Compounds)挥发性有机物

河/湖/海冰是在一定的气候条件下冻结形成。河水的水源主要是含盐量较低的降水，其化学成分与流域的地质、气候条件有关，其化学成分具有明显的多样性和易变性。同时河水不但为人类社会生活、生产供给水源，同时也是排污的主要水体，故河水化学受到人类社会活动的影响最大。

湖水的化学成分主要受入湖径流的水量和水质、以及日照和蒸发强度等因素的影响，同时与湖泊的规模、面积、深度等相关。如果流入和排出的河流水量都较大，而湖水蒸发量相对较小，则湖水中含盐量相对较低，成为淡水湖泊；如果湖泊是封闭的，且受到蒸发的强烈影响，溶解盐类的积累则使其成为咸水湖或盐湖。

海洋是地球上最庞大且具有优越生态条件以及包含物理、化学、生物、地质等复杂过程的综合体系，这使得海水的化学成分与陆地水化学成分有着显著的不同。含盐量高是海水的一大特点，大洋海水盐度平均为35‰左右，不同地区海水含盐量的差异较小。海水的主要可溶性化学成分（Cl^-，Na^+，SO_4^{2-}，Mg^{2+}，Ca^{2+}，K^+，HCO_3^-，Br^-，Sr^{2+}，H_3BO_3，F^-等）占海水中溶解盐类的 99.8%~99.9%，其中 Cl^-，Na^+两种成分占总溶解盐类的 80%以上。除 HCO_3^-和 Ca^{2+}含量有较大变化外，其他含量都较为稳定。

冻土的化学成分主要受到土壤特性以及与冻融和生物过程相伴的化学物理过程的影响。土壤的化学组成可分为有机物和无机物，有机物包括可溶性氨基酸、腐殖酸、糖类和有机-金属离子的配合物，无机物包括 Ca^{2+}, Mg^{2+}, Na^+, K^+, Cl^-, SO_4^{2-}, HCO_3^-和 CO_3^{2-},

NO_3^-, NH_4^+, $H_2PO_4^-$和少量的铁、锰、铜、锌等的盐类化合物，以及土壤孔隙中含有的各种气体等。

5.1.1 大气化学成分进入冰冻圈的主要过程

大气化学成分进入冰冻圈介质主要有两个过程，即干沉降和湿沉降。干沉降是指在无降水时大气化学成分向冰冻圈介质表面的输送，湿沉降则是指降水发生时化学成分随降水一起沉降的过程。

干沉降分为 3 个阶段：①化学成分从自由大气向下输送到准表层；②化学成分穿过准表层；③化学成分与冰冻圈介质表面发生作用而进入冰冻圈。在各个阶段中，化学成分传输的速率各不相同；而在同一阶段，不同的化学成分其传输速率也不相同。在格陵兰冰盖，干沉降速率基本上由湍流扩散（第一阶段）所控制。例如，SO_2 的干沉降速率比硫酸盐气溶胶要大，而 HNO_3 的干沉降速率又是 SO_2 的数倍。

湿沉降主要是通过降水过程携带大气化学成分沉降到地表，主要包括核化清除、云内清除和云下清除。在极地和中纬度高山地区，降水以固态形式为主。雨滴和雪花在形成过程中对化学成分的清除作用差别并不大，但在降落过程中却有较大的差异。雨滴在降落过程中继续捕获大气气溶胶，并伴随着蒸发、微量气体的吸收与逸出等。雪花在降落过程中因气温较低而清除作用较弱。因此，在极地地区云下清除作用并不重要。要充分认识湿沉降过程并使之定量化，就必须对云内和云下气体和气溶胶物质的浓度、云凝结核特征、云内冰晶的尺寸分布，结霜情况等有足够的认识。

对不同的化学成分和不同的区域，干、湿沉降的相对重要性有较大差别。一般来说，降水量越大，湿沉降所占比例就越大。降水量在时间上的分配也是一个影响因素，对同样的年降水量来说，如果降水集中在短时间内，则湿沉降所占比例会有所下降。

5.1.2 冰冻圈化学对气候环境的影响

冰冻圈化学在气候系统的不同时间尺度上（日、季、年际、十年际、百年际）均可产生重要的作用。这些作用主要通过影响地球表面能水循环过程，比如影响辐射平衡过程（如雪冰反照率反馈机制）、冰冻圈与其他圈层化学成分的交换来实现。冰川（冰盖）、积雪、河湖冰和海冰具有较高的反照率，其时空变化显著地影响着全球能量平衡及水循环过程，从而改变区域或全球尺度的气候动力过程，进而影响气候变化。冰冻圈各要素自身的反照率受到其化学成分的影响，特别当表面的吸光性杂质（如黑碳、粉尘等）浓度增加时，会显著降低冰面和积雪的反照率，加剧雪冰消融，进而引起能水循环的改变。此外，冰川和积雪的融化，特别是在融化的初期，受到化学成分的淋溶作用，出现离子脉冲现象，从而对河流水体化学带来影响。海冰在冻结过程中，有些盐以卤汁的形式存在于冰中，显著提高了海冰的反照率。如果海冰的盐分偏低，下伏海水中的盐度增大时，对海洋的热盐环流（THC）带来驱动作用。多年冻土的变化不仅通过改变地气水热交换过程而影响气候系统，同时会通过改变天然气水合物的形式，改变碳库的源汇效应而影响到全球碳循环和气候变化。受到冻土季节性冻融过程的影响，冻土中易溶盐在表层土壤积累，形成冻土盐渍化等。总之，冰冻圈化学对气候环境有着重要的影响，认识冰冻圈化学特征是全球变化研究的重要内容之一。

5.2 冰川化学

本节主要描述冰川和冰盖表面雪和冰的化学成分、变化过程及其环境意义。雪冰作为一种特殊的环境介质，其化学成分来自大气的干湿沉降，是大气成分的天然档案库。冰盖和山地冰川的雪冰化学研究，是全球变化研究中利用雪冰监测当代全球环境过程和利用冰芯记录重建古气候环境的有力手段。雪冰化学记录为全球变化各研究领域，如气候变化、生物地球化学循环、人类活动、地质和宇宙事件等提供了直接或间接依据。冰川化学（glaciochemistry）是冰冻圈科学研究领域的重要内容之一，具有多学科交叉的特点。在南极冰盖、格陵兰冰盖和中低纬度冰川获取的雪冰样品具有信息量大和保真度高等特点，能够准确反映现代条件下的气候和环境特征。因此，对冰川化学成分的季节变化规律及地理分布格局等现代过程的认知，对揭示冰冻圈在全球生物地球化学循环的作用以及未来冰冻圈变化的环境效应具有重要的意义。

冰川中的化学成分种类繁多，不同的物质具有其特殊的环境意义。自20世纪60年代以来，极地和中低纬度高山区的冰川化学研究发展迅猛。首先建立了雪冰中氢氧稳定同位素比率与温度的关系，并利用其时间序列重建了古气候变化。随后，通过雪冰中微粒浓度揭示大气粉尘和火山喷发等环境变迁历史，利用雪冰中放射性元素监测核弹试验等人为污染等；目前已在雪冰中主要阴阳离子、生物有机酸、痕量重金属等方面取得了重大进展；近年来在雪冰有机碳、黑碳、持久性有机污染物（POPs）、微生物等方面开展了大量的工作。毋庸置疑，随着分析测试技术的发展，冰川化学的认知水平还将会不断拓展。

5.2.1 无机成分

1. 电导率与 pH

电导率是雪冰中所含总离子的一个综合性指标，总体上反映了大气环境的状况，是全球冰冻圈地区大气环境变化的敏感“指示器”。电导率的变化主要反映了雪冰化学特征和化学组分的浓度变化，利用雪冰中不同离子与电导率的关系可以深入认识影响电导率的主导因子。例如，南极冰盖化学物质最主要的来源是海洋，雪冰中电导率与 SO_4^{2-}，NO_3^-和 Cl^-浓度之间均存在较好的正相关，而与铝硅酸盐（主要以地壳来源为主）之间呈负相关，海盐离子主导着雪冰的化学性质。由于雪冰内杂质倾向于聚集到冰晶间界面，大量赋存的酸性化学成分可导致冰晶界面上的 pH 下降。对南极冰盖和格陵兰冰盖雪冰电导率的诸多分析，揭示了电导率与酸度 pH 之间良好的相关性，并据此可以恢复历史时期火山喷发事件。总之，极地雪冰电导率与 pH 的相关关系反映了酸性离子（如 Cl^- 和 SO_4^{2-}）对雪冰化学的主导作用。除火山爆发等突发环境事件的影响外，海洋是南极冰盖、格陵兰冰盖离子的主要来源，并主导了极地冰盖雪冰化学性质。

陆源碱性气溶胶作为青藏高原冰川化学成分的主要来源，雪冰电导率与 pH 的相关性与极地冰盖截然不同，碱性离子对电导率起着主导作用。青藏高原雪冰电导率与大多数阳离子（如 Ca^{2+}和 Mg^{2+}）关系密切，碱性阳离子是电导率的主要控制因子。其中，Ca^{2+}与电导率的相关性最好，与其他离子相比，Ca^{2+}可以更为敏感指示雪冰中化学组分的大气传输过程及源区。总之，青藏高原冰川电导率与 pH 及化学离子的关系明显不同于两极地区，反映了地壳来源的碱性矿物盐类（如 Ca^{2+}和 Mg^{2+}）主导雪冰化学特性。

2. 主要化学离子

主要阴离子（Cl^-、SO_4^{2-}、NO_3^-）和阳离子（Ca^{2+}、Mg^{2+}、K^+、Na^+、NH_4^+）是雪冰中可溶性化学成分的主体。在空间分布上，主要化学离子在南极冰盖中心地带含量最低，这是由于该地区是西南极海汽通道上气团传输的终点，也是陆源物质和全球污染物传输的最远点，其雪冰化学特征基本上代表了对流层顶和平流层底部大气环境状况的全球本底值。北极地区由于海陆分布复杂，大气气溶胶源区及传输过程和途径比南极更为多样和多变。因此，与南极冰盖相比，雪冰中主要化学离子在北极的地域分异规律更为显著（表 5.1）。最明显的例证是北冰洋中心海域与格陵兰冰盖之间的差异，即格陵兰和加拿大北部地区是北极受污染较轻的地区，而中心海域则是污染气团（“北极霾”）的交汇地带，该中心地区雪冰中化学离子浓度远高于周边地区。北极中心区化学离子反映了北极对流层下部现代大气环境的本底状况，而在格陵兰冰盖则反映了北极对流层中部的本底状况。

表 5.1　南、北极和亚洲高山区不同纬度范围雪冰主要离子的平均浓度

Table 5.1　Major ion concentrations in the different latitudes of the Polar Regions and high mountain Asia　　（单位：ng/g）

纬度范围	地点	Cl^-	NO_3^-	SO_4^{2-}	Na^+	Mg^{2+}	Ca^{2+}
南极冰盖							
90°S	南极点	30.0	94.0	39.0	13.0	1.0	1.5
80°~90°S	南极内陆	104.3	133.9	54.9	50.5	5.7	4.9
70°~80°S	南极内陆	78.6	72.1	43.9	36.0	4.0	3.2
60°~70°S	南极边缘	221.2	57.5	57.9	135.4	16.0	8.7
50°~60°S	南极半岛	171.7	19.8	55.2	98.9		
亚洲高山区							
20°~30°N	青藏高原南部	31.9	105.4	91.2	20.7	21.9	194.0
30°~40°N	青藏高原北部	405.7	218.2	416.4	188.0	115.8	843.5
北极地区							
70°~80°N	格陵兰	18.1	138.6	111.4	4.9	1.0	5.6
80°~90°N	北冰洋	1572.7	119.4	23750.0	2220.0	1870.0	
90°N	北极点	4238.2	118.9	676.6	3520.0	1300.0	280.0

青藏高原冰川中主要离子浓度空间基本特征表现为北部远高于南部地区（如喜马拉雅山脉），这种空间特征主要反映了冬、春季高原中部到北部以及中国西北地区频发的沙尘天气，为冰川区输送陆源物质的差异。同时，青藏高原北部冰川中主要离子浓度在全球偏远冰川区中最高，化学离子以陆源为主（如 Ca^{2+}、Mg^{2+}和 SO_4^{2-}），反映出亚洲粉尘对青藏高原大气环境影响极大。高原南部冰川中离子浓度与北极地区接近。这种空间分布特征反映了大气环境本底水平区域差异，受到自然（陆源和海源）和人为来源的双重影响。

南极冰盖和格陵兰冰盖主要离子的季节性变化特征见表 5.2 和图 5.2，其中 Na^+、Cl^-和 Ca^{2+}的季节性变化较为显著。作为海盐气溶胶示踪物的 Na^+和 Cl^-，其季节变幅在南极点和格陵兰 Summit 均非常明显，其中冬季雪冰中 Na^+含量比夏季高 5~10 倍，这与极地冬季海洋气团的频繁入侵紧密相关。与 Na^+和 Cl^-不同，Ca^{2+}在南极点没有显著季节变化特征，但在格陵兰春季雪冰中 Ca^{2+}浓度出现峰值。两极雪冰中 Ca^{2+}的季节信号在时间和幅度上的差异主要是由于：格陵兰冰盖雪冰中 Ca^{2+}以地壳（陆源）物质来源占主导，在北半球高粉尘的春季出现峰值；南极冰盖远离陆源物质集中分布的北半球，陆源的 Ca^{2+}经历长距离传输后到达南极内陆时含量极低，因此无明显的季节变化。除了上述以海洋和地壳来源为主的化学离子之外，其他离子（如 NO_3^-和 SO_4^{2-}）在南极冰盖和格陵兰冰盖均表现为夏季或春季峰值，但并不十分突出（表 5.2）。南极冰盖和格陵兰冰盖中的海盐离子主要来源于周边海洋的释放，Cl^-/Na^+值非常接近标准海水的比值（1.17），因此，雪冰中 Na^+和 Cl^-被认为是海盐离子的代表。为确定极区冰川中化学离子的不同来源贡献量，通常假定雪冰中的 Na^+全部来源于海洋，根据雪冰离子与 Na^+在标准海水中的比值即可区分海盐（sea-salt, ss）与非海盐（non-sea-salt, nss）的贡献量：

$$\text{nss}A=A-\text{Na}\left(\text{ss}A/\text{ssNa}\right) \tag{5-1}$$

式中，A、ss$A$ 分别为雪冰中某种离子的实测浓度和标准海水中的浓度；Na、ssNa 分别为雪冰中和海水中 Na^+的浓度值。

在极区非海盐 Ca^{2+}（nss Ca^{2+}）经常被用作反映大气粉尘的指标；非海盐硫酸根（nss SO_4^{2-}）被认为是火山喷发的主要指标之一。例如，通过冰芯中 nss SO_4^{2-} 记录的峰值可以成功地恢复过去数百年以来著名的全球火山喷发事件。

青藏高原冰川中主要化学离子峰值出现在非季风期（冬春季），而低值则出现在降水集中的季风期（图 5.2），其中 Ca^{2+}和 SO_4^{2-} 的季节性变化最为显著，喜马拉雅山脉珠穆朗玛峰地区非季风期积雪 Ca^{2+}浓度较季风期高出一个数量级。这种显著的季节变化反映了冬春季高原和中亚频发的沙尘天气以及夏季大量的降水对气溶胶的清除作用。总之，在南极冰盖，海盐气溶胶在冬季形成雪层中的化学峰值；在北极，冬春季污染物（“北极霾”）和粉尘形成季节峰值；在青藏高原，主要是冬、春季沙尘沉降形成明显的污化层峰值（图 5.2）。南、北极和青藏高原雪冰化学季节变化具有明显区域差异，反映了全球海陆分布格局、大气环流态势和人类活动影响等条件下现代大气环境的地域分异，因而具有重要的环境指示意义。南、北极和青藏高原雪冰化学离子的季节差异，是 3 个地区大气中相应化学物质源区、源强，传输过程差异所致，客观上反映了现代全球大气环流和地表圈层的物质循环过程。不同区域主要离子的显著季节变化特性，亦为冰芯定年提供了基础。

表 5.2　南、北极和青藏高原雪冰主要化学离子浓度（ng/g）的季节变化比较

Table 5.2　Comparisons of seasonalities of major ion concentations among the Polar Regions and Tibetan Plateau

化学离子	南极		北极				青藏高原			
			格陵兰		中心北极		北部		南部	
	峰值季节	最大变幅	峰值季节	最大变幅	峰值季节	最大变幅	峰值季节	最大变幅	峰值季节	最大变幅
Na^+	冬季	6~10	冬/春	5~10	冬春	2~7（8~100）	冬春	3~11	不清	<2
K^+	冬季	<2	春季	2~4	冬春	2~13（5~15）	冬春	2	冬春	5
Ca^{2+}	不明显	<2	春季	<10	冬春	2~15（10~40）	冬春	1~14	冬春	<6
Mg^{2+}	冬季	<10	春季	/	冬春	2~20（6~190）	冬春	4~70	不清	5
H^+	夏季	<2	视地点	/	冬春	2~38（3~6）	夏季	0 .2~0.6	夏季	0 .1
Cl^-	冬季	10	冬季	4	冬春	3~8（20~100）	冬春	1~20	不清	<4
NO_3^-	夏季	<2	夏季	2~4	春季	2~7（2~105）	冬春	2~8	冬春	
SO_4^{2-}	夏季	<2	春季	2~4	冬春	2~75（4~8）	冬春	4~36	冬春	<3
Br^-	极少	/	冬春	/	/	2~20（20~150）	极少	/	极少	/
MSA	视不同地点	/	春夏	2~5	春夏	1.5（不清）	不清	?	不清	?
最显著特点	海盐气溶胶（尤其冬季）对雪冰化学影响显著		海、陆源和人为污染信息交混		冬春季污染物贡献显著，剪切带呈异常峰值		冬春季漂尘对雪冰化学有决定作用		海、陆源物质的贡献量不清，需做更多工作	
雪冰化学的代表性	南半球本底、全球本底		北极地区对流层中部本底		北极地区对流层下部本底（剪切带等无冰水域附近的积雪除外）		中纬度地区对流层中上部本底			

资料来源：Whitlow et al., 1992 和效存德等，2002.

化学离子在雪冰中并非一成不变，而是存在复杂界面交换过程，雪冰化学组分在雪/气界面之间存在迁移转化等复杂的物理和化学过程。以NO_3^-化学离子为例，大气沉降到南极冰盖上的NO_3^-会在短时间内再次释放到大气中，造成其浓度的快速减少，称之为沉积后遗失现象。这种现象与大气中含氮化合物的多源性和较为复杂的沉降后变化过程密切相关，也与新降积雪中NO_3^-以光化学分解或再蒸发的形式重新释放和逸散到大气中相关。化学离子在冰川上沉降后，会发生一系列的沉积后过程。例如，由于雪冰融水的下渗和再冻结过程会导致雪层中化学成分发生迁移转化，该现象即被称为化学离子的“淋溶作用”（wash out 或 elution of ions）。对于没有淋溶作用或淋溶作用较弱的冰川（如南极冰盖和格陵兰冰盖），化学离子保持了当时的原始记录，可据此恢复古环境和古气候。然而对于淋溶作用强烈的山地冰川，雪冰融化时大量的化学离子会随最初雪冰融水流失，因此冰川雪层中融水对化学离子成分的再迁移作用（淋溶作用）可能改变雪层内化学离子组成的原始记录。认识淋溶作用对化学离子记录的影响，是准确解释冰芯古环境和古气候记录的重要依据。青藏高原不同冰川区的离子淋溶特征表现为：高原中部唐古拉山地区的淋溶作用能够降低化学浓度的季节波动幅度，并且淋溶作用强度随海拔升高而降低；高原南部由于气温高、太阳辐射作用强等因素，雪层离子淋溶作用较强，在一定程度上扰乱了化学成分的季节性记录，对于较长时间尺度的冰芯记录可能产生“位相”移动，但并未改变离子的长期变化趋势；高原北部冰川积累区由于气温低、离子淋溶作用弱因而较好地保存了冰芯原始记录。研究现代环境状况下，各种化学离子从大气沉降到冰川表面及其在雪冰内所发生的一系列物理的、化学的和生物的迁移转化过程，并寻求导致变化的主要影响因素，将为冰芯记录研究奠定更加坚实的基础。冰川化学现代过程的研究进一步提高冰芯研究的精度和可信度，即建立转换模式，并由此更准确地根据冰芯记录反推出沉积时的气候和环境状况。

“离子脉冲”（ionic pulse）是指积雪开始消融的较短时间内，少量（一般少于全部积雪雪水当量 10%）的融水在短至几小时长至数日内集中将积雪中 80%以上的可溶性化学物质释放出来，可使得径流的化学成分产生瞬时高峰。因此，融雪径流“离子脉冲”过程直接反映了积雪消融的“离子脉冲”过程。高山季节积雪及其径流的“离子脉冲”现象首次于 1978 年由挪威水文学者 Johannessen 和 Henriksen 发现。积雪及其径流“离子脉冲”现象分别在北欧、北美地区和中国西部冰冻圈地区均有过大量报道。例如，天山乌鲁木齐河源空冰斗流域融雪径流具有显著的“离子脉冲”特征，即初始融雪径流化学离子浓度为最高，它们不仅高于春季融雪径流和夏季降水径流离子浓度，而且高于初冬季节近地表径流的离子浓度。

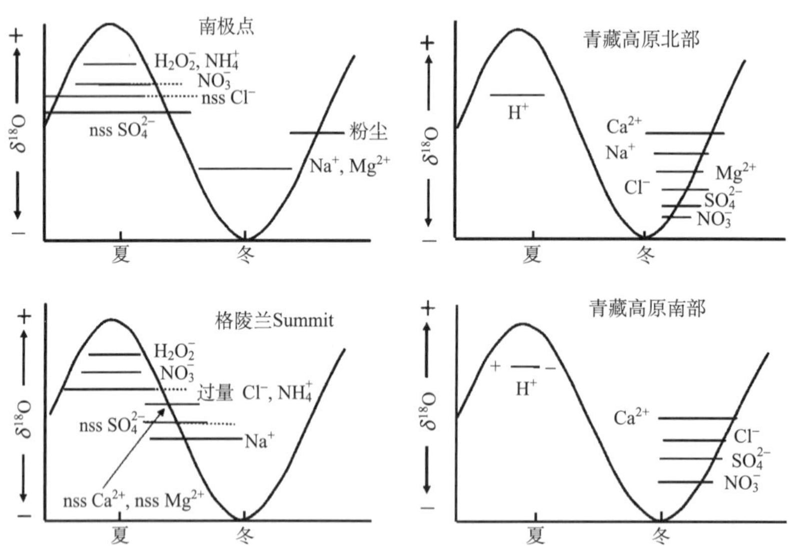

图 5.2　南、北极冰盖和青藏高原冰川表层雪冰中主要离子的季节变化（Whitlow et al., 1992; 效存德等，2002）

Figure 5.2　Seasonal variations of major ions in the surface snow of glaciers in the Polar Regions and the Tibetan Plateau（Whitlow et al., 1992; Xiao et al., 2002）

3. 重金属元素

工业革命以来，人类活动在加速改变社会发展历史进程的同时，也给环境造成了巨大影响，并带来了环境中化学元素的再分配。重金属一般以很低的天然含量广泛存在于自然界中，但人为排放的增多已经造成了全球范围的重金属污染。重金属在极地和山地冰川中的含量变化可以作为评价人类活动对大气环境影响的良好指标。雪冰重金属浓度的季节变化特征可以反映大气环境中重金属物质输送和沉降过程，以及各种贡献源随季节变化的信息，对于全面认识冰芯中重金属记录的环境意义具有重要作用。

格陵兰冰盖（如 Camp Century, GRIP, GISP2, Dye3, Summit）雪冰中重金属（如 Pb、Cd、Zn 和 Cu）浓度季节变化显著，具体表现为秋、冬季较低；峰值出现在晚冬和早春；而在夏季变化不甚显著。南极 Dollema 岛雪冰中重金属元素（如 Pb、Cu、Zn 和 Cd）浓度季节变化亦较为显著，其中秋、冬季 Pb 浓度出现峰值，而夏季浓度最低。从地理分布特征来看，由于不同源区对雪冰中重金属的贡献存在显著差异，格陵兰冰盖重金属空间分布特征主要表现为北部地区 Pb 的含量较高，同时中部地区 Cd、Zn 和 Cu 的含量高于南部地区。南极冰雪中重金属（如 Pb）含量沿横穿南极冰盖的断面（seal nuntaks 至 mirny 站）自西向东呈递增的趋势，其中横穿路线西段 Pb 的浓度反映出该区域大气 Pb 含量的现代本底状况；横穿路线东段 Pb 的较高浓度则与局部人类活动密切相关。在南极冰盖 Queen Maud Land 两条路线（Asuka-S16 和 S16-Dome Fujii）上，雪冰中重金属（如 Cu）的沉降通量随着距离海岸的增加而显著降低。

青藏高原的重金属主要受陆源物质的输入和人类活动排放的影响，但存在空间差异。以 Pb 为例（图 5.3），随着海拔的升高和距离人类工农业活动区的增大，Pb 的人为源贡

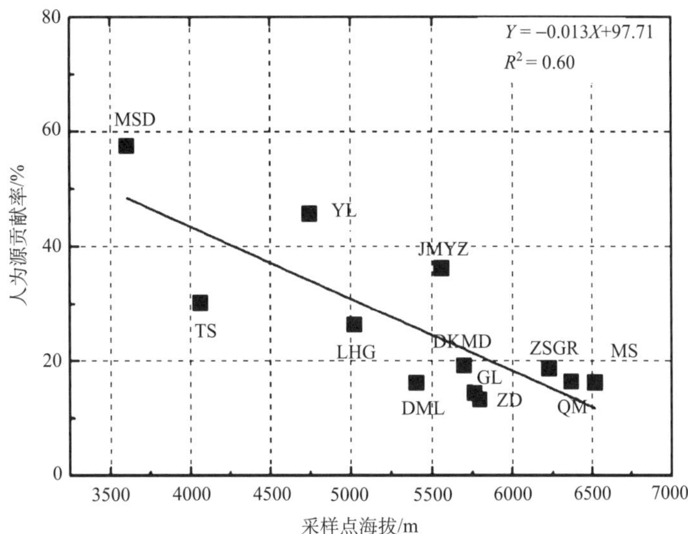

图 5.3　青藏高原雪冰记录人为源 Pb 的贡献比率与雪坑采样海拔的关系（Yu et al., 2013）

Figure 5.3　Relationship between anthropogenic Pb contribution rate and the sampling elevation in snow/ice of the Tibetan Plateau（Yu et al., 2013）

MSD：木斯岛冰川；TS：天山 1 号冰川；YL:玉龙雪山；LHG：老虎沟 12 号冰川；DKMD:冬克玛底冰川；DML:德木拉冰川；JMYZ：杰玛央宗冰川；GL：果曲冰川；ZD：扎当冰川；MS:慕士塔格冰川；ZSGR:藏色岗日冰川；QM:东绒布冰川）粗实线为线性相关线

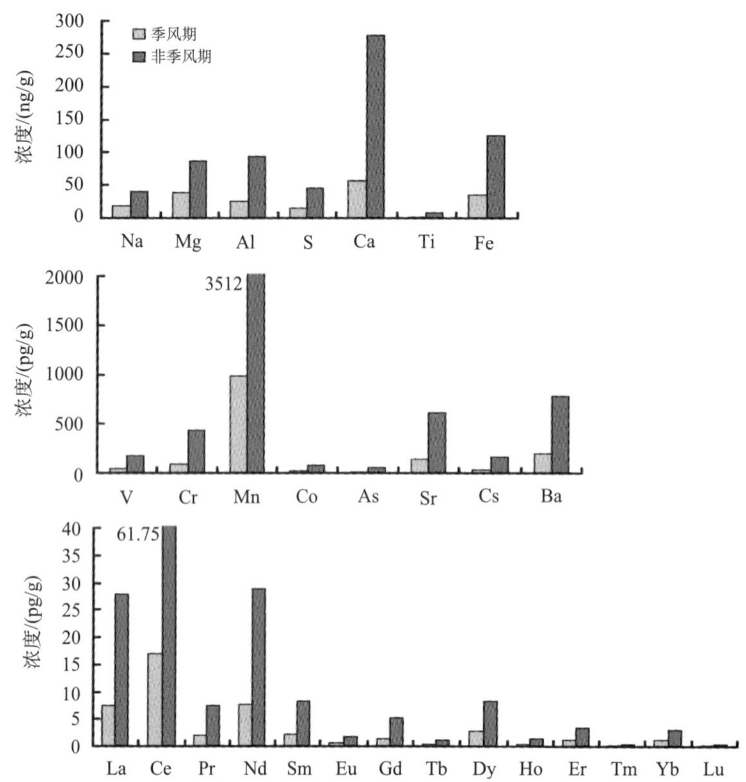

图 5.4　珠穆朗玛峰东绒布冰川粒雪中季风期与非季风期重金属及其他元素浓度对比（Kang et al., 2007）

Figure 5.4　Comparisons of element concentrations between monsoon and non-monsoon seasons in the East Rongbuk firn core, Mt. Everest（after Kang et al., 2007）

献由 59.3%下降到 10%，且大部分区域 Pb 的人为源贡献低于 30%（Yu et al., 2013）。总体来看，青藏高原雪冰中重金属平均浓度普遍高于南北极地区；季节变化主要表现为非季风期高、季风期低（图 5.4）；空间变化主要与距离粉尘源区和人类活动区远近密切相关。以最近数年来在中国西部冰川开展的重金属汞（Hg）研究为例，雪冰中总汞浓度均在 15 pg/g 以下，显著高于南极雪冰中总汞浓度，青藏高原代表了全球山地冰川雪冰中总汞浓度状况。冰川汞浓度表现出显著季节变化特征，即季风期较低而非季风期较高；在空间变化上呈现“北高南低”的分布态势。总汞和不溶微粒浓度具有较好的对应关系，青藏高原大气汞传输和沉降极有可能主要是以颗粒态汞的形式进行。青藏高原大气汞沉降通量在 0.88~8.03 μg/（m^2 • a）变化，亦大体呈现“北高南低”的分布态势，与世界范围内大气汞自然沉降速率相当。总之，无论是以地壳源或是以人为源为主的重金属元素，山地冰川元素浓度水平均远高于两极地区，空间分布特征主要与距离粉尘源区和人类活动区的空间距离远近密切相关。现代雪冰中重金属浓度的时空变化将为我们评估人类活动对不同区域大气重金属污染物的影响程度提供基础。

利用元素富集系数（crustal enrichment factor, EF_X）可对雪冰中重金属的自然源与人为源贡献进行估计，从而定性判断人类活动对雪冰中重金属的影响程度。重金属的富集因子如下：

$$\mathrm{EF}_X = \frac{(C_X / C_R)_{\text{snow/ ice}}}{(C_X / C_R)_{\text{crust}}} \tag{5-2}$$

式中，C_X 为研究元素的浓度；C_R 为选定的参考元素浓度；snow/ice 为雪冰中元素的浓度；crust 为地壳中元素的平均浓度。参考元素一般是地壳元素 Al、Si 和 Fe 等。地壳元素组成采用上陆壳（upper continental crust, UCC）数据。由于地壳的平均元素组成与研究区域之间可能存在差异，因而通常选择 EF 为 10 作为区分自然和人为影响的参考标准，即如果富集因子 EF<10，则可以认为该元素相对于地壳而言没有富集；如果富集因子>10，则认为雪冰中的该元素相对于地壳而言是富集的，即不仅有地壳自然源物质的贡献，而且受到人类活动排放污染物的影响。大量雪冰中重金属富集因子研究表明，南北极和山地冰川雪冰中重金属元素（如 Pb，Zn 和 Cu）均已受到人类活动释放污染物所带来的显著影响。

雪冰/大气界面重金属元素存在交换、逸散和富集等过程。以重金属汞为例，20 世纪 90 年代在南北极地区发现大气汞存在亏损事件（atmospheric mercury depletion events, AMDEs），大气汞通过干湿沉降量进入雪冰中，表明地球两极地区可能是重要的大气汞汇。由此，认识汞元素在雪冰/大气界面交换、富集和化学反应机制等方面尤为重要。在北极地区尽管表层雪中汞的浓度在 AMDEs 发生后显著增大，但汞沉积后过程受光致还原作用非常明显，沉降到雪冰中的汞在短时间内大量重新逸散和释放返回大气。然而在青藏高原地区，由于大气汞沉降方式主要与颗粒物密切相关，且颗粒态汞的环境惰性较强，大气汞沉降到高原雪冰之后受到光还原的影响较弱，大量的汞能够在雪冰中很好保存，表明相较于南北极地区，中国西部冰冻圈地区可能是全球更为重要的汞汇。

5.2.2 有机成分

冰川中痕量有机物的研究不仅提供气候变化和生物活动的信息，而且可以用来指示环境变化过程。冰川中痕量有机物的研究主要包括两个方面：一是以自然来源为主的生物有机物（主要是脂肪酸、二元羧酸、脂肪烃类等），通过分析此类有机物的组成、碳数分布以及脂肪酸的奇偶优势，认识此类有机物的来源和演化；二是以人类活动产生的有机污染物为主，如目前备受全球关注的持久性有机污染物（POPs）等。

20 世纪 70 年代，在北极冰川中已检测出持久性有机污染物。在格陵兰雪冰中多环芳烃（polycyclic aromatic hydrocarbon, PAHs）的记录呈显著的季节变化，绝大多数 PAHs 均在冬春季出现峰值。理化性质相对稳定的 PAHs 是示踪人类活动变化的良好环境代用指标，对格陵兰 Site-J 雪冰中 POPs 记录研究表明，PAHs 自 20 世纪早期开始升高，至 20 世纪后期 PAHs 的浓度水平为 18 世纪的 50 倍。南极地区雪冰中持久性有机污染物的研究较少，而且所报道的有机污染物种类也少于北极地区。南极冰盖雪冰中关于有机物污染物（如 dichlorodiphenyltrichloroethane，DDT）的报道始见于 20 世纪 60 年代。DDT 是 20 世纪中期全球广泛使用的一种有机农药，它通过全球尺度的大气环流传输并已经沉降到南极雪冰之中。例如，南极地区 20 世纪中叶老雪中所积累的持久性有机污染物（如 DDT，PCBs, polychlorinated biphenyls 和 HCH, hexachlorocyclohexane）高于现代表层雪，表明上述污染物从 1960 年可能已经通过大气传输沉降到南极地区。此外，在东南极冰盖中已检测到痕量的菲、蒽等低分子质量的多环芳烃，它们主要以气态的形式存在于大气之中，而且相对易于挥发，因此更容易通过大气环流传输到南极。

山地冰川由于更接近工农业生产活动密集区，人类活动的信息可以更为直接地被雪冰保存，所以更能反映人类活动对环境的影响。中纬度冰川距离有机污染物源区更近，其有机污染物的浓度普遍高于极地地区。在青藏高原南部冰川中已检测到通过印度季风携带而来的南亚有机污染物。从青藏高原希夏邦马峰达索普冰川（海拔 6400~7000 m）中检测出正构烷烃有机物（如源于石油残余物的姥鲛烷、植烷、C_{19}~C_{29} 的长链三环萜、C_{24} 四环萜、C_{27}~C_{35} 的 αβ 型藿烷、C_{27}~C_{29} 甾烷等），表明该地区受到人为源有机物污染物和海湾战争的影响。从空间分布格局来看，青藏高原冰川（七一冰川、玉珠峰冰川、小冬克玛底冰川、古仁河口冰川）雪冰中正构烷烃浓度从东北部到南部依次减小，与中亚阿尔泰地区 Belukha 冰川和 Sofiyskiy 冰川没有数量级上的差别，但人为来源和自然来源的正构烷烃浓度均显著高于南北极地区，且人为源的正构烷烃的贡献率远高于自然生物来源，表明快速的工业化发展已经影响到高原冰川有机污染物的组成变化。

5.2.3　微生物

随着大气环流传输并沉降到冰川表面的微生物，主要包括病毒、细菌、放线菌、丝状真菌、酵母菌和藻类，以耐冷的生物为主形成一个生命形式相对简单的生态系统。1911 年英国维多利亚探险队员最早在南极 McMurdo dry valley lake 冰川考察时发现水生蓝藻菌（*Cyanobacteria*）的存在。自 20 世纪中叶以来，随着冰川与全球变化研究日益成为科学研究焦点，人类有更多的机会探索和研究极端寒冷和贫瘠环境条件下的冰川微生物。近几十年来，冰川雪冰微生物已成为世界极端环境微生物学领域的研究热点，并取得了大量的研究成果。

全球冰川中微生物种类繁多、资源非常丰富，但由于冰川环境的巨大差异形成明显不同的生物群落结构。在巴塔哥尼亚冰川发现的雪藻类群（如 *Cylindrocystis*、*Ancylonema* 和 *Closterium*）是南美冰川区特有的藻类，与南半球其他冰川区雪藻种类截然不同（Takeuchi and Kohshima, 2004）。而且，巴塔哥尼亚冰川区藻类多样性指数为 1.47，明显低于位于北半球的喜马拉雅山脉（2.77）和阿拉斯加（2.19）冰川区。冰川微生物分布不仅在类群上具有区域特征，而且在数量上也具有显著的区域差异。例如，南极 Windmill 岛冰川中雪藻（*Mesotaenium berggrenii*）平均生物量高于南美洲巴塔哥尼亚冰川区，但远低于北半球的喜马拉雅山脉和阿拉斯加冰川区。冰川中优势菌群和数量的差异性均反映了不同冰川区环境对微生物类群结构和分布的影响。以耐冷的微生物为主的初级冰川生态系统中，藻类和菌类承担主要生产者的作用，它们以粉尘物质为养分，并包裹粉尘颗粒物进行大量繁殖，最终形成冰尘（cryoconite）。在冰川上富集的藻类会产生大量的有色物质能够显著降低冰川表面的反照率，加速冰川表面的消融过程，进而影响冰川的物质平衡。例如，在喜马拉雅山脉冰川上藻类富集区域雪冰表面的消融速率是其他区域的 2 倍以上。

通过大气环流传输沉降到冰川表面的微生物按照时间序列被雪冰保存，因此冰芯能记录到不同历史时期大气向冰川输送的微生物的种群数量和结构信息，是环境变化的优良指标。例如，喜马拉雅山脉的亚拉（Yala）冰川雪藻生物量的季节变化显著，并形成明显的雪藻年层，与微粒和氧稳定同位素比率的季节变化具有较好的一致性。青藏高原北部马兰冰川中细菌的生物量与粉尘微粒含量关系密切，大气粉尘是冰川雪冰中细菌的载体；在气候冷期大气环流向马兰冰川输送大量粉尘的同时也带来了丰富的微生物。总之，冰川微生物的研究不仅可以认识冰川消融中微生物的气候效应，亦为了解过去的环境变迁历史提供重要参考信息。冰川微生物的研究也为今后发掘新的基因资源、开展生物基因的进化乃至生命起源的研究开辟了新途径。

5.2.4　不溶性微粒

1. 粉尘

来自干旱区的粉尘，可以通过长距离传输并沉降到全球冰川表面，通过降低冰川表面反照率而改变冰川的能量和物质平衡，对冰川加速消融产生巨大的作用。在南北极和山地冰川已广泛开展了粉尘特征及其气候环境意义研究，内容主要涉及雪冰中粉尘浓度和通量的时空格局、理化性质（粒径大小、形貌、化学成分）及来源等。南北极地区（如北极 Penny 冰帽、Devon 冰帽、Summit 等，南极 Dome A、Dome C 等）雪冰中粉尘的平均浓度低于中国西部冰川区（如天山乌鲁木齐河源 1 号冰川，各拉丹冬冰川，崇测冰帽等）。全球冰川中微粒的粒径大小和分布模态则呈现显著的空间差异。总体来说，中国西部冰川区粉尘具有很大的粒径众数值且分布模态单一，与南北极雪冰微粒粒径特征明显不同。例如，中国天山冰川区微粒的粒径分布范围为 3~25 μm，呈单峰结构分布模式；而在北极格陵兰岛 Penny 冰帽粉尘粒径众数值为 1~2 μm 且呈双峰结构分布模式。

南极冰盖和格陵兰冰盖中粉尘浓度季节变化表现为冬季高夏季低；而在中国西部冰川区，雪冰中粉尘浓度在沙尘活动频繁的 4~6 月出现峰值，主要与亚洲春季频繁发生的沙尘暴事件有关。粉尘理化性质（粒径大小、化学成分等）的季节变化及来源示踪研究可以揭示出全球雪冰中粉尘分布的时空格局。例如，天山乌鲁木齐河源 1 号冰川雪冰粉尘粒径分布和化学离子组成（如代表粉尘矿物来源的 Ca^{2+}）在沙尘发生时期均出现最高值。通过后向气团轨迹模型反演大气粉尘的传输路径发现不同季节大气粉尘来源不同，在沙尘频发春季大气粉尘的长距离传输和沉降主要受中亚粉尘源区影响。总之，南、北极和中国西部冰川区雪冰中粉尘均表现出显著的空间差异和强烈的季节变化，主要受周边及全球干旱区的粉尘传输距离远近的影响。

2. 黑碳

黑碳是大气气溶胶的重要组分，其沉降到冰川后可显著降低冰川表面的反照率，进而加速冰川的消融。欧美国家在 20 世纪 80 年代初开始了冰川中黑碳的研究，主要集中在北极和南极地区。南极冰盖雪冰中黑碳浓度仅为 0.1~0.34 ng/g（平均浓度为 0.2 ng/g）；格陵兰冰盖雪冰中黑碳浓度为 2~3 ng/g；北冰洋海冰新降雪中黑碳的平均浓度为 4 ng/g，其中在多年冰层的颗粒状表层和内部，黑碳在融化过程中易于向雪冰表层富集，平均浓度较高（分别为 8 ng/g 和 18 ng/g）。此外，欧洲北极区表层雪冰中黑碳浓度远高于加拿大北极区和北冰洋海区，主要原因与黑碳排放源的距离远近密切相关。

近十多年来，中低纬度地区山地冰川（如青藏高原）雪冰中黑碳的研究亦逐渐展开。中国西部冰冻圈地区雪冰中黑碳平均浓度为 41.2 ng/g，黑碳浓度自东向西、自北向南呈现出明显的减小趋势。 中国西部 9 条冰川区黑碳浓度呈现出如下的分布格局：天山（112±27 ng/g）＞青藏高原腹地（88±25 ng/g）＞帕米尔高原（52 ng/g）＞祁连山（29± 9 ng/g）＞喜马拉雅山（22±16 ng/g）（Ming et al., 2009）。总之，全球雪冰中黑碳空间分布特征表现为，南极等偏远区域雪冰黑碳浓度水平非常低，代表全球黑碳背景浓度水平；而受人类活动影响较大的青藏高原冰川表层雪冰中黑碳浓度水平整体上高于南北极及北半球其他中纬度地区（图 5.5）。雪冰中黑碳的时空分布特征与局地环境、人类活动排放源区以及大气环流等因子密切关系。全球雪冰中黑碳的季节变化特征亦存在显著差异，南北极地区黑碳浓度最高值主要在冬季出现；青藏高原南部雪冰黑碳浓度为非季风期高、季风期低，而高原中部与北部则呈相反的季节特征。

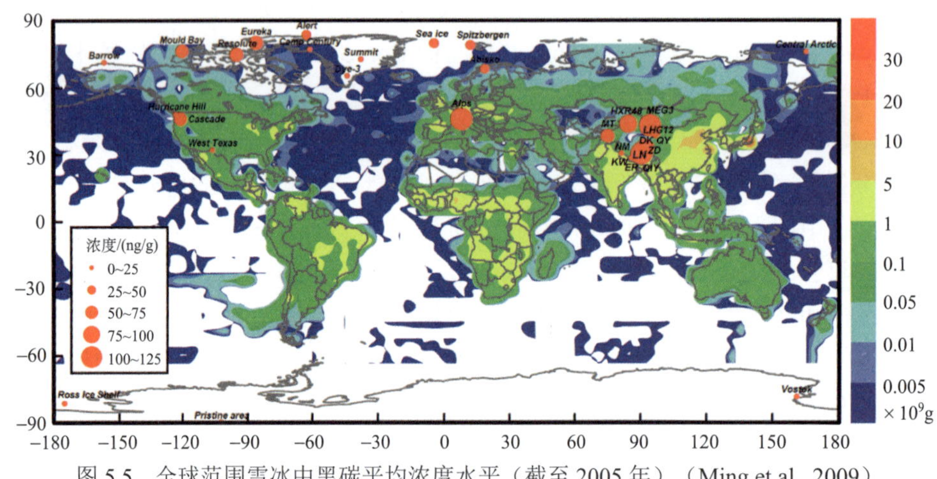

图 5.5　全球范围雪冰中黑碳平均浓度水平（截至 2005 年）（Ming et al., 2009）

Figure 5.5　Global black carbon concentrations in snow and ice till to 2005（after Ming et al., 2009）

Barrow：巴罗；Eureka：尤里卡；Mould Bay：毛德湾；Sea Ice：格陵兰近岸海冰；Alert：阿勒特；Resolute：雷索卢特；Dye-3：格陵兰 Dye-3 站；Spitzbergen：斯皮茨卑尔根；Abisko：阿比斯科；Hurricane Hill：飓风山；Summit：格陵兰顶峰地区；Central arctic：北极中部海冰；Pristine area：Pristine 地区；Ross Iceshelf：罗斯冰架；West Texas：西得克萨斯；Camp Century：世纪营地；Cascade：卡斯克德；Alps：阿尔卑斯山；MT：慕士塔格冰川；DK：冬克玛底冰川；QIY：枪勇冰川；KW：抗物热冰川；NM：纳木纳尼冰川；ER：东绒布冰川；LN：拉弄冰川；QY：七一冰川；MEG3：庙儿沟 3 号冰川；LHG12：老虎沟 12 号冰川；HXR48：奎屯河哈希勒根 48 号冰川；ZD：扎当冰川

利用 SNICAR（Snow Ice Aerosol Radiative）模型模拟评估冰川中黑碳造成的辐射强迫在中国西部为 0.8~12.1 W/m^2。最大辐射强迫出现在青藏高原念青唐古拉山脉冰川区（10.3 W/m^2），而最低的辐射强迫出现在喜马拉雅山脉冰川区（2.9 W/m^2）。总体平均而言，中国西部冰川区由于黑碳沉降所造成的辐射强迫为（5.7 ± 3.4）W/m^2。

5.2.5　稳定同位素比率

水从海洋表面蒸发时，较轻的 ^{16}O 和氕（H）构成的水分子易于离开水面进入大气。而当大气中的水汽凝结时，重的 ^{18}O 和氘（D）构成的水分子又优先降落，其结果使得自然界水体（包括雪冰）中稳定同位素比率在时空分布上产生差异。为了研究这一变化中的规律，精确测量不同过程、状态下水中的同位素构成是极为重要的。一般来说，相对浓度的测量要比绝对浓度的测量更准确，因此各种水样中的重同位素浓度与轻同位素浓度的比值 $^{18}O/^{16}O$ 或 D/H（用 R 表示），则是用相对于“标准平均大洋水”中重同位素浓度与轻同位素浓度比值（R_0）的差值（δ）（‰）来表示：

$$\delta = \frac{R - R_0}{R_0} \times 1000 \tag{5-3}$$

雪冰中稳定同位素比率 $\delta^{18}O$ 和 δD 是冰芯气候记录研究中最为深入且应用最为广泛的代用指标之一，相关成果已成为古气候变化研究的经典，为深刻认识全球变化作出了巨大贡献。冰川表层雪冰中 $\delta^{18}O$ 和 δD 的时空变化规律是解译冰芯古气候记录的基础。Dansgaard 根据瑞利分馏模型总结了影响雪冰中稳定同位素比率的主要因素，包括温度效应、水汽来源、纬度效应、海拔效应和大陆度效应等。在中高纬度冰川区，气温和降水量是影响稳定同位素比率的主要控制因素，这在南北极和高亚洲冰川区尤为突出。两极地区雪冰中 $\delta^{18}O$ 和 δD 的季节变化主要受控于气温，表现为夏季高值冬季低值。影响中国雪冰中 $\delta^{18}O$ 季节变化的主导因素因地域的不同可分为两类：在青藏高原北部，雪冰中 $\delta^{18}O$ 和 δD 的变化与气温呈显著正相关；而在受印度夏季风强烈影响的高原南部地区，夏季降水中 $\delta^{18}O$ 的变化与降水量呈负相关。从地理分布格局来看，南极冰盖 $\delta^{18}O$ 和 δD 具有显著的地域分异，呈现“西高东低”分布特征。在南极冰盖腹地高原，相同温度条件下 Vostok 站西部的 δD 比率比东部高出 40‰；南极冰盖 $\delta^{18}O$ 空间变化主要与降水时的凝结温度有关，而导致温度降低水汽凝结的主要地理因素是纬度、海拔和距离海岸线的远近。总体上，南北极水汽来源较为复杂，各水汽源区条件的差异及水汽传输过程中下垫面性质的不同将导致水汽中稳定同位素比率的差异。因此，水汽来源及输送过程、降雪形成过程及季节变化、沉积后过程等均不同程度地影响南北极表层雪冰中 $\delta^{18}O$ 和 δD 的变化，进而影响到根据冰芯记录重建的古气温变化的精度。

重金属稳定同位素一般不因物理或生物过程发生分馏作用，在研究雪冰中重金属的来源、迁移和转化过程，重金属同位素是行之有效的示踪手段。雪冰中某些重金属（如 Pb，Sr，Nd，Cu 和 Zn）的同位素比率已广泛用于指示大气环境的变化过程和不同源区的影响。例如，铅（Pb）稳定同位素在迁移过程中受后期地球化学作用影响较小，Pb 同位素丰度较高且比值稳定，不同来源的 Pb 同位素的组成存在差异。通过测定 Pb 的 4 种稳定同位素比率，利用 Pb 同位素的“指纹”特征，可用于推断雪冰中 Pb 的可能污染源区及贡献比例。例如，青藏高原南部冰川雪冰中放射成因 Pb 同位素含量高于北部地区，在低海拔和接近人类活动密集区，雪冰中人为源贡献的 Pb 占据主导地位。Sr-Nd 同位素组成分布具有地带性，并且在大气迁移或沉积过程中很难被改变，两者结合可以作为示踪雪冰中粉尘源区的代用指标。珠穆朗玛峰东绒布冰川污化层微粒 Sr-Nd 同位素的组成和局地粉尘同位素组成一致，主要来源于局地的陆源物质贡献；冰川非污化层的同位素组成明显区别于污化层样品中的同位素组成，与印度西北干旱区的粉尘同位素特征接近。祁连山西段老虎沟 12 号冰川微粒 Sr-Nd 同位素值与中国西部其他冰川区（如东绒布冰川、慕士塔格冰川、天山乌鲁木齐河源 1 号冰川、冬克玛底冰川）具有较大的差异，但与巴丹吉林沙漠矿物粉尘中 Sr-Nd 同位素值十分接近，推测巴丹吉林沙漠是祁连山老虎沟 12 号冰川粉尘最为可能的源区。

5.3　冻 土 化 学

5.3.1　已冻结土及正冻土的化学过程

1. 土壤冻融过程中的化学反应过程

发生在土壤冻融循环过程以及冻结状态的化学反应同未冻状态的反应基本相同。这些化学反应包括溶解反应、水化反应、替代反应、氧化还原反应和离子交换等，但是在冻土区发生的化学反应具有一定的特性。例如，在低温条件下一些盐的溶解速率较慢。一个很明显的特征是由于多年冻土低温环境使溶解性物质和水分子之间反应产生大量的化学产物，如水合物和结晶水合物。阳离子交换反应可能对冻土具有重要的影响，因为未冻水相当于浓缩液，其离子能够快速与矿物质表面的离子相互作用。而冻土典型的过程主要是溶胶的凝结和胶体化合物的形成。这些过程是由水的相变过程（冻结或融化）决定的，会导致土壤脱水，进而引起有机-无机化合物凝结（需达到凝结的阈值）。这些发生在寒区的地球化学过程也具有不同的特定功能。例如，自由水只有在一年中的温暖季节中才会对季节冻土具有重要的影响。因此，结合水（未冻状态）的一个重要作用是其与冰和土壤反应，并保持动态平衡。

土壤开始冻结过程中，水变成冰，形成新的矿物。重力作用、毛细管力和松散结合水会在温度等于或低于 0℃时发生结晶。通常水膜在较大范围的负温条件下发生冻结，其主要受未冻水含量的影响。矿化度大于 30 g/L 的盐水会在−2~−1.5℃温度下结晶，而导致剩余的溶液处于−20℃或者更低的温度环境中。水的冻结通常会导致盐在固相和液相之间明显地分化。溶解于水的一部分盐会封闭在冰中，溶解度较低的一部分盐会沉淀，而溶解度较高的一部分盐会被挤压到较低的水层而增加了其矿化度。冻结过程形成冰的矿化度比原孔隙水显著降低。缓慢且逐渐冻结过程产生了最纯的冰体。在冻结过程中，依据负温条件下可溶性程度，最不溶性的碳酸钙（$CaCO_3$）首先发生沉淀（在温度–3.5~–1.5℃），然后是硫酸钠（Na_2SO_4）和硫酸钙（$CaSO_4$）（在温度–15~–7℃）等，这些盐形成了所谓的结晶水合物。因此，低温层富含石膏（$CaSO_4 \cdot 2H_2O$）、芒硝（$Na_2SO_4 \cdot 10H_2O$）和方解石（$CaCO_3$）。在冻结界面以下，由于从冻结层迁移的易溶性盐（钙，镁，钠的氯化物和钠的碳酸氢盐）会导致水的矿化度增高。由于低温环境，容易形成高矿化度的多年冻土层下水（大于 200 g/ L）。

多年冻土地下水通常具有较高的 CO_2 含量，主要由于温度降低气体溶解度（包括 CO_2）及有机质含量增加。例如，在俄罗斯 Bolshaya Zemlya 的苔原土壤 H_2CO_3 含量为 200 mg/L，而 HCO_3^-含量为 650 mg/L。因此，在多年冻土区的地下水中氢离子浓度增加了几百倍，这可能会引起介质中的酸反应。许多化学反应和土壤化合物的本质特征很大程度上取决于介质的 pH。酸性环境具有较高的化学活性，并会分解硅酸盐，而且在酸性条件下的水解反应比中性和碱性环境的较强。由于多年冻土区中冻结的物质主要处于还原环境中，因此具有较高的二价铁（Fe^{2+}）含量。土壤中的氧化亚铁会使土壤呈蓝灰色，因而土壤通常被称为灰土（grey soils）。它们通常是细粒度、还原性和酸性土。

多年冻土中的有机质分解过程也具有差异性。由于生物和生物化学反应效率较低，因而导致动植物残体转化为有机质的速率较慢，以及残余物分解（腐殖质形成）状态不成熟。这个过程会导致浅色黄腐酸而不是腐殖酸（分解的最终阶段）的形成。苔原带土壤的黄腐酸含量可达到 70%，而腐殖土壤只含有 10%~15%的腐殖质。黄腐酸由于其强酸性可破坏矿物质；它们在土壤中均匀饱和，形成一个巨大的致密层。土壤中比较黏稠、活动较差的腐殖酸会形成块状、坚果般的结构，如黑钙土。

2. 冻结土壤的化学反应特征

由于在冻结状态（多年冻土或季节冻土），土壤中液态水几乎看不到，因此很长时间里都认为土壤处于化学反应不活跃的状态。然而这种认识低估了冻土中未冻水的作用。未冻水的存在很容易联系到范特霍夫定律的应用，其阐述了温度减低 10℃，化学反应速率减低一半。虽然冻土中缺乏自由水，但这样可能会阻碍化学成分从未冻水中逸出，物质传输过程由于未冻水中的离子扩散显得较为强烈，进而调节了溶解性物质的浓度。在冻土中，未冻水膜的传输过程也很活跃，会导致离子和溶解性物质随着水分迁移而传输。在这个过程中，孔隙冰和未冻水膜的相变伴随着离子浓度的增加或降低。

3. 反复冻融循环中的化学过程

与多年冻土不同，季节融化土壤中的化学反应更为强烈，且具有显著的周期性。土壤矿物质和水（自由水和结合水）之间的相互作用是一个脉动过程，水变成冰的相变及其逆过程会导致季节冻土中显著的化学风化作用。季节冻土中强烈的化学转换开始于风化作用的最初阶段，主要受水解、浸出、氧化、水合以及胶体和新生黏土等矿物迁移的影响。在南极的土壤表层 10~15 cm，如果氧气供应充足，会发生氧化作用，导致氧化锰（MnO）和氧化铁（Fe_2O_3）积累，而铁和锰的提取物着色在岩石碎片上使其成为赭石生锈或橘红色。在这层土壤下面有碳酸盐化，以及风化积累更不稳定的产物。在显微镜下表层风化壳的观测建立了原始矿物分解的阶段，即初始阶段是绿泥石的出现，然后是角闪石和黑云母，如带状和分层的硅酸盐最先解体。长石成为覆盖着黄褐色的粉质细聚合物，如二次黏土矿物。

在苔原带和泰加林地区，非潜育低温土是主要成分，其次是排水条件不好的潜育土壤。非潜育土的化学元素的迁移能力为 Si（硅）>Fe（铁）>Ti（钛）>Al（铝）。由于水解作用形成了硅酸盐，其在酸性介质中活性较强，且在土壤剖面中分布较少。酸性介质中铁、钛和铝的溶解度较低，在土壤中通常以氧化物和氢氧化物的形式存在。在多年冻土区土壤腐殖化过程中，腐殖酸是腐殖质较为活跃的形式之一。这种酸会随着土壤溶液向下运输，其通过形成不同种类的有机-矿物化合物（乙二酸盐，螯合物，棕黄酸盐和吸附的有机-矿物化合物）而破坏氢氧化物和硅酸盐矿物。

作为较为活跃的两种化合物，棕黄酸盐和乙二酸盐从土壤剖面上去除，螯合物和吸附的有机-矿物化合物很快会失去其可动性而保留在土壤中。在这个过程中，棕色铝-铁-腐殖质粗粉质黏土层出现。同时，真正的腐殖质层以及铝-铁-腐殖质和钛化合物层形成。钛、铝、铁和腐殖质的化合物在冲积层中积累，是典型的冷生土形成过程。淋溶层耗尽了铝和铁的氢氧化物和氧化物，因此其氧化硅（SiO_2）含量相对较高，由于深色化合物和矿物质的分解和去除而导致其颜色较亮。

在西伯利亚沿海低地和欧洲北部典型的潜育土中，其化学和物化过程有所不同。在这些具有还原性和酸性的土壤中细粒土占主要成分。潜育土剖面通常没有显著的淋溶层，但在重砂质粉质黏土中潜育和潜育-灰壤土却不同。例如，氧化铁和氧化铝含量伴随着二氧化硅的富集而降低。铁较强的迁移性是由于在还原条件下被转化成氧化亚铁，其在只有 pH 达到 5~6 时才会从溶液中沉淀。蓝灰色的亚铁化合物会使潜育土剖面呈典型的灰色和蓝灰色。黄腐酸的存在会促进这种现象的发生，这是腐殖质不成熟的形式，其不是棕色的而是浅灰色，因此使得潜育土的颜色比非潜育土较不明显。

风化作用产物的化学差异性与化学元素的流动性紧密联系，其在多年冻土区的地球化学过程尤其是冻融循环中尤为重要。流动性较强的元素会被地下和地表径流除去；相反地其他非流动性元素会积累在流域地区和斜坡上，增加了其相对浓度。例如，多年冻土区的钾、钙、镁、硫酸根和氯离子是流动性的，可易溶解在所有水体中迁移。硅的硅酸盐形式主要以单质和聚硅酸迁移，其溶液可被地下水除去。一定量的硅酸（40%）可与有机物结合以凝胶和胶体形式输送。在多年冻土区非硅酸盐实际上是非移动的，其由灰化土的形成过程所决定。二氧化硅的低流动性主要是由于其在典型的苔原带和泰加林土壤中酸性较高的介质中溶解度较低。在多年冻土区 70%~90%的铝是以胶体和与腐殖酸结合的化合物形式进行迁移的。在多年冻土区以外二价铁和三价铁的流动性较低。在寒冷湿润条件下，90%~98%的铁含量以流动性很强的胶体形式移动。在北方环境中一些其他微量元素（钛、锌、铜、镍等）流动性较强，通常不是以简单离子形式而是以胶体或者复杂离子的形式，且通常具有高分子质量有机物参与。

5.3.2　天然气水合物

天然气水合物（gas hydrate），是在高压、低温的环境条件下由气体分子和水分子组成的类冰固态物质，主要是甲烷（CH_4）、乙烷（C_2H_6）、丙烷（C_3H_8）等烃类同系物及 CO_2、氮（N_2）、硫化氢（H_2S）等。其外形类似于冰（图 5.6A），通常呈白色或者浅黄色，可以直接燃烧（图 5.6B）。水分子组成笼形类冰晶格架，气体分子充填在格架空腔中，组成单一或复合成分的天然气水合物。在高压低温条件下天然气水合物主要有结构 I 型、II 型和 H 型 3 种类型，在自然界中均可见到。在 2.0~10 GPa 超高压力下可形成 MH-II 和 MH-III 新型水合物结构类型，据推测多形成于其他星球，如火星、土星、彗星等。

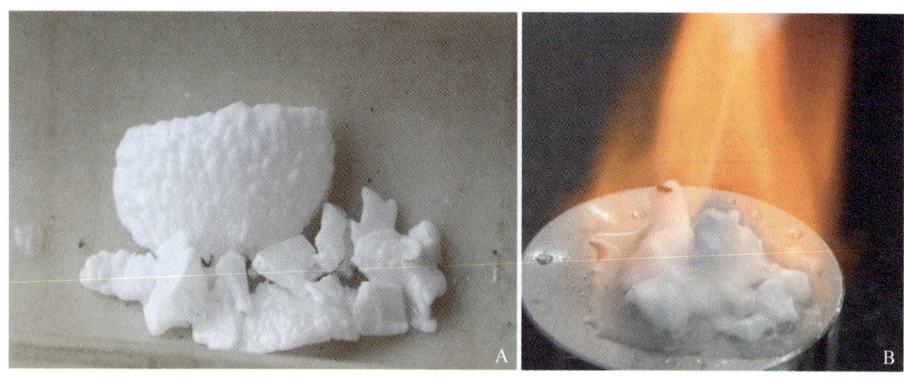

图 5.6　实验室中合成的水合物

Figure 5.6　Clathrate hydrates of natural gases compounded in laboratory

自然界常见的天然气水合物主要气体组分为甲烷，甲烷气体超过 99%的天然气水合物被称为甲烷水合物。天然气水合物在自然界广泛分布于多年冻土区、大陆架边缘的海洋沉积物和深湖泊沉积物中（图 5.7）。目前，已经在世界各地发现了大量的天然气水合物。天然气水合物具有高浓度、高储量等特点，且极不稳定，易分解。1 m^3 天然气水合物可转化为 164 m^3 的天然气和 0.8 m^3 的水，是一种能量密度高的非常规高效清洁能源。最新全球天然气水合物资源估计，多年冻土区为 10^{13}~10^{16} m^3，海洋环境为 10^{15}~10^{18} m^3，相当于全球现在已探明的天然气总储量的 2 倍以上。

天然气水合物尽管在外形上类似于冰，但是其物理性质与纯冰相差较大。天然气水合物硬度和剪切模量小于冰，压实的天然气水合物密度与冰的密度大致相等，热传导率和电阻率远小于冰（表 5.3）。天然气水合物能量密度高，是其他非常规气源岩（诸如煤层气、黑色页岩）能量密度的 10 倍，为常规天然气能量密度的 2~5 倍。

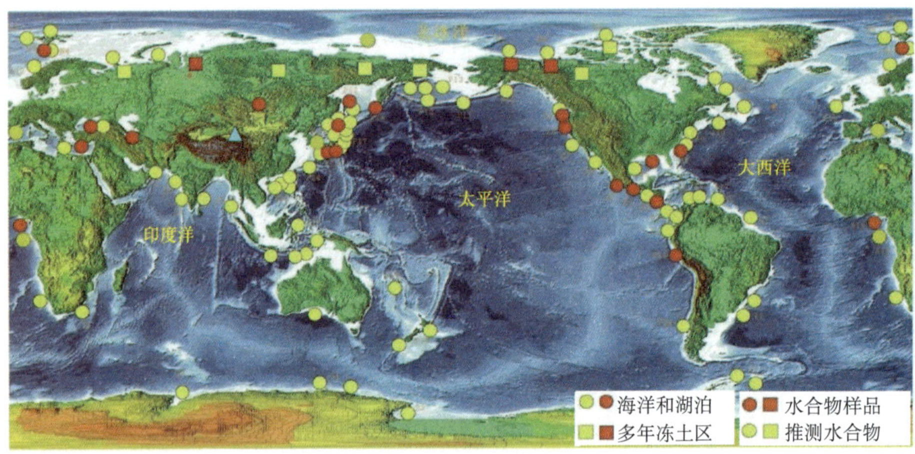

图 5.7　天然气水合物的全球分布（Sloan and Koh, 2007）

Figure 5.7　Global distrubition of clathrate hydrates of natural gases（after Sloan and Koh, 2007）

红色点代表获取天然气水合物实物样品的地点，黄色点代表根据其他证据推测的天然气水合物地点

表 5.3　天然气水合物的物理性质

Table 5.3　Physical parameters of clathrate hydrates of natural gases

物理性质	结构Ⅰ型	结构Ⅱ型	冰
密度/（g/cm^3）	0.79（空）	0.77（空）	0.917
	0.91（甲烷）	0.88（丙烷）	
		0.97（THF）	
硬度/mohs*	2~4		4
剪切模量/GPa	3.2	2.4~3.2	3.5
热膨胀系数/（10^{-6}/K）	87~104	64	53~56
热导率/[W/（m・K）]	0.49	0.51	2.23
电阻率/（kΩ・m）	5		500
介电常数	58	58	94

*1812 年德国矿物学家腓特烈·摩斯（Friedrich Mohs）首先提出用 10 种矿物来衡量世界上最硬和最软的物体，即为摩氏硬度计（Mohs Hardness Scale）。摩氏硬度是表示矿物硬度的一种标准，按照该标准将矿物软硬程度分为十级，各级之间硬度的差异不是均等的，等级之间只表示硬度的相对大小。该硬度值并非绝对硬度值，而是按硬度的顺序表示的相对值。

天然气水合物极不稳定，全球气温升高，多年冻土退化破坏了天然气水合物赋存的温度和压力条件，极有可能导致天然气水合物分解而释放甲烷。因此，甲烷水合物被当作气候变化潜在温室气体来源。1.5 万年前天然气水合物分解释放的甲烷气体引起了全球变暖，1.35 万年前末次冰期的结束，与天然气水合物分解释放大量的甲烷进入大气圈有关。在小于 1 万年的天然气水合物储库分解约 1/10，释放出的甲烷会导致全球海陆碳库的碳同位素陡然偏移–3‰~–2‰。有证据显示始新世末、早白垩世、晚侏罗世、早侏罗世等时段大量甲烷水合物分解并释放甲烷导致了全球升温。古新世-始新世之交（约 5500 万年）地球发生了全球性的温度急剧升高事件，大批底栖和浮游有孔虫从此绝迹。基于准确且可靠的碳同位素负异常及其短暂的持续时间（约 10 万年），大部分学者认同天然气水合物分解释放 CH_4 是约 5500 万年极热事件的起因。在第四纪晚期，极地冰芯详细记录了过去几万年大气 CH_4 含量的变化，而且甲烷含量急剧升高与各次冰期终结基本同步。美国 Santa Barbara 盆地底栖和浮游有孔虫所记录的过去 6 万年碳同位素波动特征，发现浮游有孔虫千年尺度的碳同位素存在 4 次较大负异常（最高达–4‰），提出至少发生过 4 次天然气水合物分解释放甲烷事件。阿拉斯加冰盖下部 CH_4 的浓度比大气中的平均浓度高 6~28 倍。多年冻土融化使多年冻土下部甲烷水合物分解并释放到大气中，使得温室效应增强，导致地球上冻土和冰川融化加剧，对全球气候产生重大影响。

美国阿拉斯加北坡和加拿大马更些三角洲多年冻土区先后发现了天然气水合物的实物样品，俄罗斯多年冻土区油气资源研究显示广大的多年冻土区也赋存有丰富的天然气水合物。然而，陆地上天然气水合物的资源储量比海洋中要少，但陆地上多年冻土区天然气水合物多以层状和块状构造为主，且多为甲烷水合物，其含量比海洋要高得多，具有较高的开采经济价值。多年冻土发育与天然气水合物赋存有着密切的关系，多年冻土不仅控制了天然气水合物形成的温度和压力条件，而且由于多年冻土层是渗透性极低的地质体，可有效地阻止其下部的气体向上迁移，有利于天然气聚集，构成了天然气水合物形成时必要的圈闭条件。

1980~1990 年在马更些三角洲地区开展天然气水合物资源调查和评估表明，天然气水合物主要发育在多年冻土层下 300~700 m 深度范围内。俄罗斯多年冻土地区发现多年冻土层间气体异常，推测在 250~300 m 深度范围内蕴藏有丰富的天然气水合物，这些蕴藏于多年冻土层间的天然气水合物被认为是残余型天然气水合物，或者是天然气水合物在负温下的自保护效应引起的。

1998 年，我国首次总结了中国海域天然气水合物成矿条件及找矿远景。2002 年开展了南海天然气水合物资源调查与评价研究，并采集到 20 000 多 km 高分辨率多道地震等地球物理数据，发现了南海北部陆源深水区发育有天然气水合物存在的地质、地球物理和地球化学异常标志，证实了我国海域存在天然气水合物。在东沙海域发现了与天然气水合物伴生的冷泉碳酸盐发育区，确定了东沙海域天然气水合物重点研究区。2007 年，我国在南海北部神狐海域成功地获取了天然气水合物实物样品，成为世界上第 24 个采到天然气水合物实物样品的地区。

我国多年冻土区约占陆地面积的 1/5，占世界多年冻土面积的 10%。青藏高原多年冻土区面积广大，基本具备天然气水合物形成的低温高压条件。2007 年开展了多年冻土区天然气水合物研究，并于 2008 年在祁连山区木里煤矿多年冻土区开展了钻探研究，并在约 130 m 深度上成功地钻取了天然气水合物实物样品。2009 年在该地点开展了第二次钻探工作，成功地在 130~260 m 深度范围内钻取了天然气水合物实物样品，50%左右的气体为甲烷，余下为一些重烃类气体，天然气水合物实物样品成功钻取标志着我国在陆地发现了天然气水合物。2013 年在青藏高原昆仑山垭口盆地实施了天然气水合物钻探和测井研究，通过钻孔岩芯气体释放异常、地球物理测井和气体地球化学分析特征，发现了昆仑山冻土区天然气水合物的赋存证据。它的发现标志着青藏高原腹地多年冻土区也可赋存有天然气水合物，这为青藏高原多年冻土区天然气水合物的形成和赋存进一步研究提供了证据。因此，中国成为继美国、加拿大和俄罗斯之后在多年冻土区发现天然气水合物实物样品的区域，对我国的能源、环境和气候将产生重大影响。

5.4　河/湖冰化学特征

河/湖冰作为冰冻圈要素之一，主要分布在高纬度和高海拔地区，其化学特征主要受地质地貌，补给来源，大气干湿沉降，冰-水间物理、化学及生物特征等因素的影响。然而，湖冰化学和河冰化学在实际应用中较少涉及，因此这方面的研究相对贫乏，以下仅举几例说明。

5.4.1　氢-氧稳定同位素比率在冰-水两相间的变化与影响因素

河、湖冰中氢氧稳定同位素的分馏作用是指水相中重同位素（$^{1}H_2{}^{18}O$ 和 $^{1}HD^{16}O$）由于冻结作用进入冰相，使得冰-水两相中重、轻同位素比率发生变化的现象。在冻结过程中重同位素优先进入冰中，但是由于氢氧同位素在冰相中的迁移速率非常缓慢，而融化过程并无分馏。根据热平衡方程，冰-水两相间氢氧稳定同位素分馏可用反应速率常数，即平衡同位素分馏因子来描述：

$$\alpha^* = \frac{R_{冰}}{R_{水}} \tag{5-4}$$

$\alpha^*=1$ 时，为零分馏；$\alpha^*>1$ 时，为自然冻结作用；R 是 $^{18}O/^{16}O$ 或 $D/^{1}H$ 的值；由于冰-水两相间的转变可视为平衡分馏，因此，可用平衡分离系数（ε^*）表示分馏程度：

$$\varepsilon^* = 1000\left(\alpha^* - 1\right) = \delta_{冰} - \delta_{水} \tag{5-5}$$

式中，$\delta_{冰}=1000\left(\dfrac{R_{冰}}{R_{标准}}-1\right)$，$\delta_{水}=1000\left(\dfrac{R_{水}}{R_{标准}}-1\right)$。

在淡水系统中，当温度接近 0℃，以自然冻结速率（<2 mm/h）结冰，$\delta^{18}O$ 和 δD 的变化范围分别是 2.8 ‰~3.1‰和 17.0 ‰~20.6‰。

在加拿大 Liard–Mackenzie 盆地冬季末河冰中，冰-水两相 $\delta^{18}O$ 与 δD 其最佳拟合线与理论平衡分馏趋势线呈准平行，与自然水体相同，氢稳定同位素分馏比氧稳定同位素分馏更显著（图 5.8），氧稳定同位素变化特征更具有规律性及可预测性；从理论角度考虑，忽略蒸发-凝结作用的影响，稳定同位素自身质量大小对冰-水间的分馏并不遵守质量原则，即质量不相关分馏。

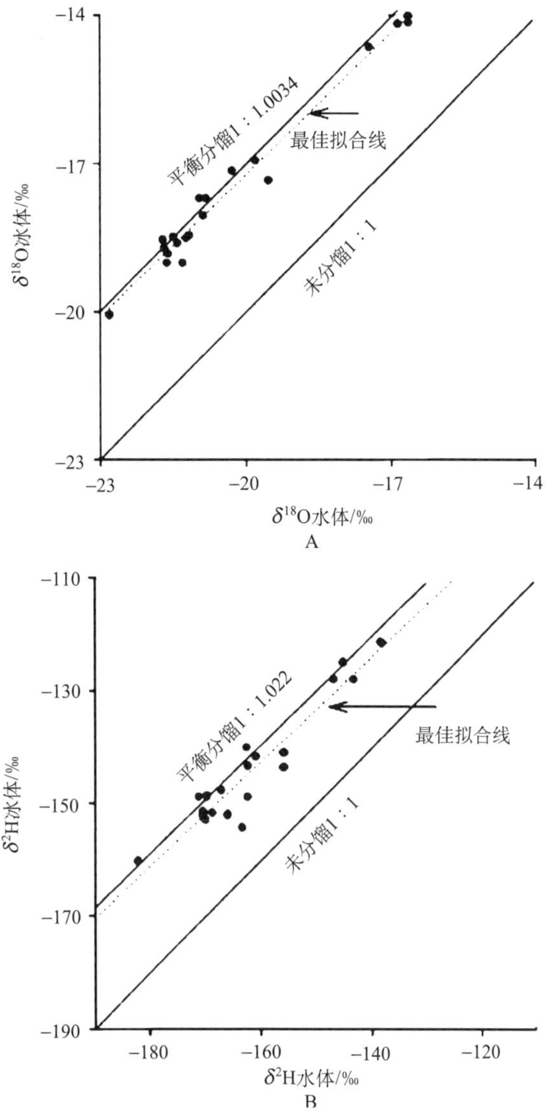

图 5.8　氧（A）和氢（B）稳定同位素在河水冻结过程中冰-水间的分馏（Gibson and Prowse，2002）

Figure 5.8　Stable isotope fractionation during freezing of river water for（A）Oxygen and（B）Hydrogen（after Gibson and Prowse，2002）

河、湖冰的形成依赖外界环境的改变，而一旦形成，又会形成独立的系统，因此，外界环境与系统组成对冰-水两相间氢氧稳定同位素影响非常显著，其中半封闭系统，慢速冻结是河、湖冰中最为常见的一种现象。氧稳定同位素在冰-水两相间存在 4 种状态（图 5.9）：①封闭系统，慢速冻结：该环境中，随着冻结深度的加厚，氧稳定同位素在冰-水两相间呈非线性快速减小，两者有逼近的趋势；②半封闭系统，慢速冻结：在该环境中，随着冻结深度的加厚，氧稳定同位素在冰-水两相间呈非线性以某一稳定值慢速减小；③开放系统，慢速冻结：在该环境中，随着冻结深度的加厚，氧稳定同位素在冰-水两相中均为恒定值；④开放系统，快速冻结：在该环境中，随着冻结深度的加厚，氧稳定同位素在冰相中开始以非线性增加，然后逐渐趋于恒定值，而氧稳定同位素在水相中始终为一恒定值。

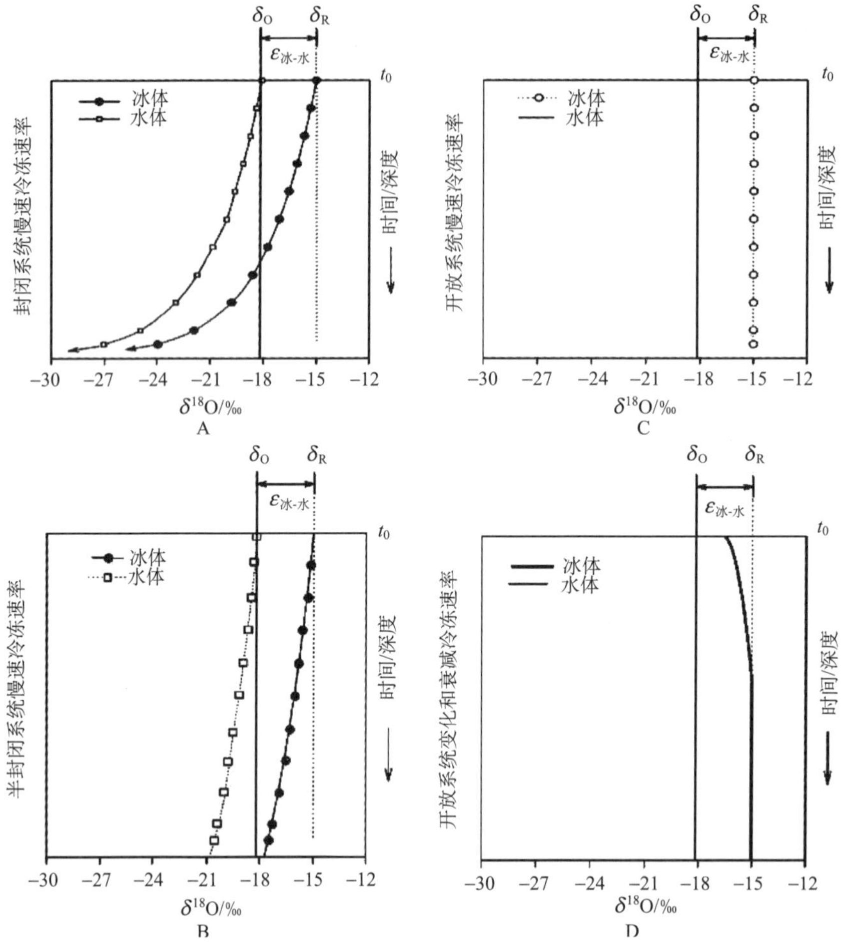

图 5.9　不同环境状态中$\delta^{18}O$在冰-水两相的分馏（Gibson and Prowse，2002）

Figure 5.9　Plots of $\delta^{18}O$ versus depth of ice illustrating the reservoir and freezing rate effects（after Gibson and Prowse，2002）

A 在封闭系统慢速冷冻速率条件下，水体和冰体中$\delta^{18}O$随时间和深度的变化；B 在半封闭系统慢速冷冻速率条件下，水体和冰体中$\delta^{18}O$随时间和深度的变化；C 在开放系统慢速冷冻速率条件下，水体和冰体中$\delta^{18}O$随时间和深度的变化)；D 在开放系统衰减冷冻速率条件下，水体和冰体中$\delta^{18}O$随时间和深度的变化。

5.4.2　电导率与离子变化

电导率是表示物质传送电流能力强弱的一个参数，是电阻率的倒数。电导率越大则导电性能越强，反之越小。水的电导率是衡量水质的一个很重要的指标，它能反映出水中含有电解质的多少。电导率与温度具有很大相关性。在一定的温度下，水中的电导率与其含盐量呈线性关系，河冰的电导率与离子浓度变化也一致，且它们的浓度在白冰中均比黑冰中高，这与冰的形成有关。因为白冰的形成过程速度较快，所含离子主要来自下覆水体，排斥系数较小；而黑冰形成速度较慢，形成过程中无机盐排斥效应非常明显。

5.4.3　痕量气体在河/湖冰中的分布

痕量气体在冰-水两相中的分布受冰类型、气体间的化学反应、生物的呼吸与光合作用共同调控。冰的存在会阻止水体-大气间的气体交换。以湖冰为例，CH_4、CO_2、O_2 和 N_2 的混合比在湖冰中的分布随着湖冰深度的增加其浓度变化并不一致。CH_4 混合比的变化较为复杂，不同湖冰差异显著；CO_2 混合比随湖冰深度增加有增大的趋势，而 O_2 混合比有减小的趋势。造成这种现象的原因是：当湖冰存在时，净光合作用受阻，冰湖中动植物因呼吸作用消耗 O_2，产生 CO_2。N_2 的混合比大约为 78%，与湖水表层大小相似。通常来说，痕量气体在湖冰中的总的含量是很低的，水中气体的溶解度是冰中的 100 倍左右。

5.4.4　河/湖冰中有色可溶性有机物的排斥效应与光学特性

有色可溶性有机物（CDOM）通常出现在水环境中，主要由腐烂物质所致，是一种光学上可测量的有机物。溶解性有机碳（DOC）则是以碳含量来表征溶解性有机物的浓度。通常情况下，河、湖冰中 CDOM 与 DOC 含量低于其下覆水中的浓度。为了定量地评估河、湖冰冻结作用对有机与无机物含量的影响，通常用它们的排斥系数表征其大小。CDOM 的排斥系数是在紫外波长下 CDOM 在水-冰两相的吸光系数之比，而无机物的离子排斥系数是基于水-冰两相的电导率之比。CDOM 和离子排斥系数在冰体剖面上具有很大不同（图 5.10）。在白冰存在的情况下，CDOM 和离子排斥系数在黑冰中比较高。一般来说 CDOM 的排斥系数大于离子排斥系数，尽管也有相反的情况出现；同一湖中重复样品的排斥系数尽管有一定的变率，但仍显示出较为一致的变化。无积雪存在的情况，离子排斥系数在冰的底部较高，与慢速冻结情况下离子排斥效率较高一致，而 CDOM 的排斥系数在冰面较高。对于 Romulus 盐湖（图 5.10D），在无积雪存在情况下，CDOM 排斥系数与离子排斥系数在冰的上部出现最大值，并且 CDOM 的排斥系数比离子排斥系数更高，而冰的其他部分则小于离子排斥系数。因此，对于湖冰来说，表层雪的存在对 CDOM 浓度及无机离子都会产生影响。此外，对于高山地区的湖冰来说，无机盐在湖冰中的排斥效应非常明显，调控着湖水盐度的大小，具有显著的季节性。

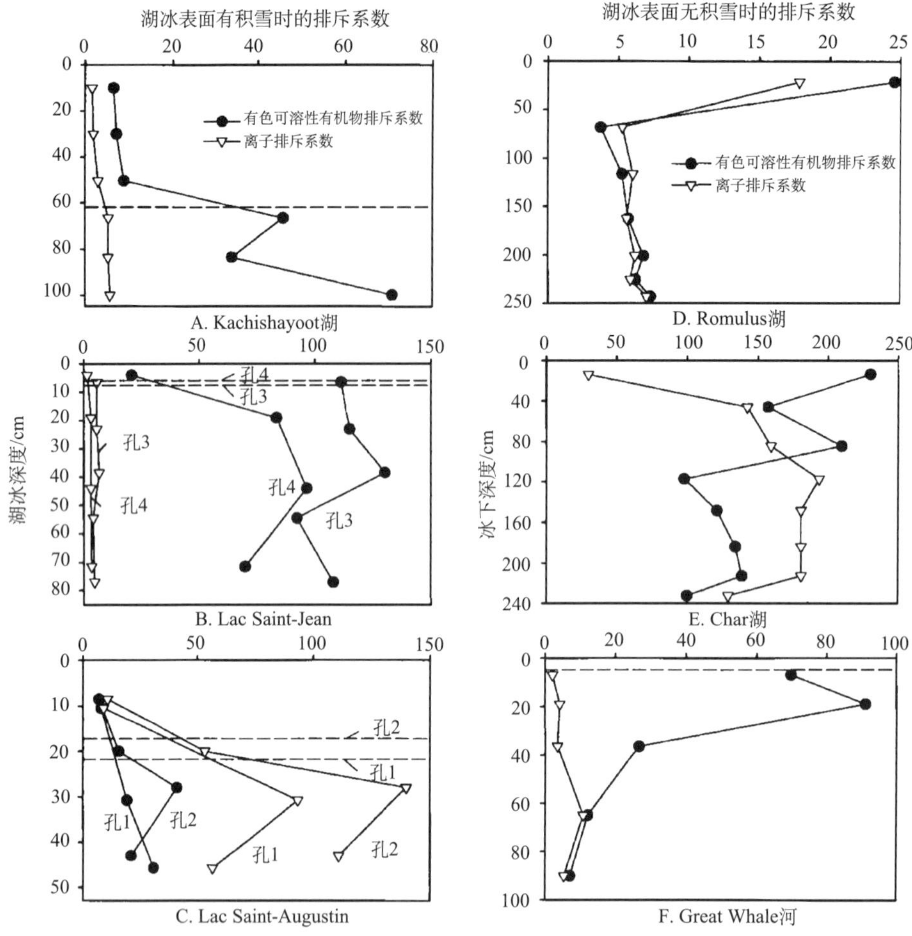

图 5.10　积雪对湖冰 CDOM 与离子排斥系数的影响（Belzie et al., 2002）

Figure 5.10　Impacts of snow cover on CDOM and ion exclusion factors in lake ice（after Belzie et al., 2002）

图 E 的 CDOM 排斥系数乘了 100，虚线表示白冰和清洁冰的分界线

5.5 海 冰 化 学

海冰主要是由海水冻结而成，在地球上大致分布在 3 个海域：①南大洋，以南极洲陆地为中心，周围的陆架和其临近海域；②北冰洋，以北极中心水域为主，和其临近的陆架及海湾区域；③亚极区、波罗的海、鄂霍次克海、白令海、哈德孙海、库克湾、芬兰湾和渤海等区域。海冰占地球表面约 7%，其化学特征在很大程度上是海水化学的反映，并受水–冰间的物理、化学和生物过程以及河流输入等影响。海冰盐度、主要离子、营养盐、痕量金属、溶解气体和有机质都是海冰化学的研究内容，其中海冰盐度的研究最为广泛。

5.5.1　现代海水的化学组成

现代海水除组成水的氢和氧元素外，Cl^-、Na^+、SO_4^{2-}、Mg^{2+}、Ca^{2+}、K^+、HCO_3^-（CO_3^{2-}）、H_3BO_3、Br^-、Sr^{2+}、F^-等是海水的主要化学成分（表 5.4）。海水 pH 约为 8.2，是电中性的，海水中正、负离子所带的电荷总量相等。海水中各主要成分之间保持含量比值恒定，也称为“保守离子”。海水化学组成主要由元素全球循环原理和全球循环过程中在海洋中发生的五大作用（酸-碱作用、沉淀-溶解作用、氧化-还原作用、络合作用、液-固和气-固等界面作用）所控制。

表 5.4　海水中的主要化学成分、含量及与其对应的矿物（盐度=35‰）

Table 5.4　Chemical components and their concentrations and minerals in sea water

元素	主要存在形式	含量/（g/ Kg）	对应矿物
Na	Na^+	10.76	Na-蒙脱石
Mg	Mg^{2+}	1.294	绿泥石
Ca	Ca^{2+}	0.4117	方解石、文石
K	K^+	0.3991	K-伊利石
Sr	Sr^{2+}	0.0079	
Cl	Cl^-	19.35	
S	SO_4^{2-}、$NaSO_4^-$、$MgSO_4$	2.712	硫酸锶、硫酸钙
C	HCO_3^-、CO_3^{2-}、CO_2	0.142	方解石
Br	Br^-	0.0672	
F	F^-、MgF^+	0.00130	F-CO_3-磷灰石
B	B（OH）$_3$、B（OH）$_4^-$	0.0256	

海水盐度是海水含盐量的一个量度，是海洋化学的基本参数。海水盐度的分布具有一定的规律，即表面海水盐度的分布在赤道附近盐度最低，在纬度 20°N 和 20°S 附近盐度最高。盐度随海水深度增加而降低。尽管海水的盐度与温度、深度、地理位置都有关，但是一般在 32‰~37‰，平均为 35‰。

海水中除了保守元素外，还有与海洋生物过程有关的元素，又称为营养元素。这些元素在海洋中的浓度与分布主要受海洋生物过程控制，同时，在控制海洋生物生长上也起了重要作用。这些元素主要包括氧、碳、无机氮、磷、硅以及铁、锰、铜、铝、锌等微量金属元素。

海水中氮的存在形式多为元素氮，此外，还有 NH_4^+（NH_3）、NO_2^-和 NO_3^- 3 种无机氮，以及有机氮和颗粒氮。海水中无机氮的主要存在形式是 NH_4^+，也称为铵态氮。NH_4^+或 NH_3 通过海洋生物作用由溶解氮或颗粒氮而得，是海洋生物的代谢产物。硝酸态氮（NO_3^--N）是无机氮中的稳定形式，亚硝酸态氮（NO_2^--N）与其他无机氮相比浓度较低，

它是 NH_4^+ -N 和 NO_3^- -N 的中间氧化状态。溶解有机氮主要是指溶解态游离氨基酸，如丙氨酸、甘氨酸、丝氨酸、苏氨酸、亮氨酸等。颗粒氮主要是指生物碎屑、含氮排泄物、无机氮-黏土矿物结合体，等等。

海水中磷的存在形式主要有 H_3PO_4、$H_2PO_4^-$、HPO_4^{2-}、PO_4^{3-}，它们之间存在动态平衡。在 pH 为 8.0 的海水中，HPO_4^{2-}为 87%，PO_4^{3-}为 12%，$H_2PO_4^-$为 1%。在不同的 pH 下各物种的比例有明显不同。海水中的磷是与海洋生物密切相关，不仅是海洋生物骨骼的主要成分，它也参与海洋生物的生物-化学作用，如生物摄入、消化和排泄等，甚至随生物尸体沉降于海底。大洋中磷的水平分布因受多种因素影响而十分复杂。一般规律是：太平洋、印度洋含量大于大西洋，这与许多微 / 痕量元素的分布一致；磷的浓度随纬度增大而增大，随深度增加而增加。

海水中的硅以溶解形态和悬浮形态等无机形态存在于海水中。粒状硅可来源于硅藻、硅鞭藻和放射虫的胞外结构等。海洋中可溶硅的浓度约为 36 mol/L 在海水 pH 为 7.7~8.3，95%的溶解硅以 H_4SiO_4 形式存在。太平洋中硅酸盐浓度比大西洋中的高；太平洋中分布是北高南低，大西洋中则南高北低、心表层的值低于深层。以上均与硝酸盐和磷酸盐的立体分布一致。

海洋中有机物质大致可分为溶解有机物质、颗粒有机物质和胶体有机物质。海水中的碳、氮、磷等有机物构成了海水溶解有机物的主要部分。海水中溶解有机碳（DOC）是海水有机物的主要成分。一般在上层水中 DOC 浓度较高、深层水中 DOC 浓度约是上层水中的 2/3。中国南海 DOC 含量比东海高，DOC 随离大陆距离增大而减少，随深度增大而减少。海洋中的颗粒有机物（POC）的浓度差异很大，随深度增加 POC 浓度减少。一般大洋中和赤道（或热带）附近的浓度低，北大西洋和西北太平洋海区的 POC 较高，东部热带太平洋表层水中 POC 值最大。

海水中还有大量的含硫化合物，如二甲基硫（DMS）、甲硫醇（CH_3SH）、二硫化碳（CS_2）、羰基硫（COS）、二甲亚砜（DMSO）、二甲基二硫（DMDS）等，这些含硫化合物在海水中和大气中的浓度和分布，在全球硫循环中起了重要作用。海水中 DMS 与浮游植物直接相关，DMS 浓度存在明显的季节变化和时空变化，浓度范围 0.3~50 nmol /L，DMS 最大浓度出现在温带和高纬度的高生产力区域如陆架区和上升流区，在生产力低的大洋水域 DMS 浓度较低。海水中的 DMS 由于水溶性小、挥发性强，有相当一部分会释放到大气中去。海洋中硫释放量占全球天然硫收支总量的 50%以上，海-气通量占海洋中硫释放量的 55%~80%。

海水的主要成分是水，其中氢和氧均有若干同位素，如除常见的 ^1H 和 ^{16}O 外，还有氘（D）、^{17}O 和 ^{18}O 等，其中 D 占 0.075%，^{17}O 占 0.037%，^{18}O 占 0.2%。因为水的主要分子式 $^1H_2{}^{16}O$、$^1HD^{16}O$ 及 $^1H_2{}^{18}O$，比例为 10^6∶320∶2000。此外，海水中还含有 ^{12}C 和 ^{13}C，^3He 和 ^4He，^{10}B 和 ^{11}B，^{14}N 和 ^{15}N，^{32}S 和 ^{34}S，^{86}Sr 和 ^{87}Sr，^{204}Pb、^{207}Pb、^{206}Pb 和 ^{208}Pb 等同位素。海水中的同位素在研究水团和海流的运动规律，水体的扩散、混合和交换过程，海-气交换，海洋中悬浮微粒和胶体微粒运移动力学，海洋沉积物年代测定和海洋沉积过程成岩作用的过程、反应和机制等方面，都得到了广泛的应用。

海水中还包括 O_2、N_2 和 CO_2 等气体。N_2 在化学上和生物学上是惰性的，所以海水中 N_2 的浓度应该是相当稳定的。图 5.11 是大气中的氮气和氧气在不同氯度和温度下的溶解度，一般规律是随温度升高而减小，随盐度增大而减小。

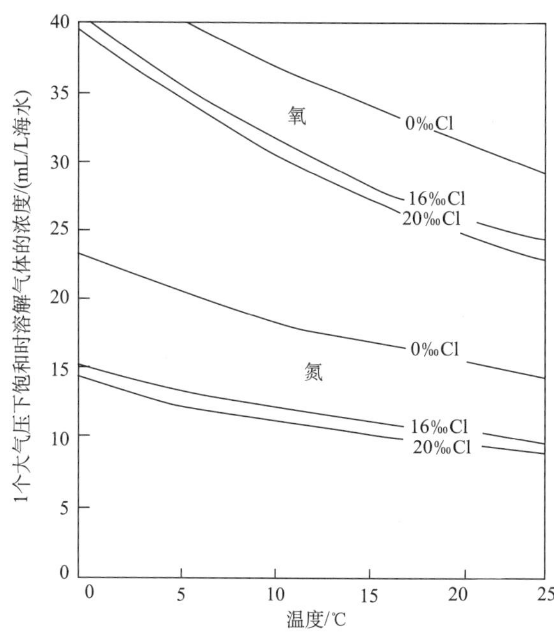

图 5.11　大气中主要气体在海水中的溶解度（引自：张正斌和刘莲生，2004）

Figure 5.11　Solubility of main atmospheric gases in sea water（after Zhang and Liu, 2004）

5.5.2　海冰盐度及其演化

海冰的盐度是海冰含盐量的一个量度，是一项重要化学指标。海冰的盐度是指海冰融化后所得水的盐度。海冰在形成过程中，有部分的盐汁将从冰晶间析出排入海水中。如果冰形成较快，冰晶间的空隙很快就会被新冰填塞，使盐汁来不及流出去，部分盐汁就被封闭在冰晶间的“卤水泡”内。因此，海冰是固体冰晶和卤汁的混合物。海冰的盐度主要取决于 3 个因素：结冰前海水的盐度、结冰速度和冰龄。

1. 结冰前海水的盐度

海水结冰不论多么快，总有部分盐分从冰里析出，因此，海冰的盐度总是低于形成它的海水的盐度。一般地说，海冰的盐度多数在 3~8。但结冰前海水的盐度越高，形成海冰的盐度也越高。例如，黄河口附近由于受黄河淡水的影响，海冰的盐度仅为 0.8; 辽东湾海冰盐度一般在 2~7；渤海的海冰盐度一般在 2~5；黄海北部的海冰盐度一般较渤海海冰盐度高；在西伯利亚沿岸海冰的最大盐度为 14，在南极大陆附近大洋中的海冰盐度高达 22~23。

2. 结冰速度

当海水的温度降至冰点或稍低于冰点时，水分子首先结冰，析出盐分，也有部分盐分留在冰晶中，逐渐形成盐泡（也称为卤水泡）。海冰形成时空气温度越低，结冰速度就越快，冰层厚度的增长也越快，盐分来不及析出，盐泡较多，海冰的盐度就大。在海冰的表层由于海水直接与冷空气接触，冻结速度较快，盐分不易析出，而下层冰的增长是缓慢进行的，并且冰针具有比较规则的垂直向排列，盐汁很容易流出，因此，盐度在冰层中的分布是由上层向下层递减。

3. 冰龄

海冰的盐度与冰龄的关系也是很显著的。刚形成的新冰盐度最大，随着它存在的时间增长，其盐分不断流失，使海冰的盐度越来越低。水温升高，海冰融化首先从针状晶体间或盐泡开始，融化到一定程度，相邻盐泡之间的卤汁慢慢地沿着“小沟”流失。

海冰中卤水所占据的体积称为卤水体积，它由冰的盐度和温度来决定。随着海冰盐度和海冰温度的增加，卤水体积也增加，以保持海冰与卤水之间的相平衡（图 5.12）。通常可以应用如下经验公式计算卤水体积分数（υ_b），该参数是海冰物理、生物、化学研究中的重要参量，这些经验公式为我们提供了简单的方法。

$$\upsilon_b = S_i(45.917/T + 0.930) \quad -8.2 < T \leqslant 2.0℃ \tag{5-6}$$

$$\upsilon_b = S_i(43.795/T + 1.189) \quad -22.9 < T \leqslant -8.2℃ \tag{5-7}$$

式中，T 是海冰温度；S_i 是海冰盐度。

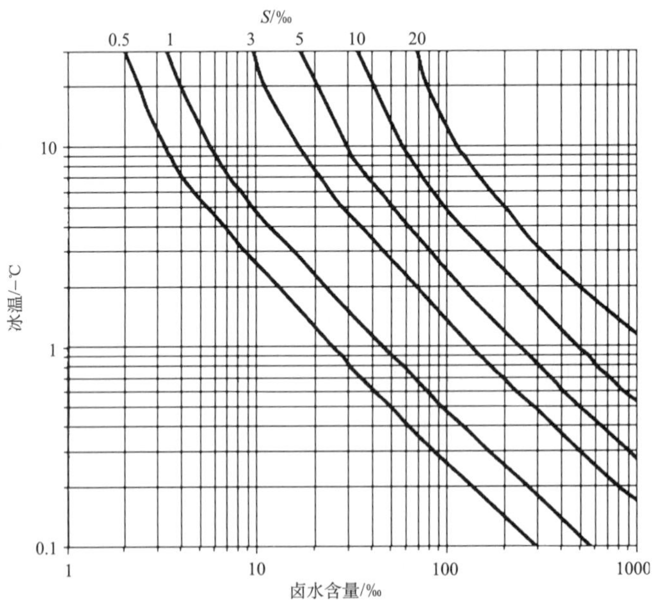

图 5.12　一定盐度范围内的冰内卤水体积与冰温关系（Kamarainen, 1993）

Figure 5.12　Relationship between volume and ice temperature of bittern in ice to certain salinity range（after Kamarainen, 1993）

4. 海冰盐度的演化

一年冰中盐度随深度的变化基本呈“C”字形变化，而在融化季节海冰表面盐度明显降低。目前大部分大尺度海冰模式中假定海冰盐度恒定，不能反映海冰对大气或海洋边界条件的响应。温度和盐度对冰孔隙率和孔隙微结构有重要影响，这也决定了研究海冰盐度剖面演化的重要性。冰在生长期间（图 5.13），海冰盐度垂直分布呈现冰的表层和底层盐度较高，中间盐度较低，呈“C”形。主要的影响过程有冰增长过程中的盐分分离和海冰脱盐过程。总体来讲，至少对于冬季新形成的海冰来讲，控制海冰盐度的最重要的因素是冰-水界面的盐分分离。冰和下伏水中盐分的初始分布进一步受到盐水驱逐过程的影响。冰生长越慢，由于扩散和对流传输使冰-水界面盐的累积越少。

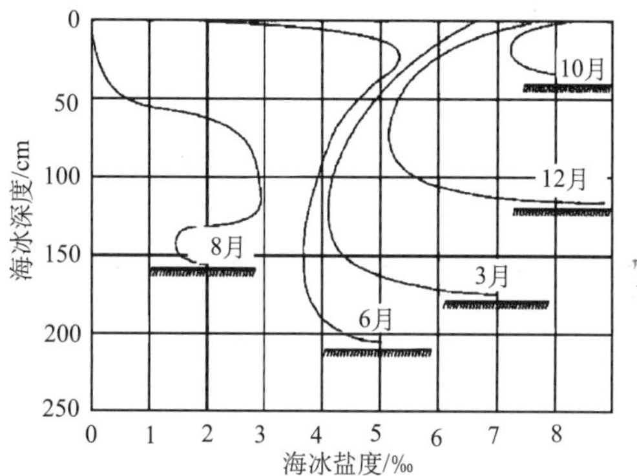

图 5.13　北极一年冰在冬季以及进入融化季节海冰盐度剖面的演化（Thomas and Dieckmann, 2003）

Figure 5.13　Evolution profile of salinity in sea ice in winter and melting season in Arctic（Thomas and Dieckmann, 2003）

通常利用下面的经验公式基于冰的生长速率 v_i 计算盐分分离系数 k_{eff}，进而结合海水盐度 S_w，估算海冰盐度 $S_{i,0}$：

$$S_{i,0} = k_{\text{eff}} S_w \tag{5-8}$$

$$k_{\text{eff}} = \frac{0.26}{0.26 + 0.74\exp(-7243 v_i)} \quad v_i > 3.6\times10^{-5}\ \text{cm/s}$$

其中

$$k_{\text{eff}} = 0.8925 + 0.0568\ln v_i \quad 3.6\times10^{-5}\ \text{cm/s} > v_i > 2.0\times10^{-6}\ \text{cm/s}$$

$$k_{\text{eff}} = 0.12 \quad v_i < 2.0\times10^{-6}\ \text{cm/s}$$

实际观测的盐度剖面与利用冰的生长速率与盐分分离关系（上述公式）预测结果存在差异，主要是冰在合并和老化过程中盐分的流失所致。从本质上来讲，有两种不同类型的脱盐机制：①冬季冰形成增长阶段，主要受温度梯度的驱动，表面冰层冷却，在这个过程中主要有重力排泄、卤水驱逐和卤水泡迁移等过程；②冰表面或者底部低盐度融水存在时的暖冰脱盐。

海冰温度梯度控制卤水泡迁移，即卤水泡由温度低的一端向温度较高的方向迁移。在微观水平上，单个卤水泡在温度梯度下的移动是显著的，但是在整体水平上，对于盐度剖面的影响不大。

冰形成增长条件下的有效脱盐机制是所谓的重力排泄。当正在生长的海冰从上方冷却，海冰温度越低，卤水盐度和密度越大。生长冰层处于正温度梯度和不稳定卤水密度剖面，就导致冰内卤水的反向对流，即冰内密度大的卤水与下部低盐海水进行交换。重力排泄量不仅取决于冰的温度梯度，而且也取决于冰的渗透性。重力排泄的脱盐速率是局部温度梯度、卤水体积分数的函数。因为与重力排泄相关的压力梯度很小，这一过程主要与孔隙的大小有关。当卤水体积分数低于某一临界值如50‰~70‰，重力排泄将停止。

冷冰另外一个重要的脱盐过程是卤水驱逐。卤水驱逐是在冰形成或生长期间产生，是海冰温度降低的结果。当海冰冷却时，卤水泡内的水分冻结，使卤水浓度升高。冻结冰比其处于液态时的体积约增加10%，所以一部分卤水被挤出卤水泡。卤水驱逐主要是受冰形成时体积的变化影响，与盐水和冰密度差异有关，可能是冰形成和生长初始阶段时重要的脱盐机制，尽管不如重力排泄那么有效。

冰-水盐分分离、重力排泄、卤水驱逐等过程可以共同解释新生冰的“C”形盐度剖面。当海冰增厚生长速率变小，使得分离系数整体降低，因此，新生成冰的盐度降低。

在夏季融化季节脱盐过程是最有效的，此时，冰的孔隙率和渗透性一般较高，冰表面和底部的融水盐度低，能够取代冰内部高盐度的卤水。融化阶段脱盐过程是受冰层表面的融雪或融冰产生的净水势驱动，冰表面融水盐度低，向下渗透进入冰体，取代高盐度的卤水。使用不同的示踪物质，可以看出融水的纵向和侧向传输随季节变化而变化，与冰的渗透性有关。北极海冰表面每年产生的融水多达25%保存在冰的孔隙中。同时，海冰底部淡水的扩散和对流交换使得较薄海冰的盐度接近降为零。

在冰生长阶段，冰层的平均盐度与冰厚具有一定的关系（图5.14）。在冰厚小于40 cm时，平均盐度线性降低较快。当冰厚大于40 cm后，平均盐度与冰厚仍然是线性关系，但随厚度减少较慢。

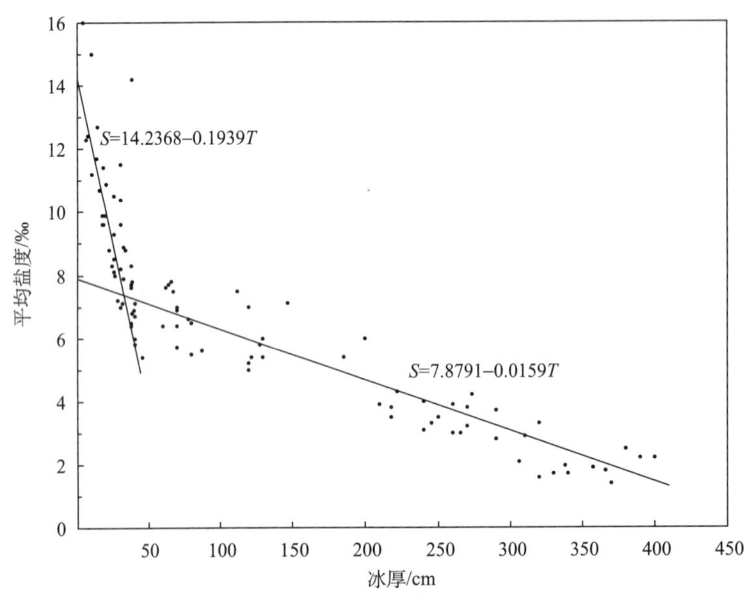

图5.14 生长期平均海冰盐度与冰厚度的关系（Kamarainen, 1993）
Figure 5.14 Relationship between thickness and salinity of sea ice in growing period（after Kamarainen, 1993）

海冰对冰下海水盐度的效应主要体现为使冰下海水盐度增高。盐分在冰内排泄的机制有卤水泡迁移、卤水驱出、重力排泄、融水冲洗等，冰内盐度可以直接通过渗透或间接通过冰层物理性质变化来影响冰下海水的盐度。辽东湾 1990 年 1 月中旬至 2 月上旬的冰下海水盐度变化曲线，充分证明了随着冰龄增长，冰下海水盐度增高的事实（图 5.15）。盐度变化的频率与辽东湾潮汐一致。由于辽东湾属于半日潮，所以海水盐度峰值出现的周期是有规律的，而变化的幅度与盐度分布不均匀有关。由于沿岸河流径流，近岸海水的盐度较低。当落潮时，低盐度水进到调查点，此处海水盐度降低；涨潮时，内海高盐度海水途经调查点，此处海水盐度增高。结冰前，沿岸海水盐度和内海海水盐度的差异大，所以曲线的幅度也大；结冰后，沿岸海水盐度增加，造成内海与沿岸海水盐度的差异减小，因而曲线的幅度减小。当完整的连续冰层形成之后，冰下盐度呈上升的趋势。

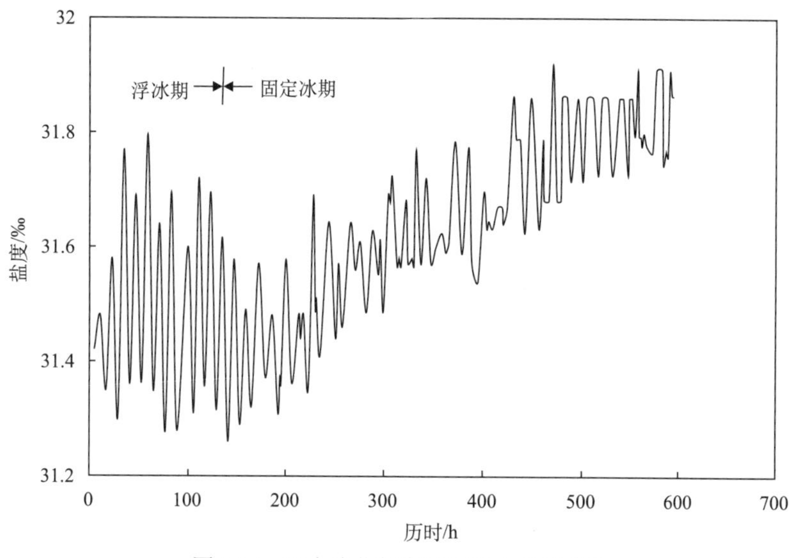

图 5.15　辽东湾北部海冰下海水盐度变化

Figure 5.15　Variations in salinity of sea water under sea ice in the north area of Liaodong Bay

5.5.3　海冰相图

海冰是固体冰晶与卤水泡的混合物，为了了解在海水冻结过程中离子成分的变化，就需要了解其物理化学的相变关系。为了使问题简化，图 5.16 给出了标准海水（Na^++Cl^- 85%，SO_4^{2-} 8%，Mg^{2+}+Ca^{2+}+K^+ 6%）相变的主要特征。在封闭体系中，盐度为 34 的海水冷却到冰点−1.86℃以下，温度降低可以观察到冰持续增多。由于海水中的主要溶解盐分并不能进入晶格，海水中的盐度增加，同时，冰点降低。在−5℃下，冰的质量分数可达 65%而与之平衡的海水的盐度上升为 87。在−8.2℃下，海水中的硫酸钠达到过饱和，芒硝开始析出。如果温度持续降低，芒硝持续析出。海水冻结过程中其他盐的析出，如 $CaCO_3 \cdot 6H_2O$, $NaCl \cdot 2H_2O$，及其在海冰中的分布和矿物学知之甚少。$NaCl \cdot 2H_2O$ 预测在−22.9℃开始析出。当海水的质量分数降到 8%，在−30℃，甚至–40℃时，仍然存在一小部分液体。在低温下未冻水的存在对冬季海冰中微生物的存活有重要的影响。

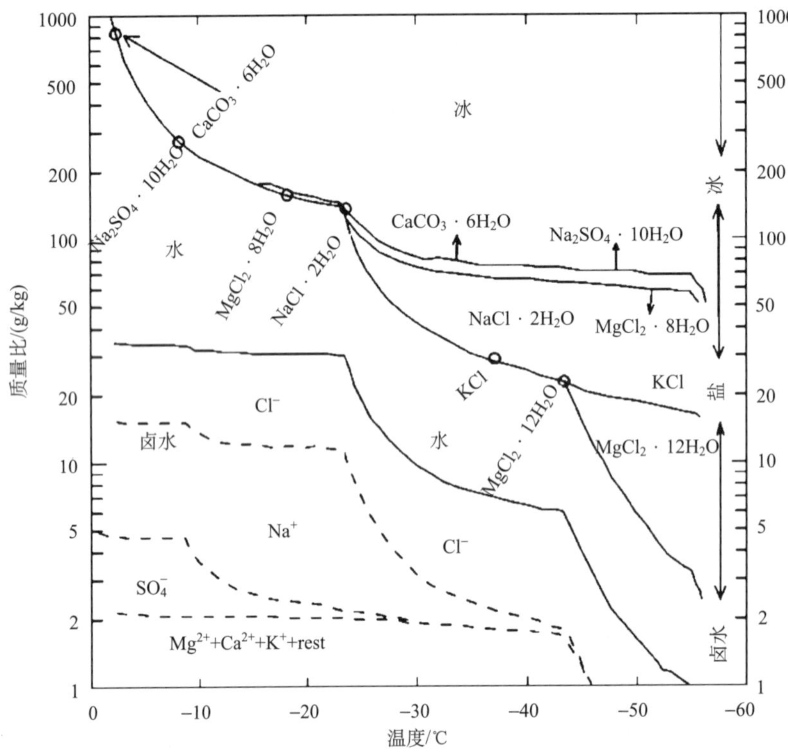

图 5.16 “标准”海冰的相图（Kamarainen, 1993）

Figure 5.16 Phase diagram of standard sea ice（after Kamarainen, 1993）

表 5.5 给出海冰中各种固体盐的性质，包括析出盐的初始结晶温度，在纯盐水溶液中的共晶温度，以及盐的密度和晶体体系等。

表 5.5 海冰中一些固体盐的性质

Table 5.5 Salt parameters in sea ice

盐化学分子式	矿物名称	晶体体系	密度/（kg/m³）	纯盐水中的共晶温度/℃	卤水中盐析出的初始温度/℃
$CaCO_3 \cdot 6H_2O$		单斜晶系	1771	?	–2.2
$Na_2SO_4 \cdot 10H_2O$	芒硝	单斜晶系	1464	–3.6	–8.2
$MgCl_2 \cdot 8H_2O$				–33.6	–18.0
$NaCl \cdot 2H_2O$	冰盐	单斜晶系	1630（0°C）	–21.1	–22.9
KCl	钾石盐	立方晶系	1984	–11.1	–36.8
$MgCl_2 \cdot 12H_2O$		单斜晶系	1240	–33.6	–43.2（不稳定的）
$CaCl_2 \cdot 6H_2O$	大理石	六方晶系	1718（4°C）	–55.0	<–55.0

资料来源：Kamarainen, 1993

5.5.4　海冰中的气体

海冰中的气体主要是空气。它可以在冻结过程中以封闭气泡的形式存在于海冰中。其产生的几种可能方式是：当水体表面有动力作用或者海水中有非溶解气体或者动植物产生的气体，这些气体被封闭在正生长冰层内。典型的气体体积浓度在 0.5%~5%，气体的成分一般接近纯空气成分，一般 N_2、O_2 和 CO_2 的比例分别为 82%、17%和 0.4%等，其氧气比纯空气低，而二氧化碳则比纯空气高。在冰盖非完全冻结层中，典型情况的气体孔隙仅仅是 0.5%，而接近表面的干舷部分，其内空气孔隙一般较高，在 1%~5%。

因为海冰内封闭有卤水和空气，它的密度不同于无气泡的纯冰密度（0.917 g/cm^3）。然而，在实践中，常忽略卤水和气泡的密度效应。海冰的典型密度是 0. 915~0.920 g/cm^3，非常接近纯冰。干舷部分的密度可能较低，在 0.89~0.92 kg/cm^3。表 5.6 给出了海冰密度与盐度、温度的关系。

表 5.6　不同盐度和温度下的海冰密度

Table 5.6　Density of sea ice at different sanility and temperature　（单位：g/cm^3）

盐度/‰	温度/°C							
	−2	−4	−6	−8	−10	−15	−20	−23
2	0.924	0.922	0.920	0.921	0.921	0.922	0.923	0.923
4	0.927	0.925	0.924	0.923	0.923	0.923	0.925	0.925
6	0.932	0.928	0.926	0.926	0.926	0.925	0.926	0.926
8	0.936	0.932	0.929	0.928	0.928	0.928	0.929	0.929
10	0.939	0.935	0.931	0.929	0.929	0.929	0.930	0.930
15	0.953	0.944	0.939	0.937	0.935	0.934	0.935	0.935

5.5.5　生物过程对海冰化学的影响

由于海冰融化，在冰与水界面处海水盐度降低，海水的垂直稳定性增强。冰内和冰上栖息的藻类大量繁殖。海冰中大量的海藻、细菌等存在，通过光合作用和异氧呼吸等对海冰化学有重要的影响。

在有大量海藻、初级生产力比较高的条件下，海冰卤水中溶解的无机碳和 CO_2 气体显著下降，pH 升高（可达 10），O_2 过饱和。溶解的无机碳和 CO_2 气体显著下降而 O_2 过饱和说明藻类的光合作用超过了净呼吸作用。实际上这种关系只有在海藻大量繁殖时出现。如果大量海藻死亡，细菌繁殖，这种趋势将是相反的。

海冰的 pH：海水中的 CO_2 气体和碳酸盐构成了一个缓冲体系，可显著改变海冰卤水、包裹在冰中的间隙水或蜂窝状冰的 pH。未受扰动的海冰卤水样品，以及高盐度下

pH 测量的复杂性限制了这方面的工作开展。总体而言，随着离子强度的增加，pH 下降，这反过来又增加了碳酸钙的溶解性。但是，这一趋势被冰中的光合作用活动的影响所掩盖。在封闭的海冰系统或者有大量海冰有机物情况下，pH 的增加主要是光合作用使得溶解的无机碳下降所致。

稳定碳同位素：光合作用碳吸收导致稳定同位素的生物同位素效应，使得生物体富集 ^{12}C。光合作用藻类的同位素效应大约为–27‰，即与可用的 CO_2 相比，光合作用产生的有机碳富集 ^{12}C，但是总的生物同位素分馏受很多因子的影响，如溶解的 CO_2 浓度，羧酸酯酶的类型、增长速率、细胞的大小和细胞的结构等。生物呼吸过程中的同位素效应很小，呼吸过程产生的 CO_2 与有机碳具有相同的稳定同位素比率。

海冰中的 DMS：海冰中由于扩散受到限制导致海冰生物产生的一些气体聚集，其中 DMS 研究较多，DMS 主要来源于 DMSP（dimethylsuop- honiopropionate）的分解。海冰有机体中 DMSP 的浓度比冰下海水和开放海水中的浓度高出一个数量级。DMSP 的产量受光、温度以及营养盐的供给、紫外辐射等影响。但是，在海冰中盐分是影响藻类产生 DMSP 的重要因子。DMSP 在高盐条件下在细胞中合成和累积。当环境盐度降低时，DMSP 分解并释放 DMS。在高碱度下，DMSP 也分解释放 DMS。因此，海冰卤水泡 pH 高达 10 也会促进这一反应。海冰 DMSP 的分布具有很大的变化，在很大程度上反映了有机体群落物种的变化。海冰区域释放大量的 DMS 通常与海冰融化相联系，这时海水盐度降低，有利于 DMSP 的分解。通常冰融化的季节冰边缘食草动物大量增加，使得海水中 DMS 浓度增加，进而向大气中的释放增强。DMS 并不是海冰藻类释放的唯一挥发性气体，反应性溴的对流层富集与海冰密切相关。对流层中短期 BrO 的高浓度是由于海冰海盐释放的 Br_2 的自催化。南北极海冰藻类也可以产生大量的含溴卤代物如溴仿、二溴甲烷、溴氯甲烷、甲基溴等，这些物质都可以通过光化学转化为活性溴，这都对极区的化学具有重要意义。

无机盐类：海冰化学中最关注的是无机营养盐如硝酸盐、亚硝酸盐、铵盐、磷酸盐和硅酸盐等。在非生物系统中，当冰形成时，这些无机盐的浓度以保守的方式变化，即与盐度的变化成正比。不同类型和冰龄的海冰中主要离子（如 Na^+、K^+、Mg^{2+}、Ca^{2+}、Cl^-、SO_4^{2-}等）基本遵循冰的盐度变化的理论稀释线，而硝酸盐、亚硝酸盐、铵盐、磷酸盐和硅酸盐则显著偏离这一预测线。正如前面讨论的溶解气体一样，这些偏离与冰中的生物活动密切相关，这导致了这些成分较高的空间差异性。

可溶性有机物：在海冰的形成过程中水体的可溶性有机物进入冰体是保守的，遵循无机盐和可溶解气体的变化。只有低分子质量的分子可以保留在冰中。在海冰微生物网络中，藻类是可溶性无机营养盐的汇，而异氧的原生动物和多细胞动物排泄可溶性的有机物，异氧细菌利用有机物和无机营养盐维持生长。海冰也是可溶性有机物的重要的存在区域。海冰中的可溶性有机物通过冰的融化或冰-水交换，都被认为是增强冰下微生物活动的重要的有机物质来源。由于海冰融化时巨大的稀释作用，这种影响只在冰附近的水中存在。

思　考　题

1. 黑碳如何影响冰冻圈变化？
2. 冰川中的化学成分主要有哪些来源？
3. 多年冻土区碳循环对气候有何反馈作用？

延 伸 阅 读

【经典著作】

Atmospheric Chemistry and Physics: From Air Pollution To Climate Change, Second Edition.

作者：Seinfeld J. H., Pandis S. N.

出版社：New York: JOHN WILEY & SONS, INC，2006

内容简介：

大气化学和物理（第二版）是一本经典的大气化学和大气物理学方面的专著，也是大气科学公认的教科书。本书提供了一个严谨而综合的关于大气化学的处理，包括气溶胶和大气污染物及其相互作用、气体和大气颗粒物的影响、大气化学成分和传输模式的数学计算等。全书共有 26 章，包括大气圈、大气圈的痕量组分、化学动力学、大气辐射和光化学、平流层大气化学、对流层大气化学、大气水相化学、大气气溶胶的性质、单个气溶胶粒子动力学、气溶胶热力学、核化、大气的质量传输、气溶胶群体动力学、有机大气气溶胶、气溶胶与辐射相互作用、局地尺度气象学、云物理、大气扩散、干沉积、湿沉积、大气环流、硫和碳的全球循环、气候和大气圈的化学组成、气溶胶与气候、大气化学传输模式型、统计模型。与第一版相比，第二版详细介绍了平流层和对流层大气化学，气溶胶的生成、增长、动力学和特性，空气污染气象，云的形成和云化学，大气化学和气候相互作用、其他和气溶胶的辐射和气候效应、化学传输模式等。

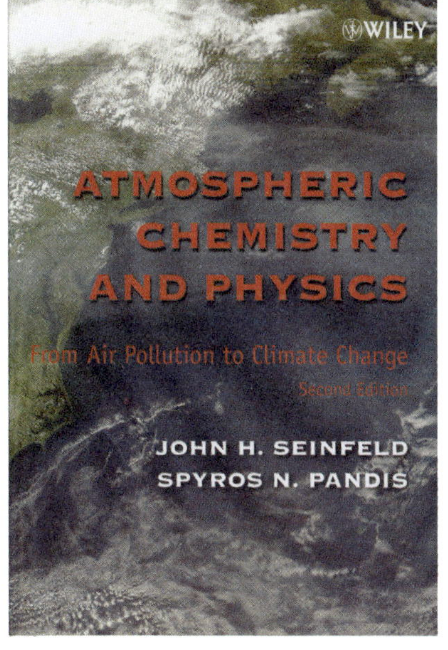

第6章 冰冻圈内的气候环境记录

主笔：姚檀栋　王宁练

主要作者：田立德　侯书贵　朱立平　金会军　刘晓宏　吴青柏

了解过去气候环境变化，对于认识现在和预测未来的气候环境变化具有重要意义。本章在介绍冰冻圈不同介质（冰芯、冻土、树轮、湖泊）中各种指标气候环境意义的基础上，着重阐述了冰芯、树轮、湖芯等记录的轨道时间尺度和千年时间尺度的气候环境变化信息。由于冰冻圈的形成演化与气候变化密切相关，因此，本章中关于过去气候环境变化的重建结果，也是理解过去冰冻圈演化的重要基础。

6.1　冰冻圈介质中的气候环境指标

6.1.1　冰川

冰川及其变化蕴含着过去气候环境变化的重要信息。冰芯与冰川遗迹是揭示过去气候环境的重要手段。冰芯不仅记录了过去气温的变化，而且还记录了过去气候环境变化，包括火山活动、太阳活动以及人类活动对环境的影响等各种信息（表 6.1）。

表 6.1　冰芯中各种气候环境参数的代用指标

Table 6.1　Proxies of climatological and environmental parameters in ice core

气候环境参数	主要替代指标
气温	$\delta^{18}O$，δD，融化层
降水量	净积累量
大气化学成分（自然变化和人为影响）	CO_2，CH_4，N_2O 等气体含量，冰川化学
火山活动	火山灰，ECM，SO_4^{2-}等
太阳活动	^{10}Be 等宇宙成因同位素
海冰范围	甲基磺酸，海盐离子浓度
大气环流	冰川化学成分（主要离子）、微粒粒径与浓度

续表

气候环境参数	主要替代指标
干旱区范围变化	微粒含量、陆源化学成分含量
生物质燃烧	左旋葡聚糖、烟灰、黑碳、K^+等
冰盖高程	气体含量
人类活动	Pb，Cu，Hg 等重金属，DDT 等持久性有机污染物（POPs），NH_4^+，SO_4^{2-} 等相关的工业化无机产物，人为温室气体排放等

冰芯中的$\delta^{18}O$是气温的一种代用指标。大气中的水汽主要来源于海洋。全球海水的同位素构成几乎是一致的，即 $H_2^{16}O$，$HD^{16}O$ 和 $H_2^{18}O$ 含量比值分别为 0.9977∶0.0003∶0.0020。由于重水的水汽压比普通水的水汽压稍低，因此重水分子不易蒸发，而易于凝结。正因为如此，水在蒸发、凝结的循环中，其同位素组成就会发生变化。由于蒸发和凝结过程均使水汽中重同位素含量减少，因此降水中δ 值总是负值（氢、氧同位素比率一般是用它们相对于“标准平均大洋水”中重同位素浓度与轻同位素浓度比值的差值来表示）。当海洋气团向高纬或内陆移动时，其水汽中的重同位素随着降水的发生而逐渐脱离气团，使得其剩余水汽中的$\delta^{18}O$ 或δD 就变得越来越偏负。而气团只有在冷却时，其水汽才会凝结，可见气温是影响降水中$\delta^{18}O$ 或δD 的一个重要因素。一般而言，洋面温度变化比高纬或内陆的气温变化要稳定得多，因此某一地点降水中的$\delta^{18}O$ 或δD 的变化对于当地降水时的气温有很大的依赖性。

冰芯净积累量可作为降水量的一种代用指标。冰川是大气降水的天然接收器。一般情况下，在海拔较高的冰川积累区，其降水也主要以固态形式（雪、雹等）发生。这样，如果不存在物质损失（如升华、风吹雪等），那么记录在冰芯中的年净积累量就能够反映年降水量状况。但事实上由于提取冰芯时，所选取冰川的形态（山谷冰川、冰帽或冰盖）、钻孔所处的位置（位于不同的成冰带）等均不尽相同，这些因素会影响到冰芯净积累量对于实际降水量的代表性。一般而言，冰川上积雪物质的总积累量往往受到融化、蒸发及升华等物质损耗过程的影响，导致净积累量小于总积累量。不过，如果冰芯提取位置位于冰川的冷渗浸–重结晶带，那么由于影响物质损耗的主要过程（消融过程）较弱，使得冰芯净积累量与总积累量相接近，从而能够比较准确地指示降水量状况。例如，喜马拉雅山达索普冰芯钻取的位置就处于冷渗浸–重结晶带，其净积累量记录可以更好地反映降水量变化状况。根据冰芯中物理、化学参数等的季节变化特征进行的年层划分，首先获得的只是年层厚度记录，要将其转换为净积累量记录，还必须考虑年层的塑性形变和冰川流动等方面的校正问题。

冰芯中包裹的气泡是记录过去大气温室气体组成及其含量的“化石”。在目前古气候环境研究的所有介质中，只有冰芯能够高分辨率地揭示过去大气温室气体组成及其含量的变化。冰川是由固态降水（雪）的长期积累、演变而成的。在粒雪密实化转变为冰川冰时，粒雪中原先与大气相通的空隙被封闭，成为冰川冰中包裹的气泡。通过分析冰芯包裹气泡中的气体组成及其含量，便可以揭示冰芯包裹气泡形成时的大气成分状况。

目前，对冰芯包裹气泡中二氧化碳与甲烷含量的分析测试与研究结果较多。然而，利用冰芯来恢复过去大气中温室气体组成及其含量的变化时，首先要确保冰芯的钻取地点位于干雪带，以防止后期的融化过程和相关化学过程对冰芯包裹气泡中气体组成及其含量变化的影响。另外，还必须研究冰芯不同时段的冰-气年龄差异，以准确建立过去大气温室气体变化的时间序列。

6.1.2　冻土

冻土作为寒冷气候的产物，除其温度、活动层厚度等的变化外，指示其存在的各种环境、地貌与动植物等指标的变化均可反映过去气候环境的变化，如多年冻土南界、多年冻土下限、冰缘地貌遗迹、云冷杉孢粉组合、猛犸象-披毛犀，等等。利用古冰缘地貌遗迹重建古环境，进而确定古冻土分布的界线，已经在国内外得到了广泛的应用。早在20世纪初，波兰学者Lozinski就确认了古冰缘地貌的古气候意义。随后，德国学者对欧洲平原地区古冰缘进行了深入研究，并以土楔、沙楔及其伴生的冻融褶皱分布确定了晚更新世玉木冰期最盛期欧洲平原古冻土的南界；俄罗斯学者利用多边形楔状构造、古冻胀丘以及热融洼地等古冻土遗迹，建立了晚更新世以来前苏联境内冻土的演变阶段，并以冰楔假型分布确定了不同阶段冻土南界的位置；我国学者在不同地区也相继发现了多边形楔状构造、古冻胀丘、热融洼地以及冻融褶皱等古冻土遗迹。值得指出的是，土楔、沙楔、冰楔、冰楔假型（也称为化石冰楔）这4种楔状构造是确定冻土存在的可靠地貌标志，但它们各自的形成条件以及所反映的温度环境有较大差异。

一般而言，岩性粒度越粗、含水量越少，形成土楔与冰楔时的地温就越低。细粒土（亚黏土、黏土、淤泥、泥炭）中土楔与冰楔在地温–2.0~–1.0℃即可形成，而冰楔形成需要地温在–5.0~–4.0℃；在粗粒土（中粗砂及沙砾石）中形成土楔需–5.0~–3.0℃的地温，形成冰楔需要–6.0~–4.0℃或更低的地温。另外，冻胀丘是多年冻土地区常见的一种地貌形态，它是因土壤的冻结作用、地下水或土壤水分迁移并冻结导致地下冰积聚，使地表隆起形成的丘状地形。冻胀丘按其存在时间分为季节性冻胀丘和多年生冻胀丘，按其物质成分分为泥炭丘、土丘、泥岩-泥灰岩冻胀丘，按有无外水补给分为开敞系统冻胀丘和封闭系统冻胀丘。多年生冻胀丘（冰皋）也是判定多年冻土存在的重要标志。

6.1.3　树木年轮

树木年轮记录具有定年准确、分辨率高、连续性好、对环境变化敏感性强和分布广泛等特点，因此树轮年代学已成为研究自然环境过程变化和人类活动影响下环境变迁的重要手段之一。树木年轮反映气候环境变化的主要指标有树轮宽度、密度、稳定同位素比率等，可以获取长时间尺度的温度、降水、火灾、森林虫害、冰川进退、滑坡、飓风等气候环境变化信息。

利用树轮进行气候环境变化研究，需要遵循以下几个基本原理：均一性原理、限制因子原理、生态环境选择原理、敏感性原理、交叉定年原理、复本原理等。在树木生长过程中，年轮的宽窄变化主要取决于气候和周围环境因子的变化，通过量测年轮宽度序列的变化可以推测气候环境变化历史。每个年轮均包括早材和晚材两部分。早材细胞直径大、细胞壁薄、颜色浅；而晚材细胞直径小，细胞壁厚、颜色深。对每一年来说，细胞的直径、细胞壁厚薄和分裂速度均受外界环境因子的影响和支配。基于此，可以通过分析年轮细胞直径和细胞壁厚度的变化来探讨树木生长的气候环境变化及其驱动因子。年轮密度在研究年内气候要素的变化，如季节变化、极端气候事件、持续事件等方面存在优势。树轮的木质部分几乎全部由碳、氧和氢组成，它们都含有可测的稳定性同位素，其比值在一定程度上取决于温度、降水等环境因子的变化。树轮稳定性同位素（碳、氢、氧和氮）比值作为一种灵敏的指示器，记录了树木生长过程中同位素分馏过程对气候环境变化的生理响应。气候因子（温度、湿度和光照等）和大气成分（大气 CO_2 浓度和污染物浓度等）通过影响植物叶片的气孔导度，进而影响植物的光合作用同化效率和植物纤维素碳同位素分馏程度及最终比率。树轮碳稳定性同位素比率（$\delta^{13}C$）主要反映树木叶片气孔导度和光合速率之间的平衡，在较干旱的地区主要受到相对湿度和土壤水分状况的影响，而在相对湿润的地区与生长季辐射和温度等因子有关。氧和氢稳定性同位素比率（$\delta^{18}O$ 和 δD）主要记录水源的变化，包括降水所携带的温度信号和叶片蒸腾效应相关的环境湿度信号。树轮 δD 和 $\delta^{18}O$ 分馏机制的关键过程基本相同，但在特定气候环境条件下各分馏过程对最终年轮氢氧同位素比率变化的贡献存在差异。

6.1.4　湖泊沉积

利用湖泊沉积反演过去环境变化是通过沉积物中各种气候环境代用指标来实现的。目前，湖泊沉积研究中常用的代用指标主要分为 3 种：物理指标（粒度、磁学参数等）、化学指标（TOC、总氮、碳氮比、有机碳同位素 δ^{13}Corg、矿物、元素含量及比值和生物标志化合物等）和生物指标（孢粉、介形虫、硅藻和摇蚊等）。

湖泊沉积物粒度是常用的环境代用指标，可以反映湖泊的水动力条件，进而反映区域气候和环境变化的过程。研究表明，湖水越深，水动力越弱。理想的沉积模式下，从湖岸到湖中心，沉积物粒径逐渐变细。对于青藏高原和北极湖泊来说，水动力条件除了受降水影响外，可能还很大程度上受到温度变化引起的冰川融水多寡的影响。沉积物中磁性参数的变化反映了磁性矿物的种类、含量和颗粒大小等信息，受到沉积物的来源、搬运和沉积，以及再沉积等过程的影响，进而能够间接指示气候变化和人类活动等信息。常用的磁学参数有低频磁化率（χlf）、等温剩磁（IRM）、非滞后剩磁（ARM）和饱和磁化强度（Ms）等。

总有机碳（TOC）含量是沉积物中没有再矿化的一部分有机物质的百分含量，它取决于初始的生产力和后期的降解程度。总氮（TN）基本上反映了湖泊的营养条件。碳氮比（C/N）能够较好地指示沉积物中有机碳来源情况，一般认为水生的浮游植物等的 C/N 为 4~10，而陆生的维管束植物的 C/N 大于 20。δ^{13}Corg 可以反映湖泊沉积物中有机质的来源和过去生产力水平。

内生矿物通常能够提供较为明确的环境指示意义，如碳酸盐是多数湖泊中常见的内生矿物。湖泊沉积研究中，常用的碳酸盐矿物有方解石、高镁方解石、文石、白云石和菱镁矿等。无机地球化学元素分析能够认识自然界中元素的性质，以及其化学行为。据此，可以描述和量化环境变化。湖泊沉积物元素分析的关键在于区分元素的来源，包括自生的（authigenic）和外源的（allogenic）两种，如沉积物中 Si 包含了自生和外源两种可能的来源。生物硅（biogenic silica）绝大部分来自于湖泊水体硅藻壳的沉积，已被广泛用于揭示湖泊生产力和古环境变化。沉积物中 Ti 和 Al 等元素是典型的外源输入物质，据此可以恢复过去外源的输入情况，一定程度上可以反映降水量的多少。一些元素由于化学性质的差异，其比值常具有一定的环境意义，如 Fe/Mn 值对湖泊的氧化还原条件比较敏感，可用来指示湖泊水深的相对变化。生物标志化合物多数是脂类，即使在埋藏之后，仍然能够区别其生物来源。与其他有机物质相比，生物标志化合物不易受微生物降解，能够较好地记录湖泊有机物的沉积历史。常用的生物标志物有正构烷烃、脂肪酸和甘油二烷基甘油四醚脂（GDGTs）等。

孢粉（孢子和花粉）是古气候古环境研究中常用的环境代用指标。自然界中孢子花粉具有数量大、体积小，易于搬运和保存时间久等特点。植物开花后，孢粉在风力和水流等作用下，会汇入湖盆，随之沉降至沉积物中得以保存。利用显微镜对沉积物（岩）中的种子植物的花粉粒、高等孢子植物的孢子以及微型植物（藻类）进行分析，就能够恢复其沉积时的植被和气候状况。

介形虫、硅藻和摇蚊等水生动植物因不同种属对环境因子的适宜值和耐受范围有较大差异。它们壳体或头囊会沉降在沉积物中得以保存，通过化石样品分析，获取地质时期种属组合，从而重建古环境。

6.2　冰芯记录

冰芯研究是从冰川（包括冰盖和冰帽及其他类型的冰川）中钻取冰芯柱，通过分析冰芯样品的诸多气候环境指标来重建过去气候环境的变化。冰芯记录具有信息量大（如各种气候环境信息，甚至包括宇宙射线、外太空物质的某些信息等）、保真度好（由于远离人类活动区且处于低温条件，各种生物、化学等后期扰动弱）、分辨率高（一般在千年时间尺度上分辨率为年，在几十至上百年时间尺度上可达季节变化）、时间尺度范围大（可从几十年到数十万年，甚至超过百万年）等特点，因此冰芯研究是恢复过去气候环境变化记录的重要手段之一。冰芯研究从极地开始，后来发展到中低纬度山地地区。通过极地冰芯已揭示了过去 80 万年以来的高分辨率气候环境变化信息，而且革新了我们对地球气候系统演变及其机制的一些认识。

6.2.1 冰芯断代方法

断代是古气候记录研究的关键步骤之一。依不同积累率和冰芯深度，冰芯断代采用不同的方法，最终给出尽可能准确的年代标尺。常用方法包括以下几种。

（1）层位法: 以冰芯物理、化学规律性呈现的季节信号作为断代的依据。比如，在山地冰川上，夏末污化层是中低纬冰芯中赖以断代的物理标志层之一；高分辨率的化学成分和稳定同位素比率（$\delta^{18}O$, δD）峰谷值变化是常用的断代依据。

参考层法：20 世纪 50 年代和 60 年代核试验释放的放射性物质可以通过氚含量或β活化度的测量确定下来，是迄今极地冰芯最好的参考层，在中低纬山地冰芯中也有大量应用；大规模火山喷发事件释放大量 SO_2，在南极冰芯内形成一系列标志层，数百年历史的重大火山事件都有确切的年代史料，因而成为冰芯断代的重要参考层。在冰芯中，以非海盐 SO_4^{2-}的奇异峰值（通常高出平均值 2 倍标准偏差）作为火山事件。需要注意，由于中低纬地区火山灰向两极地区的扩散需 1~2 年时间，因此，在冰芯中记录的有些火山事件其时间滞后于实际年代。

（2）放射性同位素法：放射性同位素进入冰川冰的两种方式，即附着在气溶胶随降水进入，被封闭在冰气泡中保存。这些放射性同位素来源有三方面，即宇宙射线产生如 ^{12}S, ^{37}Al, ^{14}C, ^{36}Cl, ^{10}Be, ^{81}Kr；核实验如 ^{3}H, ^{137}Cs, ^{90}Sr，以及其他核工业如 ^{210}Pb。用于冰芯断代时，最常见 ^{210}Pb, ^{10}Be 和 ^{36}Cl，通常需要较大冰量，常用于透底冰芯底部冰年龄的确定。

（3）理论模型法：以冰川流动模型建立深度-年代函数关系，从而推断某个深度上的年代。

（4）轨道调谐法：此方法的理论基础是第四纪古气候变化的周期性及其驱动因子（太阳辐射）变化的周期性，适合于具有几十万年甚至更长气候记录的时间标尺的确定。该方法是先确定驱动力靶曲线（一般用地轴倾斜度和岁差曲线），再根据气候替代性指标曲线中的初始时间控制点将该曲线插值成等时间间隔曲线并滤出与驱动因子变化周期相对应的曲线，然后与靶曲线对比。若二者不吻合，则调谐或增加气候替代性指标曲线中的时间控制点，再进行插值、滤波、对比、调谐，如此反复，直至气候替代性指标曲线中得出的滤波曲线与靶曲线相一致。这样就建立了所研究气候替代性指标变化曲线的时间标尺。

（5）相似性比较法：是基于大的气候阶段和气候事件具有全球性和较大区域性，将新的气候曲线与已知年代的曲线相对照，确定标志性年代关系的方法。

需要指出的是，一支冰芯的年代确定，通常自上而下综合应用多参数技术交叉确定年龄：上部多采用层位法和参考层法，中部采用参考层和理论模型法，下部则采用放射性同位素法、理论模型法，轨道调谐和相似性比较法，等等。

当前，一些潜在的新测年技术也开始出现。例如，钻孔激光扫描法以确定年层，雷达等时层法可以将已知年层延续到较远处钻取的冰芯上，等等。

6.2.2　极地冰盖记录

冰芯研究可追溯到 1930 年 Ernst Sorge 在格陵兰冰盖内陆 Eismitte Station 越冬时，通过对一个 15 m 雪坑的密度、冰层和深霜层等物理特征的系统化定量观测，证实了降雪的季节变化特征能够保存在雪层内，奠定了冰芯研究的基础。20 世纪 50 年代初在南极毛德皇后地（Dronning Maud Land）、格陵兰冰盖南部和阿拉斯加朱诺冰原钻取了若干百余米长度的浅冰芯，但分析内容限于冰雪层位特征、晶粒尺寸、密度、晶体方位和气泡等物理参数。现代意义上的冰芯研究是由时任美国陆军雪冰与多年冻土研究基地（U.S. Army Snow, Ice and Permafrost Research Establishment, SIPRE）主任的 Henri Bader 于 1954 年提出"snowflakes fall to Earth and leave a message"，并于 1956 年和 1957 年夏季先后主持了在格陵兰 Site 2 的两支冰芯钻取（长度分别为 305 m 和 411 m）。1957~1958 年在南极伯德站（Byrd station）钻取一支 309 m 冰芯，1958~1959 年在罗斯冰架的小美洲-5（Little America V）钻取一支 264 m 冰芯。在同一时期，Willi Dansgaard 和 Samuel Epstein 等通过对降水和表层积雪样品的稳定同位素研究，建立了稳定同位素比率与气温之间的定量关系，为通过冰芯稳定同位素记录进行气温重建奠定了基础。

1966 年在格陵兰世纪营地（camp century）钻取了第一支穿透整个冰层的冰芯（1388 m）。早期钻取的冰芯还包括 1968 年实施的南极 Byrd station 冰芯（2164 m）、1979 年实施的南极 Dome C 冰芯、20 世纪 80 年代初实施的南极 Vostok 冰芯，以及在格陵兰实施的 Dye 3 冰芯计划等。20 世纪 90 年代初，欧洲共同体八国在格陵兰冰盖最高点 summit 完成的 GRIP 计划和美国在西距 summit 约 30 km 完成的 GISP 2 计划，标志着冰芯研究进入新阶段。近 20 年来，在南极成功钻取了 EPICA Dome C、Dome Fuji、EDML、Law Dome、Talos Dome、WAIS 等冰芯，以及格陵兰冰盖的 NGRIP 和 NEEM 冰芯等。目前在极地地区已钻取的主要冰芯位置及相关信息见图 6.1 和表 6.2。

表 6.2　南极和格陵兰冰盖主要深冰芯钻取点资料

Table 6.2　The description of deep ice coring sites in Antarctic and Greenland ice sheet

	地点	纬度	经度	海拔/m	积累率/（mm/a）	气温/℃	冰芯长度/m
南极	Komsomolskaya	74°5' S	97°29' E				885
	Vostok	78°28' S	106°48' E	3490	23	−55.5	3766
	Taylor Dome	77°48' S	158°43' E	2365	50~70	−43.0	554
	Byrd	80°1' S	119°31' W	1530	100~120	−28.0	2164
	Law Dome	66°46' S	112°48' E	1370	700	−22.0	1195.6
	Dome F	77°19' S	39°40' E	3810	23	−57.0	3035.2
	Talos Dome	72 °47' S	159°04' E	2315	80	−40.1	1620
	EPICA Dome C	75 °6' S	123°21' E	3233	25	−54.5	3259.7
	Siple Dome	81°40' S	148°49' W	621	124	−24.5	1003
	EDML	75°00' S	00°04' E	2822	64	−44.6	2774

续表

	地点	纬度	经度	海拔/m	积累率/（mm/a）	气温/℃	冰芯长度/m
南极	WAIS	79°28' S	112°05' W	1766	22	−31	3405
	Dome B	77°5' S	94°55' E				780
	Berkner Island	78°18′ S	46°17′ W	886			181
	D47	67°23′ S	154°3′ E	1550			145
	Dronning Maud Land	75°00′ S	00°04′ E	2892	80		120
	DT263	76°23′ S	77°01′ E	2800	106		82.5
	Plateau Remote	84° S	43° E	3330	49		200
格陵兰	Milcent	70°18' N	45°35' W	2410	530	−22.3	398
	Dye 2	66°29' N	46°33′ W	2100	374	−17.2	100.2
	Dye 3	65°11' N	43°49' W	2038			2490
	Camp Century	77°10' N	61°8' W	1885	380		1387
	Crete	71°7' N	37°19' W	3172	298	−30.4	404
	GISP	65°11' N	43°49' W				2037
	GRIP	72°35' N	37°38' W	3238	230	−31.7	3029
	GISP 2	72°35' N	38°29' W	3214	248	−31.4	3053
	NGRIP	75°6' N	42°19' W	2917	190	−31.5	3085
	NEEM	77°27' N	51°4' W	2450	220	−29	2540
	Humboldt-M	78°32' N	56°50' W	1995	197		146.5
	Renland	71°18' N	26°43' W	2340			324.35

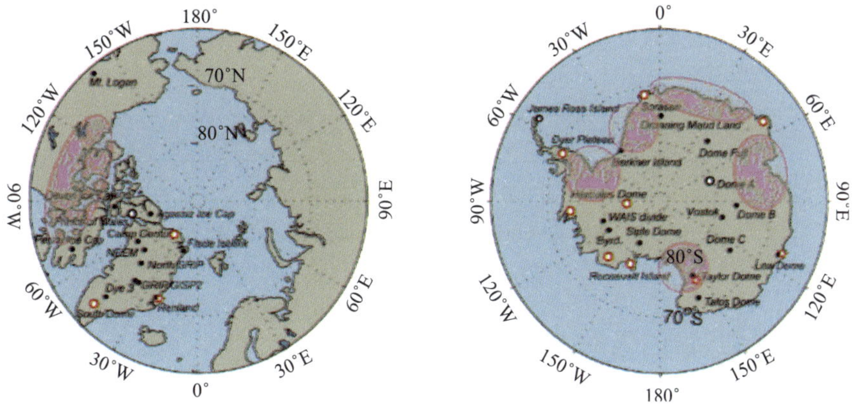

图 6.1　极地主要深冰芯钻取点分布图

Figure 6.1　Map of polar deep ice coring sites

黑点：已钻取冰芯；白圈：正在钻取的冰芯；红圈：拟钻取的冰芯

在极地开展冰芯钻取工作是一项挑战，不仅在于极端严酷的工作环境，而且需要解决冰芯钻机设计、建造以及钻取过程中遇到的一系列技术难关。例如，南极洲 Vostok 冰芯的钻取工作，前后持续了几十年（图 6.2），并于 2012 年初首次钻透冰层到达冰下淡水湖（Vostok 湖）。特别值得指出的是 Vostok 湖面积约 1.5×10^4 km^2，是迄今在南极发现的约 145 个冰下湖泊中最大的淡水湖，平均水深 125 m，湖泊两端底床低于海平面 700 m，蓄水量约 1800 km^3，构成了一个高压（约 350 大气压）、低温（约–30℃）、低营养盐输入和永久黑暗的极端环境，是研究生命如何适应极端环境以及如何在这种环境下进化的一个天然实验室。

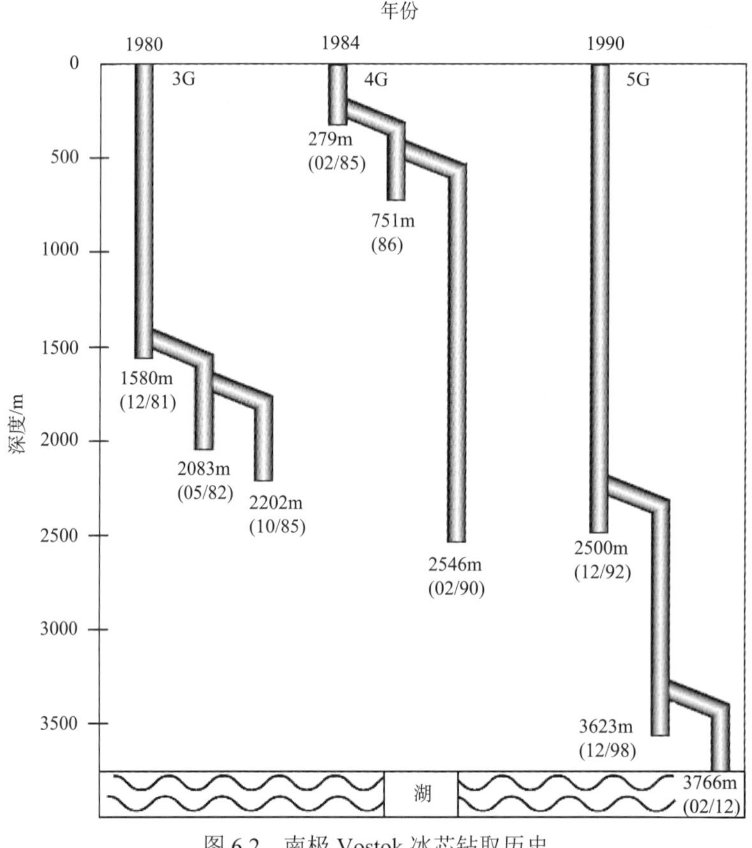

图 6.2　南极 Vostok 冰芯钻取历史

Figure 6.2　The ice coring history of Antarctic Vostok ice core

括号中的数字表示月份/年份

1. 轨道时间尺度的极地冰芯记录

南极 Vostok 冰芯氢、氧稳定性同位素比率记录了 4 个完整的冰期–间冰期旋回中的气候变化，EPICA Dome C 冰芯将记录追溯到过去 800 ka（图 6.3），包含了 8 个冰期–间冰期旋回的气候变化。重建结果表明：受地球轨道参数的影响，冰期–间冰期旋回具有 100 ka、40 ka 及 19~23 ka 的变化周期，其中 100 ka 旋回为主导周期，而且 800 ~430 ka B.P. 的气温波动幅度和周期较 430 ka B.P.以来的气温波动有所减小。在一个完整的冰期–间冰期旋回中，冰期通常占旋回长度的 80%以上，而间冰期只占不到 20%，持续 10~30 ka。对比分析东南极洲内陆 EPICA Dome C、Dome F 及 Vostok 冰芯稳定同位素比率记录，表明过去 400 ka 以来的气候变化具有很好的一致性（图 6.3）。依据米兰科维奇理论，南极冰芯中记录的冰期-间冰期气候变化的主要驱动因子是夏季北半球高纬度陆地接受的太阳辐射变化引起的。

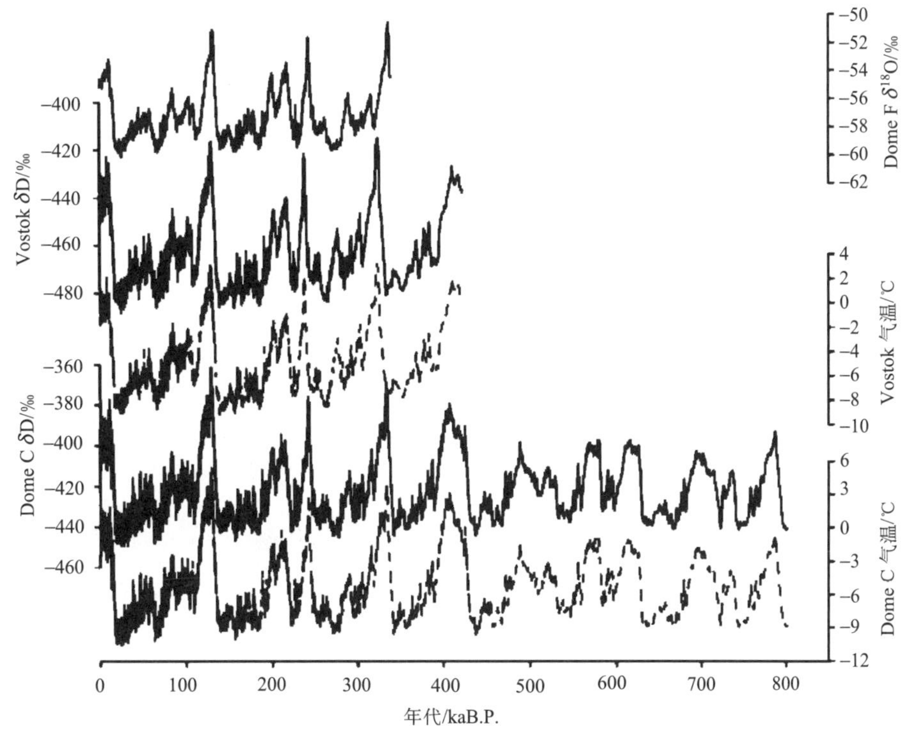

图 6.3　南极冰盖 Dome F, EPICA Dome C 和 Vostok 冰芯稳定同位素及重建温度时间序列（EPICA community members，2004）

Figure 6.3　The time series of stable isotopes and reconstructed temperature from Dome F, EPICA Dome C and Vostok ice cores in Antarctica（EPICA community members, 2004）

冰期-间冰期旋回的最显著特征是主导周期在大约 900 ka 发生了重大转型，从在此之前 40 ka 周期为主转为此后的 100 ka 周期（中更新世气候转型）。这一转变在 EPICA Dome C 冰芯记录似乎有所体现（400 ka 以前冰期–间冰期循环的周期似乎有所减小）。尽管许多与温室效应有关的假设被用于解释中更新世气候转型，但迄今其内在机制仍不清楚。因此，在南极冰盖寻取百万年尺度的冰芯意义重大，这也是国际冰芯科学研究计划（IPICS）的首要目标之一。位于东南极洲冰盖最高点的 Dome A，具有最低年平均气温（−58℃）、低积累率（<25 mm w.e./a）、可以忽略的冰流速、冰厚度超过 3000 m 等特征，满足了获取超过百万年冰芯记录的必要条件，是通过冰芯记录辨识中更新世气候转型（气候轨道周期从约 40 ka 转变为约 100 ka）的希望之地。

2. 千年尺度的极地冰芯气候记录

在冰期–间冰期旋回的大背景下，千年尺度的气候变化及快速的气候突变事件对气候环境的预测显得尤为重要。南极 6 支深冰芯中的 $\delta^{18}O$ 记录表明，东南极洲千年尺度上气温变化一致，但变化幅度具有明显区域差异，这可能是由水汽来源、当地冰盖高度演化历史、降水季节性\间歇性等的差异导致的。在末次冰消期，南极冰盖边缘的 Law Dome、Talos Dome、Simple Dome、EDML 和 Byrd 冰芯 $\delta^{18}O$ 记录合成曲线（图 6.4A）与 EPICA Dome C 冰芯 $\delta^{18}O$ 记录变化比较一致，进一步说明千年尺度上南极气温变化的均一性。然而南极冰盖边缘 Talos Dome 冰芯的末次冰消期记录与上述冰芯的变化趋势相反，但该冰芯定年结果很可能有误。

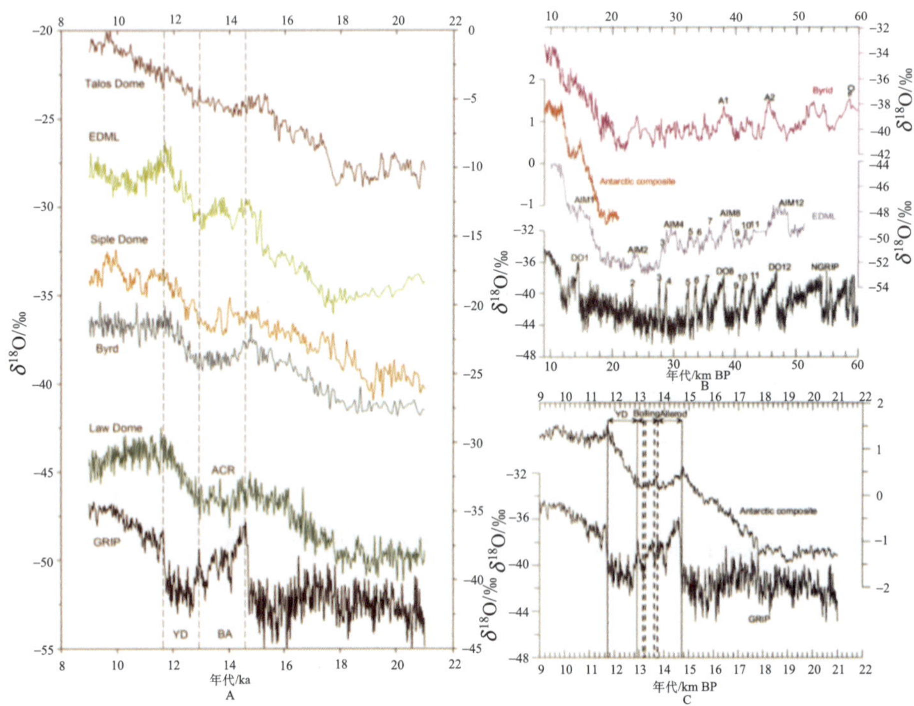

图 6.4　（A）末次冰期 GRIP、Law Dome、Siple Dome、EDML 及 Talos Dome 冰芯 $\delta^{18}O$ 记录对比；（B）南极冰芯记录的同位素极值事件与格陵兰冰芯 D-O 振荡对比；（C）末次冰期南极冰盖边缘冰芯 $\delta^{18}O$ 的合成记录与格陵兰冰芯的对比（EPICA community member, 2006）

Figure 6.4　（A）comparison of $\delta^{18}O$ records during Last Glacial period among GRIP、Law Dome、Siple Dome、EDML and Talos Dome ice core;（B）comparison between extreme events of isotope from Antarctic ice core and D-O oscillation records from Greenland ice core;（C）comparison Greenland ice core records between composite records of $\delta^{18}O$ during Last Glacial period from the ice cores over the Antarctic ice sheet edge（EPICA community member, 2006）

南、北极气候事件的位相关系对理解南北半球气候系统耦合与相互作用机制至关重要。格陵兰冰芯揭示了末次冰期发生的一系列持续数百年至数千年时间尺度的气候突变事件，其中以 Dansgaard/Oeschger（D-O）振荡和新仙女木（Younger Dryas, YD）事件最为典型。与北极地区相比，南极地区气候变化幅度相对和缓。Vostok、EPICA Dome C、EDML、Byrd 等南极内陆冰芯稳定同位素比率记录多次出现（相对于末次冰期时）增温幅度 1~3℃的变暖事件，被称为南极同位素极值事件（Antarctic isotope maxima events）。南极冰芯记录未发现 YD 事件，但在北半球 YD 事件发生之前出现“南极气候转冷”（Antarctic cold reversal, ACR）事件。为研究南北极地区气候事件的位相关系，以大气甲烷浓度作为定年对比标准，将格陵兰 GISP2 冰芯和南极冰芯过去 90 ka 来的 $\delta^{18}O$ 记录统一到同一定年标尺下，结果显示: 在 MIS2 阶段，南极千年尺度上大的变暖事件与 D/O 振荡强信号呈跷跷板式（the bipolar seesaw）的振荡变化，即南极升温时，北极降温，反之亦然。在 MIS3 阶段，所有的南极同位素极值事件与 D-O 振荡中冰阶一一对应（图 6.4B）。在 ACR 发生的 14.4~12.9 ka, ACR 事件的最冷期正好对应于格陵兰 Bølling 暖事件，而且南极开始变暖对应于格陵兰 Allerød 冷事件开始（图 6.4C）。可见在数百年至数千年的时间尺度上，南北极地区末次冰期的气候变化存在“跷跷板”效应，两极的此种联系通过海洋经向翻转流实现。

极地冰芯记录揭示了千年尺度上气温变化的整体相似性和气温变化幅度的区域差异性。要分析这些区域差异性及驱动机制，需要更多的高分辨率冰芯记录和高分辨率气候模式模拟结果。针对南北极气候变化“跷跷板”效应的研究，需进一步提高冰芯的年代学质量及分辨率，以便揭示更短时间尺度上南北极气候变化的位相关系。毋庸讳言，目前根据米兰科维奇理论在探讨极地冰期–间冰期旋回气温变化的驱动机制时还存在不同的认识，有必要提高古气候模式的模拟能力或设想新的机制。同时，南极洲的 Dome A 地区具备钻取百万年尺度冰芯的可能性，已成为冰芯研究的新焦点，而且 Dome A 水汽来源、积累率季节变化似乎有别于 Vostok、EPICA Dome C 和 Dome F，因此 Dome A 深冰芯稳定同位素记录与现有深冰芯记录相结合，将为进一步认识轨道尺度气候变化规律及驱动机制提供契机。

3. 极地冰芯中温室气体记录

冰芯气泡内气体的提取和分析是恢复过去大气成分的最直接、最连续的方法。对气泡内气体的研究始于 20 世纪 60 年代。基于南极 Byrd 和 Dome C 冰芯的分析结果，末次冰盛期（LGM）的大气 CO_2 浓度比工业革命前的相应值低 30%。自工业革命以来，由于人类活动的影响，冰芯记录的温室气体[CO_2、CH_4 和氧化亚氮（N_2O）]浓度急剧增加（图 6.5）。对于南极 Vostok 冰芯的研究，首次获得过去 15 万年以来的一个完整冰期–间冰期旋回的大气 CO_2 浓度变化，并发现大气 CO_2 浓度与气温之间存在显著相关性。此后南极 Vostok 冰芯揭示了 4 个冰期–间冰期循环、EPICA Dome C 冰芯揭示了 8 个冰期–间冰期旋回的气温和温室气体浓度记录，均证实在冰期-间冰期旋回内，大气温室气体浓度与气温之间存在稳定的正相关性。基于该相关性估算了气候对温室气体变化的敏感性：在 CO_2 倍增情况下，给出了 3~4℃的变化区间，与目前所普遍认为的 2~4.5℃的区间一致。目前大家比较关注的是大气温室气体浓度与气温之间的位相关系，但若干研究结果并不一致。

比如，南极 Dome C 冰芯气体记录表明末次冰消期时 CO_2 滞后气候变暖 800±600 年，但另外一项对 Dome C 冰芯的研究结果表明大气温室气体的变化与气温变化基本同位相甚至可能超前于后者。对于该问题的深入研究有助于更加清晰地认识温室气体浓度变化与气候变化的相互关系及其变化机制。

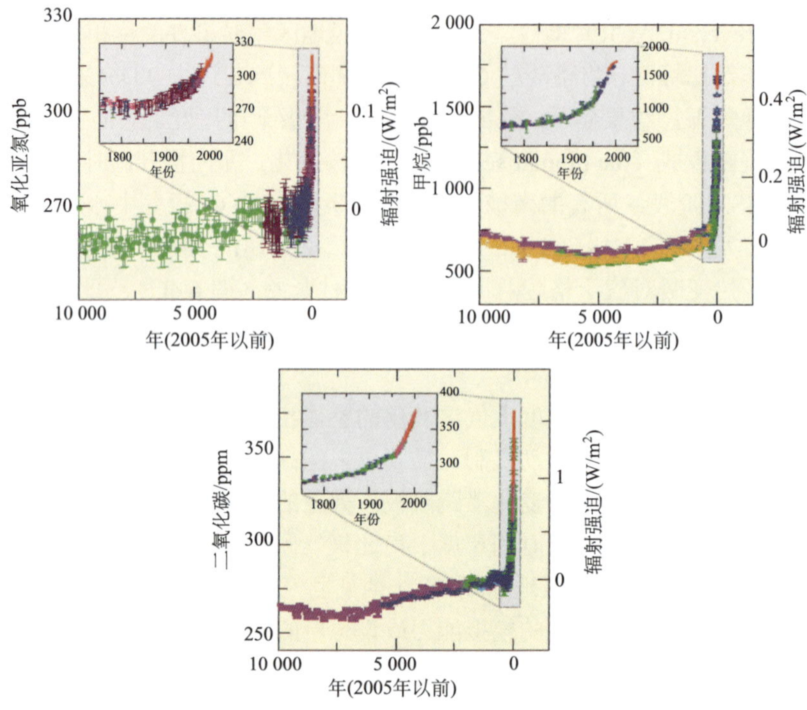

图 6.5　最近 1 万年和公元 1750 年（嵌入图）以来大气二氧化碳、甲烷和氧化亚氮浓度的变化（IPCC AR4 WGI，2007）

Figure 6.5　Variation in concentration of carbon dioxide, methane and nitrous oxide over the last 10 ka and since 1750（embedded graph）（after IPCC AR4 WGI, 2007）

图中所示测量值分别源于冰芯（不同颜色的符号表示不同的研究结果）和大气样本（红线），所对应的辐射强迫值见图右侧纵坐标

1 ppb=10^{-9} 1 ppm=10^{-6}

6.2.3　山地冰川记录

除了格陵兰冰盖与南极冰盖开展的冰芯记录研究之外，中低纬度的高山冰川也为冰芯研究提供了介质，而且由于积累量大，中低纬度山地冰芯具有更高的时间分辨率。中低纬度冰芯由于更加接近人类活动区，研究其所揭示的过去气候环境变化和人类活动的影响也更具有现实意义。目前，已在中低纬度山地钻取了大量冰芯（图 6.6）。最早开展的中低纬度冰芯研究是在南美安第斯山脉秘鲁境内的 Quelccaya 冰帽。青藏高原发育了大量冰川，是中低纬度冰芯研究的重要区域。1987 年在祁连山钻取的敦德冰芯是中低纬

度地区第一支透底冰芯；1992年在西昆仑山古里雅冰帽钻取了309 m的透底冰芯，是中低纬地区钻取的深度最深、年龄最老的冰芯；2007年在喜马拉雅山中部的希夏邦马达索普冰川海拔7000 m的平台上钻取了海拔最高的冰芯。此后，在珠穆朗玛峰的东绒布冰川、青藏高原中部的马兰冰帽与普若岗日冰原以及藏东南的海洋性冰川上也开展了冰芯研究。通过全球不同地区透底冰芯记录的对比研究（图6.7），对揭示不同地区冰川的发育与演化研究具有重要意义。下文以青藏高原南部喜马拉雅山中段的希夏邦马达索普冰芯为例，介绍中低纬地区冰芯记录的过去气候环境变化。

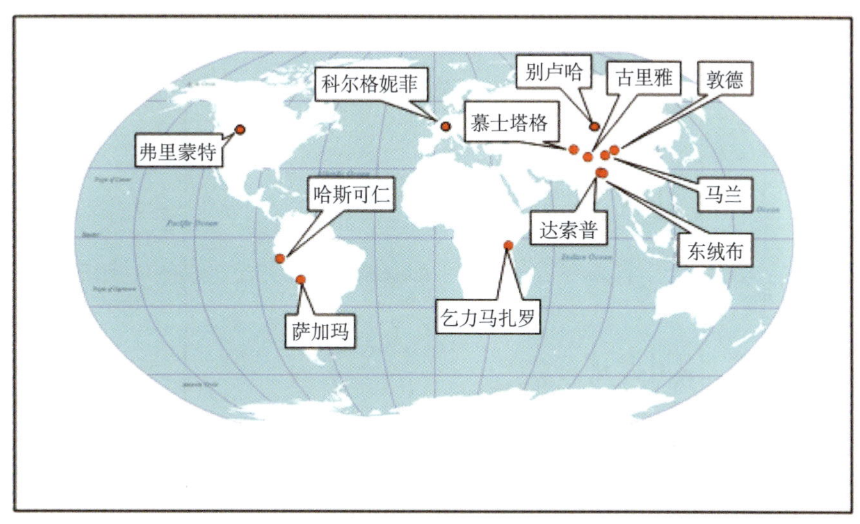

图6.6　目前已经钻取的山地冰芯位置分布示意图

Figure 6.6　Map of mountain ice core sites

达索普冰川（28° 23′N, 85° 43′E）位于喜马拉雅山中段希夏邦马峰区，是一条山谷冰川，长10.5 km，面积为21.67 km^2，粒雪线高度为6200 m左右。冰芯钻取点位于其积累区海拔7000 m处的冰雪大平台，宽约1 km，长约3 km，这里年净积累量超过700 mm，10 m处冰温接近–14℃，冰川底部的冰温为–13℃。1997年中美科学家在该处钻取了3根深孔冰芯，其中两根为透底冰芯，长度分别为160 m和150 m，未透底冰芯长度为164 m。达索普冰芯中的δ^{18}O和阴阳离子浓度存在着明显季节变化特点，使得该冰芯上部的定年结果十分可靠，其底部可以通过冰川的流动模型进行定年并得到的了1963年核试验层位的验证。

达索普冰芯中恢复的冰川净积累量是反映印度季风降水量变化的良好指标（图6.8）。从该冰芯中恢复出的过去400年来的冰川净积累量记录显示了印度季风降水量在百年尺度上的变化规律。该记录显示（图6.9），在17世纪初降水量开始波动性增加，1650~1670年达到最高，这个时期正好对应LIA的冷期，随后降水量逐渐降低。在整个18世纪，降水量都很低。在1820~1920年，是一个相对高降水时期。此后，降水量开始减少，直到现在。

达索普冰芯过去1000年来的硫酸根离子（SO_4^{2-}）浓度的变化，反映历史时期南亚地区大气中SO_4^{2-}浓度的变化。该记录表明，1870年以前大气中SO_4^{2-}浓度低而且变化很

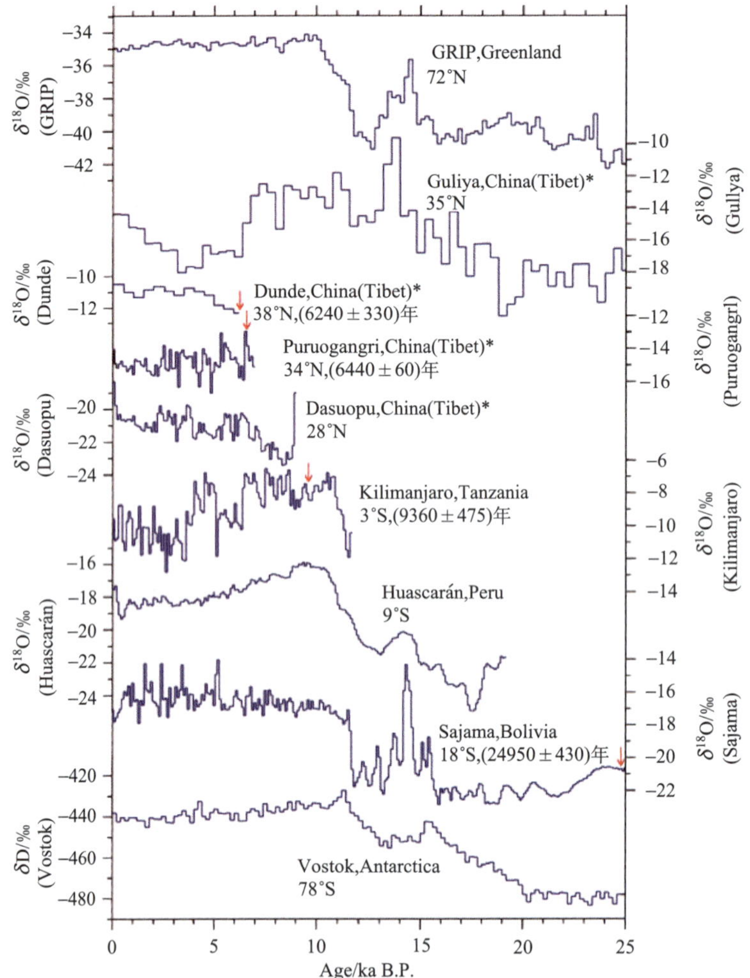

图 6.7　从南极到北极不同地区冰芯中δ^{18}O 记录对比（Thompson et al., 2005）

红色箭头与数字代表 AMS ^{14}C 测年结果

Figure 6.7　Comparison of ice core records of δ^{18}O over the areas from Antarctica to Arctica（Thompson et al., 2005）

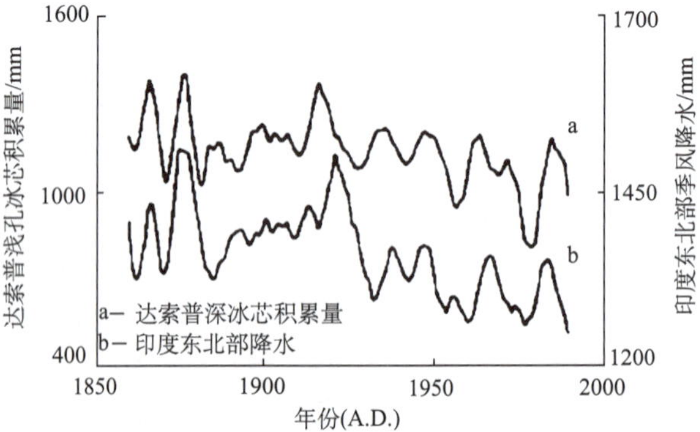

图 6.8　喜马拉雅山达索普冰芯记录的净积累量变化与印度东北部降水量变化的比较（姚檀栋等，2000）

Figure 6.8　Comparison between the variation of net accumulation recorded in Dasuopu ice core in Himalaya mountains and the amount of precipitation over northeast of Indian（Yao et al., 2000）

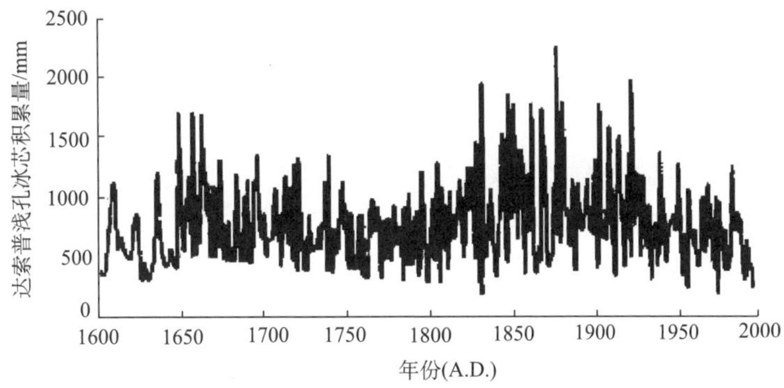

图 6.9　喜马拉雅山达索普冰芯记录的近 400 年来的净积累量变化（姚檀栋等，2000）

Figure 6.9　The variation of net accumulation recorded in Dasuopu ice core in Himalaya mountains during the past 400 years（Yao et al., 2000）

小，但之后浓度升高，到 1930 年上升速度加快。研究还发现冰芯中 SO_4^{2-}浓度的上升与南亚的工业排放呈现相同的变化趋势。同时，利用达索普冰芯首次获得了中低纬度大气 CH_4 浓度变化的信息。达索普冰芯中过去 2000 年以来大气 CH_4 浓度记录显示，工业革命以前，达索普冰芯记录的 CH_4 浓度平均为 825 ppbv，与南极及格陵兰同时代的样品相比，比二者分别高出约 160 ppbv 和 120 ppbv，有力地证实了热带湿地为大气 CH_4 重要的源区。达索普冰芯记录显示 CH_4 浓度从 1850 年开始急剧上升，在过去 150 年内增加了 1.4 倍，反映了人类活动对大气 CH_4 的影响。20 世纪两次世界大战期间，人类活动 CH_4 排放呈负增长；而在 LIA 期间，达索普冰芯记录了极低的 CH_4 浓度，在最冷时段甚至比南极冰芯记录还要低。

山地冰芯记录揭示了现代是过去 1000 年来最温暖的时期这一事实；青藏高原冰芯记录揭示，现代是过去 2000 年来最温暖的时期。这对我们认识当今气候变暖具有重要意义。

6.3　冻 土 记 录

第四纪以来，特别是中、晚更新世以来的多年冻土的演化历史可以根据古冻土遗迹较为直接或间接地进行推断和重建。这些证据大致可分为指示多年冻土加积（扩展）或退化两种。但是，有时这些证据在季节冻土和多年冻土之间较为模糊。在中纬度地区，晚更新世以来的热喀斯特活动证据多，分布广泛。可直接指示古多年冻土加积的证据包括古多年冻土上限、寒冻裂缝假型（含冻土楔状构造）和各类冻胀丘遗迹；可直接指示古多年冻土退化的直接证据包括热融洼地、古融化层、热融褶皱和沉积物充填的锅穴、大规模松散沉积物变形以及非灾变性的基岩构造。下面，就选择其中最重要和典型的冰楔记录（冻土楔状构造）和冻胀丘、泥炭丘的气候环境记录进行介绍。

6.3.1　冰楔记录

作为寒冷气候条件的产物，冰楔（ice wedge）的形成受地-气系统若干因素的控制，如温度和水分条件、围岩（土）类型、微地形及植被等。冰楔及其融化后形成的冰楔假型能可靠指示多年冻土的存在，因而被广泛应用于古气候和古环境重建。

冰楔是现在仍为大块、一般呈楔状的具有叶理的冰体，冰体向下逐渐变薄；一些冰楔从地表向下延伸至数十米深（图 6.10）。在地温较低的多年冻土带北部，在寒季形成的寒冻裂缝穿过活动层贯入到多年冻土上部；在翌年暖季，冰雪融水流入裂缝后冻结形成冰脉。在暖季，活动层中的冰脉融化，而多年冻土层中那部分冰脉比周围冻土更易冻胀，在冰脉中再一次形成寒冻裂缝。融水流入后进一步冻结，使冰脉加宽、加深。这样的过程年复一年，形成了规模较大的冰楔群。据阿拉斯加、加拿大和南极大陆的 500 多个冰楔测量得知，冰楔的年生长速度约 1 mm。按冰楔生长与沉积物堆积同时发生与否，分为后生冰楔和共生冰楔；按正在生成（活动）与否分为活动冰楔和不活动冰楔；按地表多边形中心的凹凸，分为高中心多边形冰楔和低中心多边形冰楔。正是由于冰楔形成时需要独特的温度和水分条件，冰楔不仅可以指示多年冻土的存在，而且可以指示形成时期的古气温，反演气候环境变化。西伯利亚北部 Big Lyakhovsky 岛发现的冰楔记录了 200 ka B.P.以来的气候变化，并且 50 ka B.P.左右极其寒冷的冬季曾使原先不活动的冰楔重新开始生长，而目前冬季是史上最温暖的；勒拿河三角洲的冰楔记录显示，晚全新世以来冬季气温逐渐升高。阿拉斯加北部一些冰楔指示了新仙女木时期的冬季降温事件，也有些冰楔指示 D-O 循环和 Heinrich 事件。

图 6.10　中国东北伊图里河的不活动冰楔

Figure 6.10　An inactive ice wedge in Ituri River over northeast China

冰楔假型（ice wedge pseudomorph）是冰楔融化后，原来冰所占据的空间为来自周围和上覆土层的土充填而形成的楔状土体。楔体内可能是砂砾石或细粒土。自 20 世纪初以来，欧美多地广泛发现大量冰楔假型，成为重建末次冰期（或早、中更新世）以来的多年冻土范围和古气候环境的重要证据。目前，在中国的东北、华北、青藏高原和西北地区现代多年冻土区内及周边的季节冻土区，均发现大量的冰楔假型，为研究中国和欧亚大陆东部的冻土演化提供了重要依据。多年冻土区的第四纪地层中保存着大量不同时代的与冻土相关的楔形构造，即原生砂楔、土楔及冰楔和冰楔假型等。只有准确地判断出各楔体类型，并建立这些楔体形成的年代序列，才能更科学可靠地重建古环境。

通常冰楔假型一般发育在较平坦的阶地、台地面上，多呈群体出现。在剖面上楔体上部宽大，下部窄尖，个别为双层结构，中间出现小肩；另外一种则为整体宽展，具有平滑舌状和锅底状末端（图 6.11），反映在形成过程中冻裂深度和反复冻融的差别。前者显示地表寒冻裂隙不仅穿越季节融化层，部分还深入多年冻土层上部。后者显示地表冻结裂隙始终未越出季节融化层，而在季节融化层内由于频繁地、强烈地冻裂和融化挤压的交互作用，致使在季节融化层中形成舌形楔体。所以，楔体的双层性和下部小肩的存在是冰楔假型的主要判识标志。其次，从楔体内沉积特征来看，冰楔假型的大部分楔壁有明显的挤压变形，楔体内充填物质有明显的垂直成层现象：少数充填砂中有微弱水平层理和沿楔壁的崩塌堆积物。总之，在野外要综合地对比，从区域总体来分析判断。同时，要取楔内和围岩土样进行定年、粒度分布、植物孢粉和动物化石等分析，以便进一步确定其形成时代和沉积时的气候和生态、土壤环境条件。波兰中西部 Weichselian 冰川

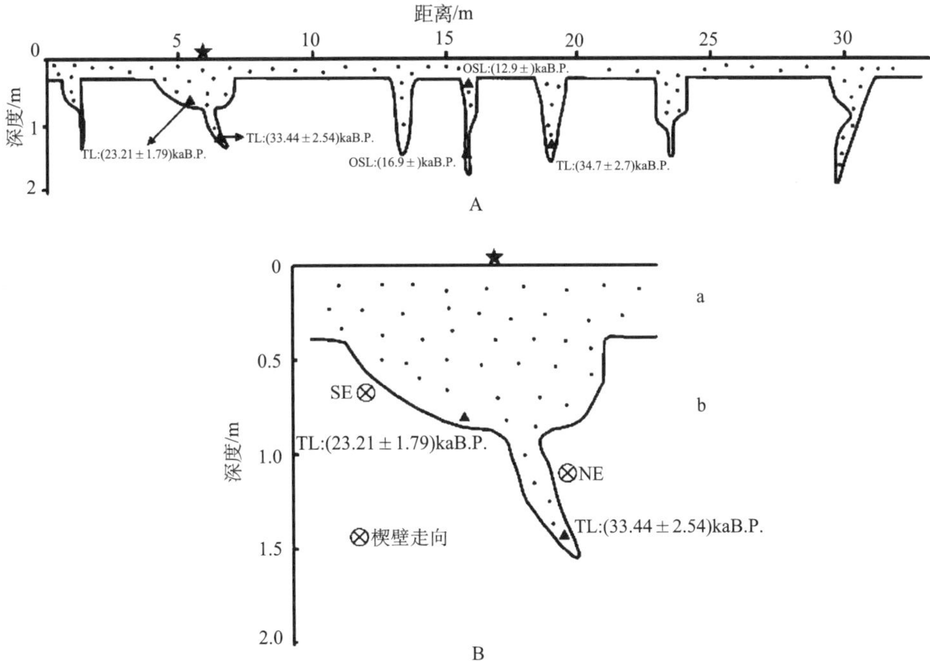

图 6.11　鄂尔多斯乌审旗南 14 km 处之冰楔假型（崔之久等，2002）

Figure 6.11　The pseudotype of ice wedge 14 km south of Uxin Banner, Ordos（Cui et al., 2002）

A.剖面示意图；B.剖面中的左数第二个砂楔，上下两部分时代不同、楔壁走向不同，是两个砂楔的叠置：a.黄色细砂层；b.含砾石的紫红色土层

的冰水沉积物和冰退沉积物中发现了冰楔假型。研究不仅给出了冰楔假型的形成过程，还结合寒冻裂缝及热融湖等冰缘特征推断在最后的冰川退缩之后，当地气候逐渐从冰川气候环境转变为冰缘气候环境。

研究表明，中国境内冰楔的生长和发育并不像北极海岸附近地带那样发育和广泛分布，到目前为止，所发现的冰楔均为不活动冰楔。广阔的青藏高原面气候较干燥，这可能是限制现代冰楔生长的主要原因。因此，目前中国境内通过冰楔记录揭示气候环境变化的研究尚未深入开展。

大兴安岭伊图里河一冰楔埋藏于 1.4~1.6 m，上覆草炭层，围岩为泥炭质亚黏土，冰楔宽 1.1 m，可见高度 1.45 m。冰楔体顶部与现代多年冻土上限一致（图 6.12）。楔体冰透明，具有明显的垂直层理，叶理间夹有少量的灰色亚黏土。据 ^{14}C 资料分析，该冰楔形成时段为 3300~1600 年 B.P.。对该冰楔中氢氧稳定性同位素比率的分析，结果表明在该冰楔形成时段内气温有 3 次波动，年平均气温下降幅度分别为 2.2℃、1.1℃和 1.3℃，三次降温时期分别为距今 2800 年、2300 年和 1900 年左右。说明此地段末次冰盛期所形成的多年冻土，在全新世大暖期时已全部融化，之后在新冰期时又重新形成多年冻土，一直保存至今。

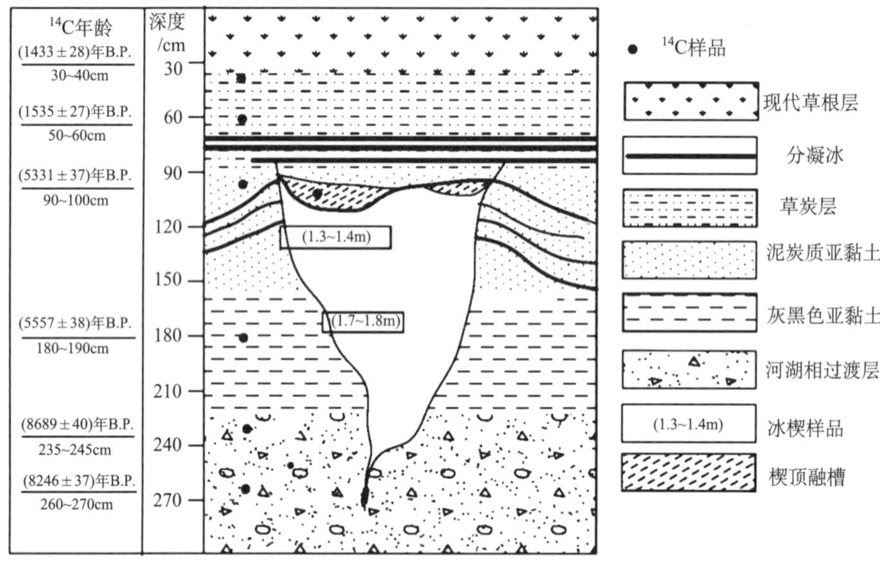

图 6.12　伊图里河冰楔剖面图（杨思忠和金会军，2010）

Figure 6.12　The profile of ice wedge in Ituri River（Yang and Jin, 2010）

6.3.2　冻胀丘泥炭层记录

冰皋（多年生冻胀丘）遗迹（pingo scars 或 remnants）是古冻土存在的无可争议的证据。冻胀丘（frost mound）为含有冰核的似锥状土丘，是由土的差异冻胀所形成的各种丘状地形。然而，有些冻胀丘发育只需要寒冷气候环境和地层、水文地质条件，而不一定需要多年冻土存在。冰皋遗迹包含有气候和环境的信息，但是其确认需要仔细考证。这里需要强调的是，冰皋并不是很常见的冰缘现象，有些地方较多，而且相对较小，并不一定会相互关联。

在加拿大和阿拉斯加的连续多年冻土区，多发育大型的、多年生的、封闭系统的冻胀丘；在不连续冻土区，则多发育大型的、开敞系统的多年生冻胀丘。在中国东北大小兴安岭冻土区，多分布小型封闭型冻胀丘，而大多为季节性的。在青藏高原多年冻土区，发育各种岩性类型的冻胀丘，发育在黏性土地层中冻胀丘，如青藏公路沿线 62 道班冻胀丘、沱沱河北岸冻胀丘群和清水河沿岸冻胀丘群；发育在粗颗粒土层中的冻胀丘，如风火山北麓冻胀丘和 86 道班南冻胀丘等；发育在泥岩和泥灰岩风化破碎带的冻胀丘，如楚玛尔河高平原冻胀丘群。

冻胀丘的研究任务是查清冻结成丘状冰体的水源及丘体与围岩的相互关系，并确定该冻胀丘形成时代，及其发展、演化的过程。在青藏高原地区，冻胀丘按地下水补给来源可归纳为两大类，即多年冻土层下承压水补给的冻胀丘和多年冻土层上水补给的冻胀丘，前者大多为开敞系统的冻胀丘，后者多为封闭系统的冻胀丘。

现代冻胀丘是多年冻土区内一种明显的微地貌标志。在青藏高原上，目前不管是连续冻土区，还是岛状冻土区，均发育有不同类型的冻胀丘，因此很难统计出某一类冻胀丘的限定性气温指标。在野外冻土调查时，尤其是在多年冻土区边缘地段，如果发现在沼泽湿地中发育了许多冻胀丘和泥炭丘，即可断定该处存在多年冻土。根据冻胀丘分布状况并结合其他冻土现象及植被等，即可确定多年冻土的分布范围。开敞型冻胀丘群分布地段一般为深大断裂破裂带，是冻结层下水出露的地段，因此冻胀丘可作为寻找地下水源的标志。在现存多年冻土地区，坍塌的冰皋具有高出（0.5~5.0 m）地表的脊或垄岗，中间包围有一个冰核融化形成的直径可达 200~300 m 的中央洼地。有些冰皋可发育上千年。

有些洼地可能是泥炭丘（palsa 或 lithasa）遗迹，但是泥炭丘常反映多年冻土体位于局部泥炭沉积层之上，其退化过程与冰皋不同。冰皋退化常沿着扩大的裂缝和顶部坍塌产生，而泥炭丘退化主要是基底式滑塌。因此，后者没有垄岗地形；如果没有冰核的话，也不会有中央洼地。

利用古冻胀丘遗迹及冻胀丘洼地内的沉积物年代资料，可重建古冻胀丘的形成时代，并可间接地确定该地段多年冻土发育和演化过程及古地理环境变化。

在青藏公路西大滩东段（小南川口以东）沿东西向大断裂带附近，分布有许多塌陷的古冻胀丘，洼地呈串珠状或马蹄形，每个洼地都有一个出口，最大的洼地直径达 200 m 以上，相对深 5~6 m，个别洼地积水，枯干的洼地已生长植物，该地段海拔 4250 m 左右，现为季节冻土区，未见到正在发育的冻胀丘。对其中一冻胀丘边缘顶部腐殖质土 ^{14}C 测定，其年代为 3925 aB.P.，其洼地中心的腐殖质层为 720 aB.P.，由此判断该地段古冻胀群生成于晚全新世寒冷期，并于晚全新世温暖期开始融化塌陷为古冻胀丘洼地。在高原上四川省石渠县城东 40 km 处（目前为季节冻土区），亦发现了同期的古冻胀丘群（32° 50′N，98° 30′E；海拔 4200 m），其中一冻胀丘边缘顶部腐殖质亚黏土 ^{14}C 测定为

2925 aB.P.，其洼地中心淤泥 ^{14}C 测定为 625 aB.P.。根据两处古冻胀丘所居海拔与附近现代冻胀丘分布的下界相差约 300 m，推算高原在晚全新世寒冷期（4000~3000 aB.P.至 1000 aB.P.）时的气温比现今低 2℃，在距今 1000~500 年进入晚全新世温暖期，气温回升造成两处多年冻土退化，冻胀丘亦完全融化为遗迹，一直保留至今。由此可见，利用古冻胀丘及洼地中心的沉积物并结合其他资料可间接地恢复出某一地区冻土演化和环境变化状况。除此之外，在三江平原的冰皋遗迹、黄河源区和乌鲁木齐河源区也发现了较多的、处在不同发育阶段的泥炭丘和冻胀丘群，有些冻胀丘和泥炭丘仍然在活动。

总之，在寒冷地区，由于水、热、岩土条件的差异很大，因而各种冻胀丘所记录的气候和环境信息是有差别的。在中纬度的欧亚大陆地区，冻胀丘和泥炭丘遗迹发现的频率并没有像北美那么众多，这可能与第四纪冷期时北美地区广泛的冰川作用有关。

6.4　树木年轮记录

寒区树木年轮不但可以用于重建基本气候参数，如气温和降水变化外，还可用于反演冰冻圈本身的变化历史，如冰川进退，冻土变化，积雪变化，等等。

6.4.1　寒区树木年轮记录的重大气候事件

在高海拔和高纬度寒区，环境温度较低，树木生长缓慢，年龄很长的树木得以存活至今。因此，树木年轮成为研究寒区长时间尺度高分辨率气候环境变化的重要代用资料。一般来说，生长在寒区的树木，温度成为其生长的主要限制因子。树轮宽度变化更多地 记录了温度变化信号，利用树轮宽度序列可研究过去长时间尺度的温度变化。然而在干旱的寒区，水分条件往往会成为树木生长的限制性因子，所以树轮宽度也可以反映寒旱区降水变化的历史。

在过去 1000 年的气候变化历史中，具有大范围区域的重大气候事件主要包括中世纪气候异常期（Medieval Climate Anomaly, MCA）、小冰期（little ice age, LIA），以及 20 世纪暖期（20 th century warming）。在寒区的气候变化历史中，这 3 个典型的气候事件构成了过去 1000 年气候变化的主体。

树木年轮记录了不同地区的中世纪（公元 900~1300 年）气候异常期。在中国祁连山中部的高海拔地区，祁连圆柏树轮宽度指数序列的变化表明在公元 1050~1150 年为温度偏高阶段，而在柴达木盆地森林上限重建的温度序列却表现为总体偏冷。青藏高原地区过去千年的温度序列显示，在 11 世纪高原温度处于冷相位阶段。

树木年轮记录在 LIA 何时开始的问题上，在不同区域存在一定差异。祁连山中部高海拔地区树轮宽度资料显示 LIA 主要发生在公元 1440~1890 年。青藏高原东北部树轮重建温度序列表明 LIA 鼎盛时期发生于公元 1599~1702 年。利用树轮、冰芯与湖泊资料综合得到的温度序列表明青藏高原地区 LIA 发生时间在公元 1400~1900 年。同时，青藏高原地区的树轮记录也表明 17 世纪为 LIA 盛期，高原普遍表现为低温期。

基于寒区树轮资料重建的千年温度序列都表明 20 世纪为过去千年以来温度最高的一个世纪。不仅树轮宽度资料记录了这一现象，树轮稳定同位素记录也都支持这一结论；然而，由于大气 CO_2 浓度的持续升高引起的“肥化效应”，可能会使得树轮宽度记录的 20 世纪增温幅度有所放大。

树轮记录表明气候变化存在极大的区域性差异，但是重大的气候事件在树轮的代用指标中都能得到有效反映，且寒区的温度变化幅度更为剧烈。

另外，通过树木年轮研究，也可揭示降水变化、积雪变化等。

6.4.2　寒区树木年轮记录的冰川末端进退

树轮作为一种精确到年的定年手段，在全球许多地区被用于重建过去的冰川进退历史。其基本原理是：冰川进退时会对其运动路径上的树木造成伤害甚至导致死亡，而冰川退缩后，树木又会生长到退缩后的遗迹上，这些树木为利用树木年轮重建该地区过去冰川进退历史提供了可能。

早期的树轮冰川学研究主要利用冰碛垄上生长的最老活树的生理年龄加上树木定居期来推测冰川开始后退的最小年龄。冰川末端冰碛垄上最老活树基部髓心年代的变化表明了冰川退缩后树木在冰碛垄上的原生演替渐变过程。因此，对冰碛垄上最老树木的年龄进行定居期校准后，就可以推测冰碛垄形成的最晚时间。树木的生理年龄以通过查找采自基部的样本的年轮数来确定。在树轮冰川学研究中，通过采样高度年龄来获取树木基部的年龄，从而提高了树木生理年龄估计的准确性。

随着树轮冰川学的发展，树木年代学方法与 ^{14}C 定年技术的结合应用，不仅可以相互弥补，充实冰川波动历史年表，还可以相互验证，提高冰川波动历史的定年精度。冰川前缘冰碛中的残遗木在重建冰川前进历史中有着重要作用。残遗木与活树之间的交叉定年，延长了冰川前缘树轮年表的长度，可揭示更长时间尺度的冰川波动历史。随着遥感技术的发展，树木年代学方法结合航片和卫星遥感数据，可揭示近几十年的冰川变化。在利用残遗木进行冰川波动历史重建时，一些异常年轮结构可能反映极端环境事件的变化，有着特殊的定年价值。

目前，国内外通过冰川遗迹上的树轮资料，成功地重建了多条冰川的进退历史。在阿拉斯加地区威廉王子湾，树轮记录反映了在 LIA 时期冰川前进主要发生在 12~13 世纪、17~18 世纪以及 19 世纪后期；加拿大落基山地区，综合树轮等各种定年技术检测出该地区全新世以来显著的冰川事件，发现了 3 个主要的冰进时期：1500~1700 年 A.D.、18 世纪早期以及 19 世纪中、后期；在安第斯山南部的树轮证据显示，LIA 内冰川达到最大位置的时期在 15 世纪末 16 世纪初，其后的冰川前进主要发生在 19 世纪中期与 20 世纪初期；在阿尔泰地区，利用树木年轮技术结合 ^{14}C 定年技术，发现在全新世早期、中期由于当时气候温暖湿润，树线位置高于现在，而冰川的前进发生在 300 年, 1400 年，以及 3000~6000 年前。

中国的树轮冰川学研究目前处于起步阶段，并且研究的区域均集中在青藏高原地区。基于生长在米堆冰川终碛垄和侧碛垄上的长序杨和川西云杉的髓心年代分析，发现米堆冰川的 LIA 冰盛期在 1767 年 A.D.左右（图 6.13），同时米堆冰川波动历史与中国和北半球其他地区冰川的波动呈现较高的空间一致性，在年代际尺度上，冰川进退波动与温度变化存在约 8 年的滞后期。Zhu 等（2013）利用生长于青藏高原东南部的嘎瓦隆冰川和新错冰川冰碛垄上的西藏红杉以及川西云杉，基于树轮的方法对 LIA 的冰川波动历史进行了重建，结果显示不同冰川的 LIA 冰碛形成时间具有一定差异，并且在 LIA 之后，

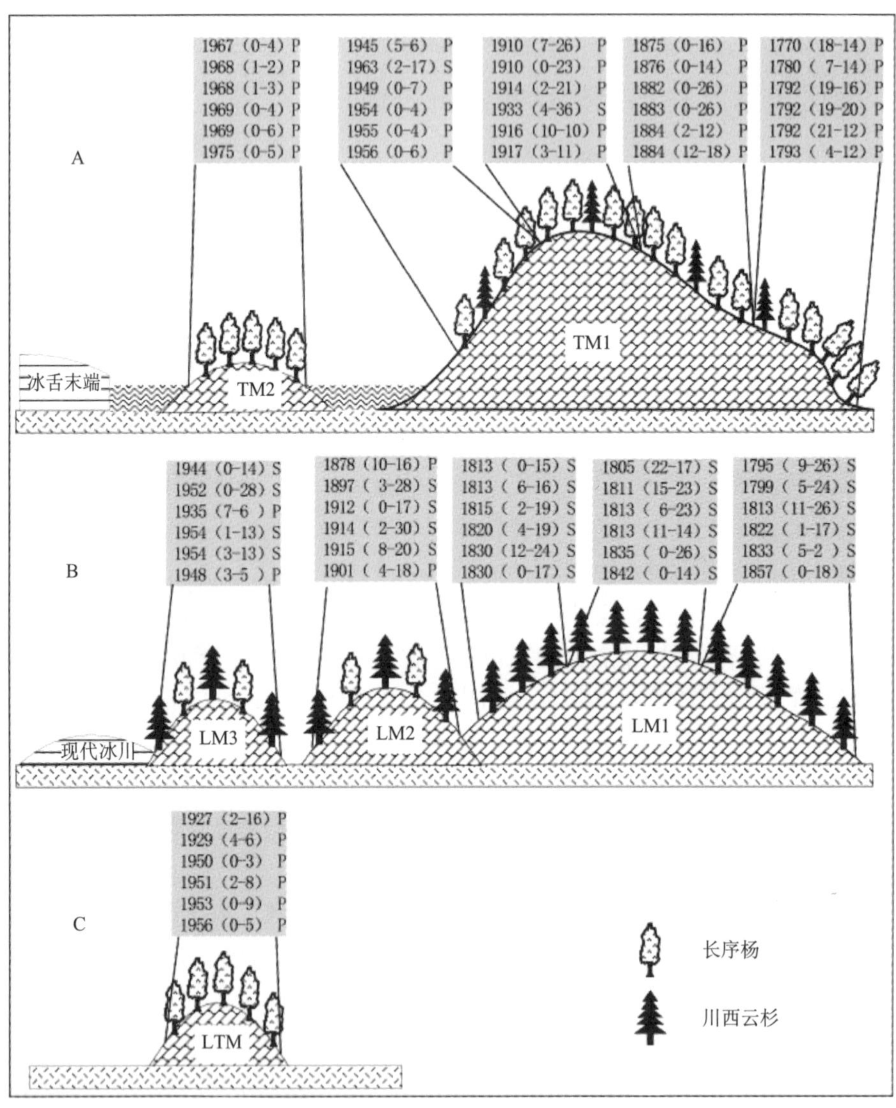

图 6.13　米堆冰川末端冰碛垄上最老活树基部髓心年代分布剖面图（徐鹏等，2012）

Figure 6.13　Pith age distribution of oldest trees over moraines of Midui Glacier（Xu, 2012）

1875 等数字是年份，其后括弧内数字为距髓心缺失轮数估计–取样高度年龄估计，P 代表杨树，S 代表云杉。

20 世纪的冰川进退历史也产生着差异，嘎瓦隆冰川在 20 世纪晚期又前进并达到了 LIA 时的规模，而新错冰川表现出了比较稳定的退缩趋势。相比于国外的树轮冰川学研究进展，我国在这方面的研究还比较少，有待于进一步加强并形成比较完善的方法和理论体系。

6.4.3 寒区树木年轮记录的冻土环境变化

随着全球变暖的加剧，多年冻土温度上升，季节冻土厚度总体上呈减小趋势，活动层厚度增加。冻土活动层深度加大，导致活动层内土壤水分向下迁移。这些改变会显著影响北方高纬地区森林的生长环境。在东北大小兴安岭，多年冻土的退化和消失与森林退化同步发生。100 多年以来，兴安落叶松林已减少 40%以上，林缘由于冻土的消失正逐步北移。生长在受冻融活动扰动地区的树木，因土壤表层冻结抬升、融化下沉会导致树木发生倾斜，这种倾斜会以压缩木的形式记录下来。树轮记录的冻胀丘活动与秋季较高的温度和降水密切相关。生长在冻土区树木的径向生长与生长季活动层温度条件密切相关。冬季高温导致土壤在春季融化提前，进而影响生长季起始时间和树木年生长量。利用树轮指标研究发现，全球变暖引起活动层的增加将大幅提高冻土区落叶松的森林生产力，并且对树木生长的环境条件从温度限制变为水分限制。蒙古北部冻土区广泛分布的西伯利亚落叶松的生长受到夏季温度、降水和冬季降水的影响。响应分析和模拟结果表明，在未来全球变暖的背景下蒙古北部西伯利亚落叶松生产力将持续下降。同时，冬季降雪的减少对来年树木生长有限制作用。在中西伯利亚北部的连续冻土区生长的落叶松年轮宽度和稳定同位素年表显示，从 1960 年开始树轮 $\delta^{13}C$ 和 $\delta^{18}O$ 关系发生了从负相关到正相关的转换，这种转换指示了 20 世纪后半叶冻土区土壤水分的减少趋势。

6.4.4 树轮记录的积雪变化

因此，这些地区树木生长的变化则会对积雪深度和雪水当量变化比较敏感。亚高山森林对未来气候的响应取决于冬季积雪的积累和春季积雪的融化速率。春季积雪和夏季温度对树木生长起限制作用；春季积雪树木生长呈现负相关关系，即较深的积雪对翌年树木生长不利。在亚北极的森林-苔原地区，结合树木生长的机制模型，发现冬季降水（积雪）的增加导致积雪融化的延迟及其对森林生长的影响；树木形成层活动的开始时间因积雪的增加有所延迟，生长季也因此缩短。这种变化不仅会导致树木生长速率减缓，同时也降低了树木生长和温度的关系，即树木生长对温度变化的敏感度降低。这些研究表明在特定区域树轮代用资料可以作为积雪变化的有效代用资料。

在美国西南部，超过 7000 万人和他们 60%~80%的用水来源于积雪消融。基于树轮资料重建的美国西科罗拉多甘尼森河流域（Gunnison river）4 月 1 日雪水当量显示，从长时间尺度来看，雪水当量在 20 世纪的变化和极值位于长期变化范围之内。雪水当量极值年和较低雪水当量时期的持续时间在过去的 400 多年并不是平均分布的。Pederson 等利用 66 条来自于科罗拉多河流域、哥伦比亚河流域、密苏里河流域主要径流区的树轮年表重建了美国西南部雪水当量的变化。该结果揭示出在落基山脉北部 20 世纪积雪减少的幅度是过去 1000 年最大的。与落基山脉积雪变化相关的季节性大尺度的大气环流为冬季来自太平洋水汽相关的风暴。同时，太平洋-北美相关型（Pacific–North American pattern，PNA）也会影响到雪水当量的变化。也有研究表明，厄尔尼诺与南方涛动（ENSO）会影响到美国西部大部分地区的冬季气候。在 El Niño 期后，在北落基山脉积雪趋向于减小而在西南美国积雪区域增多。Pederson 等的研究结果表明科罗拉多河流域（Colorado rivers drainage）源头过去 1000 年 4 月 1 日雪水当量在过去的 800 年仅有两个时期（1300~1330 年和 1511~1530 年）表现出较低的积雪值，其平均值与 20 世纪的早期和后期相当。相反的，Cordillera 北部地区在 17 世纪 50 年代至 19 世纪 90 年代，雪水当量值较高，与全新世大冰期冰进有较好的对应。通过重建雪水当量和河川径流变化的比较，发现较高的积雪积累对应于高的河流径流量，反之亦然。他们的研究也表明，20 世纪 80 年代以来研究区积雪减少是不寻常的，这些变化指示了在北美 Cordillera 区域对积雪变化的控制因子发生了从降水到温度的实质性的转换，导致区域水资源供应的变化。

Soumaya Belmecheri 等结合加利福尼亚州中部来自 33 个样点 1505 棵反映冬季降水异常的橡树树轮宽度主序列和反映 2~3 月加利福尼亚温度的树轮宽度序列，重建了 1500~1980 年内华达山脉 4 月 1 日的雪水当量数据，重建结果对较低的雪水当量值能够较为准确地捕捉，并且发现 2015 年雪水当量观测值为历史最低（图 6.14），认为较低的雪水当量与降水减少和温度升高存在密切的联系。

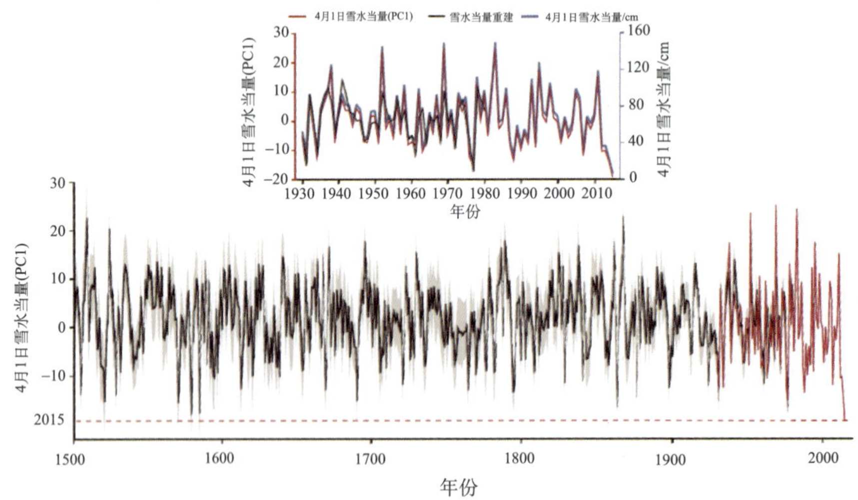

图 6.14　内华达山脉 4 月 1 日雪水当量重建（1500~1980 年）

Figure 6.14　Sierra Nevada 1 April snow water equivalent reconstruction（1500~1980）

下图为器测（1930~2015 年，红色曲线）和重建的雪水当量（1500~1980 年，黑色曲线）第一主成分（PC1），阴影部分为重建误差估计。重建校准的第一主成分来自于内华达州 108 个测站，其方差解释量为 63%（1930~1980 年）。上图中 108 个站点的平均雪水当量（cm，蓝色曲线）和重建以及第一主成分的比较

6.5　寒区湖泊记录

寒区湖泊主要分布在高纬和高海拔地区，是陆地生态系统的组成单元。寒区湖泊形成于一定的地质和地理背景下，与大气圈、生物圈和岩石圈等圈层联系密切。在北极和“第三极”青藏高原地区的冰冻圈内，湖泊是重要的组成部分。这些地区的湖泊多数比较偏远，受人类活动的直接影响很小，其沉积物能够忠实地记录湖泊形成以后区域的气候和环境信息，是研究冰冻圈气候与环境变化的重要载体。测年技术的发展，为利用湖泊沉积解释地质时期的气候环境变化提供了前提。在准确测年的基础上，提取湖泊沉积物中各种物理、化学和生物等环境代用指标的信息，从而解释地质时期的气候与环境变化。目前在这些地区，已开展了很多研究，取得了一些研究成果，包括轨道尺度和千年尺度的气候环境记录。

北极的埃尔古古伊恩湖沉积物很好地揭示了轨道尺度的气候与环境变化。该湖 LZ1024 岩芯的硅藻氧同位素 $\delta^{18}O_{diatom}$ 反映了北极地区的降水变化，其结果与深海沉积 LR04 岩芯 $\delta^{18}O$ 记录、EPICA Dome-C 的 δD 记录一致，均呈现米兰科维奇理论 41 ka 周期，反映了地球公转轨道偏心率变化对北极地区降水的影响。

在中低纬度地区，具有高海拔的青藏高原湖泊沉积记录反映了季风气候对沉积过程的影响。青藏高原东部若尔盖盆地在 0.9~0.7 Ma B.P.期间，沉积物岩性和各环境指标均表现出比较规律性的变化。青藏高原的湖泊沉积能够反映影响该区的大气环流变化。由于特殊的地理位置，青藏高原地区受到亚洲季风和西风两大环流的共同影响。例如，青海湖的一个沉积岩芯的多指标分析表明，可以用粒径大于 25 μm 组分的沉积通量作为西风气候代用指标，并据此重建了青藏高原东北部 32 ka 以来季风和西风气候的演化序列。研究结果表明在冰期-间冰期和冰期千年时间尺度上，西风气候和亚洲夏季风表现为反相位关系，冰期时西风气候占主导，全新世时亚洲夏季风占主导，西风和亚洲季风的交替影响可能是第四纪以来青藏高原东北部地区主要的气候型式。

尽管寒区湖泊沉积在重建全新世气候与环境变化方面获得很多成果，但在同一区域内也还具有差异，这可能反映了历史时期环境变化的区域差异。因此，如果较大冰冻圈区域内湖泊广布（如青藏高原），则应该在考虑气候带和地域分异因素下，获取较大范围的多个湖芯样本，从而构建反映地域分异的气候和环境曲线，在此基础上构建反映大尺度变化的平均序列。

6.6　寒区其他介质记录

除上述常见冰冻圈介质外，尚有冰川泥纹、冰川地貌、苔藓和地衣、动物残体层（如企鹅粪土和海豹毛）、钻孔温度等，也被用于反演冰冻圈区气候、环境和生态系统变化。

1. 冰川纹泥

冰川纹泥（varve）一词用来描述某些湖泊中由于冰川的季节性融化导致碎屑输入的季节性变化，使其沉积物具有一年一个旋回的层理，这种层理记录着每年的季节变化，因而也称为季候泥。由于一年中沉积的季节不同，沉积物的厚度、颜色、成分也有差别。夏季冰川融化强烈，冰川融水充沛，搬运能力强，冰川融水所携带的泥沙注入附近的湖泊（冰缘湖）后，细沙颗粒很快沉于湖底，而粒径较小的黏土质颗粒仍浮漂于水中。至冬季，黏土慢慢沉积于沙层之上。如此年复一年就形成了层理清晰并具有粗细相间韵律的沉积层。纹泥中沙层色浅，主要成分为石英和长石；黏土层色深。通过纹泥研究古气候越来越受到人们的重视。几十年来，特别是近几年来，季节纹泥的研究无论是在其发生学，还是在其年代学方面都取得了长足的进展。

2. 冰川地貌

第四纪古冰川遗迹记录了冰川的进退，反映了第四纪气候的重大变化，是研究古环境演变的传统手段。冰碛地貌作为冰川历史活动留下的显著的直接证据，对认识冰川的历史活动具有重要意义，是研究古冰川和恢复古地理环境的重要依据。此外，根据冰碛物的新老关系可以确定第四纪冰期和间冰期气候变化的相对年代，结合冰碛物的绝对年代学结果，可以确定第四纪冰期与间冰期发生的确切时间。研究冰碛垄所处的位置、规模大小能够很好地指示古冰川发育的状况；侧碛垄的最大高度可以用来估算当时雪线值等；应用地貌方法恢复冰川的平衡线高度（ELA），是通过冰川遗迹重建古气候的重要方法。地貌法估算平衡线高度的方法有：①积累区面积比法（AAR）；②面积-高度平衡比法（AABR）；③侧碛垄最大高度法（MELM）；④冰川末端-源头高度比法（TTHAR）；⑤冰斗底部高度法、冰川作用临界高度法（glaciation threshold）等。AAR 法最常用来估算冰川平衡线高，前提是处于稳定状态的冰川，其积累区面积所占冰川总面积的比例是一个定值，比值大小由冰川的气候类型、冰川地貌类型、冰川发育区地形特征、冰川表面碎屑覆盖程度等决定。AAR 变化在 0.5~0.8，典型中高纬冰川的 AAR 在 0.55~0.65。因此，选择采用适合的比值成了冰川平衡线恢复的关键。THAR 法的假设前提是 ELA 位于冰斗后壁与冰川末端之间的某个高度，大部分情况下，THAR=0.4~0.6。它的优点是，知道冰川末端高度和冰川源区高度，很容易算出平衡线高度；难点和问题在于采用合适的比值。MELM 法适用于地貌形态，特别是冰川修剪线（trimline）、侧碛垄保存较好的冰川，与 AAR 法等合并使用，互相验证，效果更好。单一使用以上方法，有时误差较大，多种方法同时应用，相互验证，结果才比较可靠。

3. 地衣和苔藓

地衣是由真菌和藻类（或真菌和蓝细菌）高度结合的具有稳定形态和特殊结构的共生复合体。从本质上说，地衣是菌类与藻类共生的特殊真菌，即地衣型真菌。地衣测年是一种有效的定年方法，主要应用于全新世晚期的定年研究。在寒带高山地区林线以上地区，地衣生长非常慢，寿命也非常长；而且这些地方也缺乏其他可以用于定年的有机材料。地衣定年的方法主要有两种：一种是间接法，即通过基物年龄与生长在上面地衣大小的关系来建立地衣生长曲线；另一种是直接法，即直接测定地衣的生长速率，从而建立生长曲线。

地衣测年技术在极地和高山冰川前缘冰碛物定年方面得到了很好应用。将地衣测年和树轮定年相结合，可研究 LIA 以来冰川进退。地衣定年自身也有一定的局限性。间接法需要知道基物的年龄，因此不能应用在基物年龄不确定的地区。另外，由于不同地区环境条件的差异，某个地区生长曲线可能并不适用于其他区域。对直接法来说，因为目前全球气候处于变暖趋势，通过直接监测地衣年生长率获取的生长曲线在长时间尺度上可能不具有代表性。

苔藓植物由于结构相对简单，能在高寒、高温、干旱和弱光等其他陆生植物难以生存的环境中生长繁衍。它没有真正的根和维管束组织，表面积较大，对环境因子的反应敏感度是种子植物的 10 倍以上。苔藓是一种良好环境变化指示植物，被世界各国广泛应用在环境变化方面的研究。因此，可利用苔藓植物对环境污染和全球变化进行指示和监测作用。

苔藓类植物是冰冻圈地区分布的主要植物物种之一，由于环境温度较低使得其基因变异水平较低。我国青藏高原由于海拔较高，被喻为“世界第三极”，许多山峰峰顶常年积雪。由于全球气候的变暖，雪线上升，使得苔藓植物的分布与基因变异有可能发生较大的变化。因此，通过野外调查青藏高原与西北高山冰缘地区的苔藓分布规律的变化，并通过分子生物学方法来研究苔藓植物种群在遗传结构上所发生的变化及其与环境因子的相关性，可用于指示全球气候变化，具有重要的科学理论价值。

4. 粪土层和海豹毛

鸟类是全球生态系统的一个重要组成，鸟类数量变化可以反映全球气候变化对生态系统的影响。以鸟粪土为介质，与第四纪地质学、元素和同位素地球化学、沉积学、矿物学、构造地质学等经典的地质学方法结合，可以研究地质历史时期鸟类活动的信息，从而探讨宏观的生态、气候与环境变化。南极阿德雷岛企鹅粪土沉积物中 Sr、F、S、P、Zn、Ba、Ca、Cu、Se 这 9 种标型元素组合恢复了当地 3000 年来企鹅数量的变化历史，并且与气候变化进行了对比，认为气候变化影响到企鹅数量的波动。生物标型元素组合和 C、N 同位素所表征的历史时期海鸟数量变化或者人类文明的兴衰，使得我们可以更好地了解气候变化对生态系统的影响及生态系统对气候变化的响应。后继研究表明该企鹅粪土沉积物酸溶性 $^{87}Sr/^{86}Sr$、$\delta^{13}C$ 和 $\delta^{15}N$ 以及几丁质酶基因含量的深度变化曲线和生物标型元素相似，都可恢复历史时期企鹅数量的变化。另外，粪便甾醇也可用于指示鸟类数量的变化。同样的方法也成功用于海豹粪土沉积物研究。之后对粪土层的研究扩大至北极海鸟粪土沉积、中国南海西沙群岛的鸟粪土沉积乃至中国淮北尉迟寺古人类文明遗址等。利用大型动物栖息地粪土层、海鸟卵来研究有机氯污染物向南极环境输出、转移、积累，结果为有机氯污染物多氯联苯 PCB 在海鸟卵样中的高积累是显而易见的。因此南极贼鸥和企鹅可以作为全球性有机氯污染物质远距离输送和监测的大型指示生物种类。

南极海豹以磷虾为优先选择的食物，只有当磷虾供给不足的情况下才会选择其他鱼类为食，因此以南极海豹毛为研究介质，可获知磷虾种群密度的相对变化。根据南极乔治王岛 Fildes 半岛含有海豹毛序列的粪土层进行氮同位素分析，来研究海豹食谱营养级的变化，进而推出南极磷虾在食谱构成中的比例变化，得到磷虾种群密度的相对变化。结果表明，20 世纪所研究地点毗邻海域的磷虾相对种群密度呈持续下降趋势，可能是 20 世纪该海域的变暖和海冰减少所致。通过分析东南极 Vestfold Hills 的阿德雷企鹅骨骼和羽毛的稳定同位素，认为在全新世期间磷虾丰度变化与区域气候变化事件相关，即温度较低时磷虾丰度较高。另外现代阿德雷企鹅的 $\delta^{15}N$（$^{15}N/^{14}N$ 值）值较低，这是由于人类大量猎取以磷虾为食的海豹和鲸鱼，从而导致近期磷虾数量的增加。该项研究为探讨区域海洋食物链的变化提供了一个独特的视角，这将对评价未来气候变化对这一关键物种的影响非常有价值，也有助于南极海洋生物资源养护与管理。

5. 钻孔温度记录

在冰川和冻土中，都可通过钻孔记录研究受地表温度变化和地下稳态热流共同作用所发生的温度变化历史（图 6.15），因此，通过对钻孔温度记录分析可重建过去温度变化。由于地球表面温度波动向下扩散，温度幅值随深度增加呈指数衰减，短期振荡，如日变化和季节变化，比长期振荡随深度增加衰减更快。随深度增加，地球逐渐记录了更长期的趋势。

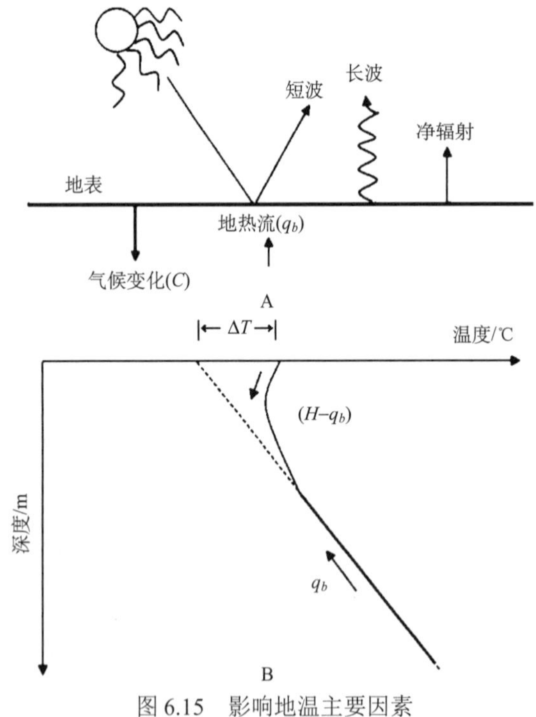

图 6.15　影响地温主要因素

Figure 6.15　The main factors dominating the ground temperature

钻孔温度记录可以重建数十年、数百年、千年乃至万年等各种时间尺度的温度变化历史。目前已利用钻孔温度记录对局域、区域、半球乃至全球尺度范围温度变化进行了研究。利用格陵兰等地区冰芯钻孔温度，已成功地恢复了过去气温的变化。

思　考　题

1. 冰芯记录对气候系统变化主要有哪些贡献？试举例说明。
2. 你认为冰芯研究有何前景和新使命？
3. 试概述冰冻圈内各类记录介质的优缺点？
4. 冰芯是如何记录气候环境变化信息的？
5. 冰芯记录了哪些气候环境变化信息？

延 伸 阅 读

【代表人物】

Willi Dansgaard（1922~2011 年）

丹麦古气候学家，是第一个意识到格陵兰冰盖是世界气候变化历史档案库的人。他早年在哥本哈根大学学习气象学，毕业后于 1947 年赴格陵兰从事地磁观测工作，从此与格陵兰结下了不解之缘。1951 年开始在哥本哈根大学从事教学与研究工作，他的第一份工作是安装质谱仪并从事稳定同位素的分析。1952 年 6 月的一天，他利用空的啤酒瓶和漏斗在自家的草坪上收集降水样品，以分析降水中稳定同位素比率是否发生变化，结果发现降水中氧稳定性同位素比率随着暖锋和冷锋过境存在着显著的变化，并与降水形成的高度（气温随高度升高而降低）密切相关，从而开启了同位素气象学研究的新领域。后来，他对全球降水中稳定同位素比率进行了系统研究。由于他发现中高纬度降水中$\delta^{18}O$季节变化与气温存在着很好的相关性，从而意识到格陵兰地区积累的冰雪中$\delta^{18}O$包含着过去气候变化的信息，并于 1954 年提出冰芯研究的思想。他通过对格陵兰 Camp Century 和 Dye-3 冰芯的研究，系统地揭示了末次冰期以来的气候变化记录，并发现在末次冰期时气候存在千年尺度的快速变化，现在称为 D-O 事件。鉴于他对冰芯研究的重要贡献，

于 1976 年获得国际冰川学会授予的 Seligman Crystal 奖，1995 年获得瑞典皇家科学院授予的 Crafoord 奖，1996 年获得 Tyler 奖。

【经典著作】

1. *The Environmental Record in Glaciers and Ice Sheets*

作者：H. Oeschger, C. C. Langway Jr.

出版社：Wiley-Interscience Publication,John Wiley＆sons，1989

内容简介：

1988 年 3 月，在德国举行了“冰川中的环境记录”的学术讨论会，该讨论会的主要目的不是要与会的各国科学家叙述他们的“已知”，而是要提出他们的“未知”，不是要解决问题或对某一观点作出仲裁，而是要确定和讨论当时最前沿和最重要的科学问题，以指出未来的研究方向。在这次学术讨论会的基础上，出版了该书。全书内容包括四部分：①冰川如何记录环境过程、储存信息的？②人类活动对冰川记录有何影响？③怎样建立冰芯年代学？④通过长期冰芯记录我们可以了解到全球气候环境变化的哪些信息？该书是当时全球从事冰芯研究科学家集体智慧的结晶，对于认识冰芯和研究冰芯具有重要的指导意义。

2. *Tree Rings and Climate*

作者：Fritts HC.

出版社：Academic Press, London，1976

内容简介：

该书是树木年轮气候学的经典书目之一，首次出版于 1976 年。该书首次系统地介绍了树木年轮气候学的基础和应用，特别是在古气候重建方面的应用。树轮古气候重建是将现代气候放在过去千年气候变化的视角上，以期对未来气候变化进行预测。该书对树木年代学的基础、树木和气候环境的相互关系、树木生长的模拟、树木年轮气候学的理论和应用等方面均进行了阐述。对于古气候重建应用的介绍，从单点到区域大尺度上向读者展示了树木年轮气候学在古气候研究中的重要作用。从生物学角度出发，介绍了树木年轮形成的原理，探讨了树木年轮和气候之间的关系；在此基础上，给出了如何利用树木年轮来揭示历史气候和确定过去的气候事件。树木年轮形成的基本植物过程、简单的统计变量和方法以及它们所揭示的树木环境和生理响应变量，树木年轮气候学数据校准，气候意义解释、重建和验证以及空间气候重建均在该书进行详细介绍。

第7章 不同尺度的冰冻圈演化

主笔：周尚哲 何元庆 刘时银

主要作者：赵林 温家洪 马丽娟 窦挺峰

地球具有46亿年历史，寒武纪开始至今仅5.42亿年，之前的40余亿年称为前寒武纪时期。前寒武纪时期分为冥古宙（46亿~40亿年）、太古宙（40亿~25亿年）和元古宙（25亿~5.42亿年）。地球经过冥古宙和太古宙早期演化，结束炽热星球时期，形成了岩石圈、大气圈、水圈和生物圈。于太古宙晚期（28亿~25亿年前），地球表面温度趋于现在的水平，此后就以这一温度为基准大幅度波动，有了冰冻圈的记录，如三大冰期、每个大冰期时期的冰期-间冰期交替以及更短尺度的变化。本章分构造、轨道、亚轨道、百年和年际5种尺度，分述冰冻圈演变及其可能的原因。

7.1 构造尺度冰冻圈演化

现已查明，前寒武纪晚期以来，地球上发生了以2亿多年为周期的3次大冰期，其成因除了太阳系公转周期天文因素的推测，更可能与地质构造运动有关。它们是前寒武纪晚期大冰期、石炭-二叠纪大冰期和晚新生代大冰期。

7.1.1 前寒武纪大冰期

这次冰期发生在前寒武纪晚期亦即新元古代，西方文献多称晚前寒武纪冰期（Late Precambrian glaciation）或新元古代冰期（Neoproterozoic glaciation）。因其发生在寒武纪前夕，我们还是统一称“前寒武纪冰期”。

1. 前寒武纪冰碛岩及其特征

19世纪下半叶开始迄今，在世界各大陆发现广泛分布前寒武纪冰碛岩（tillite）及其下伏岩层上的冰川擦面，确定存在古老的冰期，被称为Varangian冰期。并根据U-Pb定年资料，将前寒武纪冰期分为 4 次冰期，即 Kaigas 冰期（770~735 Ma B.P.）、Sturtian 冰期（715 ~680 Ma B.P.）、Marinoan 冰期（660~635 Ma B.P.）和 Gaskiers 冰期（585~82 Ma B.P.）。名称分别来自纳米比亚、南澳大利亚（中间两个）和纽芬兰。基本确定了 Varangian 冰期发生的时间。中国南陀冰碛岩和罗圈冰碛岩都属于前寒武纪冰碛岩，南陀冰碛岩定年为 Marinoan 冰期。基于前寒武纪冰碛岩广泛分布，国际地层委员会在地质年表中命名了一个“成冰纪”（cryogenian），时间为 850~635Ma B.P.。前寒武纪冰碛岩有如下特征：

地理位置科学家应用古地磁方法对前寒武纪冰碛岩当时所处的地理位置进行了订正，得出了一个非常意外的结论：前寒武纪冰碛岩形成时，都处于赤道附近的纬度上。

红土化地层研究发现全球前寒武纪冰碛岩大都是红色的混合杂岩，并覆盖在红色岩层之上（图 7.1），含有很高的赤铁矿。例如，南美的 Jacadigo 组残存 500 亿 t 的铁矿石资源量，平均含铁高达 50%，南澳大利亚局部含铁也高达 40%，估为 3 亿 t 可开采铁矿。说明冰川作用发生之前，地球温度很高，风化很强，形成巨厚的红色岩层。冰川作用是在红色基岩上发生的，故而形成红色冰碛物。当然，有的红色冰碛岩又经后期化学风化。

图 7.1　纳米比亚前寒武纪红色冰碛岩（左，Hoffman et al.,1998）和阿曼 Dhofar 冰川磨光面（右，Allen and Etienne, 2008）

Figure 7.1　Red tillite of Precambrian in Namibia（left: from Hoffman et al., 1998）and glacial striated surface in Oman（right: from Allen and Etienne, 2008）

碳酸盐岩盖层（cap carbonate）前寒武纪冰碛岩的另外一个特点是，上覆地层往往是白云岩、石灰岩等碳酸盐岩盖层，有的地方如伊尔库茨克也和岩盐或蒸发岩伴生一起。这些岩石均指示高温干旱的气候环境，尤其是碳酸盐岩盖层中 $\delta^{13}C$ 值异常低，使地质学家联系到碳循环与环境。

海陆环境前寒武纪的冰碛岩大都沉积于当时的海洋或浅海，冰筏作用明显。有科学家根据冰碛岩的结构推测，冰盖消退时海面猛升，引起大风巨浪效应，显示冰期向间冰期转换过程的环境特征。

2. 雪球地球假说（snowball earth hypothesis）

根据以上冰碛岩分布和沉积特征及其主要分布于赤道附近的事实，科学家们对这次冰期的成因进行诸多分析推测。Kirschvink 于 1992 年提出“雪球地球”的概念。Hoffman

则以纳米比亚等地发现的冰碛岩上覆碳酸盐岩盖层及其 $\delta^{13}C$ 异常来支持这一观点，吸引众多学者参与研究。使雪球地球说成为一个颇具影响的假说。

雪球地球假说认为，前寒武纪形成了一个完全冻结的冰雪地球，厚达数千米的冰盖覆盖了全部大陆和洋面。基于冰碛岩集中分布于赤道一带的现象，科学家自然联系到大陆板块向赤道带集中和地轴倾角增大的问题。板块学说业已确定，前寒武纪晚期是个泛古陆时期（the rodina supercontinent），这个联合古陆分布于赤道低纬度带。但是赤道低纬度带是接受太阳辐射最多的高温带，为何又能发育冰川呢？Williams 1975 年认为比较理想的解释应当是地轴倾角增大到 54°~126°。这样的话，赤道低纬度带将优先发生冰川作用；全球季节性分明；地带性弱化有利于各纬度产生暖水沉积作用和红土化风化作用。但这需要进一步研究来验证。Schrag 等 2002 年甚至只用赤道大陆来解释地球雪球形成。他们认为，冰期前集中于赤道低纬度的联合古陆产生强烈的化学风化，使大气中的二氧化碳消耗殆尽，于是解除了其温室作用，使地球大幅度降温，诱发大冰期。冰雪一旦积累，则其对太阳辐射产生强烈的正反馈作用，直到地球完全封冻。Hoffman 等认为，一个完全封冻状态的地球一直延续，直到火山喷发导致大气中二氧化碳重新积累到 350 倍今天的浓度，使温室效应达到超常的水平，才使雪球地球解冻。解冻过程中，又释放出冰盖底部封存的原生物体腐烂后产生的甲烷，加强了温室气体。雪球地球解冻时引起海平面上升 500 m，地球上掀起狂风巨浪。解冻后的降水把大气中的二氧化碳带到地面，分解岩石，形成碳酸盐沉积，覆盖在冰碛岩之上。尤其是，碳酸盐岩中碳同位素 $\delta^{13}C$ 值降低 10‰~14‰，这个值无论和此前 12 亿年或之后的整个地质历史相比，都特别反常。Hoffman 等解释：生物在光合作用下，吸收更多的 ^{12}C。碳酸盐岩盖层中的 $\delta^{13}C$ 异常低，则说明一个冰冻的地球屏蔽了海洋透光性，抑制了海洋生物繁衍，几乎中断了光合作用，导致 ^{12}C 浓度增高，使 $\delta^{13}C$ 值降低。这些都为雪球地球假说提供支持。地球经历了这样一个冷热剧变，原始生命（藻菌）发生重要的自然选择，才迎来了寒武纪生命大暴发，地球进入古生代。

雪球地球假说引起激烈争论。Pais 等从天体力学的角度否定地轴倾角大于 54°的假定。Hoffman 也认为，地轴倾角增大不能解释碳酸盐岩盖层及其 $\delta^{13}C$ 异常问题。而 Christie 等却认为，碳酸盐岩盖层的 $\delta^{13}C$ 异常本身也值得怀疑。Allen 等认为，海洋完全被封冻很不可思议，海水与大气之间的交换并未被切断，水循环仍然是活跃进行的。他更赞同 Christie 雪泥地球（slushball Earth）的概念。假如雪球地球确曾存在，最后如何解冻也很令人费解。总之，前寒武纪冰川作用于赤道低纬度是公认的事实，而雪球地球假说能否最后成立，还有待大量的研究。

7.1.2　石炭-二叠纪大冰期

前寒武纪大冰期之后，在晚古生代又一次进入大冰期，称为石炭-二叠纪大冰期。当时的冰碛岩发现于世界许多地方。主要特征有：①冰碛岩主要分布于南部非洲、南极大陆、澳大利亚、南美及南亚。北半球仅低纬度阿拉伯半岛和亚洲南部有分布。典型的冰碛岩如非洲喀拉哈里高地 Dwyka 组、阿拉伯半岛 Wajid 冰碛岩、南极维多利亚地区 Metschel 组、印度 Talchir 组、澳大利亚悉尼盆地 Talaterang 组，都是有名的冰碛岩地层。古纬度资料表明，包括北半球低纬度带的冰碛岩，当时全部发生在南半球高纬度地区，所以冰川作用广泛发生于冈瓦纳大陆（Gondwanaland）。②以陆地冰碛岩为主，沉积在海洋的较少。③时间上主要是晚石炭世至早二叠世。所以，石炭-二叠纪冰川作用发生于南半球高纬度，这和前寒武纪冰期由赤道带启动大为不同。地层研究表明：石炭-二叠纪冰碛岩普遍上覆富含舌羊齿（glossopters）植物群的所谓冈瓦纳煤系地层，连同冰碛岩统称为冈瓦纳岩系。这也是非洲、大洋洲、南极洲、南美洲和南部亚洲曾为统一大陆的生物地层根据，被命名为冈瓦纳（印度中部地名）大陆。现今欧洲、北美洲、东北亚构成所谓劳亚大陆，但除南欧部分地区，尚未有发现石炭-二叠纪冰碛岩的报道。推测劳亚大陆当时位于北半球低纬度。

7.1.3　第四纪大冰期

1. 晚新生代冰期启动

石炭-二叠纪大冰期之后，进入中生代至早新生代高温期，侏罗纪晚期和整个白垩纪达到最高温。始新世开始，气温波动下降，至末期，南极大陆形成不稳定冰盖，中新世晚期，北半球开始在冰期形成覆盖型冰川，至更新世开始，冰期时北半球稳定出现大冰盖，标志全球进入第四纪大冰期。早期的冰川作用证据主要是海洋钻探发现的南极海域和包括巴伦支海、挪威临海、格陵兰北部和东南海域、冰岛和北美海域在内的北大西洋的冰筏碎屑沉积，标志冰盖的边缘必须深入到海洋。由此得知：东南极冰盖出现于 35 Ma 前的晚始新世，于 14 Ma 前达到稳定的规模；其他出现冰川的地区依次是：阿拉斯加、格陵兰、冰岛和巴塔哥尼亚为 8 Ma 前的中新世；玻利维亚安第斯山、塔斯马尼亚为上新世；阿尔卑斯、新西兰为早更新世。深海氧同位素曲线表明，距今 2.7 Ma 是个重要的转折时期，从此时起，全球冰量每到冰期达到高峰值。因此，国际上将第四纪时限新定为 2.6 Ma B.P., 第四纪似乎与冰川作用成为同义词。青藏高原中更新世才发生大规模山地冰川，标志其通过新构造隆升跨入冰冻圈。

2. 第四纪冰冻圈演变

由于第四纪大冰期离我们最近，所以研究比较详细。这次大冰期并不表现为一贯的冰期气候，而是有大幅度的波动。我们把冰川大规模扩张，海面大幅度下降的时期称为冰期，把介于期间的温暖时期称为间冰期。Penck 等 1909 年发表《冰期之阿尔卑斯》的文章，根据德国南部冰水砾石层沉积序列，提出 4 个以多瑙河几个支流名称命名的冰期概念，这 4 个冰期即贡兹（Günz）冰期、民德（Mindel）冰期、里斯（Riss）冰期和武木（Würm）冰期。此后第四纪冰川研究风靡地质学界，欧美各地发现冰川作用证据，建立与阿尔卑斯山相当的冰期序列（表 7.1）。而阿尔卑斯地区后来的研究又增加了 Biber,

Donua 和 Haslach 3 个冰期。青藏高原各大山脉更新世冰川研究累计命名了数以百计的冰期名称，2008 年施雅风主持总结，建议统一为 5 个冰期，一并列入表 7.1 中。

表 7.1　更新世冰期

Table 7.1　Glaciations during Pleistocene

阿尔卑斯山	欧洲北部	英格兰	美国	青藏高原
Würm	Weichsel	Devensian	Wisconsin	大理冰期
Riss	Warthe	Gipping	Illinoian	古乡冰期
Mindel	Saale	Lowestoft	Kansan	中梁赣冰期
Haslach	ELster	Beeston	Nebraska	昆仑冰期
Günz	Menapian	Baventian		希夏邦马冰期
Donua				
Biber				

依靠冰川遗迹建立完整的气候变化序列是困难的，这是因为冰川沉积易遭后期更大规模冰川作用的破坏。故而我们虽然唯有根据冰川遗迹才能恢复冰川作用范围，但不能恢复完整的气候变化历史。20 世纪 70 年代兴起的深海岩芯记录研究，以浮游生物有孔虫氧同位素指标重建全球冰量（海水量）变化。例如，著名的 V28-238 孔氧同位素曲线被誉为记录气候变化的罗塞达碑（Rosetta stone）。Lisiecki 等将 57 个海洋岩芯用同位素曲线进行对比并做技术处理，合成一条 5.3 Ma 以来的完整曲线。南极冰芯、大陆黄土和深湖钻孔也纷纷揭示出与深海同位素相吻合的气候变化记录。这些记录使我们对第四纪甚至上新世以来的冰冻圈变化有了比较完整的了解。

3. 第四纪冰期环境特征

海洋同位素曲线阶段（marine isotope stages，MIS）划分给我们提供了第四纪冰期-间冰期交替变化的标志性指标及时间标尺。以末次冰期最盛期 MIS-2（20 ka B.P.）为例，我们可以得到对第四纪冰期地球冰冻圈的印象。当时全球温度平均降低约 10℃，形成劳伦泰冰盖和科迪勒拉冰盖组成的北美大冰盖，面积达 16×10^6 km^2；斯堪的纳维亚冰盖、不列颠冰盖和巴伦支冰盖组成的欧亚冰盖面积 7×10^6 km^2；加上约 3×10^6 km^2 的格陵兰冰盖，北半球冰盖总面积达到约 26×10^6 km^2。现在的北半球只留下 2×10^6 km^2 的格陵兰冰盖，其他冰盖在距今 11 ka 前彻底消失。当时的南极冰盖也比现在（14×10^6 km^2）还大。此外，阿尔卑斯山形成 2×10^5 km^2 的冰盖，青藏高原、安第斯山及其他山脉的山地冰川也大规模扩展。总之，现在的冰盖冰川面积只占陆地的 10%，而冰期时达到 30%。加拿大全部、美国北部、北欧全部均被冰盖所覆盖，现在的世界大都市如纽约、柏林、莫斯科、日内瓦等 20 ka 前都是冰盖覆盖的地方。中国除了青藏高原山地冰川面积为现在的 8 倍多，东部的太白山、长白山、台湾高山也发育了冰川。冰期中，大量海水输送到大陆成为冰盖、冰川，致使海平面要比现在低 130~150 m，大陆架广泛出露；高纬度冷高压加强，气候严寒干燥，沙尘盛行，在大陆的中心地带形成巨厚的黄土地层（中国黄土厚达 400 m

以上）；积雪、冻土苔原面积扩展；动植物面貌发生很大变化，暖湿种向低纬度低海拔收缩，喜冷种则发达起来（如亚洲暗针叶林和苔原扩张，猛犸象、披毛犀繁衍）；古人类活动和演化也受到极大的影响。这次冰期于 11.7 ka 后才彻底消退，全球进入温暖的全新世，人类方迎来细石器和农业文明时代。MIS-6、MIS-12、MIS-16 冰期的冰川规模更盛于 MIS-2 冰期。

7.1.4　三大冰期形成原因

地质历史上三大冰期发生的原因，虽然科学家也提出过诸如太阳系公转周期的天文假说，但我们却看到，三大冰期的发生与大陆漂移及其组合构造有深刻联系。前寒武纪晚期形成分布于赤道附近的联合古陆，之后古陆分裂成诸多板块；石炭-二叠纪又合并为冈瓦纳和劳亚大陆；之后又分裂，至白垩纪和新生代，呈现前所未有的海陆分散格局。科学家从赤道热带的联合古陆来解释前寒武纪晚期大冰期的成因；而石炭-二叠纪大冰期又发生于南半球高纬冈瓦纳大陆，新生代大冰期启动于南极大陆，是因为此时南极大陆漂移到位。所以，三大冰期反映的是地质构造尺度上的冰冻圈剧变（图 7.2）。这似乎给

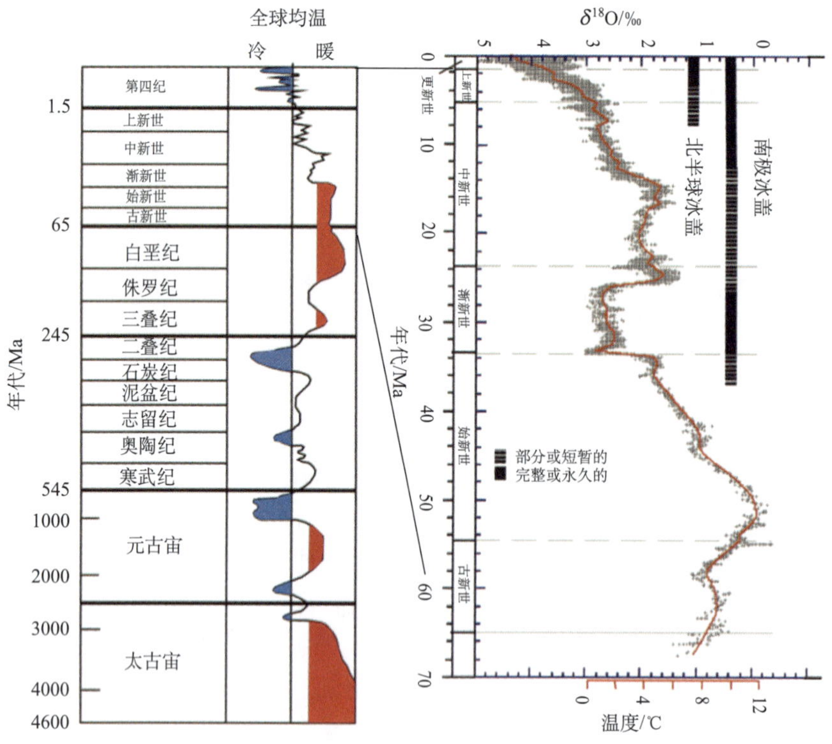

图 7.2　地球诞生以来（左，Frakes, 1979）和第三纪以来（右，Zachos et al.，2001）温度变化

Figure 7.2　Temperature changes of the earth's history（the left, from Frakes, 1979）and since tertiary（the right, from Zachos et al., 2001）

我们一个启示：大陆只要合并，不管位于赤道、高纬度，还是极地，都有利于冰期形成。此外，需要提到，前寒武纪冰期之前，还发现更老的元古宙初冰碛岩沉积，如南非、北美五大湖区、芬诺斯坎底亚和澳大利亚均有发现，其时间在距今 22 亿~24.5 亿年。奥陶纪晚期，也有冰碛岩发现。但这两次冰碛岩发现地点有限，说明规模较小（图 7.2）。此外，中低纬度的冰川作用和造山运动有密切关系，如青藏高原及周边山脉，第四纪强烈抬升进入冰冻圈，形成冰期-间冰期冰川进退消长的格局。

7.2　轨道尺度冰冻圈演变-更新世气候演变与米兰科维奇理论

晚新生代大冰期启动与南极大陆形成有关。但板块运动这种长尺度的地质现象却解释不了第四纪期间冰期-间冰期旋回变化。对于这种周期性变化的解释，最理想的学说即是冰期天文理论（astronomical theory of ice ages），因塞尔维亚科学家米兰科维奇的杰出贡献，也称为米兰科维奇理论（Milankovitch theory），中文简称米氏理论。该理论用地球轨道参数变化成功解释第四纪气候变化，故学界将数万年至 10 万年周期的变化称为轨道尺度的变化，是了解冰冻圈第四纪演变的重要理论，现在专辟一节来简介米氏理论。

7.2.1　冰期天文理论的创立过程

法国学者 Joseph Alphonse Adhemar 于 1842 年出版了 *The revolution of the sea* 一书，试图从地球轨道形态变化寻求地球发生冰期的原因。他的理论仅仅基于 J. Kepler 第二定律和古希腊天文学家 Hipparchus 发现地轴进动（岁差）现象。法国著名天文学家 U. Le Verrier 于 1843 年发现了轨道偏心率和地轴倾角的变化，且其幅度分别为 0~6%和 22°~25°。苏格兰学者 James. Croll 于 1867 年发现偏心率变化有 10 万年的周期，但每个 10 万年周期的变化幅度不同，又表现为一个 40 万年的大周期。他进一步发展了冰期天文学说。1901 年，美国天文学家 S. Newcomb 发现地轴倾角不仅有约 3°（22°~25°）的变化幅度，而且有 4.1 万年的变化周期。至此，对地球轨道 3 个参数即轨道偏心率、黄赤交角和岁差的变化幅度和周期的认识已臻完备。塞尔维亚科学家米兰科维奇（M. Milankovitch）在 1941 年出版 *Canon of Insolation and the Ice Age Problem*，在 Adhemar 和 Croll 工作基础上，应用这 3 个参数的变化规律再次系统解释冰期成因。他的研究表明偏心率和岁差变化已足以引起冰期，地轴倾角更有重要意义；地轴倾角变化对极地影响大而对赤道小，岁差的变化对赤道影响大而对极地影响小。他经过与气象学家 Wladimir Koppen 的讨论，与 Adhemar 和 Croll 的观点相反，确认夏至点对应远日点而冬至点对应近日点时，即一半球由漫长而凉爽的夏半年和短暂而温暖的冬半年组成一年有利于高纬度发育冰川，此时，另一半球则是间冰期；他重视冰盖反馈作用，建立夏季辐射与雪线之间的关系。他计算 5°~75° 每隔 10 个纬度 60 万年以来夏季太阳辐射变化曲线，并将其绘制成图，被誉为米氏曲线。特别是对大冰盖发育最为敏感的纬度 65° 曲线，对解释冰期问题大为成功。米氏将辐射换算成温度，其谷值比现在低 6.7℃，而高值比现在升温 0.7℃。米氏曲线被 W. Koppen 引用在自己的专著中，用来说明 A. Penck 和 E. Bruckner 在阿尔卑斯山划分的 4 次冰期。

20 世纪中叶，铀、钍、钾、氩、钚同位素及古地磁定年技术相继问世。H.C. Urey1947 年从理论上表明，海洋有机体碳酸钙遗骸中含有氧同位素 ^{18}O、^{16}O，含量取决于海水温度。1955 年 C. Emiliani 分析了 8 个深海岩芯，发表《更新世温度》一文，表明加勒比海和赤道大西洋 30 万年来有 7 个冰期-间冰期旋回记录，冰期时温度较今低 6℃。Broecker 等 1968 年对巴巴多斯、新几内亚、夏威夷均发现 3 个高海岸阶地，钍测年 12.5 万年、10.5 万年、8.2 万年，与米氏 45° 曲线完全吻合。1969 年，J. Imbrie 和 N. Shackleton 同时指出，决定 ^{18}O 和 ^{16}O 比率高低的不直接是海水温度高低，而是大陆冰量的多少。1970 年 W.S Broecker 等对加勒比海 V12-122 深海岩芯有孔虫研究和 1975 年 G. Kukla 对捷克黄土研究均显示 10 万年变化周期。20 世纪 70 年代，J. D. Hays 和 John Imbrie 发起建立了一个名为 Climap 的研究组，网罗了世界一大批科学家和实验室发掘海洋地层记录以验证米氏理论。他们选择西太平洋浅水区编号为 V28-238 孔和南印度洋编号为 RC11-120 的岩芯，测定了其浮游生物有孔虫氧同位素比例以及进行古地磁定年，重建了 B/M 界线以来 70 万年连续的同位素变化曲线。对其进行的谱分析惊喜地发现，这些曲线均显示 10 万年周期、4 万年周期和 2 万年周期，和 M. Milankovitch 理论中轨道偏心率、黄赤交角和岁差的变化周期高度吻合，有力地证明了冰期天文理论的正确性。由此，V28-238 钻孔被誉为记录气候变化的罗塞达碑（Rosetta stone）。此后数十年，更多和更长时间尺度的海洋记录、大陆黄土记录和极地冰芯记录不断问世，揭示同样记录，使得米氏之后的冰期天文理论成为解释第四纪气候环境变化的成功学说。

7.2.2　冰期天文理论的基本原理

轨道偏心率（eccentricity）及其气候意义 Kepler 第一定律表明，所有行星轨道都是椭圆，太阳位于其中一个焦点上，故行星沿轨道运行一周有近日点、远日点之分。地球上接收的太阳辐射与日地距离的平方成反比，即

$$I = I_0/\rho^2 \sin h = I_0/\rho^2 \cdot (\sin\varphi \sin\delta + \cos\varphi \cos\delta \cos\omega) \tag{7-1}$$

式中，I 为地球大气顶日射；I_0 为太阳常数；ρ 为日地距离；h 为太阳高度角；φ，δ，ω 分别为纬度、赤纬和时角。

偏心率 e 是轨道圆心至焦点的距离与半长轴之比。现在为 0.0167，e 值越大，轨道越扁。又根据 Kepler 第二定律，行星在公转运动中，相等时间扫过与太阳连线围成的相等面积（图 7.3）。故而行星在近日点公转速度要比远日点快，这决定冬夏两半年的时间长度。所以，轨道偏心率决定了日地距离在一年中的变化和冬夏两半年时间配置。

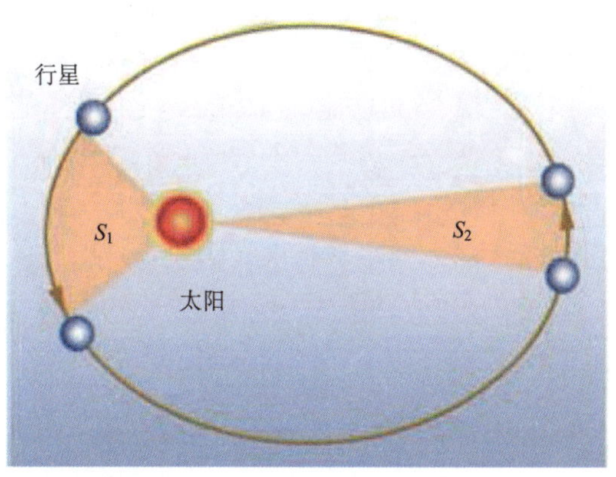

图 7.3　开普勒第二定律示意图

Figure 7.3　Sketch map of Kepler law 2

地轴倾角（obliquity）及其气候意义：地轴倾角是指地转轴与黄极轴之间的角度，因赤道面与黄道面分别与两轴垂直，故地转轴倾角亦即黄赤交角，现在为 23° 27′。该值越大，极地和高纬度接受太阳辐射能越多；该值越小，则太阳辐射越向赤道和低纬度集中。另外，由于地球自转轴北极恒指北极星，使地球每个地方均有机会不同程度分享阳光，形成四季交替。所以地轴倾角及其大小对于太阳辐射能在全球的时空分布非常重要。

地轴进动（precession），即中文岁差之原因。地球公转一周（360° ）为恒星年（365 日 6 时 9 分 9.5 秒）。而以春分点为参考点公转周期（355° 0′35″）则是回归年（365 日 5 时 48 分 46 秒）。回归年比恒星年短 20′23.5″，是为岁差。原因是，由于地转轴的进动（图 7.4），赤道面与黄道面的两个交点春分点和秋分点向西移动。每年移动 50.25″的角度。所以地球公转 355° 0′35″便又到达春分点。由此算出，地转轴进动一周的时间为 25 800 年。另外，由于近日点（或轨道长轴）也在向东缓慢进动（图 7.5），迎合春分点，使得春分点向西移动不到 360° 便又遇到近日点，即春分点相对于近日点的进动周期减为约 22000 年。近日点相对于春分点的位置称为近日点黄经，是决定两半球季节及其长短配置的关键因素。由于两至点间的连线与两分点间的连线互相垂直，故而春分点相对于近日点（或远日点）运动意味着四分点相对于近日点（或远日点）运动。

米氏理论把一年分为冬夏两个半年来考察太阳辐射。即春分至秋分为夏半年，秋分至春分为冬半年。两半年的时间之差由式（7-2）决定：

$$T_s - T_w = 4T/\pi \times e\sin\lambda \approx 1.273Te\sin\lambda \tag{7-2}$$

式中，T_s 为下半年时间长度；T_w 为冬半年时间长度；T 为一年的时间；e 为偏心率；λ 为近日点黄经。由此式可以算出，现在北半球夏半年比冬半年长约 7 天（南半球冬半年比夏半年长约 7 天）。当偏心率达到 0.07 且夏至点对应远日点时，夏半年的时间要比冬半年长 32.6 天。

综合以上 3 个轨道参数及其控制地面太阳辐射的作用，我们可以明白：在偏心率足够大的情形下，当夏至点位于远日点附近（冬至点位于近日点附近）时，北半球由漫长

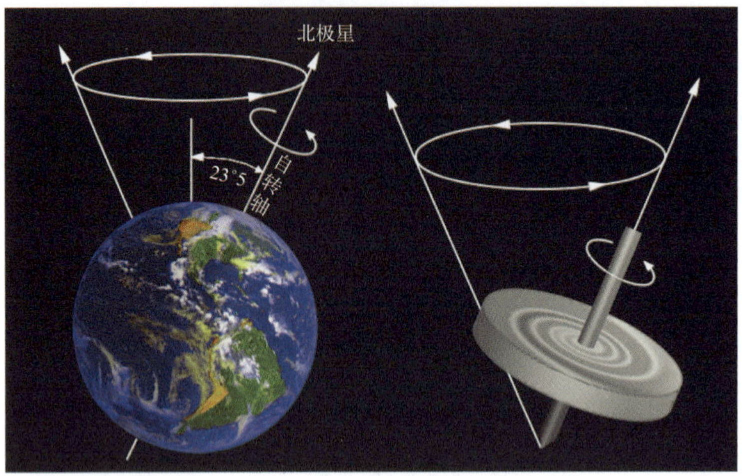

图 7.4　地转轴进动（陀螺原理）示意图

Figure 7.4　The map showing precession of the earth’s axis

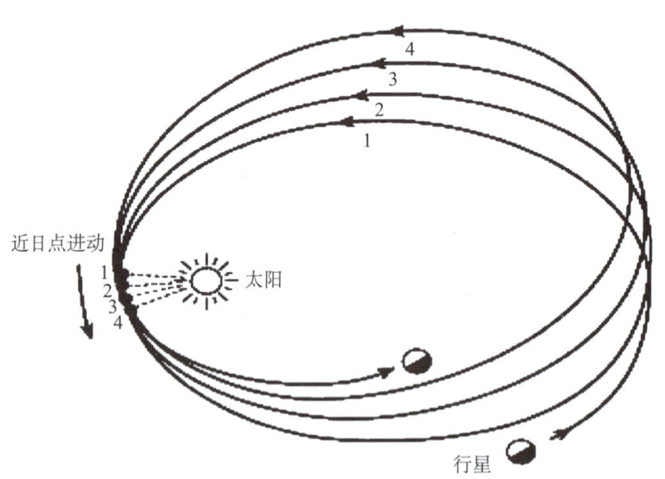

图 7.5　近日点进动示意图

Figure 7.5　The perihelion advance of the earth’s orbit

而凉爽的夏半年和短暂而温暖的冬半年构成一年，南半球相反；而当夏至点位于近日点附近（冬至点位于远日点附近）时，则北半球由短暂而炎热的夏半年和漫长而严寒的冬半年构成一年，南半球相反。春分点和秋分点分别对应近日点（或远日点），南北两半球的冬夏两半年日地距离之和与时间长度均相同，接受太阳辐射一样多。米氏认为夏至点位于远日点（近日点黄经 90°）附近是北半球发生冰期的决定性原因。因为此时北半球一个漫长而凉爽的夏半年利于保存冬半年降雪，而一个短暂而温暖的冬半年又利于高纬度降雪，冬夏都有利于冰雪积累。

由前文得知，偏心率变化幅度为 0~0.07（A. Berger 计算），周期有 10 万年和 40 万年；地轴倾角变化幅度为 22°~25°，周期为 4.1 万年；岁差周期为 2.2 万年。于是，任意纬度夏半年、冬半年和全年的太阳辐射分别由式（7-3）计算：

$$
\begin{aligned}
Q_s &= TI_0 \big/ 2\pi\sqrt{1-e^2} \cdot (b_0 + \sin\varphi \sin\varepsilon) \\
Q_w &= TI_0 \big/ 2\pi\sqrt{1-e^2} \cdot (b_0 - \sin\varphi \sin\varepsilon) \\
Q_y &= TI_0 \big/ 2\pi\sqrt{1-e^2} \cdot b_0
\end{aligned}
\tag{7-3}
$$

式中，T 为地球公转周期；I_0 为太阳常数；e 为偏心率；φ 为纬度；ε 为地轴倾角；b_0 为与纬度有关的常数。米氏由此计算各纬度 60 万年来夏季辐射量变化。他将 60 万年以来 65° 夏季辐射换算成纬度当量值（图 7.6），更加形象地表明了其与纬度之间的关系，被用来较为成功地解释冰期-间冰期变化。

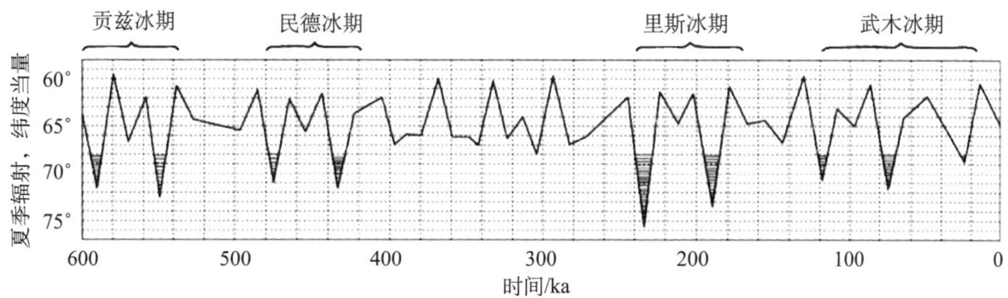

图 7.6　米兰科维奇 65° 夏季辐射曲线（如 226 ka 前 65° 的辐射相当于现在 75° 的辐射）

Figure 7.6　Milankovitch summer radiation curve on 65° N（for example, the radiation on 65° N 226Ka ago equate to that on 75° N today）

7.2.3　冰期天文理论的修正

虽然目前得到的长时间地质记录以三种周期证明米氏理论的正确性。但是，记录曲线同时表明，冰期并不发生在偏心率高值期间，而是发生于低值期间（图 7.7）。这和理论创立者高偏心率期间发生冰期的说法正好相反。在重新研究偏心率变化时，一个重要的细节引起重视，即偏心率变化时，长轴的长度恒定不变。于是，低偏心率期间的年平均日地距离要比高偏心率期间大为增加，引起全球接受的太阳辐射的减少。这样，10 万年周期的冰期成因则由原来着眼于半球某纬度某季节的辐射量的多少转变为着眼于全球辐射量的多少。这种着眼点的转变也自然修正了另外两个与岁差相伴随的疑难问题，即到底夏至点在远日点附近时有利于发生冰期，还是冬至点在远日点附近时有利于发生冰期；两半球发生冰期到底是同步的还是异步的？因为 10 万年周期的冰期发生在低偏心率期间，此时岁差作用消除，所以，这两个问题便不复存在。但是，偏心率接近零的时间毕竟很短暂，大多数时间还是在 0~0.07 变化，所以同位素曲线上还是会表现出岁差周期的。特别是在 10 万年高偏心率的间冰期期间，岁差周期就表现突出，这在各种同位素记录曲线上都可以一目了然，比如 5 阶段的 5a、5b 、5c、5d、5e 就是偏心率较高时表现出来的，而在偏心率低值的冰期，岁差就不太明显了。由此可以得到一个认识，如果要证实两半球异步问题，需要对高偏心率期间的谷值（如 5b、5d 阶段）两半球山地冰川的进退进行年代学研究，而同位素峰值期间（如 5a、5c、5e）的代替指标（如植物）则会更加有效。

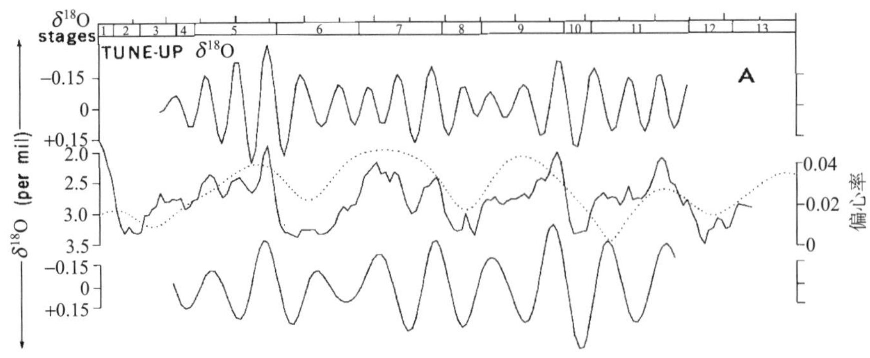

图 7.7　深海 δ^{18}O 记录的冰期对应高偏心率（Hays et al.，1976）

Figure 7.7　Marine δ^{18}O record showing ice ages occurred during low eccentricity（after Hays et al., 1976）

中间实线为同位素记录，点线为偏心率曲线；上部为 δ^{18}O 曲线提取的岁差信号；下图为倾角信号

7.2.4　冰期天文理论面临的挑战

冰期天文理论尽管在解释第四纪气候环境变化上取得巨大的成功，以至于第四纪研究无米氏理论而不成书。但是，仍然存在不少记录与理论之间的细节问题需要进一步探讨。

A.Berger 基于多体问题的天体力学计算表明，至少从距今 6 Ma 以来，3 个轨道参数的变化具有稳定的规律性。然而，Lisiecki 和 Raymao 对 57 个深海氧同位素记录进行了技术处理和合并，显示 5.3 Ma 以来的海洋 δ^{18}O 记录却显示截然不同的分段响应模式：41 ka 周期的倾角周期在 1.4~5.3 Ma 一直是曲线主要特征；北半球冰川作用只是在 2.7 Ma B.P.才开始大规模出现；也是从这时起，记录中岁差周期的反应才更加灵敏；如 Lebreiro 于 2013 年指出，11 阶段是个偏心率很低的时期，但记录中却是冰期-间冰期振幅最大的时期，即低偏心率时期为什么能够出现最大的间冰期（现在所处的间冰期-全新世也是这种情况。笔者注）。另外，科学家早就发现，所有记录曲线都显示，由间冰期进入冰期时同位素曲线显示经过两个周期的岁差时间，而由冰期进入间冰期时，则不需要经过两个岁差周期，而是从谷底一跃而升到谷顶？特别是，在所有深海同位素记录中，从距今 0.8 Ma 开始，100 ka 周期成为主要特征，而此前却以 41 ka 周期为主。这个重要的转变被称为中更新世转型（middle Pleistocene transition, MPT）。这么多的细节问题又衍生出了许多不同的解释，推动第四纪气候变化研究向前发展。不过，这些问题已经不属于冰期天文理论本身的问题，而属于地球响应系统的复杂问题。

冰期天文理论对我们认识未来长尺度环境变化也有深刻的指导意义。A.Berger 根据该理论预言，下一次冰期将发生于 23 ka 之后。

7.3　晚更新世亚轨道尺度的冰冻圈演变

晚更新世以来地质记录显示一些不太有周期规律的万年乃至千年尺度的变化，用米氏理论不能解释，被称为亚轨道尺度变化，其成因比较复杂。

晚更新世时限为 128~11.7 ka B.P.，包括了末次间冰期与末次冰期。广义的末次间冰期相当于深海氧同位素的第 5 阶段，对应的时段为 128~75 ka B.P.。之后的末次冰期常被分为早（75~54 ka B.P.）、中（54~23 ka B.P.）、晚（23~10 ka B.P.）3 个阶段，即 MIS4、MIS3 和 MIS2。MIS3 是个相对温暖的阶段，称为间冰段（interstadial）。这些较长周期和较大幅度的变化仍然是轨道尺度的。然而，末次冰期中已揭示出更加频繁的气候变化记录，诸如目前流行的 D-O 振荡和 H 冷事件、YD 事件和 BA 事件等。这些频繁的波动不能用轨道参数变化来解释，故称为亚轨道尺度的变化。下面我们先介绍记录中发现的若干重要事件及其基本概念，然后分别介绍末次冰期以来冰冻圈各要素及相关环境的演变。

7.3.1　气候变化若干重要事件及其基本概念

科学家通过发掘包括海洋湖泊、冰川冰芯、黄土古土壤、孢粉树轮等各种载体的记录，发现了许多气候变化事件，是冰冻圈变化研究的重要成就。

1. Dansgaard–Oeschger 事件

1993 年 Dansgaard 等对格陵兰冰芯的研究发现，末次冰期期间该地区的气候发生了一系列千年级的、快速的、大幅度的冷暖变化事件，后被称为 Dansgaard-Oeschger 事件，简称 D-O 旋回。在 D-O 旋回中，每一个暖期之后紧接着是一个冷期（图 7.8），气温可在短短几十年内变动，温度变化幅度为 5~7℃，周期为 1000~3000 年。与此相对应 D-O 旋回在北大西洋深海沉积、黄土沉积和石笋记录中都有发现。

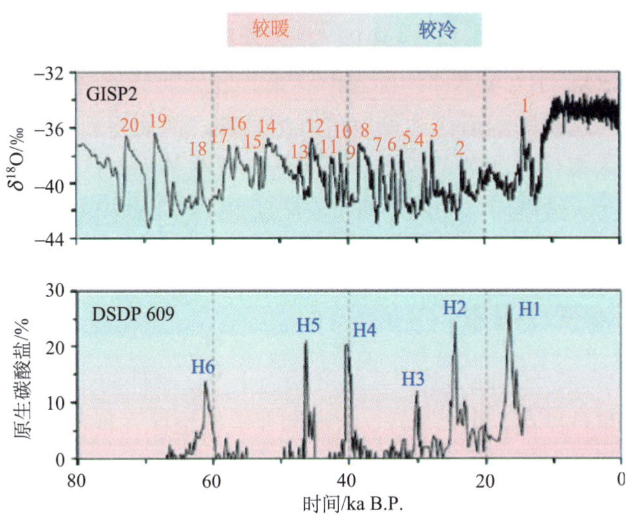

图 7.8　D-O 旋回与 H 事件（上图源自：Grootes et al., 1993；下图源自：Bond and Lotti, 1995）

Figure 7.8　D-O Oscillation and H events

2. Heinrich 事件

1988 年，Heinrich 最早报道了在北大西洋钻取的末次冰期时深海沉积岩芯中 6 个含有较多粗颗粒冰漂岩屑的、有孔虫化石减少的沉积层。其中上部 1~5 层对应于氧同位素 2~4 阶段，第 6 层对应在氧同位素 4 阶段和 5 阶段的分界处。Heinrich 认为末次冰期期间有 6 次大规模的冰架冰断裂使大量浮冰进入北大西洋，引起表层海水温度急剧降低，将大量岩屑物质倾卸于洋底沉积。这 6 次浮冰事件后被称为 H 事件。Bond 等用加速器 ^{14}C 测年及沉积速率外推确定这些事件的年龄分别为距今 14.3 ka、 21 ka、28 ka、41 ka、52 ka 和 69 ka。有人推测，H 事件反映的是北半球冰盖的冰架部分增长到足够大时断裂成浮冰的动力学现象，不一定是气候变冷引起，但通过对大西洋水温切断温盐环流（THC），反过来影响气候。故 H 事件现在多被引用来解释冰芯、石笋、黄土中的记录。

H 事件与 D-O 事件截然相反, H 事件发生在 D-O 旋回中的最冷时期，标志一个气候旋回的结束，随后的快速变暖又代表新旋回的开始，可见 H 事件与 D-O 旋回并不是两个孤立的气候演变过程（图 7.8）。

3. 新仙女木（Younger Dryas）和 B– A 事件

新仙女木（YD）事件是一次大致发生于 12.9~11.5 ka B.P 短暂的气候变冷事件，是末次冰期向全新世过渡的急剧升温过程中最后一次快速变冷事件，也称为晚冰期。仙女木（*Dryas octopetala*）是一种生长在北极的八瓣花植物，这种植物发现于英格兰和北欧 11 ka 前的沉积中，是温度降低的记录，科学家将之命名为仙女木事件，类似的降温不止一次，故被分为老仙女木（oldest Dryas）、中仙女木（older Dryas）和新仙女木（younger Dryas）。3 个仙女木被两个温暖期分开，分别称为 BØling 事件和 AllerØd 事件，时间在 14.7~12.9。老仙女木发生在 18~14.7 a B.P.，是末次冰期最盛期大冰盖退缩的过程，这个过程以 BØling-AllerØd（BA）事件为标志而结束。之后则是又一次较大幅度的降温和冰川前进事件（YD），这次降温后，才彻底进入冰后期。故而将新仙女木的结束定为全新世的开始。新仙女木事件在冰芯、树轮、石笋等气候载体中有广泛的记录，也有山地冰川沉积为证。新仙女木结束后，进入全新世。全新世 11.7 ka 年以来气温一直维持在比较高的水平，但在大体稳定的背景下仍然有波动。

4. 距今 8.2 ka 变冷事件

始于 8.4 ka B.P.，终于 8 ka B.P.，其强度相当于 YD 事件的一半，并以一个快速的、比现在温湿的气候事件结束。北太平洋、欧洲和北美等地区发现都有该事件存在的证据。

5. 中全新世大暖期

中全新世大暖期（Megathermal）又称为高温期（Hypsithermal）或气候最适宜期（Climate optimum）。Hafsten 于 1976 年首次提出全新世大暖期概念，代表 8.2~3.5 ka B.P. 时段，气温比现在高 2℃左右，降水相应增多。温暖湿润的气候给人类农业社会带来极大发展。

6. 新冰期

新冰期（Neoglaciation）通常是指全新世大暖期之后较冷的气候阶段，中低纬度山地冰川普遍发生冰进。时间大致开始于 3.5 ka。

7. 小冰期

小冰期（LIA）是 Matthes 于 1939 年提出的概念，以表述 4 ka 以来的冰川进退事件，包括上述新冰期。而 Lamb 在 1972 年提出限于 1550~1850 年气候相对寒冷时期。通过对格陵兰冰盖 GIPS2 冰芯的 $\delta^{18}O$ 序列的分析，有学者指出 LIA 的时段为 1350~1800 年 A.D.，结果被广泛接受。这个阶段几乎所有山地冰川都发生前进，留下完整新鲜的冰碛垄。

事实上，全新世除新冰期、LIA 外，其他小幅度的波动仍然很频繁（图 7.9），这种千年尺度甚至更短尺度的气候变化原因尚不十分清楚，值得关注的是太阳黑子变化的辛普森理论。

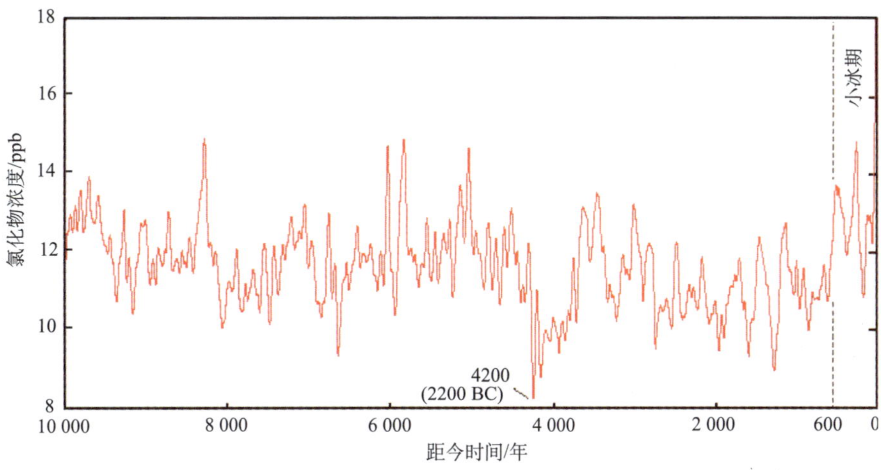

图 7.9　氯化物浓度所反映的全新世海冰规模变化（Bond et al.,1997）

Figure 7.9　Holocene sea ice extent changes from chloride concentration（Bond et al., 1997）

7.3.2　末次冰期以来冰冻圈各要素演变

1. 末次冰期以来冰川演变

冰盖退缩：目前地球上有两个冰盖，即南极冰盖和格陵兰冰盖。南极冰盖约 14×10^6 km^2，格陵兰冰盖约 17×10^5 km^2。南极大陆周围是巨大的冰架，其中最大的罗斯冰架面积约为 52×10^4 km^2。

然而，在末次冰期最盛期，冰盖的面积要大得多。当时全球温度低于现在约 10℃，形成了面积达 16×10^6 km^2 的北美大冰盖和面积 7×10^6 km^2 的欧亚冰盖。加上约 3×10^6 km^2 的格陵兰冰盖和面积 2×10^5 km^2 的阿尔卑斯山冰盖，北半球冰盖总面积超过 26×10^6 km^2

（图 7.10）。最新研究表明，20 ka 前南极冰盖覆盖了西南极罗斯（Ross）海和威德尔（Weddell）海，东南极也扩展，但并未覆盖所有南极大陆架。此后逐渐退缩。该项研究给出了距今 20 ka、15 ka、10 ka、5 ka 和现在 5 个阶段的冰盖面积图。全球山地冰川也大规模扩展。现在的冰盖冰川面积只占陆地的 10%，而末次冰期最盛期则达到 30%。北美和欧洲冰盖进退形成的地貌遗迹至今仍然保存完好。在美国，位于密苏里河和俄亥俄河以北的大部分土地，以及宾夕法尼亚州北部和整个纽约州与新英格兰都被冰原覆盖。欧洲古冰盖的中心在波罗的海，它覆盖了斯堪的纳维亚半岛，向东覆盖了整个巴伦支海和喀拉海，向西通过挪威海与不列颠岛冰盖相连。向南远至德国中部，与阿尔卑斯山冰盖之间只有约 200 km。北美和欧洲大冰盖在 20~18 ka 达到鼎盛后开始阶段性退缩，至 11 ka 时基本消失。

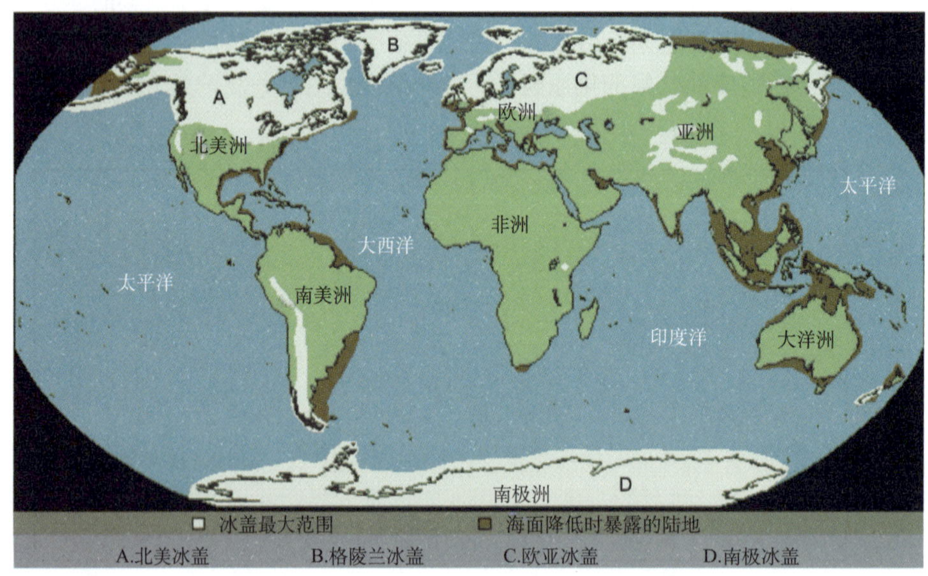

图 7.10　全球末次冰期最盛期大冰盖和出露的陆架

Figure 7.10　Globle ice sheets and exposed shelfs in LGM

山地冰川变化：末次冰期最盛期山地冰川普遍前进，且因持续时间较长，形成大规模的冰碛垄（图 7.11 左）。末次冰期结束过程称为冰消期，冰川阶段性退缩。在退缩的总趋势下，有时前进，但前进的规模依次减小，所以在大多数冰川谷地中，都留下比较完整的冰碛垄堆积，一般可以发现晚冰期、新冰期、LIA 的冰碛垄。例如，珠穆朗玛峰的绒布寺晚冰期终碛垄在现代冰川末端以下 8 km 处。青藏高原已发现 20 个点的晚冰期冰川前进的证据。新冰期冰碛分布在现代冰川前数百至数千米处，冰碛物形态完好，风化较轻，其上长有草丛或树木。在青藏高原及周边地区许多地方发现了新冰期的冰川遗迹。小冰碛物分布在现代冰川数百米至数千米之间，一般有三道清晰的终碛垄和侧碛垄，冰碛垄形态清晰完整，排列有序，冰碛物十分新鲜，缺乏土壤，其上生长有苔藓地衣或有少量灌木（图 7.11 右）。

图 7.11　冰期中形成的冰碛垄

Figure 7.11　Moraines formed in glaciation period

左：藏东南朱西沟口末次冰期冰碛垄；右：天山乌鲁木齐河源 1 号冰川前的小冰期冰碛垄

山地冰川有时变化很快，反映气候突变（rapid climatic change）。例如，中国藏东南波对藏布江谷地、帕米尔慕士塔格峰和公格尔峰之间均分布有十分壮观的冰碛丘陵，是雪线突然升高，冰舌变为死冰消融而形成。气候突变在格陵兰冰芯记录中尤其显著，表现出短时间大幅度的气温变化。例如，冰消期 14.6 ka 前 5℃升温只用 3 年时间；新仙女木事件不到 1 ka 年就有 5~10℃的变化；8.2 ka 降温事件只几年气温就降低 8℃。在中国，古里雅冰芯记录指示出在 12~16 ka 气温升高 6℃，YD 事件冷干气候特征；石笋记录也显示，15 ka 和 13 ka 左右出现了 1 ka 左右的相对暖湿期，而在暖湿期前后和中间发生了 3 次干冷气候突变，这就是老、中、新仙女木事件及期间的 BA 事件的反映。

全新世是第四纪冰期-间冰期旋回中的现代间冰期阶段。气候也不稳定，其间至少有 6 次明显的冰川前进时期。1997 年 Bond 等确立了北大西洋冷事件的年表，是全新世气候突变研究的重大进展。Mayewski 等收集了分布于全球的 50 条高分辨率代用资料序列，证实了全新世气候突变普遍性及在全球广大地域的一致性。高纬地区 1000 多年就会出现一次冷事件，平均相隔约 1.5 ka，中国石笋记录也是如此（图 7.12）。全新世大暖期气候相对稳定达 5~6 ka，大部分地区温度比现代高 2~3℃,青藏高原部分地区达 4~5℃。古里雅冰芯记录也有清晰显示。当时的冰冻圈范围比现在要小。亚洲夏季风盛强，内陆湖泊出现高水位，植被繁茂。

2. 末次冰期以来多年冻土变化

北半球现代多年冻土面积约 22.55×10^6 km^2，占陆地面积约 23%，最大厚度在西伯利亚勒拿河中游维柳伊河流域，达到 1500 m，冰期时和冰川一样也大幅度扩张。由多年冻土塑造的地貌归于冰缘地貌，冰期之后遗留于地表（甚至当时暴露为大陆的陆架），是恢复冰期多年冻土分布的证据。例如，冻融蠕流-重力作用产生的泥流阶地、泥流舌、泥流

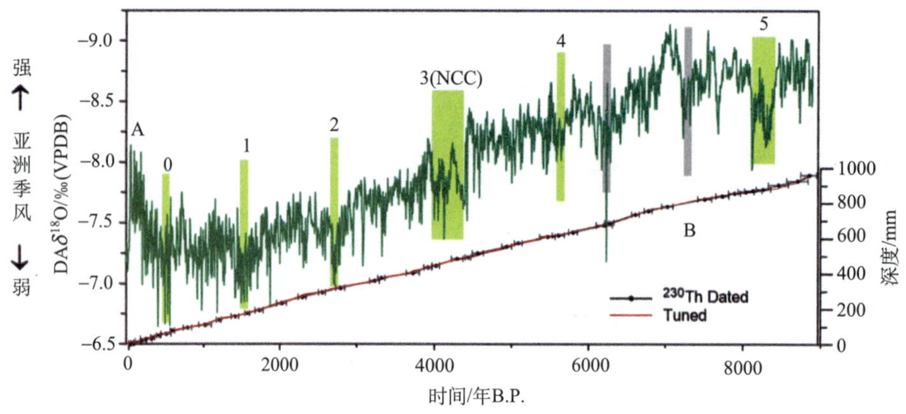

图 7.12　董歌洞石笋反映的气候强度变化（引自 Wang et al.,2005）

Figure 7.12　Climatic changes recored by stalagmite of Donggedong（from Wang et al., 2005）

黄色表示 NCC（Neolithic Culture of China）事件对应的干旱期，灰色表示与 NCC 不对应的干旱期，红线为修订年记录

坡坎、泥流扇、石冰川、石河、石流坡坎、草皮坡坎；冻融分选作用形成的石环、石网、石条、石带、碎石斑、斑土；冻胀冻裂作用形成的冰椎、冻胀丘、自喷型冻胀丘、泥炭丘、斑土、冻拔石、冻胀草环、冻融褶坡、土楔、砂楔、冰楔；热融作用产生的热融滑塌、热融洼地、热融湖、热融冲沟等。此外冰缘环境也有特定的动植物群落，如苔原与披毛犀-猛犸象动物群孑遗等。

西伯利亚、阿拉斯加和加拿大北部的大部分地区是现代高纬度多年冻土的主要分布区。在末次冰期最盛期时，西伯利亚和阿拉斯加未形成大冰盖，在现代多年冻土中发现了埋藏的猛犸象遗体，表明当时的气候条件更为严寒，是多年冻土最为广阔的发育区域。结合中国北方的古冰缘地貌遗迹，推断当时的高纬多年冻土向南扩展到 40°N 左右，通过这个纬度上的贺兰山、阿尔金山脉、帕米尔高原与青藏高原的多年冻土相连接。而在北美，末次冰期多年冻土在大冰盖外围也特别发育。大冰盖南界为 40°N，而冰缘地貌的南界则达到 33°N，扩展约 7 个纬度（图 7.13）。

青藏高原现存的多年冻土主要是末次冰期形成的，那时的多年冻土范围和深度都要比现在大得多。根据高原上现代多年冻土分布和古多年冻土遗迹、古冰缘现象分布的时空差异综合对比，可将高原全新世以来多年冻土演化和环境变化分为 6 个较明显的时段。

（1）早全新世气候剧变期（10.8 ka B.P.至 8.5~7 ka B.P.）：末次冰期形成的大面积多年冻土开始退缩。高原边缘地带多年冻土下界普遍升高 300~400 m。在高原谷地和盆地形成湿地，并开始堆积泥炭和厚层腐殖质土层。例如，羊八井七弄尕和当雄乌马曲厚层泥炭底部分别在（8175±200）a B.P. 和（9970±135）a B.P.开始形成。青藏公 路沿线清水河 CK80-3 孔深 2.5~3.0 m 段为黑色淤泥质亚黏土沉积，深 2.7~3.0 m 段年龄为（8800±305）a B.P.；该孔岩性由下部的含灰岩碎块和碳酸盐结核的黄色亚黏土、中细砂沉积变化为黑色淤泥质亚黏土沉积，气候转暖、降水增加和有机质增多的结果。风火山南麓 82 道班砂楔体内腐殖质粉砂土的年龄为（9160±170）a B.P.，表明此时寒冻作用减缓、寒冻裂缝已经停止扩张。由于气候转暖湿，有利于植物生长，使高原上晚更新世末期形

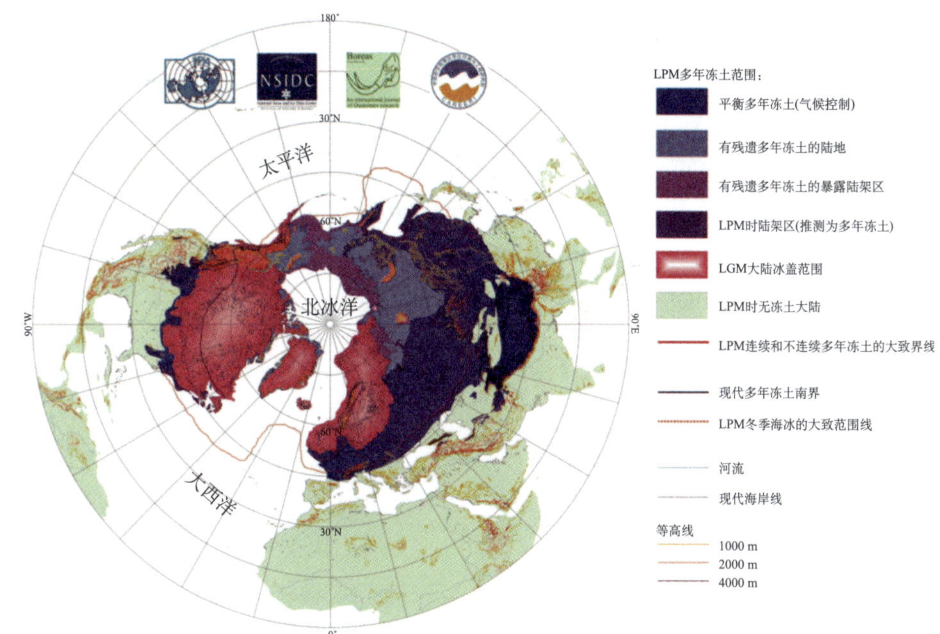

图 7.13　用古冰缘地貌恢复的北半球末次冰期最盛期多年冻土最大范围（Jef Vandeberghe 等 2014）

Figure 7.13　Permafrost extent of north hemisphere in LGM reconstructed using past periglacial relics（after Jef Vandeberghe et al, 2014）

成的沙丘变为固定和半固定；五道梁东南 2 km 处沙垄中埋藏有多层未腐烂的植物根茎[（9716±270）a B.P.]就是明显的佐证 。

（2）全新世大暖期[（8500~7000）a B.P.至（4000~3000）a B.P.]：高原厚层泥炭和腐殖质层的年代多数位于这个时间段，说明当时气候较温暖、湿润。青藏公路沿线西大滩 8 号钻孔在 4.4 m 深处腐殖质层年龄为（7530±300）a B.P.；纳赤台 I 级阶地地层中的灰烬状泥炭质砂土年龄为（4910 ±100）a B.P.，昆仑河两岸纳赤台至西大滩多处发现人类用火的灰烬，说明这一带适宜人类居住；唐古拉山以南 109 道班厚层腐殖质[（5058 ±443）a B.P.]；120 道班厚层腐殖质土层[（4363~4576）a B.P.]；羊八井七弄尕以及当雄乌马曲连续厚层泥炭沉积结束的时间分别为（3050±120）a B.P.和（3575 ±80）a B.P.。这些大暖期时段的记录间接说明高原多年冻土已大面积退化。由于浅层多年冻土和地下冰融化，在高平原上形成很多热融湖塘和洼地，冰楔融化变为冰楔假型。此时，高原面上多年冻土呈岛状分布或呈深埋藏多年冻土；昆仑山、风火山及唐古拉山山地仍以片状连续多年冻土为主。与此同时，高原东部地区多年冻土退化要比青藏公路沿线及以西地区更为强烈。例如，青康公路沿线海拔 4200 m 以下地段全部退化为季节冻土区，海拔 4200~4400 m 地带（花石峡至清水河段）公路沿线两侧多年冻土层自上而下可融化 15~25 m 深。

（3）晚全新世新冰期（4000~3000 a B.P.至 1000 a B.P.）：西大滩 8 号钻孔附近形成了 20 m 厚的多年冻土；西大滩东段 4250~4300 m 处形成了一串大型冻胀丘；纳赤台附

近的昆仑河Ⅰ级阶地（海拔 3700~3800 m）上发育着强烈的融冻褶皱层；唐古拉山南 109 道班和 120 道班附近厚层腐殖质层亦冻结为多年冻土层；高原东部的四川省石渠县东 40 km 的古冻胀丘[（2925 ±175）a B.P.）和玛沁至昌马河公路 65 km 北侧处古冻胀丘群[（3925 ±185）a B.P.]均为此时形成；在日月山（海拔 3450 m）、河卡南山（海拔 3600 m）、鄂拉山（海拔 3750 m）及巴颜喀拉山北坡（海拔 4000~4100 m）等山地广泛分布着该时段形成的大型多边形、融冻泥流和石环等。四川省石渠县温波南山同一时期形成的融冻泥流扇末端之下（海拔 4050 m）的腐殖质粉砂土年龄为（4395±215）a B.P.（形成泥流扇应晚于这一时代）。这些遍布高原的古多年冻土和古冰缘现象证明当时高原气候是相当寒冷的。今昔对比这些古冰缘现象分布高度，推算当时高原多年冻土下界比现在普遍低约 300 m，当时的气温比现在低约 2℃。多年冻土随之形成、发育，在全新世大暖期退化的基础上，又向高原四周大面积扩展，直到寒冷期末达到最大面积。当时的高原多年冻土比现在多 20%~30%。在高原东北部青康线花石峡至清水河段及其以东地区多处发现深埋藏多年冻土和融化夹层。

（4）晚全新世温暖期（1000~500 a B.P.）：新冰期后高原上又经历了几次小规模的气候波动。其中相当于隋唐时期的中世纪暖期时段，升温幅度较大，持续时间数百年。该时段因为距今较近，在高原上形成的古冰缘地貌形态完整，古多年冻土遗迹清晰。晚全新世寒冷期时形成的西大滩冻胀丘、四川省石渠县东 40 km 处冻胀丘及玛沁至昌马河公路 K65 处冻胀丘已完全消融，形成古冻胀丘洼地。洼地中心的腐殖质土形成于 720~625 a B.P.。与此同时，青藏公路 121 道班附近多年冻土岛上厚层腐殖质土形成于 780 ± 131 a B.P.。说明此时高原多年冻土又进入区域性退化阶段，多年冻土层自上而下的消融可达 10 m 左右。花石峡东北地那染滩 CK1 孔中深度为 9.7~12.3 m 和昌马河 ZK8 孔中深度为 11.6~15.2 m 埋藏的第 1 层多年冻土都是该温暖期多年冻土由上向下融化至此残留下来的遗迹。该温暖期使多年冻土下界比现在升高 200~300 m。所以，当时的气温比现在高 1.5~2.0℃。多年冻土退化的结果使高原多年冻土面积比现在少 20%~30%。

（5）晚全新世小冰期（500~100 a B.P.）：多年冻土面积扩大，厚度增加，并新生一些多年冻土岛。青藏公路沿线自上而下又重新形成厚约 10 m 的多年冻土层，使其与晚全新世温暖期形成的第 2 层古多年冻土上限相衔接。在高原东部某些地段，LIA 新生成的多年冻土层较薄和下伏深埋藏多年冻土层不衔接，如鄂陵湖北岸 ZK6 孔 1.5~8.0 m 和清水河镇水井 5.3~8.2 m 深度段的多年冻土层。LIA 时以公元 17 世纪气温最低。达日县日查乡公路旁古石海和古石河分布的最低下界 4130 m。目前，该区多年冻土下界已经上升至 4300 m 以上。以此推算，LIA 时多年冻土下界降低 150~200 m，气温比现在低 1.0~1.5℃，高原多年冻土面积比现在高出大约 10%。

（6）近代升温期（100 年以来）：资料表明，公元 1880 年以来全球平均气温升高了 0.3~0.6℃；近 30 年来，青藏高原年平均气温平均升高了 0.3~0.5℃，多年冻土区域性退化。具体表现在季节冻结深度平均减少 5~20 cm，而季节融化深度平均增加 25~60 cm；多年冻土年平均地温普遍上升 0.1~0.4℃。冻土分布从高原四周向中心缩减，下界上升 40~80 m，总面积减少 6%~8%。高原四周岛状多年冻土退化最为明显。例如，青藏线多年冻土北部下界附近的西大滩多年冻土面积减少约 12%；南部下界附近两道河盆地多年冻土面积减少了约 20%。冻土退化在垂向上造成多年冻土和季节冻结作用不衔接，形成隔年融化层。融化层一般为数十厘米，最厚可达 3 m，紧邻于季节冻结层之下。例如，清水河镇水井 2.7~5.3 m 深度段为隔年融化层；而青康线清水河 ZK2 孔 、昌马河 ZK8 孔及花石峡东北地那染滩 CK1 孔季节冻结层下的融化夹层均厚达 8~14 m。这些地段 LIA 时形成的多年冻土层较薄，近期已经融化，如此之厚的融化夹层是晚全新世温暖期和近代升温期叠加的产物。未来 50 年青藏高原气温可能上升 2.2~2.6℃。在这样的背景下，高原多年冻土和冰川退化可能加速。

在中国东部，资料表明，末次冰期最盛期多年冻土覆盖全部东北，南界从辽东湾 40°N 向西沿燕山山脉南麓—五台山南坡 1800 m—甘肃永登，再向西与青藏高原和祁连山下界相接。大兴安岭地区现在的多年冻土也是末次冰盛期的孑遗。但其间几经退化和再发展的变化。

3. 末次冰期以来海平面变化

海平面与大陆冰量呈反相关，是冰冻圈研究的重要内容。从末次冰期到全新世，全球海平面随着气候变暖和极地冰川的大规模融化而显著上升，高海平面对应于温暖阶段，低海平面对应于寒冷阶段。我国边缘海的变化在表现出与全球海面一致上升的同时，还表现出面积的显著扩大和洋流系统的重大调整。

末次冰期最盛期，由于海洋水分大量迁移冻结到大陆冰盖和山地冰川上，全球洋面低于现在 130~150 m，大陆架大量露出水面（图 7.14）。中国渤海、黄河、东海大部分和南海一部分当时均为陆地，海南岛、台湾岛与大陆连成一处，海岸线大幅度东移，增加了大陆的干旱程度。16 ka B.P.时，我国东部海区的海平面已上升至约−100 m,海水已达到济州岛附近，东海约有 2/3 面积被海水淹没，黑潮水从表层到温跃层的深度上同时加强了对冲绳海槽的影响，并导致对马暖流开始发育。在 12~11 ka B.P.,由于 YD 强烈的降温事件，海平面回升到约−56 m 时海侵突然停止，黑潮发育出现变弱过程。到 11 ka B.P.海平面达到−50 m 左右，东海绝大部分和黄海中部海槽区被海水淹没。

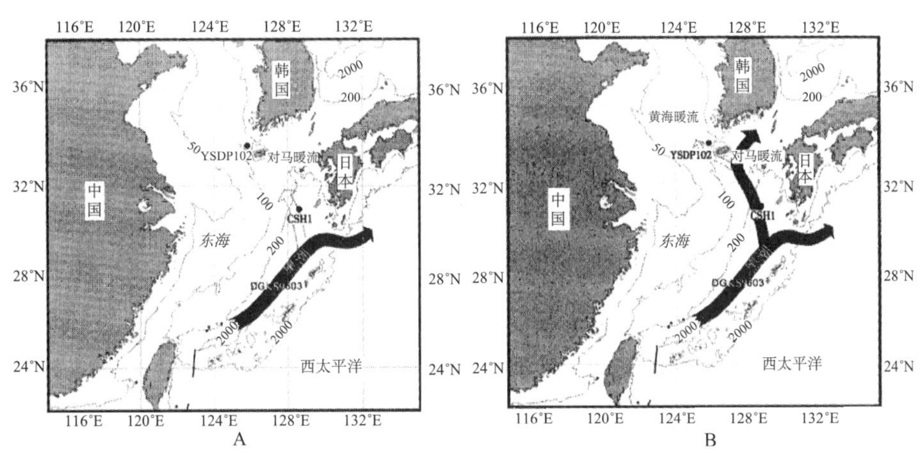

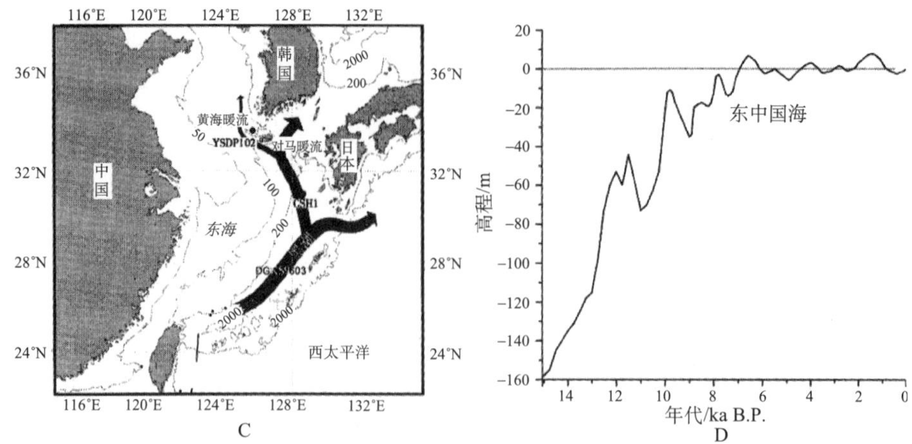

图 7.14　冰后期东黄海暖流系统的演化模式与海平面变化

Figure 7.14　Changes of warm current system of the yellow sea and eustasy since postglacial period

A.16 ka B.P.;B.8.5 ka B.P.;C.6.4 ka B.P.;（李铁刚等，2007）；D.15 ka B.P.以来中国东部海平面变化（赵希涛，1996）

4. 末次冰期以来陆地生态系统变化

冰期间冰期变化使陆地生态系统发生很大改观。冰期时全球地带性向赤道方向压缩，间冰期时则向高纬度伸展。例如，末次冰期最盛期，苔原及猛犸象-披毛犀动物群占据整个西伯利亚直至中国黄河流域。进入全新世直到全新世暖期，东部地区的森林植被迅速向高纬度地区扩展，形成与现代相近的格局，温带森林和草原重新占据东北地区，华北地区的温带草原为暖温带森林和森林草原所取代，北方地区的草原植被带向西迁移，贺兰山以东地区的沙地均被固定，流动型沙漠和荒漠退缩到贺兰山以西地区。亚热带森林植被重新在长江以南地区占主导地位，山地温带、寒温带植被退缩到高海拔山地。全新世暖期过后，亚热带森林植被带随着气候的变冷变干而发生南退东缩，草原范围进一步扩展（图 7.15）。

冰后期气候变暖、环境改善导致人类由粗石器狩猎时代进入细石器农业时代。人们开始作物栽培和动物驯养，纺织、制陶、冶炼随之出现。人类社会发生了质的飞跃。

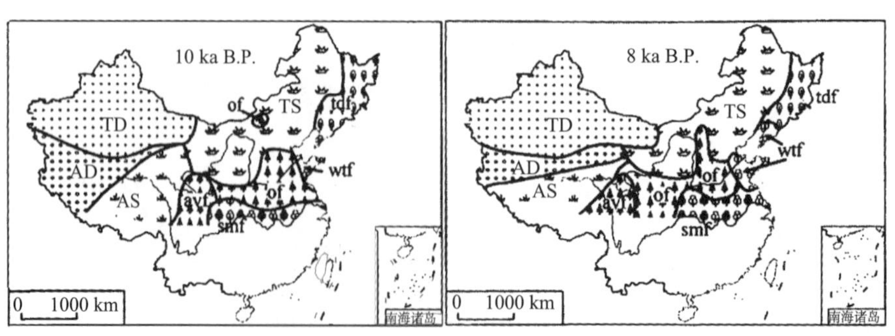

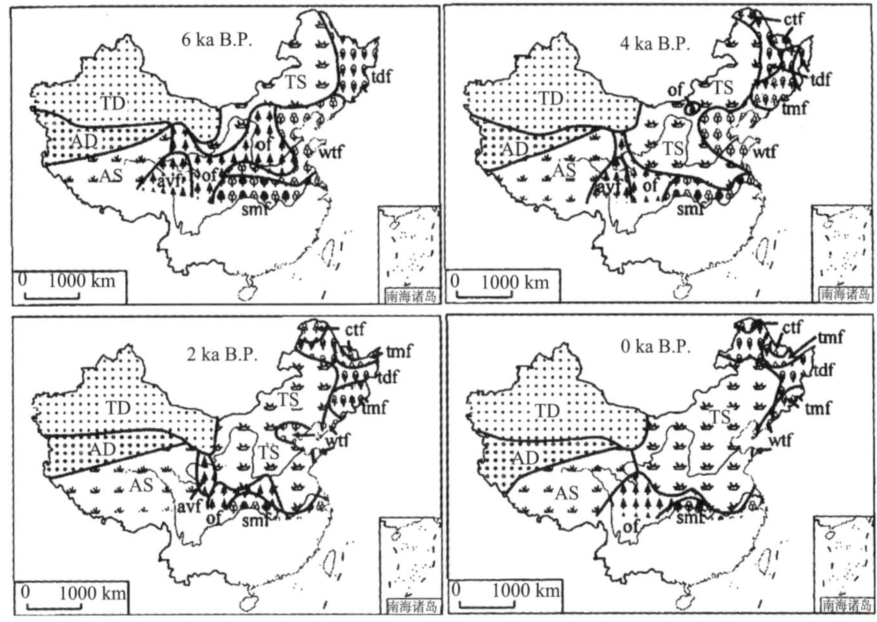

图 7.15　根据孢粉记录重建的中国全新世植被带变化（Ren and Beug,2002）

Figure 7.15　Changes of Holocene vagtational zone in China reconstructed based spore-pollen records（after Ren and Beug, 2002）

ctf.寒温带针叶林；tmf.温带针阔混交林；tdf.温带落叶阔叶林；wtf.暖温带落叶阔叶林；smf.亚热带常绿-落叶阔叶混交林；avf.高山河谷森林；of.其他森林；TS.温带草原；

TD.温带荒漠；AS.高原/高山草原；AD.高原/高山荒漠。

7.4　百年来冰冻圈变化

由于目前全球变暖和人类生存息息相关，所以我们特别关心过去百年和现在气候变化的情况。过去百年甚至更长的历史时期，积累了大量冰川、气象等观测资料，使我们能够更加准确地评估这个时段的气候变化。IPCC 评估指出，1880~2012 年，全球陆地与海洋年平均气温上升了 0.85℃。根据已知最长观测记录得到的结果表明，2003~2012 年平均温度较 1850~1900 年高 0.78℃。大气和海洋在变暖，海平面在上升，冰冻圈各要素都经历了显著的变化。以下仍然按冰冻圈要素分别介绍。

7.4.1　南极冰盖百年际变化

格陵兰冰盖和南极冰盖变化是冰冻圈变化重点关注对象。这里我们侧重介绍南极冰盖变化。南极冰盖短尺度变化主要反映在冰架的状态。

1. 南极冰架的物质平衡与变化

南极冰盖通过内陆雪的积累获得物质，流过触地线（grounding line）注入海洋损失物质（图 7.16）。超过 80%的南极冰体通过镶嵌在南极周围的冰架注入南大洋。同时，冰架具有支撑上游冰流的作用，由海洋或大气变暖触发的冰架减薄或崩解将削弱该支撑作用，从而导致内陆冰流的突然退缩和冰川物质损失。因此，冰架的物质平衡与变化对于南极冰盖的稳定性至关重要。

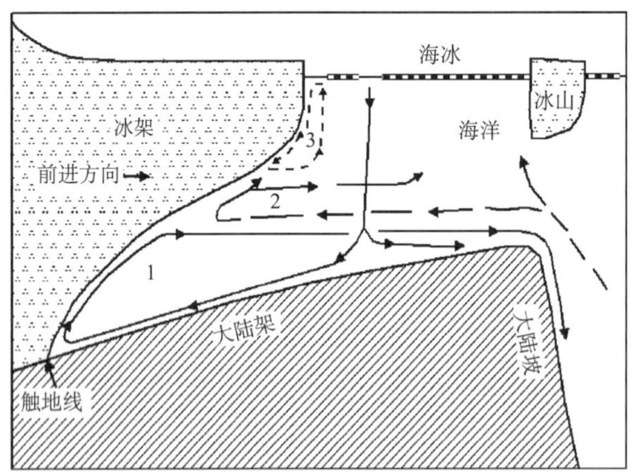

图 7.16　冰架底部融化的 3 种模式概念图解

Figure 7.16　The three models for explaining melting under ice shelf

南极冰架的物质平衡包括 4 个分量：底部融化、冰山崩解、注入冰架的冰川补给和表面物质平衡（冰架表面雪积累减去融化）。如果底部融化、冰山崩解增加，或者注入冰架的冰量、表面物质平衡降低，冰架物质就损失。

南极冰架前缘的冰山崩解量由有限的船基观测，以及美国冰中心的卫星跟踪冰山获得。对崩解量的估算依赖于许多假设，如体积、密度和冰山的生命周期等。冰山崩解曾被认为是南极冰盖物质损失的主要原因，以前估算的冰山崩解量每年超过了 2000 Gt。例如，在 20 世纪 90 年代初，估算的冰架总崩解量为（2016±672）Gt/a，与 70 年代和 80 年代的 12 个估算的平均量一致。

最近发现，海洋对冰架前端和触地线附近的融化极为重要。利用卫星观测的冰架崩解量、触地线的物质通量，以及模拟的冰架雪积累量等，估算了南极所有冰架的物质平衡分量，结果表明，每年总冰山崩解量达（1321±144）Gt，总底部物质平衡（冰架底部冻结与融化量间的平衡）为每年（–1454±174）Gt。这意味着大约冰盖一半的表面物质积累在到达冰架前缘之前，通过海洋的侵蚀而损失掉了。冰架崩解量大约比以前通过冰山跟踪观测的估计少了 34%。另外，由底部过程导致的物质损失量不同的冰架间差异极大，占总损失量的 10%~90%。

南极冰架的融化由 3 种不同的模式引起，这 3 种模式均与相对较暖的海水循环有关。第一种模式与海冰的形成相关，海冰发育过程中形成高盐陆架水，并下沉流入触地线，使那里的冰架底部强烈融化。同时，海洋取得大量淡水，与高盐陆架水混合形成冰架水。由于浮力效应，该水域沿冰架底部斜向上升并向冰架前沿方向运动。在其斜升到冰架冰厚度 300~500 m 附近时，由于压力融点的急剧升高，该水体成为过冷却水，析出冰针（frazil ice），附着于冰架底部。第二种模式是由于绕极深层水侵入到冰架海腔。第三种模式是冰架前缘由潮汐和风引起的海冰混合。这些过程使冰架底部融化在触地线附近和冰架前缘最为明显。

假定物质守恒，底部物质平衡（BMB）为穿过触地线的冰量（GLF）与表面物质平衡（SMB）和冰架前缘崩解通量（CF）的差。当冰架处于非稳定状态时，冰架减薄速率需计入底部物质平衡（表 7.2）。总体而言，由冰架底部物质损失（总融化与冻结之和）和冰架崩解在南极的物质损失中比例相当。但不同的冰架，底部融化比率（|BMB|/（CF+BMB））差异极大，幅度为 10%~90%（图 7.17）。西南极冰架底部融化比率为 74%（表 7.2）。别林斯高晋海和阿蒙森海区，大约 2/3 的冰物质通过底部融化损失。相反，两个最大的冰架，菲尔希纳-龙尼和罗斯冰架，融化比率仅为 17%。这两个冰架却崩解了南极洲 1/3 的冰山。

最大的底部物质损失不是来自最大的冰架，而是由中小型冰架如 George VI, Getz, Totten and Pine Island 冰架造成的。最大的 10 个冰架占了冰架总面积的 91%，但只占南极冰架底部物质总损失的 50%。所有冰架的平均底部融化速率为（–0.81±0.11）m 水当量/a，但冰架间的变幅为–15.96~–0.07 m/a。西南极所有的冰架，如 SUL, LAN,GET, CD, THW, PI, COS, ABB, VEN, GEO 和 WOR，以及东南极的部分冰架，如威尔克斯地的冰架（VAN, TOT, MU,POR and ADE）和 Enderby 地的冰架（NE 和 SHA），平均底部融化速率较大，超过 –2.00 m/a。一般而言，大型冰架（如 LBC, FRIS, BRL, JF, AR, AIS and RIS）平均底部融化速率较小，小于（1.00 m/a），这可能是由于大量的底部冻结补偿了触地线强烈的融化。

菲尔希纳-龙尼冰架和罗斯冰架具有相似的触地线长度（约 5100 km），面积分别为 423 310 km^2 和 477 310 km^2，总的表面物质平衡分别为 70 Gt/a 和 61 Gt/a，底部平均融化速率为–0.12 m/a 和 0.07 m/a。相似的底部平均融化速率表明，由于菲尔希纳-龙尼触地线更深，触地线附近的融化比罗斯冰架更大，但融化量被更强的海洋冰冻结抵消了。与菲尔希纳-龙尼冰架底部形成大量的海洋冰相比，罗斯冰架底部每年形成的海洋冰冰量要小得多。底部融化速率随热量强迫的变化而显著变化，热量强迫是当地海水温度和冰厚（融点随深度增大而下降）的函数。最强的热量强迫和最大的融化速率（超过 40 m/a）出现在西南极 Pine 岛冰川的触地线深处。最近的观测发现，由于海洋变暖，底部融化已增强，更暖的海水侵入，冰架出现后退。由于冰架支撑作用的降低，1996~2006 年冰盖的冰流速率增加了 34%，每 10 m 对海平面上升的贡献为 1.2 mm。由海洋驱动的冰架减薄均与记录的着地快速冰流的动力减薄相关联。由于表面物质平衡的变化不明显，动力减薄几乎可以解释南极冰盖所有的物质损失。动力减薄是由于下游阻力的降低，冰川加速导致的。这可以归因于冰架减薄使支撑作用降低。

由底部融化产生的冰架减薄意味着冰架下的海腔获得更多的海洋热量的供应。这可以由绕极深层水的侵入来解释，绕极深层水有时穿过阿蒙森和别林斯高晋海的大陆架，流入冰架底部，增加了冰架底部融化速率。来源于风驱动的南极绕极流，绕极深层水相对温暖（超过 1℃）、盐度和密度更高。在一些地方，绕极深层水进入南极海岸，沿冰架

表 7.2　以海洋分区的南极冰架物质平衡

Table7.2　Mass balance of Antarctic ice shelfs differentiated from seas

海区	冰架	GLF/（Gt /a）	SMB/（Gt /a）	CF/（Gt/a）	d*h*/d*t*/（Gt/a）	BMB/（Gt /a）	水架面积/（10^3 km^2）	SBMB/（m /a）	融化比率/%
西印度洋	AR, NE, AIS, W*	235±30	49±8	155±22	−11±8	−140±38	174	−0.80±0.22	47
西印度洋+		324±31	/	204±29	/	−179±43	/	/	47
东印度洋	SHA*,VAN, TOT*,MU, POR*,ADE*, MER, NIN, COO, REN*	333±16	48±7	213±44	−51±20	−219±48	65	−3.35±0.73	51
东印度洋+		508±26	/	306±75	/	−300±80	/	/	50
罗斯海	DRY, RIS, SUL,	149±16	71±17	153±10	0±0	−67±26	492	−0.14±0.05	30
罗斯海+		175±16	/	167±15	/	−79±28	/	/	32
阿蒙森海	LAN*,GET*, CD*, THW*, PI*, COS	383±19	55±11	198±43	−156±13	−395±48	56	−7.11±0.87	67
阿蒙森海+		505±24	/	232±50	/	−484±57	/	/	68
别林斯高晋海	ABB*,VEN*, GEO*, WOR	139±11	82±16	31±10	−65±43	−255±22	86	−2.98±0.26	89
别林斯高晋海+		174±12	/	41±13	/	−281±23	/	/	87
威德尔海	LBC, FRIS, BRL, JFL	334±35	139±23	355±31	0±0	−118±52	608	−0.19±0.09	25
威德尔海+		363±35	/	371±33	/	−131±53	/	/	26
西南极冰架	SUL, LAN*, GET*,CD*, THW*,PI*, COS*,ABB*, VEN*,GEO*, WOR	542±23	147±19	232±54	−221±45	−678±53	154	−4.40±0.35	74
西南极冰架+		700±27	/	275±63	/	−792±62	/	/	74
估算的全部冰架	/	1573±56	444±36	1106±141	−282±50	−1193±163	1481	−0.81±0.11	52
升尺度估算的冰架	/	476±67	/	216±33	/	−261±34	74	−3.53±0.47	55
南极冰架	/	2049±87	/	1321±44	/	−1454±174	1555	−0.94±0.11	52

注：*非平衡状态下，用 ICESat 高程速率校正的冰架底部物质损失量。

冰架名称见图 7.18。加号表示包括了区域升尺度的值。dh/dt, 为稳定状态的物质变化。

不确定性分析为一个标准差。

下海床的深水槽谷，深度一般大于 300 m 流入。在这一深度，绕极深层水高于冰点 4℃，因而，会造成强烈的底部融化。许多南极的主要冰川处于由冰川侵蚀形成的横跨陆架的槽谷的退缩位置，因此，处于易于受绕极深层水侵入的环境。

南极海岸风场变化和热量分布之间的关系还知之甚少，但近数十年风的强迫发生了显著的变化。自 1950 年以来，绕极风的增强通过南极绕极流向极地方向移动和涡流热能量的增大，致使南大洋显著增加。自 1960 年以来，流过南极半岛大气的增强使冰架表面融化增加，并使拉森 A 和拉森 B 等冰架的崩解。

总之，大气和海洋强迫具有使漂浮冰架厚度减薄和范围减小的潜力，降低支撑着地冰流的能力。冰架底部融化的增加，通过降低相邻冰盖的支撑作用，从而导致冰流加速，是南极冰盖物质损失的主要控制因素。在深处温暖海水沿海底陆架槽谷抵达冰架深处，该处冰架的减薄速率最高值发生。风的强迫导致阿蒙森和别林斯高晋海上涌，以及南极半岛的增温，是南极冰架底部融化、表面融化增大和冰架崩塌及其空间格局变化的原因。这意味着通过风场的改变，在年季和十年尺度，气候强迫影响了南极冰盖物质平衡，从而影响海平面。

2. 南极半岛冰架崩解及其与气候变化的关系

自 1950 年以来，南极半岛先后有 7 个冰架崩解消失，如 Wordie 冰架，Custav 王子水道冰架、拉森 A 冰架和 B 冰架，总面积达 13 500 km^2，引起了人们的格外关注。南极半岛西海岸 Wordie 冰架从 1966~1989 年面积从 2000 km^2 减少到 700 km^2。1975 年至 1986~1989 年，南极半岛东海岸的拉森冰架的面积共减少了大约 9300 km^2，拉森 A 冰架最后的残余部分在 1995 年，仅在数周内迅速地崩解了，共生成了 2400 km^2 的冰山。自 2002 年 1 月 31 日起，拉森 B 冰架 35 天内崩解了 3250 km^2，其崩解速率令人吃惊，这也是 30 多年来发生的最大的单个冰架崩解事件。

南极半岛是全球年平均气温上升最快的地区之一。自 20 世纪 40 年代末南极半岛的气温上升了 2.5℃，是全球平均值的 5 倍，远远大于南半球任何其他地方的升温。南极半岛存在冰架生存的气候界线，年平均温度–5℃的等温线可作为冰架生存的极限，由于过去几十年的气候变暖，这一界线一再向南推移。近期的升温使许多冰架都超过了极限温度。

断裂过程在冰架解体中起到了支配作用，无论是表面裂隙还是向冰架底部延伸的裂缝，是冰山崩解和冰架中央区变得脆弱的原因。例如，拉森 B 冰架 1992~1993 年夏季的平均温度为 0.2℃，1994~1995 年夏季为 0.6℃。由于冰架的冰温升高，夏季融水增加，融水不再在上部粒雪层重新冻结，而是渗浸到裂隙中。来自表面的融水渗浸和海水上涌加速了断裂过程。

南极半岛冰架的崩解，使人认为罗斯和龙尼冰架及其相应的冰盖可能比以前猜想的更脆弱。预测估计按现在的速率继续升温 200 年，南极最大的冰架菲尔希纳–龙尼冰架和罗斯冰架将受到与南极半岛冰架类似的影响。这两处冰架的作用在于使西南极冰盖保持稳定，该冰盖所含水量足以使海平面上升 5 m，西南极冰盖的崩溃将造成海平面灾难性的上升。

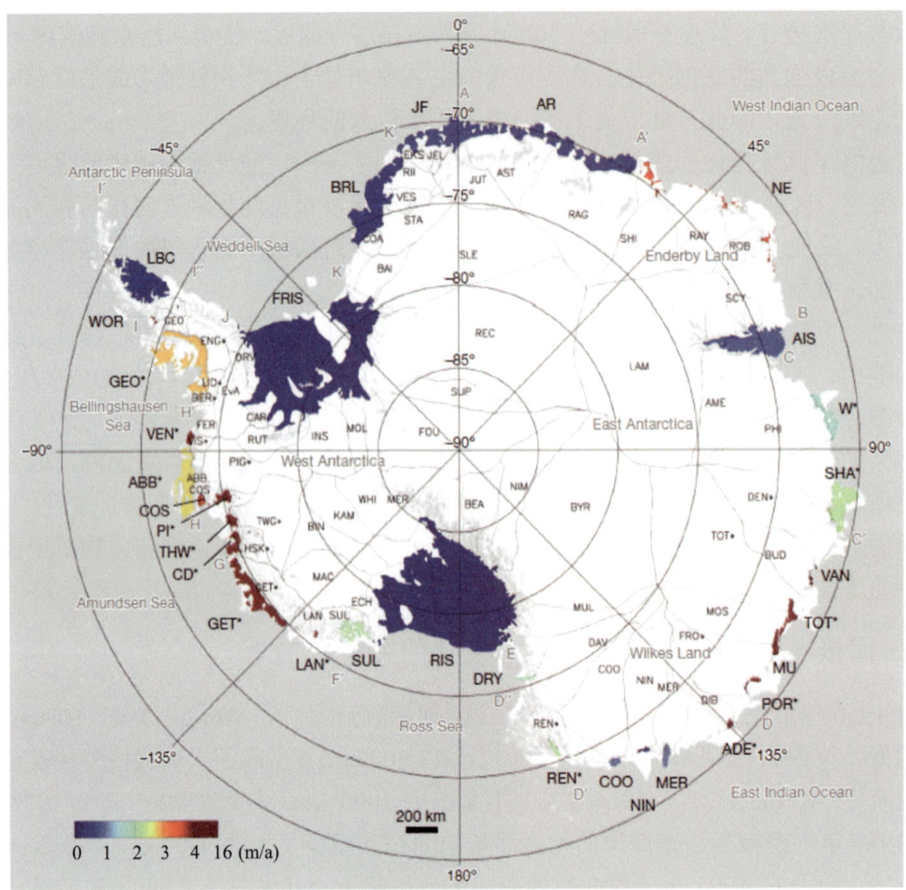

图 7.17　南极冰架底部物质损失平均速率

Figure 7.17　The average rate of mass loss under ice shelf in Antarctica

冰架以不同的色彩表示单位面积的底部平均物质损失。用黑色细线标出补给冰川的各个流域盆地。灰色标注标明了各个海区和主要盆地

7.4.2　山地冰川变化

冰川变化受气候变化制约，通过物质平衡的联结作用而在规模上作出响应。因冰川动力调节的滞后性，其规模变化并不完全与气候变化同步。其过程表现为，冰川的物质平衡要通过冰川的运动和物质调整才能在冰川规模上有所反映，这个过程快慢取决于冰川大小，冰川规模越大，则滞后反应的时间越长。其次，冰川的热力性质也是决定性因素，温性冰川存在底部滑动，与冷性冰川相比，在类似物质平衡变化驱动下，相同规模的温性冰川运动速度明显大于冷性冰川，冰川进退幅度也大。这些因素决定了同一地区不同规模冰川，或不同地区相同规模的冰川对气候变化的响应存在差异。

全球有物质平衡长期监测数据的冰川较少。最早的观测可追溯到 20 世纪中期，更早时期的物质平衡多以观测为基础构建模型进行物质平衡重建。目前认可的结果有基于度日因子方法和利用冰川长度变化方法所重建的全球尺度除冰盖之外冰川的物质平衡系列。结果表明，除格陵兰和南极冰盖外的全球所有冰川总体处于物质亏损状态。1901~1990 年，全球冰川物质平衡为（−197±24）Gt/a，1973~2009 年为（−226±135）Gt/a，1993~2009 年为（−275±135）Gt/a，2005~2009 年为（−301±135）Gt/a，20 世纪 70 年代以来，物质亏损呈加剧趋势，但各地区冰川物质平衡有一定差异，2003~2009 年阿拉斯加地区冰川物质减少最多，其次为加拿大北极区和格陵兰冰盖周边冰川。阿拉斯加、加拿大北极、南部安第斯山及亚洲山地的冰川物质亏损占全球冰量损失的 80%以上。

1. 冰川末端进退变化

受总体负物质平衡影响，近百年来，全球山地冰川总体表现出退缩状态，但出现过 2 次 10 年尺度的冰川稳定甚至前进期，中、低纬度的冰川表现尤其明显。随着全球气候持续变暖，尤其是 20 世纪 80 年代以来的快速增温，各地冰川退缩更加显著，这一现象在阿尔卑斯山监测冰川的进退变化中有所表现（图 7.18）。第一次明显前进时期于 1911 年开始，前进冰川的数量迅速增加，于 1916~1922 年每年前进冰川的数量都超过 50%，这一过程大致持续到 20 世纪 30 年代中后期；第二次从 20 世纪 60 年代中期以后开始，冰川前进趋势再度出现，1977~1985 年每年前进冰川的数量也超过 50%，后续监测表明，1986 年之后后退冰川数量超过 50%以上，大多数冰川转入后退。从两次前进时期的对比可知，第二次冰川前进期冰川末端远没有达到第一次冰川前进所达到的位置，说明冰川规模越来越小。

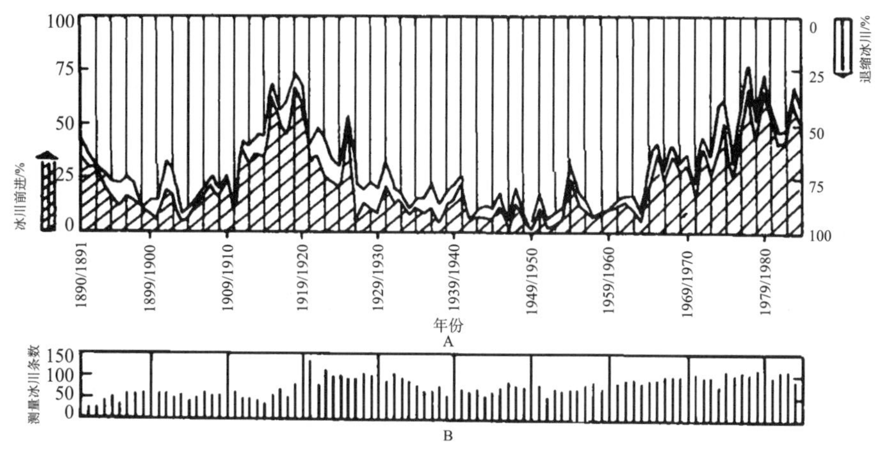

图 7.18　瑞士阿尔卑斯山冰川百年进退变化（Aellen and Funk, 1988）

Figure 7.18　Alpine glacial changes in past 100 years in Switzerland（Aellen and Funk, 1988）

中亚一些山区冰川进退变化的观测，虽不及阿尔卑斯山系统和深入，但也表现出大致一致的变化趋势。从 20 世纪 60 年代开始，天山西段不同地区已观测到冰川退缩停止，众多冰川纷纷转入前进的现象。位于北天山外伊犁阿拉套山的图尤克苏冰川，长 5 km，面积近 4 km^2，是该区观测系列最长冰川之一。该冰川在 20 世纪初至 1923 年间冰川物质平衡为正平衡（Makarevich, 1985），冰川处于稳定或前进状态，从 1923 年以后开始后退，1923~1957 年，冰舌末端后退 360 m，但是，在长期退缩过程中，该冰川在 1963 年和 1972 年出现过短暂的前进，1957~1984 年冰舌末端又后退 380 m（图 7.19）。

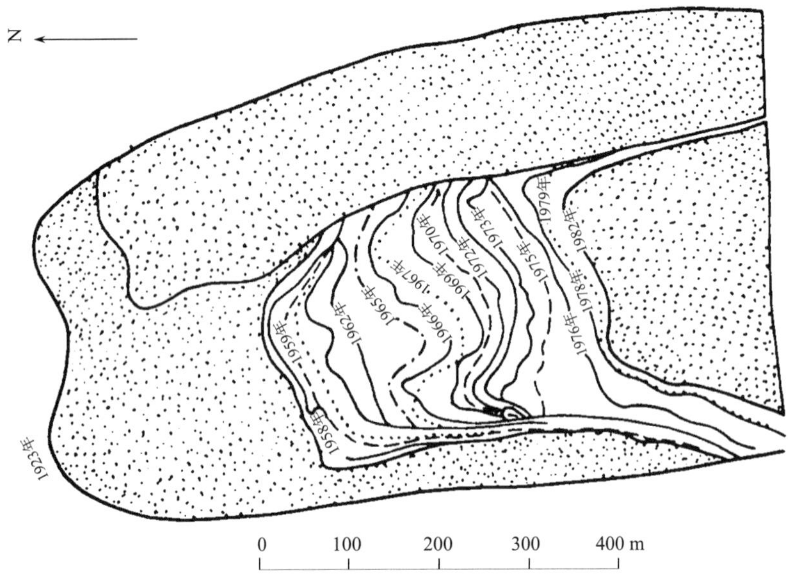

图 7.19　图尤克苏冰川末端 1923~1984 年进退变化（Makarevich，1985）

Figure 7.19　Tuyuksu Glacier terminal changes from 1923 to 1984（after Makarevich，1985）

全球分地区的 500 条长系列冰川长度变化对比，不难发现退缩为主导趋势。有些大型山谷冰川，在过去的 120 年间分别累计退缩了数千米。中纬地区的冰川，退缩速率为 2~20 m/a，由各地区不同规模冰川长度变化特征可以看出，大冰川（或冰面较平坦），则表现出持续的退缩现象；中等规模（冰面较陡）的冰川表现出年代际的阶段性变化，而小冰川的长度变化，则表现出叠加在总体退缩背景下的高频波动。退缩中断，或稳定或前进，出现于在 20 世纪 20 年代、70 年代及 90 年代。

20 世纪 90 年代斯堪的纳维亚及新西兰的冰川异常前进，可能与两地区的独特的气候变化有关，如冬季降水增加。在其他地区，如冰岛、喀喇昆仑山和斯瓦尔巴群岛，观察到的冰川前进，经常是动力不稳定型冰川（冰川跃动）。末端有崩解现象的冰川，也可能表现出快速退缩现象，而冰舌区具有厚层表碛覆盖的冰川，则常近似于稳定的状态。

全球少量冰川监测可追溯到 17 世纪或更早，冰川长度变化反映出长期低频率气候变化的影响。综合全球 169 条冰川的长度记录，按地区分类均一化，可以看出 1700~2000 年，全球不同地区的冰川经历了大致相同的变化过程（图 7.20），各地区冰川大致在 1800 年前后开始退缩，1850 年以来处于持续的快速退缩状态。原始数据显示在 1970~1990 年退缩有所减缓；到 1990 年之后，退缩又开始加剧。

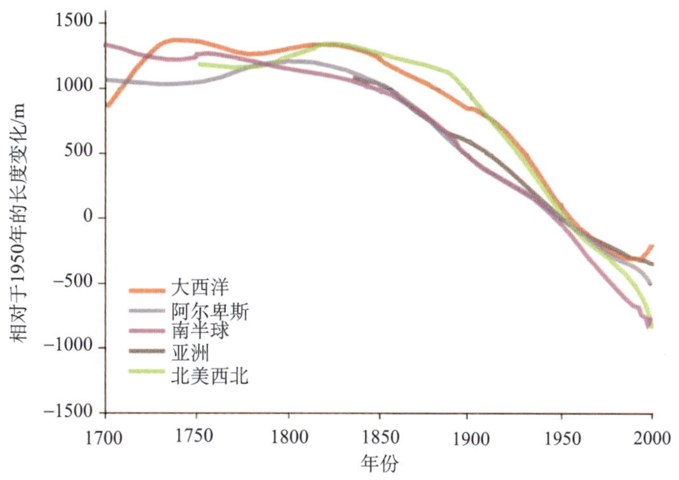

图 7.20　全球各地区冰川平均长度变化（Oerlemans, 2005）

Figure 7.20　Mean length changes of glaciers in the world（Oerlemans, 2005）

南半球包括热带、新西兰、巴塔哥尼亚；北美洲西北部（主要是加拿大落基山脉）；大西洋包括格陵兰岛南部、冰岛、挪威的扬马延岛、斯瓦尔巴群岛、斯堪的纳维亚半岛；欧洲阿尔卑斯山；亚洲包括高加索山和中亚山脉

1900 年以来，中国现代冰川进退变化可以划分以下几个阶段：20 世纪初至 30 年代，多数冰川处于相对稳定或前进状态；40~60 年代，除少数冰川处于相对稳定或前进以外，大多数冰川处于退缩状态；70~80 年代为退缩冰川相对减缓或处于稳定甚至前进时期；90 年代以来，多数冰川普遍转入后退阶段，特别是青藏高原边缘的喜马拉雅山、西藏东南部山区、横断山、帕米尔、喀喇昆仑山、天山及昆仑山东段的阿尼玛卿山与祁连山东段的冷龙岭等山区冰川末端退缩更加强烈。

综上所述，近 100 多年来，全球范围的冰川变化具有相似的过程，冰川萎缩是主导趋势，但期间有两次小的前进时段（19 世纪 20~30 年代、20 世纪 60~70 或 80 年代）。

2. 冰川面积变化

有面积变化监测冰川数量较少，且有监测数据的起始时间也晚于冰川的进退变化监测。综合已发表的冰川面积变化数据，绘制出全球 19 个地区冰川面积变化对比图（图 7.21），全球冰川 19 个主要分布区见图 2.3。冰川面积变化表现出以下特点：①20 世纪 40 年代以来，所有地区的冰川都表现出面积缩小的变化；②每个地区的冰川面积变化率落在大致类似的区间，但每个地区内部冰川面积变化率存在较大的差异性；③冰川面积缩小比例较大的区域为加拿大西部（2 区）、欧洲中部（11 区）及低纬度地区（16 区）；④所有地区的冰川近期都表现出面积缩小比例增加的趋势。

冰川消失也有大量报道，如加拿大北极、落基山及北卡斯卡特、巴达哥尼亚和某些热带山地、欧亚阿尔卑斯、天山等，累计报道消失的冰川有 600 多条，实际消失的冰川数量可能更高，这些事实证明冰川平衡线高度（ELA）已显著抬升。

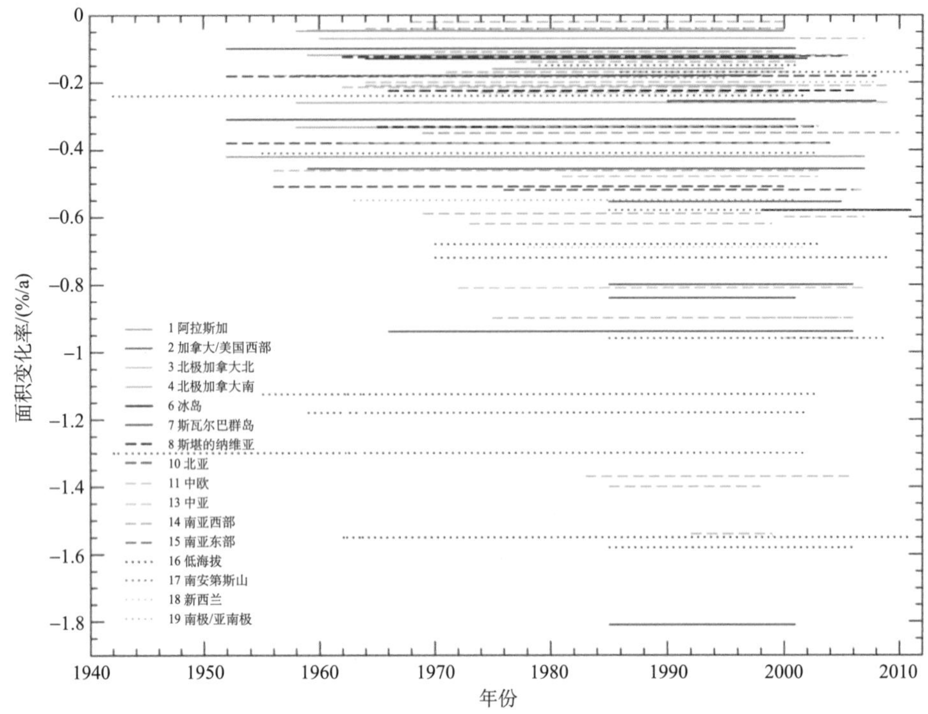

图 7.21　全球 19 个地区冰川面积年平均相对变化率

Figure 7.21　Mean area variability of glaciers in 19 regions in the world

每条线表示这个地区冰川面积年均缩小比例，线段长度表示平均的统计时段；图列中无编号区域表示没有对应区的冰川变化数据。

3. 中国冰川的变化

20 世纪 50 年代以来，相关考察表明，中国多数冰川均处于退缩状态，这与世界其他地区冰川变化的研究结果一致。观测较系统的天山乌鲁木齐河源 1 号冰川，自 1959 年以来，总体处于负物质平衡状态，20 世纪 50 年代后期至 80 年代初，冰川物质平衡波动较小，物质平衡水平低，冰川退缩缓慢，之后，物质亏损加剧，尤其 90 年代中期以来，负物质平衡水平增加，冰川长度退缩明显（图 7.22）。

综合中国西部不同地区冰川面积变化研究结果表明，20 世纪 60 年代以来，中国西部冰川总体退缩，但区域差异明显。黄河源区、天山北坡部分地区等冰川面积年均缩小比例最大，高原内部、昆仑山等地区面积缩小速率小于其他地区。

7.4.3　全球冻土变化

多年冻土主要分布在高纬度的环北极地区、南极地区以及中低纬度的高海拔地区。在全球变暖背景下，各地区冻土总体上呈现出温度上升，活动层厚度增加，冻土退化的趋势。然而由于受到局地因素影响，各个地区冻土变化呈现出不同的趋势。

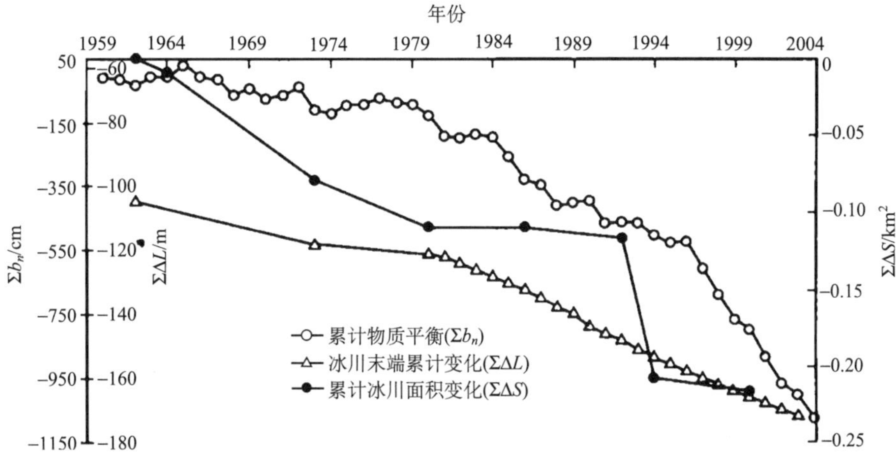

图7.22　1962~2004年天山乌鲁木齐河源1号冰川长度、面积及物质平衡的变化（谢自楚和刘潮海，2010）

Figure 7.22　Changes in length, area and mass balance of the Glacier No.1 at the headwaters of Urumqi River, Tianshan Mountains during 1962~2004（after Xie and Liu, 2010）

1. 环北极地区

阿拉斯加地区 2007 年年平均气温几乎所有的观测点都比 1971~2000 年高 0.5~1.5℃。年平均温度从 20 世纪 70 年代开始上升，最高值为–9.2℃，位于第二的是 1998 年，2008 年与 2007 年相比年平均气温下降了 1.1℃，但是仍然比 1991~2000 年的平均值高 1.7℃。多年冻土的温度在空间上基本与年平均气温相符（图 7.23），阿拉斯加不连续冻土的温度大部分高于–2℃，低于–3℃的主要分布于表层植被为草丛和土壤含泥炭层的区域，在北部高海拔地区也有分布。20 m 深度的冻土层温度从北部山麓小丘的–5~–4℃降到了普拉德霍湾的小于–7℃。这些都是近些年阿拉斯加北部山丘地区冻土温度升高的证据。这与近 20 年来气温升高以及表层积雪融化有密切关系。但是，这些地区的升温不是连续的，在 20 世纪 80 年代中期、90 年代早期以及 21 世纪初期都是相对寒冷的时期，20 m 厚度处的冻土层温度相对稳定，甚至有降温的趋势。但是进入 2007 年之后，阿拉斯加北部地区的两个观测点显示，20 m 厚度的冻土层温度升高了 0.2℃。

加拿大西部的麦肯齐河走廊地区年平均温度从 20 世纪 40 年代后期到 60 年代早期一直处于下降趋势，但 60 年代后开始呈现上升趋势。观测数据显示，在过去的 25 年里不连续冻土区的年平均地温以每 10 年 0.2℃的速度上升，特别是近几年，年平均地温的增长速率与年平均气温的增长趋于一致。加拿大西南地区的冻土温度仍保持稳定。加拿大中部 1998~2007 年，活动层厚度以每年 5 cm 左右的速度增加，说明温度呈上升的趋势。加拿大东部埃尔斯米尔岛地区，15 m 深度处的多年冻土在过去 30 年时间内以大约每年 0.1℃的速度增加，在 36 m 深度处却以每 10 年 0.1℃的速度增加。在魁北克的拉洛伦矿地区，20 世纪前 50 年时间里，先是降温，继而呈升温趋势。50 年代后期到 80 年代晚期，又呈降温趋势，之后又升温。魁北克北部地区的冻土 1993 年开始经历了明显的升温以及

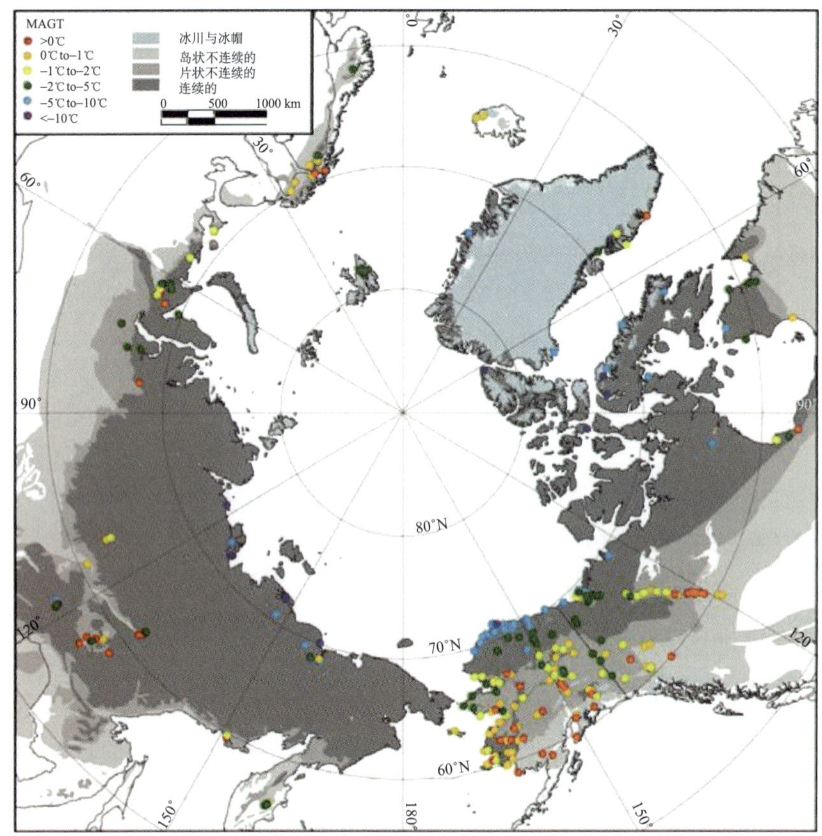

图 7.23　环北极钻孔及其年平均地温（Romanovsky et al., 2010）

Figure 7.23　The drill bores around arctic and mean annual ground temperature（Romanovsky et al., 2010）

活动层深度加厚的趋势，除此之外的其他地区 1989~1992 年都处于降温趋势， 2001 年之后才开始出现升温趋势。在 Umiuzaq，4 m 和 20 m 处的地温从 20 世纪 90 年代以来平均升高了 1.9℃和 1.2℃。

在俄罗斯的西伯利亚西北部地区，地表温度从 1974~2007 年都呈现增加趋势，在寒冷的冻土区增加了 2℃，而在温暖的冻土区只增加了 1℃。大多数变暖出现在 1974~1997 年，1997~2005 年很多地区的冻土温度并未发生变化甚至有些地区呈现变冷趋势，在 2005 年之后，低温低于–0.5℃的区域出现了升温趋势。

2. 亚洲北部地区

亚洲北部地区的研究集中于中国的大小兴安岭地区。金会军等的研究表明，与高纬度相比，大小兴安岭地区的冻土温度更高，相对更薄，对气候变化的响应更为敏感。对该区域的研究采用了以 10 年为尺度的年平均温度指标，大致可以分为 3 个阶段，第一阶段是 19 世纪晚期到 20 世纪 50 年代，温度持续上升；第二个阶段从 20 世纪 50~70 年代，温度趋于平稳；第三个阶段是 1970~2000 年，温度持续上升。尤其是 1991~2000 年升温最为明显。研究发现，在 20 世纪 70 年代，冻土南限在大兴安岭西部与年平均气温–1~0℃

等温线相重叠，在松嫩平原与 0℃等温线重叠，在小兴安岭东部与 0~1℃等温线相重叠，即南界总体在−1~1℃等温线之间。目前不连续冻土和岛状冻土已减少（9~10）×10^4 km^2，或者说只有 70 年代的 35%~37%。在大兴安岭北部地区，活动层厚度在 20 世纪 60 ~70 年代为 50~70 cm，但在 1978~1991 年增加了 32 cm，20 cm 处的地温增加了 0.8℃。在大兴安岭中部地区，20 世纪 80 年代早期，热融深度呈下降趋势，然而年平均温度却在上升，90 年代，最深热融深度从 1 m 增加到了 1.2 m，年平均气温从−5.5℃增加到−3.0℃。从 1990~1997 年最大热融深度由于年平均气温下降而下降，在 2000 年之后，年平均气温继续下降，而活动层厚度却增加到了 1.8 m，这种现象至今仍然无法解释。

3. 欧洲北部

欧洲北部的研究主要集中在冰岛及斯堪的纳维亚地区。受温带海洋性气候，冰岛年际温差较小，冻结天数也比较短。甚至在冬季，部分地区也会出现热融现象。冰岛高山冻土下限自南向北依次降低，大面积的冻土在南面分布在 1000 m 高度以上，而在背面则分布在 800 m 以上。由于在 1000 m 以上多分布有积雪，而积雪的绝热能力是影响冰岛冻土分布的一个重要因素，并且季节性积雪的分布变化要比夏季温度以及降水对冻土的退化影响要更为显著。在区域，强风主要来自于东南地区，这让南部的平原地区没有积雪，积雪主要在北坡。这种效应抵消了温度在南北分布的不均，让南坡在冬季气温降低很快，而凉爽的春季和夏季让北坡的冻土存在得更为长久。在 1200 m 以上的高度，冻土分布是连续的。在过去几年里观测表明，年平均地温比 1961~1990 年要高 0.5~1℃。大部分观测点的地表温度都大于 1℃。许多观测点的冻土层出现退缩，尤其是较为干燥的区域。与其他地区不同，冰岛地区由于受到高温热流的影响，冻土的退缩更为显著。

在斯堪的纳维亚地区，长时间的钻孔观测发现在 20 世纪前 50 年的后期以及 21 世纪初期，该区域的地温有明显的上升趋势。地温的极值时间出现在 2003 年的夏季，这与在冰岛观测的数据基本上相吻合。

4. 南极地区

南极地区由于受到自然条件限制，对冻土的观测点相对较少，虽然在国际极地年期间，观测点从 21 个增加到 73 个（图 7.24），但对于说明长时间尺度的温度、活动层以及冻土厚度的变化状况仍显不够。大体上，从沿海到南极大陆内部，随着海拔的升高，冻土温度不断降低。冻土温度的最高值出现在南设得兰群岛，这里的冻土温度略低于 0℃。在北维多利亚地区，冻土的温度变化在−18.6~−13.1℃，在莫科莫多海峡，变化于−22.5~−17.4℃，而在高海拔的罗斯岛地区，其变化幅度达到了−23.6℃。从时间尺度来看，虽然没有充分的数据，但是在南极半岛获得的数据表明，从 1950~2000 年，该区域的年平均气温正在以每 10 年 0.56℃的速度上升，这在一定程度上也反映了南极地区的变暖趋势。

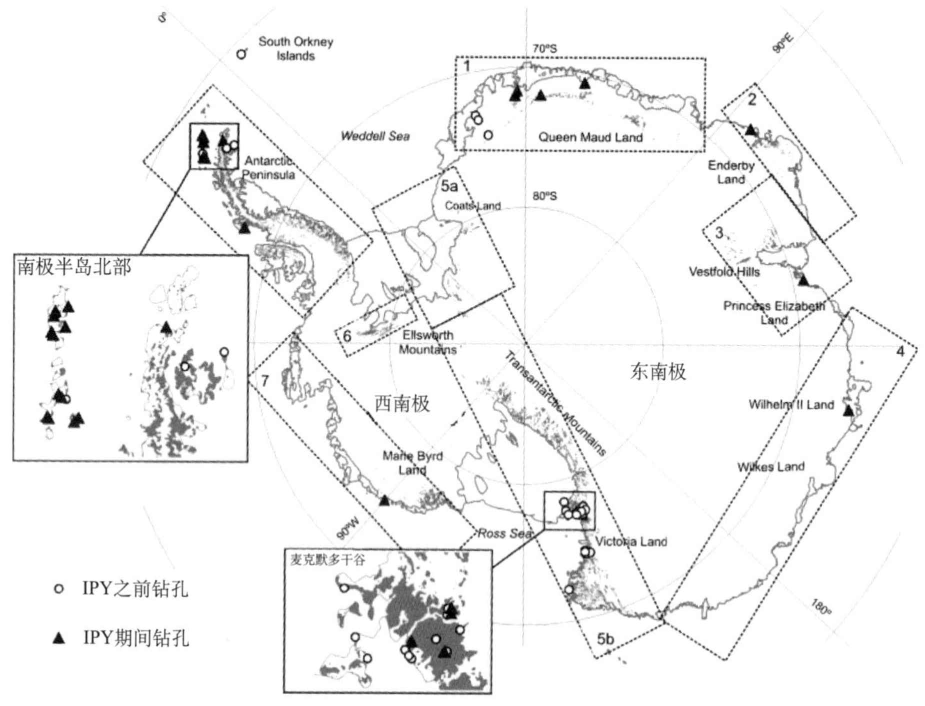

图 7.24　南极冻土监测点

Figure 7.24　Permafrost survey stations in Antarctica

5. 亚洲中部地区

亚洲中部的多年冻土主要集中在中国的青藏高原、天山、蒙古国地区（图 7.25）。自 9.0~3.5 ka B.P.全新世暖期开始，全球气温迅速升高，多年冻土也逐渐退化。在 6~5 ka B.P.，年平均气温比现在高 3~5℃，青藏高原多年冻土也大范围退化。因此，青藏高原现存的多年冻土基本上是残留冻土，大部分属于高温类型，其发生、发展及演变受气候变化的制约，对气候变化尤为敏感。在中国的青藏高原地区，通过对 10 个观测点数据的统计，可以看出从 1999~2006 年冻土顶层温度上升幅度在每年 0.02~0.19℃，2006 年之后这个值开始呈现下降趋势。大部分地区的活动层厚度在 2006 年或 2007 年出现最大值，增大的幅度在 35~61 cm。从 7 个观测点可以看出从 1996~2002 年，6 m 处的冻土温度以每年 0.07~1.02℃的幅度增加，但是近几年呈下降趋势，这可能与局部气候变冷有关。在天山地区取自 1974~1977 年以及 1990~2009 年哈萨克地区的观测数据表明在过去 35 年的时间里，气温呈现上升趋势。在 14~25 m 处地温从 1974 年的 0.3℃升高到了 2009 年的 0.6℃。活动层厚度在 1970 年为 3.2~ 3.4 m，到 1992 年达到了最大值，为 5.2 m，在 2001~2004 年，这个数值又降到了 5.0 m，但总体而言，活动层厚度与 20 世纪 70 年代相比增加了 23%。在乌鲁木齐河上游的 China9 观测点，年平均地温从 1992 年的−1.6℃升高到 2008 年的 1.0℃，在不同的土壤深度，土壤温度升高幅度为 0.4~0.9℃。0℃所在的深度从 1992 年的 10 m 增加到了 2008 年的 12 m，所有的数据都说明近几十年来，天山地区冻土分布区气温、地温以及活动层厚度都有明显的增高趋势。

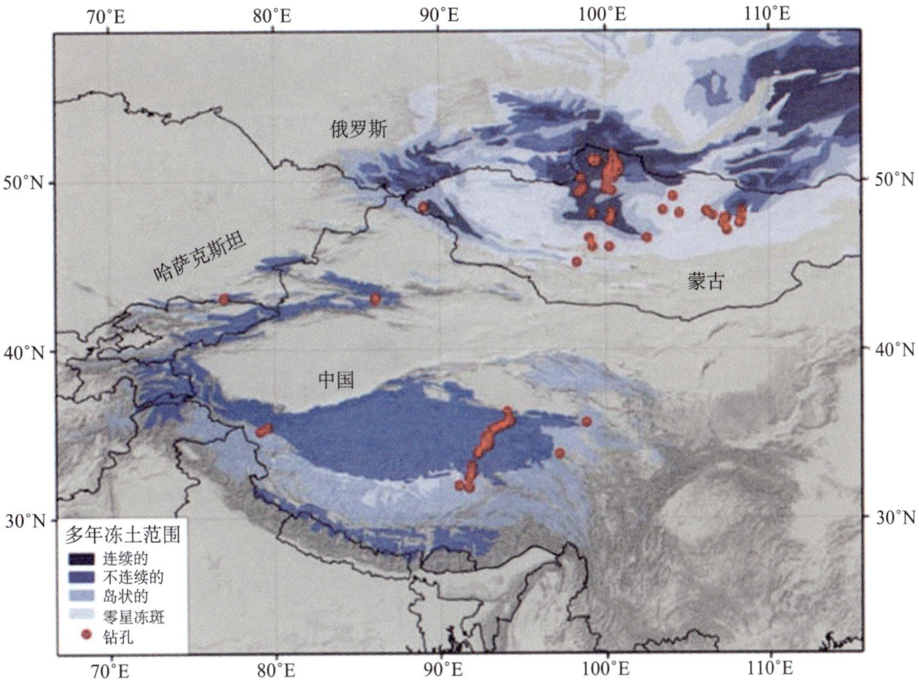

图 7.25　亚洲中部地区冻土监测点位置

Figure 7.25　Permafrost survey stations in the central Asia

在蒙古国地区，观测点 M1 a 和 M3 的数据表明，这两个观测点的活动层厚度增加速率为每年 20~40 cm，这个增速在蒙古国地区是最高的，这两个地区的年平均地温接近 0℃。活动层厚度增幅很小的区域主要位于活动层很浅并且含有大量冰的冻土区，如观测点 M6 a 和观测点 M7 a，在过去的几年里，活动层厚度的增幅只有每年 0.5~2.0 cm，这可能是由于土壤过于干燥以及过度放牧引起的。但是，在 2009 年观测的数据中，大部分地区的活动层厚度呈现下降趋。年平均气温在蒙古国的不连续冻土区的变幅为–0.5~0℃，在连续冻土分布区为–3~–1℃。冻土温度在过去的 15~20 年时间内要比过去 20 世纪 70~80 年代要高（图 7.26），这个趋势与亚洲中部以及欧洲山区极为相似，但是与东西伯利亚和阿拉斯加相比，蒙古国的变暖趋势要小得多。

7.4.4　北半球积雪变化

全球 98%的积雪位于北半球，最大覆盖面积达 45.2×10^6 km^2。积雪是大气环流的产物，其变化受降雪量和温度共同影响。全球变暖带来的气温升高和大气环流调整，使得积雪发生着重大变化。

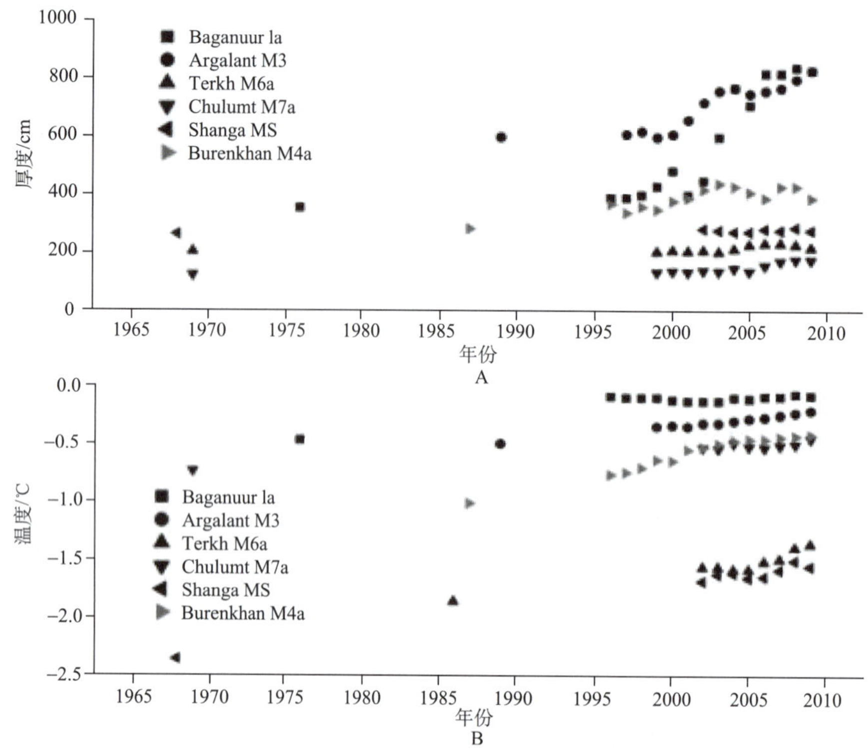

图 7.26　蒙古国地区活动层厚度和年平均地温的变化

Figure 7.26　The active layer thickness and mean annual ground temperature changes in Mongolia

春季以及在气温接近冰点的地区，最可能观测到积雪减少，因为春季气温变化对积雪积累的减少和融雪的增加有着最直接有效的影响。1922~2012 年，北半球春季积雪覆盖范围呈显著减少趋势，尤其是 20 世纪 60 年代后期之后，减少速率明显加快（图 7.27）。其中，3 月积雪的减少主要由欧亚大陆的减少引起，而 4 月欧亚和北美大陆积雪范围均显著减少。北半球积雪范围的这种显著减小主要是由气温不断升高造成的，同时也与发

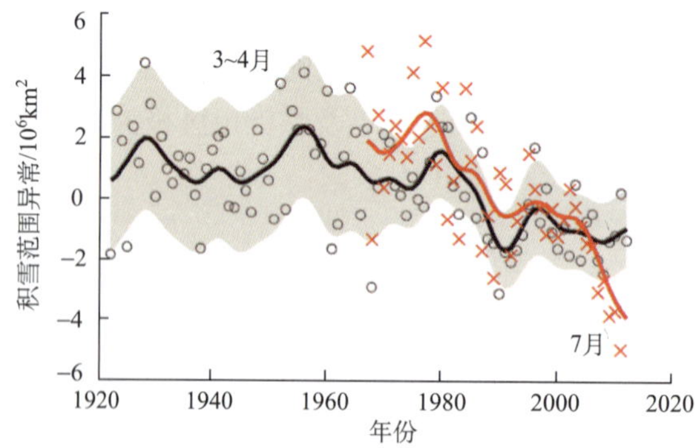

图 7.27　北半球积雪覆盖范围变化（摘自：IPCC AR5 WGI，2013）

Figure 7.27　Snow cover extent changes of north hemisphere（IPCC AR5 WGI，2013）

黑色圆圈为 3~4 月，红色十字叉为 6 月，距平均为相对于 1971~2000 年平均

生在 1980 年前后的大气环流转型有关。值得注意的是，6 月积雪覆盖范围的减小，无论从相对量还是绝对量来看，均超出了 3~4 月的减小。此外，北半球积雪季节长度，自 1972 年冬季以来，也以 5.3 d/10 a 的速率在减少（IPCC AR5，2013）。在欧亚大陆，虽然冬季积雪量显著增加，但 1979 年以来，大部分地区和泛北极地区的融雪季节长度均显著增加，其中融雪开始时间提前约 5 d/10 a。

在中国，1951~2009 年春季雪深和雪水当量均显著减少，但各稳定积雪区的变化并不同步。例如，冬季西北地区雪深显著增加，东北地区雪深年际变化振幅明显加大，而青藏高原雪深和雪水当量均显著减少，尤其是 21 世纪以来持续偏少。

7.5　年际至季节尺度变化

7.5.1　冰川变化

冰川上物质的收入与支出之间的数量关系称为物质平衡，冰川物质平衡是联结冰川与气候的关键链条。这里，我们通过物质平衡来了解冰川年际至季节尺度的变化。

1. 冰川物质平衡

冰川物质平衡一般采用固定日期结合层位法观测得到。所谓层位法是指当年夏季冰川表面消融下降到最低点的时间为物质平衡年的起始时间 t_1，到下一个年度冰川表面达到最低点的时间为物质平衡年终止时间 t_2，因在冰川的不同高度，t_1 及 t_2 的时间是不一致的，它随着海拔的上升而提前和缩短，一般以冰川中部平衡线附近 t_1 和 t_2 为参考，但年际变化过大，实际实施时较困难。针对这一情况，1972 年 Mayo 等建议以水文年为标准，即在北半球一个水文年为 10 月 1 日至翌年 9 月 30 日。在中国西部季风气候与高海拔条件下，消融期结束时间（在冰川中部）一般是 8 月底，因此在中国冰川研究中，物质平衡年度一般为 9 月 1 日至下年度 8 月 31 日。由此得到一个平衡年的物质平衡为年平衡，冬半年或冷季物质平衡为冬平衡，夏半年或暖季物质平衡为夏平衡。

IAHS、联合国环境规划署（UNEP）及 UNESCO 联合，在瑞士苏黎世设立了世界冰川监测服务处（WGMS），系统收集、整理、出版全球冰川物质平衡和冰川波动的变化数据。从 1967 年起，每 5 年出版一期 *Fluctuations of Glaciers*；从 1991 年起，每两年出版一集 *Glacier Mass Balance Bulletin*，发布全球 37 条冰川的年物质平衡及其他断续观测冰川的物质平衡数据和变化资料。

2. 物质平衡年内过程

在不同的地理环境下，物质平衡的年内过程有很大差异。图 7.28 和图 7.29 分别显示了冬季补给夏季消融型冰川的物质平衡过程和雨热同季的夏季补给和夏季消融型冰川的年内物质平衡评估过程。

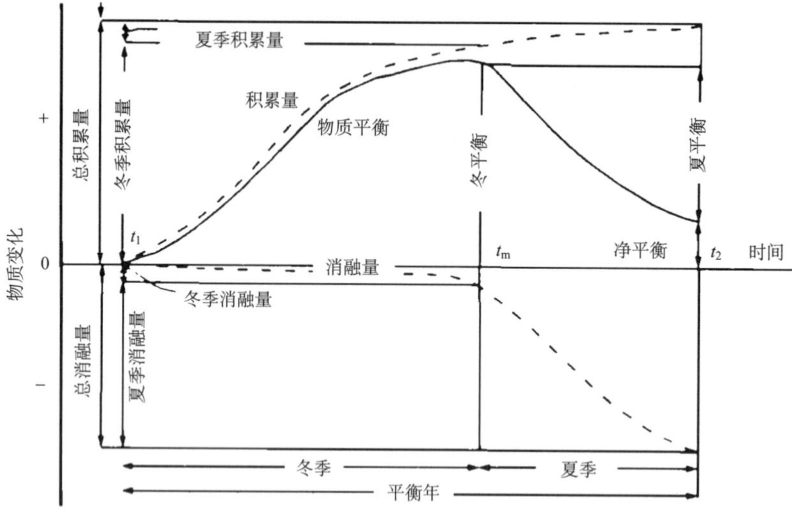

图 7.28　物质平衡各项的定义（据佩特森，1987）

Fig 7.28　Definitions for mass balance（Paterson，1987）

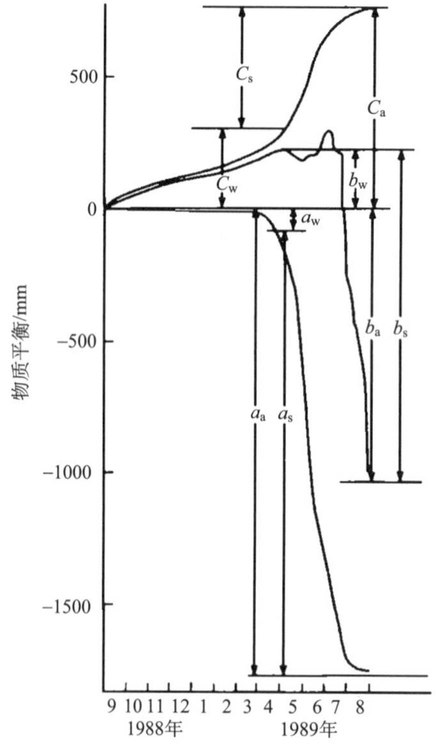

图 7.29　天山乌鲁木齐河源 1 号冰川消融区的物质平衡过程图（1968~1989 年）（Xie et al., 1999）

Figure 7.29　The mass balance process in ablation area of Glaciaer No.1 at the headwaters of Urumqi River, Tianshan Mountains（1968~1989）（after Xie et al., 1999）

C_a,C_s,C_w 分别为年、夏季和冬季总积累；a_a,a_s,a_w 分别为年、夏季和冬季消融；b_a,b_s,b_w 分别为年、夏季和冬季物质平衡

图 7.28 所示是典型的冬季补给型冰川的年内物质平衡过程，欧洲和北美洲地区的冰川多为此类型。这种类型的冰川物质平衡过程表现为积累主要发生在冬季，此时因低温，消融（含升华）微弱；夏季降水较少，积累量小，但热量丰沛，冰川消融强烈。

中国冰川及中亚内陆地区的冰川，不仅发育在高大的山系与高原，而且经受复杂环流系统的影响，其物质平衡的年内过程主要属夏季补给型冰川（图 7.29），其积累与消融季节都是夏季，而有别于欧洲和北美以冬季补给为主的物质平衡过程。

对我国天山乌鲁木齐河源 1 号冰川和唐古拉山小冬克玛底冰川冰面物质平衡时间过程进行对比可知，两条冰川年内物质平衡过程基本一致，并可将物质平衡年划分为 4 个阶段（图 7.30），即

（1）冬半年（从上年 10 月至当年 3 月，小冬克玛底冰川为 5 月）低积累与弱消融期，冰川以积累为主，但积累量不大，冰舌区的冰川物质继续亏损，使其冬平衡小于冬积累。在小冬克玛底冰川上的观测还发现，在此时段内，冰川的物质平衡梯度也很小。

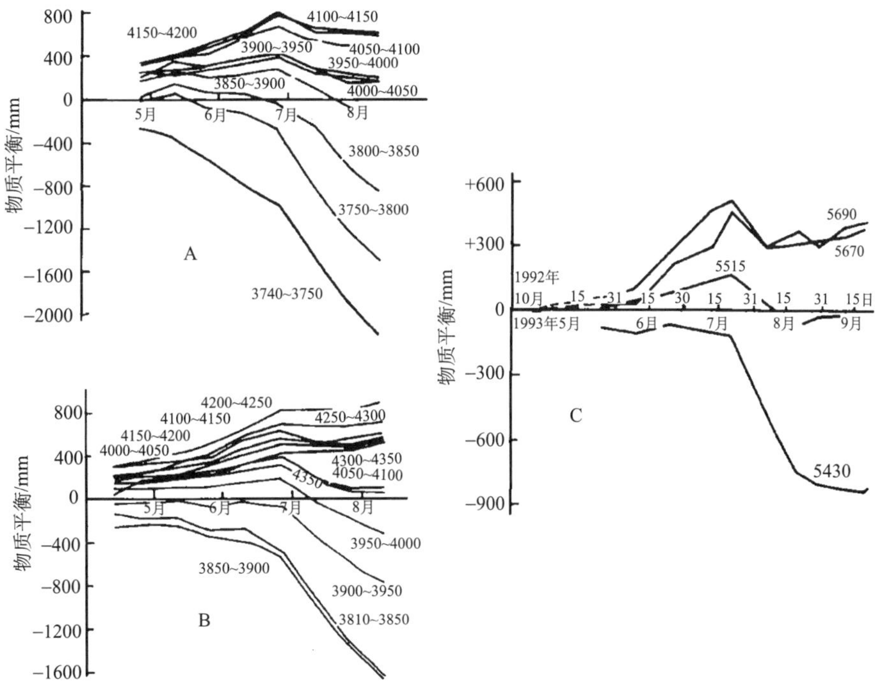

图 7.30　天山乌鲁木齐河源 1 号冰川东支（A），西支（B）与小冬克玛底冰川（C）不同高度（单位：m）物质平衡过程（据刘潮海，1992 和蒲健辰等，1995）

Figure 7.30　Mass balance processes at different elvetions in the east branch（A）, west branch（B）of Glacier No.1 at the headwaters of Urumqi River, Tianshan Mountains and little Dongkemadi Glacier（C）（after Liu, 1992 and Pu et al., 1995）

（2）春末夏初中等积累与消融期（4~5 月，小冬克玛底冰川为 6~7 月）。随着降水不断增多，冰川积累较冬季快。冰川消融主要出现在季节雪层中，消融区普遍发育有附加冰，而在积累区的雪层中，冰夹层或冰透镜体以内补给形式出现。在小冬克玛底冰川上，此时段积累增加较天山乌鲁木齐河源 1 号冰川明显，消融强度较天山乌鲁木齐

河源 1 号冰川弱一些。

（3）夏季强消融与强积累期（6~8 月，小冬克玛底冰川为 7~8 月中旬），冰川中下部季节积雪多已融化，冰川冰出露，由于反射率降低，冰川冰的消融快速增加。此时冰川积累区的积累随着降水量的增加亦快速增加。相比而言，位于青藏高原的小冬克玛底冰川，7 月积累区的积累量达到最大值，但消融持续时间比天山乌鲁木齐河源 1 号冰川短 20 天左右。

（4）秋季中等积累与中等消融期（9 月），冰川区上部消融逐步减弱，或停止消融，新降雪在积累并使物质平衡趋于上升，出现消融的高度也向下移动，但冰川消融区下部日消融量一般也可达 3 mm 左右。

3. 物质平衡随高度变化

空间上，冰川的积累区表现为正平衡，消融区为负平衡；在一个平衡年末，消融区多为裸冰，而积累区则为积雪/粒雪，其间物质平衡收支相等点的连线为零平衡线，对应的海拔为平衡线高度（ELA），在极地大陆型冰川上，消融期末积累区下部有附加冰形成，而温带型冰川则无附加冰，因此，在这类冰川上平衡线高度与夏末雪线高度接近。

大多数冰川的净平衡随海拔升高而变化。图 7.31 给出了两条冰川的物质平衡随高度分布的示例，分别为挪威南部（62°N）的 Nigardsbreen 冰川和加拿大北极 White 冰川（79°N），两冰川最高海拔接近 2000 m，末端接近海平面。图 7.31 B 为 Nigardsbreen 冰川冬、夏平衡对年平衡的贡献。比较两条冰川相应分量可知，Nigardsbreen 冰川各分量量级远大于 White 冰川。分析表明，在相同海拔，Nigardsbreen 冰川年均温较 White 冰川高 15°C，消融强度大于 White 冰川；受西风急流影响，Nigardsbreen 冰川上有丰富的降水量，积累速率也高于 White 冰川，因此，总体上 Nigardsbreen 冰川的物质平衡梯度也要大于 White 冰川。

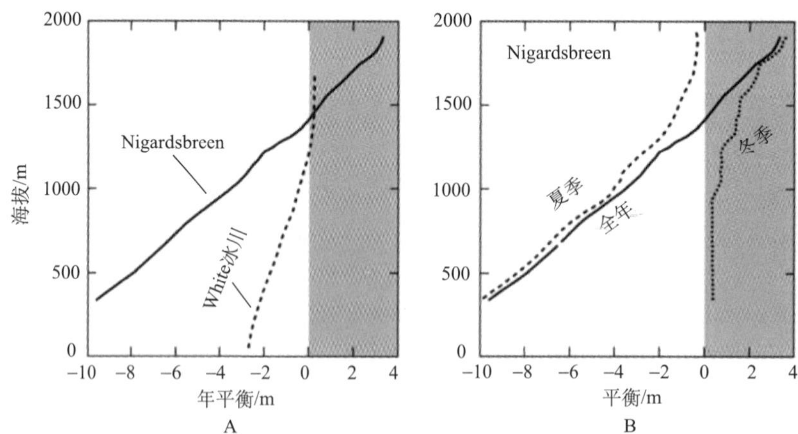

图 7.31　挪威 Nigardsbreen 冰川（1963~1964 年）和加拿大 White 冰川（1994~1995 年）净平衡随海拔变化的分布

Figure 7.31　Net balance distribution with altitudes of Nigardsbreen Glaocier（1963~1964）, Norway and White Glacier（1994~1995）, Canada

大陆型冰川的物质平衡梯度较小，具有与 White 冰川类似的特征，但物质平衡梯度年内表现出冷季较小，而暖季较大的现象，物质平衡梯度年内过程表现出多重性（图 7.32），即同一时期内，不同高度上具有不同物质平衡梯度；在同一高度区间内，由于物质平衡随气候波动而发生变化，不同时段的物质平衡梯度也不尽相同。此外，冰面状况（如表碛覆盖程度等）和冰层温度特性对物质平衡梯度有影响，也是导致冰川物质平衡高度分布差异的因素之一。有些年份或在冰川的某些高度带上，这种物质平衡梯度的多重性可能表现得并不那么明显。

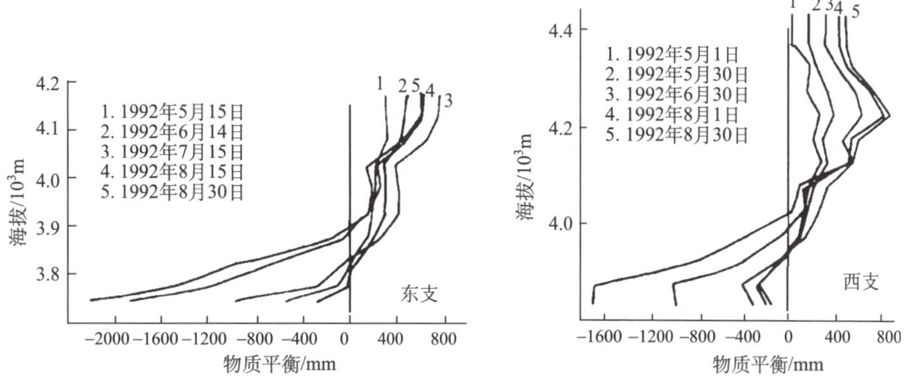

图 7.32　天山乌鲁木齐河源 1 号冰川不同时段物质平衡梯度分布（刘潮海，1992）

Figure 7.32　Mass balance gradient distribution in different time of Glacier No.1 of Urumqi River source（Liu, 1992）

7.5.2　冻土变化

多年冻土活动层土壤存在季节性冻结和融化的过程。我们仅举西大滩和五道梁的例子来看看其变化（图 7.33 和图 7.34）。

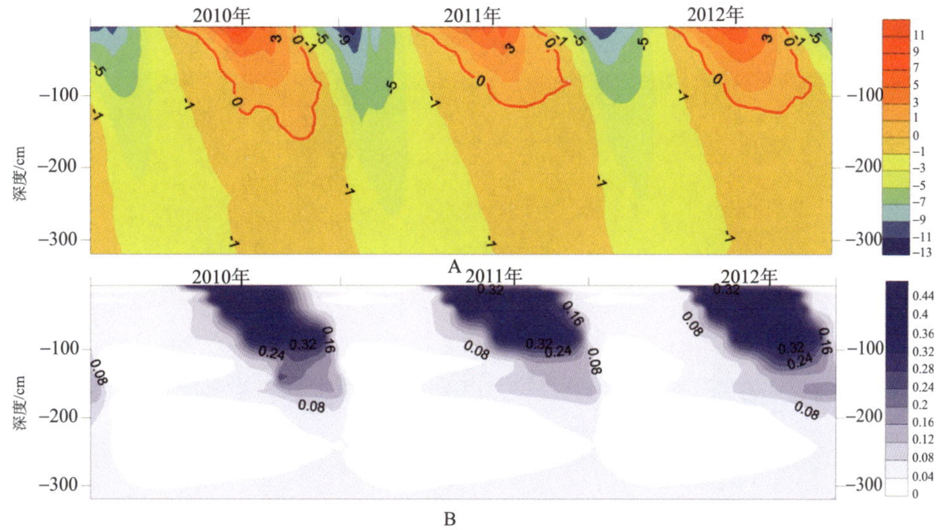

图 7.33　西大滩活动层温度（A）与水分含量（B）变化特征

Figure 7.33　The variational features of active layer temperature（A）and water content（B）in Xidatan

西大滩为高寒草甸下垫面，位于高原多年冻土北界附近的岛状多年冻土区。通常在4月中下旬至5月上旬开始融化，10月达到最大融化深度，随后开始自上而下和自下而上的双向冻结，并于11月下旬到12月完全冻结。活动层的融化持续时间为202~251天，最大融化深度为1.6 m（表7.3）。表层土壤温度在1月底达到最低，随后逐渐升高，于8月达到最高值。活动层的土壤的未冻水含量变化与温度变化密切相关，各层土壤含水量随着活动层的融化从上到下依次升高，土壤的冻融过程与温度的冻融锋面一致性非常好，且融化的土壤中未冻水含量分布较为均匀。

五道梁为高寒荒漠草原下垫面，位于多年冻土区中部。通常在4月底和5月上旬活动层开始融化，由于浅层土壤以粗颗粒砂土为主，融化期浅层土壤含水量很低，相应的冻结期土壤含冰量也很低，所以融化速度较快。通常在10月上旬和中旬达到最大融化深度，该站点的最大融化深度为2.4 m（表7.3）。在活动层的融化期，土壤含水量仅在活动层中部的融化锋面附近较高，相变过程的影响较为显著。由于融化期土壤水分集中在活动层底部，所以完全冻结时间较西大滩要迟，约在12月中旬。

表7.3　2010~2012年西大滩和五道梁活动层冻融过程

Table 7.3　Freeze-thaw of the active layer in Xidatan and Wudaoliang duing 2010~2012

站点	年份	开始融化时间（年.月.日）	开始冻结时间（年.月.日）	最大融化深度时间（年.月.日）	完全冻结时间（年.月.日）	融化持续时间/天	最大融化深度/m
西大滩	2010	2010.05.09	/	2010.11.25	2010.11.27	202	1.6
	2011	2011.04.19	2011.10.23	2011.10.21	2011.12.26	251	1.2
	2012	2012.05.01	2012.10.16	2011.10.14	2012.12.14	227	1.2
五道梁	2010	2010.04.30	2010.10.26	2010.10.16	2010.12.16	230	2.4
	2011	2011.4.28	2011.10.02	2011.10.7	2011.12.15	231	2.4
	2012	2012.05.07	2012.10.17	2011.10.18	2012.12.11	218	2.4

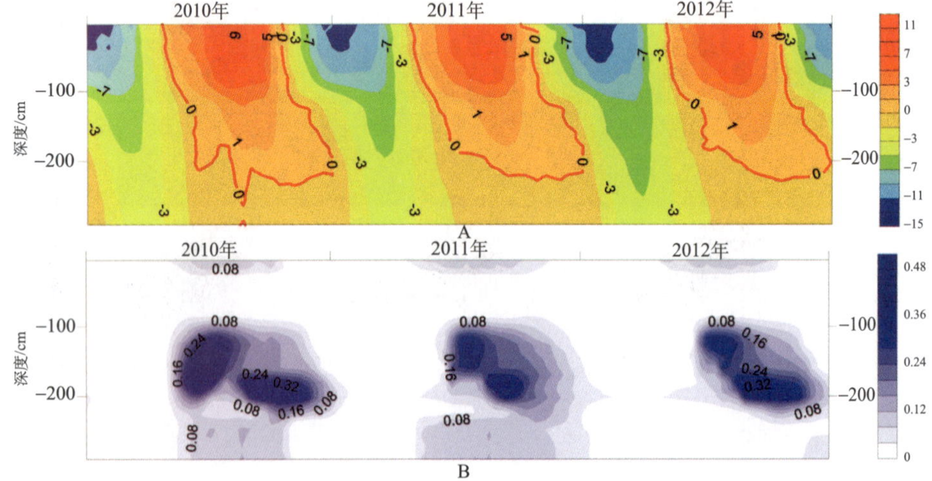

图7.34　五道梁活动层温度（A）和水分含量（B）变化特征

Figure 7.34　The variational features of active layer temperature（A）and water content（B）in Wudaoliang

两个站点的活动层一般都在 4 月中下旬到 5 月上旬开始融化，在 10 月达到年最大融化深度，随后开始自上而下和自下而上的双向冻结，并于 11~12 月完全冻结。站点的表层土壤温度都在 1 月末最低，随后逐渐升高，并于 8 月达到最高值。活动层中土壤未冻水含量与冻融过程密切相关。但两个站点植被覆盖类型和活动层土壤质地有着显著差异，所以土壤温度变化过程和未冻水含量的分布特征表现出截然不同的特点。体现出青藏高原多年冻土区土壤水热过程的空间差异性很大，主要受下垫面植被类型和土壤质地的制约。

7.5.3　北半球积雪变化

降雪和积雪的维持强烈依赖气温和降水，随着气候变暖，其变化亦极其复杂。除了上节讨论的年代际变化，积雪亦发生着年际至季节尺度变化。

从年内变化看，北半球积雪覆盖范围的减少主要表现在春季，且减少的速率随着纬度升高而增加。在中国，东北-内蒙古地区积雪季节振荡较大，最大积雪深度出现在隆冬季节；西北山区春季融雪径流过程提前，融雪期延长，水资源的季节分配发生改变，有些河流在年径流总量减少的情况下，春季径流仍呈现增加趋势，其变化幅度取决于流域的融雪补给率。春季径流增加对缓解春旱具有重要作用，但同时也导致融雪洪水灾害出现的频率加大，发生洪水的时间提前，洪峰流量增大，破坏性加大。

7.5.4　两极海冰年际-年代际尺度变化

在气候变暖背景下，南、北极海冰呈现出不同的变化趋势。卫星观测显示，1979 年以来北极海冰呈快速减少趋势，海冰范围的减少速率约为 3.8%/10 a（约 4.7×10^5 km^2/10 a），而南极海冰范围呈整体增加趋势，增加速率约为北极海冰减少速率的 1/3。

北极海冰是冰冻圈各要素中对气候变暖响应比较快速的要素之一。北极海冰的减少主要表现在以下几个方面。

1. 厚度减薄

海冰厚度的观测最为困难。在冷战时期，美国派遣核潜艇在北极冰下活动，同时用仰视声纳探测海冰的厚度。Rothrock 等 1999 年依据仰视声纳数据发现了北冰洋平均海冰厚度的减少，从 1958~1976 年的 3.1 m 到 1993~1997 年的 1.8 m。由于当时海冰的覆盖范围并没有显著变化，人们并不相信冰厚有显著的变化，甚至有人怀疑仰视声纳数据的可信度。

然而，海冰厚度的减少被越来越多的观测资料所证实（图 7.35）。2003~2007 年北冰洋各海域的海冰厚度相比 1958~1976 年减少了一半以上。在北极变暖早期，海冰覆盖范围没有明显变化，当时海冰厚度已经开始减小。海冰厚度变化对北极气候变化具有很好的指示意义。

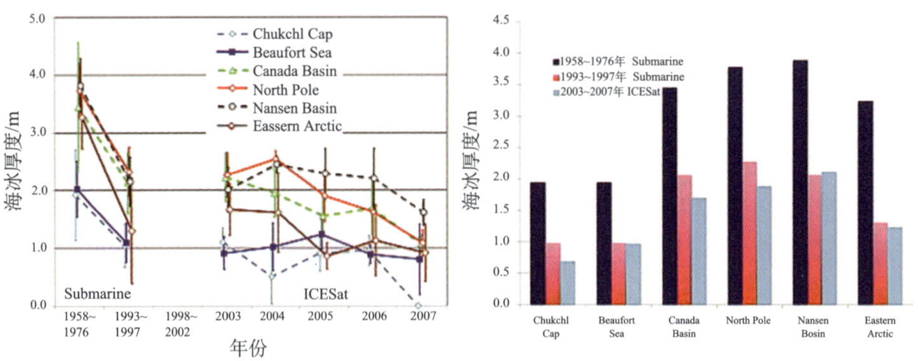

图 7.35　海冰厚度的变化（Kwok and Rothrock, 2009）

Figure 7.35　Changes of sea ice thickness（Kwok and Rothrock, 2009）

2. 覆盖范围变小

相比海冰厚度，海冰覆盖范围的观测容易得多。自从卫星遥感问世以来，各种可见光、红外和微波传感器都可以用来研究海冰覆盖范围的变化，因此，海冰覆盖范围的减少一直处于可以准实时追踪的状态。

由于海冰覆盖范围的外围是海冰边缘区，海冰密集度从高值一直减小到零，并没有明确的海冰边缘线，通常是采用某个阈值（一般用 15%）来定义海冰边缘线，用于不同时期海冰边缘的比较。此外，各个卫星的空间分辨率不同，如果采用同样的阈值，确定的边缘线会相差甚远。因此，时至今日，人们仍然在探索确定海冰边缘线的更好方法。

北极海冰的显著减少始于 20 世纪。整个北极地区海冰的总面积从 1979~1996 年的每 10 年减少 2.2%变为 1998~2007 年的每 10 年减少 10.7%。海冰覆盖范围的这种前所未有的减少在 2007 年夏季达到了最低值。在 2012 年 9 月 16 日，海冰覆盖范围又出现了有历史记录以来的最低值，只有历史平均值的 45%。按照这个速度，夏季海冰可能在不远的将来完全消失。

3. 密集度减小

伴随北极气候的变暖，一个重要的特征就是海冰密集度的降低和密集冰区的缩小（图 7.36）。

海冰融化导致北极大范围的密集冰区发生破碎，形成由大大小小冰块组成的冰区，与传统的海冰边缘区性质一致。如果将这些密集度大幅降低的冰区都认为是海冰边缘区，则海冰边缘区的宽度可以达到 10^3 千米的量级。在北冰洋航行中就会看到，无法界定海冰边缘区的范围，似乎到处都是海冰边缘区。这样大范围的低密集度冰区是夏季海冰消退的物理基础，海冰边缘区的海冰更加容易融化，是造成海冰大范围减退的重要因素之一。

与此同时，密集冰区大幅减少，海冰边缘区的扩展侵蚀了密集冰区的范围。过去，密集冰区再小，仍然存在于北极中央区。然而，在 2010 年，北极中央区发生了海冰密集度大幅度降低的情况，那里的海冰密集度甚至低于较低纬度的地区。

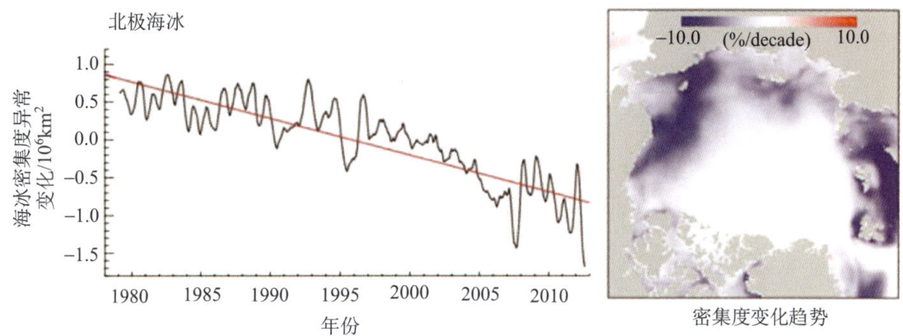

图 7.36　1979~2012 年北极海冰密集度的变化趋势（引自 IPCC AR5 WGI，2013）

Figure 7.36　Change trend of sea ice concentration in the Arctic Ocean sea during 1979~2012（IPCC AR5 WGI, 2013）

4. 多年冰减少

北极海冰快速消融的另外一个重要表现是多年冰的减少。在 1980 年左右，北极海冰中的多年冰占总海冰量的 75%以上，而在 2011 年，只有 45%的海冰为多年冰。1989~1996 年北冰洋多年海冰的减少主要是因为当时正处于北极涛动的正位相，在大气环流场和风应力的作用下，通过弗莱姆海峡输出了大量的多年冰，使北冰洋多年冰的存量大幅下降。之后若干年，尽管北极涛动一直为负位相，但由于气温上升导致失去的多年海冰一直没有恢复。图 7.37 显示的是 2009 年的多年海冰分布情况，可以看出多年海冰所占的比例较小。

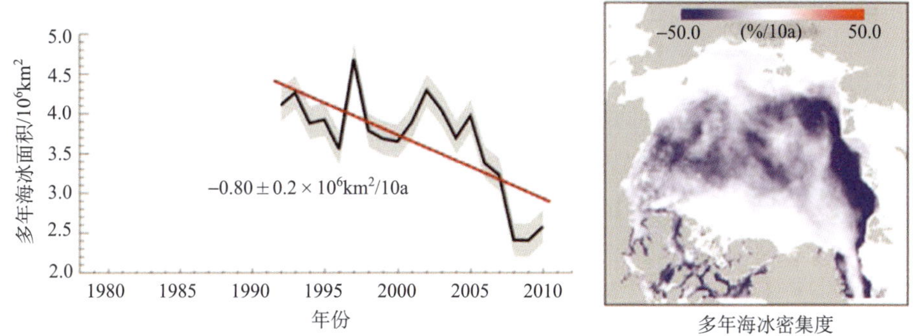

图 7.37　北极多年冰的减少（IPCC AR5 WGI，2013）

Figure 7.37　Decrease of perennial sea ice in the Arctic sea（IPCC AR5 WGI, 2013）

北极的多年冰都集中在加拿大北部陆坡附近百千米的范围内。每年都会有多年冰流失，春季随着波弗特流涡向西部输送，最远可以到达东西伯利亚海，这些多年冰无法返回其源地，而是在夏季全部融化。多年冰越来越少预示着北冰洋夏季的海冰会越来越少，夏季无冰的北冰洋为期不远。

与北极海冰的变化不同，南极海冰整体范围在 1979~2012 年表现出弱的增加趋势，但具有显著的区域性差异和季节性差异（图 7.38）。总体而言，在 Bellingshausen 和 Amundsen 海扇区呈减少趋势，在其他扇区呈增加趋势。

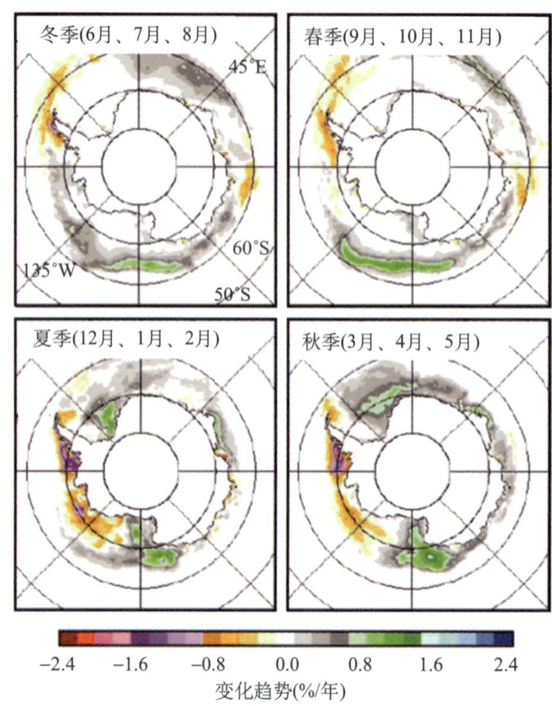

图 7.38　南极各扇区海冰密集度变化趋势（1979~2012 年）（IPCC AR5 WGI，2013）

Figure 7.38　The sea ice concentration change trend in Antarctic seas（1979~2012）（IPCC AR5 WGI, 2013）

对南极海冰范围增加的成因的解释尚存在较大争议。目前主要有 3 种观点：①全球气候变暖的热能很大一部分被表层海水所吸收，使海水变暖。变暖的海水会促使南极冰盖边缘的一些冰架发生消融，释放大量淡水，这将有利于南极海冰的生成。②受南极臭氧洞的影响，南极大陆沿岸及其周边地区的风速显著增强，而这些增强的风速在南极海冰生成的大部分地区都存在明显的北风分量，使得新生成的海冰漂离南极大陆沿岸，导致南极海冰范围整体扩大。③气候变暖致使大气中承载了更多的水汽，在南大洋产生更丰沛的固态和液态降水，这会降低近南大洋表层的盐度，有利于南极海冰的生成；同时到达海冰表面的降雪会使海冰表面反照率升高，对海冰的消融产生抑制作用。实际上，南极海冰的增加很可能是上述 3 种因素共同作用的结果。

南极海冰也具有显著的年际变化特征。南极海冰的年际变化主要受 Weddell 海、Ross 海及其邻近的 Bellingshausen 海和 Amundsen 海海冰范围的影响。此外，以年际变化为主要特征的热带天气系统 ENSO 会使热带东、西太平洋海域海表温度发生异常变化，这种异常信号会经由表层海洋向南半球中高纬地区传输，对南大洋 Weddell 海、Bellingshausen 海和 Amundsen 海海冰的年际变化产生重要影响。此外，存在显著年际变化的南半球环状膜（SAM）也可通过对南极大陆边缘地区近地面风场和气温的控制影响南极海冰的运动和冻融过程，进而对南极海冰的年际变化产生重要影响。

思 考 题

1. 北半球冰期中北美和北欧大陆发育大冰盖，为何同纬度的西伯利亚大陆却只发育冻土？
2. 中更新世气候转型的原因到底是什么？
3. 两半球海洋氧同位素记录能作为冰期同步与否的有效证据吗？为什么？

延 伸 阅 读

【代表人物】

米兰科维奇

米兰科维奇（Milutin Milankovitch, 1879~1958 年）生于塞尔维亚。1904 年获得维也纳技术学院哲学博士学位。1909 年受聘为贝尔格莱德大学数学教授，讲授理论物理、力学和天文学。米兰科维奇对地球轨道参数如何影响地球气候产生浓厚兴趣，他想建立一种数学理论，能够对恒星和地球表面太阳辐射分布及其变化进行精确的数学计算。此时，轨道偏心率、地轴倾角和地轴进动 3 个轨道参数的变化幅度和周期均已发现。计算太阳辐射能在各个季节各个纬度的分布取决于两个因素，即行星相距太阳的距离和入射角。所以 3 个轨道参数的变化实际上都必须转换为这两个因素：偏心率的变化转换为距离变化；倾角和岁差转换为入射角变化。1912 年第一次巴尔干战争爆发，对他的工作带来冲击。1914 年，因土耳其战败而停火，米氏得以在贝尔格莱德图书馆工作。他用塞尔维亚语发表了题为《论冰期天文理论问题》的论文。正当工作进一步深入时，第一次世界大战爆发。他被奥匈帝国的军队捕获囚禁在监狱。1914 年圣诞前夕，因 Czuber 教授营救而获释，被安顿在布达佩斯，每天出入于匈牙利科学学院图书馆。米氏得以潜心钻研 4 年。他推演出当今地球气候的数学理论，完成了火星和金星太阳辐射的时空分布。战争结束后，回到贝尔格莱德。1920 年，他将这些成果整理为《太阳辐射的热现象数学理论》出版。气象学家立刻意识到这是对气候学和古气候学的巨大贡献，那些天文参数的变化通过改变日射的地理和季节分布，足以导致冰期。

米氏的著作引起德国气候学家柯本（1846~1940 年）的注意，希望将其成果收入到他与魏格纳（1880~1930 年）正在撰写一本关于地质历史气候的书中去，邀请米氏合作。米氏对于阿德海姆和克罗尔以高纬度冬半年太阳辐射的减少作为冰期的标志有怀疑，在与柯本进行了讨论之后，相信高纬夏半年的日射减少才是形成冰期的关键因素。夏半年辐射减少，温度下降到能够使冬半年的积雪保持不化，就可能发展成冰盖。确定了这个前提之后，米氏便选择北纬 55°、60°和 65°计算了过去 65 万年以来的夏半年太阳辐射，绘成曲线。柯本发现该曲线和 15 年前德国地理学家 A.彭克等所建立的阿尔卑斯冰期历史相吻合。于是将这幅曲线图引用到他们的新著《地质时期的气候》中去。世称“米氏曲线”。

米氏接下来计算，并给出了 5°~75°每隔 10 个纬度上的夏半年太阳辐射曲线，于 1930 年完成了这项工作。8 条曲线的出版，使地质学家明白了两个天文循环影响太阳辐射的方式：地轴倾角的变化主要影响高纬度太阳辐射；而岁差周期主要影响低纬度太阳辐射。

米氏也计算了冰盖对太阳辐射的反馈值，表明其对冰期气候的放大作用。他聚焦于雪线，建立了夏半年辐射和雪线之间的关系。至此，米兰科维奇完成了全部计划，认为冰期之谜已被他揭开。他写成专著《日射法则与冰期问题》（*Canon of Insolation and the Ice Age Problem*）出版，不料又赶上第二次世界大战。1941 年 4 月 6 日，正在印刷最后一页，德军入侵南斯拉夫，捣毁了这家贝尔格莱德的印刷公司，以致这最后一页不得不另行印刷。

第二次世界大战没有给他造成太大麻烦。他相信，德国人必败无疑。他正处于对自己成果的满足和自豪当中。虽有少数科学家并不接受他的理论，但赞同的声音与日俱增：他很快发现有 5 部专著和 100 多篇论文已引用他的理论。米兰科维奇没有能够看到，他的理论在他死后很快被大量的地质记录所证实，在第四纪研究中产生了一个“无米氏理论而不成书”的时代。

【经典著作】

《中国第四纪冰川与环境变化》

作者：施雅风等著

出版社：河北科学技术出版社，2006

该书是作者在对中国各山地半个多世纪考察研究、取得大量实地观测资料和实验资料的基础上，对中国第四纪冰川与环境变化研究的总结。本书系统地阐述了中国各地第四纪以来冰期、间冰期的气候变化和遗留的地貌、沉积物以及化石证据，借以探索气候变化在不同时间尺度上所能达到的规模和幅度，探索第四纪冰川变化与环境变化的关系，据此提出了未来 50 年气候变化趋势预测及现代冰川变化趋势与水资源变化、环境变化的初步预测。全书共分 19 章，1~5 章为综合论述部分，综述了中国第四纪冰川与环境变化的研究成果，论述了 LIA 以来冰川变化及预测、冰芯研究进展与贡献、冰川沉积和测年评估、冰川水资源变化趋势等。6~19 章为分区论述部分，分别对喜马拉雅山-青藏高原、喀喇昆仑山系、帕米尔高原、羌塘高原、唐古拉山系、昆仑山系、祁连山系、念青唐古拉山系、横断山系、天山山系、阿尔泰山系和中国东部高山区第四纪冰川进行了系统的论述和总结。

该书是目前唯一全面论述中国第四纪冰川的专著，学术思想新颖，有许多新发现、新观点和结论，既有理论价值又有应用价值，对我国未来水资源变化、环境变化、区域经济规划乃至经济可持续发展都具有很强的指导作用。本书可供地质、地理、环境、气候、水文、区域规划等技术和研究人员参考，也可作为高等院校相关专业的教材。

第8章 冰冻圈与其他圈层的相互作用

主笔：丁永建　王根绪

主要作者：罗勇　刘耕年　何剑锋　叶柏生　张世强　陈仁升　武炳义　沈永平

冰冻圈与其他圈层相互作用涉及地球表层广泛地区，冰冻圈在其形成、演化过程中深刻影响着地球表层系统的大气圈、水圈、生物圈和岩石圈，而地球表层其他圈层也对冰冻圈分布规律、变化过程有着驱动、控制作用。因此，冰冻圈与其他圈层相互作用是冰冻圈科学的重要内容。本章简要介绍冰冻圈与其他圈层相互作用，着重对冰冻圈与大气圈、生物圈、水圈和岩石圈相互间的联系机制及作用机制分析。

8.1　冰冻圈与大气圈

冰冻圈与大气圈通过发生在大气和冰雪覆盖下垫面的界面上进行物质、能量和动量交换。冰-气相互作用是气候系统中大气圈和冰冻圈之间重要的影响、反馈和调整过程，决定着大气-海冰边界层、大气-冰雪覆盖陆面边界层的动力学和热力学性质，包括辐射（太阳辐射与反射、长波辐射）、动量、热量（潜热和感热）和物质（水、水汽、气体、颗粒物等）交换，以及风对海冰和积雪等移动的影响；还包括生物地球化学循环中重要的 CO_2、二甲基硫（DMS）等物质的交换。

冰冻圈作为气候系统的重要组成部分，冰冻圈与大气圈之间的相互作用在全球和区域气候形成、异常和变化中发挥着重要作用。冰冻圈一方面对气候变化十分敏感，是气候变化的指示器[大气圈（气候条件）对冰冻圈形成与发育的影响见第 3 章]；另一方面冰冻圈自身变化对气候也有巨大的反馈作用，极地冰盖、山地冰川、积雪、海冰、湖冰、河冰等冰冻圈要素在不同时间和空间尺度上通过复杂的反馈过程对气候有重要的调节作用，其变化对全球、区域或局地气候产生不同程度的影响。由于冰雪具有很高的反照率、巨大的相变潜热、低导热率以及海洋洋流驱动等的重要作用。冰冻圈的扩展或萎缩会导致参与局地、区域或全球能水循环的能量和水量减少或增加，并伴随着能水平衡的改变使其与大气、海洋、水文、环境和生态等之间产生一系列相互作用过程。积雪、海冰和冰盖是导致气候异常的重要原因，是重要的气候预测因子。

8.1.1　冰雪-反照率反馈机制

在讨论冰雪-反照率反馈机制之前，先介绍两个容易混淆的概念，即反射率和反照率。反射率（reflectivity）是一物体对于某一波长反射辐射量与入射辐射量的比值，而反照率（albedo）则是各波长反射率的积分。地球表面反照率的细微变化，会影响到地-气系统的能量平衡，进而引起气候变化。冰雪面对太阳辐射具有较高的反照率，对地表能量吸收影响很大。洁净的雪面反照率可达 90%以上，而一般地表面反照率为 10%~30%，海洋有无海冰覆盖吸收能量差别可达 9 倍以上（图 8.1）

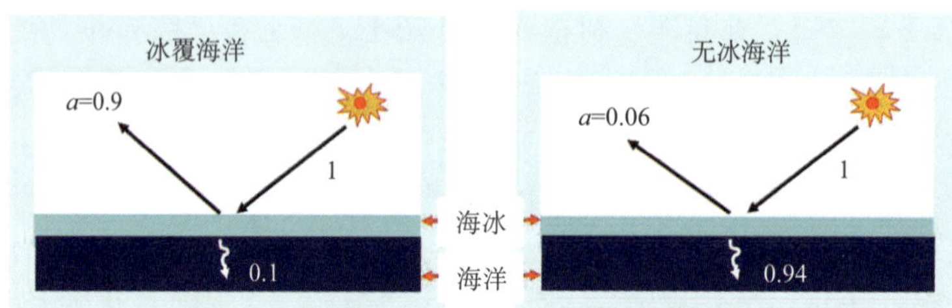

图 8.1　海冰对海洋吸收能量的影响

Figure 8.1　Impact of sea ice on ocean energy

冰雪面的反照率大小取决冰雪面的反射属性及大气或天空的状况。雪的粒径、密度、含水量以及污化度或杂质等物理属性都会影响反照率的变化，反照率随着雪的这些物理属性的增加而减小，天气状况，如大气含水量、混浊度以及云量、云状等会改变入射辐射量及其光谱分布特征，从而影响冰雪面的反照率（图 8.2）。

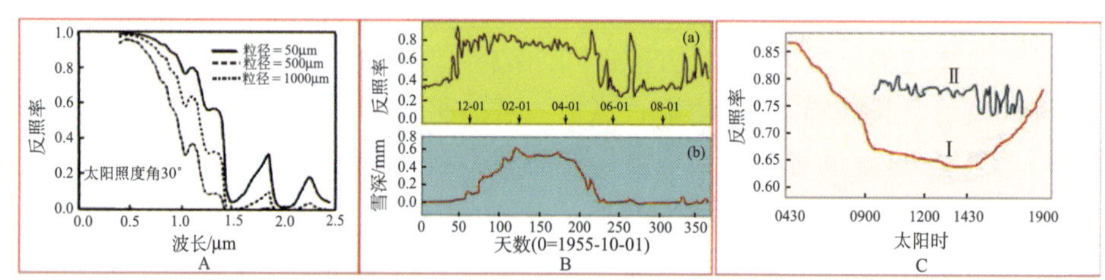

图 8.2　积雪粒径（A）、雪深（B）和天气（C）与积雪反照率的关系

Figure 8.2　Relationship between snow albedo and snow grain size（A），snow depth（B）and weather conditions（C）

C.晴空下（Ⅰ）和满天低云和雾时（Ⅱ）的积雪反照率

冰雪-反照率反馈机制是冰冻圈和大气圈之间相互作用的形式之一，指的是受冰雪性质和分布范围影响的反照率变化与地表温度变化之间的正反馈机制。冰雪-反照率反馈机制是气候系统中的一个典型的正反馈机制（图 8.3），表现为地表温度升高，冰雪消融使

得冰雪覆盖减小，从而使地表反照率降低，地表吸收的太阳辐射将增加。反之，地表温度降低，则会发生相反的变化，冰雪覆盖扩大，反照率增加，进而放大初始的降温。这种机制也适用于小尺度的积雪变化；初始时少量的积雪融化，导致地表颜色变暗，吸收更多的太阳辐射，从而引起更多的积雪融化。净辐射量是冰川消融的重要能量源，冰川上小区域范围内反照率的变化也会引起相对较大差异的冰川消融量。这种机制还被用来解释最近北极海冰范围的退缩，是海冰变化作为气候变化的放大器和指示器的重要原因。

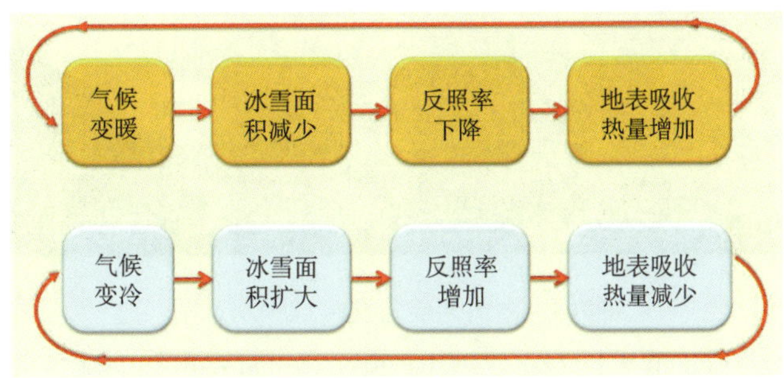

图 8.3　冰雪-反照率反馈机制

Figure 8.3　Feedback mechanism on ice and snow-albedo

大气和冰冻圈的耦合引起的冰雪反照率反馈效应在高纬度地区地面气温变率中起重要作用图。自 1979 年以来的近 30 年，全球大范围增温显著，最大增温出现在北半球高纬度地区。美国冰雪资料中心的卫星资料显示，北极年平均海冰范围已显著退缩，尤其是夏季海冰退缩率较大，对极地增温有显著贡献。

8.1.2　冰-气潜热和感热交换

在覆盖着冰面的海洋和大气之间的热量传输受多种因素的影响。在冰和雪的上边界，能量的传递受入射太阳辐射，入射长波辐射，反射短波辐射，冰雪面的散射长波辐射，垂直方向的湍流感热通量和湍流潜热通量，以及冰雪中的热力过程影响（图 8.4）。在冰雪的下边界，控制热量传递的基本因子是来自海洋的湍流热通量，冰凝结或融化时的潜热通量。通过冰层的热通量由上述因子控制。在冬季多年冰的热量收支中，强辐射冷却和通过海冰来自海洋的较小热量使得海冰表面的温度低于周围大气温度。这就是大气边界层稳定分层和感热通量向下的主要原因，也是低层大气冷却的原因。在冬季湍流潜热通量对于热量收支的贡献是不明显的，这是因为低的大气温度导致了大气边界层中低的水汽含量。

冰冻圈以巨大冷储和相变潜热影响气候系统。零度的冰相变为零度的水，相变潜热为 33.4×10^4 J/kg，冰相变为气态水（升华），其相变潜热更高达 283×10^4 J/kg。冰川、冰盖、冻土、积雪、海冰等冰冻圈诸要素在融化过程中均需要经过自身升温—达到零度—

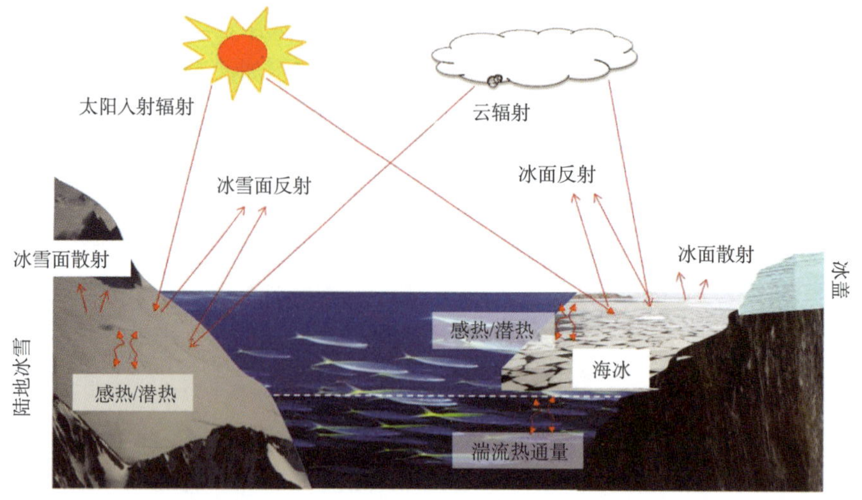

图 8.4　冰雪面能量交换过程示意图

Figure 8.4　Energy exchange on ice and snow surface

相变耗热这一过程。这一过程中，冰雪面与大气、海洋与海冰之间发生着显著地感热和潜热交换，从而在不同时空尺度上影响着天气和气候系统。为了定量分析冰冻圈与气候之间的联系，通常需要在陆面过程模型对冰冻圈分量进行参数化，并将参数化的冰冻圈陆面模式与气候模式耦合。通过上述程序，一方面可改进气候模型中对冰冻圈分量的精细化描述，另一方面也可进一步分析冰冻圈各要素在气候变化中的作用。

冰冻圈陆面过程参数化是十分复杂的问题。例如，在冻土陆面参数化方面，针对冻土-大气感热和潜热能量交换过程，冻土的导热率、热容、热扩散系数、地表粗糙度、波文比、反照率等均需要进行参数化处理。有些参数还需要考虑冻、融不同的相变过程。例如，对于导热率来说，冻结过程和融化过程存在着差异。

冰冻圈陆面过程参数化对气候模式非常重要，相关内容在后面有专门介绍。

8.1.3　冰-气动量交换

冰气之间的动量交换主要体现在海冰受潮流和风的驱动，在风、浪、流的共同作用下，由于海冰运动场非均匀性引起的形变、破碎和堆积（图 8.5）。冰气动量交换过程可导致冰-气-海之间能量变化而引起气候变化。

一般认为，北极地区海冰范围的减小主要是全球气候变暖而引起的。然而，也有研究表明，北极海冰迅速减少的主要原因是由当地强风的吹动所致，温度升高也是原因之一。通过对自 1979 年以来逐年北极风强度及强弱转换时间与海冰范围的分析，北极风表现强劲的时间和北极海冰锐减的时间相吻合。研究发现，北极风在风势较强时，大量海冰被吹向了北大西洋海域。这项工作体现了动量交换对海冰变化的作用。海冰进入较暖的北大西洋海域，会改变海洋的盐度和温度，进而影响大洋环流，也会影响海洋生态系

图 8.5　大气、海洋动力过程对海冰的影响

Figure 8.5　Influence of atmospheric and oceanic dynamics on ice sea

统。冰-气-海动量相互作用的典型实例是在近海形成的冰间湖（图 8.6）。冰间湖是在极区近海在连续海冰覆盖区形成的不冻结水域，其甚至在−50℃的环境中也可存在。主要是由于海洋动力作用将深海较暖的水带到表层而形成。

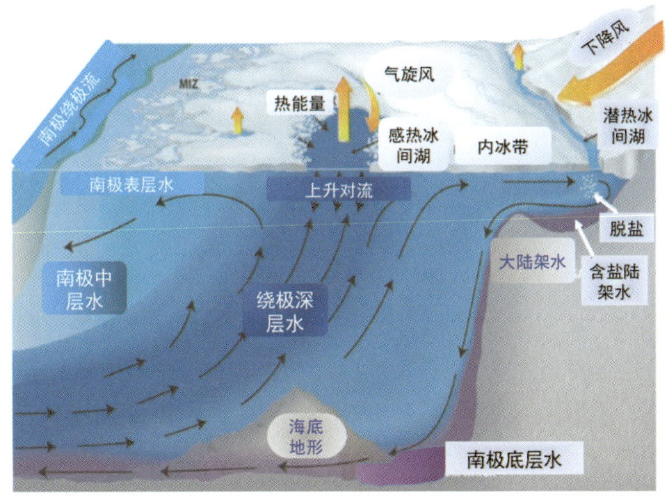

图 8.6　在海洋上升流及冰盖下降风影响下形成的冰间湖和冰间水道

Figure 8.6　Polynya and lead lane formed by ocean upwelling and Katabatic wind on Ice Sheet

此外，风吹雪的形成也是由大气运动产生的。由气流夹挟带起分散的雪粒在近地面运行的多相流或由风输送的雪称为风吹雪。风吹雪分为低吹雪（drifting snow）、高吹雪（blowing snow）和吹雪（driven snow）。风从地面吹起的雪低于 2 m 时称为低吹雪，高于 2 m 且由于吹雪造成水平能见度小于 11 km 时称为高吹雪。风输送的雪沉积集中形成吹雪堆（snowdrift）称为吹雪。

风吹雪对自然降雪有重新分配的作用，对积雪区雪的物质平衡和冰川物质平衡具有重要的影响。同时，风吹雪对冰雪面能量平衡也具有重要影响，风可造成空气中雪粒的升华磨蚀，增强从雪面向大气的水汽通量输送。风吹雪可改变积雪表面粗糙度，影响大气和积雪表面的能量交换，风吹雪也会改变大气能见度，影响大气能量传输（图 8.7）。

风吹雪改变积雪表面粗糙度

风吹雪改变大气能见度

图 8.7　风对积雪表面和近地大气的影响

Figure 8.7　Effect of wind on snow surface and surface atmosphere

在高山地区，风所造成的雪的再分布对雪崩的形成具有极其重要的作用。

8.1.4　冰冻圈与气候相互作用——案例研究

在空间上，冰冻圈在全球尺度、区域尺度和地方尺度上会影响到气候系统，在时间上，冰冻圈在季节、年、多年及长时间尺度上，均影响着气候变化。以下通过几个实例，给出冰冻圈与气候变化的关系。

1. 东亚季风

亚洲季风包括东亚季风与印度季风，是由亚洲陆地与其周边海洋之间的热力差异驱动的，全球海洋-陆地-大气之间的相互作用对亚洲季风有重要影响。影响东亚季风的因素很多，相互作用也很复杂，主要因素可以概括为东[赤道中东太平洋和太平洋暖池的热状况，包括 ENSO、太平洋年代际振荡（PDO）等]、西（欧亚大陆和青藏高原热状况，包括积雪、感热和潜热等）、南（热带对流、南海热状况和南半球大气环流等）、北（北极海冰、北极涛动和东亚阻塞高压等，反映了中高纬大气环流的影响）、中（西太平洋副热带高压，反映了副热带大气环流的影响）5 个方面（图 8.8），这五大因素可以概括影响东亚季风的主要热力、动力条件，即大气环流和下垫面热状况。在这个概念模型中，北极海冰、欧亚大陆和青藏高原积雪等冰冻圈分量发挥着重要作用。

青藏高原通过其强大的动力和热力作用，显著地影响着东亚天气气候格局、亚洲季风进程和北半球大气环流。通过积雪的水文效应和反照率效应，冬-春季节青藏高原和欧亚大陆积雪异常可以影响到后期夏季中国降水的年际变化。青藏高原冬季春积雪偏多会导致东亚夏季风偏弱，东亚季风系统的季节变化进程比常年偏晚，初夏华南降水偏多，夏季长江及江南北部降水偏多，华北和华南降水偏少。冬季欧亚大陆北部新增雪盖范围偏大时，江南降水偏少。通过对降水与降雪资料的诊断分析以及利用全球和区域气候模式试验证实，青藏高原冬季降雪与东亚夏季降水存在遥相关关系，积雪范围和厚度增加导致夏季风延迟，华北和华南地区降水偏少，长江中下游地区降水偏多。降雪、土壤湿

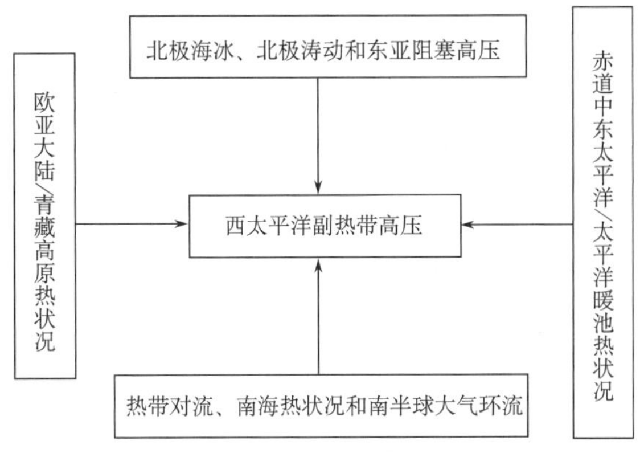

图 8.8　东亚季风影响因素示意图

Figure 8.8　The east Asian monsoon influence factors

度和地表温度相互作用，引起热通量和水汽通量的改变，进而会激发大气环流作出相应的调整。

在年代际尺度上，在过去 50 年全球变暖背景下，不同于北半球低山和平原地区积雪减少，青藏高原冬春季积雪呈现出增加趋势，从而引起高原上空对流层温度降低以及亚洲-太平洋涛动负位相特征（东亚与其周边海域大气热力差减弱），东亚低层低压系统减弱，西太平洋副热带高压位置偏南，于是我国东部雨带向北移动特征不明显，而主要停滞在南方，导致东部地区出现南涝北旱，气候模拟进一步证明了高原积雪是引起中国东部夏季“南涝北旱”的重要原因。青藏高原冬季积雪量还与东亚梅雨期的水汽输送有关，并影响着下游的季风环流系统，尤其是副高位置的南北摆动。虽然欧亚积雪从 20 世纪 70 年代后期不断减少，但青藏高原积雪反而增加，在 70 年代末存在一个明显的年代际变化。高原积雪年代际变化主要是气候系统内部的自然变率还是全球变暖影响的结果，有待进一步的研究。青藏高原雪盖通过影响地表和低层大气辐射及能量收支从而降低对流层温度，进而影响亚洲夏季风和我国夏季降水。观测和模拟研究表明青藏高原冬春积雪范围增多和雪深增大，春末夏初的 5 月和 6 月积雪融化期间，异常“湿土壤”作为异常冷源，减弱了春夏季高原热源的加热作用，导致季风强度偏弱，引起长江流域夏季降水异常增加，华南、华北夏季降水异常减少。冬春季高原积雪偏多时期，中国中东部地区气温偏低，夏季风偏弱，汛期雨带偏南，长江中下游地区降水偏多，华北和华南地区降水偏少；反之则出现反向变化。

2. 积雪与气候变化

作为一种重要的陆面强迫因子，积雪的变化除了对局地大气产生直接的重要影响以外，大范围积雪的持续变化则可以通过行星波的传播，导致更大范围内的大气环流异常。研究表明秋季初冬欧亚大陆的雪盖异常与冬季北半球大气环流显著相关，秋季西伯利亚积雪异常与北半球环状模（NAM）呈显著的负相关关系；而青藏高原地区秋季初冬雪盖偏多的年份，能引起冬季北半球类似太平洋-北美（PNA）遥相关型的大气环流异常。欧亚大陆积雪变化与中国夏季降水也存在密切联系，研究表明，欧亚大陆春季积雪偏多时，中国夏季自南向北降水呈现少—多—少的分布型，而欧亚大陆春季积雪偏少时，则呈现相反的分布状态（图 8.9）。

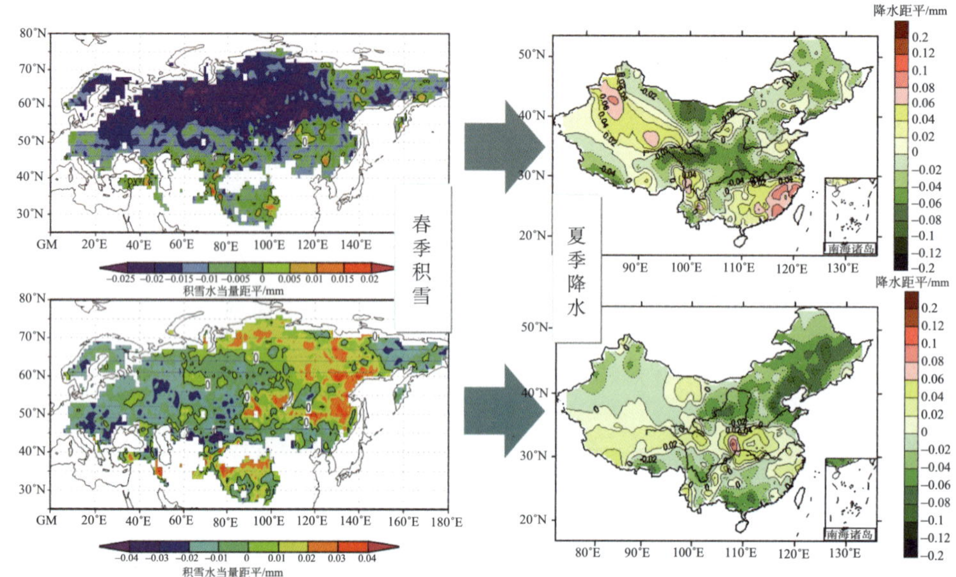

图 8.9　春季欧亚大陆积雪与中国夏季降水的关系

Figure 8.9　Relation of Eurasia snow in spring to summer precipitation in China

3. 北极海冰与大气环流

北极作为冬季冷空气的源地，对东亚地区的寒潮和冬季风均有重要影响。而北极海冰由于其阻隔了海-气之间的热量交换，以及通过反照率反馈机制对北极和欧亚大陆高纬度地区的冷空气活动有重要调制作用，进而影响东亚地区的天气和气候。早在 20 世纪 90 年代后期，我国学者就指出，喀拉海-巴伦支海是影响东亚气候变化的关键区域。冬季该海域海冰变化主要受北大西洋暖水流入量的影响。冬季该海域海冰变化与 500 hPa 欧亚大陆遥相关型有密切的联系，冬季该海域海冰异常偏多（少），则东亚大槽减弱（强），冬季西伯利亚高压偏弱（强），东亚冬季风偏弱（强），入侵中国的冷空气偏少（多）。近年来的观测和数值模拟试验进一步证实这一结论。

冬季欧亚大陆中、高纬度地区盛行偶极子和三极子两种天气型。过去几十年来，偶极子天气型没有呈现任何变化趋势，相反，三极子天气型在 20 世纪 80 年代后期表现出显著的变化趋势。三极子天气型的负位相对应一个异常反气旋环流异常位于欧亚大陆的北部（中心位于乌拉尔山附近），同时，在南部欧洲和东亚的中、高纬度地区存在异常气旋性环流异常，导致这两个区域冬季降水增加。三极子天气型的负位相的发生频率在 20 世纪 80 年代后期呈现显著增多的趋势。秋季北极海冰消融可以通过影响欧亚大陆盛行天气型的强度和频率，进而影响中纬度地区的天气和气候。北极海冰消融不仅影响东亚地区的气温，也将导致东亚中、高纬度地区冬季降水异常的频繁出现（图 8.10）。

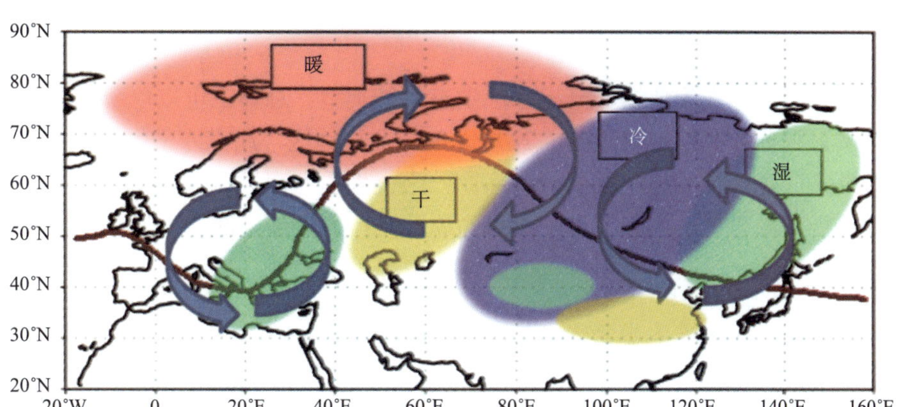

图 8.10　北极海冰消融影响欧亚大陆冬季表面气温和降水的示意图

Figure 8.10　Relation of Arctic sea ice to Eurasian winter surface air temperature and precipitation

箭头表示在对流层底层与冬季三极子风场负位相对应的异常气旋和反气旋空间分布，褐色线表示冬季 500 hPa 等位势高度线，黄色和绿色区域分别代表冬季降水偏少和偏多，红色和紫色区域分别表示正、负表面气温异常

近几十年北极海冰的减少也会对北半球冬季降雪产生重要影响。结合观测资料分析和数值模式模拟发现：一方面，夏季北极海冰的大范围减少以及秋冬季北极海冰的延迟恢复可以引起冬季大气环流的变化，但这种环流变化却不同于北极涛动，因而减弱了北半球中高纬的西风急流，使其振幅增强，即变得更具波浪状。这种环流变化使得北半球中高纬阻塞形势出现的频率增加，进而增加了冷空气从北极向北半球大陆地区入侵的频率，造成北半球大陆地区出现低温异常。另一方面，夏季北极海冰的大范围减少以及秋冬季北极海冰的延迟恢复使得北极存在更多的开阔水域，从而将大量的局地水汽从海洋输送到大气。同时，北极的变暖也使得大气可以容纳更多的水汽。上述两方面结合在一起，导致近年来东亚、欧洲和北美大部分地区冬季的异常降雪和低温天气。研究指出，如果北极海冰继续减少，很可能会在冬季发生更多的降雪（特别是强降雪过程）和严寒天气。

8.2　冰冻圈与生物圈

8.2.1　冰冻圈与寒区生态

一般地，冰冻圈范围内一切生态系统均不同程度受到冰冻圈状态与过程的影响。但相对而言，寒区生态系统的结构、功能与时空分布格局受冰冻圈要素的影响较为深刻，特别是冻土和积雪的影响较为广泛，涉及两极地区、青藏高原以及中低纬度高山带。山地冰川的影响具有局域性，对冰川作用区的局部动植物分布、系统演化等产生一些重要作用。在寒区内，冰冻圈与生物圈既是寒区气候的作用结果，但二者间又存在极为密切的相互作用关系，冰冻圈与生物圈的相互作用对寒区生物圈特性具有一定程度的主导性。

1. 寒区生态系统类型与分布

以多年冻土的分布为依据，分析寒区生态系统类型，总体上可以以南北极和青藏高原三大区域来划分。在包括大致 50° N 以北的泛北极地区，属于寒带生态系统分布区，陆地生态类型以寒带针叶林和苔原（或冻原）两类为主。南极地区则更为简单，陆地生态系统以南极苔原为单一生态类型。青藏高原因其巨大海拔形成了中低纬度较大区域高寒生态系统集中分布区，具有相对多样的陆地生态系统类型。

1）泛北极地区的寒区生态系统类型与分布

苔原（tundra）或冻原，是指以极地或极地高山灌木、草本植物、苔藓和地衣占优势，层次简单的植被型组为主构成的陆地生态系统（图 8.11）。苔原广泛分布在北半球，占据着欧亚大陆北部及其邻近岛屿的大片地区。西伯利亚的北部是最大的苔原区，面积约为 300 万 km^2。在南半球仅分布在南美南端的马尔维纳斯（福克兰）群岛、南乔治亚岛和南奥克尼群岛等。另外，在世界各地高山带也零星分布高山苔原，如我国长白山等。苔原下伏连续多年冻土，常年低温在 0℃以下，夏季短促而寒冷。苔原植物种类贫乏，植物种数 100~200 种，在较南部地区可达 400~500 种。苔原植被中以杜鹃花科、杨柳科（极柳）、莎草科、禾本科、毛茛科、十字花科和菊科等为主，其次就是苔藓和地衣。在欧亚大陆的苔原从南向北可分为 3 个类型：灌木苔原、藓类-地衣苔原、北极苔原，从南到北物种减少、结构更趋简单、生物量减少，据初步估算，苔原生态系统生产力在南部灌木苔原带平均为 2.28 t/（hm^2 • a），在中部藓类-地衣苔原平均 1.42 t/（hm^2 • a），北部的北极苔原仅为 0.12 t/（hm^2 • a）。

图 8.11　典型的苔原生态景观

Figure 8.11　The tundra ecology landscape

寒带针叶林带或泰加林带是从北极苔原南界的林带开始，向南 1000 多 km 宽的针叶林带，是地球上最大的森林带，约覆盖陆地表面 11%的面积（图 8.12）。在欧洲大陆，以挪威云杉（*Picea abies*）、苏格兰松（*Pinus sylvestris*）和桦树（*Betula pubescens*）为主，在西伯利亚以西伯利亚云杉（*P. obovata*）、西伯利亚石松（*Pinus sibirica*）和落叶松（*Larixgmelinii*）为主；北美寒带针叶林的树种相对更为丰富，包括 4 个属的针叶树（*Picea*、

Abies、*Pinus* 和 *Larix*）和两个属的阔叶树（*Populus* 和 *Betula*）。与苔原生态系统类似，大部分寒带针叶林都处于多年冻土之上，冬季寒冷干燥、夏季短促气温较低。泰加林带植被结构简单，林下一般只有一层灌木层，一层草木层，以及地表的苔藓层。由于多年冻土的限制加之气候寒冷，有机质分解缓慢，土壤氮素短缺，使得寒带针叶林生态系统的生物生产力较低、提高缓慢。

图 8.12　全球泰加林带分布及其典型景观

Figure 8.12　Boreal forest（taiga）distribution and typical forest landscape around the world

泛北极地区植被的纬向分带，在欧亚大陆从南到北为泰加林、森林苔原、南部苔原、典型苔原、北极苔原以及极地荒漠；在北美大陆从南到北依次为泰加林、森林苔原、灌丛苔原、草地苔原、石楠苔原以及极地荒漠。从泰加林、森林苔原到南部苔原（灌丛苔原），物种多样性指数分别是 765 种、446 种和 180 种，对应生物量或生产力平均为 115 t/hm^2、56 t/hm^2 以及不足 3.0 t/hm^2。

2）青藏高原高寒生态系统类型与分布

从区划角度考虑，青藏高原共划分出 9 个自然地带，即高原亚寒带的果洛那曲高寒灌丛草甸地带、青南高寒草甸草原地带、昆仑高寒荒漠地带和羌塘高寒草原地带；高原温带的川西藏东山地针叶林地带、藏南山地灌丛草原地带、阿里山地荒漠半荒漠地带、柴达木山地荒漠地带和青东祁连山地草原地带。从寒区生态系统角度，本节仅阐述与冰冻圈要素关系十分密切的高寒灌丛、高寒草甸、高寒草原以及高寒荒漠 4 种生态类型。

高寒灌丛草甸是指由耐寒的中生高位芽常绿灌木和中生高位芽夏绿灌木为建群种的草地亚类，它是青藏高原垂直带谱中的重要组成部分。在高山带，分布在森林线以上，与高山草甸复合分布。组成灌木层的建群种有高山柳（*Salix oritrepha*），金露梅、箭叶锦鸡儿（*Caragana jubata*）、秀丽水柏枝（*Myricarica elegans*）、多种杜鹃（*Rhododdendron thymifolium* 以及 *fastigiatum*）等，灌木高度一般在 30~80 cm，高山柳可达 170 cm，盖度 20%~40%。

高寒草甸以莎草科嵩草属（*Kobresia*）植物为优势种，诸如小嵩草（*K.pygmaea*）、矮嵩草（*K.humilis*）、线叶嵩草（*K.capillifolia*）、藏嵩草（*K.tibetica*）等均为群落的建群种，大多数群落组成植物具有较强的抗寒性，具有丛生、植株矮小、叶型小、被茸毛和生长期短、营养繁殖、胎生繁殖等一系列生物特性。植物群落结构简单，层次分化不明显，种类组成较少，分为高寒嵩草草甸、高寒苔草草甸以及杂类草草甸 3 类。以小嵩草、矮嵩草等为建群种的高寒嵩草草甸植物群落广布于青藏高原大部分山地流石滩稀疏植被带以下的大部分地区，以及在辽阔的高原东部海拔 3200~5200 m 排水良好的滩地，坡麓和山地半阴半阳坡。

高寒草原生态系统由寒冷旱生的多年生密丛禾草、根茎薹草以及小半灌木垫状植物为建群种或优势种，而且具有植株稀疏、覆盖度小、草丛低矮、层次结构简单等特点，高寒草原不仅是亚洲中部高寒环境中典型的自然生态系统之一，而且在世界高寒地区也具有代表性。高寒草原其中以紫花针茅（Form.*Stipa purpurea*）草原和青藏薹草荒漠化草原（Form.*Carex moorcroftii*）两种高寒草原为典型代表。主要分布在海拔 4000 m 以上山地宽谷、高原湖盆的外缘、古冰积台地、洪积-冲积扇、河流高阶地、剥蚀高原面和干旱山地。紫花针茅草原是高寒草原的典型代表，群落结构简单，种类组成比较贫乏，覆盖度 20%~60%。

高寒荒漠：主要分布于青藏高原的西北部，海拔 4600~5500 m 的高原湖盆、宽谷与山地下部的石质坡地，气候十分寒冷干旱，有大面积多年冻土层发育。以垫状驼绒藜（*Ceratoides compacta*）为建群种，群落结构简单，伴生种很少，植物生长稀疏，盖度仅有 10%左右。

从整体上看，青藏高原的地势格局与大气环流特点决定了高原内部温度、水分条件地域组合有着明显的水平变化，呈现出从东南暖热湿润向西北寒冷干旱递变的趋势，因而植被分布就存在由森林、草甸、草原、荒漠的带状更迭的水平地带性，和我国大陆自东南到西北从森林—草原—荒漠的经向地带性变化规律十分相似。同时，高原上高寒植被垂直带明显，植被分布大致由东南向西北，随着地势逐渐升高，依次分布着山地森林（常绿阔叶林、寒温性针叶林）带→高寒灌丛、高寒草甸带→高寒草原带（海拔较低的谷地为温性草原）→高寒荒漠带（海拔较低的干旱宽谷和谷坡为温性山地荒漠）。因此，青藏高原上高寒植被空间分布规律是其水平地带性与垂直带性相结合的结果，是具有水平地带格局的植被垂直带谱，也称为高原植被地带性。

3）寒区动物简述

北极动物种类较多，陆地上的哺乳动物中，食草动物有北极兔（*Lepus arcticus*）、北极驯鹿（*Rangifertandus*）等数种；食肉动物有北极熊（*Ursus maritimus*）、北极狼（*Canis lupus arctos*）、北极狐（*Alopex lagopus*）等。水域中有海豹、海獭、海象、海狗以及角鲸和白鲸 6 种鲸类，还有茴鱼、北方狗鱼、灰鳟鱼、鲱鱼及北极鲑鱼等多种鱼类。北极地区的鸟类有 120 多种，大多数为候鸟，北半球的鸟类有 1/6 在北极繁衍后代，有至少 12 种鸟类在北极越冬，如长尾凫（*Anas acuta*）、赤颈凫（*Anas penelope*）、雪鸮（*Bubo scandiacus*）、北极燕鸥（*Sterna paradisaea*）等。在北极，由于环境严酷，昆虫的种类则要少得多，总共也不过几千种，主要有苍蝇、蚊子、螨、蠓、蜘蛛和蜈蚣等。其中，苍蝇和蚊子的数量占昆虫总数的 60%~70%。相比北极，南极动物种类稀少，缺少陆栖脊椎动物，只有一些生活于海洋但也见于海岸的种类，种类组成贫乏。哺乳动物中以海豹为主，如像海豹及海狮等。鸟类已发现 80 多种，其中 10 余种是在南极洲繁殖的。最著名的为帝企鹅（*Emperor penguin*）、南极企鹅（*Pygoscelis antarcticus*）以及蓝眼鸬鹚（*Phalacrocorax atriceps*）、环头燕鸥等。在螨类和无翅昆虫中有一些极端耐寒的种类出现于海岸的一些避难地中。

在青藏高原，以上述高寒草甸、高寒草原及高寒灌丛为主要生态系统中的动物类群基本呈混杂状态，绝大部分动物种类，在灌丛、草甸及草原地带游荡栖息。在这些动物中，兽类有野驴（*Equus hemionus*）、棕熊（*Ursus pruinosus*）、羚羊（*Pantholops hodgsoni*）等十余种，而栖息于开阔的高寒草甸、高寒草原的啮齿动物种类较多，常见有高原鼠兔（*Ochotona curzoniae*）、西藏鼠兔（*O.tibetana*）、喜马拉雅旱獭（*Marmota himalayana*）、中华鼢鼠（*Myospalax fantanieri*）等数十种。鸟类比较丰富，最常见的有大鵟鸟（*Buteo hemilasius*）、兀鹫（*Gyps fulous*）、红隼（*Falco tinnunculus*）、雪鸽（*Columba leuconota*）等数百种。总之，青藏高原寒区动物种类繁多、特有和独有物种丰富。

2. 冻土与植被的相互作用关系

1）植被对冻土的影响

在全球和区域尺度上，冻土的形成与分布主要受气候因素如气温、降水的地带性变化控制，表现出随海拔和经度与纬度方向的三维变化；而在局域尺度上，除了地形条件以外，植被因子的作用就十分显著。大量研究表明，植被对冻土形成与分布的影响具有普遍性，其机制表现在植被覆盖对地表热动态和能量平衡的影响、植被冠层对降水与积雪的再分配以及植被覆盖对表层土壤有机质与土壤组成结构方面的作用，土壤有机质与结构变化将导致土壤热传导性质的改变，从而影响活动层土壤水热动态。

植被冠层对太阳辐射具有较大反射和遮挡作用，可显著减小到达冠层下地表的净辐射通量，阻滞了地表温度的变化，对冻土水热过程产生直接影响。例如，大兴安岭落叶松林观测到夏季植被冠层下部的净辐射通量仅为植被冠层上部的 60%，将近 40%的太阳辐射被植被冠层反射和吸收（图 8.13A）；在青藏高原高寒草甸植被区，30%覆盖度草地的潜热和地表热通量平均比 93%覆盖度草地高出 19%和 41%，而潜热通量则要低 47%（图 8.13B）。植被对土壤水热状态的影响，直接关系冻土的形成与发展，但这种影响还明显与植被结构、地被物性质以及地表水分状况关系密切。例如，阿拉斯加土壤排水条件较好的林地内夏季 30 cm 处的地温要比排水较差的林地高出 7~9℃。在青藏高原，排水条件较好的高寒草甸植被覆盖度降低将导致土壤融化地温和水分增加而冻结地温和水分减小，排水不畅的高寒沼泽草甸则刚好相反。这种差异的形成原因在于两方面，一是排水条件差的地方苔藓和地衣等地被物发育，促进土壤表层有机物的积累和泥炭层的发育，有机物和泥炭层可以减缓夏季太阳辐射对地表的加热，冬季则由于冻结后导热系数的增大而导致地面热量大大散失。当冬季的放热大于夏季的吸热时，就有利于多年冻土的形成、保存或者加积。二是苔藓、地衣、地被草层等贴地植被以及泥炭层等的持水能力较强，排水不畅导致地表土层含水量较大，因水的比热是矿质土的 4~5 倍，在其他条件完全相同时，饱水的苔藓地衣能使地面保持更低的温度和更浅的融深。最重要的是，冬季水分冻结，冰的导热系数是水的 4 倍，其结果造成地面放热量增大。另外，植被对冻土形成与分布的影响，还表现在植被对降水分配的作用以及积雪覆盖的影响方面，因为这种作用将直接影响地表水分条件和积雪覆盖状况。积雪属于热的不良导体，它的存在改变了大气和地表之间的热量交换。当积雪非常薄且反射率很高时，会导致地表温度很低；积雪厚度增加时，其隔热效应会逐渐增大，当厚度超过 80 cm 时，地面和大气之间几乎没有热交换，会导致本应发育冻土的区域而不存在多年冻土。在泛北极地区，森林和灌丛对积雪拦截、阻挡以及捕获等作用导致积雪的空间分布存在较大的差异性，成为多年冻土分布空间异质性的成因之一。

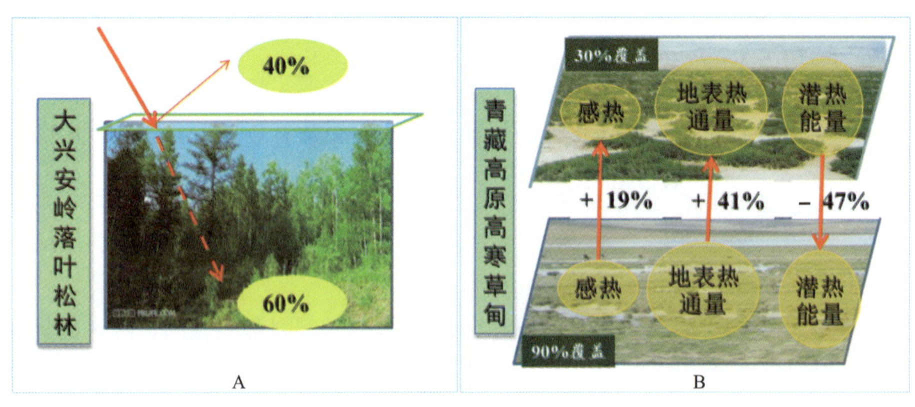

图 8.13　植被对冻土的影响

Figure 8.13　The influence of vegetation on permafrost

总之，植被对冻土的形成、发展与分布的影响是多方面和多因素耦合的结果，是多年冻土发育重要的因素之一。正因如此，一种基于植被的冻土作用而提出的新的冻土分类（图 8.14），是对前面植被对冻土作用的一种全面概括和应用，现被广泛用于冻土分布与变化的研究中。在北极苔原和极地荒漠分布区，连续多年冻土极度发育，这是气候驱动的结果，极端寒冷的气候限制了生态系统的发育，从而使得生态系统对于冻土变化的参与度很低；以灌丛苔原以南，随植被逐渐发育，生态系统参与冻土过程的作用加强，特别是不连续和岛状多年冻土区，生态系统对冻土形成、发育和发展的调节与保护作用十分突出。植被-冻土间的上述能水交换关系，在全球气候变暖下起到了十分重要的冻土保护作用，在北极地区和青藏高原的大量研究均表明，高覆盖植被协同较厚的表层土壤有机质层，可有效抵减气温升高对冻土的影响。在寒区一些地区的监测表明，气温增加引起的植被覆盖度和凋落物量的增加，甚至不仅没有形成活动层厚度增加反而减小。

2）冻土对植被分布的影响

多年冻土的巨大水热效应，对植物种类、植被群落组成与结构及其分布格局等具有较大影响。在北极北部苔原带，不仅分布具有不规则多边形的平坦石质表面的多边形苔原，也分布大量土质和泥炭质多边形苔原湿地，这些不规则多边形苔原的形成被认为与其下伏的冻土性质有关（图 8.15）。多年冻土中因长期冻融交替以及水热交换，形成大量冰楔体赋存于多年冻土中，不同气候条件和地貌条件形成规模的冰楔体。不同大小的冰楔体在融化中将向地表传输不同水量并吸收不同热量，由此在不规则多边形地表土壤结构下，形成了不规则多边形苔原结构。一般在冰楔体发育较好、规模较大冰楔体地区，多边形内部低洼地带常常形成沼泽湿地，甚至湖泊水域。从多边形内部低洼地带到周边相对高地，土壤水分和热量条件发生变化，因而形成不同植被群落结构。在冰楔体发育较小、气候相对干燥的地区，由于受到风的作用，多边形周边相对高的地带出现不少裸露地段，在风力较小的地方，发育着干燥的藓类苔原和仙女木（*Dryas octopetala*）苔原，而中心相对低洼的冰楔体位置，发育有藓类、地衣和草本植物组成的苔原植被。

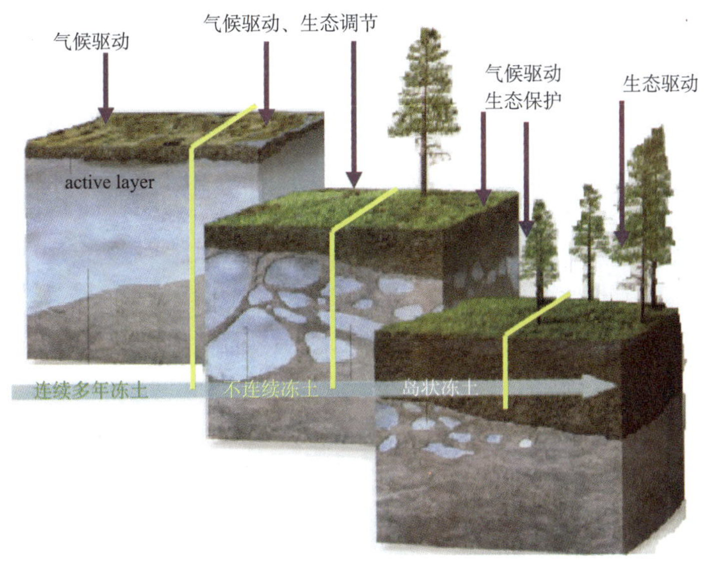

图 8.14　冻土与植被的相互关系（据 Shur and Jorgenson，2007 改编）

Figure 8.14　The relationship of the frozen soil and vegetation（by Shur and Jorgenson，2007）

在多年冻土发育的泰加林带，不同冻土环境营造了森林带广泛存在的寒区森林湿地生态类型以及不同森林生物量分布格局。在我国大兴安岭多年冻土带上的寒温带针叶林区（泰加林）分布着大量的冻土湿地，一般分布于平坦河谷和浑圆山体坡面下段等地带，包括森林沼泽湿地、灌丛沼泽湿地、苔草沼泽湿地以及泥炭藓沼泽湿地等众多类型。在多年冻土发育较好（含冰量较大、活动层较薄）的森林区，树木生长十分缓慢，俗称“小老树”。在青藏高原，自昆仑山到唐古拉山一带及其以西的广大干旱与半干旱寒区，在高寒草原和高寒荒漠生物气候分区内，发育了大面积的高寒草甸和高寒湿地生态系统，就是多年冻土和地貌因素共同作用的结果。

图 8.15　北极地区典型的多边形苔原格局及其形成的冻土因素

Figure 8.15　The frozen soil factors on the arctic tundra typical polygon pattern and formation

3. 冻土变化对寒区生态系统的影响

冻土巨大的能水效应和封存碳效应，在气候变化下对区域水、碳等物质循环以及能量循环产生较大影响，这些反馈过程无疑对寒区生态系统施加显著作用。较大区域尺度的冻土变化源于气候变化的影响，在不同区域，受制于冻土性质、活动层特性、气候以及地形等诸多条件，冻土变化对寒区生态系统的影响不尽相同，存在较大差异，但归纳起来，冻土变化对寒区生态系统的影响主要表现在以下 5 个方面：

一是北极地区，苔原分布区 NDVI 指数增加和生物量增大具有普遍性（图 8.16），绝大部分苔原区植被覆盖呈现显著递增趋势。这种变化的直接原因是灌丛大幅度扩张以及苔原植被群落的变化。气温增加改善了原来限制于温度的高寒植物的生长；土壤温度升高增强了土壤微生物活动、加速了有机质分解，增加了植被可利用的养分（如土壤氮）的利用率；地下冰融化大幅度改善了植物水分条件，活动层厚度增加拓展了根系生长范围。冻土变化导致北极大部分地区湿地面积扩大，湿地生态系统生物量显著增加。

二是在苔原地带“变绿”的同时，泰加林带则呈现“变黄”，北方森林生态系统在许多地方出现退化，表现为郁闭度和生产力下降，认为产生这种现象的原因与冻土退化关系密切，是冻土冰体融化产生的水分增和减导致的：一方面冻土退化中融冰形成大量土壤积水，饱和土壤水分不利于树木生长，在湿地扩张的过程中，森林植被湿地草甸植被所取代；另一方面，有些坡地（特别是阳坡）冻土退化导致活动层土壤水分下渗或大量流失，产生干旱胁迫。

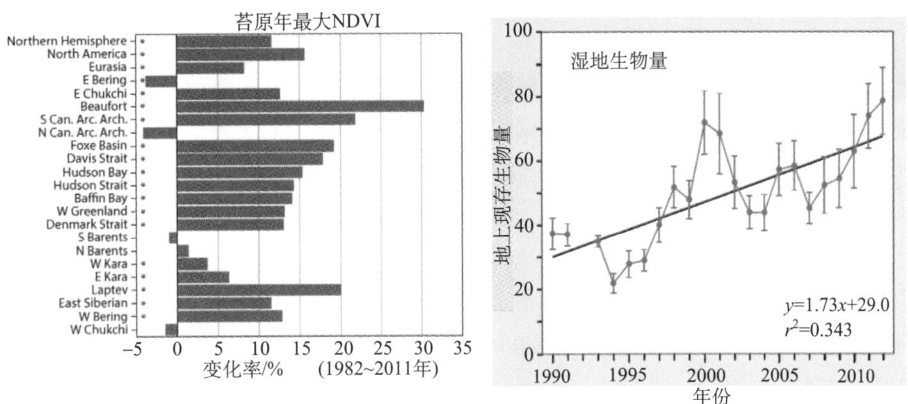

图 8.16 北极苔原 NDVI 和湿地生物量动态变化（Ims and Ehrich，2012）

Figure 8.16 Change on Arctic tundra NDVI and wetland biomass（Ims and Ehrich，2012）

三是气候变暖增加冻土融化深度和活动层厚度，同时改变植被的物候，如春季生长提前和秋季生长延迟，从而使生长季延长；这种影响具有普遍性，无论是北极和青藏高原，均发现较为显著的植物物候改变和生长季延长。这种变化对生物多样性的作用是负面的，北极地区因为灌丛植被生长延长、遮阴作用增大（LAI 增加）以及对积雪拦截厚度增大，导致禾草类和隐花植物大量消失。

四是青藏高原多年冻土区在 1967~2004 年，伴随冻土退化，植被呈现持续退化趋势，表现在高寒草甸覆盖度和生产力下降、高寒草原沙漠化面积增大；2005 年以来，伴随区域降水量的显著增加，植被覆盖度有所改善。模拟冻土变化影响实验结果表明，短期增温所表现的优势建群植物生物量增加与北极类似，但长期效果是高寒草地趋于退化，这与高寒草甸较好的排水条件、活动层增加导致根系层土壤水分流失以及春季增温导致干旱胁迫加剧，同时积雪减少等因素的共同作用有关。在青藏高原，物种多样性减少不仅与土壤水分胁迫加剧和优势植物高度增加的遮阴有关，还与土壤氮有效性限制有关。

五是冻土变化对土壤生物群落结构和功能产生较大作用，直接影响土壤微生物的生长、矿化速率和酶的活性以及群落组成；同时，在地下部分碳输入、土壤水分和养分有效性等方面间接地影响土壤微生物群落，后者的变化则通过改变分解速率和 CO_2、CH_4 释放等直接区域和全球碳循环。

冻土退化对生态系统的影响体现在生态特性的多方面，并存在明显的区域差异性，其作用机制以及如何在区域植被动态模型中精确描述等问题，尚需进一步深入研究。

4. 冻土微生物

冻土微生物是冰冻圈或寒区生态系统重要的组成部分，冻土长期存在的未冻水、盐分以及有机质等对微生物的繁衍奠定了基础，多年冻结土壤中所包含得盐水细流或盐水晶体（湿寒土）中不冻结的水，以及多年冻土中的冰楔等均可以为盐水细流中微生物的生存提供条件。冻土微生物在冻土生物地球化学循环中起着重要的作用，并在一定程度上可以敏感地指示全球气候变化。

近年来大量研究表明，冻土微生物多样性丰富，且存在高度空间异质性，不同区域或冻土环境存在不同的微生物群落组成与数量。青藏高原冻土微生物总数高于南极、北极和西伯利亚冻土微生物总数，培养细菌总数低于南极和北极，与西伯利亚的相似. 另外，从优势细菌类群角度，认为 *Arthrobacter* 和 *Planococcus* 这两种细菌类群普遍存在于冻土环境中，说明该类群经长期低温诱导，已形成较为适应该类环境的生理特性。尽管冻土中存在着丰富的细菌资源，但可培养微生物数量很低；同时，虽然冻土中微生物生长具有很强的空间异质性，不同区域冻土中也不乏共有种类。

冻土微生物多样性与种群结构受多种环境因素的影响，如土壤水分、温度、有机质含量以及 pH 等，均对其有较大影响。在北极地区，自泰加林带到北极苔原带，土壤微生物种群数量和多样性迅速减少。冻土微生物的空间差异性还表现在随土壤深度的显著变化，一般来说，冻土地区的土壤微生物主要集中分布在上层 60~100 cm 深度，视活动层深度而定。在青藏高原多年冻土高寒草甸区，表层 70 cm 深度微生物数量占整个活动层（1.2 m）的 70%~86%，在加拿大北部冻原地带的研究发现，不仅活动层、多年冻土面和冻土层内微生物数量不同，自上而下显著减少，而且其群落结构差异也较大，在活动层，以 *Actinobacteria* 和 *Crenarch aeota* 细菌为优势种，而在冻土面上，则以 *Proteobacteria* 和 *Euryarchaeota* 为优势种，在冻土地下冰内，以 *Firmicutes* 和 *Crenarchaeota* 为优势。活动层反复冻融过程对微生物群落结构和多样性有一定影响，但不十分显著。

在多年冻土区，气温升高，将促进植物生长，有利于增加土壤有机质和凋落物量，同时使土壤无机氮含量降低，可显著增加土壤微生物数量及其活性。与其他非冻土区一样，土壤微生物作为生态系统的重要组成部分，参与土壤碳、氮元素的循环过程和土壤矿物质的矿化过程，对全球碳氮循环具有重要作用，同时也对有机物质的分解转化、养分的转化和供应起着重要的主导作用。所不同的是，冻土微生物对气候变化和地表植被覆盖变化高度敏感，气候-植被-土壤微生物-土壤 C、N 过程之间存在更为密切的相互关系，这种密切的联系，使得气候的变化对冻土微生物的生理活动代谢产生更加强烈的影响，直接导致冻土微生物群落组成及其与 C、N 的关联作用发生改变，从而影响土壤和大气之间的碳、N 交换过程。

在南北极地区的调查研究表明，多年冻土中所具有的属于不同功能群的微生物类群，大多是厌氧性质的。而且，目前可用的多年冻土宏基因组数据显示冻土微生物是一个在碳代谢过程中有很大代谢潜力的基因库，这些碳代谢过程包括发酵过程和产甲烷过程。从多年冻土中提取的甲烷细菌和北极甲烷细菌等产甲烷菌株的活化就证明了多年冻土是一个对产甲烷过程很好的环境。因此，气候变暖能够在短期内显著地改变冻土区微生物群落结构，显著提高土壤微生物生物量，微生物的分解作用会使 CO_2、CH_4 等温室气体大量释放，进而影响冻土区生态系统整体的碳收支和养分循环。

5. 积雪与寒区生态

1）积雪与植被的相互作用关系

积雪对植被的作用，首先是积雪对土壤水热状态的影响。积雪可增大地表的反射率，减少辐射能的吸收，使雪面温度比气温低。同时，由于积雪是热的不良导体，热导率低，冬季可防止土壤热量散逸，使土壤温度高于气温。但大量研究证明，积雪的这种保温作用取决于积雪厚度及其稳定性，厚度较薄而不稳定的积雪主要起降温作用；稳定积雪形成越早，则其保温作用愈明显。在北半球季节积雪厚度较大的区域，雪盖的变化所引起的土壤温度变化远大于植被覆盖所造成的影响。积雪作为降水的一种，其水分效应在温度效应作用下，对于冻土活动层土壤水分的影响具有双重性，即降雪融水直接补给水分与温度场变化对活动层固态水分的相态转化影响。

积雪对土壤水热状态的作用，直接影响土壤养分的可利用效率，积雪本身也可携带一定程度的养分进入土壤，因而积雪对植被类型及分布具有较大影响。如图 8.17 所示，在北半球高山带和北极地区，积雪厚度、积雪融化时间等不仅决定了植被类型及其群落组成，而且也对植物的生态特性如冠层高度、叶面积指数以及生物量等起着关键作用。不同厚度积雪环境和积雪覆盖时间等因素下，可适应的植被类群存在较大差异，如 *Kobresia myosuroides* 仅分布于浅积雪或积雪时间较短的环境，而 *Carex pyrenaica* 以及 *Trifolium parryi* 则相反，在较厚积雪或积雪覆盖较长时间环境下分布；即使适应积雪厚度较宽泛的物种，也存在显著的群落多度和结构上的差异，如 *Acomastylis rossii* 虽然在不同厚度积雪环境下均可见分布，但不同积雪厚度下其多度和覆盖度差异显著。对于北方大部分植被而言，积雪总体上有利于增加其生物量和生长量，但存在其阈限，在一定深度范围内的作用是显著的，超过这一阈限，可能导致相反结果，即生产力下降。

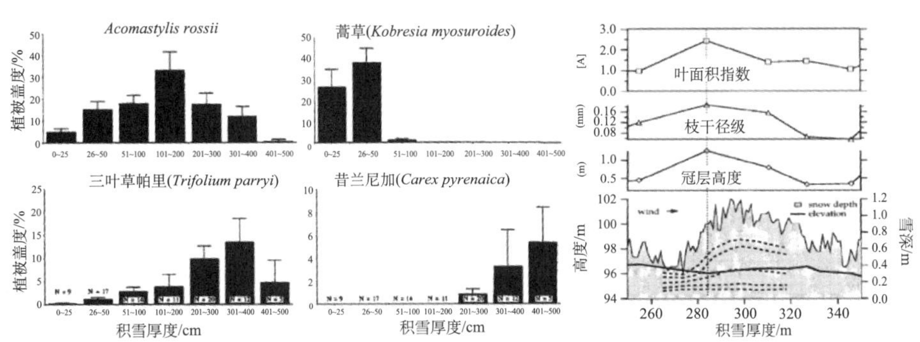

图 8.17　积雪与植被的相互关系（Walker et al.，1993）

Figure 8.17　Relationship between snow cover and vegetation（Walker et al.，1993）

2）积雪变化对寒区生态的影响

积雪变化是全球气候变化的重要组成部分，积雪与陆地生态系统间密切的关系决定了区域积雪变化将无疑会对陆地生态系统产生影响。总结北半球有关积雪变化对陆地生态系统影响的观测研究结果，大致可以汇总如表 8.1 所示。因积雪融化时间提前和积雪覆盖减少，大部分观测的植物生长季延长、植物花期提前；因积雪变化产生的土壤有效水分的改变和温度升高双重影响，干旱胁迫加剧导致植被群落组成和物种多样性发生显著变化；在寒区，植物生长季延长形成生产力提高，在初期有效增加了碳吸收能力，固碳水平增加，但在近期观测到的事实表明，随积雪覆盖持续减小，植被生产力萎缩，碳吸收能力也趋于下降。在动物方面，积雪融化时间提前和温度升高，导致大量无脊椎动物的生活周期改变，如冬眠缩短；因植物花期提前和花期缩短，导致拈花无脊椎动物物种减少；部分无脊椎动物如蜘蛛等，出现明显的表型变异；脊椎动物也会对积雪变化产生显著响应，如部分动物因食物链发生变化导致其生物周期改变以及部分物种数量先增加后减少等。

表 8.1　积雪变化对陆地生态系统的影响分类

Table 8.1　The influence of snow cover changes on terrestrial ecosystem

	观测到的变化	驱动因素
植被变化	大部分物种花期物候提前	积雪融化时间，温度
	植被群落组成和物种多样性显著改变	积雪（有效水分），温度
生长季节	萌芽期提前，生长季节延长	积雪融化时间，温度
	初期碳吸收增加，但近期出现吸收水平下降	积雪融化时间，温度
	沼泽湿地初级生产力增加	温度，CO_2 肥效
无脊椎动物种群	大部分种群的出现物候提前	积雪融化时间，温度
	花期缩短导致拈花动物物种减少	积雪融化时间，温度
	蜘蛛类群出现气候驱动的表型变异	积雪融化时间
脊椎动物种群	整个捕食链的级联效应促使北极小旅鼠生活周期衰落	积雪
	岸禽鸟类筑巢时期变化	积雪融化时间
	麝香牛种群数量增加后出现下降	积雪融化时间，温度

8.2.2　冰冻圈与寒区碳氮循环

寒区生物地球化学循环是冰冻圈作用区物质循环的重要组成部分，不同于其他区域，寒区生物地球化学循环与冰冻圈要素的作用密切相关，冻融过程及其伴随的水分相变和温度场变化所产生的水热交换对生物地球化学循环产生巨大驱动作用，并赋予了其特殊的循环规律以及对环境变化的高度敏感性。生物地球化学循环领域，寒区研究最多的主要集中在碳氮循环方面，磷循环相关研究较少，在此不做介绍，水循环有专门章节介绍，在此也不做阐述。

1. 寒区碳储量及其分布格局

北极（包括亚北极）陆地的总面积为 $20\times10^8\ hm^2$（泰加林与冻原面积之和），占全球陆地总面积 149×10^8 hm^2 的 13.4%。该区域总生物量为（80.0~113.8）×10^9 t 碳，占全球陆地总生物量的 12.1%~16.5%，陆地植被的净生产力占全球陆地总生产力的 6.1%~10.1%，低于全球平均水平（图 8.18）。其中泰加林带生物量在 80~108 Pg C，净生产力在 2.5~4.3 Pg C/a；苔原带很低，其生物量为 3.4~5.8 Pg C，净生产力在 0.5~0.6 Pg C/a。北极地区是个巨大的陆地生态系统碳库，主要体现在其巨大的土壤碳库方面。但长期以来，由于涉及冻土碳库的测算难度，不同作者对这个碳库的估算结果差异较大。按照最新的估算结果，北半球多年冻土分布区 0~100 cm 深度土壤有机碳含量分布如图 8.18 所示，大部分苔原和泰加林带土壤有机碳密度在 10~50 kg/m^2，在冻土湿地区域则要高一些。

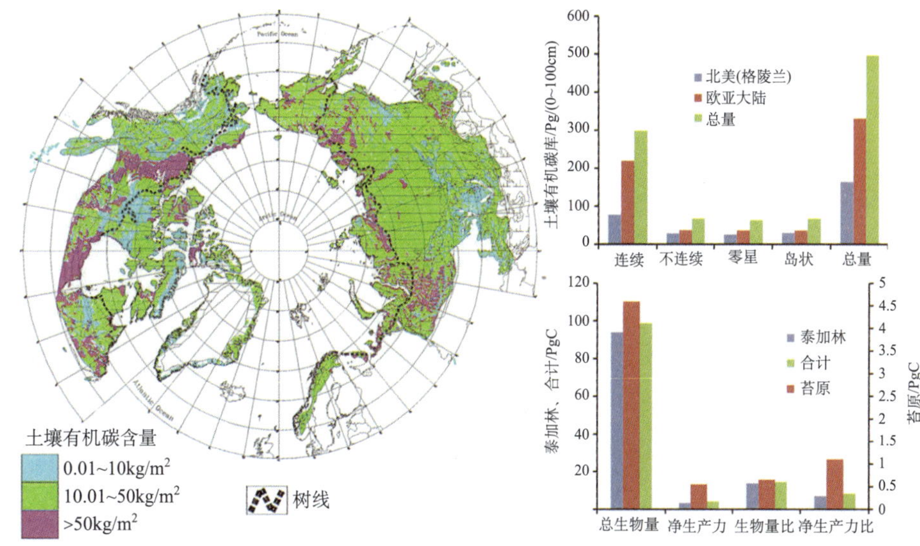

图 8.18　北极多年冻土区土壤有机碳库分布格局（据 Tarnocai et al.，2009）和北极陆地生态系统的生物量和净生产力（方精云和位梦华，1998）

Figure 8.18　Patterns of soil organic carbon in The arctic permafrost regions（by Tarnocai et al.，2009），and The arctic land ecosystem net biomass and productivity（Fang and Wei，1998）

基于现阶段（2009 年）最新的方法评估的结果，北半球多年冻土区，0~100 cm 深度土壤有机碳库为 496 Pg C（在 1991 年之前测算值平均为 355 Pg C），在 0~300 cm 深度，土壤有机碳库增加到 1024Pg C。其中连续多年冻土区分布土壤有机碳库 298.5Pg C，占多年冻土区总量的 60.2%；不连续多年冻土区为 67.3 Pg C，零星多年冻土区为 62.9 Pg C，岛状多年冻土区为 67.1 Pg C，后 3 种冻土区分布数量几乎相同。在地域分布上，欧亚大陆冻土区为 331.1 Pg C，占 66.8%，北美地区，包括格陵兰在内，分布土壤有机碳库 164.7 Pg C，仅占 33.2%。如果全球土壤总碳量认为在 1100~1500 Pg C，那么，北极和亚北极 0~100 cm 深度土壤碳量为全球土壤总碳量的 33.1%~45.1%，这足以说明了北极地区对全球土壤碳库的重要贡献。另外，在西伯利亚深层（3 m 以下）黄土沉积层中固存大约 407Pg C，在 7 条大型北极河流三角洲冲积扇 3 m 以下地层中也堆积了大约 241Pg C。这样推算，整个北半球多年冻土区的土壤有机碳库大致为 1672 Pg C，该值相当于全球地下碳库的 50%。但是基于较小区域高精度土壤有机碳含量测定结果的尺度上推所依赖的尺度推移方法的可靠性、一些实际数据采集的地理位置精度不高、土壤有机碳的高度空间变异性，这些因素使得高精度评估大区域土壤碳库存在困难，因而产生了评价结果的不确定性。因此，对已有评价结果进行不断修改和更新是必要的。

2. 多年冻土区的碳、氮循环与变化

1）多年冻土区碳、氮循环

碳在陆地生态系统中的循环、流动主要是通过下列 6 个方面来实现的，即植物的光合生产（光合作用、生物量）、植物的呼吸消耗、凋落物的生成及凋落物分解、土壤有机质积累和土壤呼吸释放。在多年冻土区，碳循环不同于其他非冻土区的显著之处，就是多年冻土对碳的冻结封存与融化释放。

封存于冻土中的碳是较慢长时间内因低温不能分解的碳固存下来逐渐累积起来的，一旦冻土融化，这些冻土碳就会进入生态系统中，可以是好氧环境为主也可以是厌氧环境为主（图 8.19A），主要取决于活动层土壤水分状况。多年冻土区气候变化下的土壤碳释放，在区域尺度上通过生物生产力（光合作用和净植物生长）的增加来弥补或抵消。有些情况下，植物通过凋落物和根系返回土壤的碳，经活动层冻融过程或其他方式进入多年冻土中。以北极地区为例，其生态系统凋落物的生成量包括泰加林和冻原植被两部分，冻原植被的凋落物生成量可以认为与净生产力相同，大致认为 0.5×10^9t/a，泰加林的凋落物生成量由全球各地的 29 个观测结果算术平均求得，大致为 2.06 t/（hm^2 • a），该值乘以总面积（近似为 12×10^8 hm^2），得到 2.47×10^9 t/a ，这就是在北极、亚北极植被的净生产力中，以凋落物的形式进入土壤圈的碳量。

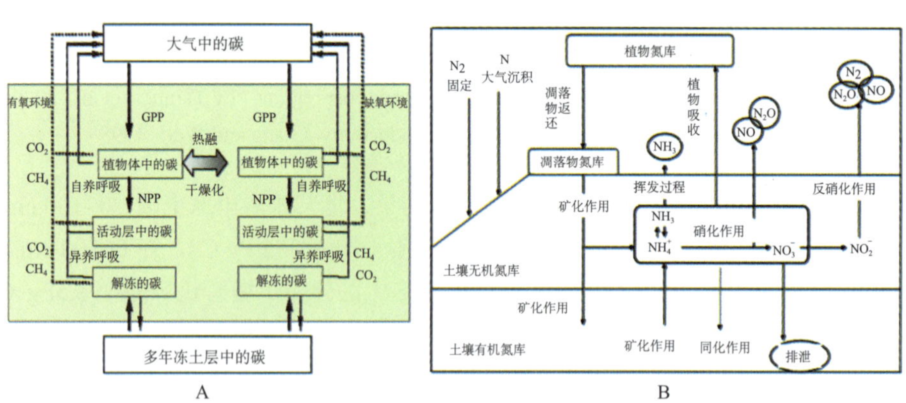

图 8.19　多年冻土区的碳、氮循环过程（Schuur et al.，2008）

Figure 8.19　Carbon and Nitrogen cycle In permafrost regions

氮循环是植物生长重要的物质循环之一，它可以控制植物的其他生物因素如光、水、温度、CO_2 以及其他养分的作用，是决定 CO_2 循环的关键因素之一。如图 8.19B 所示，

大气中的氮通过沉积、固定过程以及植物凋落物分解，进入土壤，经过矿化和同化过程，转化为土壤氮库；然后在硝化和反硝化作用下，形成 N_2O、NO 等向大气排放，或以可溶态 NO_3–溶滤进入水体而排泄出去。在多年冻土地区，大量土壤的氮库存在于低温下封存的有机质中，除了少量大气沉降带入土壤的氮外，大部分是和有机碳形成土壤有机质的一部分。随冻土融化，有机质分解在释放有机碳的同时，也释放有机氮。在北极和青藏高原多年冻土区广泛分布的地衣和苔藓植物中因丰富的蓝藻细菌而具有重要的固氮作用，在北极一些流域中，这些固氮作用每年固氮量可达 0.8~1.31 kgN/（hm^2·a），占据流域总氮输入的 85%~90%。

在多年冻土区，积雪-植被-土壤氮过程具有十分密切的正反馈作用。以广泛关注的北极灌丛扩张为例，灌丛可有效捕获和阻拦大量积雪，形成岛状雪堆，使得下面土壤具有较好的隔热层，结果使活动层土壤温度提高到显著增强微生物活性，反过来提高了冬春季土壤氮矿化速率，这进一步促进灌丛植被的生长和入侵。不断增高增大的灌丛，因大部分冠层高于雪被而比低矮植物具有更加有利的光合作用条件，从而促进灌丛生长。不断增大的灌丛植物冠层，有利于捕获和阻拦更多积雪，进一步加强冬春季土壤氮矿化过程，从而不断加速灌丛植被的扩张，如此反馈循环。这一正反馈过程还与木本灌丛具有较高的碳氮比生化计量比值有关，当具有较高碳氮比的木本灌丛取代低碳氮比值的禾草植物，将显著提高单位可利用氮的生物生产量。

2）冻土退化对碳、氮循环的影响

多年冻土区的碳和氮库对温度和水分变化十分敏感，温度升高促使冻土融化并导致长期冻结的有机碳的微生物分解，是全球陆地生态系统对气候变化最显著的反馈作用。随温度升高的冻土融化将驱动冻土生态系统发生两个互依互馈的两个过程，一是冻土有机碳的微生物分解产生或渐进或急剧的变化，二是植物生长季节、生长速率、生物量以及群落物种组成等的显著变化。这两个方面的变化对于冻土生态系统的碳源汇过程具有正负不同反馈作用，其平衡态决定了冻土融化导致区域是净碳汇还是碳源。

冻土碳组分的状态和通量存在显著的时空变异性和复杂性，气候、地貌、水文、植被动态以及冻土自身的物理特性等诸多因素相互作用，共同影响冻土碳的储存与释放。因此，关于冻土融化释放的碳量及其释放速率，因缺乏较大区域的相对可靠的实际观测，大多采用模型估算，因而不同研究者的结果间存在较大差别，估算在 21 世纪末北极碳释放量在 40~100Pg C 不等。大量数值模型模拟预估结果表明，在未来持续增温背景下，到 21 世纪末北极多年冻土区的碳排放量近似达到每年 0.5~1.0Pg C 的规模，这与全球陆地土地利用与覆盖变化（大部分在热带地区）引起的碳排放规模相当[估算为每年（1.5± 0.5）Pg C]。考虑到即使是森林向苔原演进，所获得的最大碳吸收量是每平方米面积 4.5 kg 碳，且高大植被取代低矮草本将加剧土壤碳排放，因此，未来气温升高驱动冻土融化将可能导致北极地区由巨大的碳汇区转化为巨大的碳源区。另外，寒区特殊的积雪-植被-土壤的水热耦合作用关系，对寒区碳氮排放具有较大影响。北极灌丛带碳排放增量中，冬季排放量的变化具有较大贡献（占年增量的 14%~30%），这与积雪变化对土壤碳循环影响的有关。如前所述，高大灌丛比低矮草本更有利于阻拦积雪并形成局部积雪厚度增加，积雪厚度增加显著提高土壤温度，从而增加冬季和春季土壤呼吸，进一步增加了土壤碳排放速率。因此，在北半球积雪覆盖面积显著减少的区域大背景下，北极多年冻土区植被-积雪-土壤温湿度间的复杂耦合作用关系，也成为北极地区碳、氮等温室气体净排放增加的主要驱动因素。

8.2.3 极地海洋生物

在南北极地区，海冰的存在为各类与冰相关生物提供了一个极端和可变的栖息地，与冰相关生物包括了细菌、微藻、原生动物（单细胞动物）、小型后生动物（多细胞动物）乃至以海冰作为栖息场所的企鹅、海豹、海象和北极熊等大型鸟类和哺乳动物（图 8.20）。海冰以及冰间湖所支撑的生物群落在极地海洋生态系统中起着至关重要的作用。高纬度冰川、冰盖、冻土和积雪融化进入海洋的冷淡水影响海洋生态系统。

1. 北极海冰区生态系统

北极海冰区生态系统如图 8.20 所示。冰藻（生长在冰内和冰底的微藻）和冰缘浮游植物水华是冰区主要初级生产者，物质和能量通过冰-水界面的底栖/浮游生物以及水体中的浮游生物传递给鱼类，进而为海豹和鱼类等动物提供食物来源。北极熊和鲸等则位于食物链的顶端，捕食海豹和鱼类等动物。

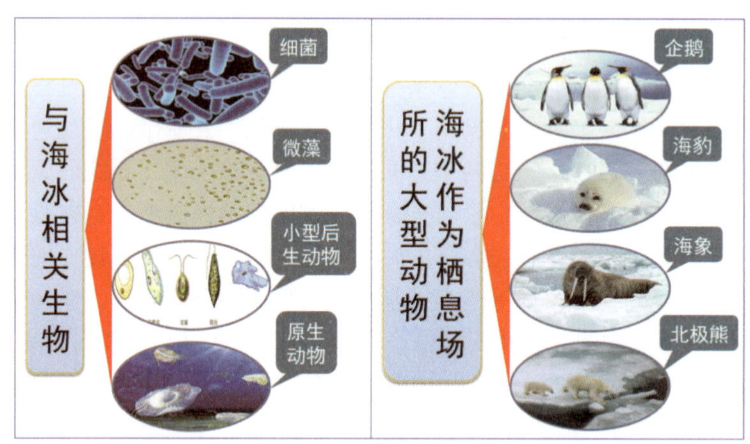

图 8.20 南、北极地区与海冰相关的生态系统

Figure 8.20 Ecosystems related to the Antarctic and arctic sea ice

海冰内部存在着一个复杂的生物群落，包括细菌、真菌、微藻、原生动物和小型后生动物成体与幼体（图 8.21）；海冰内共存在超过 1000 种单细胞真核生物。海冰内部和冰底生长的冰藻，其年产量约占北冰洋年总初级产量的 25%，是冰区生物的重要食物来源。在加拿大北极陆架和海盆区，与冰相关的初级产量可占陆架净总产量的 8%~50%以

及海盆净产量的 20%~90%。北极直链藻是北极海冰冰底，特别是多年海冰底部最优势的冰藻种类，它们不仅为冰-水界面的生物提供食物来源，由于其呈链状群体分布，在海冰快速融化后会迅速沉降至海底，为底栖生物群落提供至关重要的食物来源。

冰底甲壳类如端足类以冰藻为食，部分区域密度可高达 100 个/m^2，成为从海冰到水体物质和能量流动的关键物种。冰底甲壳动物的种类组成、分布和丰度与海冰的年龄、类型和冰底形态密切相关。冰下水体中生活着桡足类、腹足类、管水母、尾海鞘、毛颚动物、囊虾、康虾以及底栖无脊椎动物动物幼体。这些动物是冰下北极鳕鱼（*Boreogadus saida*）的重要食物来源，它同时也是构成与冰相关食物网的重要链接并与大型哺乳类如海豹和鲸等相连接。

在海冰融化过程中，融水注入导致上表层海水盐度降低，形成盐跃层。加上水体光线增加和水温上升，导致浮游植物迅速繁殖，形成浮游植物水华。水华是指水体中浮游植物在特定条件下迅速繁殖的一种自然现象。水华的形成在北极海洋生态系统中起着极为重要的作用，丰富的浮游植物导致作为鱼类食物的浮游动物的大量繁殖和生长。海鸟、鲸等动物都随着冰缘的后退而北迁，以获取丰富的食物。在近岸冰区，多毛类和软体动物幼体会季节性地栖息在海冰内部摄食。

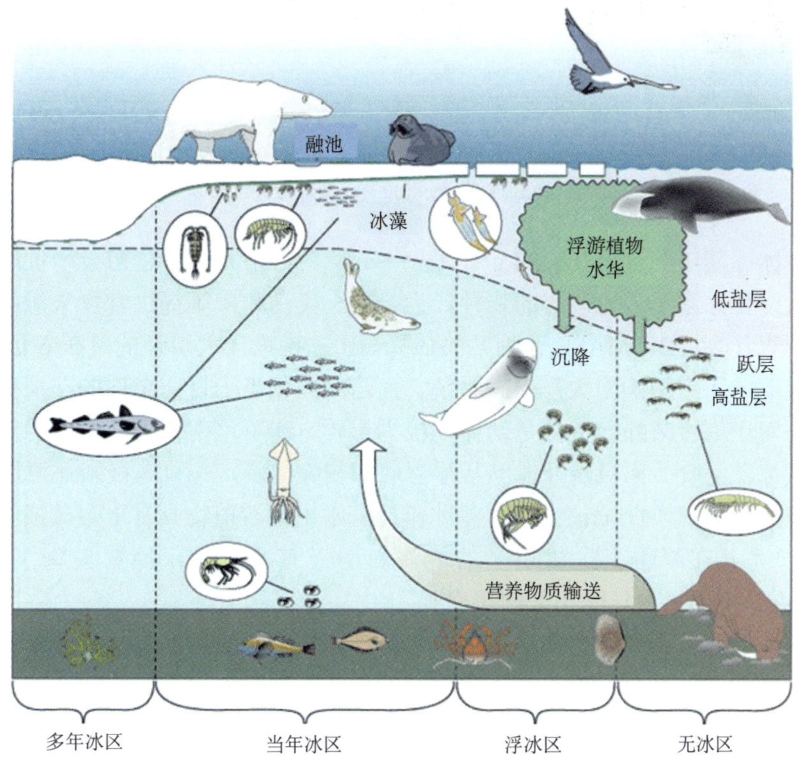

图 8.21　北冰洋冰区生态系统示意图（引自：http://www.npolar.no）

Figure 8.21　Ecosystems in Arctic sea ice area（http://www.npolar.no）

2. 南极海冰区生态系统

南极海冰区生态系统与北极海冰区生态系统有些类似，冰藻和冰缘浮游植物水华是整个生态系统的主要食物来源（图 8.22）。冰-水界面甲壳动物摄食冰藻，鱼类摄食甲壳动物，企鹅和海豹摄食甲壳动物和鱼类，而虎鲸和豹海豹位于南极海冰区食物链顶端，摄食海豹和企鹅等动物。

图 8.22 南极磷虾在冰底摄食冰藻（引自：http://upload.wikimedia.org）

Figure 8.22 The Antarctic krill feeding ice algae from the bottom of the ice

南极海冰冰藻年产量为 0.3~34 g C/（m^2 • a），约占南大洋年总初级产量的 20%。而磷虾是南大洋生态系统最为核心的物种，为企鹅、飞鸟和鲸等提供食物来源。据南大洋生物资源调查计划（BIOMASS 计划）的估算显示，南大洋大磷虾的量在 6 亿~10 亿 t，每年捕捞 1 亿 t 不会影响南大洋生态系统，而这大约相当于目前全球的年捕捞量。南极海冰的存在对于南极磷虾、特别是幼体期极为重要。冰下是南极磷虾幼体的越冬场所，它们以冰底冰藻为食。南极磷虾能够从浮冰底部扫除冰藻，一只南极磷虾可以在 10min 清除 1 平方尺的面积（1.5 cm^2/s）。这些冰藻比海水中浮游植物具有更多碳成分，可以为南极磷虾（尤其在春季）提供更多的能源。南极海冰区，一种宽头鱼（*Pagothenia borchgrevinki*）主要摄食与冰相关的甲壳类。

威德尔海豹和帝企鹅分布在固定冰区，而食蟹海豹和豹海豹则主要分布在浮冰区。极地鲸的分布和迁徙受海冰覆盖和摄食机会的显著影响，它们主要出现在冰缘区捕食丰富的甲壳类、鱼类以及乌贼等其他动物。虎鲸位于食物网的顶端，捕食包括企鹅、海豹和其他鲸类。

3. 冰区生态系统对海冰变化的响应

近年来，北冰洋海冰发生了急剧变化：海冰覆盖范围持续减少、冰层变薄、海冰储量显著下降，正威胁着海冰区原有生态系统。预期随着变化的持续，北冰洋与海冰相关的食物链将在部分海域消失并被较低纬度的海洋物种所取代、总初级生产力有望增加并为人类带来更多的渔获量，而北极熊和海象等以海冰作为栖息和捕食场所的大型哺乳动物的生存前景堪忧。而海冰退缩、无冰季节延长等有望促进发展的航道和增加航运交通，加快北极地区的矿产和石油勘探步伐，这也会对区域海洋生物产生明显影响。

随着北极气温升高，夏季冰面融池（海冰表面冰雪融化形成的淡水池）面积也在不断扩大，虽然可成为北冰洋夏季的一个海洋微生物优势生境，但发现其微生物群落（细菌、微藻、原生动物、小型后生动物）的产量并不高，尚不足以影响北冰洋冰区生态系统。在南极，与海冰相关的生态系统同样受区域海冰变化的影响，特别是南极半岛的西部海域。过去的 25 年中，该海域海冰范围减少了 40%。由于磷虾幼体在冰下越冬，并以冰藻为食，因此，南极海冰的减少会导致磷虾生物量的下降。伴随海冰减少和磷虾生物量的下降，已对与冰相关的阿德利企鹅带来显著的负面影响。其他的如金图企鹅，它们则从海冰消失的海域向南迁徙。海冰融化使进入海洋的太阳辐射大量增加，加之海冰融化的海域营养盐含量较高，导致浮游植物大量繁殖，较暖区域的物种向北迁移。事实上，海冰融化、海洋增暖直接导致的结果就是迫使生物种群向北迁移。

气候变化导致海水酸化是全球环境变化的重要问题之一。海洋吸收大气 CO_2 的速率，受到风力和温度的影响；一般越冷的水体，酸化越明显。随极地气温升高导致海冰减少，南北极海水酸化程度日趋加剧。一些海洋生物，如大部分藻类、甲壳动物、部分软体动物、海星、海胆以及珊瑚等，碳酸钙是构成其骨骼的重要成分，海水酸化将影响这些生物结构的完整性、威胁其生存，并进而因食物链系统改变而导致整个生态系统变化。

8.3　冰冻圈与水圈

地球表层以冰川、冰盖、海冰、河冰、湖冰、积雪、冻土等冻结水体形成的圈层-冰冻圈由于其在全球变化中的重要作用而受到广泛关注。由于其对气候变化的高度敏感性，随着气候的冷、暖变化，冰冻圈与液态水圈形成此消彼长的相依互馈关系。气候变暖，冰冻圈退缩，液态水圈水循环加剧，海平面上升；与此同时，由于冰冻圈融化的冷、淡水进入 到海洋后会改变大洋的盐度和温度，从而影响全球温盐环流过程，进而影响气候变化。另外，从区域角度来看，冰冻圈变化对高、中纬度受冰冻圈消融补给的流域具有重要影响，这些地区河流径流变化会影响流域水资源及生态系统。

8.3.1　概述

1. 寒区与冰冻圈水文学

由于冰冻圈主要形成于寒冷地区，冰冻圈水文过程往往与寒区下垫面和环境有密切关系，因此通常将与冰冻圈有关的水文问题称为寒区水文，也可以称为冰冻圈水文。冰冻圈水文与寒区水文实际上是同一问题的不同叫法，在过去，一般狭义地将寒区水文理解为与冻土水文相关的水文现象，而冰川水文和积雪水文则往往相对独立，海冰、河、湖冰等水文研究则关注不多。随着冰冻圈科学的不断发展，冰冻圈学科体系建设促使将冰冻圈诸要素的水文过程、水循环机制及水文效应纳入统一学科体系内考虑，以满足学科发展需要。为此，我们正式提出冰冻圈水文学概念，以明确冰冻圈诸要素在寒区的水文作用和科学内涵。

冰冻圈水文学是研究冰冻圈诸要素水文过程及其规律的科学，是将冰川、冻土、积雪、海冰、河冰、湖冰等相关寒区水文过程的变化机制、理论基础、研究方法等相互关联，提升集成各学科共性内容，解析综合各学科异性内容而成的学科。冰冻圈诸要素是以固态存在的水体，因此，冰冻圈水文过程是冰冻圈科学重要研究内容。它是一门尚在发展中的新兴学科。

冰冻圈水文学研究内容主要体现在两方面，一是研究冰冻圈诸要素自身的水文机理和变化过程；二是研究冰冻圈水文在寒区乃至寒区以外更广泛的水域中所产生的影响，如冰川变化对河流径流影响可涉及整个流域水资源问题，而冰冻圈变化对海平面的影响就涉及全球水循环问题。研究对象主要包括冰川和其他天然冰体，如雪、海冰、湖冰、河冰、冰锥、地下冰以及包括山区河流、高山湖泊、湿地等在内的寒区水体等的水文现象。根据研究对象冰冻圈水文学主要有以下分支学科：冰川水文、积雪水文、冻土水文、海冰水文、河湖冰水文等。

2. 冰冻圈水文的特点

冰冻圈水文的复杂性。冰冻圈诸要素的水文过程复杂多变。冰川、冻土、积雪、海冰等水文要素消融及产汇流过程十分复杂，以冰川为例，冰面消融、冰下水道汇流等不仅与冰川面积大小有关，与冰川性质、类型有关，而且与冰面形态、表碛覆盖多少、冰裂隙发育程度等有关，准确观测和模拟冰川融水径流量就十分困难（图 8.23A）。

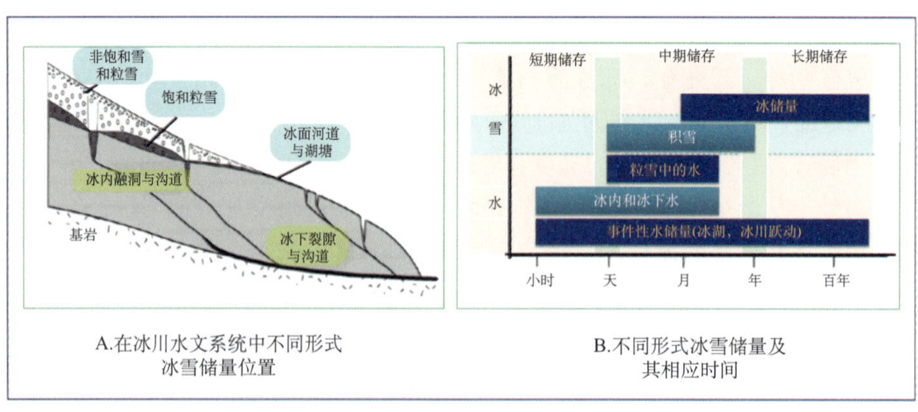

A.在冰川水文系统中不同形式冰雪储量位置

B.不同形式冰雪储量及其相应时间

图 8.23　冰川水文系统的复杂性与冰、雪储量转化周期的复杂性

Figure 8.23　The complexity of glacier hydrological system，and The complexity of ice and snow reserves transformation period

冰冻圈水文学的复杂性还表现在各冰冻圈要素变化的时空差异性上。不同规模、不同类型的冰川，冰川融水径流对气候变化的响应时间存在很大差异，这种差异性还与气候变化的强度密切相关，同时，一个流域内大、小不同的冰川同时存在，使得冰川径流的响应过程更加复杂。多年冻土对气候变化的响应时间更长，过程更复杂。积雪水文变化主要表现在季节尺度上，雪的分布状况、积雪范围、山区地形等均对融雪产生影响（图 8.23B）。

冰冻圈水文的复杂性的另外一表现就是水量平衡要素的复杂性。除冰冻圈自身外，在冰冻圈水量循环与平衡要素中高寒地区的降水及蒸发也十分复杂。降水在山区的分布差异很大，且难以观测。降水随海拔是增加还是减少，固态降水与液态降水比例，山区蒸发在冰川，冻土、积雪区如何获得，海冰表面的蒸发（升华）过程又如何，等等，这些水文要素在寒区不仅难以准确获得，而且随寒区环境具有较大的易变性，也就增加了冰冻圈水文学研究的复杂性。

冰冻圈水文过程观测的不确定性。冰冻圈水文观测是获取第一手资料的重要手段，也是冰冻圈水文研究最基础性的工作，准确观测冰冻圈水文要素是了解冰冻圈水文动态、机制和规律的必然选择。由于冰冻圈诸要素主要分布在高海拔和寒冷偏僻地区，观测除存在交通、后勤及人员住留等方面的困难外，同时由于冰冻圈水文现象的复杂性，在信息准确获取方面必然会对水文过程的观测带来诸多不确定性因素。

冰川融水径流观测：冰川多分布于高山河谷，如何将冰川消融产生的径流地控制在一个观测断面内，准确观测，在现实中实际上是十分困难的。如图 8.24 所示，选择观测冰川融水径流的断面往往包括了裸地，裸地的径流和冰川融水径流很难区分。我们在所选断面处只能观测到含有裸地径流的总控制断面径流 R，为了获得冰川融水径流，就必须对裸地降水径流也进行观测，冰川径流由消融区径流 R_a 和积累区径流 R_f 组成，总径流中扣除裸地径流 R_b 才是冰川径流。一般情况下，冰川末端河道多呈辫状（图 8.24），尤其是较大的冰川，很难选择较适合水文观测的顺直、可控断面，有时不得不选择远离冰川的河道断面，这就给冰川径流的准确观测带来不确定因素，并由此引申出对冰川径流组成的不同理解，这方面的详细内容将在相关章节中专门介绍，在此就不多解释。

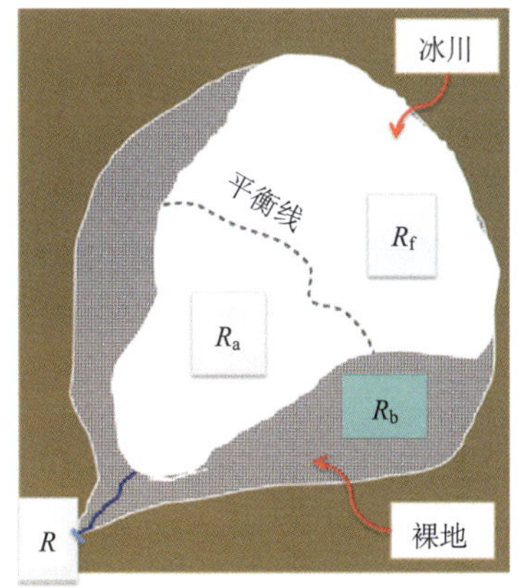

图 8.24　冰川融水径流观测及冰川融水形成的辫状河道

Figure 8.24　Glacier runoff observation and braided river channel formed by melt water

冰冻圈水文要素的同一性与差异性。寒区河流的径流形成不同于非寒区的河流。一般河流径流主要受降水和气温控制，降水是主要的控制因素，气温状况也会对径流产生影响，气温升高会引起蒸发增大，导致径流减少。由于冰冻圈水文要素冻结水体的共同特性，冰-水相变是其最大共性特点。径流形成过程中水体的固-液转化是冰冻圈水文的基本过程，因此径流形成均与热量输入条件（温度为综合指标）有关。可见，寒区河流与非寒区河流有很大差异，径流形成受气温的影响更大，气温的升高会引起冰雪消融过程加剧，从而导致径流的增加。这也是寒区水文与其他非寒区水文（径流主要取决于降水）的主要差异。当然，冰冻圈要素不同，其水文过程也有其自身特点。

对冰川径流而言，由于冰川面积一般在短时间内变化较小，在一年内可以认为基本稳定，冰川径流的大小主要取决于热量条件（气温的高低）；对于融雪径流，积雪量主要由积雪范围和积雪深度两个变量控制，尽管融雪过程受热量条件的控制，但融雪径流总量的大小主要受积雪量的控制，相对于冰川而言，积雪量或范围是一个随时间而变化的季节性变量。因此，融雪径流量是一个热量条件和积雪量共同作用的结果。对于多年冻土区径流，冻土对径流的影响主要是由于冻土的不透水性，使得直接径流系数较大，地下水的补给较小，实际上，由于多年冻土区内含冰量、冻土深度、连续性等原因的影响，还是会产生一定数量的地下径流。多年冻土径流的特点是冬季径流小甚至无径流。

除此之外，河冰的形成和融化过程也是寒冷条件下的一个重要水文过程。北方地区，由于冬季的寒冷条件，在河面形成河冰，而在春季融雪径流开始形成时，河冰会形成冰坝，堵塞河流，形成春季冰凌洪水。在寒区由南向北流动（北半球）的河段几乎每年都有冰凌发生。例如，黄河从宁夏到内蒙古段，以及西伯利亚流入北冰洋的几条河流。

河流补给类型的多样性。依据河流来自冰川、积雪、降雨等的径流补给比例大致可以将河流分为融雪补给型、雪冰融水型、雨水-冰雪补给型等河流（图 8.25）。在我国西部，由于山区与盆地相间，河流流域具有非常明显的垂直分带性，大多数河流的补给中均包括冰川融水、融雪径流、降雨和地下水补给，因此河流的分类也就比较多样。

3. 冰冻圈水文的作用

冰冻圈的水文功能主要表现在 3 个方面：水源涵养、水量补给（水资源作用）、流域调节。水源涵养功能主要表现在，冰冻圈发育于高海拔、高纬度地区，是世界上众多大江大河的发源地。以青藏高原为主体的冰冻圈，是长江、黄河、塔里木河、怒江、澜沧江、伊犁河、额尔齐斯河、雅鲁藏布江、印度河、恒河等著名河流的源区（图 8.26）。冰冻圈作为水源地不同于降雨型源地，其以固态水转化为液态水的方式形成水源，其释放的是过去积累的水量，即使在干旱少雨时期，它仍然会源源不断输出水量，其水源的枯竭需要经历较大和长周期气候波动，在人类历史长河中，冰冻圈水源可以说是取之不尽、用之不竭。

冰冻圈被人们广泛认知的水文作用是水量补给作用，冰冻圈作为固态水体，其自身就是重要的水资源，其资源属性表现在总储量和年补给量两方面，冰冻圈对河流的年补给量是地表径流的重要组成部分。在中国冰川年融水年约为 $600\times10^8\ m^3$，相当于黄河入

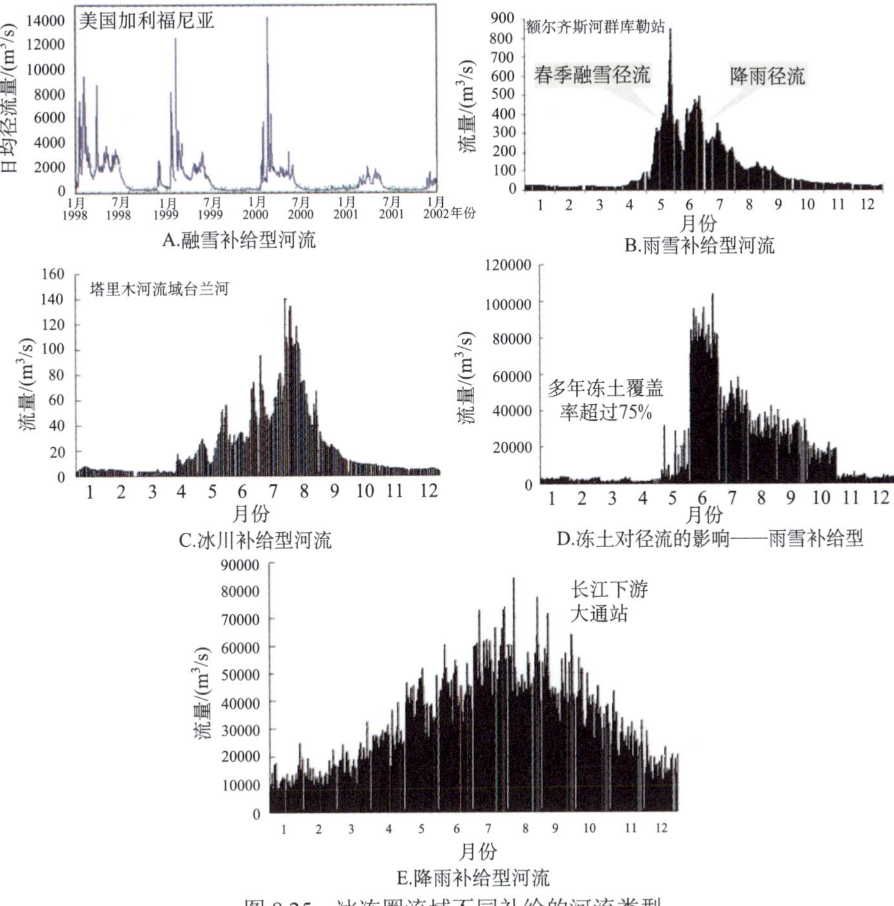

图 8.25　冰冻圈流域不同补给的河流类型

Figure 8.25　Different river types in the cryospheric basin

图 8.26　中国西部冰冻圈是亚洲众多河流的发源地

Figure 8.26　Cryosphere in western China is the headstream of many Asian rivers

海的年总水量。全国冰川径流量约为全国河川径流量的 2.2%，相当于我国西部甘肃、青海、新疆和西藏 4 省（自治区）河川径流量的 10.5%。在我国西部，西藏约集中了全国冰川融水径流总量的 58%，居首位；其次为新疆，约占 33%。全国冰川融水径流总量的 60%左右汇入外流区河流，约 40%汇入内陆河，但就冰川面积而言，外流区水系仅占全国冰川面积的 40%，而内流区水系却占了 60%。在我国干旱区，冰川融水径流可占出山径流的 10%~30%，高者可达 70%以上。冻土在冻结形成过程中储存了大量固态水，提高了土壤蓄水量，同时抑制了土壤蒸发和冻结层上水及冻结层上水流的形成，土壤水分有着独特运行规律。青藏高原多年冻土区 10 m 深度以内土层的平均重量含水量为 18.1%。估计由于冻土变化平均每年从青藏高原多年冻土中由地下冰转化成的液态水资源将达到 50×10^8~110×10^8 m^3。

相较于冰冻圈的水源涵养和水量补给功能，冰冻圈的水文调节作用更为重要，其主要表现为，在没有冰川的流域，河流主要为降水补给，径流年内变化很大，表明径流过程很不“稳定”。但在有冰冻圈覆盖的流域，随着冰川覆盖率的增加，径流年内变化迅速减小，很快趋于平稳。丰水年由于流域降水偏多，分布在极高山区的冰川区气温往往偏低，冰川消融量减少，冰川融水对河流的补给量下降，削弱降水偏多而引起的流域径流增加幅度；反之，当流域降水偏少时，冰川区相对偏高的温度导致冰川融水增加，弥补降水不足对河流的补给量。这样，由于冰川的存在，将使有冰川的流域河流径流处于相对稳定的状态，表明了冰川作为固体水库以“削峰填谷”的形式表现出显著的调节径流丰枯变化的作用，这对干旱区绿洲水资源利用是十分有利的。从定量的角度看，当流域冰川覆盖率超过 5%时，冰川对河流的年内调节作用效果明显；当冰川覆盖率超过 10%时，河流径流基本趋于稳定。积雪对河流也有年内调节作用，尤其在干旱区流域，积雪的融化往往是缓解春旱的重要水资源。干旱区春季降雨较少，此时冰川还没有开始大量消融，旱情往往较严重，而春季的融雪径流，则成为此时最主要的径流来源。多年冻土的变化通过加大活动层深度、增加土壤储水能力，使基流增加，从而改变年内的径流分配，由于其是通过多年冻土变化而影响径流过程的，其主要表现为对流域径流的年内和多年调节方面。

8.3.2 冰冻圈与大尺度水循环

从水文的角度，冰冻圈也可看作是固态水圈。在长期的历史演进过程中，冰冻圈这一固态水圈与海洋液态水圈之间固-液相变过程影响着全球水循环的变化过程，并深刻地影响着全球与区域水、生态和气候的变化。从全球水量平衡来看，冰冻圈的扩张，意味着液态水的减少，水循环的减弱，反之亦反。在万年尺度的冰期-间冰期循环及千年尺度、被称为 Dansgaard-Oeschger（D-O）波动的间冰段过程中，以全球陆地冰范围和海平面为标志的固-液态水发生了显著的消长进退变化，这种变化通过固-液水循环相变过程将大气、海洋、陆地和生态系统紧密地联系在一起，成为气候系统变化过程中起纽带作用的关键因素之一。随着人为气候影响的不断突显，全球冰冻圈正在发生着显著变化，冰冻圈的水文影响对全球和区域水循环过程的改变不仅关联着全球水圈的变化，同时对区域可持续发展的影响也日益显著。

一般而言，大洋中淡水主要通过直接降水、陆地冰体及河流径流补给，补给北冰洋的主要河流多处于积雪广泛覆盖的流域（径流受融雪过程控制）。大量的淡水还可以储存在深水盆地，其驻留时间变化很大。根据变化程度的不同，所有的冰冻圈组分在极区淡水收支中均起着重要作用。

1. 两极区域淡水组成与水量平衡

根据克劳休斯-克拉贝龙关系，比湿随温度呈指数增加（大约为 0.7%/K）。因此，在气候变暖影响下，水循环过程的加强是必然趋势。事实上，水循环加强不仅在众多模型模拟中得到证实，而且与广泛观测的结果相一致。由于冰冻圈的影响，高纬度有较多淡水，而亚热带得到的淡水要少得多。高纬度淡水可驱动海洋表面以非均一方式跨越好几个纬度发生变化。然而，由于淡水驱动的变化速率在北半球高纬度要比南半球高纬度大，在全球水循环，尤其是在海洋水循环中，受冰冻圈影响的淡水再分配过程备受关注。

两极地区的固态和液态淡水是十分重要的水体，这些淡水一旦释放，就会改变大洋的水文与循环过程。海洋和大气的相互作用，驱使极区内淡水的循环以及与亚极区各纬度带的水文交换。在气候变化影响下，大气水汽含量、大气环流、海冰范围、海冰体积及其传输等这些海洋和大气分量和过程对温度变化的响应在年内和年际尺度上表现得十分显著。极区的夏昼和冬夜十分独特，由此会引起地表气温很大的季节变化，从而导致季节性的极区固态（海冰）和液态海洋在年内交替出现。极区固-液态水体的转化过程会导致海水热容量改变，这种状况就会产生很大的海水热通量的季节性变化。

图 8.27 为根据 Flavio 等（2012）计算结果改编绘制的 1960~1990 年南、北极淡水平均收支平衡状况。图中与箭头相关的数值表示通量，框中的数值表示储量。由图可以大致看出南、北极淡水通过大气、海洋、陆地和海冰相互转换及循环过程。需要指出的是，北极陆地径流输入主要是融雪径流，因此，北极海冰和积雪等冰冻圈要素在淡水循环中起着重要作用。南极由于没有陆地径流直接补给，因此，只有部分裸露地表向海洋的径流输入，而没有其他陆地向南极大陆的径流输入。由图 8.28 可以看出，60°~90°南、北极海洋的淡水储量占主要地位，分别达 48×10^4 km^3 和 27×10^4 km^3，海冰淡水储量次之，分别为 2.2×10^4 km^3 和 3.7×10^4 km^3。在淡水循环中，海冰量是最大的，其每年有 1.7×10^4~1.8×10^4 km^3 的淡水通过冻融过程参与北极淡水循环，而北极积雪融水参与淡水循环的水量也达到 0.5×10^4 km^3/a，这一数值也远大于降水-蒸发过程参与北极淡水循环的水量。

2. 极区冰冻圈对淡水的影响

北冰洋上部水体组成了极区海洋的表层水，它与深度在 50~200 m、具有显著盐度梯度（盐跃层）的驱动大西洋的水体分离，从而在它们之间形成所谓的盐跃层。盐跃层由河流补给和海冰融化流入的表层淡水形成，在盐跃层上面表层水的上部盐度为 33.1 psu[①]，

① psu:pratical Salinity unit 的缩写，实用盐标，是一个无量纲单位。

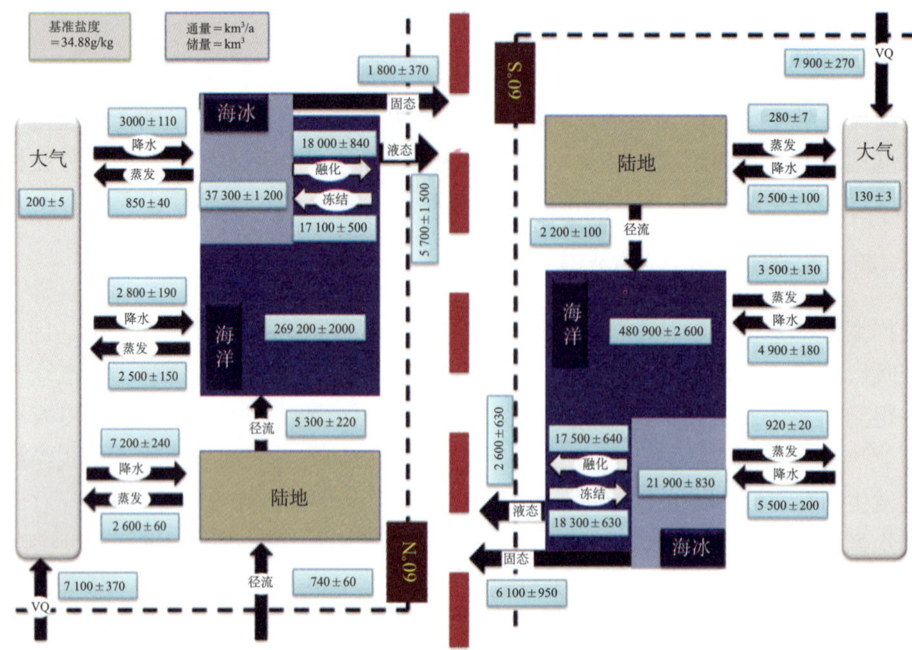

图 8.27　南、北纬 60°~90°1960~1990 年平均淡水收支平衡（据 Flavio 等，2012 模拟数据编绘）

Figure 8.27　The average fresh water budget between 60°~90° North and South（by Flavio et al.，2012）

VQ 为水汽输入，与箭头相关的数值表示通量，框中的数值表示储量

温度接近冻结点（–1.8 ℃），营养成分富集。淡水层的下部，盐度约 34 psu，营养成分最低。根据可靠数据，北冰洋盐跃层的上部水来自于楚科奇海，而下部水来自于巴伦支和喀拉海域。由此，表层积累了大量由穿极漂流通过弗拉姆海峡进入到东格陵兰海域的淡水。这些水混入格陵兰和拉布拉多海域的对流性涡流中心，并以此方式影响着该地区不稳定表层水盐分的收支。这就是为什么淡水收入的变化可以显著地影响深水对流强度及深水的形成，并由此影响到世界大洋的深水环流。为此，让我们考察一下极区冰冻圈对淡水的影响。

融雪与河流补给。与其他所有海洋相比，北冰洋收到与其总量相比不呈比例的大量河川径流，主要来自于勒拿河、麦肯齐河、鄂毕河及叶尼塞河，这些河流主要由融雪补给。每年输入北冰洋的淡水径流达 5300 km^3（图 8.27），河流提供了北冰洋最大的淡水补给量。已经观测到这些北方河流径流的增加及融雪时间的提前，预期未来可能变化更大。北极地区多年冻土融化的淡水径流情况尚还清楚，总体来看，融化的多年冻土改变了径流通道及储水能力，深入定量确定多年冻土变化的这些影响，对认识河川径流分布、流向及其在北冰洋淡水储量的作用均十分重要。随着气候变暖的影响，多年冻土的水文效应日益显著，这也是未来值得关注的重要研究课题。

山地冰川、冰帽及格陵兰冰盖。广义而言，泛北极流域所有淡水贡献要远小于 9 条主要河流的补给，但冰川补给的“正输入信号”比河流要明显。河流的淡水输入是年尺度上的，其超过平均值的变化量会影响到海洋淡水平衡，但冰川、冰盖在气候变暖影响下，其对海洋的淡水输入具有持续增加海洋淡水、改变温盐平衡的作用。除格陵兰冰盖自身作为北大西洋淡水源的战略地位外，其他淡水收支对海洋影响的分析研究还较少。调查表明格陵兰冰盖（Greenland ice sheet，GIS）的稳定性比西南极冰盖（west Antarctic ice sheet，WAIS）的要强，GIS 阈值温度的合理估值是（3.1±0.8）℃，但存在很大不确定性，因为这一估值主要依据简化的表面物质平衡参数所得。根据统计，山地冰川目前对海洋的净淡水输入量为 0.20×10^4~0.25×10^4 km^3/a，两极冰盖的净量为 0.13×10^4~0.24×10^4 km^3/a。除淡水量外，输入的位置也十分重要，目前冰盖融水径流还没有在相关模型中给予考虑。就目前理解水平而言，即使是目前加速动态过程没有检测到，北极海冰和山地冰川在所列出的几个逆转因子中对全球变暖也是最脆弱的。即使全球变暖可能控制在 2℃，也不足于避免这些冰川区的巨大变化。

南极冰盖。南极冰盖最不稳定的部分被认为是 WAIS。西南极冰盖承受着海洋变暖、冰盖突发崩解的威胁，但目前对这种逆转出现做出预判还缺乏足够、可靠的数据支持。古气候证据结合陆地冰动力模拟表明，在温度较今高出 1~2 ℃就可发生突发性冰流。最近的卫星监测表明，部分 WAIS 崩解是可能的。卫星数据显示，在一些地区冰川显著减薄，接地线后退。现在还不能确定，WAIS 阿蒙松海扇区的崩解已经开始，如果情况真地发生，其相当于 1.5 m 海平面上升量，将对全球海洋盐度和温度产生巨大影响。

海冰。通过对过去 100 年来全球环流对温度-盐度变化的敏感性的调查及数值模拟试验表明，全球经向海洋环流的变化取决于北大西洋极区洋面的热盐状况，而极区热盐状况与海冰和冰盖变化密切相关。海冰自身几乎是由淡水组成，盐度只有 0.6%~6%。因此，伴随海冰季节性的发展，其冻结和融化过程决定着海表的盐度，因而也对水体的密度和分层起着关键作用。当冻结时，在新冰形成的底部，海水释放出盐分和卤水，其下沉并增加下覆水体的密度。由于海冰是低盐水库，淡水储量巨大（图 8.27），夏季海冰融化会形成漂浮于较大密度水体之上的表层低盐水层。因此，季节海冰的出现通常在浅表（或混合）层与次表层（或中层）之间，从而形成盐度和密度梯度显著的水体分层。海冰在消融过程中，其底部融化是与洋面的辐射加热有关。底层融化可以导致由表层淡水形成的大西洋暖水和冷盐跃层的绝热损失。这些具有增强垂直混合作用的上层水的稳定性被定义为影响极区洋流的“关键外卡”（key wild card），其与海冰损失密切相关。北极海冰影响海洋的另一显著的特点是其向极区外漂移、将海冰输出进入北大西洋。向南漂移海冰的路线主要取决于表层洋流以及与之相关的穿极漂流和格陵兰与加拿大东部大陆边缘条件。年或夏季消融的多年冰输出的淡水量是十分可观的，通过弗拉姆海峡和加拿大北极群岛的淡水量分别约为 3500 km^3 和 900 km^3。

冰间湖。冰间湖是大范围漂浮海冰区形成的较宽阔无冰水域。这种由冰包围的开放水体是俄语名词“冰间湖”（polynyas）之意。除冰间湖之外，在高纬度海冰区，受风、波浪、潮汐、温度和其他外力影响，海冰不断破裂，形成裂隙，即所谓的冰间水道。冰间水道看起来就像陆地的河流，通常是线状的，有时绵延数百千米。冰间湖和冰间水道在海洋气候和海洋水文中具有类似的作用，往往统称冰间湖。冰间湖可以分为感热冰间湖和潜热冰间湖。

冰间湖由于其在气候、海洋和大气过程中的作用而受到关注。冰间湖的形成主要是由于受海底地形或水域其他因素影响，形成向上的洋流，将较低纬度深层的暖水输送到寒冷的海冰覆盖水域，从而在海冰区形成相对温暖的开放水域。对于冰间湖和冰间水道来说，开放水域不仅具有较温暖的水区，而且周围海冰覆盖水域及冰间湖上空大气温度均很低，相对温暖的水域上部的冷空气，两者相接触，就会引起向上强烈的湍流和水汽交换，这种交换受到水-气温差和风速的控制。极地沿岸冰间湖中的海-气温差通常远大于海冰覆盖区的海气温差，这是因为来自于陆地的空气通常都是平流输送的，由冰盖或高纬度平流输送的冷空气要比海冰带的空气冷得多，同时，由于对风的阻止作用和下降流的影响，沿岸附近的风速也比海冰漂浮区内的风速要大，所以沿岸附近的所有开放水域内风也对强湍流过程起到推波助澜的作用。冰间湖被看作是高密度和高盐度水的主要来源，这也是后面将要讨论的 THC 驱动的世界大洋底层水的主要组成部分。冰间湖是垂直对流区，因此它能够形成深海和表层水之间化学交换的通道，也是化学和营养物质消耗得以补充的一个重要途径。

淡水的储存与通道。海冰淡水和其他形式的淡水并不是简单地直接输出，因为北冰洋具有强大的淡水储存能力，并以不同形式释放。大约总淡水量的 1/4 保留在大陆架上，主要是在欧亚和加拿大洋盆，后者是北冰洋最大的单体淡水水库。海冰淡水储量的估计（和其他淡水分量一样）不同的文献有所不同，主要是由于从加拿大洋盆进入和输出量的变化所致。尽管估值不同，但总体上可接受的观点是，北冰洋平均年淡水输入的最大来源是河流补给，其略小于海冰形成减少的淡水量。由加拿大洋盆平均输出的冰和液态淡水量是输入北大西洋淡水总量的 40%。

3. 冰冻圈与大洋 THC

海洋环流可分为风动力流和 THC。由风力驱动的洋流相对是短期的，海洋上层环流主要是表面风应力的结果。THC 是全球海洋在温度和盐度差异驱动下洋流现象，它是全球大洋环流中的一种形式。THC 是长期的平均运动，由许多因子驱动，包括温度、压力和海冰等。图 8.28 是全球温盐环流沿南、北极方向的剖面图。高密度北大西洋深层冷水（NADW）由北冰洋区域下沉后向南运动到南极，与南极底层冷水（AABW）相互作用，从而导致其又向北大西洋传输。温盐环流这一全球性的循环过程，宏观上由高纬度的下沉水-向低纬度传输的底部洋流-低纬度上升（翻转）流-向高纬度平流的海洋表层流这些环节组成，这一现象已经被很好地用全球环流的所谓“传输带”模式表示（图 8.29）。

海水密度不仅是温度的函数，而且也盐度的函数。在低温情况下，诸如存在于深水形成区的海水，其海水密度对盐度的变化要比温度的变化更加敏感。以淡水形式储存的冰冻圈，其退缩与发展会导致大量冷、淡水释放或储存于海洋或陆地，这一过程不仅会影响海洋的温度，也会显著影响海洋的盐度，从而影响 THC 过程，当冰冻圈变化幅度足够大时，其可以改变大洋环流中 MOC 的方向，引发气候突变（图 8.29）。最著名的实例就是 MOC 变化对第四纪冰期旋回的解释。在整个第四纪，大量淡水以大陆冰盖和冰川形式阶段性的存储于陆地中、高纬度地区。这些陆地冰的消涨相当于海平面变化几十米

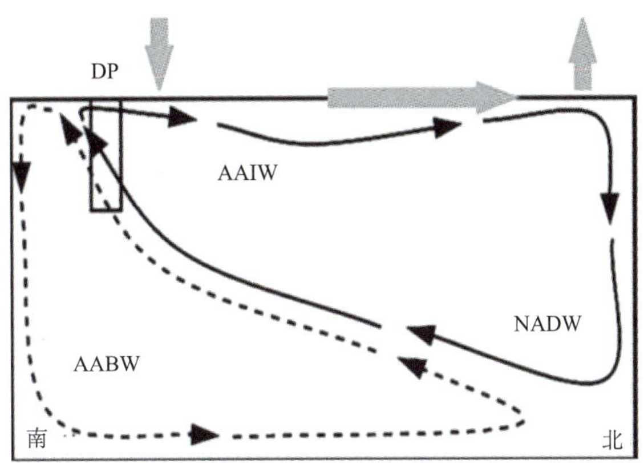

图 8.28　两个主要的经向翻转环流分支示意图（Ivanova，2009）

Figure 8.28　The two main branch of meridional overturning circulation（Ivanova，2009）

一个支流与北大西洋深水（NADW）相关，它在南部大洋沿 Drake 通道（DP）上升，然后转为较轻的南极中层水（AAIW）返回。这个支流实际上代表了大西洋经向翻转环流（MOC）。另一支流与南半球高纬度南极底层水（AABW）有关，它向北传输，与 NADW 混合后返回到南部海洋。

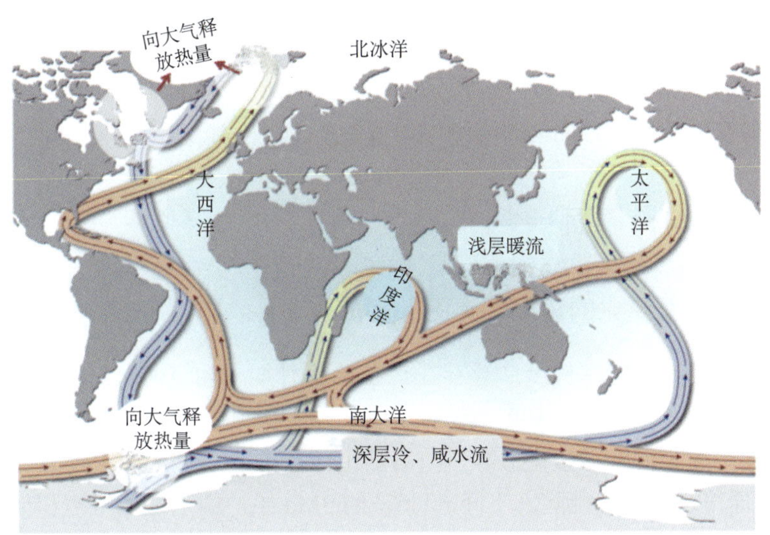

图 8.29　Broecker“大洋传输带”示意图

Figure 8.29　Broecker Great Ocean Conveyor Belt

红色表示上层暖流，灰蓝表示深水流

的淡水释放到海洋或由海洋返回陆地。因此，许多研究试图理解淡水扰动对 MOC 稳定性的作用。早期利用冰芯纪录反映末次冰期的信息已经揭示了千年尺度大幅度的气候变化，其主要特征是持续几百年到数千年的突发性变暖事件（间冰段），这就是所谓的 D-O 循环，D-O 波动过程同时也出现在北大西洋沉积纪录中，反映了海洋的作用或响应。

为了揭示观测到的 D-O 变化机制，首先考虑到的就是在冰期内 AMOC 是不稳定的，因为当时大西洋北端由冰盖所包围。当 AMOC 很弱或关闭并在冰盖扩张之前的时间内，很少会有海盐由大西洋输出到其他洋盆。假设北大西洋为净蒸发，水汽以积雪形式积累在陆地，增加了冰盖的补给，海洋盐度会持续增加。当达到临界盐度时，深层对流就开始形成，随之 AMOC 被启动，向北大西洋传输和释放热量，进而融化冰盖。由融冰（或增加冰山数量）进入北大西洋的淡水量最终又会减弱或阻断 AMOC，从而又回到开始的状态。在气候模式中考虑一种极端的情形，即关闭大洋 THC，分析在 21 世纪 50 年代 THC 关闭对气候的影响。结果表明，THC 关闭可引起北半球温度下降 1.7℃，局地可能更强。整个西欧变冷可以达到工业化前的状况，积雪和冻土显著扩大。这个试验表明，THC 作为经向翻转环的重要组成部分，其变化会显著影响区域甚至全球气候。由古环境纪录获得的证据表明，淡水的输出伴随着 THC 的减弱，引发整个北大西洋冷事件的出现。YD 期相关的主要变冷事件就与北大西洋翻转环流的关闭密切相关。

现代海洋的观测与模拟研究表明，南极底层水（Antarctic bottom water，AABW）、北大西洋深层水（North Atlantic deep water，NADW）、南极中层水（Antarctic intermediate water，AAIW）、绕极深水（circumpolar deep water， CDW）等这些构成大洋 MOC 的重要洋流系统的变化与冰冻圈有关密切关系。研究已经表明，跨越洋中脊向北输送的大西洋暖、咸水为 8.5×10^6 m^3/s，包括约 313 W/s 的能量和 303×10^6 kg/s 盐量。当其从北冰洋海域向南返回跨越洋中脊时，它的盐度已经减小到 35.25~34.88psu，它的温度已经由 8.5℃下降到 2.0℃或更低，足见北极海域冷、淡水对海洋热、盐的影响，而这一热量变化的影响不仅仅体现在局地气候方面。

8.3.3　冰冻圈与海平面

1. 影响海平面变化的主要因素

海平面变化在不同时空尺度广泛存在。在地质时期（约 100Ma），曾出现最大规模的全球尺度海平面变化（变幅 100~200 m），其主要由地质构造过程所引起，如与海底和洋中脊扩张有关的大尺度洋盆变形等。随着陆地冰盖的形成（例如，形成于 35Ma 的南极冰盖），全球平均海平面也随之下降 60 m。约 3Ma 始，由于地球轨道和偏心率变化导致冰期-间冰期循环交替出现，北半球万年尺度准周期性消涨的冰帽对全球海平面变化产生了重要影响，其影响量级在 100 m 左右。在更短时间尺度上（百年至千年），海平面波动主要受自然强迫因子（太阳辐射、火山喷发）和气候系统内变化（大气-海洋振动，如 ENSO、NAO、PDO）的影响。自工业化以来，海平面受到人类排放导致的全球变暖的显著影响。近百年来，在人为气候变暖影响下，全球海平面发生了剧烈变化，近期海平面上升幅度在加快，海洋热膨胀和冰冻圈的加速融化是近代海平面上升的主要贡献因素，这也是本节关注的重点内容。

近百年海平面上升的贡献主由海洋热膨胀、陆地水储量变化和冰冻圈变化三方面组成。观测数据表明，自 1950 年以来，海洋热含量，也就是热膨胀已经显著增加。Domingues 等人对海洋变暖的评估表明，海洋热膨胀对过去几十年海平面上升的贡献估计超过 40%，

1993~2003 年观测到热膨胀剧烈增加，但自 2003 年以后，热膨胀增速减缓，最近热膨胀增速的减缓可能反映了短期的波动，而不是长期的趋势。在卫星测高观测期（1993~2010 年），全球平均的海洋热膨胀对海平面上升的贡献估计为 30%~40%。综合评估表明（表 8.2），1971~2010 年，0~700 m 海洋深度范围海洋热膨胀的贡献率为 0.6 [0.4~0.8] mm/a，同期如果包括深海的热含量增加的贡献，则海洋热膨胀对海平面上升的贡献率为 0.8[0.5~1.1]mm/a。测高观测期（1993~2010 年），0~700 m 的贡献率为 0.8[0.5~1.1]mm/a，包括深海则为 1.1[0.8~1.4]mm/a。

表 8.2　过去不同时段观测和模拟的全球平均海平面收支状况（mm/a）

Table 8.2　The global average sea level budged of observation and simulation in the different periods（mm/a）

贡献来源	1901~1990 年	1971~2010 年	1993~2010 年
观测到的对全球平均海平面（GMSL）上升的贡献			
热膨胀	/	0.8 [0.5~1.1]	1.1 [0.8~1.4]
除格陵兰冰盖和南极冰盖外的冰川 [a]	0.54 [0.47~0.61]	0.62 [0.25~0.99]	0.76 [0.39~1.13]
格陵兰冰川 [a]	0.15 [0.10~0.19]	0.06 [0.03~0.09]	0.10 [0.07~0.13] [b]
格陵兰冰盖	/	/	0.33 [0.25~0.41]
南极冰盖	/	/	0.27 [0.16~0.38]
陆地水储量	–0.11 [–0.1~–0.06]	0.12 [0.03~0.22]	0.38 [0.26~0.49]
总贡献	/	/	2.8 [2.3~3.4]
观测到 GMSL 上升	1.5 [1.3~1.7]	2.0 [1.7~2.3]	3.2 [2.8~3.6]
模拟的对全球平均海平面（GMSL）上升的贡献			
热膨胀	0.37 [0.06~0.67]	0.96 [0.51~1.41]	1.49 [0.97~2.02]
除格陵兰和南极冰盖之外的冰川	0.63 [0.37~0.89]	0.62 [0.41~0.84]	0.78 [0.43~1.13]
格陵兰冰川	0.07 [–0.02~0.16]	0.10 [0.05~0.15]	0.14 [0.06~0.23]
包括水储量在内的总贡献	1.0 [0.5~1.4]	1.8 [1.3~2.3]	2.8 [2.1~3.5]
残差 [c]	0.5 [0.1~1.0]	0.2 [–0.4~0.8]	0.4 [–0.4~1.2]

a 所有数据到 2009 年，而不是 2010 年。

b 在总量中没有包括该贡献值，因为格陵兰冰川在观测评估中已包含在格陵兰冰盖中。

c 观测的全球平均海平面上升-模拟的热膨胀-模拟的冰川-观测的陆地水储量。

不确定性为 5%~95%。大气-海洋环流模型（AOGCM）历史数据结束于 2005 年，RCP4.5 情景的预估用 2006~2010 年集合数据。模拟的热膨胀和冰川贡献均由 CMIP5 结果计算，冰川用 Marzeion et al.（2012）的模型。陆地水贡献只考虑人类活动，没有考虑与气候相关的影响。

资料来源：IPCC AR5，2013

陆面水储量变化对海平面的贡献可归结为地下水超采、地表水库和湖泊储量变化、森林退化、湿地损失和其他影响（灌溉时增加土壤含水量、通过蒸发水汽进入大气等）。在地球水文系统中，参与水循环的水可分为大气水、地表水和地下水。在气候变化背景下，这三部分水的储量都会发生改变。它们以不同的形式、在一定时间和空间尺度上影响着海平面的变化。陆面水储量变化对海平面的贡献是多途径的，它们对海平面贡献的效应也是不同的，有些为正贡献（使海平面上升），有些是负贡献（使海平面下降）。根据模型对自然气候变化引起的陆地水储量变化研究表明，尽管年际/十年的波动较为显著，但长期陆地水储量变化对海平面的贡献并不明显。2002 年以来，由 GRACE 观测获得的空间重力数据可以推断出陆地水对海平面总的贡献（气候和人类活动），分析结果表明，陆地水以年际变化为主的贡献只表现出趋势性信号，量值不足 10%。另外，20 世纪后半叶以来全球河流大坝建设可能使海平面下降 0.5 mm/a，但地下水的抽取，尤其是灌溉可能或多或少地抵消了这一影响。

2. 观测到的过去冰冻圈对海平面变化的贡献

全球陆地冰川（山地冰川和小冰帽）对全球变暖十分敏感，最近几十年全球范围的冰川退缩，尤其是 20 世纪 90 年代以来的加速退缩十分显著。根据冰川物质平衡研究，已有许多有关冰川消融对海平面上升贡献的估值。Leclercq 等人研究指出，1800~2005 年，冰川对海平面上升的贡献（8.4 ± 2.1）cm，1895~2005 年贡献量为（9.1 ± 2.3）cm，1800 年以来，估计冰川和冰帽消融对海平面上升的贡献占观测总量的 35%~50%。这一结果可能偏大，Cazenave 和 Llovel 利用地面观测、遥感监测及模拟结果表明，1993~2010 年，冰川和冰帽对海平面上升的贡献约为观测到的海平面上升量的 30%，而这一时期是冰川加速消融期。

如果格陵兰和西南极冰盖全部融化，海平面将分别上升约 7 m 和 3~5 m，因此即使冰盖小量的冰量损失，也会对海平面变化产生实质性影响。近期极地冰量的加速损失已经弥补了由海洋热膨胀减缓对海平面上升的贡献，并使海平面几乎以相同的速率持续上升。重力卫星（GRACE）数据显示，2003~2010 年格陵兰和南极冰盖冰量损失显示出显著的增加之势，冰量以（392.8±70.0）Gt/a 的速率减少，相当于同期对海平面上升的贡献速率为（1.09±0.19）mm/a。尽管估算存在着差异，2003~2010 年冰盖物质损失大约可解释 25%的海平面上升量。

权威的有关冰冻圈变化对海平面上升影响的评估来自 IPCC 评估报告，最新的评估结果表明（表 8.2）：①对于山地冰川，2003~2009 年所有冰川（包括两大冰盖周边的冰川）对海平面的贡献为 0.71 [0.64~0.79] mm/a，由于在实际计算中有时难于将两个冰盖周围的冰川与冰盖的贡献分离开来，因此，在不考虑两大冰盖周围冰川情况下，全球冰川对海平面的贡献为 0.54 [0.47~0.61] mm/a（1901~1990 年），0.62 [0.25~0.99] mm/a（1971~2009 年），0.76 [0.39~ 1.13] mm/a（1993~2009 年）及 0.83 [0.46~1.20] mm/a（2005~2009 年）。②对于格陵兰和南极冰盖，两者对海平面变化的贡献途径略有不同。格陵兰冰盖物质平衡由其表面物质平衡和流出损失量组成，而南极物质平衡主要由积累量和以崩解和冰架冰流损失的形式构成，两大冰盖对海平面变化贡献的观测真正开始于有卫星和航空测量的近 20 年，主要有三种技术应用于冰盖测量：物质收支方法、重复测高法和地球重力测量法。观测表明，格陵兰对 GMSL 的贡献为 0.09 [–0.02~0.20] mm/a（1992~2001 年），到 0.59 [0.43~0.76] mm/a（2002~2011 年）；南极冰盖对海平面上升的贡献速率平均为 0.08 [–0.10~0.27] mm/a（1992~2001 年），到 0.40 [0.20~0.61] mm/a（2002~2011 年）。1993~2010 年两大冰盖的贡献总量为 0.60 [0.42~0.78] mm/a（表 8.2）。与 IPCC AR4 给出的 1993~2003 年格陵兰（0.21 ± 0.07）mm/a、南极的（0.21 ± 0.35）mm/a 比较，冰盖的贡献明显增加。

总体而言，若不考虑陆地水储量变化的影响，在海洋热膨胀和冰冻圈这两大影响因子中，工业化以来对海平面上升的贡献各占一半，未来随着海洋热膨胀的减小和冰盖贡献量的增加，冰冻圈对海平面的贡献将会大于热膨胀。

8.3.4　冰冻圈与陆地水文

1. 冰川水文

1）研究对象与内容

冰川水文学是冰川学和水文学的交叉学科，是研究冰川融水产汇流过程、变化规律及其水文作用的科学，主要涉及由冰川消融到冰川径流的各种水文现象（图 8.30）、过程及其基本规律。冰川水文学重点研究内容为冰川表面消融与径流的关系，冰川产流、汇流过程；冰川融水径流的水文分析和计算理论与方法（包括冰川融水形成机理，冰川融水对河流的补给作用及其计算方法，冰川融水各水文特征值的分析计算和分布规律，冰川水文模型）；冰川融水的水文物理和水文化学特征；冰川和季节积雪融水的侵蚀作用，沉积物搬运和堆积作用的研究；冰川水资源评价方法与理论基础；与冰川融水有关的专门性的水文学问题，包括冰川阻塞湖溃决洪水及其形成机制，洪水形成理论与计算方法，冰川水资源利用等。冰川水文学应用的重要出口是研究冰川径流在流域水资源中的作用，重点关注流域水文过程中冰川的补给与调节作用。

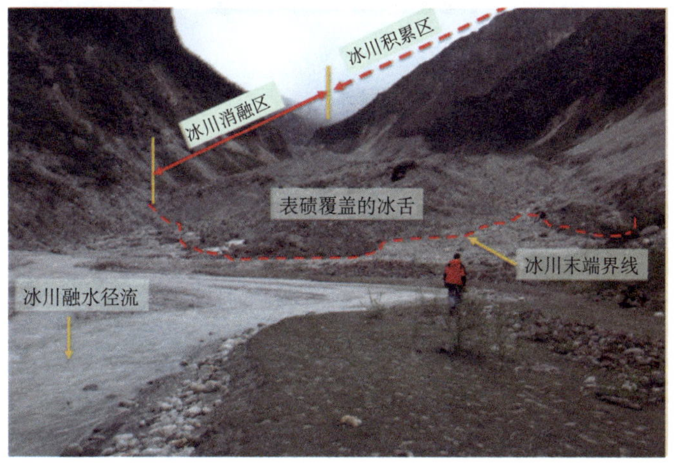

图 8.30　冰川末端消融及融水河流

Figure 8.30　The glacier melting at terminus and meltwater river

冰川作为“固体水库”通过自身变化来调节水资源。这一调节作用，可分为短期（多年）和长期（几十年到数世纪）两种方式。从短期看，在高温少雨的干旱年份，冰川的消融加强，冰川融水补给河流，使河流水量增加；相反，在多雨低温的丰水年，又有大量的降水储存于冰川上，使河流的水量减少。从长期看，冰川的形成和变化受气候条件的影响，同时受自身运动规律的制约，其形成和变化过程需几百、上千年甚至更长时间，因此它可将几百年前储存在冰川上的水在某一特定的气候条件下再释放出来或者将部分降水储存于冰川上，可使某一时期冰川径流发生增减变化，这就是冰川波动对水资源的长期调节作用。

2）冰川消融与冰川径流组成

在前面相关章节中，已经介绍了冰川积累和消融的基本概念，这里为了与冰川水文内容相衔接，再强调一下冰川消融的一些知识。我们已经知道，冰川融化或以其他形式所损耗的冰量称为冰川消融。与冰川消融相关的概念有总消融和净消融，总消融是指一年中冰川表面所损失的所有水量，包括纯冰消融、夏季固态降水消融和液态降水、冬季消融（升华）冰、雪崩损失量（图 8.31）； 净消融是指一年中所消耗掉的纯冰川冰量。

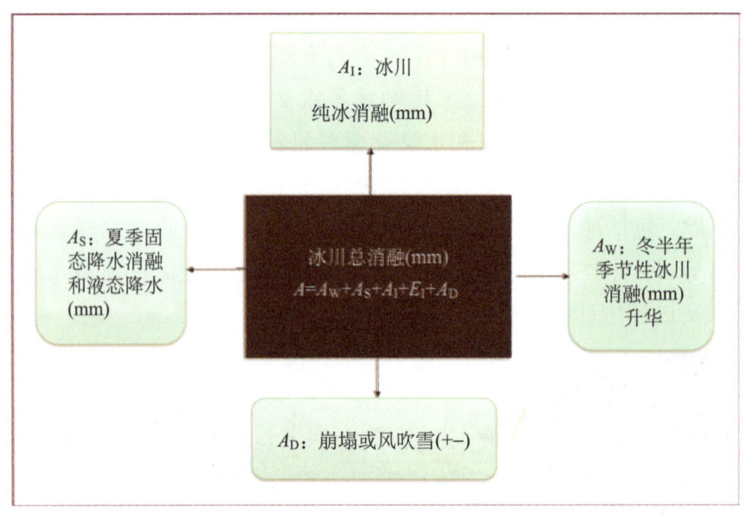

图 8.31　冰川消融各分量组成

Figure 8.31　The component of glacier ablation

辐射是决定冰川消融的关键因素。冰川消融的主要热源为太阳辐射热，其次为湍流交换热。在热量收入中，耗于冰面消融的热量与冰面性质有关，对裸露冰面而言，90%以上的热量供冰面消融，粒雪为 80%~88%。当冰面覆盖有大量表碛时，冰面消融的耗热量最少，如消融区覆盖有大量表碛的珠穆朗玛峰绒布冰川冰面消融耗热只占总热量的 33%。下垫面不同，反射率的变化很大，如高山积雪的反射率为 0.6~0.9，粒雪为 0.4~0.7，裸露冰为 0.35~0.5，辐射平衡值可相差 3 倍。冰面消融量与辐射平衡之间的关系可用式（8-1）表示：

$$Q = aB^n \tag{8-1}$$

式中，Q 为冰面径流场日平均流量（L/s）或消融深（mm）；B 为辐射平衡值[J/（cm^2 •h）]；a 为待定系数；n 为幂次方。a 和 n 随冰川下垫面性质和各地气候条件不同而异。

热量平衡是计算冰川消融的最精确的方法，但热量指标一般获取困难。气温是反映热量综合状况的良好指标，且易于获得。建立气温与冰川消融之间的关系，进而估算冰川消融量是最常用的方法。下面列出的是常用到的气温和消融关系，缺乏资料的地区，可粗略用这些公式估算冰川消融量。

$$\begin{aligned} &A = 1.33\left(T_S + 9.66\right)^{2.85}\text{（全球）} \\ &A = 0.268\left(T_S + 4\right)^{2.6}\text{（台兰）} \\ &A = a\left(T_S + K\right)^{b}\text{（通用）} \end{aligned} \tag{8-2}$$

式中，A 为年消融量；T_S 为夏季（6~8 月）平均气温；K 为常数；b 为系数。

冰川消融决定着冰川融水径流。但冰川径流过程与冰内水系及冰面湖和表碛覆盖状况等水文系统有关。冰川水文系统由冰面径流、冰内径流和冰下径流构成（图 8.32）。冰面径流直接由冰面消融产生；冰内径流主要是冰面消融通过冰内隧道流出；冰下径流来自于冰面和冰内径流，通过冰川和基岩界面形成的冰下通道汇流。

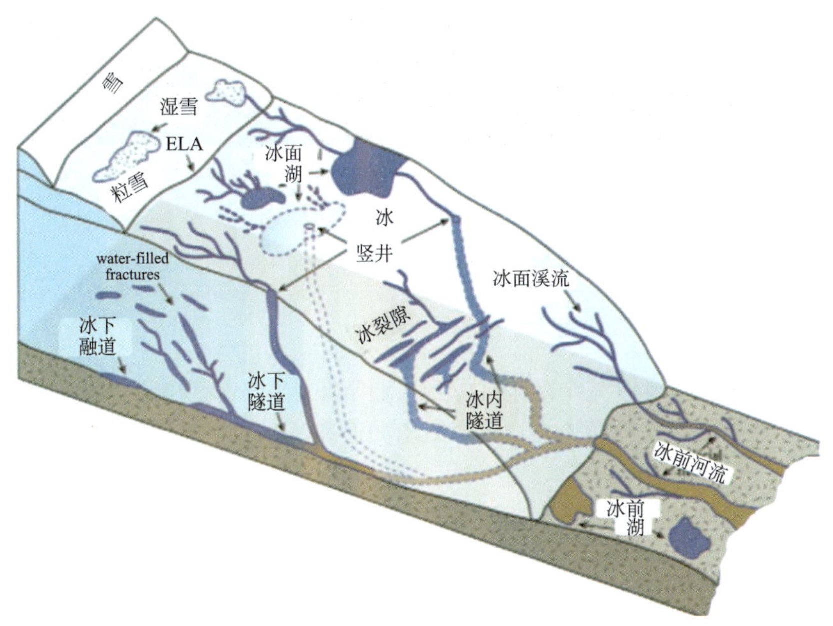

图 8.32　冰川水文系统组成示意图

Figure 8.32　The glacier hydrological system

冰川消融径流通过上述水文通道流出冰川后，在流域河道汇流而形成径流称为冰川区径流，它往往不仅包括冰川消融径流，还包括周围裸露山地降水形成的径流（图 8.33A）。冰川区径流组成可用式（8-3）表示：

$$R = R_f + R_A + R_B \tag{8-3}$$

式中，R_f 为冰川积累区积雪与粒雪融水径流；R_A 为冰川消融区径流；R_B 为裸露山坡径流。对于 R_f，夏季高温季节，冰川积累区的融水径流主要发生在零平衡线至粒雪线之间（图 8.33B），对大陆型冰川而言，雪线高、温度低、能量低，冰川积累区产生融水径流相当微弱，它在冰川总消融量中的比例相当小，可以忽略不计。冰川区裸露山坡为多年冻土与季节冻土分布地带，裸露山坡径流 R_B 除了由当年降水（包括固态与液态降水）形成的径流外，还包括地下冰融水径流。对于消融区径流 R_A，可用式（8-4）计算：

$$R_A = R_w + R_s + R_I + R_m \tag{8-4}$$

式中，R_w 为冰川消融区内冬、春季节性积雪融水径流（mm）；R_s 为冰川消融区内夏季降水包括固态与液态降水径流（mm）；R_I 为冰川消融区纯冰融水径流，包括冰川表面裸露冰，冰内和冰下融水径流（mm）；R_m 为埋藏冰融水径流（mm）。

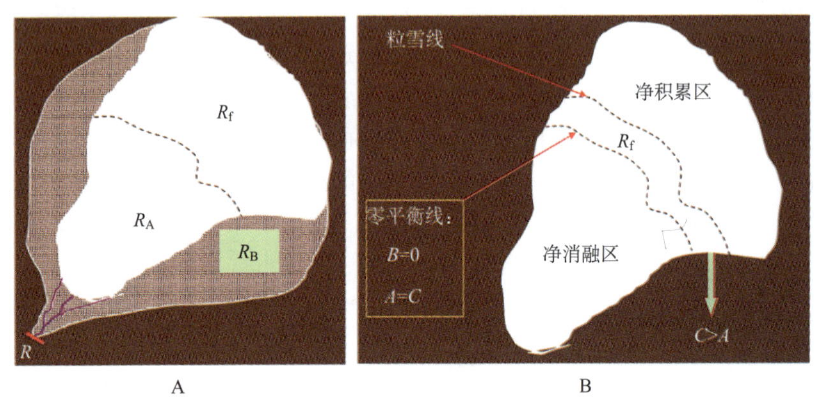

图 8.33　冰川区径流组成示意图

Figure 8.33　The component of glacier runoff

3）冰川融水径流的几种定义

由于冰川融水径流难以完全准确观测到，通常在冰川末端观测到的所谓冰川融水径流均或多或少地包含有裸地径流，这就会引出如何理解冰川径流的问题。通常有以下几种定义：

冰川末端观测到的径流：认为冰川区的所有径流，包括来自冰川消融区、积累区和裸露山坡产生的所有径流为冰川融水径流。当裸露山坡面积在冰川区内所占的比例小时，冰川区径流与冰川融水径流相当。如果裸露山坡面积比例大，把来自冰川区裸露山坡径流都归入冰川融水径流，显然不太合适（最大定义）。这种定义下，冰川融水径流 R_g 表示为

$$R_g = R_f + R_A + R_B \tag{8-5}$$

来自于冰川上所有的径流：认为冰川区形成的径流，应扣除裸露山坡径流。它包括当年（水文年）在冰川积累区消融区内的冬春季节雪、夏季固、液态降水和冰川冰、冰

内、冰下以及埋藏冰融水径流，而把无冰川覆盖的裸露山坡径流作为山区融雪径流（最常用定义）。这种定义下，冰川融水径流 R_g 表示为：

$$R_g = R_f + R_A = R_f + R_w + R_s + R_I + R_m \tag{8-6}$$

$$R_g = R - R_b \tag{8-7}$$

除夏季降水外冰川上所有的径流：认为冰川区径流除了扣除裸露山坡径流外，还应当把当年降落在冰川上，但未经冰川成冰作用的夏季降水也扣除。这种定义下，冰川融水径流 R_g 表示为

$$R_g = R_f + R_w + R_I + R_m \tag{8-8}$$

只包括粒雪和冰川冰消融的径流：认为冰川融水径流仅指冰川冰和粒雪融水形成的径流。而在冰川上的降水无论是夏季还是冬春季节积雪，凡是当年都能形成径流的都划归山区融雪径流。这种定义下，冰川融水径流 R_g 表示为

$$R_g = R_f + R_I + R_m$$

只包括冰的消融径流：认为冰川融水径流仅指冰川冰融水形成的径流。这种定义下，冰川融水径流 R_g 表示为

$$R_g = R_I + R_m \tag{8-9}$$

以上述 5 种定义的方法来估算和评价冰川融水径流，显然会得到不同的结果。第一、第二种观点在概念上不甚严格，它扩大了冰川融水的作用。第三、第四种观点考虑了冰川的成冰作用，把冰川上的降水划归为山区积雪，又并不排除降水在冰川发育中的作用，作为评价冰川融水径流对河流的作用是比较合理的。但因资料所限，在实际估算中有一定困难。第五种观点忽略了由粒雪到冰川冰的作用。为简化计算，一般采用第二种定义。

冰川区径流直接与冰川消融相关（图 8.34）。据水量平衡原理，冰川区冰雪融水径流（R_g）与冰川消融量之间存在如下关系：

$$R_g = A_f - \left(E_f + \Delta A_f\right) + \left(A_a - E_a\right) \tag{8-10}$$

式中，A_f 为积累区消融量（mm）；E_f 为积累区蒸发量（mm）；ΔA_f 为积累区融水再冻结量（mm）；A_a 为消融区总消融量（mm）；E_a 为消融区蒸发量（mm）。

4）冰川融水径流特征

日变化周期：无论是大陆型冰川还是海洋型冰川，其融水径流均表现出单峰单谷的日变化周期。其峰、谷滞后于气温的日变化周期，滞后时间的长短取决于冰川类型、冰川排水性质、流域面积大小以及水文观测断面距冰舌末端的距离等因素。

年内分配：冰川径流的年内变化与冰川消融期的长短和冰川类型有关。我国大陆型冰川的水文年可定为 10 月至翌年 9 月，而海洋型冰川的水文年与自然年基本一致（图 8.35）。冰川融水高度集中于 6~8 月，占消融期径流量的 85%~95%，冬季断流。

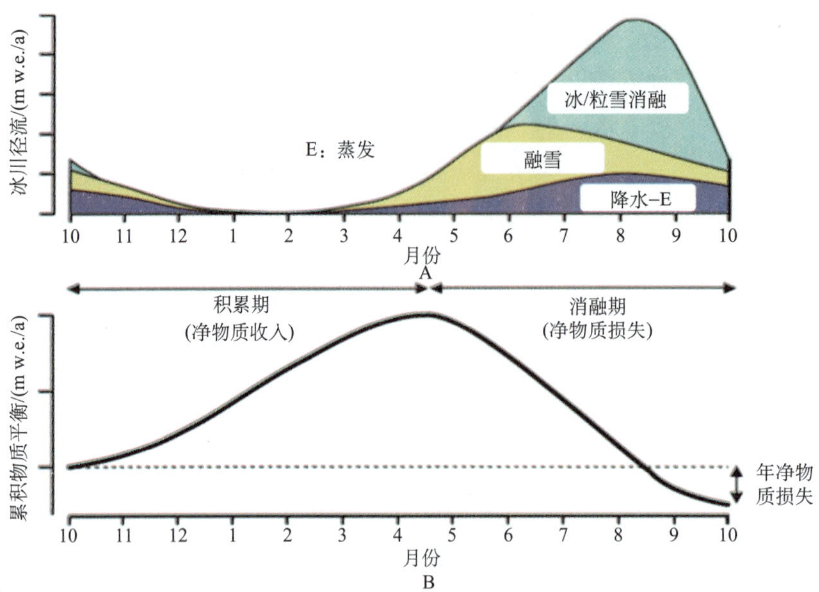

图 8.34　基于第二种概念的冰川总径流季节过程及其组成

Figure 8.34　The seasonal process of total runoff and its composition based on the second concept

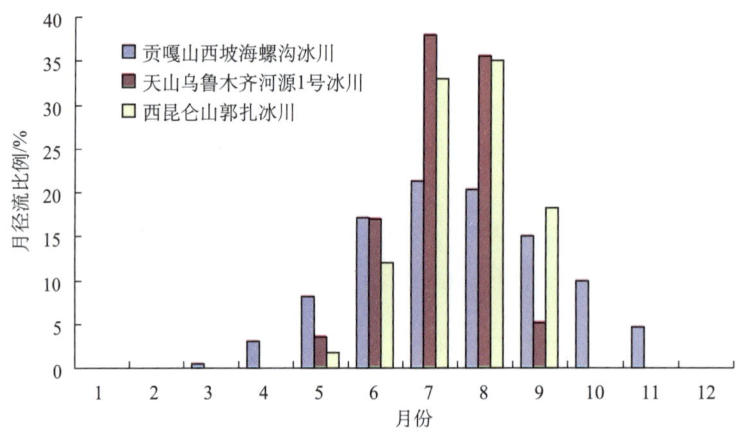

图 8.35　中国典型冰川径流的年内分配

Figure 8.35 Typical annual glacial runoff distribution in China

海洋性冰川：海螺沟冰川；大陆型冰川：郭扎冰川、天山乌鲁木齐河源 1 号冰川

径流过程受气温控制：由于冰川消融主要受热量条件的控制，冰川径流受温度明显，而降水由于新雪反照率较大，反而抑止消融，使径流减小，个别情况下，如降水是降雨，也可以加快冰川的消融（图 8.36）。

冰川径流年变差：国内外一些冰川融水径流年变差系数的数值表明，规模较小的大陆型冰川的径流年变差系数较大，而规模较大的大陆型冰川、亚大陆型冰川和海洋型冰川的径流年变差系数相对要小得多。

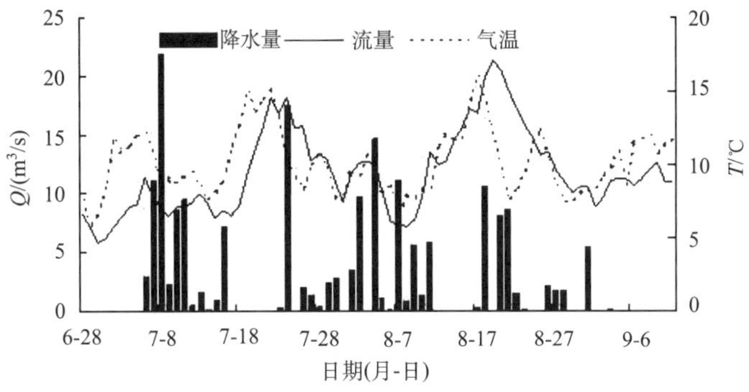

图 8.36　气温、降水与冰川径流的关系

Figure 8.36　The relation of the temperature and precipitation to glacial runoff

5）冰川融水径流的主要特征参数

冰川融水径流模数（M_g）。冰川融水径流模数为单位面积、单位时间冰川的产流量，它是衡量冰川区冰川融水产流量大小的参数。一般用冰川融水径流模数表示[L/（s•km²）]：

$$M_g = \frac{W_g}{F_g \times t_g} = \frac{W - W_B}{F_g \times (-t_A)} = \frac{R \times F - R_B \times F_g}{F_g \times t_g} \times 100\% \qquad (8\text{-}11)$$

式中，W_g 为冰川融水径流量（m^3）；W 为冰川区径流量（m^3）；W_B 为裸露山坡径流量（m^3）；F_g 为冰川覆盖面积（km^2）；F 为冰川区面积（km^2）；R 为冰川区径流（mm）；R_B 为裸露山坡径流（mm）；t_A 为冰川消融期（s）；t_g 为降雨期（s）。一般来说，大陆性冰川为 5~9 月，亚大陆性冰川和海洋洋性冰川分别为 4~10 月和 3~11 月。

冰川融水径流深（H）。冰川融水径流深是冰川融水径流模数的另外一种表示方式，定义为单位冰川面积（S）的多年平均产水量（W），一般用 mm 表示。

径流系数（α）。可表示为

$$\alpha_g = R / P \qquad (8\text{-}12)$$

式中，R 为流域径流深（mm）；P 为流域平均降水量（mm）。当冰川处于正平衡时，冰川区积累量大于消融量，$R < P$，则 $\alpha_g < 1.0$；反之，当冰川处于负平衡时，$\alpha_g > 1.0$，也就是说，在干旱少雨年份，除了冰川覆盖区当年降水形成径流外，还有冰川本身物质的亏损，使 R 增加，即 $R > P$。

6）冰川洪水

冰湖溃决洪水。1974 年国际水文协会（IAHS）将冰川溃决洪水定义为，发生非常突然、通常难以预测、洪峰过程短促而径流模数较大的一种洪水。简言之就是突发性洪水。这种洪水通常是由冰湖溃决形成。广义的冰川湖包括冰川阻塞湖、冰碛阻塞湖、冰面湖、冰内湖等。冰川湖突发性洪水（glacier lake outburst flood）简称为 GLOF 或 Jökulhlaup（冰岛语）。在各类冰湖发生溃决洪水的事件中，主要有两类，一类是由冰川阻塞湖溃决，或在冰川系统内或冰川底部堵塞融水溃决，简称冰川湖溃决；另一类是冰川终碛阻塞湖溃决，简称冰碛湖溃决。溃决洪水多数会诱发冰川泥石流。

冰碛阻塞湖溃决与外部诱发因素和坝体组成等有关。冰崩诱发是常见诱因。由于冰碛堤坝是由各种大小不一、粗细不同的冰碛物组成，且漂砾、块石等粗大颗粒含量较多，一般情况下，它是很稳定的，只有在冰崩、冰川跃动、巨大的雪崩等特殊外力作用下，才可能导致冰碛堤坝溃于一旦。在朋曲、波曲等上游冰碛湖溃决多属此类。冰湖蓄满溢流或管涌也是常见溃坝因素。盛夏高山冰川、积雪强烈消融，如果冰碛阻塞湖上游来水量大于排水或渗漏水量，则湖水水位上升造成漫坝溢流，同时在静水压力作用下，终碛堤下管涌规模增大或者堤下死冰消融崩塌，是造成冰碛阻塞湖溃决的重要原因，尤以暖湿年份为甚。

冰川阻塞湖溃决的因素主要有：①静水压力作用：当湖水水深达到冰坝高度的 9 / 10 时，在湖水巨大的静压力作用下冰坝浮起造成冰坝断裂冰湖排水。②热融排水作用：冰川在运动和消融过程中，在冰面、冰内及冰下形成纵横交错的排水通道。③冰坝断裂：冰坝在静水压力和冰川流动产生的剪切应力的作用下，湖水沿冰裂隙或冰层断裂处向外排泄。④由于地震或火山爆发或地热作用致使冰坝崩塌、融化造成冰湖溃决（突发排水）。

冰湖溃决洪水特征：洪峰高，洪量小；洪水陡涨急落，过程线呈单峰尖瘦型（图 8.37）；洪水发生的时间不确定性较大；冰湖溃决洪水发生频率高；冰湖溃决洪水量与前期降水及冰川消融量无直接关系，而仅取决于冰湖容量及溃坝规模。

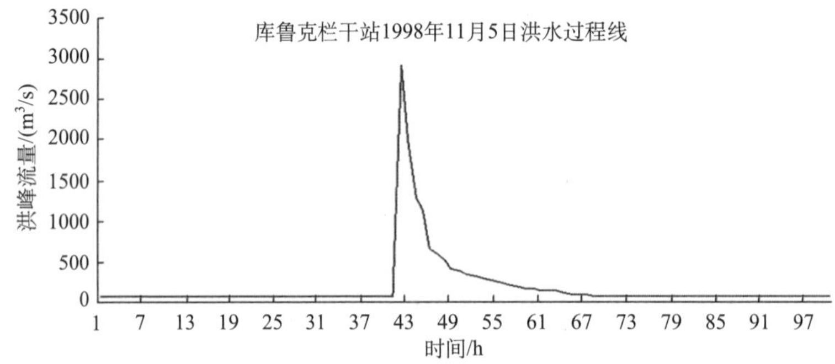

图 8.37　叶尔羌河上游喀喇昆仑山冰川湖溃决过程

库鲁克栏干站距溃决冰湖几百千米

Figure 8.37　Glacier lake outburst floods in Yakand river of Karakoram Mountains

冰川泥石流。冰川泥石流是现代冰川和积雪地区的一种含有大量土、沙、石块等松散固体物质的特殊洪流。其流体中的固体物质主要为现代冰川作用和古代冰川作用形成的新、老冰碛物，而水源主要由冰川和积雪的强烈消融、冰湖溃决、冰崩和雪崩体急速融化产生的强大水流所补给。冰川泥石流主要有以下特点：①冰川泥石流基本上是冰川强烈退缩的产物；②初生冰川泥石流在类型上大多为黏性冰川泥石流；③冰川泥石流多发生在下午和夜间；④第一场冰川泥石流是在各种形成条件经过长期充分酝酿和准备的情况下出现的；⑤冰川泥石流在其发展过程中，多呈现为活跃期与平静期相间的波浪式演进；⑥冰川泥石流在运动过程中具有大冲大淤的特征。

2. 冰川水资源

1）冰川融水量的计算方法

如前撰述，计算冰川消融量的方法归纳起来主要有两种，能量平衡法和气象因子法。利用气温要素与消融量的关系是目前计算冰川物质平衡和消融量的主要方法。

无论能量平衡法还是气象因子法，均需要对冰川径流进行观测作为计算的基础。为获得冰川融水径流量，一般在冰川冰舌末端附近设立水文控制断面，同时在附近的裸露山坡设立水文断面，进行平行对比观测。

流量和气温关系法。通过分析不同时段（日、旬、月等）冰川径流量与气温的关系，建立两者之间的关系。气温可以是气象站气温，亦可是水文站资料。利用丰富的气温资料，延长冰川径流资料，为冰川径流的分析研究提供基础。这一方法得出的结果具有一定局限性，只能用于具体的冰川，不能推广应用。

冰川融水径流模数法。由于冰川径流模数（单位面积、单位时间冰川的产流量）具有明显的区域性分布规律，因此，可根据有限的冰川径流资料建立起冰川径流模数的分布规律，在此基础上，采用内插法推求无资料地区的冰川径流模数。

以热量平衡为基础的线性水库方法。用冰川点的热量平衡资料，根据热量平衡原理计算出点的冰面融水量，以冰面融水量为输入变量，然后用线性水库模式求出冰川融水径流的出流过程。线性水库原理是基于冰川融水径流的出流与冰川融水储水量为正比，即

$$V(t)=KQ(t) \tag{8-13}$$

$$Q(t)=\int_0^t \frac{R(\tau)}{k}e^{(\tau-t)/t}\,\mathrm{d}\tau+Q_3(t)+Q_4(t) \tag{8-14}$$

式中，公式中 $V(t)$ 为冰川融水储量，$Q(t)$ 为冰川融水径流量，K 为系统，$R(\tau)$ 为单位时间的冰川融水储量，$Q_3(t)$、$Q_4(t)$ 分别为冰面融化前期冰面融雪径流量和消融期的冰面降水径流量。

水文模型。水文是计算冰川径流的较理想方法，但由于观测资料的限制，在流域尺度上考虑冰川融水、降水等过程的水文模型还在发展阶段，目前应用较广泛的是在流域分布式水文模型中嵌入冰川消融模块，冰川消融模块主要利用基于气温的度日方法。总体来说，由于冰川融水的观测有限，在模型中考虑的越粗细、过程越复杂，模拟的精度也越低。

2）中国冰川水资源及分布

通过上述方法，可计算出流域、区域及全国的冰川水资源量。中国冰川水资源量主要是用径流模数法（早期）和基于度日因子的水文模型法（最近）获得。

冰川融水径流模数的空间分布。冰川融水径流模数分布的总趋势是随着干旱度的增加而递减；最大值出现在受西南季风影响的西藏东南部海洋型冰川，如念青唐古拉山东段的古乡冰川，约达 196.7 L/（km^2 · s）；由此向西和西北方向至青藏高原内部的藏北地

区、帕米尔高原和祁连山西段，减少为 7.7~43.1 L/（km^2 • s）。

冰川融水径流深的分布。冰川融水径流深的分布与冰川融水径流模数相同，即由西藏东南部的海洋型冰川向西、西北方向的大陆型冰川递减。例如，西藏东南部古乡冰川径流深为 3000 mm 以上，贡嘎山贡巴冰川约为 2037 mm，由此以西的喜马拉雅山北坡，西北部的祁连山西段以及帕米尔地区为 400~550 mm。西昆仑山南坡的冰川区为低值区，径流深约为 200 mm。

冰川平均年融水总量。20 世纪 80 年代，综合冰川融水径流模数法、流量与气温关系法、对比观测实验法等，估算中国冰川年径流总量为 563.3×10^8 m^3，后来经过修正补充后的数字为 604.65×10^8 m^3（表 8.3）。全国冰川径流量约为全国河川径流量（27115×10^8 m^3）的 2.2%，多于黄河入海的多年平均径流量，相当于我国西部甘肃、青海、新疆和西藏 4 省（自治区）河川径流量（5760×10^8 m^3）的 10.5%。此外，四川、云南两省也有少量冰川融水。从各山系冰川融水径流水资源的数量来看，念青唐古拉山区最多，约占全国冰川融水径流总量的 35%，其次是喜马拉雅山和天山，分别占 12.7%和 15.9%；阿尔泰山最小，不足 1%。西藏约集中了全国冰川融水径流总量的 58%，居首位；其次为新疆，约占 33%。全国冰川融水径流总量的 60%左右汇入外流区河流，约 40%汇入内陆河，但就冰川面积而言，外流区水系仅占全国冰川面积的 40%，而内流区水系却占了 60%。

表 8.3 中国西部山区冰川及冰川融水径流

Table 8.3 Glaciers and their melt water runoff in China

山　脉	冰川面积 / km^2	冰川融水径流量 / 亿 m^3	占全国冰川融水径流量 / %
祁连山	1930.51	11.32	1.9
阿尔泰山*	296.75	3.86	0.6
天山	9224.80	96.30	15.9
帕米尔	2696.11	15.35	2.5
喀喇昆仑山	6262.21	38.47	6.4
昆仑山	12267.19	61.87	10.2
喜马拉雅山	8417.65	76.60	12.7
羌塘高原	1802.12	9.29	1.5
冈底斯山	1759.52	9.41	1.6
念青唐古拉山	10700.43	213.27	35.3
横断山	1579.49	49.94	8.3
唐古拉山	2213.40	17.59	2.9
阿尔金山	275.00	1.39	0.2
总　计	59425.18	604.65	100.0

* 包括穆斯套岭面积 16.84 km^2 的冰川

3）冰川融水对河川径流的补给作用

冰川融水对河流的补给比例各地不一。冰川融水径流补给比例取决于流域水文控制点以上的冰川覆盖率。高纬度大型冰川区、我国内陆河流域，冰川径流补给比例较高。以中国为例，西部省区冰川融水径流对河流的补给以新疆为最大，其补给比例占 25.4%；其次是西藏，占 8.6%；甘肃最小，仅占 3.6%。从地域分布看，总分布趋势是由青藏高原外围向其内部随气候干旱度的增强与冰川面积增大而递增（图 8.38）。就内陆河水系来说，甘肃河西走廊、准噶尔盆地等地区冰川融水对河流的补给比例为 14%左右，而塔里木盆地水系则上升为 38.5%。又如河西走廊地区的东部石羊河水系的冰川融水对河流的补给比例仅为 4%，中部的黑河水系为 8%，而西部的疏勒河水系达 32%。外流河水系同样存在冰川融水补给比例随干旱度增强与冰川数量增加而递增的分布趋势，即由西藏东南部的澜沧江和恒河上游冰川融水补给比例不足 10%，到西部包括狮泉河、象泉河等在内的印度河上游增加到近 40%。

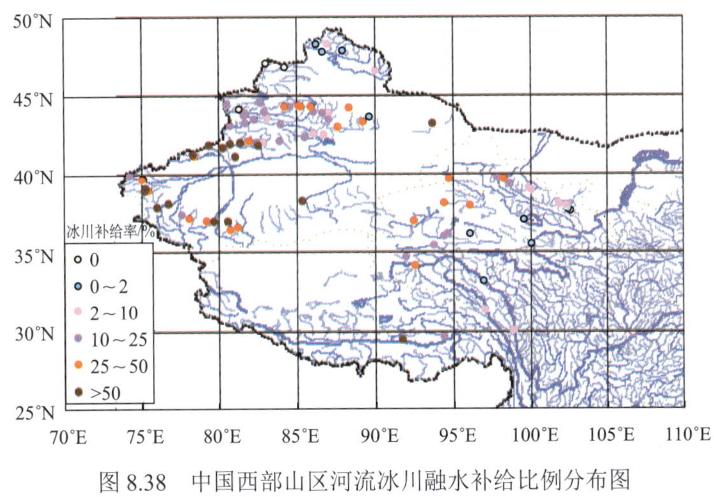

图 8.38　中国西部山区河流冰川融水补给比例分布图

Figure 8.38　The proportion of glacier melt water supplies in mountainous rivers of west China

4）冰川融水对河流径流的调节作用

冰川具有多年调节河川径流量的作用。在低温湿润年份，热量不足，冰川消融较弱，冰川积累量增加；在干旱少雨年份，晴朗天气增多，冰川消融强烈，释放出大量冰川融水。因此，我国西部山区冰川融水补给量较大的河流，干旱年份不缺水，多雨年份水量减少，缓和了河流丰、枯水年水量变化的幅度。例如，乌鲁木齐河上游（英雄桥站）冰川面积为 37.95 km^2，仅占流域面积的 4.1%。根据河源区冰川和非冰川区径流资料推算，1982~1997 年冰川径流补给比例平均为 11.3%，但在高温干旱的年份，如 1986 年冰川径流比例高达约 28.7%。在丰水的 1987 年则只有 5.1%。这也充分表明了冰川作为“固体水库”在调节径流丰枯变化方面的作用。

另外，冰川融水补给丰富的河流，其径流年变差系数也小。西北地区主要河流径流的统计表明（图 8.39）：在冰川补给较丰富的河流（冰川补给大于 30%），其年径流变差系数与年降水变差系数之比小于 0.5，在无冰川补给的河流，上述比值大于 1.0。这充分表明，冰川对径流的多年调节作用，冰川融水补给量较大的河流受旱涝威胁相对要小，对我国西部干旱地区农业稳定和可持续发展起着重要作用。

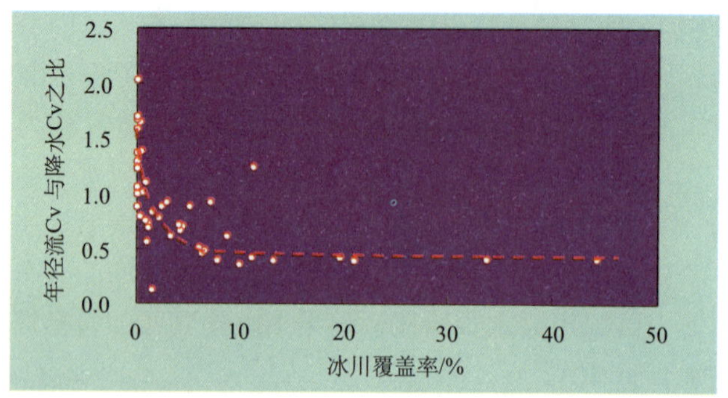

图 8.39　流域冰川覆盖率与径流和降水量变差系数之比关系图

Figure 8.39　The relation between glacier coverage and the ratio of coefficient of variation of runoff to the precipitation

5）气候变化对冰川径流的影响

冰川是气候的产物，随着气候的冷暖变化，冰川必然会发生进退变化。当前，随着全球气候变暖，冰川水资源也发生着显著变化。根据天山乌鲁木齐河源 1 号冰川融水径流观测结果，从 1995 年以后冰川径流显著增加，同时径流变化与夏季气温变化具有很好的同步性，这表明气温升高导致冰川径流增加（图 8.40）。从 1995~2003 年与 1980~1994 年相比，降水增加 95.2 mm（20%），夏季气温升高 0.8℃，冰川物质平衡增加–286 mm，对应径流增加 236.8 mm（35%），如果折算到冰川径流，则增加 45%，其中 11%来自降水增加，34%来自气温升高（0.8℃）引起的冰川物质平衡损失，相对于平衡态则高达约 66%。

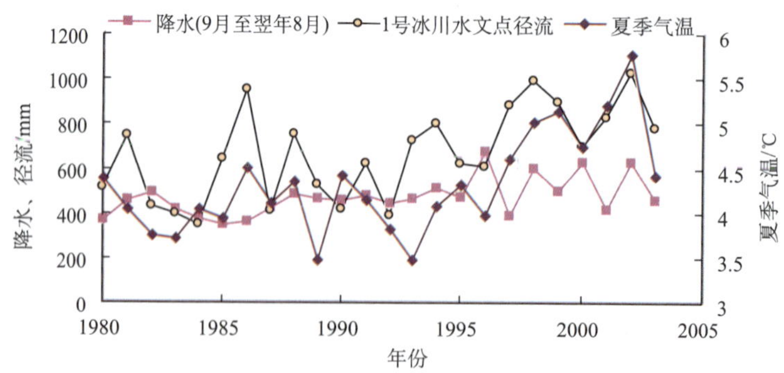

图 8.40　天山乌鲁木齐河源 1 号冰川区降水、气温与径流变化关系

Figure 8.40　The change of precipitation, temperature and runoff of the Glacier No.1 at the headwater of Urumqi River, Tianshan Mountains

研究表明，自 1960 年以来，塔里木主要河流径流增加了 22%，其中约 2/3 以上来源于冰川融水增加的贡献；长江源区，相对于 1961~1990 年，1990 年以来，河川径流减少 13.9%，冰川径流则增加了 15.2%，若没有冰川径流增加的补给，长江源区河流径流减少将更加显著（图 8.41）。

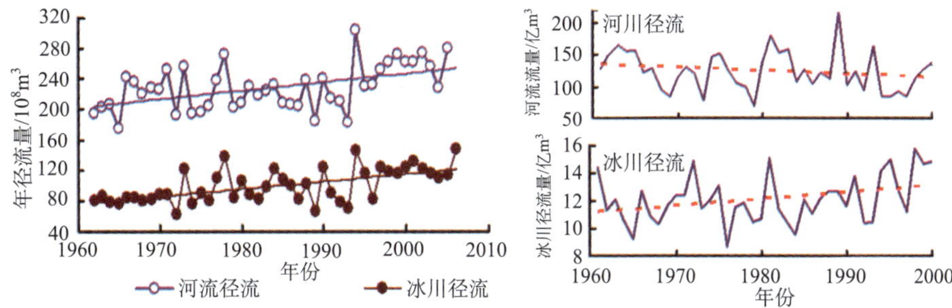

图 8.41　塔里木河四条主要河流（左图）及长江源区径流（直门达站）（右图）与冰川径流变化比较

Figure 8.41　The changes of runoff in four of the main rivers in the Tarim basin（left）and theYangtze river source（ringt）and glacier runoff

3. 雪水文

1）雪水文与雪水资源

融雪水文是研究积雪的融化及其径流的形成过程及其资源和环境效应的科学。雪水文是全球水循环和水资源的重要部分，全球陆地每年从降雪获得的淡水补给量为 59.5×10^{11} m^3，北半球冬季大陆积雪储量（水当量）达 20×10^{11} m^3。亚洲、欧洲、北美洲的许多大江大河，包括我国的长江、黄河源头地区，春季补给主要来自融雪径流。尤其是全球干旱、半干旱地区，包括我国西北地区，工农业用水高度依赖山区冬季积雪。春季融雪在我国东北和新疆、西藏等地区形成春汛，及时地满足了春灌的迫切需要，为农业发展提供了得天独厚的水资源条件。黄河流域冬小麦越冬，新疆、青海、西藏广大牧区冬季牧畜饮水和放牧都与积雪休戚相关。

积雪对地表保温作用。积雪是一种特殊的地面覆盖，对环境有重要影响。雪层是优良的隔热体，积雪覆盖可以防止土壤的过度降温。积雪深度的分布常常控制着冻土带的分布。积雪影响着许多动物和植物的冬季生存环境，在生态系统中有不可忽视的作用。

雪水资源可以按补给资源、储存资源和径流资源进行分类。积雪的补给来源是大气降雪。我国降雪量记录截至 1979 年中止，1980 年以后不再单独进行降雪量观测。根据 1951~1979 年 2300 个气象台站逐日降雪量记录估算了我国降雪补给量。全国年平均降雪量为 36.00 mm，占年降水量的 5.7%。全国降雪年补给量为 3451.8×10^8 m^3，其中 78.2% 集中在青藏高原、新疆和东北-内蒙古三大积雪地区，分别为 1390.1×10^8 m^3、560.8×10^8 m^3 和 749.3×10^8 m^3。山地地形对区域降雪量的影响远大于平原地区。但山区，尤其是高山地区地面气象台站极为稀少，使降雪量估计偏低。此外，现行雨量筒受风的干扰，观测的降雪量大大低于实际降雪量，因此上述年降雪量和年降雪补给量的估计值可能大大偏低。

2）积雪形成条件与融化过程

降雪是在一定气象条件下降水的一种形态，降水形态受很多条件影响，如气温、降水形成高度等。一般日平均气温高于 2℃为降雨，低于–2℃为降雪，–2~2℃不确定。降雪能否累积形成积雪，取决于大气和地面两方面的环境。大气方面，空气透明度，影响到达雪面的太阳短波辐射量；云，发射长波辐射；湍流，影响空气传输到雪面的感热和潜热通量。地面因素方面，地面温度、地形遮蔽度，影响风的吹拂和太阳照射；树冠，减少到达雪面的入射太阳短波辐射，增加长波逆辐射。

融雪是冰晶状的雪融化为液态水的过程。伴随这一物态变化的是大量热能作为潜热被水吸收。这种融化热有不同来源，主要有辐射融化和平流融化两种类型。

积雪的辐射融化过程：积雪融化主要来自太阳辐射，融化过程表现出明显的日变化和季节变化特点。雪的反射率决定了雪面接收的太阳短波辐射能量，冬季积雪的高反射率和低的太阳高度角限制了积雪对太阳短波辐射的吸收，因而积雪得以保存。但到了春天，随着积雪变陈旧，反射率下降和太阳高度角逐渐增大，雪面接收的太阳辐射显著增加。同时，随着春天来临，白昼增长，太阳入射辐射增强，提供了积雪融化的条件。融雪的日变化过程导致流量过程的日变化。

积雪的平流融化过程：积雪的平流融化取决于暖湿气团的运动。当强暖湿气流来到积雪区上空时，暖湿气流通过下列方式传递给积雪能量：暖气流中水汽和降雨云系的云底向下发射的长波辐射；降雨本身的热量；强劲风速吹过粗糙地面时造成的向下湍流热通量，强劲的湍流能够破坏暖空气在 0℃雪面上形成的近地层大气的稳定（中性或逆温）结构，如果有树林存在，则更为有利。雨水的热量一般在 40~60 J/g 量级，与 335 J/g 的融化潜热相比，数量十分有限，约每克雨水的热量仅能融化 0.2 g 雪，但降雨导致的对雪面反射率的降低则更为重要。

融雪水入渗、饱和之后就会形成径流。当积雪开始融化时，雪面融化的水向雪层内部入渗。融雪水或雨水在积雪中的入渗过程类似于水在土壤中的入渗过程，可以用类似的动力学方程描述。积雪中的水分运动与土壤中的水分运动的差异在于冰晶颗粒与液态水流之间，由于不断进行的冻、融过程而互相转化，液态水可以冻结成固态颗粒，固态颗粒也可以融化为液态水，构成一个较土壤水入渗过程复杂得多的系统。

3）融雪径流计算

融雪径流计算主要包括点融雪率、流域融雪率、融雪水产流和汇流计算等内容。点和面的融雪率计算主要取决于积雪的热量平衡及其空间分布，融雪水的产汇流计算基本上与一般降雨的产汇流计算相同。能量平衡法和度日因子法是点融雪率计算的主要方法。能量平衡法的核心是确定积雪的各项热量收支及其可用于融化积雪的热量，其中雪面反射率的准确估计非常关键。气温是最易获得的气象资料，也是影响积雪融化的基本因素。因此，利用气温作为融雪的热量指标，通过度日因子方法计算融雪是较广泛采用的方法。

另外，建立融雪与日照时数、气温、风速、相对湿度、辐射、降雨、云量等气象变量之间的回归方程，也是常采用的计算方法。美国工程师兵团建立基于气温的融雪方程：

对于开阔地：
$$M = 0.6(T_{m} - 24)$$
$$M = 0.4(T_{max} - 27) \tag{8-15}$$

对于林地：
$$M = 0.5(T_{m} - 32)$$
$$M = 0.4(T_{max} - 42) \tag{8-16}$$

式中，M 为融雪量，单位为 mm/d，温度以华氏计；T_m 为日平均气温，T_{max} 为日最高气温。这些方程适用于 T_m 在 34~66℉，T_{max} 在 44~76℉。

流域融雪径流计算是一项非常困难的工作。一方面，由于融雪水在积雪中入渗以及滞留过程的不确定性，使得融雪径流模型难以准确模拟初期的融雪径流过程；另一方面，从流域尺度看，准确的积雪范围的测量和估计还是目前亟待解决的问题，特别是青藏高原地区，积雪较薄，多为斑状积雪，这种混合像元的遥感解译也是目前青藏高原积雪研究亟待解决的问题。

融雪径流模型（SRM）是目前广泛应用的计算融雪径流的方法。SRM（snowmelt runoff model）模型是在 1975 年针对欧洲的一个小流域开发的，随着积雪遥感技术的发展，这一模型已经在 19 个国家的 60 个流域得到应用，流域大小从 0.76~122 000 km²，高程从 305~7690 m a.s.l。融雪径流模型有以下特点：

地表有效水分：根据气温等要素计算出流域的融雪量，再加降雨量，作用等同于同等量的降水。

积雪范围：主要依据积雪范围的变化，利用积雪损耗曲线计算融雪量。考虑了积雪分布的不均匀性。

直接径流：一部分直接变成径流（直接径流），按线性水库出流。

线性水库：其余部分作为线性水库逐步排泄。

在缺乏详细资料的地方，SRM 模型建议用下面的经验关系估算度日因子：

$$\alpha = 1.1\rho_s / \rho_w \tag{8-17}$$

式中，ρ_s，ρ_w 分别为雪和水的密度[mm/(℃ • d)]。

4）中国融雪径流的特点

融雪径流发生时间：我国融雪径流主要发生在春季，但是由于积雪分布不均匀性，融雪径流发生的时间存在较大的差异。图 8.42 给出了我国西部地区从北部的额尔齐斯河到南部雅鲁藏布江流域代表性河流特定年份的逐日径流过程，总体看，融雪径流发生时间从北部的 5~6 月向南部提前到 3~4 月，但发源于昆仑山北坡的叶尔羌河卡群站的融雪径流过程则主要在 6 月，这是因为叶尔羌河流域径流主要形成于高寒山区，冰川和积雪主要分布在较高的地区，其结果使融雪径流发生时间较之北部的额尔齐斯河更晚。同时，从图中可以看出，融雪径流在积雪丰富的额尔齐斯河流域所占比例较大，其他河流相对较小。融雪径流发生的春季正是我国西北地区春耕季节，因此，融雪径流对我国西北农业生产具有重要的意义。

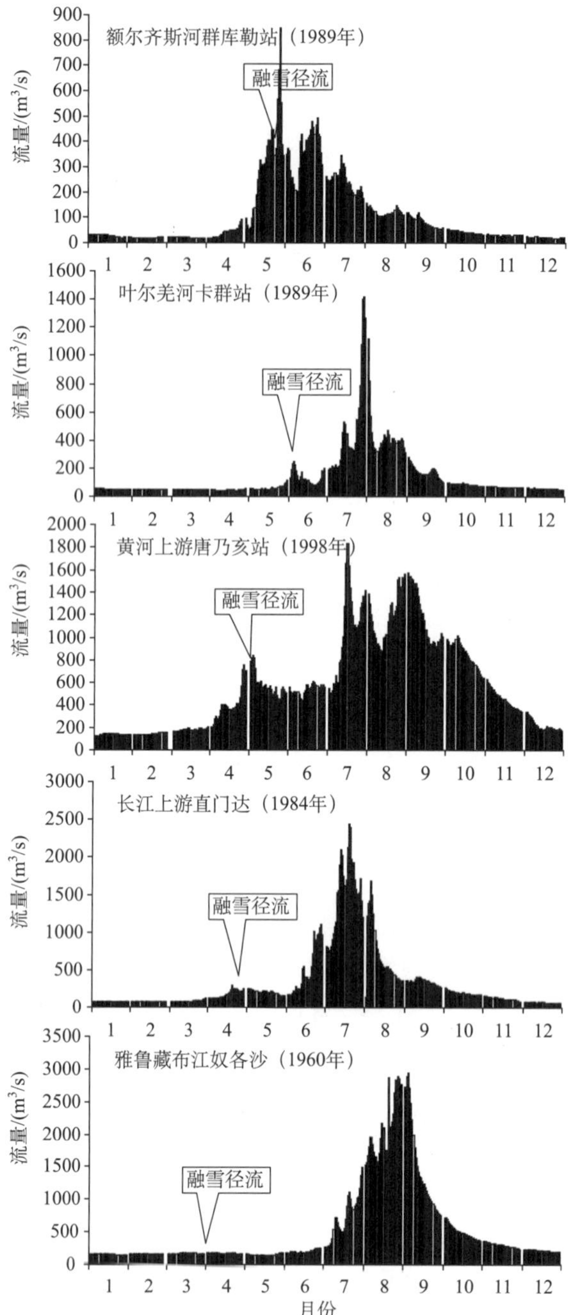

图 8.42　我国西部地区从北到南代表性河流水文站逐日径流过程

Figure 8.42　Representative river hydrologic daily runoff process from north to south in west China

融雪径流的变化：融雪径流的变化主要受控于气温，因此全球变暖必将对我国融雪径流的变化产生影响。通过对我国西部地区从北部额尔齐斯河到南部雅鲁藏布江流域代表性河流 1951~2000 年月径流实际资料分析，结果表明，所有河流在融雪期的径流都表现出增加趋势，春季融雪期径流显著增加，径流的年内分配过程向前移。对额尔齐斯河支流克兰河上游的融雪径流变化更清楚地表明了这一点（图 8.43）。

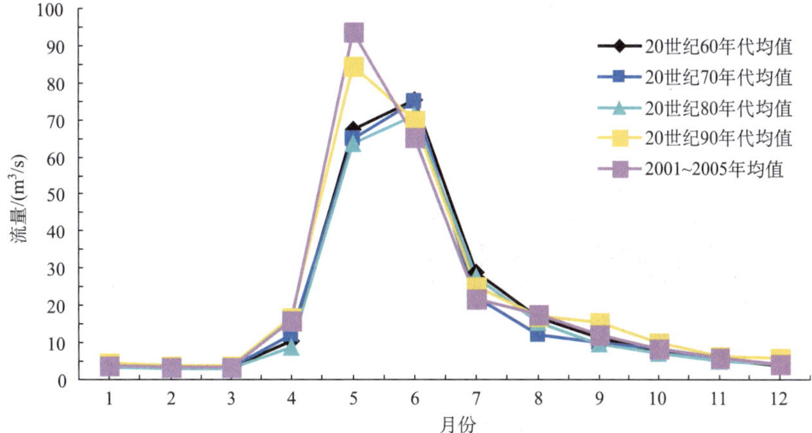

图 8.43　1959~2005 年额尔齐斯河支流克兰河阿勒泰站月径流年内变化

Figure 8.43　Monthly runoff changes during the year from 1959 to 2005 in Kelan river in Irtysh Basin

4. 冻土水文

1）冻土水文基本特点

尽管冻土在冻结和融化时，在温度梯度作用下会发生水分迁移，并引起冻胀，但这种迁移主要集中在冻结峰面附近，对于形成径流的雨水或融雪水则为不透水层，由此形成冻土区特殊的径流特点。

直接径流系数大： 由于不透水性，结果融雪水和降雨的大部分都变成直接径流。

流量峰值高： 冬季径流小（如果流域内完全是 100%多年冻土，冬季径流为 0），夏季径流峰值陡涨，显示出很高的夏季径流峰值（图 8.44）。

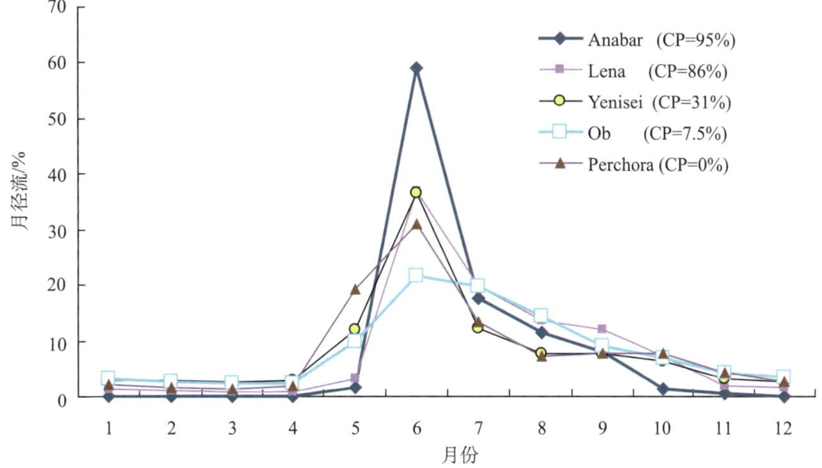

图 8.44　西伯利亚北极不同冻土覆盖区河流径流年内过程

图中 CP 为流域多年冻土覆盖率

Figure 8.44　The river runoff process in the different basin of permafrost coverages in Siberian arctic regions

活动层的生态效应明显：对于多年冻土，由于不透水性，阻止活动层内地下水下渗，有利于冻土活动层内水分的保持，进一步影响生态系统。在一定程度上，多年冻土区活动层厚度变化引起的水分变化决定了地表生态系统类型（图 8.45）。

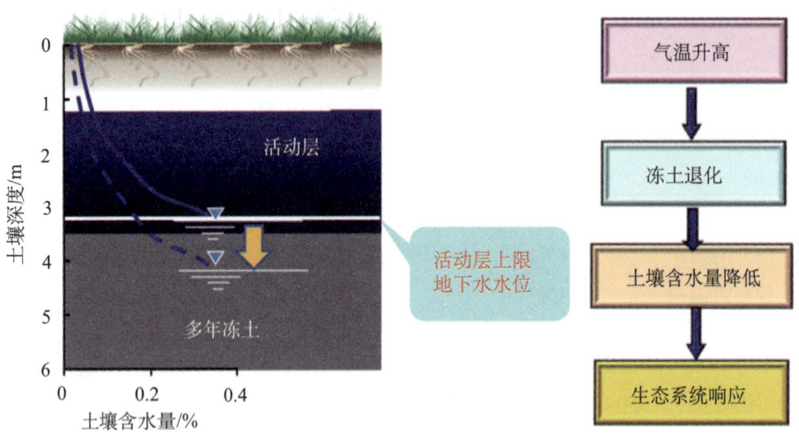

图 8.45　冻土变化对生态与水文影响的概念框架

Figure 8.45　The conceptual framework for effects of permafrost change on ecology and hydrology

活动层的水文效应显著：由于冻土年内冻结和融化形成的活动层的变化，致使直接径流系数随之变化，活动层对径流的调节能力也在变化。地下水位受融雪和降雨补给的影响，而且受活动层融化深度的影响，因此活动层变化是地下水位变化的主要控制因素（图 8.45）。

2）冻土水文过程

由上可见，冻土水文特征取决于冻土的不透水性、活动层的冻融过程以及地下冰的水量释放与储存作用、流域的蓄水，包括流域积雪的积累、流域（活动层内）融水的渗透和地下冰的生长。因此，多年冻土对径流过程的调节表现为地下冰对径流的调节、活动层的冻融过程对径流的调节、下伏多年冻土对径流的阻隔 3 个方面。

（1）冻土地下冰。由于多年冻土的不透水性以及温度梯度下的水分迁移，一般在多年冻土上限附近存在大量的地下冰。据估计，地下冰储量超过全球山地冰川的储水量，山地冰川只占全球淡水资源的 0.12%，而冻土地下冰则为 0.86%。青藏公路沿线多年冻土的平均厚度为 38.8 m，平均含水量为 17%，初步估算青藏高原多年冻土区地下冰的总储量约为 9528 km^3，是我国冰川资源量的约 1.7 倍。有关地下冰融化对河流的补给作用，由于缺乏有效的观测资料，目前还无法给出比较准确的结果，国际上对此问题的研究也处在猜测阶段。山地冰川的更新期只有几十年到千年，而地下冰的更新期则长达万年（表 8.4），因此，地下冰对区域水资源的影响比较有限。

表 8.4　不同模型对冰冻圈分量的考虑程度

Table 8.4　The cryosphere components in different models

模型	冻土	冰川
DHSVM	无	无
HBV-ETH	无	有
IHACRES	无	无
MIKE SHE	无	无
SACARMETO	无	无
SWAT	无	无
TOPMODEL	无	无
TOPFLOW	有	无
VIC	有	无
新安江模型	无	无

气候变化对活动层内地下水位、冻融面的作用，直接影响冻土区水文过程。据估计到 2050 年，青藏高原多年冻土面积退化将可能导致 1560×10^8~2490×10^8 m^3 的地下冰水当量逐渐释放；到 2050 年，活动层融化深度增加 20~40 cm 将可能导致 1040×10^8~2190×10^8 m^3 的地下冰转化为液态水；未来 50 年冻土退化释放的水当量将达 2600×10^8~5700×10^8 m^3，估计平均每年从青藏高原多年冻土中由地下冰转化成的液态水资源将达到 50×10^8~110×10^8 m^3，这一估计有待进一步的考证。

（2）活动层内水文过程。冻土活动层是指在多年冻土上部在冬季冻结、夏季融化的部分，直接与冻土区水文过程相联系。由于冻土的不透水性，活动层融化时在其底部会形成地下水的汇集，而直接影响水文过程和表层土壤含水量。同时，由于活动层内土壤水的冻融过程需要较大的潜热，还会影响土壤温度，进而影响水文循环过程和生态系统。在乌鲁木齐河源和黑河流域上游冰沟进行的观测表明，随着活动层的年变化，活动层中的水分具有明显的蓄排过程。

冻土活动层的冻结与融化取决于冻土内温度变化和冻土层水热传输特征。通过对青藏高原五道梁附近地温和水分观测资料的分析，将活动层的冻融过程划分为夏季融化过程（ST）、秋季冻结过程（AF）、冬季降温过程（WC）和春季升温过程（SW）4 个阶段（图 8.46）。在夏季融化和秋季冻结过程中，活动层中水热耦合特征较为复杂，水分的迁移量极大，而在其余两个阶段，活动层中的水分迁移量较小，热量主要以传导方式传输。在不同冻融阶段，活动层中的水热耦合过程伴随着水分输运的不同方式而发生变化。经过整个冻融过程后，多年冻土上限附近的水分含量趋于增大，这也是多年冻土上限附近厚层地下冰发育的主要原因。

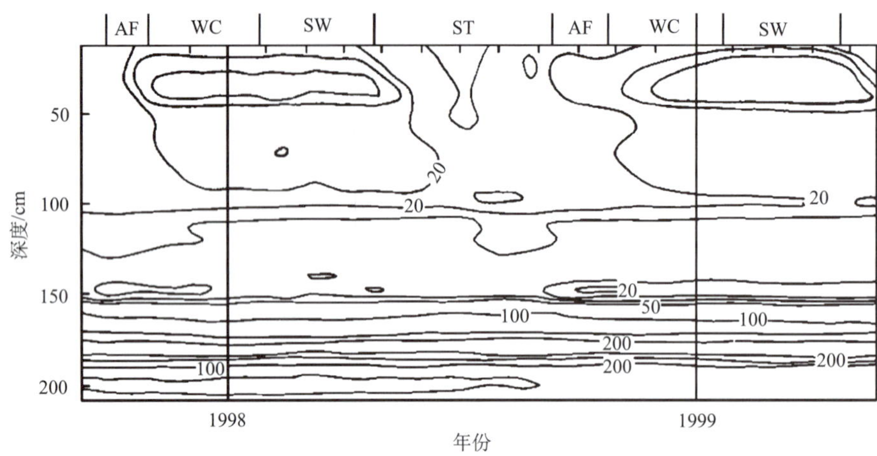

图 8.46　活动层中含水量等值线图

Figure 8.46　Water content contour in active layer of permafrost

冻融过程吸收和释放大量融化/冻结潜热，从而影响冻土区的水热平衡过程。模拟研究表明，在夏季，由于大部分能量用于冻土融化，特别是多年冻土区，结果减少了用于蒸发和蒸腾的能量，因此，冻土对蒸发特别是夏季蒸发具有明显的抑制作用，结果增加径流量（图 8.47）。

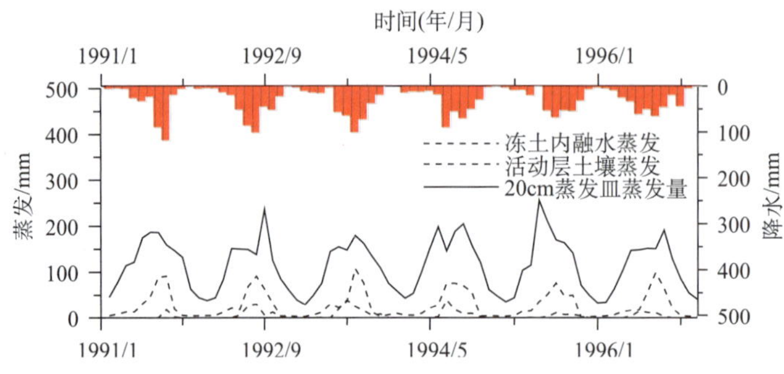

图 8.47　玛多县蒸发量在水平衡与冻土模式下的对比

Figure 8.47　Evaporation in the model of water balance and permafrost in Madoi of Qinghai Province

由于多年冻土的不透水作用，融雪水和降雨入渗后会在融化层底部汇聚形成地下水，地下水不仅随入渗量的大小而变化，还随冻结融化深度变化而变化。天山乌鲁木齐河空冰斗多年冻土活动层地下水位观测结果表明，从 5 月开始，尽管降水量逐步增大，但地下水位并未升高，而是逐步降低，这说明多年冻土区活动层内地下水位的变化完全不同于非冻土区的地下水位变化，它主要受融化深度的控制。由于活动层深度存在年际变化以及未来气候变暖也会导致活动层厚度加深，必然会导致地下水位的下降，从而导致活动层内含水量的减少。这不仅影响到径流量的多少，最主要的是对冻土区脆弱生态环境的影响。在这方面还需要做大量的工作，这也是未来冻土水文研究的一个重要内容。

（3）多年冻土分布对径流的影响。由于多年冻土的不透水性作用，使得多年冻土区直接径流系数大，融雪水和降雨的大部分都变成直接径流，而冬季的地下水对径流的补给较少，甚至会出现多年冻土覆盖的流域冬季没有径流的极端表现。通过分析北极地区主要河流以及我国黄河和长江上游区河流最大与最小月径流比例与冻土覆盖率的关系表明：二者有显著的相关关系（图 8.48）；最大与最小月径流比例在冻土覆盖率较低（<40%）的流域随冻土覆盖率的变化较小，高覆盖率（>60%）地区变化显著。这一结果也意味着未来全球变暖导致的冻土退化可能对高覆盖率的冻土流域的径流年内分配产生重要影响。也就是说，冻土覆盖率高的流域，冻土退化才会引起径流年内分配的较大变化， 对于低覆盖率流域，冻土退化的影响较小。

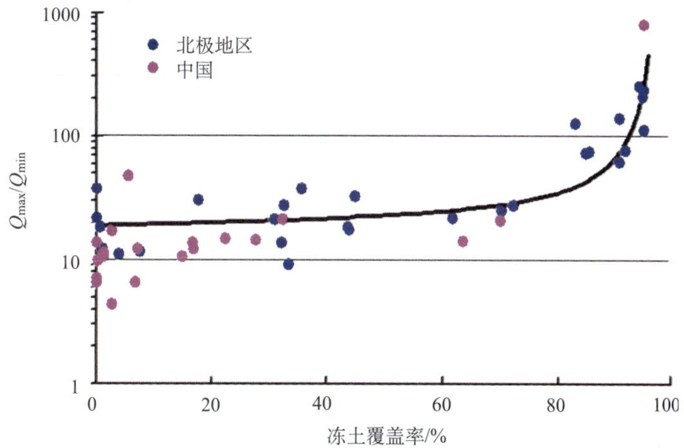

图 8.48　北极地区主要河流和我国黄河、长江上游主要控制站冻土覆盖率与月最大与最小径流比率的关系

Figure 8.48　The relation of permafrost coverage to monthly maximum and minimum flow rate in arctic rivers and Yellow River and Yangtze River

5. 冰冻圈流域水文模型

在前面我们已经提到，研究冰冻圈水文的重要出口就是要科学认识冰冻圈诸要素在整个流域中的水文作用。为此，基于冰冻圈全要素的山区流域水文模型就成为重要手段。冰雪和冻土的水文物理特性，及其对径流形成过程的作用，是寒区流域产汇流的主要方面。在目前的水文模型中， 流行的水文模型均尚未全面考虑冻土和冰川（表 8.4），因此，构建包含冰川变化、积雪消融和冻土冻融过程的流域分布式水文模型是冰冻圈流域水文模型发展的主要方向。

下面以 VIC 模型为例，介绍如何改变流域水文模型。VIC 水文模型是一个空间分布网格化的分布式水文模型，它是考虑了积雪和冻土过程，但没有冰川水文方案。为此，将流域格网化，将冰川作为一个特殊下垫面，根据格网中是否有冰川进行分别计算（图 8.49）。若有冰川，则根据冰川消融计算相关方法，计算出冰川消融量。通过此途径，将冰川融水模块加入到流域水文模型中。

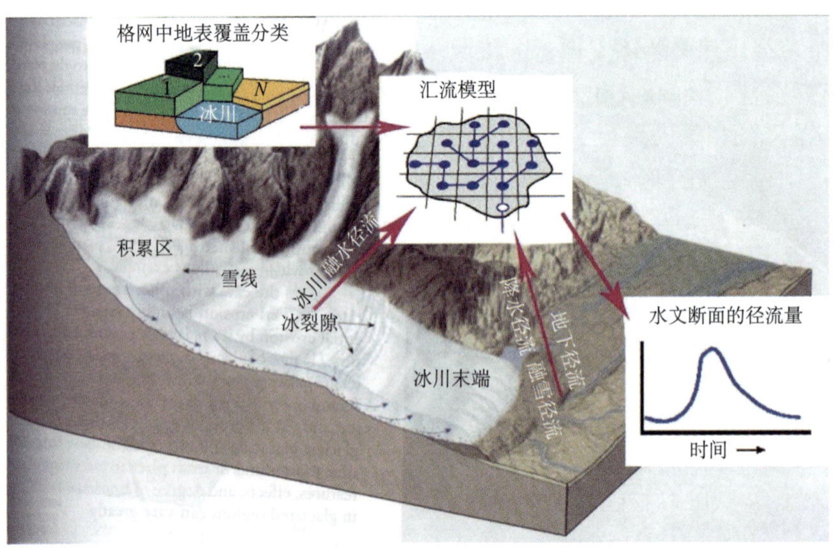

图 8.49　在 VIC 水文模型中耦合冰川融水模块的解决方案

Figure 8.49　Solution of the coupling module of the glacier melt water in VIC model

以阿克苏河为例，模拟取得较好结果（图 8.50）。考虑冰川融水与否，模拟结果差异很大。因此，在冰冻圈流域，水文模拟必须考虑冰冻圈诸要素的影响。

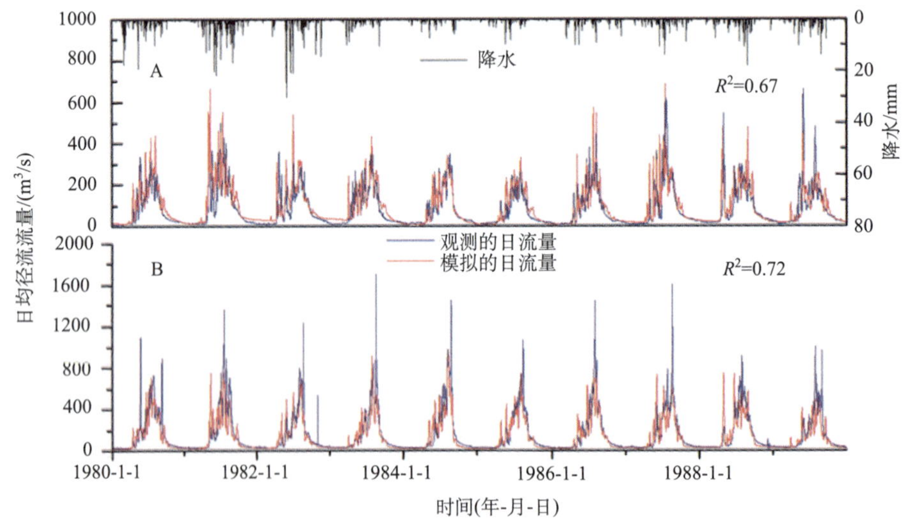

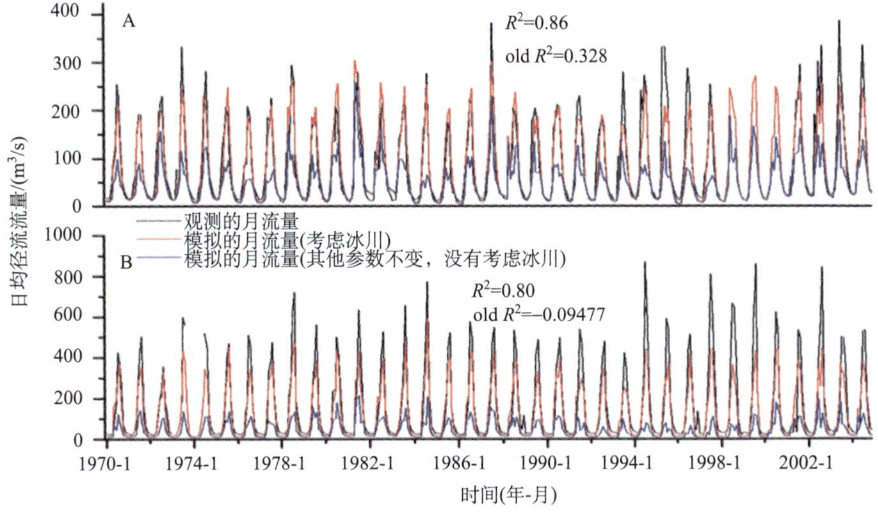

图 8.50　日和月观测径流与模拟径流量比较

Figure 8.50　Daily and monthly simulated and observed runoff

A.托什干河；B.昆马力克河

8.4　冰冻圈与岩石圈

冰冻圈与岩石圈的相互作用是地球表层圈层系统之间最具活力的过程，岩石圈的全球格局、区域差异由地球内动力系统控制，冰冻圈则是地球外动力控制下的复杂自然地理要素组合，具有全球分布差异。因此，冰冻圈和岩石圈的相互作用是气候与构造耦合过程。冰冻圈中对岩石圈产生作用的核心要素是冰川和多年冻土（冰缘）过程。本节重点讨论冰川和冰缘系统通过侵蚀、搬运和堆积对岩石圈的作用；岩石圈的构造运动、均衡作用对冰冻圈过程的响应及控制，以及新生代构造强烈抬升的造山带地区所引起的化学风化速率提高对全球气候变化的影响。

8.4.1　构造运动与冰期地表过程响应

1. 构造运动与冰期理论

地球历史上曾发生过 4 次大冰期（亦有三次说，即“前寒武纪”为一次），第一次大冰期发生在 24 亿~21 亿年的早元古代，有若干次冰进冰退，持续了 3 亿多年。第二次大冰期，称作“成冰纪”（cryogenian ice age），认为是最大的一次冰期，出现在 6.35 亿~8.50 亿年，即地史的晚元古代。当时整个地表处于完全冻结状态，形成一个雪球/冰球（snowball Earth；图 8.51）。这次冰期的结束导致随后的寒武纪生命大爆炸（cambrian explosion），生物种类和数量迅速多样性和繁荣（详见本书 7.1 节）。4.30 亿~4.60 亿年的奥陶纪-志留纪，局部地区出现几次小的冰期。第三次大冰期出现在 2.50 亿~3.50 亿年的石炭-二叠纪。

第四次大冰期即所谓第四纪冰期（quaternary glaciation），持续到现在;最新证据表明南极地区的冰川早在 0.34 亿年的渐新世即已经启动。

导致地球多次冰期-间冰期旋回的原因一直是地史学有关的重大问题，目前为止，众说纷纭，尚无定论。概括起来，有天文说、构造驱动说两类解释，引发地表热量水平降低，温度急剧下降，大量水分以冰的方式存在。

天文说解释：①与太阳系在银河系的运行周期有关。认为太阳运行到近银心点区段时的光度最小，使行星变冷而形成地球上的大冰期；亦有认为银河系中物质分布不均，太阳系通过星际物质密度较大的地段时，降低了太阳的辐射能量而形成大冰期。②米兰科维奇理论（详见本书 7.2.1 节）。

构造驱动（地质学）解释：①构造运动驱动——由于大陆的合并和分离、大陆与海洋位置的变化、大规模高山和高原的隆起，导致全球地表热量剧变，引发冰期-间冰期。例如，晚元古代冈瓦纳古陆形成、晚古生代石炭-二叠纪泛大陆的形成，出现的两次大冰期。②火山作用的意义在于：大量的火山灰进入大气层，阻挡太阳辐射，引起全球降温，以及高大的火山锥、熔岩高原有利于冰川发育。③构造运动和天文等共同驱动下洋流和大气环流格局的变化引起的区域性冰川作用加强。例如，青藏高原隆升催生的东亚中低纬冰川作用；巴拿马地峡关闭使原来受太平洋赤道暖流影响）的南北美西海岸的低纬地

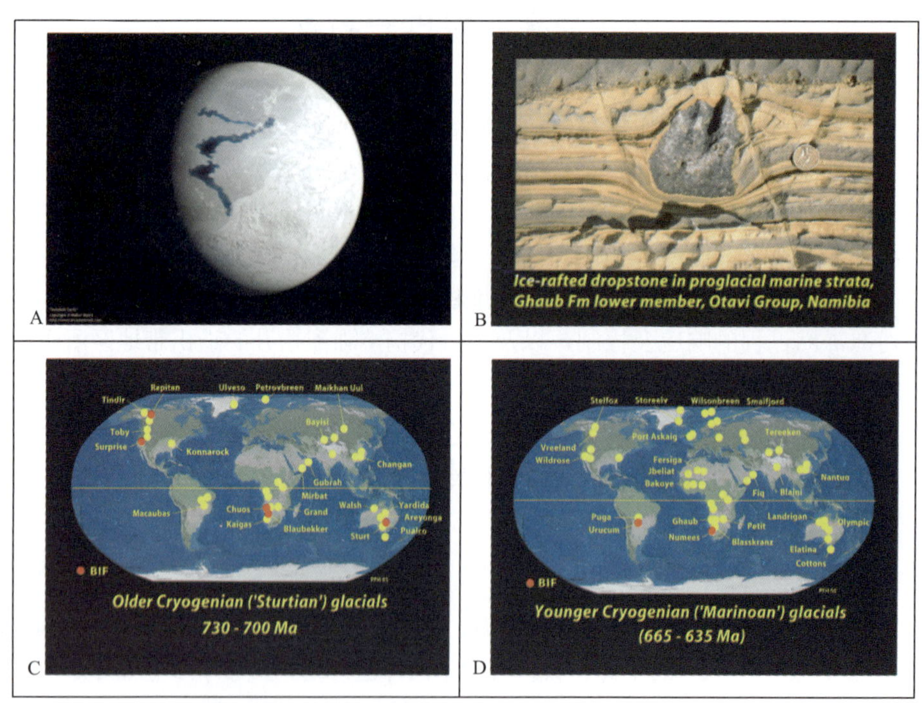

图 8.51　雪球地球

Figure 8.51　Snowball Earth（from http://www.snowballearth.org/week1.html）

A.雪球地球；B.纳米比亚冰筏坠石；C.成冰纪早阶段全球冰川证据；D.成冰纪晚阶段全球冰川证据

（http://www.snowballearth.org/week1.html）

区改受来自高纬洋流（寒流）的影响，加强了科迪勒拉山脉的冰川作用；南极大陆与其他大陆分离，南大洋海-气环流阻止南下的热量，加剧南极冰盖扩张。构造运动形成的高大山脉、高原地区，地表物理-化学剥蚀强烈，有证据表明强烈的化学剥蚀消耗大量空气中 CO_2，认为是引起了新生代以来的全球气候变冷的重要原因（详见本书 8.5.2 节）。

2. 冰川均衡作用

地壳均衡说（isostatic theory or isostasy）是描述地壳状态和运动的一种理论，认为地壳重力均衡地位于地幔之上，大地水准面之上山脉的质量过剩由大地水准面之下的质量不足来补偿，大地水准面之下的海洋的质量不足，由大地水准面之下的质量过剩来补偿。某一地区的地壳因剥蚀而减轻负荷，另一地区的地壳因沉积而负荷加重，均衡遭到破坏;负荷减轻的地区上升，负荷加重的地区下降，以求得到的地壳平衡，以此解释地壳升降运动的原因。

冰川均衡（glacial isostasy）是地壳均衡理论的延伸，冰期时冰盖扩张，在冰川重力负荷下，冰盖下的地幔物质向冰盖外侧流动，冰盖下的岩石圈下沉，冰盖外围的岩石圈上升；间冰期时，冰川消退，冰盖下的岩石圈均衡回跳（isostatic），地壳上升，上地幔物质回流。北美北部地区、大不列颠群岛、斯堪的纳维亚半岛、南极洲现在正处于间冰阶冰川均衡抬升状态。例如，北美加拿大大奴湖-哈得孙湾之间曾是劳伦泰冰盖中心，冰盖消退后该区的均衡上升量达 8 mm/a，位于冰盖边缘的五大湖区，均衡上升量仅 2 mm/a（图 8.52）。

3. 寒区化学风化与全球碳循环

风化作用是“冰冻圈”与大气圈、水圈、岩石圈、生物圈基本过程之一，在长时间尺度上，对地表物质循环与气候系统产生深远影响。岩石圈化学风化是地表物质循环的基本过程之一，各类岩石发生化学风化消耗大气 CO_2，是全球碳循环的一个净汇，对全球气候变化有重要影响。评估全球化学风化对碳循环贡献的主要研究方法有计算机模拟法和河流水化学法。计算机模拟得出的岩石圈化学风化对 CO_2 消耗在 0.214~0.259 Gt C/a，平均 0.239 Gt C/a；其中硅酸盐类岩石的贡献 0.072~0.169 Gt C/a，碳酸盐类岩石的贡献 0.089~0.142 Gt C/a。采用河流水化学方法估算 CO_2 消耗量，全球范围内 60 条大河的水化学数据表明，全球大陆硅酸盐岩石风化每年约消耗大气 CO_2 为 0.144 Gt C/a，碳酸盐岩风化所消耗的 CO_2 约为 0.148 GtC/a。

综合有关资料，全球尺度岩石圈化学风化每年消耗大气 CO_2 量为 0.214~0.292 Gt，相比现在大气碳库中碳的含量（约 800Gt），似乎是微不足道的，然而岩石圈化学风化消耗 CO_2 并将其作为碳酸盐矿物埋藏在海洋，它的存留时间超过了百万年。在地质时间尺度上，岩石圈化学风化是调节全球碳循环的一个重要机制。

冰川底部硅酸盐矿物和碳酸盐矿物的溶蚀与沉淀，在冰冻圈化学过程中具有特殊意义，特别是在冰期气候全球冰川大规模扩张时，其地质效应不容忽视。冰川冰下硅酸盐矿物发生溶蚀和再沉淀；冰川底部基岩背冰面的复冰作用过程中，先发生再冻结的融水

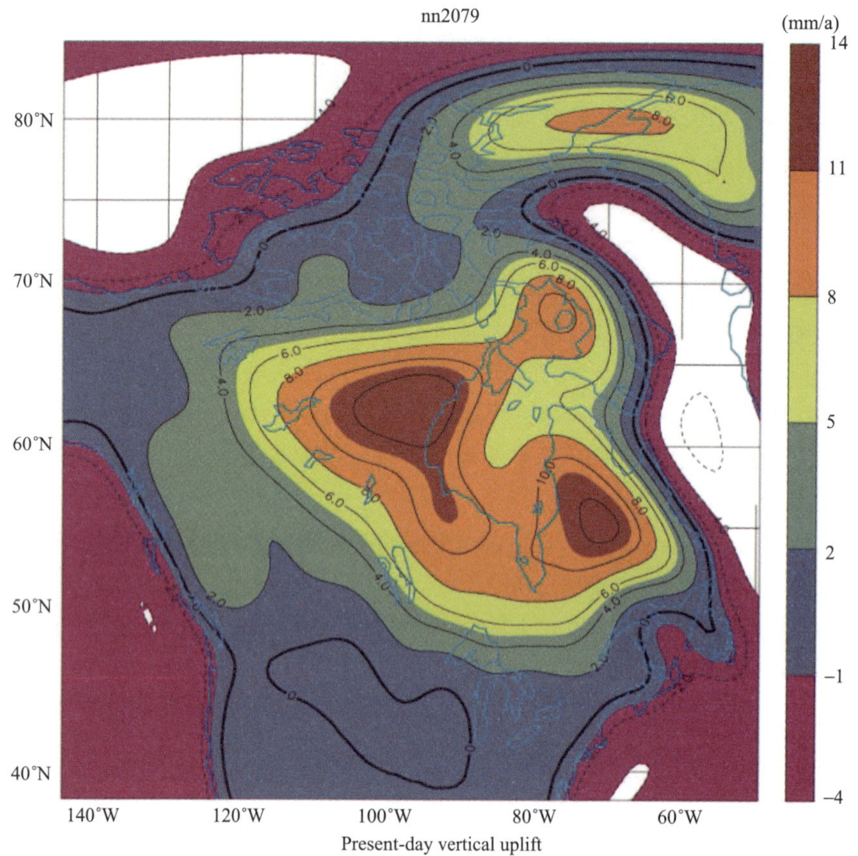

图 8.52　北美劳伦泰冰盖消失引起的均衡抬升（Peltier，2004）

Figure 8.52　Isostatic uplift of North America　caused by Lauren Thai ice sheet disappeared（Peltier，2004）

可以将其中溶解的物质析到尚未冻结的融水中，使其所含的 Ca^{2+}浓度逐渐增大，最终达到饱和，形成了冰下 $CaCO_3$ 沉淀。天山乌鲁木齐河源 1 号冰川、西藏枪勇冰川均有 $CaCO_3$ 侵蚀与沉积作用存在。

青藏高原-喜马拉雅山脉、阿尔卑斯山脉和安第斯山脉等的抬升，加强了岩石圈风化速率，消耗大气 CO_2，引起了新生代以来的全球气候变冷。研究中全球 60 条大河中包含了青藏高原区域的长江、黄河、澜沧江（湄公河）、怒江（萨尔温江）、恒河、雅鲁藏布江-布拉马普特拉河、印度河与伊洛瓦底江。这 8 条外流大河硅酸盐岩石风化共消耗大气 CO_2 为 0.022Gt C，占全球 0.14 Gt C 的约 16%。青藏高原的大河流域（金沙江、澜沧江、怒江、黄河、雅砻江、岷江和大渡河）硅酸盐岩石风化每年平均共消耗大气 CO_2 为 0.004 Gt C，占全球大陆硅酸盐岩石风化所消耗大气 CO_2 量的 3.8 %。

8.4.2　冰川侵蚀、搬运与堆积作用

冰川以冰冻圈中最活跃的地貌要素，参与到与其他圈层的相互作用中，特别是通过

侵蚀、搬运、堆积过程，对岩石圈产生积极的作用，成为最活跃的。冰川的主要地貌类型有山谷冰川、大陆冰盖。山谷冰川的形态、分布受地形制约，冰川沿着山谷流动。大陆冰盖基本不受地形制约，而是以冰盖最高点为中心向四周流动。因此，山谷冰川的侵蚀-搬运-堆积是线状的，大陆冰盖的侵蚀-搬运-堆积是面状到环状的。

1. 冰川侵蚀

1）冰川侵蚀作用

冰川侵蚀过程包括两种作用：刨蚀作用和磨蚀作用。冰川以巨大的重量压在底床的基岩上，足以使基岩破碎（图 8.53）。加上融冰水在基岩节理中反复冻融，也促使基岩碎裂。流动的冰川就将这些碎屑物掘起、带走。这个过程称为冰川刨蚀作用。这样产生的碎屑物比较粗，如砾石、卵石、岩块等。冰川的直接侵蚀作用主要发生在冰岩接触界面上。在冰川过程系统中，由寒冻风化、雪崩、夏季冰雪融水、重力作用、风等破碎的岩块也加入的冰川中，成为冰碛物来源。

图 8.53　冰川的侵蚀作用

Figure 8.53　The glacier erosion

被冻结在冰川底部的碎屑就成了冰川沿途对底床进行刮削、磨擦和磨光的工具。这个过程被称为冰川磨蚀作用。磨蚀作用产生的主要是粉砂和黏土级的细粒碎屑物，很少有砂和砾级物质。这种细的岩粉好像一种磨料，能将底床的基岩面磨光。

2）冰川侵蚀地貌

大型冰蚀地貌有角峰、刃脊、冰斗和 U 形谷（图 8.54）。角峰如珠穆朗玛峰（图 8.55A）、贡嘎山主峰；冰斗如珠峰北坡绒布冰川源头的大坳冰斗（图 8.55A，太白山顶的大爷海、玉皇池；U 形谷如珠穆朗玛峰北坡的绒布冰川谷、天山乌鲁木齐河源大西沟（图 8.55B）；海平面上升，被海水部分淹没的 U 形谷称为峡湾，如斯堪的纳维亚半岛海岸带的著名峡湾，景色迷人。

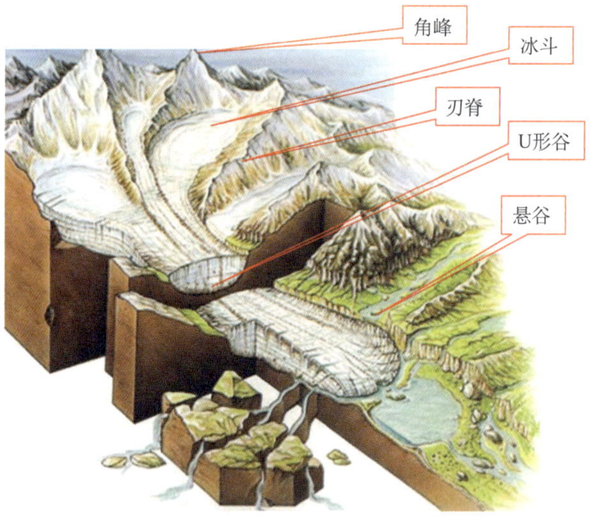

图 8.54　冰川侵蚀地貌

Figure 8.54　Glacial erosion landscape

图 8.55　冰川侵蚀地貌

Figure 8.55　Glacial erosion geomorphology

A.角峰、刃脊、冰斗；B.冰川谷；C.冰川擦痕；D.羊背石

冰川磨蚀作用在被侵蚀的基岩冰床面上产生特有的带有擦痕、蚀沟和新月形裂隙的冰川磨光面/冰川擦面。冰川擦痕一般几毫米至几厘米宽，深度几毫米，长数米，平行冰

川流动方向延伸（图 8.55C）。在冰川擦面上还会出现所谓塑性变形的各种新月形凿口、裂隙。羊背石也是冰蚀基岩上常见冰蚀地貌（图 8.55D）。冰川融水对基岩冰床磨蚀，产生壶穴。以上是常见的小型冰蚀地貌。

大冰盖作用过的地区则会出现冰蚀平原或冰蚀高原面，如北美劳伦泰冰盖作用过的加拿大东部大平原，中国四川稻城冰帽作用过的海子山高原面。

2. 冰川搬运

冰川具有巨大的搬运能力，可以长距离把巨大的岩块——漂砾（glacial erratic boulder）搬运至很远，数百千米。冰川侵蚀的大量物质，随冰川流动而被搬运，这类搬运物质称为冰碛物。其中，位于冰川两侧的碎屑称为侧碛，两条支冰川汇合，侧碛相汇成中碛，冰川内部的碎屑称为内碛。位于冰川底部的碎屑称为底碛，冰斗或冰川谷侧壁崩落在冰川表面的碎屑称为表碛，冰川末端表面消融出露的内碛也是表碛的一种。上述各种冰碛物在冰川末端汇聚在一起，形成终碛。

3. 冰川堆积

由于冰川消融，冰川搬运能力下降，或是冰川中冰碛超载，被搬运的碎屑堆积下来，称为冰川的堆积作用。

1）冰川堆积地貌

冰川堆积地貌分为山谷冰川和大陆冰盖两大类型。最常见的冰川堆积地貌是终碛堤，堆积在冰川的末端。如果冰川呈间歇性后退，会产生一系列终碛堤。终碛堤之间散落的碎屑称为冰碛丘陵。山谷冰川则有侧碛垄出现在谷地的两侧（图 8.56A）。冰盖冰川在流动过程中，如果遇到底部地形的障碍，底碛物受阻，形成鼓丘（drumlin）。鼓丘常常由泥砾与羊背石形的基岩核心组成，因此，鼓丘是冰川堆积与冰川侵蚀两种作用的结果。大陆冰盖作用过的地区常见的堆积地貌还有蛇形丘（esker）、冰碛丘陵（ground moraine）、槽碛垄（flute）等（图 8.56B）。

冰川搬运物质经过融冰水的再搬运，并堆积下来的物质称为冰水堆积物（图 8.56C）。冰水堆积物的沉积特征是既有冰川作用的痕迹，如带有擦痕（stria）和磨光面的冰川砾石；又有流水作用造成的分选和磨圆及层理。

2）冰川主要沉积类型

冰川主要沉积类型有滞碛、融出碛、变形碛、冰水堆积等。

滞碛：滞碛（lodgement till）为冰川底部因受高压而形成的冰碛，多因冰碛运动受阻而停滞，冰碛砾石长轴一般平行于冰川流向，扁平面平行于冰床（图 8.56D）。滞碛的特征：颗粒形状——次圆、擦痕、熨斗石，颗粒大小——细粒基质、粗粒碎屑，组构——强，压实——紧密压实，当地岩性为主。

图 8.56　冰川堆积地貌与类型

A.山谷冰川冰碛垄；B.大陆冰盖堆积；C.冰水扇；D.冰期冰筏坠石；E.冰上融出碛和冰下融出碛；F.冰川湖纹泥

Figure 8.56　Glacial sedimentary geomorphology and type

融出碛：融出碛（meltout till）分为冰下融出碛和冰上融出碛，冰川消融直接释放的碎屑形成（图 8.56E）。冰下融出碛（subglacial melt-out till），冰下融出碛（底碛）的过程特征，与停滞冰相关。由于堆积后流动而发生改造变形。沉积特征与滞碛相似，但组构较弱，压实程度较差。冰上融出碛（supraglacial melt-out till，or ablation till），冰川冰面由上向下消融过程的产物，其特征：颗粒形状——显著的搬运特征、次棱角状颗粒，颗粒大小——粗、有一定分选、粉砂黏土较少，组构——差，压实——弱固结，岩性——多变、山谷冰川沉积类型则有两侧谷坡岩性。

变形碛：冰下变形碛，或变形基碛、变形底碛（deformation till），冰川底部的基岩或冰碛物在冰川挤压和剪切作用下，发生破碎、同化形成。变形碛的特征：形状、大小和岩性与冰下融出碛相似，组构——有时优势很强，大多弱，压实——紧密固结。多出现在大冰盖之下。

冰水堆积：冰水堆积分为冰前堆积、接冰堆积、海冰堆积 3 类。

（1）冰前堆积出现在冰川外围，系冰川融水堆积，有冰川湖、冰水扇、外冲平原。山谷冰川谷地两侧出现冰砾阜（kame）、冰水阶地。

冰川湖：冰川的终碛堤往往阻滞融冰水外流，而在冰前形成冰川湖。在春夏温暖季节，融冰水将大量物质带入湖中，砾石和粗砂沉积在湖滨，细沙、粉砂和淤泥以悬浮状态搬运到湖心，其中，细沙和粗粉砂很快沉积下来，淤泥则长期保持悬浮状态。秋冬季节，冻结的冰湖得不到新的物质供给，在砂层顶部沉积了淤泥层，结果在湖底形成了粒度粗细相间，色调浅深交互的纹泥（varve）——季候泥（图 8.56F）。这种纹泥由粗到细表示一年的沉积，可以根据纹泥的层数来推算沉积年代和速率。

过负载的融冰水进入冰水湖时堆积成冰水三角洲沉积，具有明显的底积层、前积层和顶积层。融冰水在终碛堤外围形成的扇形堆积体，称为冰水冲积扇。几个冲积扇接在一起就形成平缓的冰水平原——外冲平原（outwash）。

（2）冰接堆积（ice-contact deposits）：与冰川冰接触的融冰水沉积，呈层状互层或以薄层夹什在非成层沉积中，其中包括蛇丘和冰砾阜沉积等。蛇丘是由冰水沉积形成的曲线形的长堤，长度可达几千米至几十千米，有时甚至能分支。蛇丘的延伸方向与冰川的流动方向相当。冰砾阜是一种单个或成群出现的丘状地形，它是冰面小湖中的冰水沉积物，随着冰体的融化，沉落在床底而形成的。冰砾阜沉积具有同心的片状构造，其层理的产状与原来冰面小湖中的沉积构造恰好相反。冰砾阜沉积由经过分选，具有层次的砂砾组成。

（3）海冰堆积（glacial marine deposits）：海洋沉积环境中由冰川和海洋过程共同作用形成的一类沉积物，为研究冰盖发育演化历史和古气候提供有力证据。海冰堆积沉积特征变化多端，受海洋和冰盖影响力制约，冰川融水量、冰川驻足时间、冰山融化速度，以及海洋生物过程是主导因素。冰川中碎屑含量、海冰范围、以及洋流强度也是重要因素。重力作用、块体运动、浊流等沉积现象伴生在海冰堆积中。冰筏碎屑和坠石（ice rafted debris and dropstone）是海冰堆积重要证据。

8.4.3　多年冻土与岩石圈表层

以多年冻土为核心的冰缘环境中，冻融作用是主导过程，地下水的冻结和融化具有核心意义，寒冻风化、流水、风力、重力、冰雪等共同参与，是岩石圈表面的基本外动力过程之一。一方面，冰缘过程的风化、侵蚀、搬运、堆积过程，参与到地表物质循环系统中；虽然与流水、冰川相比，冰缘过程的强度要弱。另一方面，多年冻土构成岩石圈表层一个独特的水热“亚圈层”，影响到地表外动力过程的组合和分布；就面积而言，其影响广度要超过冰川“亚圈层”。可以说，冰缘区既是冰冻圈本身，冰缘过程又是塑造寒区地貌的营力。

主要的冰缘过程和地貌类型有：与多年冻土有关的冰楔、冰丘、石冰川，与活动层有关的构造土、泥炭丘、季节性冰丘。

1. 与多年冻土有关的冰缘地貌过程与形态

冰楔（ice wedge）：冰楔的平面形态为多边形，剖面形态为楔形，向下尖灭（图 8.57A）。冰楔的形成过程，冬季冷收缩作用产生上宽下窄的裂隙，夏季融水贯入，进入初冬水冻结形成脉冰，形成最初的冰楔；随着地温降到 0℃以下，又产生新的冷收缩裂隙，这个过程反复，形成冰楔。气温升高，多年冻土退化，冰楔消融，原来冰占据的楔填充沙土，形成“冰楔假型”（ice wedge cast），也称“沙楔”“冰楔模”等（图 8.57B）。冰楔假型是多年冻土曾经存在的可靠证据，被广泛用于恢复古环境、古气候。

图 8.57　冰楔，冰丘，石冰川

Figure 8.57　Ice wedge，ice mound，stone glaciers

A.冰楔；B.冰楔模；C.冰丘；D.石冰川

冰丘（pingo）：发育在多年冻土区的冰丘，为丘状突起形态；分一年生、多年生，其冰核由分凝冰或侵入冰形成。一年生冰丘较小，高度多数十厘米，或超过 1 m；多年生冰丘深达多年冻结层中，规模较大，如昆仑山口的多年生冰丘高 20 m、长 75 m、宽 35 m（图 8.57C）。按水文特性，冰丘分为封闭型（hydrostatic closed-system）和开放型（hydraulic open-system）两种。封闭性冰丘由多年冻土中冰的分凝作用形成，在连续多年冻土带，富含地下水的冲积平原、湖积平原最发育。开放型冰丘由侵入冰形成，如昆仑山口冰丘，地下水沿断裂带注入多年冻土冻结而成。

石冰川（rock glacier）：多年冻土区，沿着谷地或坡地缓慢蠕动的冰岩混合体称为石冰川，整体做块体运动。已知大部分石冰川由冰冻的砾石组成，其流动类似于冰川。表面运动的速度小于 1~2 m/a，小于真正的冰川。表面具有与运动和内部冰消融有关的独特的沟与脊。石冰川的碎屑有两大类，冰碛和风化倒石碓，即冰碛型石冰川（图 8.57D）和倒石碓型石冰川；按形态，石冰川分为舌状和叶状。

2. 与活动层有关的冰缘地貌过程和形态

构造土（patterned ground）为冰缘地区的特征形态之一，它几乎总是出现在寒冷气候带中，分选明显的形态多半出现在温度常降到冻结点以下的气候区，寒冻作用和地下冰的形成为构造土形成的两个基本因子。其形态变化多样。构造土或以活动的形式出现，或以遗留形态出现，遗留的构造土可以用作指示过去的气候。形态和分选发育程度是构造土最重要的两个方面。主要形态有石环（cirques），可以单独或成群地出现，分选型石环常有一粗砾石边界环绕一细物质中心（图 8.58A）。在极地和高山地区也可以形成石环，而不局限于冻土地区，未分选的环甚至可以出现在不冻结的环境里，如澳大利亚的部分地区，发育在干旱地区。构造土是多成因的，其主要过程有冻胀分选作用、脱水裂隙作用、流水作用等（图 8.58B）。发育区的冻融循环次数，土质条件、含水量以及地形条件对构造土的过程、形态、大小均有影响。

图 8.58　构造土

Figure 8.58　Structure soil

A.天山乌鲁木齐河源空冰斗石环；B.石环中心冻胀观测——两年的冻胀上升量

石条（stripes）：分选石条向坡下延伸并由细粗砾石交替出现组成。粗石条一般 20~35 cm 宽，较粗的物质汇集在沟槽中，较细的物质形成小脊垄，沟槽深约 7.5 cm，最宽的粗石条可以有 1.5 m 宽，向坡下可以延伸 100 m 以上，深度与大小有关。

3. 与坡地过程有关的冰缘地貌过程与形态

泥流舌-冻融泥流作用（gelifluction or solifluction）：冰缘坡地块体运动，出现在坡地地表覆盖风化碎屑的冰缘环境（图 8.59A）。有利的形成条件包括：①冻融交替作用以各种方式扰动风化碎屑；②来自雪、冰和地下冰的融水使碎屑变湿而有利于其运动；③下伏的冻结面阻止融化表层中的水分向下迁移；④植被盖层可能十分有限，即使在很缓的坡上也无法阻止块体运动。过程包括重力作用，寒冻蠕移（frost creep）、冰冻扰动（cryoturbation）、针冰作用等。

A　　B

图 8.59　泥流舌（A）和成层坡积（B）

Figure 8.59　Solifluction lobe（A）and stratiform colluvium（B）

成层坡积（stratified slope deposits）：由频繁的冻融作用提供寒冻风化碎屑，经坡面片流改造（一般与雪斑有关）堆积在坡脚，具韵律层理的沉积物（图 8.59B）。这种现象在现代和古代冰缘区有一定的分布。因为它具有独特的形成地形、气候条件，因此对它的研究可为古环境恢复提供证据。我国学者也早就注意到这种现象，称之为“成层岩屑”。

由寒冻风化作用、重力作用、流水作用等，在冰缘环境的坡地上形成石溜坡（block slope）、石河（block stream）、倒石碓（talus）等。

4. 寒冻风化与冰缘夷平作用

寒冻风化作用是冰缘环境中最基本和最活跃的过程，物理分化为主，化学风化较弱。寒冻风化崩解产生大量岩屑，为其他冰缘现象提供了物质基础，如石海、石流坡、石河、倒石堆。石海（block field）是水平或微斜的山坡上堆积的粗碎屑。产生石海的过程主要与冻融环境有关，石海由当地岩性构成，可以有被冰川搬来的较远岩石。寒冻夷平作用（cryoplanation）：寒冻风化作用、雪蚀作用、寒冻泥流作用（gelifluction），流水和风的共同作用下形成。分布在分水岭、高台地上，表现为平坦的地面或阶梯状地形。残留的突起基岩称为冰缘岩柱。

5. 冰缘风力作用

冰缘环境风力作用形成分布广泛的冰缘风蚀-风积地貌。风蚀作用形成风蚀面、风蚀龛、风蚀槽沟、风棱石（ventifacts）、岩漠、砾漠等。风成沉积形成沙地、沙丘和冰缘黄土。各种冰缘风蚀、风积地貌和沉积在中国的阿尔泰山、天山、祁连山、昆仑山山麓，青藏高原有广泛的分布。

6. 热融作用

多年冻土热融产生下沉、滑塌、侵蚀，称为热融喀斯特（thermal karst）。多年冻土区的活动层破坏，多年冻土层融化，海岸或湖岸由于波浪的机械作用和热力作用的侵蚀，使岸线后退，河流流经的永冻土区，河水的热力作用和机械作用，引起河流下切，河岸后退。随着全球气温上升，多年冻土区的地温缓慢上升，导致热融喀斯特作用逐渐加强，热融湖塘出现、扩大、热融下切加强（图 8.60A），对寒区工程建设、生态环境的影响越来越显现（图 8.60B）。

A　B

图 8.60　热融喀斯特

Figure 8.60　Thermokarst

A.天山艾肯达坂热融湖；B.青海巴颜喀拉山口公路的热融坍陷

我国热融喀斯特地貌主要分布在青藏高原多年冻土区，受地形因素影响在不同区域的分布有较大差别。以青藏公路沿线为例，风火山山区的热喀斯特湖的数量比和湖的面积比都很小，这是因为高海拔地区的低温多年冻土条件不利于热融喀斯特湖的形成。楚玛尔河高平原区是热融喀斯特湖分布最密集的区域，其次是北麓河盆地。全球气候变化、冻土退化以及生态环境恶化都会对热融喀斯特的发生发展产生很大的影响，反过来，热喀斯特的发生发展又会引起冻土环境的变化，进而影响到生态环境的变化和全球气候变化。

思　考　题

1. 冰冻圈与其他圈层相互作用主要表现在哪些方面？
2. 举例说明冰冻圈是如何影响气候变化和水文过程的。

延伸阅读

【经典著作】

1.《雪生态学》

作者：H.G.Jones（加）等著；赵哈林等译
出版社：海洋出版社，2003
内容简介：

该书从积雪与气候系统、积雪的物理特性及其与生态学的关系、雪化学过程与养分循环、冰雪微生物、积雪与小型动物、积雪和植被 6 个方面论述了当前世界雪生态学研究进展，并对雪生态学近期需要研究的问题进行了讨论。总体来看，当前国际雪生态学研究存在如下发展趋势：①强调全球气候变化对积雪的影响及其反馈作用；②注重雪和积雪的物理特性及其生态功能；③对积雪生态系统的养分循环过程的研究报道增加；④冰雪微生物的超微结构、生理学、生理生态学、生态学、生命史、生物化学的研究得到了较快发展；⑤积雪小型哺乳动物的生理、生态、形态适应性研究得到更多重视；⑥有关极端环境下的植物生理生态适应性及其与雪环境梯度变化关系的研究兴趣增加；⑦过程研究、定量研究、数值模拟研究在各个方面都更加得到重视。

2. *Permafrost Hydrology*

作者：Ming-ko Woo
出版社：Springer, 2012
内容简介：

“多年冻土”（permafrost）一词最初由 Muller 在 1943 年提出，之后在联合国教育、科学、文化与卫生组织（UNESCO）1965 年开展的国际水文十年中得到应用。在 20 世纪前半叶，加拿大开展了对多年冻土区一些富有成效的考察和初步的观测。之后在资源利用和环境保护需求推动下，加拿大相关科研单位又组织了多学科联合科学计划，从试验区到小流域，开展了多年冻土对水文特性、分布、运动和储存等直接和间接影响的研究。野外调查和实验工作显著地提高了对多年冻土和水文科学的理解，该专著是对过去工作的总结。主要从水、热条件、地下水、积雪、活动层动力过程、坡面水文、寒区湖泊水文、北方湿地水文、寒区河流水文及流域水文等方面对多年冻土水文过程及其流域水文效应进行了较为系统的论述。该专著是目前涉及寒区（多年冻土）水文较为全面的专著。

3.《中国冰川水资源》

作者：杨针娘
出版社：甘肃科学技术出版社，1991
内容简介：

冰川水资源是地球上水资源重要的组成部分。该书作者于 1980~1985 年参加由水利电力部主持的国家重点项目“中国水资源评价”中的“冰川水资源的估算和评价”研究课题。作者应用中国科学院兰州冰川冻土研究所 1958 年以来野外考察、定位和半定位站的冰川、水文、气象等基本观测资料，以及冰川编目和大量的水文气象站资料，系统分析了我国冰川发育的降水条件，叙述了我国冰川的数量、分布和类型，论述了冰川消融、冰川融水径流，并在此基础上探讨了估算冰川水资源的方法，提出了全国、各省和各水系冰川水资源的数量、分布规律，以及冰川融水径流对我国西部山区河流的补给作用及其评价，同时还详细介绍了国内外冰川水文研究的方法、结果和存在的问题等。这是我国第一部有关冰川水资源的专门著作，对促进我国冰川水文学、寒区水文、冰冻圈科学的研究，水资源的评价和合理利用、工程设计，以及我国西部山区国土整治和规划决策等都具有重要的理论和实际意义。

4. *Geosystems：an Introduction to Physical Geography*，8 th Edition

作者：Robert W. Christopherson

出版社：Prentice Hall, 2011

译本《地表系统：自然地理学》

译者：赵景峰、效存德

出版社：科学出版社，2015

内容简介：

这是一部自然地理学的国际性专业教材。该书自 1992 年发行以来，已更新至第 8 版（英文），作为一部最优秀和最新的“自然地理学”专著，其英文版已发行遍及欧洲、美洲、非洲、亚洲（中国香港、中国台湾），现已有韩国译著[韩文版（原著第 7 版）]。

该著作特点是：对自然地理学的概念、原理、前沿动态和典型应用实例，通过丰富的图片和实际数据列表和浅显易懂文字说明，逐渐引导读者深刻理解以往抽象的、片段化的知识点，并将它们融入一个整体系统。对于读者而言：该书①实物图片大大地增加读者对自然地理的学习感官认识；②“系统的框架”设计，有利于读者把地表各圈层作为一个整体环境，系统地考虑问题；③对与重要概念和原理导入时，往往先从本质入手，详述其分析过程，再叙述其内容和实际对象的联系。这对于培养理解力、激发创新能力有极大的裨益作用；④包含大量的数据网站和研究网站，保障信息的及时更新，可提供全球的基础资料和最新研究动态信息。

中文版全书分为 4 篇，即 “大气-能量系统”“水-天气-气候”系统、“地表-大气界面”“土壤-生态系统-生物”，共 21 章，约 60 万字（约 1500 幅彩色图片）。该译著不仅适合作为地理学专业的教学教材，而且也可作为从事地学相关人员的参考工具书。

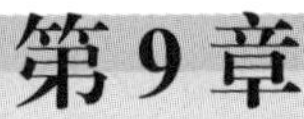

第9章 冰冻圈变化与可持续发展

主笔：赖远明　刘时银　丁永建

主要作者：杨建平　牛富俊　李志军　马丽娟　方一平　王宁练　王世金　张建民　李国玉　温家洪　效存德

冰冻圈变化可在多个层面上对社会经济发展造成影响，其变化带来的影响既有全球尺度的表现，也具有区域或局地特征。从全球尺度上看，冰冻圈的扩张与退缩引起大量淡水在陆地和海洋之间转移，以及大范围积雪和海冰变化，不仅与全球气候变化息息相关，而且引起的海平面变化和极端气候事件对全球经济最为集中的海岸带环境产生深刻的影响。从区域或局地尺度上看，冰冻圈单个或多个要素的变化，可引起水资源供给、洪水、冰雪灾（含冰雪崩、风吹雪等）、线状工程破坏等环境灾害问题。本章将系统介绍冰冻圈变化的水文生态效应和灾害影响，以及适应冰冻圈变化的原理和方法。

9.1　冰冻圈变化影响的评估方法与适应框架

9.1.1　脆弱性及其评估方法

冰冻圈对气候变化的响应敏感，其变化的影响显著。全球或半球尺度的影响，如海平面变化和大洋环流；区域尺度的影响，如亚洲季风变化；局地的影响，如水资源、洪水与泥石流灾害等。认识冰冻圈变化的影响，以促进社会经济可持续发展，是冰冻圈科学研究的重要内容之一。冰冻圈变化的自然影响（水文、生态、气候影响等）研究由来已久，而冰冻圈变化的脆弱性与适应、灾害风险研究才刚刚起步，其基本概念、理论依据、评估方法均基于气候变化脆弱性与适应框架体系。

1. 脆弱性的基本属性

脆弱性是指受到负面影响的倾向，是近年环境变化和政策研究出现的重要概念，针对全球环境变化可能带来的潜在风险，不同尺度、不同类型、不同对象的脆弱性问题已经成为人类社会生存和可持续发展极为关注的焦点。对脆弱性的认识还存在争议，脆弱性总体来说有以下基本属性。

（1）时间属性：时间尺度的脆弱性往往会决定结果的差异存在，包括现实的脆弱性、潜在的脆弱性，以及综合的动态脆弱性。

（2）尺度属性：脆弱性的发生、发展都存在固有的尺度范围，脆弱性的大小、程度取决于系统地理范围的划分和脆弱性评估的区域范畴。

（3）学科属性：不同的学科具有显著异同的揭示问题视角和方法，是以系统自身物理属性为视角，还是以政治、经济、文化制度等社会属性为切入点，不同学科差异对系统脆弱性评估结果产生显著差异性。

（4）系统属性：脆弱性对象既包括生态、社会、经济系统，也包括人地耦合复杂巨系统及人群、部门、社区等单一或特殊系统。

（5）问题属性：是健康、收入、社区文化、生物多样性还是系统的恢复能力？不同的问题导向，对脆弱性结果的评估起着决定性作用。

（6）灾害属性：灾害是系统负面影响和损害程度的重要内容，而潜在的、可能的人类健康、社会福祉、生态服务等损害测度则是脆弱性评估的核心。

2. 评估模型

冰冻圈变化的脆弱性同样具备以上属性，是生态、经济、社会等系统对冰冻圈要素（冰川、冻土、积雪）变化负面影响的敏感程度，也是系统不能应对负面影响的能力、程度反映。冰冻圈变化无疑会对气候、生态、水文、地表环境产生影响，这些影响必然会涉及人类社会进而会对人类生存环境及可持续发展产生影响，图 9.1 给出了在气候变化影响下的水资源传递过程，冰川融水变化会影响流域水资源、进而通过水资源影响到农业、生态，从而影响经济社会，这样构成的影响链条是渐次向下游波及的，因此如何认识这样一个链条上的影响过程及程度，这就需要通过一定的方法进行定量评估。脆弱性就是定量评估的一种手段，通过冰冻圈变化影响下的脆弱性评估，可将冰冻圈变化的自然过程与影响的人文过程有效联系起来，从而提供了一种认识冰冻圈变化影响程度的手段和视角，也为适应冰冻圈变化的影响提供了科学途径（图 9.2）。

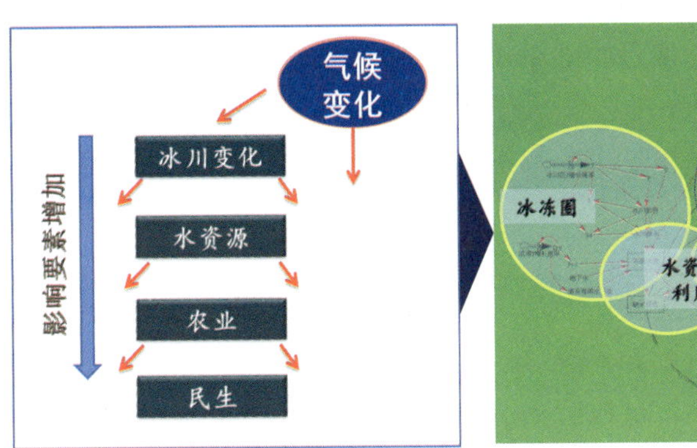

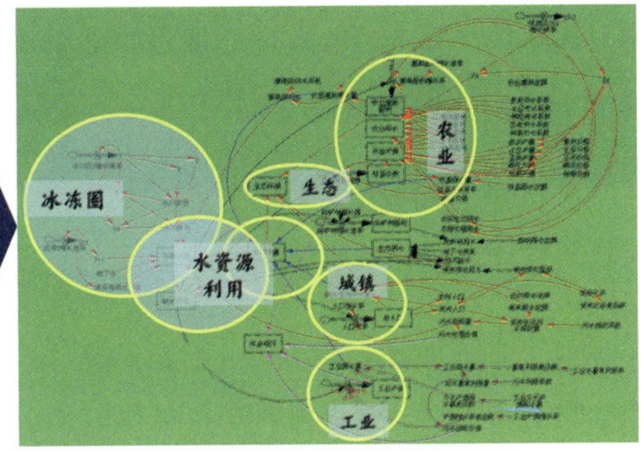

图 9.1　冰冻圈变化对社会经济影响实例：冰冻圈变化的级联影响

Figure 9.1　A case for impact of cryosphere changes on social economy: cascading effects

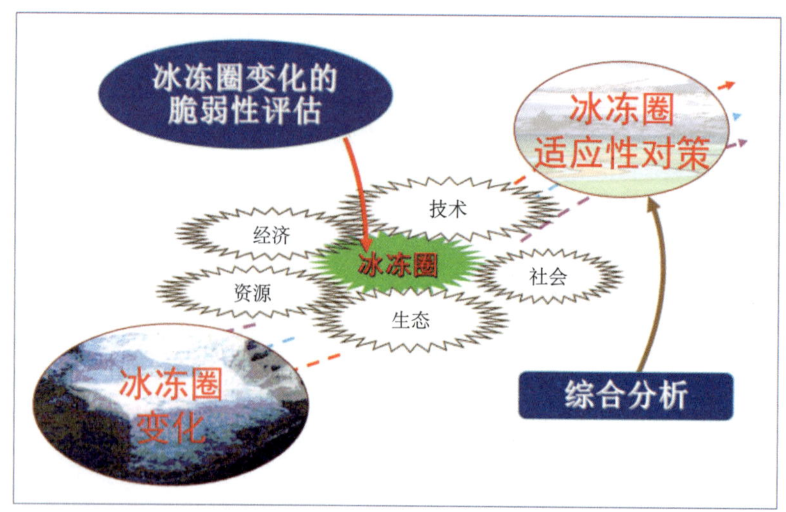

图 9.2　联系冰冻圈变化（自然）与影响（社会）的纽带-脆弱性评估图示

Figure 9.2　Link of cosphere changes（natural）and their effects（social）-vulnerability assessment

系统暴露、敏感性与适应能力构成了脆弱性的 3 个关键参数。其中，暴露是指系统处于负面影响的可能性，敏感性是系统对负面影响的响应程度，适应能力是系统应对外部压力所表现出来的调整能力。目前对于冰冻圈变化的脆弱性认识和研究尚不深刻，但常用暴露、敏感性与适应能力三元结构法反映其间的函数关系：

$$V=(E\times S)/A \text{ 或 } V=(E-A)\times S \tag{9-1}$$

式中，V 是脆弱性；E 是暴露；S 是敏感性；A 是适应能力。

尽管两种函数表达式的形态有所差异，但均直观表征了系统脆弱性和 3 个关键参数之间的内在联系。系统暴露程度越高，敏感性越强，适应能力越小，系统脆弱程度就越大；相反，系统暴露程度越低，敏感性越弱，适应能力越大，系统脆弱程度相应就越小（图 9.3）。即脆弱性是暴露、敏感性的正函数，是适应能力的反函数。

3. 评估方法

脆弱性评估便于认识系统在冰冻圈要素变化驱动下的敏感程度和易变性，提高系统适应能力，以便决策者能够有效开展对脆弱系统的治理。冰冻圈变化的脆弱性是一个生态-社会交织的复杂过程，更是复杂的生态-社会系统工程，评价指标遴选总体上遵循演绎、归纳、规范、次组分以及可操作 5 个主导法则。不同学科对脆弱性概念和内涵认识的差异导致测度脆弱性方法多种多样，至今尚未有共识的评估方法。目前，冰冻圈变化影响的脆弱性评估在强调冰冻圈要素基础上，也沿用以下方法：

1）基本归纳法

基本归纳法实质上就是计算法，可以分为五分法和求和法。前一种方法把每一个变量从最好到最坏分成 5 段，然后计算该变量每段的数目。后一种方法是将所有变量的标

图 9.3　受冰冻圈变化影响表现出不同脆弱程度的若干实例

Figure 9.3　Cases of different vulnerability under impacting of cryosphere changes

准化值求和。这两种方法具有直观，计算简单，能有效地、高水准地概括当前环境的总体状况，适用于处理不连续和偏态数据。

2）距离法

距离法是度量与参考点之间的距离，参考点不一定是具体地点，而是一种理想状况或指定的脆弱区，具体包括主成分分析法、状态空间法、临界分析法与层次分析法。其优点是计算简单，非常适用于多种类型的评估问题。

3）分类法

分类法突出了特定地区测度变量的相似性，包括：聚类法和自组织图。聚类法使用各种常用分割技术，如 K 均值聚类和分层聚类（系统聚类）把研究区域分类。自组织模型是利用人工神经网络模型构建的，为了使产生的类群直观可判读，该方法采用了非线性分类，算法包括确定加权系数的自组织过程。分类法可以客观地确定相似变量，但该方法只能将聚合类型与其相似特征联系在一起，而不能区别类型好坏。

4）重叠法

包括重叠法和压力-资源重叠法。重叠法是将两区域地图进行叠加、比较，从而直观展示其差异的一种方法。压力资源重叠法是将变量分成资源变量和压力变量，用分层设色汇成彩图，突出显示资源丰富同时所受压力又大的区域，因而区别哪些系统是最脆弱的。重叠法的优点是能够快速综合多种变量或多种集成技术，对不连续、偏态、不平衡和相关性数据问题均不敏感，适合处理任何种类的数据。

5）矩阵法

矩阵法是一种不能用图表示的方法，可以分为压力-资源矩阵法和单变量回归矩阵法。压力-资源矩阵法是用压力、资源变量的相关矩阵值计算得分，从而评定压力与资源的等级。单变量回归矩阵法是依据压力对单个资源变量的回归系数计算得分。矩阵法的优点是以定量值代替了主观权重，其评估结果更具客观性。矩阵法适用于处理相关性数据，但对不连续、偏态和不平衡数据问题敏感。

6）模型模拟法

采用模型进行模拟预测是当前最常用，也是发展最迅速的研究方法之一。特别是在定量评价研究中，模型的应用非常广泛，如生态模型模拟法主要应用于生态敏感性和潜在影响模拟，它的优势在于可将有关重要参数和边界条件数据输入模型而实现相关预测结果的输出。

7）指标评价法

指标评价法是应用于生态/社会系统脆弱性现状评价，研究其敏感性和适应性采用最广泛的方法。该方法具有简单、容易操作的优点，缺点是评价缺乏系统性，忽略脆弱性各构成要素间的相互作用机制，与脆弱性内涵之间缺乏相互对应的关系；建立跨区域、跨时段的脆弱性评价指标体系困难大。

8）对比研究法

对比研究法一般在时空尺度上假定参照基准或气候变化阈值，与被评价的系统状况相对比。参照基准或气候变化阈值一般通过自定义假定或理论计算。例如，有人将假定的“危急气候条件”作为气候变化的阈值，通过 NPP 对气候变化的响应情况，将 NPP 划分成可接受和不可接受范围，若 NPP 的变化超出可以接受的范围，即为危急气候条件。此外，根据生态系统关键成分的生理生态幅度计算其基础生态位，也是计算基准点重要方法。

9.1.2 冰冻圈变化的适应框架

冰冻圈变化既包括组成冰冻圈的冰川、积雪、冻土、海冰、湖冰、冰原、冰架等各要素组分、量级变化，也涵盖冰冻圈内部以及冰冻圈与其他圈层相互作用关系的变化。冰冻圈的变化将影响自然、人工生态系统以及社会经济系统的结构、功能，进而导致自然、人工和社会经济系统不同的福利产出效应。

冰冻圈变化的适应是系统应对冰冻圈变化所表现出来的调整，这种调整的空间、水平、程度可以用适应能力表示，为了降低系统的脆弱性，最直接、最有效的途径就是提高系统的适应能力。

尽管气候变化适应的分类多样，但国内外关于冰冻圈变化的适应研究刚起步，目前还没有形成共识的理论方法和模型。不过，根据冰冻圈与气候变化的基本特点，影响、脆弱性、适应评估是识别冰冻圈变化的负面影响、认识冰冻圈变化适应能力的主线，适应对象、适应尺度、适应类型、适应要素则是组成冰冻圈变化适应的 4 个组件（图 9.4）。通过适应对象、适应尺度、适应类型、适应要素的选择和综合分析，揭示不同层级自然系统的恢复能力、不同社会系统的调整能力，进而提出冰冻圈变化的应对举措、实施方案，用于应对冰冻圈变化及其过程中生态、环境、经济、社会可持续发展的决策和管理。

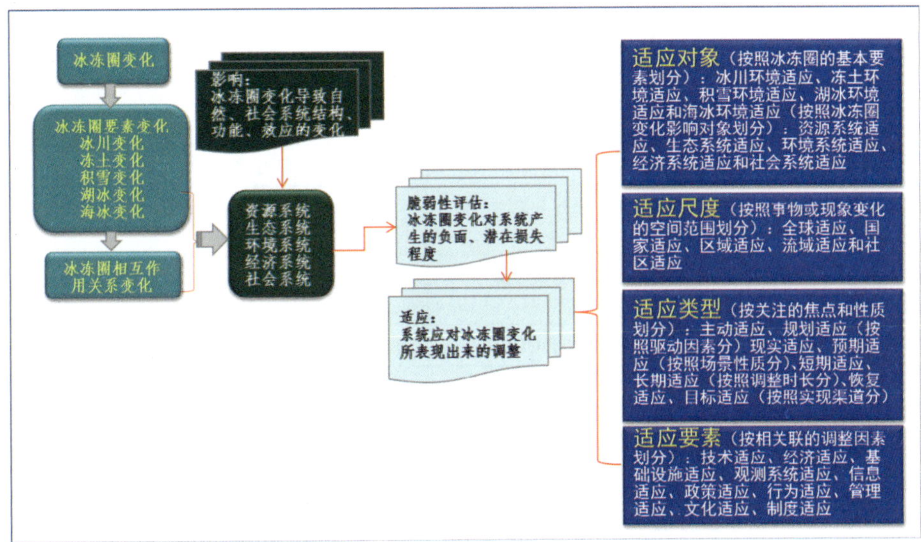

图 9.4　冰冻圈变化的适应框架

Figure 9.4　The framework adapted cryosphere changes

9.2　冰冻圈变化影响的适应案例

9.2.1　冰冻圈变化对水文-生态影响的适应案例

冰川变化对干旱区水资源、多年冻土变化对青藏高原生态具有显著影响。在我国西北内陆干旱区，冰川融水的作用尤其突出，塔里木河各源流区冰川融水补给比例多在 30%~80%。在干旱区内陆河流域，高山冰冻圈-山前绿洲-尾闾湖泊构成的流域生态系统中，冰川进退、积雪变化及多年冻土消涨对绿洲稳定和湖泊萎扩具有重要的调节和稳定作用，冰川是我国干旱区绿洲稳定和发展的生命之源。针对干旱区冰川变化对社会-生态系统的影响，围绕暴露度、敏感性和适应能力，从自然系统与社会经济层面，遴选了 16

个指标（表 9.1），构建了内陆河流域社会–生态系统对冰川变化的脆弱性评价指标体系，从流域与县域两种尺度，定量评价了 1995~2009 年河西内陆河流域绿洲社会–生态系统受冰川变化影响的脆弱性。

表 9.1　内陆河流域冰川变化影响的脆弱性评价指标体系

Table 9.1　The vulnerability indexes impacted by glacier changes in inland river basin

标准层		指标层	解释	单位
暴露度	自然系统暴露度	单位绿洲面积的出山径流量	出山净流量与绿洲面积的比	%
		冰川融水补给率	冰川融水径流量占河川总径流量的比例	%
		干燥度指数	反映某个地区气候干燥程度的指标	/
		历年绿洲面积	反映绿洲的规模	万 hm
	社会经济暴露度	地区生产总值	反映经济水平	万元
		人口密度	单位面积上居住的人口数，反映人口的密集程度	人/km^2
		城市化率	城镇人口占总人口的比例	%
敏感性	社会–生态系统敏感性	冰川融水补给率变化	反映冰川融水补给河川径流量比例的变化情况	/
		粮食总产量	间接反映地区水量对农业生产的影响程度	t
		单位水量 GDP 产出	反映地区水量对社会经济的影响程度	元/m^3
适应能力	生态适应能力	NPP	反映生态修复能力	gC/a
	经济适应能力	劳动生产率	反映技术水平	万元/人
		高耗水产业的比重	体现产业结构调整	/
		第三产业的比重	体现经济质量	/
	社会适应能力	九年义务教育合计	体现教育水平	人
		恩格尔系数	体现福利水平，即食物消费占总消费的比	%

根据表 9.1 指标评价的结果表明，在流域整体尺度上，河西内陆河流域绿洲社会–生态系统对冰川变化影响的脆弱性呈增加趋势（图 9.5A）。在三大河流域中，石羊河流域受冰川变化的影响最大，其次是疏勒河与黑河流域。在县域尺度上，绿洲经济带脆弱程度高（图 9.5B）。绿洲面积扩大、经济体量与人口增加使得河西内陆河流域高度暴露于冰川变化的影响之下，地区粮食产量与单位水量 GDP 产出对冰川变化又比较敏感，高耗水产业比例高，这些因素共同助推了绿洲系统对冰川变化影响的较高脆弱性。脆弱性因素分析结果表明，社会经济发展对脆弱性的影响已远超自然因素变化的影响。适应的途径是减少暴露度，即控制绿洲面积和人口规模，降低敏感性，即提高单方水产值、严格控制高耗水工业。

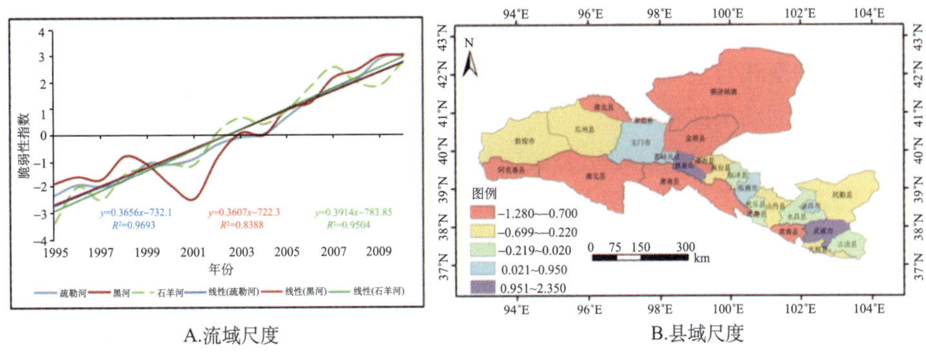

A.流域尺度　　B.县域尺度

图 9.5　河西内陆河流域绿洲系统受冰川变化影响在流域尺度和县域尺度的脆弱性时空变化

Figure 9.5　temporal and spatial variation of vulnerability for the oasis system affected by the glacier changein the river basin scale and the scale of the county　inland river basins in Hexi Region, northwest of China

暴露度、敏感性与适应能力的逻辑关系揭示的适应措施：适当控制绿洲规模、适度控制人口规模、调整农业结构、提高单方水产值、降低高耗水产业比例。

冰冻圈变化对生态系统有重要影响。正是由于青藏高原多年冻土的存在，才有了在高原面上年降水量不足 400 mm 的江河源区广泛分布的高寒沼泽湿地和高寒草甸生态系统。冻土所产生的土壤活动层特殊的水热交换是维持高寒生态系统稳定的关键所在，冻土及其孕育的高寒沼泽湿地和高寒草甸生态系统具有显著的水源涵养功能，是稳定江河源区水循环与河川径流的重要因素。江河源区近几十年来生态退化和河流、湖泊、沼泽、湿地等水文环境的显著变化就与土壤冻融循环变化及冻土退化密切相关。针对青藏高原冻土变化对生态的影响，开发了基于冻土变化的草地生态脆弱性评估指标（表 9.2），根

表 9.2　高寒草地生态脆弱性评估指标和方法

Table 9.2　Vulnerability assessment indicators and methods for alpine grassland ecosystem

评估维度	测度指标	对应空间状态矩阵	脆弱性表达模型和方法
草地质量	可利用草地面积/km^2	质量矩阵	结构动力学模型
	NPP/（kg/hm^2）		
	重度退化草地面积/km^2		
	草地围栏面积/hm^2	阻尼矩阵	不同状态矩阵作用下，以草地生态系统的位移表达脆弱性 位移越大，脆弱性越高，位移越小，脆弱性越低。
	牲畜暖棚/万 m^2		
	人工草地面积/hm^2		
草地潜力	4~10 月平均降水/mm	刚度矩阵	
	4~10 月平均气温/℃		
	冻土活动层厚度/cm		
草地压力	人口密度/km^2	压力矩阵	
	经济密度/（万元/km^2）		
	牲畜密度/（羊单位/km^2）		

据李嘉图方程，建立了草地生态系统脆弱性和冻土变化的关系模型，定量揭示了高寒草地生态脆弱性的变化特征与未来趋势，将冻土和生态联系起来的关键点是在草地潜力因素中考虑了冻土活动层的作用。

1980~2010 年江河源区草地生态脆弱性在波动中呈上升趋势（图 9.6），预估显示，在 2030 年前，随着多年冻土活动层厚度增加速度增大，草地生态脆弱性亦相应增加。在其他要素不变的情况下，不同多年冻土活动层增厚速度下的草地生态承载力预估结果显示（图 9.6），2030 年前，黄河源区多年冻土活动层增加，草地生态承载力将呈下降趋势，下降幅度随活动层增加速度加快而加大。这些初步评估结果表明，冻土退化将可能抵消生态建设的效果。因此，在未来生态建设中，不仅要保护地上草地，更要保护地下的冻土。

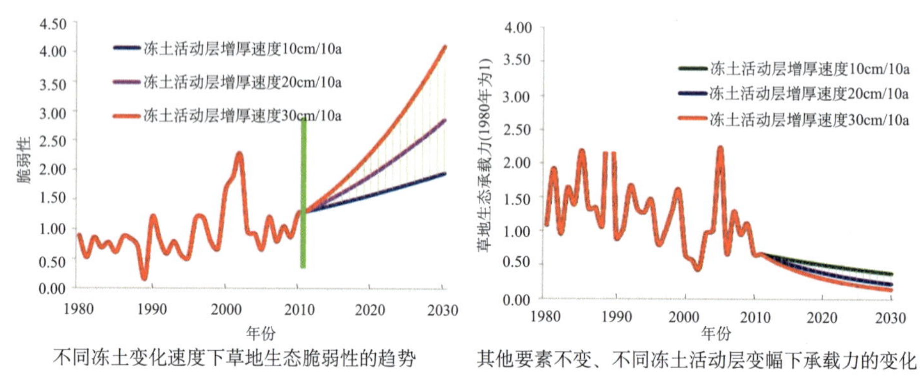

图 9.6 冻土对青藏高原草地脆弱性的影响

Figure 9.6 The influence of permafrost on grassland vulnerability in the Tibetan Plateau

9.2.2 工程适应案例：青藏铁路适应多年冻土变化

青藏高原作为全球变化的重要敏感区，气候变化使青藏铁路的修筑面临着十分严峻的挑战，尤其是多年冻土成为修建青藏铁路的关键问题。因此，在气候转暖、多年冻土退化以及高温高含冰量的工程背景下，青藏铁路工程考虑 50 年气温升高 1℃开展工程设计。针对解决高温高含冰量路段的冻土路基稳定性问题，青藏铁路工程提出了冷却路基、降低多年冻土温度的设计新思路，以及主动保护多年冻土的设计原则，变“保”温为“降”温，以确保多年冻土热稳定性。采取调控热导工程，调控辐射工程，调控对流工程，综合调控措施后，有效地适应了多年冻土的变化，块石结构工程措施具有较好的冷却路基、降低多年冻土温度的作用（图 9.7）。2005~2008 年，路基下部 1.5 m 深度以上土体年平均温度降低了 1℃左右，路基下部 5 m 深度冻土年平均温度降低了约 0.5℃，10 m 深处多年冻土仍处于显著降温状态。数值模拟结果则显示，即使 50 年气温升高 2℃，即在年平均气温大于−3.5℃或天然地表温度大于−1℃的地区，块石路基仍可有效地保证路基下部冻土的热稳定性。

图 9.7　青藏铁路保护多年冻土的工程适应措施

Figure 9.7　Engineering adaptation measures to protect permafrost in Qinghai-Xizang Railway

9.2.3　规划适应案例：印北城镇水资源供给适应冰川变化

列城（Leh）是印度北部重要的中心城镇，也是喜马拉雅地区依赖冰川融水的小镇之一，在适应冰川变化影响方面有一定借鉴意义。近年来由于旅游业、城镇化和人口快速增长极大增进了淡水资源的需求，而冰川退缩以及冰川融水期的缩短大大激化了该地区水资源供应和需求之间的矛盾。为应对冰川变化对水资源的影响，提出了规划适应举措：精准预估水资源变化，将冰雪变化导致的水资源影响纳入城镇发展综合规划；做好冰川融水依赖性城镇水资源供给平衡的空间规划；优化地表水、地下水资源管理的制度结构；积极倡导非盈利组织开展人工冰川、雪墙以及水塘工程建设。

9.2.4　政策适应案例：瑞士旅游业适应阿尔卑斯山冰雪变化

瑞士经济高度依赖旅游业，而冬季旅游是瑞士山地旅游的主要形态。由于全球气候变暖，瑞士阿尔卑斯山冰雪减少，显著影响该国旅游业发展，尤其是冬季滑雪旅游（Koening and Abegg, 1997）。由于游客减少，宾馆酒店业入住率下降，低海拔景区运输萧条，许多运输公司资金紧张，甚至有一些破产。为应对冰雪减少对冬季旅游业的不利影响，提出了以下适应措施：发展海拔 3000 m 以上的冰川滑雪区（图 9.8）；人工造雪；旅游产品多样化；业务合作或公司融合，降低竞争压力。由于瑞士阿尔卑斯山冰川本身在显著萎缩，考虑到环境原因，发展高海拔冰川滑雪区并非科学措施，因此，目前瑞士旅游业主要采取相应政策，提高瑞士冰雪旅游的适应能力。

图 9.8　瑞士阿尔卑斯山区便捷的交通及冬季滑雪场一角

Figure 9.8　Convenient transportation and winter ski resort in Swiss Apls

9.3　冰冻圈灾害与风险评估

9.3.1　灾害风险与风险管理

风险是指由潜在的致灾因子或极端事件造成的负面影响或损失，它可由两个基本要素来定义：负面后果及其发生的可能性。自然灾害风险的形成包括 3 个要素：致灾因子、暴露和脆弱性。致灾因子是指一种危险的现象、物质、人的活动或局面，它们可能造成人员伤亡，或对健康产生影响，造成财产损失，生计和服务设施丧失，社会和经济紊乱，或环境损坏。在自然灾害风险研究中，致灾因子通常可理解为某些极端事件，如台风、洪涝、干旱、地震、滑坡和泥石流等。暴露是指人员、财物、系统或其他要素处在危险地区，因此可能受到损害。通常用某个地区有多少人或多少类资产来衡量暴露程度，结合暴露在某种致灾因子下特定的脆弱性，来定量估算所关注地区与该致灾因子相关的风险。当一个地区潜在的风险转化为现实时，就出现灾害。灾害是指一个社区或系统，其功能被严重扰乱，涉及广泛的人员、物资、经济或环境的损失和影响，且超出受到影响的社区或社会能够动用自身资源去应对。灾害针对不同的对象，有不同的尺度，如家庭、社区、城市、国家等范围，并可划分不同的等级。冰冻圈灾害种类繁多，如冰川泥石流、冰川堰塞湖、冰湖溃决、冰雪崩、牧区雪灾、冰凌灾害等等，分布广泛，常常发生在偏远的高山、高原等欠发达地的乡村，给当地的社会经济、生态环境造成严重损失和影响。需要加强灾害的风险管理，特别是基于社区的灾害风险管理，以降低冰冻圈灾害的风险，减轻灾害对当地社区发展的阻碍和影响。

在目前气候变化对全球淡水系统的影响中，冰冻圈要素占据重要地位（图 9.9）。

冰冻圈变化对通过水、生态、灾害等对社会经济系统产生影响，除通过脆弱性评估认识其影响程度外，从风险的视角评估其影响也是重要途径。从风险方面评估冰冻圈变化的影响，主要聚焦于灾害性的后果方面。冰冻圈变化风险评估的基本框架可用图 9.10 表示。

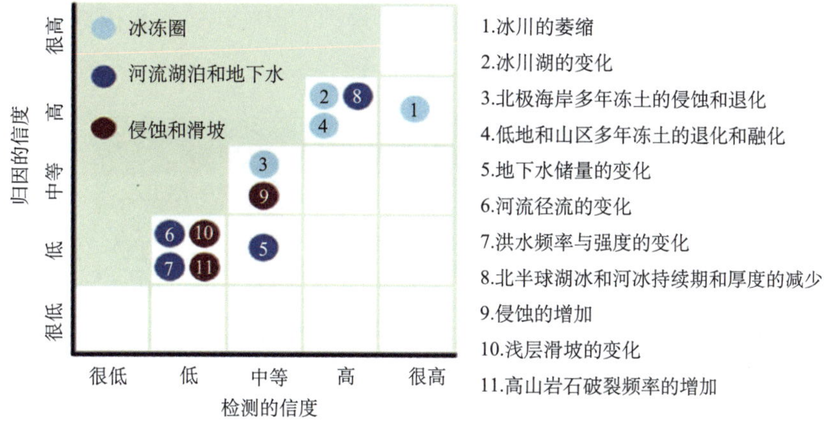

图 9.9　观测到的气候变化对全球淡水系统的影响的检测信度以及可归因于气候变化主要作用的信度

Figure 9.9　The impact of climate change on global freshwater system

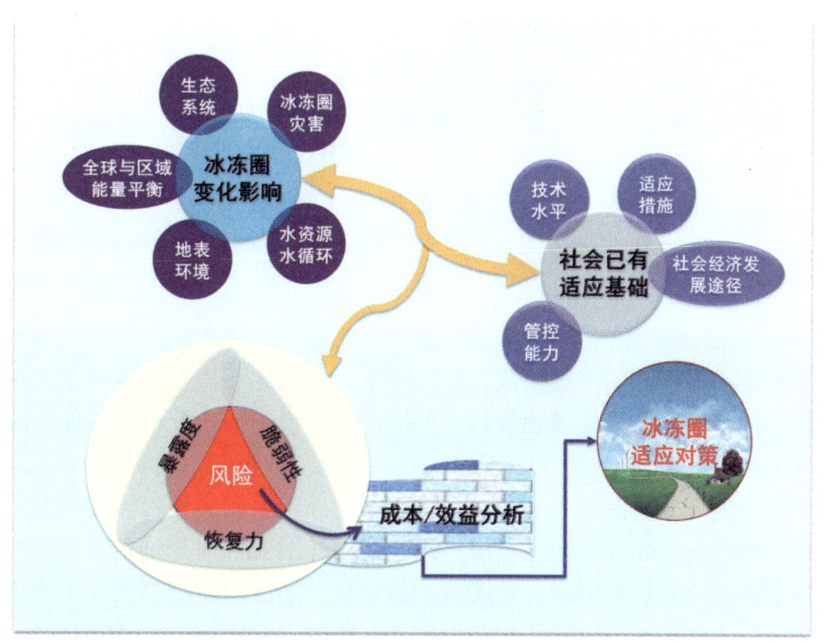

图 9.10　冰冻圈变化风险评估的基本框架

Figure 9.10　Risk assessment on effects of cryosphere changes

9.3.2　冰冻圈灾害风险评估

1. 冰冻圈灾害类型及分布

冰冻圈灾害种类较多，与冰川有关的灾害有冰湖溃决、冰川洪水、冰川泥石流；与积雪有关的灾害有雪灾、融雪洪水、冷冻雨雪、雪崩、风吹雪；与冻土有关的灾害有冻胀、融沉、蠕变等；与海冰有关的灾害有航道阻塞、工程损坏、港口码头封冻、水产养殖受损等；与河冰有关的灾害有冰凌洪水、工程破坏等。我国冰冻圈灾害主要分布在青藏高原、新疆和东北地区（图 9.11）。

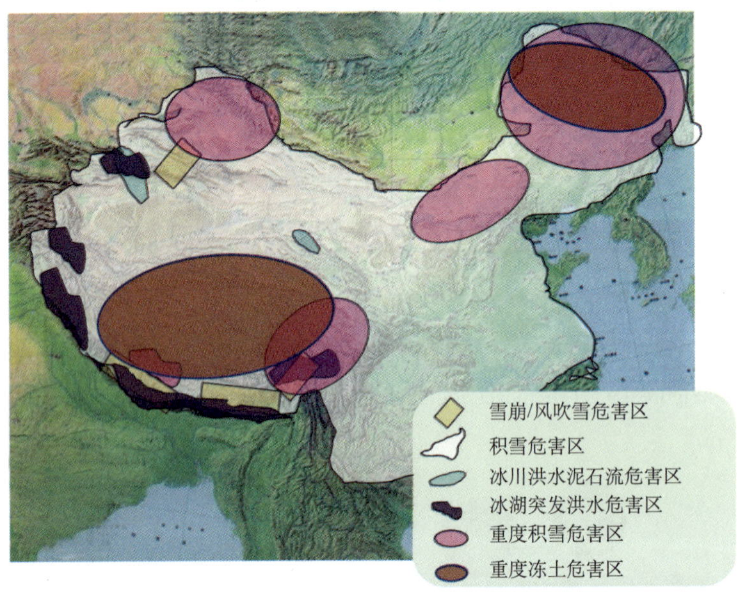

图 9.11　中国冰冻圈主要灾害分布示意图

Figure 9.11　Distribution of main cryospheric disasters in China

1）冰川灾害

与冰川有关的灾害，如冰湖溃决、冰川洪水、冰川泥石流等在冰川水文章节中已有介绍，在此不再赘述。这里就风险性最大的冰湖溃决机制作一分析，以便为理解后面的冰湖溃决风险提供认识基础。

冰湖溃决是由于冰川阻塞湖突然大量排水或冰碛阻塞湖突然垮坝而排水，二者具有不同的洪水形成机制。冰碛阻塞湖一般由现代冰川外围 LIA 时形成的终碛垄阻塞河道，由于冰川融水被终碛垄拦蓄成湖。这类湖泊的规模，随冰川的进退而发生变化。此类湖泊在我国分布广，数量多，也是容易发生溃决的湖泊，冰碛湖溃决一般表现出以下过程：

（1）冰川冰体崩塌或岩崩。母冰川冰舌陡峻，发生冰塌，或湖盆周边发生大规模岩崩，造成湖水浪涌，水位猛涨，冲刷终碛垄（坝），最终发生垮坝和湖水突然外泄，形成洪水。

（2）冰湖蓄满溢流或管涌溃坝。LIA 终碛堤（坝）具有良好的透水性，冰碛坝下部常有渗流现象，当融水增加，湖水位上升，可造成漫坝溢流，同时在静水压力作用下，终碛堤下管涌增大或者堤下死冰消融崩塌，加剧溃坝风险。

（3）冰川阻塞湖。可以是冰川前进堵塞主河谷蓄水成湖（如喀喇昆仑山叶尔羌河上游克亚吉尔冰川阻塞克勒青河谷形成的克亚吉尔冰川阻塞湖），也可以是支冰川快速退缩与主冰川分离，在支冰川空出的冰蚀谷地中，由主冰川阻塞而形成的冰川阻塞湖（如天山阿克苏河上游昆马力克河源的麦茨巴赫湖等）（图 9.12），都是以冰川冰作为坝体拦河蓄水。冰川阻塞湖突然（溃决）排水应具备以下条件：

①**静水压力。**当湖水深达到冰坝高度的 9/10 时，在湖巨大的静压力作用下冰坝浮起，造成冰坝断裂冰湖排水。

②**排水通道。**当冰坝融化加剧，和湖水升高时，冰坝内部排水通道建立水力联系，在静水压力和热力动力作用下，湖水沿这些排水通道排出，排水过程中，排水通道断面面积不断扩大，加速排水过程，进而造成快速排水。受冰川冰的塑性变形作用影响，当排水量逐渐减少时，排水断面不断收缩以至完全闭合，排水过程结束。

③**其他诱发因素。**由于地震或火山爆发或地热作用，致使冰坝崩塌融化，造成冰湖溃决（突发性排水）。

图 9.12　阿克苏河上游天山麦兹巴赫湖溃决前后状况

Figure 9.12　Merzbacher Lake of Inylchek Glacier in Aksu River Basin before and after outburst

中国冰川灾害主要分布在青藏高原新构造活动频繁、地势起伏很大的边缘山地。冰碛湖灾害最集中的喜马拉雅山中段和雅鲁藏布江大拐弯周边地区；冰川湖溃决最频繁的喀喇昆仑山区和天山西部（图 9.13），这些地区山高谷深，冰湖高居河源之上、陡坡两侧，冰湖的分布高度多在 4500~5200 m，冰湖面积大者不足 3~4 km^2，小者仅 0.01 km^2。

2）冻土灾害

冻土灾害主要是指土体在冻结和融化过程中，土（岩）因温度变化、水分迁移所导致的热力学稳定性变化所引起的特殊地质灾害，主要包括热融性灾害、冻胀性灾害和冻融性灾害。冻土灾害不仅部分兼具了一般融土地区的地质灾害相同的瞬时性特点，并具有因冻土随气候变化而发育的长期性、缓慢性和周期性特点。

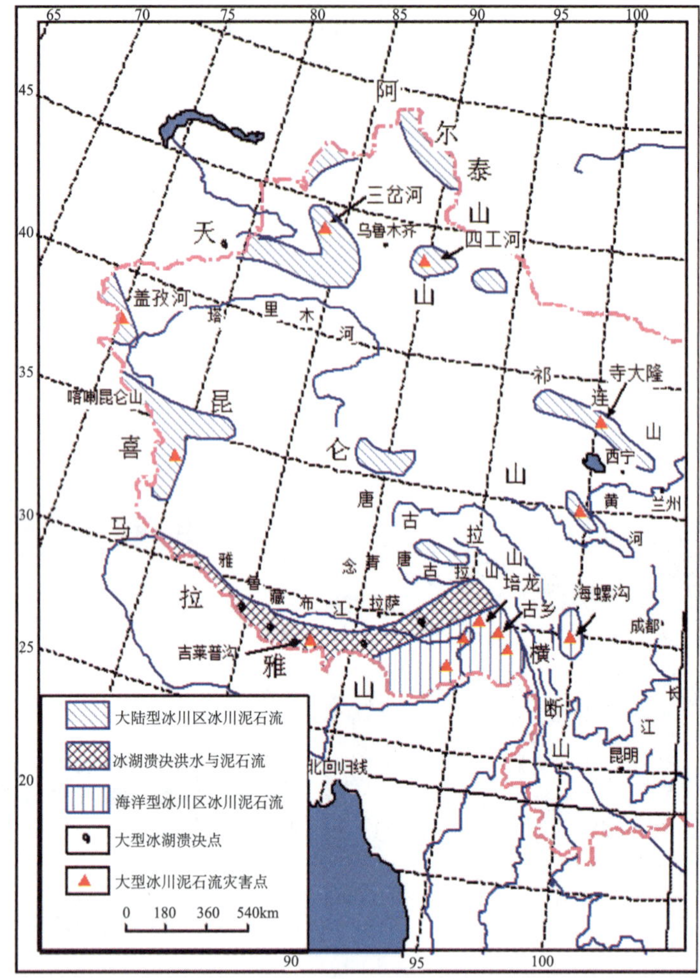

图 9.13 中国冰川灾害分布图

Figure 9.13 Map of glacier disaster in China

多年冻土是相对复杂的综合地质体，随外界环境的热扰动而产生敏感的响应。其中热融性灾害是由于多年冻土融化或退化过程中，土体压缩、固结或变形、位移所引起，这种灾害可以表现为岩土体的不同规模变形和失稳（如滑坡、热融泥流），以及冻土地基融沉过程对于建（构）筑物的直接破坏，也可以表现为因地表形态改变而形成的其他地质体（如热融湖塘），但当其对工程或生态环境产生间接或直接的影响后，便表现为灾害；冻胀性灾害主要是由于土体冻结过程中水分迁移或原位冻结所产生的体积膨胀类病害，一方面直接表现为构筑物的冻胀危害；另一方面表现为因施工造成地下水通道的改变而出现的冰锥、冰幔等，其可能会造成工程建（构）筑物的抬升、侧向挤压和冰体掩埋等危害；冻融性灾害是指由于岩土体材料受冻融循环的影响，材料的形态或强度等物理特性发生变化所引起的灾害。图 9.14 展示了多年冻土部分典型冻融灾害现象。

图 9.14　多年冻土区典型冻土灾害

Figure 9.14　Typical frozen soil disasters over permafrost region

A.雅库兹克管道桩基冻拔；B.青藏铁路路堑边坡冻融破坏；C.青藏公路 K3035 西冻土滑坡群遥感影像；D.青藏公路 K3035 西冻土滑坡；E.唐古拉山热融泥流；F.北麓河盆地热融湖塘；G.五道梁南青藏铁路排水沟热融沉陷；H.不冻泉青藏铁路段西侧热融沟

在山地多年冻土区，气候变化导致的热融灾害更加频繁。尤其在高含冰量冻土分布区域，冻土融化导致高含冰量土体及冻结岩体的强度，以及融化后土（岩）体内孔隙水压力的升高，原先处于稳定状态的斜坡体趋于失稳，在高含冰量冻土斜坡上分布弱透水性细颗粒土区域，易发生一系列活动层滑脱型滑坡、溯源热融滑塌、融冻泥流等地质灾害，而在冻结岩石陡坡区域易发生岩崩、碎屑流等地质灾害。上述地质灾害中，活动层滑脱型滑坡最为普遍，其诱发因素主要为多年冻土上限下移、降雨增加、斜坡坡脚开挖或遭受河流侵蚀，以及地震作用等，因其快速、移动距离较远及涉及范围广的特点而使得危害性增加。以青藏高原红梁河至北麓河一带丘陵山区的大量冻土滑坡为例，其在形态上大多表现为狭长的弧形，以活动层为滑坡体的土体厚层地下冰面滑动，滑动距离大多为 30~100 m。滑坡发生后后缘部位的地下冰暴露，融化后导致后缘陡坎土体发生阶段性坍塌，并演化为热融滑塌。整体滑动的滑坡体纵向挤压裂隙发育，并对前缘土体挤压形成褶皱状隆起（图 9.15）。目前，该滑坡所形成的破坏范围因后期热融滑塌的影响，还在以 0.7~4.5 m/a 的速率扩展。

图 9.15　青藏公路 K3035 西冻土滑坡

Figure 9.15　Frozen soil landslide at west K3035, Qinghai-Tibet highway

A.滑坡后缘出露的地下冰及土体拉裂隙；B.滑坡侧壁滑带土；C.滑坡体及其上发育的挤压裂隙；D.滑坡前缘挤压隆起

全球冻土灾害分布主要与多年冻土分布一致，加拿大、美国阿拉斯加、俄罗斯西伯利亚及中国青藏高原是冻土灾害主要分布区（图 9.16）。

3）雪灾

积雪灾害是因长时间大量降雪造成大范围积雪成灾的自然现象，常发生在稳定积雪地区和不稳定积雪山区。按发生机制，积雪灾害分为雪崩、风吹雪、牧区雪灾等。其中，风吹雪可激发雪崩灾害的发生，风吹雪可形成暴风雪灾害，而雪崩、风吹雪、暴风雪则常导致牧区雪灾。总体上，积雪灾害各灾种相互作用、相互影响，往往具有频发、群发、并发等灾害链特点。特别地，当降雪量过大、雪深过厚、持续时间过长，或春季气温回暖形成春汛时，常危及承灾区农牧业生产、区域交通、通信、输电线路基础设施等，进而对区域经济社会可持续发展构成潜在威胁（图 9.17）。

（1）牧区雪灾是指在主要依赖自然放牧的牧区，降雪量过大、雪深过厚、持续时间过长，缺乏饲草料储备，从而引发牲畜死亡所形成的灾害。牧区雪灾的发生不仅受降雪量、气温、雪深、积雪日数、坡度、坡向、草地类型、牧草高度等自然因素的影响，而且与畜群结构、饲草料储备、雪灾准备金、区域经济发展水平等社会因素息息相关。这类灾害在中国西部阿勒泰、三江源、那曲、锡林郭勒地区（盟）及蒙古国大片牧区多见。

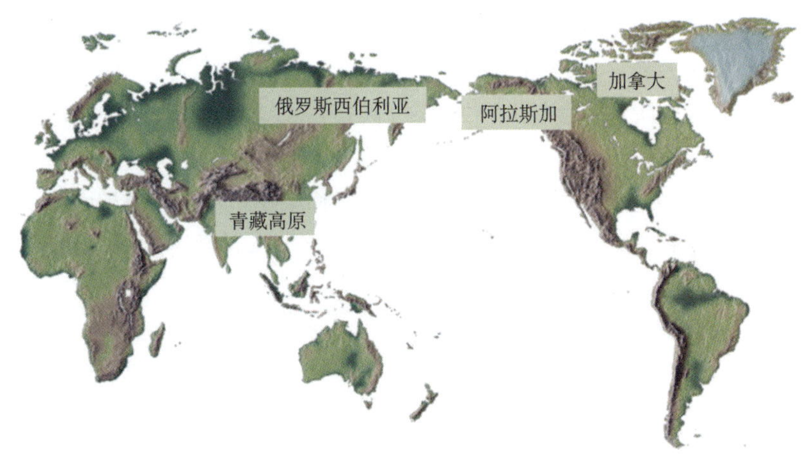

图 9.16　全球冻土灾害主要分布区

Figure 9.16　Distribution of global frozen soil disaster

2011年3月甘肃肃北雪灾
2010年1月5日内蒙古大雪阻断客车
2010年11月欧洲大雪使交通瘫痪
2008年12月雪灾大范围袭击中东部

图 9.17　雪灾示例

Figure 9.17　Some snow disaster events

（2）风吹雪灾害是指大风携带积雪过程中对农牧业生产、交通运输和工矿建设等造成危害的一种冰冻圈灾害，亦称为风雪流灾害。根据雪粒的吹扬高度、吹雪强度和对能见度的影响，可分为低吹雪、高吹雪和暴风雪 3 类。风吹雪不仅是高山冰川、极地冰盖、雪崩等的物质来源，诱发并加重冰雪洪水、雪崩、泥石流及滑坡等自然灾害，而且直接给经济活动和人民生命财产造成严重损失。风吹雪是一种较为复杂的特殊流体，降雪和积雪是风吹雪的物质来源，而风则是风雪流形成的动力。风吹雪按其发生期长短可分为长年和季节性两种。中国严重风吹雪灾害则主要分布在西北、青藏高原及边缘山区、内蒙古和东北山区及平原，对交通干线和工农牧业危害严重。

(3) 冰冻雨雪灾是指冬春季低温雨雪冰冻过程对承灾区人员、经济社会系统造成严重影响的气象或冰冻圈灾害。冰冻雨雪灾害气候背景主要呈现以下 3 个主要特征：①降雪、冻雨和降雨 3 种天气并存，其中冻雨是致灾主要原因；②低温、雨雪、冻雨天气强度大；③低温、雨雪、冰冻天气持续时间长。低温冰冻雨雪灾害是多种因素在同一时段，同一地区相互配合和叠加的结果。冰冻雨雪灾害常发生在我国中东部经济发达地区，对其农业、林业、交通、输电、通信及航空危害极大。

(4) 暴风雪（blizzard）是一种风力≥15 m/s、持续时间不少于 3 h、伴随连续降雪或风吹雪导致能见度≤400 m 的恶劣天气过程，是人类居住地区最常见的雪灾。暴风雪发生时，常常风雪交加、气温陡降、能见度极差，城市道路局部积雪堆积，导致通行缓慢或中断、高速公路关闭、机场航班延误或取消；牧区和农区大范围暴雪过程、积雪堆积以及严寒，常造成牲畜因受冻和饥饿大量死亡、农作物因冻害受损等。

我国雪灾频发区与全国持续积雪分布一致，即雪灾主要发生在东北、西北和青藏高原三大积雪区。雪灾高频区主要集中在内蒙古自治区锡林郭勒盟、新疆维吾尔自治区阿勒泰及伊犁地区、青藏高原三江源及藏北地区（图 9.18）。

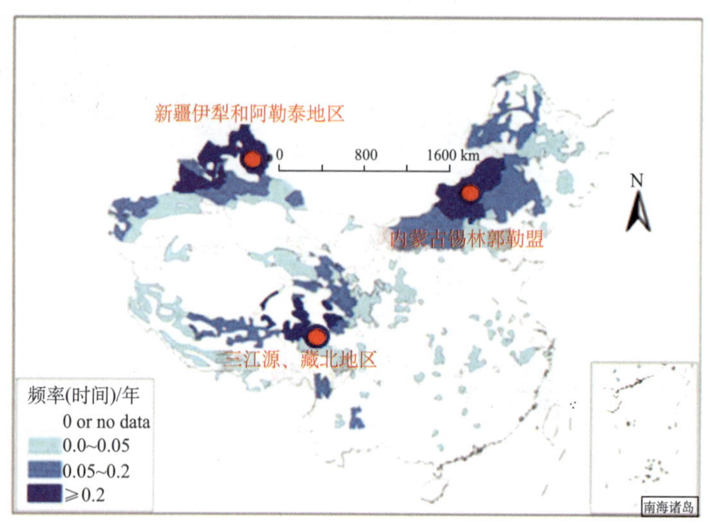

图 9.18　中国雪灾频率分布示意图

Figure 9.18　distribution of the snow disaster frequency in China

4）冰雪崩

当山坡积雪的稳定性受到破坏，即地面摩擦力无法抵御坡面积雪体向下的分力时，雪层就会滑落移动，引起大量冰雪崩塌，这种自然现象被称为“雪崩现象”或“雪崩”。

1973 年，国际雪冰委员会国际雪崩分类工作组提出国际雪崩分类系统方案，即形态-成因分类（表 9.3）。

雪崩与山坡坡度关系密切。雪崩易发生的山坡坡度为 30°~40°。据天山的观测资料，坡度在 25°~35°，随着坡度的增大，雪崩危险也增大，在 45°以上时，雪崩的概率急剧减少。分析西藏东南部 140 处雪崩发现，多数雪崩发生在 30°~45°的山坡上。当山坡坡度超过 50°时，很难酿成雪崩。

表 9.3　雪崩形态分类大纲

Table 9.3　Avalanche shape classification

分 区	判 据	备择特征、命名、代码	
形成区	A 起始方式	A1 始于一点（松雪雪崩）	A2 始于一线（雪板、雪崩）
			A3 软 A4 硬
	B 滑动面位置	B1 雪内（表层雪崩） B2（新雪断裂） B3（老雪断裂）	B4 地表（全层雪崩）
	C 雪中含水状态	C1 无（干雪雪崩）	C2 有（湿雪雪崩）
运动区（自由流动和减速流动）	D 路径形态	D1 路径位于开阔山坡（坡面雪崩）	D2 路径位于溪谷或沟槽（沟槽雪崩）
	E 运动形式	E1 雪尘云（粉状雪崩）	E2 地面流动（流动雪崩）
堆积区	F 雪堆表面粗糙度	F1 大块的（大块堆积） F2 带棱雪块 F3 变圆雪块	F4 细粒的（细粒堆积）
	E 堆积时的雪块含水状态	G1 无（干雪崩堆积）	G2 有（湿雪崩堆积）
	F 雪堆污染	H1 无明显污染（干净雪崩）	H2 污染（污染雪崩） H3 石块、泥土 H4 树枝、树 H5 建筑物碎片

研究表明，大陆型气候区，厚度达 50 cm 的新雪（密度为 0.08 g/cm^3），在 25°左右的山坡上即可滑动；在海洋型雪崩区，在 40°的山坡上，积雪厚度超过 70 cm，且积雪底部发育着良好的深霜层，当积雪厚度略有增加即可发生深霜全层雪崩。100 cm 厚的再冻结中雪、粗雪和深霜构成的雪层，在 37°的山坡上也不会滑动，此间雪的内聚力为 2000~4000Pa。在气温回升时期，融雪水下渗，各种类型雪层均被融水渗浸而变成湿雪，其内聚力和摩擦力迅速减小，即使是 25°的山坡上，也会发生全层湿雪崩。

当雪温高于−5℃，若温度梯度超过临界值（−0.2 °C/cm），雪的晶体生长迅速，并形成深霜层。积雪下部深霜层的出现则标志着大规模深霜全层雪崩即将发生。春季快速升温，积雪表面融化，融水通过松散雪层迅速下渗，整个雪层温度趋于 0℃，积雪强度突然降低，在积雪内聚力减少，特别是积雪底部深霜层被融水溶蚀为粒雪或滑动面上有融水时，最易发生全层湿雪雪崩。

在分水岭背风坡形成很厚的雪檐时，受吹雪或降雪影响，雪檐的自重超过雪檐中雪的抗断强度时，雪檐则会崩落，从而引起下部山坡上积雪的滑动，酿成雪崩；在出现表面坚硬而下部几乎悬空的雪板，雪板与下垫面之间的内聚力很小，在降雪和温度急剧变化或其他外部因素（如人畜行走、滚石等）的影响下，雪板表面即迅速产生裂隙而引起雪板雪崩。

5）春汛

春汛是指春季江河水位上涨的现象，又称为桃汛、桃花汛。春季气候转暖，流域上游的积雪融化、河冰解冻或春雨，均可引起河水上涨。一些河流，如额尔齐斯河、鄂毕河、叶尼塞河、勒拿河以及加拿大平原上的一些河流，流经积雪分布区，春季升温可使低海拔地区的积雪快速融化，大量融水汇入河道，造成融雪型洪水。

春汛是中国西部一些河流的最大汛期，有时造成水灾。在中国北方的绝大部分地区，春汛是灌溉农田的宝贵水源。冬季积雪的多少，融雪后形成春汛的大小和迟早，都与北方地区的农牧业生产密切相关。总体说来，中国积雪偏少，属于少雪国家，春汛强度较小。

6）冰凌灾害

中国北方的大部分河流有冬季结冰现象。河冰灾害主要发生在封河和开河期间的不稳定冰期。虽然在中国东北和西北都有河冰灾害记录，但黄河冰凌记载更详细。

我国北方地区冬季受蒙古高压影响，气候寒冷，低温导致河流湖泊出现封冻。东北地区、黄河内蒙古段、新疆西北部等河流，初冰出现早、终冰结束晚、封冻时间长，最大河心冰厚分别在 0.8~1.63 m，由此而形成大量槽蓄冰凌等现象。华北地区及中原一带的河流冬季冰情相对稳定，最大河心冰厚为 0.25~0.61 m，冬季流量小，冰凌弱，但人工河道发生凌洪灾害的风险较高。淮河流域中下游、沂河、沭河、京杭大运河的苏北段及以北河道和湖泊等在冬季遇有寒冷天气出现时，河面出现过流冰或封冻，最大冰盖厚度达 0.25~0.46 m，这些地方的冰情主要影响航运。

中国冰凌灾害类型有：①冰坝洪水，冰坝是由大量的冰块在河道中堆积而成的，造成过水断面减小、水流阻力增加，水位上涨，流水漫堤，造成凌洪灾害；②冰花堵塞，悬浮的冰花遇到过冷的固体时则贴附在外表，层层冻结，逐渐加厚，减少甚至完全堵塞过水断面，如电站进水口拦污栅，使电站不能运行，同时电站上游会因水位壅高漫出河堤形成凌洪灾害；③影响航运和建筑物安全，流动的冰块会产生很大的动冰压力和撞击力，碰撞船舶和其他建筑物，使河流冬季无法通航，水工建筑物也会遭到破坏；④损坏岸坡和水工建筑物，冰盖膨胀产生巨大的静冰压力使河岸护坡和水工建筑物（如进水塔、桥墩和胸墙等）遭到破坏。永定河引水渠冰凌灾害多发，该渠建于 1957 年，渠道长 26 km，设计最大流量为 35 m^3/s。由于官厅水库电站是一座调峰电站，尾水时有时无，增加了渠道上游调节池的产冰量，造成初期冰害较多。

7）海冰灾害

海冰通常是由海水冻结而成的咸水冰，也包括流入海洋的河冰和冰山的淡水冰。海冰灾害是指由海冰超越人类控制范围，而产生的对国民经济负面影响的现象。冰情灾害的轻重与受到威胁的基础设施或经济活动强度有关，如渤海海冰灾害发生率与工业活动的频繁程度成正比，与工程或应对措施成反比。低海冰冰情等级并不意味着海冰灾害减少。因此，在气候变暖背景下，也应加强海冰灾害的防范能力建设。

渤海海冰灾害致险途径大致包括：破坏海洋工程建筑和海上设施；堵塞取水口；挤压损坏舰船；封锁港口、航道；破坏海水养殖设施和场地。海冰灾害不仅会造成严重的经济损失，当海上石油生产、存储和运输装置遭到破坏时会产生溢油事故，造成严重的海洋环境污染，同时也可能危及人们的生命安全。

目前渤海和黄海北部有冰海域的沿海和海上经济体分布越来越密集，其中海洋工程主要包括：海洋石油勘探开发工程、沿海核电站工程、港口码头工程、跨海桥梁工程、沿海能源工程（风电、热电、火电、水电等）、沿海基地工程（石化储藏与炼化、钢铁等），应加强研究，以适应新形式工程与经济活动的海冰危害防治，降低灾害风险。

2. 冰冻圈灾害风险评估-案例分析

冰冻圈灾害是其变化对人类或人类赖以生存环境造成破坏性影响的事件或现象，它的形成不仅要有环境变化作为诱因，而且要有受到损害的人、财产、资源作为承受灾害的客体。表 9.4 总结了我国主要冰冻圈灾害的致灾因子、主要影响区域及相应的主要承灾体状况。冰冻圈灾害的主要影响区在西部，由于经济、人口等条件，相对而言，冰冻圈灾害的影响较低。但同时，由于适应能力较低，脆弱性较高，受灾的风险又较高。

表 9.4　中国冰冻圈灾害致灾因子及主要承灾体一览表

Table 9.4　The hazard factors and bearing disaster objects for cryospheric disasters in China

灾害类型	致灾因子	主要影响区域	主要承灾体	时间
雪崩	大规模雪体滑动或降落	天山、喜马拉雅山、念青唐古拉山	高山旅游者，山区基础设施	分钟
冰湖溃	冰崩、持续降水、管涌、地震等	喜马拉雅山、念青唐古拉山、喀喇昆仑山	下游居民、公路桥梁、基础设施	小时
冰川泥石流	冰川崩塌、强降雨	喜马拉雅山	下游居民、公路桥梁、基础设施	小时
冰雪洪水	冰川和积雪融水所形成的洪水	新疆维吾尔自治区	耕地、下游居民	天
雪灾	较大范围积雪，较长积雪日数	西部牧区	农牧业和城市电讯网络	天
风吹雪	大风、积雪	天山、青藏高原	西部交通、道路	天
冰凌	冰凌堵塞河道，壅高上游水位；解冻时，下游水位极具上升，形成了凌汛	黄河宁蒙山东段 松花江依兰河段	水利水电、航运	月
冻土	冻融、冻胀	青藏高原、东北地区	寒区道路工程、输油管道	年

1）冰湖溃决灾害风险评估

冰川溃决（突发）洪水，虽然发生在人迹罕至的高山冰川区，但由于冰川溃决（突发）洪水洪峰流量非常大，可达每秒数千立方米或更大，对下游生命财产和基础设施有巨大的破坏风险，冰湖溃决洪水及次生泥石流的潜在危害受到广泛重视。“3S”技术的广泛应用，为冰湖监测带来便利，利用这些技术，开展冰湖编目、冰湖变化监测和潜在危险性冰湖识别等取得了较大进展。对于那些风险较高的冰湖，开展连续监测，实施排险或防护工程，有助于减轻突发洪水灾害。

因冰湖区冰/雪崩、强降水、冰川跃动、地震等外部或冰碛坝内死冰消融、堤坝管涌扩大等内部因素激发冰碛湖自身状态失衡而溃决，从而引发的溃决型洪水或泥石流自然灾害。因此，冰湖溃决不仅与湖泊类型及自身水文条件与关，而且更重要的是与母冰川接触关系、坝体稳定特性有关。例如，针对加拿大西南海岸山脉冰湖问题，以 175 个冰碛湖 18 个候选预测因子（图 9.19）的遥感监测值为基础，根据逻辑回归方法，遴选以下 4 个冰碛湖溃决风险参数：

主要风险因子：①湖面距坝顶高度与湖坝宽度之比（M_hw）；②坝内是否存在冰核（Ice_core_j）；③冰湖面积（Lk_area）；④冰碛坝主要岩石结构（Geology_k）。基于这四个风险参数，构建了评估冰碛湖溃决风险（P）的概率方程式：

$$P=\left\{1+\exp-\left[\alpha+\beta_1(\text{M\_hw})+\sum\beta_j(\text{Ice\_core}_j)+\beta_2(\text{Lk\_area})+\sum\beta_k(\text{Geology}_k)\right]\right\}^{-1} \quad (9\text{-}2)$$

并根据风险概率，将加拿大西南海岸山脉冰碛湖溃决风险等级划分 5 级：很低（<6%）、低（6%~12%）、中等（12%~18%）、高（18%~24%）和很高（>24%）。

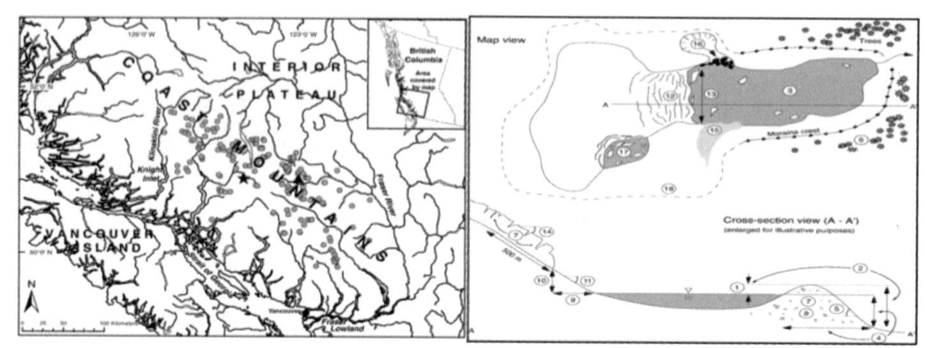

图 9.19　加拿大西南海岸山脉冰湖分布及冰碛湖溃决风险因子

Figure 9.19　Glacial lake distribution and moraine dammed lake risk factors in southwest coast mountains in Canada

在分析已有文献所涉及冰湖风险的各种判定指标，提出了冰湖溃决风险评价体系（图 9.20）。根据这一评价体系，以喜马拉雅山冰湖溃决风险为例，评价了喜马拉雅山地区冰湖溃决灾害风险（表 9.5，图 9.21）。

表 9.5　冰湖溃决灾害综合风险评估指标

Table 9.5　Comprehensive risk evaluation index for glacial lake outburst floods（GLOF）disaster

组分	指标	单位	备注
危险性	冰湖数量	个	数量越大，溃决概率越大
	冰湖面积	km^2	面积决定溃决洪水/泥石流体量规模大小
	面积变化率	%	反映冰湖水量平衡状态
	地震烈度		反映冰湖溃决致灾诱因程度
暴露性	人口密度	人/km^2	人口密度越大，人员伤亡风险越严重
	牲畜密度	只/km^2	牲畜密度越大，牲畜伤亡风险越严重
	农作物播种面积	万 hm^2	承灾区耕地面积越大暴露性风险就越强
	路网密度	km/km^2	反映区域交通网络发达程度
	经济密度	万元/km^2	农林牧副渔产值
脆弱性	农牧业人口比例	%	表示易受溃决灾害影响的脆弱性人群
	小牲畜比例	%	小牲畜比例越高，敏感性越强
	建筑结构指数	万元	以农牧民纯收入代替
	高等级公路比例	%	国道及省道里程占公路总里程比例
适应性	地区 GDP	亿元	反映地区经济适应能力
	财政收入占 GDP 份额	%	反映区域财政支撑能力
	固定资产投资密度	万元/km^2	反映应对自然灾害的基础设施投资力度

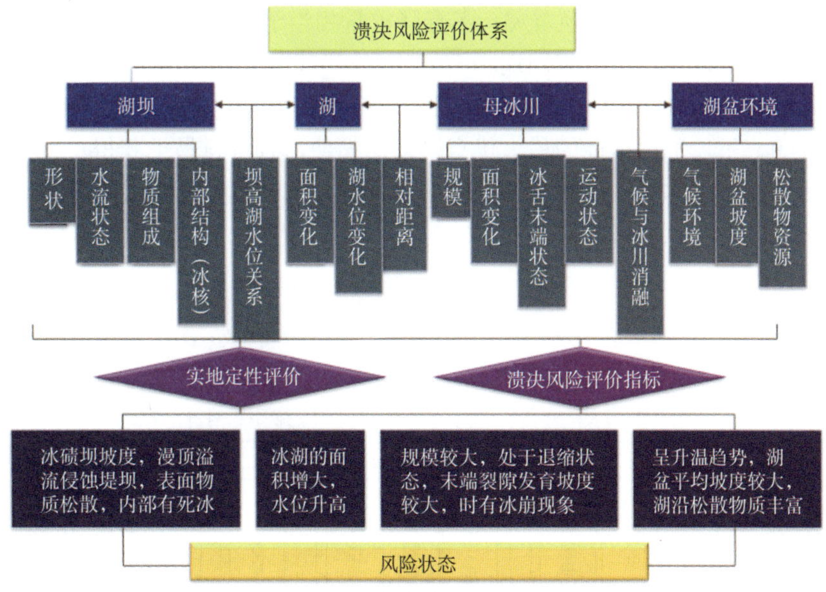

图 9.20　冰湖溃决风险评价体系

Figure 9.20　Evaluation system of glcial lake risk

喜马拉雅山中段地区冰湖溃决灾害风险极高，如定日、定结、岗巴等，由此向东、向西呈降低趋势（图 9.21）。该区拥有较多的潜在危险性冰湖，暴露体分布较为密集。冰湖溃决灾害综合风险由危险性、暴露性、脆弱性和适应性四方面要素共同决定。

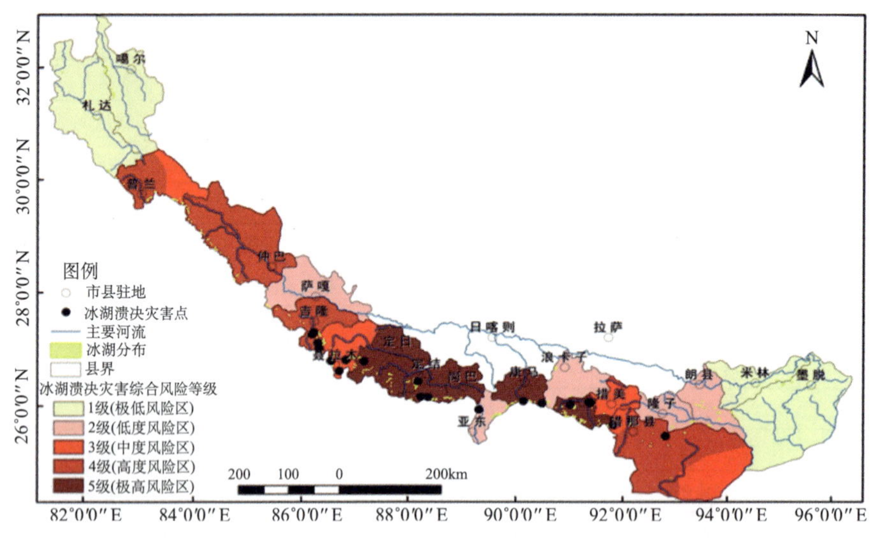

图 9.21　喜马拉雅山区冰湖溃决灾害综合风险评估结果

Figure 9.21　Assessment results on GLOF risk in the Himalayas

2）积雪灾害风险评估

雪灾亦称为白灾，是因长时间大量降雪造成大范围积雪成灾的自然现象。一般而言，雪灾可分为轻、中、重几种。轻雪灾：冬春降雪量相当于常年同期降雪量的 120%以上；中雪灾：冬春降雪量相当于常年同期降雪量的 140%以上；重雪灾：冬春降雪量相当于常年同期降雪量的 160%以上。雪灾的指标也可以用其他物理量来表示，诸如积雪深度、密度、温度等，不过上述指标的最大优点是使用简便，且资料易于获得。雪灾风险的评价不仅要考虑降雪量本身，而更多的是考虑承灾体。风险程度与当地经济发展水平、基础建设的适应能力等有密切关系（图 9.22）。

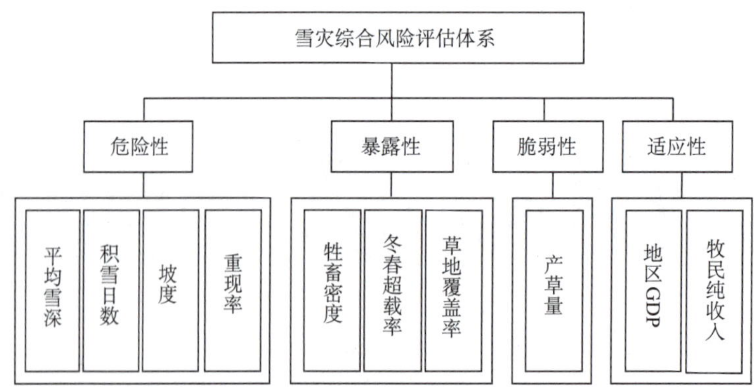

图 9.22　积雪灾害风险评估体系

Figure 9.22　Risk assessment system for Snow disaster

以三江源为例，从危险性、暴露度、脆弱性和适应能力四大指标中选取 10 项评价因子（表 9.6），对其雪灾风险进行评估。

表 9.6　三江源雪灾风险评估指标

Table 9.6　Evaluation index for Snow disaster risk in three river source region

风险构成	评价因子	影响因子分级与量化值				
		1 级	2 级	3 级	4 级	5 级
		极低风险	低风险	一般风险	高风险	极高风险
危险性风险	雪深/cm	≤2	2~5	5~10	10~20	≥20
	积雪日数/天	≤5	5~10	10~20	20~35	≥35
	雪灾重现率/%	≤10	10~20	20~30	30~40	≥40
	坡度/（°）	≥20	15~20	10~15	5~10	≤5
暴露性风险	牲畜密度/（只/km^2）	≤10	10~40	40~70	70~100	≥100
	超载率/%	≤5	5~30	30~50	50~100	≥100
	草地覆盖率/%	≥90	75~90	60~75	30~60	≤30
脆弱性风险	产草量/（kg/hm^2）	≥1100	800~1100	500~800	200~500	≤200
适应性风险	地区 GDP/亿元	≥7.00	5.00~7.00	3.00~5.00	1.50~3.00	≤1.50
	牧民纯收入/万元	≥0.35	0.30~0.35	0.25~0.30	0.25~0.20	≤0.20

结果表明，三江源地区雪灾极高风险区主要集中在巴颜喀拉山南部的玉树、称多、杂多和囊谦县，以及巴颜喀拉山与阿尼玛卿山之间的甘德、达日、玛沁和久治县，极低风险区则地处西部可可西里无人区和沱沱河流域大部分区域（图 9.23）。

3）冻土灾害风险评估

在全球气候变暖和人类活动的双重影响下，多年冻土区灾害主要表现为伴随着冻土退化过程中的热融灾害。在极地地区，以热融喀斯特为主的热融沉陷、热融湖塘、热融泥流及热融滑塌是主要的冻土灾害。这些灾害不仅造成了地面沉陷、活动层滑脱性滑坡、水土流失甚至区域地下水位的改变，尤其在不连续多年冻土区和零星多年冻土区，因冻土地温较高、厚度较薄，灾害所造成的工程和生态环境影响更为显著。尽管多年冻土区的人口稀少，但因开发区域丰富的资源及居住区交通工程的需要，近年来工程活动规模持续增长，冻土退化过程中热融灾害所造成的工程危害趋于加剧。为此，Nelson 等人在评价了气候变化对多年冻土区域影响的前提下，分析了热融沉陷和热喀斯特发育的敏感性，并结合工程建设对多年冻土的影响及后者的反馈作用（如发生在诺里尔斯克因建筑物差异热融沉陷造成 20 人死亡，以及位于西伯利亚多年冻土区雅库兹克约 300 座建筑物已被冻土融沉所破坏），对环北极多年冻土区进行了不同气候情景下的灾害分区及潜在危

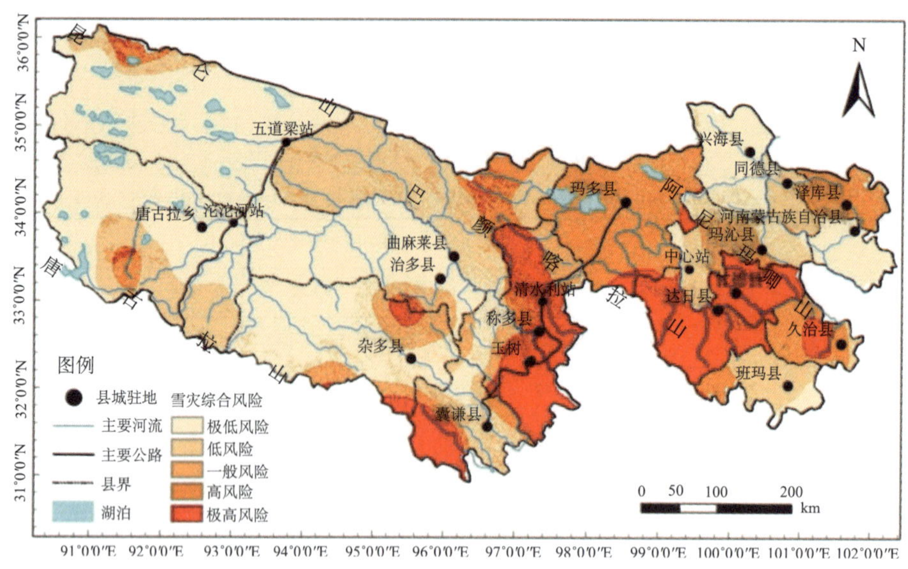

图 9.23　三江源雪灾综合风险评估与区划

Figure 9.23　The snow disaster comprehensive risk assessment and regionalization in three river source region, China

害性评价。评价主要利用融沉指数（settlement index，I_s）和 ECHAM1-A、UKTR 气候模式对环北极地区进行了冻土危险性评估区划：

$$I_s = \Delta Z_{al} \times V_{ice} \tag{9-3}$$

式中，Z_{al} 为活动层厚度相对增加值；V_{ice} 为地下冰占近地表土壤的体积比例。评价结果显示，北半球多年冻土区潜在冻融灾害与工程构筑物有关，如阿拉斯加、西伯利亚，Norman 输油管线工程等基本位于潜在冻融灾害的高风险区（图 9.24）。

冻土灾害的发育会对区域工程构筑物的安全运营构成巨大的威胁。因此，灾害的敏感性评价对未来灾害治理及工程规划具有重要的指导意义。目前比较常用的评估方法是结合专家经验和野外调查等方法，选取对各类灾害有着重要影响且较易量化的影响因子，应用层次分析法得到各个因子对应的权重值，最后基于 ArcGIS 平台利用综合评判模型分尺度实现区域冻土灾害敏感性区划和评价。影响冻土灾害发育的因子主要包括冻土分布、含冰量、地温等与冻土有关的因素以及土质类型、地表条件、坡度及地下水等区域地质、地貌因素。对于冻土分布、含冰量、地温等冻土因子的量化和制图主要通过野外钻探、地球物理勘查以及基于 ArcGIS 的模型来实现。对于影响冻土灾害发育的区域地质、地貌以及植被盖度等因子的量化主要采用现场调查、地质勘查、遥感数据的提取和解译以及历史地质资料的整理分析等方法来获取。

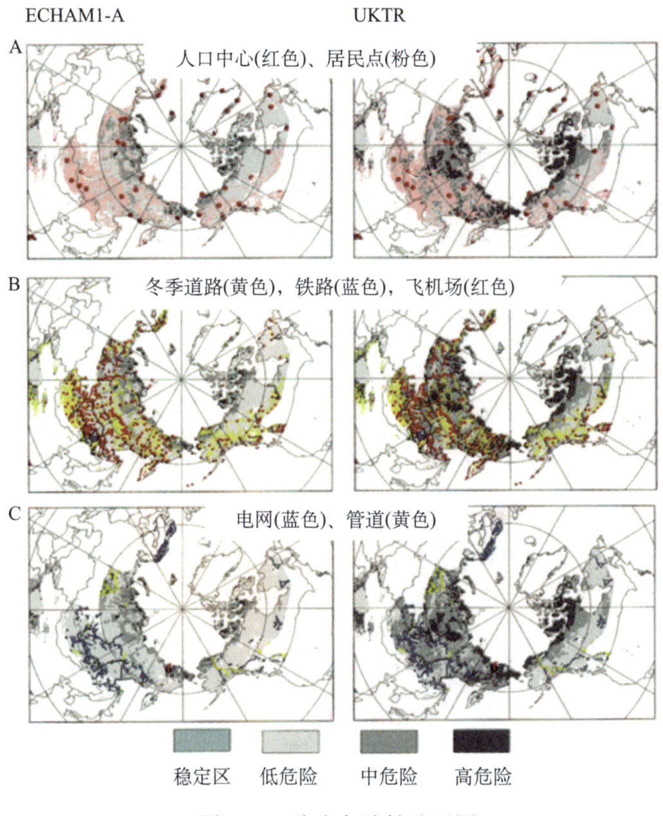

图 9.24　冻土危险性分区图

Figure 9.24　Danger division of permafrost

9.4　冰冻圈区重大工程建设

冰冻圈与重大工程有密切关系，如在我国已经完成的重大工程中，青藏铁路、青藏公路、东北铁路、矿山工程、南水北调西线、西气东输工程、中俄输油管线、兰-西-拉光缆工程、格尔木-拉萨输油管线、三江源生态保护工程、祁连山、天山生态保护工程等均与冰冻圈紧密关联，这些工程的建设，或多或少地涉及冰冻圈科学问题，冰冻圈科学研究也为上述一系列重大工程中相关问题的解决提供了重要科学支撑。随着西部的发展和国家“一带一路”倡议的实施，相关的重大工程还将不断出现，冰冻圈科学作用也在不断显现。

9.4.1　寒区铁路、公路与冻土融沉

1. 寒区及寒区道路工程

从工程角度出发，寒区是指最冷月平均气温 0℃等温线为界包围的区域。寒区工程

是指人类在寒区从事经济开发和生活生产中修建的各类工程的总称，主要包括冰工程、风吹雪防治工程以及冻土区工程等。寒区工程的核心问题通常与工程修筑和运营期内涉及的水的冻结及融化、冰雪变化等对工程带来的危害有关。其设计、施工及运营维护与气候、地质、地理、生态、水文等条件有密切联系，同时在工程问题的分析和解决方面涉及地球物理、遥感、数理化等学科及方法的应用，是一个综合性很强的工程领域。由于寒区特殊的环境条件，在寒区工程的建筑材料选用、设计和建设施工中，通常需要采用独特的设计原则和技术措施。

冻土区工程主要指的各类建（构）筑物工程，包括冻土区铁路、公路工程（路基、隧道、桥梁、涵洞）、输油（气）管道工程、输变电工程、光缆工程、水利工程、房建工程等。因冻土的特殊组构及温度敏感性，冻胀、融沉以及盐胀等现象是影响冻土区结构物稳定性及使用寿命的主要问题。不均匀冻胀和融沉是导致结构物破坏，并可能引起诸如桥梁桩基由于不均匀冻拔出现纵向挠曲，衬砌渠道由于不均匀冻胀与融沉出现坡底鼓胀、开裂甚至错位，挡墙结构在水平冻胀力作用下前倾，路基在冻胀、融沉作用下出现的沉陷、波浪起伏、纵向裂缝等。土体冻胀、融沉的发生机理涉及土体中水、热、力三场及其相互作用，如何控制由此引起的工程变形是冻土区工程设计基本原则。目前，寒区内已建成如下著名道路工程。

加拿大太平洋铁路是加拿大一级铁路之一，全长 4667 km，横跨西部温哥华至东部蒙特利尔，于 1881~1885 年兴建。是加拿大首条跨洲铁路，为加拿大东西部地区整体发展带来贡献。

俄罗斯的第一条西伯利亚大铁路，于 1891 年始建，1905 年全线通车。是世上最长的铁路，全长 9446 km。为加快开发西伯利亚和远东地区，前苏联修建了第二条西伯利亚大铁路——贝阿大铁路，全长 4275 km，耗资 15×10^9 美元，设计能力为年运货量 35×10^9 kg。该铁路于 1985 年通车，建成后不但缩短了该国西部地区至太平洋港口的运输距离，而且减轻了西伯利亚大铁路的压力。

我国的青藏公路始建于 1950 年，总长约 1150 km，其中有 500 多公里路段为高原多年冻土区。由于当时对冻土理论知识的缺乏和实践经验很少，基本没有采取任何保护多年冻土的措施，路基下融化盘形成，冻土路基融化下沉一直不断。青藏公路 1956 年第一次改建，1972 年青藏公路再次进行改建，并加铺吸热性强的黑色沥青路面。虽然后期进行过数次改建和维修，但病害问题依然存在。

由于多年冻土的复杂性及对生态环境保护和冻土工程问题的认识和理解不足等，已建工程先后出现了大量的工程病害。俄罗斯在多年冻土的铁路病害率在 30%左右，我国青藏公路病害率也达到 33%，我国东北大小兴安岭地区牙林线与嫩林线工程病害均超过 30%。为此维护道路的畅通花费了极大的代价，如加拿大吉勒姆至丘吉尔间线路的修复重建工作，1978~1983 年就花费了 3000 余万美元，主要用于稳定冻土沉降、修复桥涵、恢复纵坡和更新轨枕等。

青藏铁路格拉段是寒区内最年轻的一条重大工程线路。为应对气候变化，该线路在设计阶段就充分考虑了气候变暖带来的不利影响。为此，该线路采用了全新的设计方法和技术措施，以消除、减少气候变暖带来的不利影响。

2. 寒区道路设计原则

道路融沉的直接原因是路基下含冰土体融化，而引起土体融化的因素有自然因素和人为因素。自然因素主要指气温升高、冻土退化以及雨水入渗等，人为因素主要是指不合理的工程设计、施工工艺与运营管理。

冻土工程设计原则主要包括：保持多年冻土处于冻结状态、允许多年冻土逐渐融化或控制融化速率，及预先融化多年冻土等。保持多年冻土处于冻结状态的设计原则一般适用于多年冻土地温相对较低、冻土含冰量较高、采暖偏低的工程中，工程设计采取有效的综合工程措施，合理调控热交换条件，使工程建（构）筑物建成后多年冻土地基维持于冻结状态，利用冻土本身力学强度维持其地基承载力，而工程效果体现在维持多年冻土人为上限控制在一定的深度内，保持工程构筑物下多年冻土不被融化或温度有所降低，以确保工程的稳定性；控制融化速率的设计原则一般适用于多年冻土温度较高、冻土含冰量相对较低、工程热效应较大的冻土工程中，工程设计方面，主要是在工程运营条件和设计标准范围内允许多年冻土地基在设计使用年限内处于逐渐融化状态。一般表现为，工程效果体现在工程建（构）筑物下伏多年冻土温度逐年升高、人为上限位置逐渐下降、多年冻土逐渐融化；预先融化多年冻土设计原则适用于多年冻土温度高、厚度小、含冰量高、热效应强的过程中。将产生强融沉的冻土层预先融化，然后按照非多年冻土地基设计。针对多年冻土地基问题，科学预测多年冻土地基热力条件变化、探求多年冻土地基与建筑物相互作用关系、合理采用设计原则及工程措施、正确评估工程措施的使用条件及服役性能是其主要的研究内容。

3. 被动保温路基

保护冻土是我国冻土工程建设的基本原则，但受经济发展、工程要求和对冻土了解程度等因素的限制，传统的保护冻土原则实施手段主要是考虑路基高度或设置保温材料。已有资料表明：采用传统的提高路基高度和设置保温层方法，增加热阻、减小较差，在一定条件下可达到使上限上升的目的，但其代价是减少原上限以下多年冻土的冷储量，使地温升高。在全球转暖的背景下，可以延缓多年冻土的退化，但改变不了退化的趋势。因此，单纯依靠增加热阻保护冻土的方法是一种消极的方法，这种方法难以保证多年冻土区路堤的长期稳定性，特别在高温冻土区，大量工程实践已证明：这种方法存在较大局限性。

在路基中加铺保温材料（图 9.25A）、在不过高增加路基高度的情况下增大路基热阻。暖季，可减少传入路基中隔热层下土体的热量，减少路堤下最大季节融化深度，从而保持多年冻土地区路基的热稳定性。EPS 保温材料是较早应用于多年冻土区工程实践的，近年来出现了 PU 板、XPS 板等。保温材料在青藏公路、青康公路、青藏铁路等多年冻土区也曾大量应用。

图 9.25　冻土路基工程

Figure 9.25　Permafrost subgrade engineering

A.青藏铁路 XPS 保温路基；B.青藏铁路冻土路基保温护道；C.青藏铁路遮阳棚路基；D.青藏铁路管道通风路基；E.青藏铁路块石基底路基；F.青藏公路热管路基；G.青康公路草皮护坡路堑边坡；H 青藏铁路旱桥

增设保温护道以调整边坡吸热及防治周边水体侵蚀也常应用于冻土路基病害治理。保温护道一方面可减少在施工过程中路基坡脚及附近的天然地表的破坏，另一方面可以减少边坡两侧积水渗入对路基下伏多年冻土层产生的不良干扰，同时保温护道可产生反压作用，增强路基边坡稳定性（图 9.25B）。但研究表明在处于强烈退化过程的多年冻土区，保温护道也会发生严重的沉降。青藏公路保温护道的研究表明：保温护道在缩小冻土层融化盘的同时，也造成了融化深度增大及平均地温升高。因此，这种措施在实践中依然存在诸多问题需要深入研究。

4. 主动冷却路基

在采用传统增加热阻以防治冻土路基病害的方法进行总结分析后，认为其尽管能够在一定程度上延缓路基下多年冻土退化，以减轻路基病害的严重程度，但并不能最终根治路基病害的发生。在分析了世界上在冻土区筑路百年以上的历史，根据国内外在多年冻土区筑路的经验和教训，结合自然界影响多年冻土存在的局地因素，程国栋等人基于青藏铁路建设提出了“主动降温”设计思路。这一设计思想现已被广泛应用到多年冻土的道路工程中。这一设计思想现已被广泛应用到多年冻土的道路工程中。

“冷却路基”的方法主要包括：通过遮阳板调控辐射；通过通风管、热管和块石基底及护坡路基调控对流；通过“热半导体”材料调控传导；通过这些调控方式的组合，加强冷却效果。基于现场试验和青藏铁路沿线不同路基结构措施的地温和变形长期监测表明，这些方法均有效地降低路基下多年冻土的地温，保证了路基的整体稳定。

1）遮阳棚

遮阳棚的作用在于遮挡太阳辐射、降低地表温度进而降低路基下地温。青藏高原风火山遮阳棚试验段的观测资料显示，棚内的地表温度比棚外最少的低 5℃左右，最多的可低 15~20℃。目前，青藏高原冻土区唯一正线上的遮阳棚工程设置在青藏铁路唐古拉无人区路堑进口填挖过渡段（图 9.25C）。

2）管道通风路基

管道通风路基在青藏铁路建设初期在清水河试验段和北麓河试验段都进行了现场实体工程试验研究（图 9.25D）。其原理主要是利用高原冷季低温、大风的气候特征，通过管道内的强烈对流换热降低土体温度。长期监测资料显示，整体上管道通风路基下土体地温低、多年冻土上限抬升幅度大，因此其热稳定性良好，是一种适合于高原冻土区的“冷却路基”结构形式。此外，数值模拟分析表明，在年平均气温不高于−3.5℃的地区，即使未来 50 年气温升高 2.0℃，管道通风路基下伏多年冻土仍然能够维持稳定。

3）块碎石路基

块碎石路基包括块碎石基底路基、块碎石护坡路基及 U 形块碎石路基等（图 9.25E），其目的在于铺设块碎石层，增大堤身的空隙度，通过冬季堤外的冷空气与堤内的热空气间产生对流换热作用促进冬季路基散热，而夏季块碎石层中空气相对静止，起到隔热作用。整体上当满足一定条件时块碎石路基具有“热半导体”特性，可实现年际路基散热、降低下伏多年冻土地温的效果。块石护坡路基地温场对称性较好，且路基下多年冻土地温后期有所降低，左右不同厚度的块石层对于调节路基地温场对称性具有良好作用；U形块石路基无论在降低地温还是维护地温场对称性方面都具有良好的效果，是块石路基中工程效果最为优越的路基结构形式。

4）热管路基

重力式热管路基是一种在路基内或路肩处设置了重力式热管的“冷却路基”（图9.25F）。当前各国应用的热管多数是气-液两相对流循环换热的热桩，能量传递是通过潜热进行的，热效率很高，在青藏铁路、公路等众多冻土路基工程中应用十分普遍，并已成为路基补强和维护中采用最广泛的工程措施之一。将热管设置在桩基础中形成具有冷却效能的热桩，其应用非常广泛，如阿拉斯加用于支撑输油管道的热管桩基础。

5）其他措施

自然界中泥炭或腐殖层具有保护多年冻土的功能，因其充分饱水时导热系数远大于融化时的值（因而冰的导热系数是水的4倍），饱和泥炭融化时的导热系数与冻结时的导热系数之比可达0.33，这一特性也可应用于冻土路基工程中。在坡面移植草皮或种草也是一种可选用的措施（图9.25G）。这一措施既能改善路基的热状况，又能防止坡面的风蚀和水蚀，有利于美化和保护环境。

此外，除了单项的调控措施，也可考虑综合利用上述原理，如设置旱桥，既能遮阳，又可通风，且有很高的承载能力，如青藏铁路在清水河高温高含冰量路段修建了长达11.7 km的旱桥（图9.25H）。但这种措施的成本很高，在其他“冷却路基”措施难以保障路基稳定性的高温高含冰量冻土段可采用旱桥通过。

在控制路基融沉方面，除了采用合理的路基结构外，还需配套相应的地表水防治和植被恢复措施。

9.4.2　南水北调西线工程

1. 工程背景与概况

中国水土资源分布极不均衡。黄河流域面积约为长江流域的42.1%，但所拥有的多年平均径流量仅为长江流域的6.1%。国土资源的这种分布特点决定了以丰补歉、跨流域调水是合理开发中国水土资源，进行国土整治的重要战略措施。根据2002年国务院批准的“南水北调工程总体规划”，西线工程（图9.26）拟分三期实施。第一期从雅砻江和大渡河的支流达曲、色曲等，自流年调水 40×10^8 m^3 入黄河的支流贾曲；第二期从雅砻江干流的阿达坝址，自流年调水 50×10^8 m^3；第三期从金沙江干流的侧坊坝址，自流年调水 80×10^8 m^3。三期合计年调水量共 170×10^8 m^3。2005年又进一步拟订了将一、二期工程结合，合并后多年平均调水量为 80×10^8 m^3。全线输水线路长度为325.6 km，隧洞段长320 km。设水库7座，多为坝高100 m左右的当地材料坝，最大坝高达197 m。调水区海拔高度约 3500~4700 m。

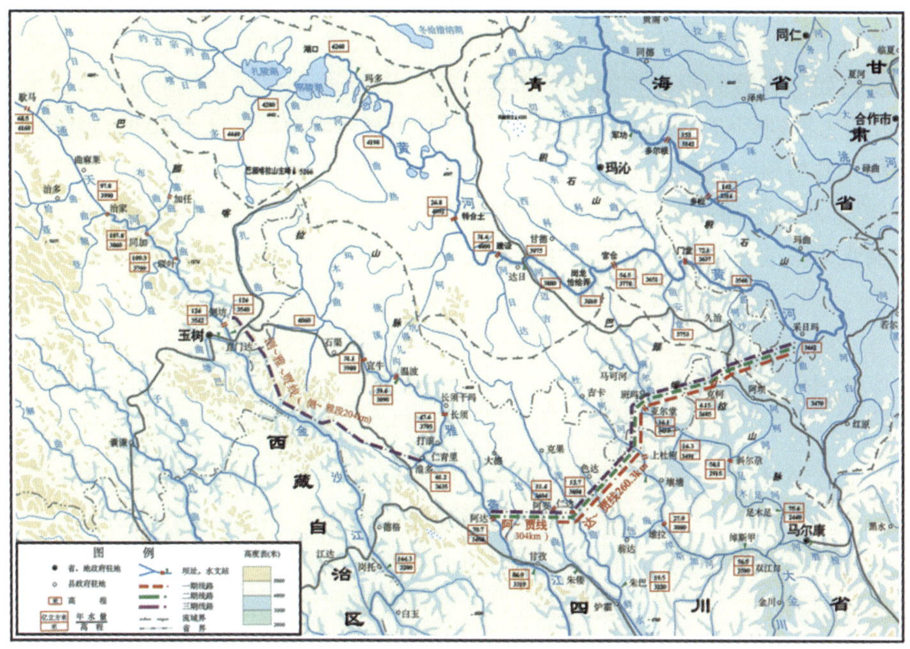

图 9.26　南水北调西线工程位置图

Figure 9.26　Location of western route project of the South-to-North Water Transfers

2. 区域自然地理与冻土特征

西线调水地区位于青藏高原东南部，跨 32°~35°N、95°~103°E，海拔 2900~5500 m，地势自西向东高度递减。区内山脉均呈 NW–SE 走向，巴颜喀拉山横亘于整个调水区，为长江、黄河两大水系的天然分水岭。西线引水地区的冻土类型属中纬度高山型，位处青藏高原连续（片状）多年冻土区向不连续（岛状）多年冻土、深季节冻土区过渡与混交地带，区内多年冻土分布总面积约 1.44×10^5 km^2。多年冻土平面分布主要受制于海拔高度，其分布下界高程，对通天河调水区约为 4200~4300 m，对雅砻江调水区为 4150~4250 m，对大渡河调水区为 4300~4400 m。迄今本区已揭示的多年冻土最大厚度不超过 50 m。根据多年冻土层厚度随海拔的变化率为 13~17 m/100 m 推算，海拔高于 5000 m 的山地，其多年冻土最大厚度可能超过 100~120 m。但引水线路工程实际可能涉及的多年冻土厚度，对通天河调水区不会超过 40~60 m，雅砻江调水区不会超过 10~20 m，大渡河调水区则线路工程仅涉及季节冻土。

3. 调水地区资源环境与工程问题

迄今对南水北调西线工程地区一些科学问题的认识，诸如冻土、环境、生态、水土资源等积累甚少，某些地区基本上为“空白区”。面临这一规模空前巨大的国土改造系统工程，在其规划、研究、设计、施工等各个阶段，无疑将出现一系列寒区科学命题需要解决。其中，除工程建设本身所涉及的大量寒区工程技术问题外，在工程兴建之前不失时机地开展有关调水区资源环境条件评价及其变化预测研究，不仅可以免遭国内外某些跨流域调水因效益评估不确切而导致的工程决策失误，从而直接促进工程实施进程，而且将丰富我国青藏高原研究的科学积累，进一步推动我国寒区资源环境研究水平的提高。在近期工程规划研究阶段，其重点在于一方面查明调水区冻土环境的自然地理模式、变化趋势及其与引水线路的关系；另一方面初步开展调水区某些实验水工建筑物地基的物理–力学性质与水热联合输运方式模拟研究，直接为优选调水线路方案，进行区域环境评价和调水方案的效益综合论证提供依据，以促进南水北调西线工程的早日决策，付诸实现。

9.4.3　冻土区输油管道

随着世界经济的发展和对油气能源需求的快速增长，冰冻圈区油气资源勘探、开发和利用的步履加快，一些输油气管道也相继建成。在建设冰冻圈区管道时面临着气候转暖和工程扰动引起的冻土融沉问题，同时也面临着冬季寒冷气温引起的冻土冻胀问题。除了冻胀和融沉主要对管道形成威胁外，对管道附属结构如泵站等构筑物也形成一定的潜在威胁，因为管道经过的地形地貌复杂、工程地质差异性大，而附属结构在场地选择上是有一定的灵活性，一般可建在工程地质条件较好的区域，故冻胀和融沉对管道附属物影响较少。为了避免冻土融沉和冻胀引起的管道和附属构筑物破坏，研究和设计人员提出了一系列适应性对策。目前世界上冰冻圈区主要运行的油气管道主要包括美国阿拉斯加的 Trans-Alaska 管道、加拿大 Norman Wells 管道、俄罗斯西伯利亚 Nadym-Pur-Taz 天然气管道网、我国东北的中俄原油管道，这些管道都为地区和国家经济和社会发展做出了重要的贡献。

美国于 1977 年建成的 Trans-Alaska 管道全长 1280 km，管径 122 cm，壁厚 13 mm，输送温度 38~63℃，属于长距离大口径高温管道。该管道沿线有 3/4 长度下伏多年冻土，其中至少 1/2 含有较多地下冰。为了避免较大的差异性融沉变形引起管道断裂，管道在 676 km 高含冰量不稳定冻土区全部采用热桩（热管+桩基）架空通过（图 9.27）。架空管道是为了防治高油温直接融化下部冻土，两侧的热桩用于冷却和保护下部冻土且有支撑管道作用。采取热桩以后，架空管道下冻土退化和融沉灾害得到有效控制，部分少冰冻土区埋设管道出现一些融沉风险，构筑物破坏较少。

加拿大于 1985 年建成的 Norman Wells 至 Zama 管道由北向南通过不连续多年冻土和岛状冻土区，管道采用传统的沟埋方式输送原油，全长 869.5 km，管径 32.3 cm，开挖管沟宽 1 m、深 1.1~1.2 m，日输量为 5000 m^3。原油在输送之前冷却至–1℃左右或接近地温，目的是尽可能地减小管道对冻土环境的扰动和影响。尽管如此，原油在经过泵站加压后温度要升高 1.5~3.0℃，管道年平均温度在 2~6℃，越往南管道温度越高。在管道加热以及路权范围内植被清除、地表和地下管道施工扰动影响下，再加上近期沿线气候转暖，沿线冻土温度持续升高和融化，相应地表融沉变形也在持续增加（图 9.28）。气候转暖和工程活动影响下的管道附近冻土退化和地表融沉变形给管道安全造成了潜在的风险，部分油温较低管道也存在冻胀风险。该管道采取的主要适应性措施是对融沉不稳定土换填、坡面木屑保温和管道保温，工程措施效果较好。

图 9.27　横贯美国阿拉斯加南北、穿越高含冰量冻土区、长约 1300 km 的输油管线

Figure 9.27　Pipeline across the Alaska from north to south, through high ice frozen soil zone, about 1300 km length

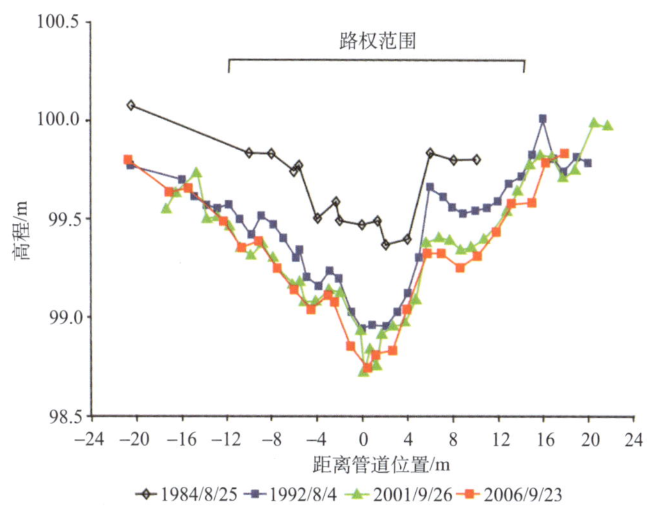

图 9.28　加拿大 Norman Wells 管道在 84-5B 监测场地监测到的路权范围内地表融沉发展过程

Figure 9.28　thawing settlement process at 84-5B of Norman Wells pipeline, Canada

俄罗斯西伯利亚 Nadym-Pur-Taz 天然气管道网大部分埋设在连续、不连续和零星岛状冻土区，也有部分埋设于地面上土堤里，主线、支线和集线延绵几千千米，管径根据不同的用途和不同地点使用 102 cm、122 cm 和 142 cm 等几种不同的管径。天然气在压

缩站加压后温度能达到 35℃左右，需要降温至接近土体温度然后输送，这样在冻土区和融区会引起相应的冻胀、融沉和堵管等问题，如一部分管道在周围土体融化后漂浮于地表附近。

我国在东北于 2011 年建成的中俄原油管道境内全长 933.11 km，管径 813 mm，壁厚 14~16 mm，设计压力为 8×10^6 Pa（局部 10.0×10^6 Pa），设计年输量 15×10^9 kg，管道敷设方式是采用传统的沟埋敷设方式（图 9.29），埋深在 1.6~2.0 m 附近，输油方式采用常温密闭输送。管道从北向南依次经过大片和岛状不连续多年冻土、零星分布多年冻土和深（>1.5 m）季节冻土区（图 9.29A）。管道沿线冻胀丘、冰椎和冰皋等不良冻土现象广泛分布，对管道的安全和稳定运行产生显著威胁（图 9.29B）。2011 年和 2012 年监测资料显示，年平均油温在 4.40~9.99℃变化，即使在冬季最低油温也在零度以上，造成目前多年冻土区管道的主要风险为融沉（图 9.29C）。为了控制管道的冻融灾害，该管道采取的适应性措施包括增加壁厚、管道保温、地基土换填、埋设热管等，这些措施在抑制冻土退化和保证管道完整性方面发挥了重要作用。

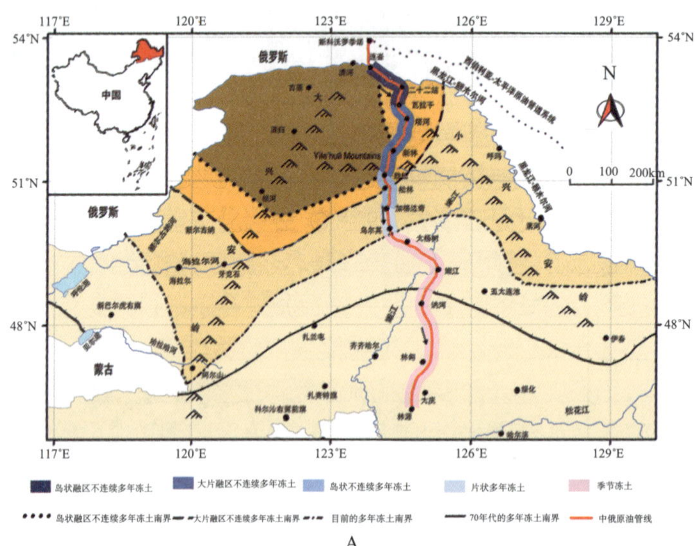

A

B

C

图 9.29　中俄原油管道穿越多年冻土区（A）、通过河冰椎地区（B）原油管道管沟融沉积水（C）情况

Figure 9.29　Crude oil pipeline crossing permafrost regions（A）, through the river ice vertebral region（B）, and ponding（C）

9.4.4　海冰区港口

渤海和黄海北部地区分布有港口群。冬季作业的大型港口有丹东港、大连港、营口新港、锦州港、渤海造船厂、秦皇岛港、天津新港、龙口港、烟台港。这些大港附近都有一些小型港或者卫星港。

因为冬季结冰，这些沿海港口建设和管理都会遇到冰问题。尽管全球变暖使得近些年的冰情偏轻，但是冰区港口的设计和管理不是以地球科学的大尺度概念来理解。港口建设需要含有重现期的理念，一般是 50 年重现期。历史上只要有冰冻，就需要考虑；港口安全运营以实时冰情为环境，必须考虑实际条件。一般而言，中国渤海港口设计抗冰能力较高，不会出现冰超过结构物抗冰能力发生冰灾害，但在冰区运行操作中，包括船舶操纵中因为认为失误会引起灾害。

渤海是规则的半日潮并且在大多数地方具有 3 km 潮差。海上浮冰表现出近海岸多为堆积的厚冰，远离海岸为漂浮的薄冰；但是近海岸的冰流动慢，远离海岸的流动快。这些运动的冰块给港口结构物作用力。而作用力的大小取决于浮冰块的运动速度和冰块的大小。当运动的冰块动能小于浮冰的极限破坏性需要的能量时，运动的浮冰对结构物施以撞击引起的作用力；当运动的冰块动能大于浮冰极限破坏需要的能量时，运动的浮冰在结构物前发生挤压破坏，对结构物施以恒定的冰挤压作用力。解决冰作用力的措施是结构物抵抗外力的能力大于冰挤压力。

环渤海港口结构物一般具有防波堤，这种结构物将港口外的浮冰拦挡在防波堤以外，港口内的流动性差，动能低，对港口结构物构不成大的作用力。而防波堤作为重力式结构物，稳定性高，可以抵挡冰的作用力。靠泊船舶的码头结构物又重力式直立墙结构和高桩码头结构物。两者对冰的作用力分担方式，前者自身稳定性高，不存在严重的冰灾害问题；后者相对要提高抗冰能力。因为冰弯曲破坏时的作用力低于冰挤压破坏时的作用力，所以防波堤一般采用斜面结构物。

具体冰区高桩码头的冰作用力，在无法利用简单结构物的冰作用力计算方法验证结构物稳定性时，可以使用冰对结构物的物理模拟。天津大学拥有冻结模型冰实验室，大连理工大学拥有非冻结合成模型冰实验室。

9.5 冰冻圈旅游

9.5.1 冰冻圈旅游内涵

冰冻圈旅游是以冰冻圈各要素为主要吸引物，以形态各异的自然景观、复杂多变的气象气候资源、底蕴深厚的文化积淀为依托，集观光、体验、探险、科考、教育与康体于一体专项旅游活动，其中，山地冰川、冰川遗迹、冰盖、冰架、海冰、冻融、冻胀、积雪、雨凇、雾凇景观及其相关美学（图 9.30）与文化特性等其他因素则是冰冻圈重要的旅游吸引物。现代冰冻圈旅游起始于 19 世纪早期的登山、探险、朝圣活动，发展于 20 世纪的大众观光旅游，流行于 20 世纪 80 年代以来的休闲体验旅游活动。随着经济和生活水平的提高以及休闲时间的增多，冰冻圈旅游已经成为世界各国大力发展的一项新兴旅游项目，在增加区域经济收益和提升区域旅游内涵与知名度，促进区域经济社会可持续发展等方面扮演着了重要角色。

图 9.30 冰冻圈景观具有特殊的美学观赏价值

Figure 9.30 Cryosphere landscape showing a special aesthetic ornamental value

9.5.2　冰冻圈旅游资源特点

冰冻圈旅游资源具有明显的美学观赏、科普教育和旅游体验等价值功能（图 9.31）。相对其他旅游资源，冰冻圈旅游资源还具有明显的自身特点。冰冻圈主要要素多分布于远离人类聚居区的南北极、格陵兰高纬高寒区域，以及零星分布于中低纬高海拔地带，距客源市场较远，其区位优势不明显，可进入性较差，正是因为如此，更导致人们的猎奇心理，具有强大的吸引力。冰冻圈各要素景象万千，但对气候变化反映极为敏感。冰冻圈旅游资源脆弱性较高、旅游容量较小，在未来旅游开发过程中，应高度关注冰冻圈旅游的环境容量。环境容量小，又促使冰冻圈旅游具备了高端、深度旅游的特点。冰冻圈特殊的气候条件和地域特性决定了该区域居民独有的民族特性。在北极圈内外大量分布着特有的土著民族——爱斯基摩人。北极地区广袤，爱斯基摩人居住地较为分散，其地区文化差异显著。冰冻圈独有的民族特性为冰冻圈旅游开发提供了坚实的文化基础。

图 9.31　冰冻圈旅游体验与科学普及

Figure 9.31　Cryosphere tourist experience and science popularization

9.5.3　国际冰冻圈旅游发展概况

冰川和积雪作为冰冻圈主要旅游资源所创造的巨大经济效益已敦促许多国家政界和学界对冰川和滑雪旅游发展的高达关注。早在 100 年前，国外山地冰川和积雪作为旅游资源就开始被利用，现在诸多依托冰川和积雪景观的景区已成为世界各地游客青睐的大众旅游目的地。目前，全世界已开发冰川旅游景点 100 余处，建成滑雪场 6000 多个。其中，一些旅游目的地因独特壮观的冰川景观及其对气候敏感性响应的环境指示意义，已被列入世界生物圈保护区和联合国教科文组织世界遗产名录。冰川旅游和滑雪旅游是冰冻圈旅游发展较为成熟两种类型，其旅游目的地主要集中在北美落基山及阿拉斯加、欧洲阿尔卑山和东亚地区，中国则主要集中于横断山区和东北地区。世界著名冰雪旅游目的地如瑞士圣莫里茨滑雪场、法国霞慕尼滑雪场、丹麦伊卢利萨特冰湾、阿根廷洛斯冰川国家公园、日本富士天神山滑雪场等。

9.5.4 冰冻圈旅游资源开发案例

1. 阿尔卑斯少女峰–阿莱奇峰综合区

综合区位于欧洲瑞士伯尔尼及瓦莱州南部伯尔尼高地，是欧洲阿尔卑斯山区最大的冰川区。冰川铁路与升降机新技术的使用，极大地改进了综合区冰川旅游基础设施，每年运送大批游客登临山顶。目前，少女峰上部还建有冰川餐厅、夏季滑雪与各式雪上运动乐园、犬拉雪橇、气象观测站、研究站等旅游配套设施。在斯芬克斯和普拉特观景台，可观赏阿尔卑斯山中最大最长冰川——阿莱奇冰川（长 23.50 km，面积 130 km^2）。2001 年，联合国教科文组织将“少女峰–阿莱奇冰川–比奇峰”列为世界自然遗产。2007 年，扩大范围，并更名为“瑞士阿尔卑斯少女峰–阿莱奇综合区”。综合区是阿尔卑斯冰蚀现象最显著区域，是冰川旅游、登山运动的良好场地。美丽的阿莱奇冰川吸引了来自世界各地游客，成为世界公认的最佳观光山区之一。目前，综合区已成为欧洲乃至全世界游客到瑞士的必到之处，已开展包括登山、冰川观光、冰川滑雪、冰上和冰洞体验等冰雪旅游项目。

2. 极地旅游

极地地区以海冰、冰架、冰盖、冰峰、雪原、冰川等独特景观为特色，这种冰封世界与目前人类生活环境有着巨大反差，形成强烈的旅游吸引力。南极旅游始于 20 世纪 50 年代后期，以智利和阿根廷的一些海军船只运载付费游客前往南极的南设得兰群岛旅游为开端。1969 年，美国纽约 Lindblad Travel 旅行社首次举办定期的南极旅行团。由此，标志现代意义的南极旅游业正式拉开帷幕。国际南极旅游业者协会统计数据显示，截至 2013 年，全世界近 35 余万旅游者登临南极，人数平均每年以 5%~10%的速度递增。相对南极地区，北极地区因自然环境与交通的不便，商业旅游开始出现于 19 世纪 50 年代初，发展于 80 年代。北极海运评估报告显示：近年，北极旅游人数呈现出较快的增长态势。2004 年，从境外搭乘游船抵达北极旅游目的地旅游人数达 12 万人。截至 2007 年，旅游人数已超过 24 万人。极地旅游形式日趋多样，已由传统观光旅游，逐渐发展至近年来包括雪地野营、冰崖攀登，甚至滑雪、潜水和直升机历险等在内的各种富有趣味性和刺激性的冰雪体验旅游活动。

3. 玉龙雪山冰川旅游

玉龙雪山位于青藏高原东南缘，是中国纬度最南的亚热带极高山和欧亚大陆距赤道最近的冰川区，也是中国季风海洋型冰川发育最为典型的代表性地区。玉龙雪山以现代冰川、古冰川遗迹、高山动植物生态景观为主要特色，景观丰富多样，生态环境优良，景观组合度高，特色鲜明，具有冰川观光、登山探险、科普科考、旅游度假、教育修学等多项旅游功能。玉龙雪山最具垄断性的旅游资源便是同纬度稀缺的冰雪资源，其现代冰川、冰川遗迹旅游资源与高山峡谷、森林草甸、自然环境、生物多样性和纳西东巴文化相互影响、相互依存。

目前，玉龙雪山景区已发展成为中国冰川旅游人数最多的景区之一。2010 年，玉龙雪山景区旅游人数达到 234.6 万人次，较 1998 年增长 10.4 倍。其中，超过 80%的游客通过冰川索道进入冰川公园观赏玉龙雪山最大的冰川景观。景区通过旅游开发，相继带动周边 19 个村落近 1900 名社区居民参与旅游，实现了旅游反哺农牧业的双赢目标。

9.6　冰冻圈服务功能及其价值

冰冻圈因储存巨量水、能、气资源，承载着特有物种和文化结构，是不可替代的重要资源，是全球特别是高海拔和极区人口、资源、环境、社会经济可持续发展的物质基础和特色文化基础，具有独一无二的冰冻圈服务功能。冰冻圈是广义生态系统的重要组成部分，是生态系统服务功能健康发展的重要组成部分，更是生态系统服务功能价值的重要组分，其服务功能及其价值也是可测算和可度量的。

冰冻圈服务功能是冰冻圈系统提供给人类社会的各种产品或惠益。冰冻圈作为一个特殊圈层，有必要单独研究其服务功能及其价值。极区、高山及其毗邻区域拥有一定的人口数量，其生存与发展高度依赖于冰冻圈提供的水资源、适宜的气候环境、多样的旅游产品、独特的文化结构，以及特殊生物种群的栖息地等服务功能。

1. 冰冻圈服务功能

冰冻圈服务指人类社会从冰冻圈获取的各种惠益。冰冻圈功能是冰冻圈服务的基础和物质保障，没有冰冻圈功能，就没有冰冻圈服务。如同生态系统功能与服务一样，冰冻圈功能反映的是冰冻圈本身的自然属性，也就是说，冰冻圈功能是不依赖于人类需求而独立存在，而冰冻圈服务功能则反映了冰冻圈的社会经济属性，若不存在人类需求，则无所谓冰冻圈服务。人类需求大体上按生存需要、发展需要和享受需要逐步发展，环境资源价值也就会越来越大，随着经济社会发展水平和人民生活水平的不断提高，人们对冰冻圈服务的认识、重视程度和为其支付意愿也将不断增加。当然，冰冻圈系统功能与其服务并不是一一对应关系。冰冻圈服务是指人类社会直接或间接从冰冻圈系统获得的所有惠益（如资源、产品、福利等），即对人类生存与生活质量有贡献的所有冰冻圈产品和服务，包括供给服务、调节服务、社会文化服务和生境服务（图 9.32）。

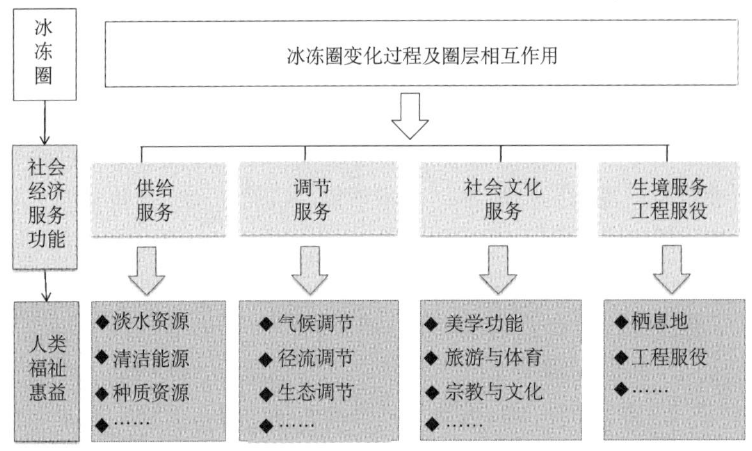

图 9.32 冰冻圈服务功能框架

Figure 9.32 Cryosphere services framework

冰冻圈供给服务包括淡水资源及其清洁能源。冰冻圈作为固体水库，其提供服务较为单一，主要为人类社会系统提供了充沛的淡水资源。另一方面，冰冻圈发育于高纬、高寒、高海拔地带，远离人类聚居区，空气清新，较少污染，为人类提供了高品质的饮用水。冰冻圈已知清洁能源包括高山水能及其天然气水合物。冰雪水资源供给服务的另一个表现形式，就是利用其冰雪融水径流进行水力水电开发。天然气水合物主要气体组分为甲烷（也称固态甲烷，俗称可燃冰），在自然界广泛分布于多年冻土区、大陆架边缘的海洋沉积物和深湖泊沉积物中，是潜在的新型清洁能源。

调节服务包括气候调节、径流调节及其水源涵养与生态调节。冰冻圈作为特殊下垫面，以其高反照率和水分循环功能，起着调解全球和区域气候的作用。通过调节全球气候系统，使其保持一个对人类而言气候宜居、生态系统结构稳定的星球。可以说，冰冻圈在全球气候系统调节方面发挥着至关重要的作用。冰冻圈在中低纬度山区是河流的重要补给源，对河川径流具有天然调节作用，被称之为“固体水库”。较非冰冻圈区（主要受降水控制），冰冻圈区径流主要受控于气温，气温升高会引起冰雪、冻土的加速消融，进而导致径流增加。其中，冰川、积雪、冻土地下冰在水循环过程中均对径流过程具有一定的调节作用。冰冻圈水源涵养功能显著，但与生态调节密不可分的主要为冻土。由于冻土的不透水性以及温度梯度下的水分迁移，一般在多年冻土上限附近存在大量的地下冰。冻土在保持寒区生态系统稳定性方面作用也巨大。若无冻土的水源涵养作用和水热效应，根据温度和降水量组合条件，青藏高原高原面将只能发育荒漠生态系统，而非实际存在的大面积的高寒草甸和高寒湿地生态系统。在泛北极地区，因为多年冻土的巨大水热效应，在这里发育有典型的多边形苔原生态系统和泰加林生态系统。

社会文化服务包括美学和游憩功能、科研与环境教育及其宗教与文化服务。美学价值是冰冻圈旅游资源最基本的价值所在，主要指冰冻圈旅游资源景象的艺术特征（形态、色彩等）、地位和意义（如多样性、奇特性、愉悦性和完整性），是构成冰冻圈旅游吸引力的主要构成因素之一。冰冻圈景观是无法复制和转移的，具有鲜明的垄断性景观美学价值。冰冻圈科学研究与环境教育体现在通过开展冰冻圈科学研究、普及冰冻圈知识、培养冰冻圈科研人才等教育科研活动所带来的国民经济的增长和人民福利的提高。由于长期的历史文化过程，国内外许多高山雪峰受到本土宗教和外来教派的影响，都被赋予了精神价值和文化内涵，且都被认为是不同神灵和精神的物质表现，形成了山地居民对其的特有理解和崇拜。同时，冰冻圈区是世界上一些特色人文的赋存之地。比如，爱斯基摩人、米闪人、拉普特人常年生活在北极和环北极地区，其生活方式与冰冻圈息息相关，形成了独具特色的社会文化结构。这些世代生活在冰冻圈区域的少数民族，其人文特质与冰冻圈的存在有千丝万缕的联系。可以说，独特的人文依附于独特的自然资源和景观。

生境服务包括栖息地与之相应的生境。冰冻圈为寒区定居和迁徙种群提供生境服务，也包括为人类提供居所。冰冻圈为与其相关陆地、海洋生物提供了丰富的异质性生存空间和多样化的栖息、摄食、繁衍等庇护场所，其中，南北极及其亚北极地区大范围冰冻圈还为大量生物及其人类提供了栖息地。同时，冰冻圈也是一些特有珍稀或濒临绝种的野生生物的种源保存地。在极地及其亚北极，除了原住民，从微小的微生物、藻类、虫类和甲壳动物到海鸟、企鹅、海豹、海象、北极熊和鲸类而言，冰冻圈还提供了至关重要的生境。

2. 冰冻圈服务价值

冰冻圈服务多样性功能决定了其具有多价值性以及多种分类方式。如同生态系统服务功能价值分类，根据人类的获益途径、程度与期限，冰冻圈服务价值可划分为使用价值和非使用价值，利用价值包括了直接使用价值和间接使用价值，非使用价值包含存在价值和遗产价值等，而选择价值既可归为使用价值也可归为非使用价值。直接使用价值指冰冻圈直接满足当前生产或者消费需求的价值，比如冰冻圈产品等产出型价值（淡水资源、清洁能源）和非竞争性以及非排他性的服务等非产出型价值（如美学观赏与游憩价值、科学研究与环境教育、宗教精神与文化结构、生境服务等）。相对于直接使用价值而言，间接使用价值是从冰冻圈过程或功能中间接获得的惠益价值，这部分价值不直接进入人类的生产或消费过程，如冰冻圈的气候调节、径流调节、水源涵养与生态调节功能。选择价值、遗传价值和存在价值可归纳为非使用价值。其中，选择价值即冰冻圈资源潜在使用价值，特点在于某种资源和服务有可能将被使用。遗产价值是将冰冻圈服务的使用价值和非使用价值保留给后代的价值表现形式，即为子孙后代将来利用而愿意支付的价值。存在价值亦称内在价值，是为确保冰冻圈服务能够继续存在的支付意愿。存在价值是冰冻圈本身具有的价值，与现在或将来的利用都无关。根据冰冻圈功能及其服务价值的梳理，结合国内外生态系统服务功能价值评估方法，冰冻圈服务价值评估体系可由表 9.7 表征。其中，物质生产价值直接可由市场价值法计算，如淡水及清洁能源价值。其他非物质生产价值则只能由替代或模拟市场法估算，如调节服务价值、社会文化服务价值和生境服务价值，替代和模拟市场法如机会成本法、影子价格法、影子工程法、防护费用法、恢复费用法、资产价值法、旅行费用法、条件价值法等。总体上，冰冻圈服务价值评估体系由 4 个一级指标、9 个二级指标组成。

表 9.7　冰冻圈服务价值、类型及其评估方法

Table 9.7　Cryosphere service value, type and its evaluation methods

冰冻圈服务功能分类		价值评估方法			
		直接使用价值	间接使用价值	非使用价值	评估难度
供给服务	淡水资源	MPM			较易
	清洁能源	RCM			较难
调节服务	气候调节		RCM、WTP、HPM		难
	径流调节		SEM		难
	水源涵养与生态调节		SEM、RCM、MPM		较难
社会文化服务	美学观赏与游憩服务			HPM、WTP、TCM	较易
	科研研究与环境教育			CAM	较易
	宗教精神与文化结构			CAM、WTP	较难
生境服务	提供栖息地	OCM、CVM			较难

注：价值评估方法，value evaluation method, VEM；直接使用价值 Direct Use value，DV；间接使用价值，Indirect Use value，IUV，非使用价值 Non Use Value，NUV；市场价值法，Market Price Method, MPM；替代费用法或替代成本法，Replacement Cost method, RCM；支付意愿等，Wish To Pay, WTP；享受价值法或享乐价格法，Hedonic pricing method, HPM；影子工程法，Shadow Engineering Method, SEM；费用支出法或费用分析法，Expenditure Method, EM or Cost Analysis Method, CAM；旅行费用法，Travel Cost Method，TCM；条件价值法，Contingent Valuation Method, CVM；机会成本法，Opportunity Cost Method，OCM。

思　考　题

1. 如何评估冰冻圈变化的影响？
2. 冰冻圈变化对可社会经济的影响主要表现在哪些方面？请举例说明。

延 伸 阅 读

【经典著作】

1. *Climate Change 2014：Impacts, Adaptation, and Vulnerability*

作者：IPCC

出版社：Cambridge University Press, Cambridge, United Kingdom and New York, NY, USA. 2014.

内容简介："气候变化 2014-影响、适应和脆弱性"是 IPCC AR5 第二卷，该卷主要强调已经发生的影响以及未来的潜在风险，内容既涉及自然、人文系统，还关注区域方面。与 AR4 相比，该报告呈现了三个新特点：一是评估主题拓宽，篇幅从 AR4 中的 20 章增加到 AR5 的 30 章，包括人类安全、生计、海洋等；二是注重识别气候变化不确定性过程中的风险，既涵盖小概率风险，也包括极可能事件；三是从更宽的视角和相互作用要素认识气候变化的影响。该报告由 A、B 两部分组成，A 部分从背景；自然资源和系统；人类聚落、产业和基础设施；人类健康、福利和安全；适应；以及影响、风险、脆弱性、机遇 6 大方面组成，B 部分主要由区域分类专题组成。报告认为，气候变化增温幅度的提高将加剧自然和人类系统广泛的、严重的和不可逆影响的风险。为了减轻气候变化的不利影响、降低自然和人类社会系统的脆弱性，人类社会主动适应气候变化的行动应在全球和区域尺度上共同展开；加强灾害风险管理，增强人类社会系统的恢复能力是适应气候变化和降低气候变化风险，减少极端气候事件影响的有效途径。可持续发展的社会需要适应与减缓相结合，需要经济、社会、技术，以及政治决策和行动向气候恢复能力路径转型。

IPCC 报告未来还会有第六、第七次等新的评估定期出版，请感兴趣的同学关注最新结果，在方法和结果上均会不断推陈出新。

2.《中国极端天气气候事件和灾害风险管理与适应国家评估报告》

作者：秦大河主编、张建云、闪淳昌、宋连春副主编

出版社：北京：科学出版社，2015

极端气候事件和气象灾害风险管理已经成为国际社会应对气候变化的重要领域。在全球变暖背景下，未来中国面临的极端天气气候事件趋多趋重，天气气候灾害的暴露、脆弱性和风险日渐凸显，而气候变化及天气气候灾害直接影响着我国粮食、水资源、生

态、能源、城镇乃至经济社会与军事安全，是制约我国生态文明建设和可持续发展的重要因素之一。由中国气象局等几十个政府部门以及研究机构和大专院校、百余位作者共同参与编写的《中国极端天气气候事件和灾害风险管理与适应国家评估报告》，科学评估了中国极端天气气候事件的变化、成因、趋势和影响，充分吸纳了中国在极端天气气候事件和天气气候灾害的风险管理及适应措施方面取得的突出进展，系统总结了中国灾害风险管理的行动方向和策略选择，明确提出了建设中国极端天气气候事件和灾害风险的国家管理体系，加强政府、企业、公众的共同参与和互动，增强综合风险防范"凝聚力"，提升国家管理和适应极端天气气候事件的能力，逐步建立与完善综合风险防范的范式等方面的建议，为促进中国适应与减缓和灾害风险管理的协同，保障中国气候安全，实现生态文明和中国梦提供了科学依据与行动路线图。

第10章 冰冻圈模式和冰冻圈变化的预估

主笔：罗勇　武炳义
主要作者：肖瑶　阳坤　张通　李志军　徐世明

气候模式已成为认识过去的气候变化及其成因、气候系统各圈层内部及相互作用的过程与机制，以及预估未来气候变化的最重要的研究手段和分析工具。随着气候模式由简单气候模式、中等复杂模式、气候系统模式到地球系统模式的快速发展，冰冻圈模式已成为地球系统模式中的重要组成部分。本章介绍了主要的冰冻圈模式及其在冰冻圈变化与过程研究中的模拟应用，包括冰川物质平衡模式、冰盖动力学模式、冻土模式、积雪模式、海冰模式和河湖冰模式等。最后，本章还预估了21世纪末冰川、冰盖、冻土、积雪、海冰和河湖冰的可能变化。

10.1　冰冻圈模式及其在地球系统模式中的地位

10.1.1　气候模式的发展

气候模式是基于对动力、物理、化学和生物过程的科学认识建立起来的定量描述气候系统各组成部分状态的数学物理模型，利用数值方法进行求解，并通过高性能计算实现对气候系统非线性复杂行为和过程的模拟与预测。气候模式的计算机程序及其高性能计算，是一个复杂的系统工程。气候模式的程序结构复杂，代码量巨大（如美国国家大气研究中心的地球系统模式包括160万行FORTRAN程序），而且30多年以来长期发展积淀的气候模式程序与当今高性能计算机架构之间存在匹配问题，还涉及超算系统硬件及软件的各个方面，如应用、编译、并行、运行环境、操作系统、通信、海量存储管理等。

随着人们对气候系统各圈层及其相互作用认识的进一步增强，耦合各圈层的气候系统/地球系统模式已成为描述气候系统复杂过程、理解气候变化规律，特别是预估未来气候变化的最重要甚至是不可替代的研究工具。气候模式从复杂程度上可分为简单气候模式、中等复杂程度气候模式和完全耦合气候模式/地球系统模式。目前用于气候变化模拟、归因和预估的主要是气候系统模式。从空间范围上，气候模式可分为全球气候模式和区域气候模式。

自 20 世纪 90 年代以来，气候系统模式/地球系统模式的复杂程度快速增加，所包含的地球各圈层物理化学过程越来越完备。从最初只模拟大气和海洋的基本物理过程，发展到包含大气化学、动态植被等在内的全碳循环耦合地球系统模式。以当今世界上影响力最大的气候系统模式比较计划 CMIP5 为例，参评模式已达到 57 个，来自 10 个国家和欧盟的 23 个模式组，是有史以来模式最多的一次。模式的水平与垂直分辨率也较上一次比较计划 CMIP3 普遍提高，最高水平分辨率甚至达到了 50 km，平均水平分辨率也达到了 200 km；生物地球物理化学过程的考虑也更为全面，有十几个模式增加了动态耦合的碳循环过程，进入真正的地球系统模式发展阶段。其中，NCAR 发布了 1°分辨率 CESM 的模拟结果，包括了碳循环和气溶胶等物质的较精细的生物地球物理化学过程。日本的气候系统模式 MIROC 更是发布了大气水平分辨率 60 km 和海洋水平分辨率 20~30 km 的全球高分辨率模拟结果。

可以预见，高分辨率和全圈层精细模拟的地球系统模式将是未来模式发展的主流。在时空分辨率方面，据估计，在下一轮 CMIP 计划，也就是 IPCC AR6 气候评估报告中，全球各研究单位模式分辨率将普遍达到 50 km 量级，相比于 CMIP5 试验，计算量将增加 200 倍，存储增加 200 倍。与此同时，模式会进一步精细化海洋和陆面的生态过程以及大气化学和气溶胶的模拟，以更真实表征碳氮循环过程、沙尘排放和传输过程、人为排放及影响，以及云过程模拟。

1. 简单气候模式

简单气候模式包含有不同的模块，它们以高度参数化的方式计算：①将来给定排放情景下大气温室气体的浓度或丰度；②由模式中的温室气体浓度和气溶胶“前体物”排放造成的辐射强迫；③全球平均地表温度对计算的辐射强迫的响应；④由海水热膨胀和冰川与冰盖响应造成的全球海平面上升。简单模式在计算上比气候系统/地球系统模式要高效得多，因而能用于研究将来的气候变化对大量不同的温室气体排放的响应，尤其是简单模式可研究在参数变化范围很大条件下气候对某一特定过程的敏感性。例如，用上翻扩散-能量平衡模式根据耦合模式和冰盖与冰川模式提供的气候敏感性与海洋热摄取参数可评价《京都议定书》实施对全球平均温度上升的影响。简单模式也被用于集成评估模式分析减排的成本与气候变化的影响。

简单模式对于大气和海洋部分有一维辐射-对流大气模式，一维上翻-扩散海洋模式，一维能量平衡模式，与二维大气和海洋模式。对于冰冻圈和生物化学过程，有碳循环模式、大气化学和气溶胶模式、冰盖模式等。它们在研究气候变化中分别起着不同的作用。

2. 中等复杂模式

中等复杂程度的气候模式（EMICs）包括大气和海洋环流的部分动力学及其参数化，也经常具有生物地球化学循环过程，其主要特征是：可以描述复杂模式中包含的大部分过程，但是以更简化（或更参数化方式）的形式。它们可以直接地模拟气候系统一些圈层间的相互作用，可具有生物地球化学循环；空间分辨率较低，在计算上比地球/气候系统模式更加有效，即可做几万年气候变化的长期模拟，又可做几千年中各种气候敏感性试验。

目前应用的 EMICs 有下列几种：①二维、纬向平均的海洋模式耦合一个简单大气模式（也可是地转二维或统计动力大气模式）；②简化形式的复杂模式；③能量-水汽平衡模式耦合 OGCM 和海冰模式。EMICs 能用于研究大陆尺度的气候变化与地球系统各部分耦合的长期大尺度影响，尤其是从 2001 年 IPCC 第三次评估报告（FAR）之后，更常被用于研究古气候和将来的气候变化，包括 2 倍 CO_2 情景下全球平均温度和降水的变化，北大西洋温盐环流对 CO_2 增加和淡水扰动的响应，千年陆面覆盖变化强迫下大气、海洋和陆面之间的相互作用，末次冰盛期的气候等。所得到的结果与地球/气候系统模式十分接近。实际上可以把 EMICs 看作是填补复杂的地球/气候系统模式与简化气候模式之间空白的一种有效工具。但 EMICs 对于区域气候变化的研究与评估用途不大。

3. 气候系统模式

气候模式由简单逐渐到复杂，取得了飞速的进步，越来越多的物理过程被引入到模式中来，大气环流模式、海洋环流模式、海冰模式、生态模式、化学模式等。气候模式向着积分时间更长、空间分辨率更小、对各子系统描述更全面的方向快速发展。

气候模式是根据一套数学方程描述的物理定律与过程建立的。模式的范围一般是全球的，高度从陆面或海洋底层直到平流层（50 km 左右）。为了能够模拟过去的气候和预估未来的气候变化，气候模式中必须包括能描述气候系统中各部分的圈层模式及相关的重要过程，然后通过一定的方式把它们耦合在一起成为复杂的多圈层耦合模式。这已成为预估全球气候变化的主要工具。其中最常用的全球模式是把大气与海洋耦合在一起的海气耦合模式（AOGCM）。它包括大气模式、海洋模式和海冰模式等部分。大气与海洋模式主要由描述动量（风或海流）、热量和水汽等变量大尺度演变的一套方程组构成，方程的求解是在全球的网格点上进行的。

4. 地球系统模式

在气候系统模式基础上引入大气化学过程、生物地球化学过程（包括陆地生物化学过程和海洋生物化学过程），甚至人文过程，即构成地球系统模式。发展地球系统模式的目的，是为了研究地球能量过程、生态过程和新陈代谢过程的运行规律，并了解土地陆表覆盖、土地利用变化和温室气体排放通过这些过程所引起的气候响应，尤其是碳、氮和铁循环的生物地球化学耦合过程在气候系统中的作用、人类活动对这些循环过程的影响等。但这一阶段的地球系统模式，其实应该被称为地球气候系统模式。严格意义上的地球系统模式，还应该包括地球气候系统与固体地球（如地球板块移动及其引发的地形变化、地震、火山爆发等）和空间天气相互作用。

5. 区域气候模式

由于计算条件的限制，全球环流模式的分辨率一般较粗（100 至几百千米以上），不能适当地描述复杂地形、地表状况和某些陆面物理过程，难以真实地反映与复杂地形和陆面状况有关的区域气候特征，从而在区域尺度的气候模拟及气候变化试验等方面产生较大偏差，影响其可信程度。为克服这些不足，经常采用降尺度（downscaling）方法，即采用全球气候模式与区域气候模式嵌套（动力降尺度，dynamical downscaling）或用气候统计方法进行降尺度处理（统计降尺度，statistical downscaling）来得到更小尺度的区域气候预估。目前得到广泛应用的是动力降尺度，通过缩小模式网格距，提高模式分辨能力，可以在一定程度上改进模拟能力。

其原理是将全球环流模式模拟的结果或大尺度气象分析资料作为初始场和侧边界条件，提供给区域模式，再用它来进行选定区域的气候模拟，以揭示大尺度背景场下区域气候更准确、更详细的特征。其与全球模式的嵌套有单向和双向嵌套两种，前者是指区域模式的模拟结果不反馈给全球模式，后者相反。现在使用较多的是单向嵌套方法。

10.1.2 地球系统中的冰冻圈模式

冰冻圈是地球气候系统的重要成员，因而，冰冻圈模式也成为地球系统模式中的重要组成部分。冰冻圈模式主要包括冰川物质平衡模式、冰盖动力学模式、冻土模式、积雪模式、海冰模式和河湖冰模式等。

在目前的地球系统模式中，海冰模式已经作为一个独立的要素模式实现了与大气模式、海洋模式、陆面模式的全耦合。积雪模式、冻土模式和河湖冰模式一般作为陆面模式中的重要组成部分。冰川模式和冰盖模式仍在发展之中，尚未实现与地球系统模式的在线耦合。冰冻圈模式在地球系统模式中的地位由图 10.1 所示。

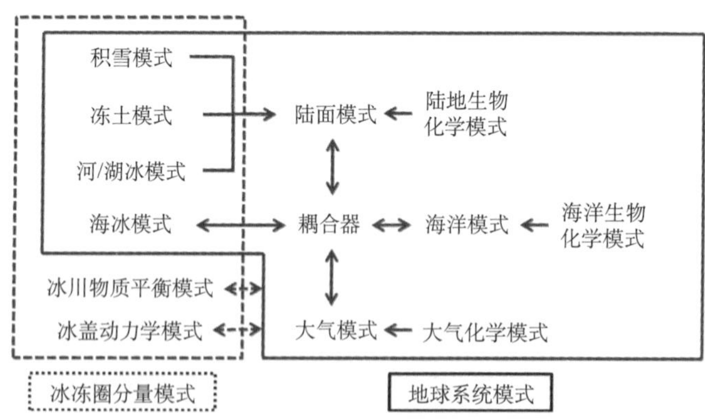

图 10.1 冰冻圈模式在地球系统模式中的地位

Figure 10.1 Position of cryospheric models in Earth System Model

图中实线框表示地球系统模式，虚线框表示冰冻圈模式，实线单箭头表示单向耦合，实线双箭头表示双向在线耦合，虚线双箭头表示离线耦合

1. 冰川物质平衡模式

冰川物质平衡是冰川变化研究中的重要组成部分之一。冰川上固态水体的收入和支出之间的关系称为物质平衡，其时空变化不仅与气候变化密切相关，而且还会影响冰川面积和体积变化，因此物质平衡变化研究对开展冰川对气候变化的响应，以及冰川储量变化研究都具有重要的意义。冰川物质平衡一般由物质积累和消融两部分组成。冰川表面降水是冰川上物质积累的主要来源，可通过仪器观测和遥感资料获取。因此，以下主要讨论冰川消融模型。目前常用的冰川消融模型主要有两类：基于物理过程的能量平衡模型和基于经验统计的温度指数型模型。

1）能量平衡模型

冰川表面能量平衡模型是模拟冰川消融最常用的方法之一。利用能量平衡原理，观测和计算冰川表面能量收支各分量，最后获得冰川消融耗热，从而模拟出冰川消融量。冰川表面能量平衡模型建立了冰川与大气之间的联系，描述了冰川消融的物理过程。其方程可描述如下：

$$Q_{\mathrm{M}} = R_{\mathrm{n}} + H + \mathrm{LE} + Q_{\mathrm{G}} + Q_{\mathrm{P}} \tag{10-1}$$

式中，Q_{M} 为冰雪耗热，当冰川表面温度达到 0℃时，冰川开始消融；R_{n} 为冰川表面净辐射；H 和 LE 分别为冰川表面与大气间的感热和潜热通量；Q_{G} 为冰川表面以下传输的热量；Q_{P} 为降水释放的热量。与其他能量各分量相比，由于 Q_{G} 和 Q_{P} 数值较小，一般可忽略不计。

能量平衡模型基于物理过程，因此在理论上具备更高的模拟精度，但在实际应用中存在诸多不确定性。比如，因冰川的净辐射通量观测数据很少，其各分量需通过参数化确定，但由于山区坡度、方位等因素影响，冰面辐射通量具有较强的时空不均匀性（散射辐射在很大程度上受大气状况条件影响，同时后向散射辐射对冰雪反射率也有较大的依赖），从而产生较大的误差。而且在很多情况下，在计算单点辐射平衡过程中，我们无法区分直接辐射和散射辐射之间的比重关系，需应用经验公式来估算总辐射量。比如，在计算格陵兰 ETH 营地的总辐射时，需首先根据气温、水汽压、反照率、云量和海拔对总辐射进行参数化。虽然根据数字高程模型，我们可以在大尺度上建立分布式辐射模型，但此类模型较为复杂，且需估算不同大气衰减参数和不同海拔处水汽分布（通常不可知）。

同时，作为模拟消融过程的一个关键参数，冰雪反照率对消融模型的影响很大。一方面，夏季降雪可显著增加反照率，使得消融和径流量显著减小；另一方面，反照率的小范围空间变化可导致大范围内冰川消融的变化。而且，反照率本身也受天气影响。比如，在阴天，云会优先吸收近红外辐射，导致可见光比重增大，从而使得反照率增加。然而，对反照率的模拟比较困难。普遍认为雪的反照率与其晶体大小有关。一般雪的反照率会随其降落后时间推移而减小，可根据雪深、雪密度、太阳高度和气温等参数模拟。不同于雪，关于冰的反照率研究较少。通常冰的反照率被当作是一个时空均匀的常数。

对长波辐射的模拟也很重要。长波辐射主要受大气水汽、二氧化碳和臭氧的影响，可由气温和水汽压等相关经验公式模拟。虽然周边地形对长波辐射也有显著影响，但在目前很多分布式能量模型中其通常被忽略。

从 20 世纪末开始，基于 Monin-Obukhov 理论，整体空气动力学法被广泛应用在冰川表面湍流通量计算中。只需要一层气温、风速和湿度就可以计算冰川表面的感热和潜热通量。

2）温度指数型模型

温度指数型模型是一描述冰面消融和气温关系的经验公式。相较于能量平衡模型，温度指数型模型所需参数少，便于空间插值，因此应用广泛。同时，因气温和能量平衡中各分量具有较高的相关性，温度指数型模型往往比较可靠。在流域尺度上，温度指数型模型可以输出与能量平衡模型相近的结果。度日模型是最常见的温度指数模型。它将冰面消融量（M）和正积温（T）相联系。

$$M = \mathrm{DDF} \times T \tag{10-2}$$

式中，DDF 是度日因子；T 是时间段（可以是小时、天或月，但通常还是以天为时间单位）。研究表明冰面气温和消融量之间具有高度相关性，如格陵兰冰盖若干地区的消融量与年气温的正积温相关系数达 0.96；天山科契卡尔冰川夏季消融与正积温相关系数达 0.7。同时，度日因子具有明显的时空分布不均匀性。一般而言，冰和雪的度日因子变化范围分别为 6.6~20.0 mm/（d•K）和 2.5~11.6 mm/（d•K）。因雪的反照率比冰的大，消融强度更小，其度日因子一般也相应地更小。与能量平衡模型类似，度日模型同样以实地观测为支撑。度日因子数值需通过实地观测获取。

能量平衡模型中各分量比例不同，会在度日因子中体现。总体而言，较高的感热通量比例会导致较小的度日因子。比如，由于高气温和风速，格陵兰冰盖低海拔处感热通量比例较高，度日因子值也较低。由于存在较大的涡动通量，海洋性冰川更有可能比大陆性冰川具备更小的度日因子值。在高海拔和高辐射地区，冰的升华作用更大，同样也可导致更小的度日因子值。目前普遍认为度日因子会随着海拔升高、直接太阳辐射增强以及反照率降低而增加。度日因子还有可能依赖于气温。低气温可引起较高的度日因子值。度日因子在空间上呈现出较大的变化特征，也显示出一定的季节变化。

为考虑能量平衡中不同分量的影响，我们也可将风速、水汽压和辐射分量加入到温度指数型模型当中，如加入总辐射和水汽压分量，可提高融水径流模拟的精度；加入净辐射、水汽压和风速可改进日融雪的估算水平。

在实际情形中，地形因素对冰面消融影响很大。然而，常用的度日因子模型并不包括诸如坡度、方位等地形条件，使得模型会产生较大的误差。由于冰川消融速率依赖于冰川海拔（气温）变化，我们可在度日模型中加入辐射因子（辐射因子本身受山体强烈影响），从而模拟在山区高度的空间不均匀性。

冰川表碛覆盖层也对度日因子有很大影响。为研究表碛覆盖下冰的消融特征，我们可构建一个简单的能量传输模型来模拟表碛层对消融速率的影响。但类似模型研究通常局限于一定空间范围内，尚需分析其在大尺度范围内的时空统计变化特征。

2. 冰盖动力学模式

冰盖动力学模式自 20 世纪 50 年代开始起步。总体而言，经历了一个从简单到复杂的发展过程。在研究之初，人们仅对最简单的情形，即板状（slab）冰川的层流速度分布进行研究。对冰内温度场的研究也比较简单，基本上是一维情形，且仅涉及冰盖。随着计算技术的进步，自 20 世纪 70 年代，冰流模拟快速发展。人们开始模拟冰川系统的动力特征以及其达到稳定状态下的动力响应过程。在 1976 年出现了第一个基于浅冰近似假设的三维冰流模型。与此同时，人们开始尝试将冰流模型和冰温模型进行耦合，在 1977 年出现了第一个格陵兰冰盖的热动力耦合模型。几年以后，为模拟冰架的流动，浅层冰架近似（shallow shelf approximation）模型开始出现，此模型目前仍广泛使用。与此同时，人们开始将冰盖模型的研究成果应用至冰川上，如基于浅冰近似的流线型模型，结合冰川末端的历史进退变化资料，模拟了挪威的 Nigardsbreen 冰川的变化特征。

浅冰近似模型具有诸多局限性，如其不考虑纵向应力梯度（longitudinal stress gradient）导致在地形起伏剧烈处模拟能力欠佳。因此，人们在浅冰近似模型的基础上前进一步，在垂直方向上忽略了垂直剪应力的水平变化，加入了纵向应力梯度分量，发展了具有一阶/高阶近似精度的三维冰流模型。一阶/高阶近似模型在相当程度上提升了冰流模型的模拟水平。相对于浅冰近似模型，一阶/高阶近似模型更加胜任细致的问题。例如，其可以模拟冰川的流速场和应力场并与实地的冰裂隙位置进行对比。当然，也可以通过适当的参数化方案提升浅冰近似模型的模拟能力，如可在二维浅冰近似模型中引入适当的因子来参数化纵向应力梯度。

冰本质上属于 Stokes 流体，可以由三维 Stokes 流动模型描述。冰盖流动由三维非线性 Stokes 控制方程和不可压缩条件共同描述（Leng et al.，2012）：

$$\begin{aligned}\nabla\times\sigma+\rho g&=0\\ \nabla\times u&=0\end{aligned} \tag{10-3}$$

式中，σ 为应力张量；ρ 为冰的密度（一般取为固定值，约 910 kg/m^3）；g 是重力加速度矢量（[0, 0, g], 其中 $g = 9.8$ m/s^2）；u 为三维速度场矢量。其三维有限元变分形式为

$$\int_\Omega \boldsymbol{\tau}:\nabla\Phi\mathrm{d}x-\int_\Omega p\nabla\Phi\mathrm{d}x-\int_\Omega n\sigma\Phi\mathrm{d}s=\rho\int_\Omega g\Phi\mathrm{d}x \tag{10-4}$$

式中，Ω 代表三维模拟区域；τ 是应力偏量张量；φ 是测试函数；p 是冰的压力；n 是边界面的外法向矢量。

无论浅冰近似模型还是一阶/高阶近似模型，都是在不同程度上对 Stokes 模型的近

似。因此，随着计算能力的不断提升，人们开始尝试直接用 Stokes 模型进行模拟。第一个 Stokes 模型可以追溯到 20 世纪 90 年代。但直到 21 世纪初，Stokes 模型的应用才逐渐开始广泛。虽然构建难度大，但 Stokes 模型具有强大的模拟能力，如可以模拟存在空穴时的基于库仑摩擦定律的冰川底部滑动特征，也可以用来研究冰川流动对底部热通量的敏感性，等等。目前 Stokes 模型已经应用至极地冰盖的具体研究中，这也是未来冰盖模拟的主流方向。

3. 冻土模式

自冻土学形成以来，用以研究冻土状态和变化、分布及其时空变化的冻土模型大量涌现，它们大都是基于热传输原理来模拟土壤中的热状态，主要包括概念的、经验的和基于过程的模型。近年来，随着多年冻土对气候变化作用认识逐渐深入，多年冻土与气候关系相关模型得到了越来越多的重视并取得了较快发展，多数模型已被广泛用于预估不同尺度气候状况变化情景下多年冻土热状况的空间变化。需要说明的是，有些冻土模式的发展面向冻土工程应用，因而不一定与地球系统模式相耦合。

1）热流理论

瞬时状态的热流方程几乎是所有的地热模型的基本原则。

$$C\frac{\partial T}{\partial t}=\lambda\frac{\partial^2 T}{\partial z^2} \tag{10-5}$$

在它的基础上可以给出两个精确的解析模拟。一个是谐波解，可以描述为温度波在土壤中传播的衰减方程：

$$T_{z,t}=\bar{T}+A_S\times e^{-z\sqrt{\pi/\alpha P}}\times\sin(\frac{2\pi t}{P}-z\sqrt{\pi/\alpha P}) \tag{10-6}$$

另一个是阶跃变化解：

$$\Delta T_{z,t}=\Delta T_S\times \operatorname{erfc}\left(\frac{z}{2\sqrt{\alpha t}}\right) \tag{10-7}$$

式中，C 是容积热容量；T 是温度；λ 是导热系数；z 是深度；t 是时间；α 是热扩散率；P 是周期；A_S 是地面温度的年振幅。

而在多年冻土模型中土壤的冻结和融化过程极其重要，精确解模型在应用中具有局限性。同时在实际状况下地表温度的季节性变化受到积雪、植被、土壤质地等因素的影响超出了精确解模型的能力。因而，只能通过制定简化假设或通过数值手段来解决复杂问题。对于存在冻融过程的土壤，通常把潜热释放和吸收的影响归到土壤热容量中能得到非常好的效果。

2）活动层模型

模拟冻土活动层水热与冻融过程的模型较多，目前常用的有以下几个模型：

Stefan 模型：是多年冻土模型中应用较广的数值方法，主要用于计算冻融锋面。它

基于两个重要假设：土质均匀且土的冻结或融化温度为 0℃，将求解简化为有内热源的一维热传导问题，其积分形式为

$$X = \sqrt{\frac{2\lambda I}{L}} \tag{10-8}$$

式中，L 是融化潜热；I 是冻结或融化指数（I_F 或 I_T）。

冻结数模型：将大气和地面冻结指数关联为季节冻结深度和融化深度比值，据此定义地面冻结指数与融化指数的比值——冻结数，它是一个周期（通常为 1 年）连续低于/高于 0℃气温的持续时间与其数值乘积总和。Anisimov 和 Nelson（1997）将空气冻结数修正为地面冻结数，给出用于计算目的冻结数定义：$F = \sqrt{\mathrm{DDF}} / (\sqrt{\mathrm{DDT}} + \sqrt{\mathrm{DDF}})$，式中 DDF 和 DDT 分别为冻结和融化度日因子（℃ • day），并确定按 0.50、0.60、0.67 划分岛状、零星、不连续及连续冻土。

Kudryavtsev 模型：给出一种活动层底板温度的计算方案，并经不断修正，因充分考虑植被和积雪对多年冻土和活动层的影响，近年来被广泛应用于环北极和北半球其他区域多年冻土模拟，普遍认为其具有良好的适用性。

TTOP 模型：是基于热补偿影响温度位移机制的用于计算活动层底板温度的模型：

$$T_{\mathrm{ps}} = \frac{\lambda_{\mathrm{T}} I_{\mathrm{TS}} - \lambda_{\mathrm{F}} I_{\mathrm{FS}}}{\lambda_{\mathrm{F}} P} \tag{10-9}$$

式中，I_{TS} 和 I_{FS} 分别是地表冻结指数和融化指数。也可利用气温冻结指数计算：

$$T_{\mathrm{TOP}} = \frac{n_{\mathrm{T}} \lambda_{\mathrm{T}} I_{\mathrm{TA}} - n_{\mathrm{F}} \lambda_{\mathrm{F}} I_{\mathrm{FA}}}{\lambda_{\mathrm{F}} P}, T_{\mathrm{TOP}} < 0 \tag{10-10}$$

$$T_{\mathrm{TOP}} = \frac{n_{\mathrm{T}} \lambda_{\mathrm{T}} I_{\mathrm{TA}} - n_{\mathrm{F}} \lambda_{\mathrm{F}} I_{\mathrm{FA}}}{\lambda_{\mathrm{T}} P}, T_{\mathrm{TOP}} > 0 \tag{10-11}$$

3）统计经验模型

统计经验模型通常把多年冻土与地形气候指数（如海拔、坡度和坡向、平均气温或者辐射强度等）联系起来，这类指标通常较易获得，所以这种类型的模型在山地多年冻土区的研究中有着广泛的应用。例如，年平均气温（MAAT）、年平均地温（MAGT）、雪底温度（BTS）等指标结合数字高程模型（DEMs）被广泛用于北半球大范围多年冻土制图及区划等方面。可将气温与坡度、坡向建立相关关系并折算成等效纬度形式，计算直射地面的太阳辐射量，据此建立等效纬度模型，常与其他技术如地表覆被、遥感影像等相结合，用于高纬多年冻土的分布模拟。PERMAMAP 和 PERMAKART 模型采用了一个经验的地形指标基于 GIS 框架来估计和获取地形复杂的山地多年冻土空间分布。

4）数值模型

地学的热物理模型都是通过有限差分或有限元的方法求解一维热传导方程来模拟垂直方向上土壤温度剖面。相较于精确解模型，数值模型有着更好的灵活性，能够较好地解决时间和空间上的异质性问题，但会较为依赖于土壤的物质组成和初始状态资料。冻土数值模

型的上边界条件可以有不同的形式，如温度可以是直接的地表温度或者是冻结数，而地表能量平衡模型通常利用辐射平衡及用空气动力学理论分割得到的感热和潜热通量。

由于冻土物理过程的复杂性和特殊性，早期的 GCM 没有涉及冻融过程。近年来，陆面过程模式中冻土参数化方案取得了许多进展，如基于土壤基质势和温度的最大可能的未冻水含量方案已经获得广泛认可和应用。另外一方面，目前的陆面过程模型中土壤分层依然较少且模拟深度多数小于 10 m，对于地下状况考虑粗糙很难准确反映多年冻土的过程。用于区域或大陆范围的多年冻土分布模型通常会以 GCM 或 RCM 的输出数据作为输入或驱动数据，以模拟多年冻土在未来气候情景下的变化情况。

4. 积雪模式

按照积雪模式的复杂程度和发展历程可大致分为 3 类：第一类是利用相对简单的强迫-恢复（force-restore）法，模拟积雪-土壤复合层的温度变化，或者利用单层积雪模型把积雪和土壤的热力学性质与热通量分别计算。早期的基于能量平衡的积雪消融模型属于这一类，比较简单。第二类是基于物理基础的复杂精细模型，详细刻画积雪内部的质量及能量平衡以及雪面与大气的相互作用，如 SNICAR 和 SNOWPACK 等。在这类模型中，积雪内部的三相变化作用，积雪内部液态水的运动，积雪的压实及雪粒的尺度成长等均进行了十分精细的描述。由于此类模型的计算量极大，并不适合大尺度水文和气候研究。值得一提的是，Anderson（1976）及 Jordan（1991）基于此类模型提出的积雪物理过程参数化方案为发展适合于与 GCM 进行耦合的积雪模型建立了良好的基础。第三类是基于物理过程的中等复杂模型。此类模型发展了相对简化的物理参数化方案，既能够描述复杂精细模型中最重要的物理过程，又可以利用较少的分层来求解积雪内部过程和各物理量的变化。自 20 世纪 90 年代以来，此类中度复杂的多层积雪模型（通常 2~5 层）逐渐发展起来。例如，由 Loth 和 Graf（1993）提出的用于气候研究的一维积雪模式，既基于质量及能量平衡包括了较详细的三相变化及运动的详细描述以及其他一些复杂的物理过程，而且分层也多于 3 层，但是该模型建立的简化而有效的液态水方案能够很好地处理融水的运动（出流、入渗及径流）。同时，此类多层积雪模型的计算量可接受，因而在当前的水文和气候模型中被广泛采用，如 community land model（CLM）和 WEB-DHM-S 等。下面分别对适合于气候研究的第一和第三类积雪模型进行介绍。

1）积雪能量平衡模型

积雪下垫面的高反照率特征明显削弱地表净辐射，冷却大气，从而影响大气环流。同时，融雪会改变寒区流域的径流过程。因此，积雪消融是冰冻圈-水圈-大气圈相互作用的纽带之一，积雪能量平衡模型着重对此过程进行描述。

积雪消融是典型的表面能量平衡过程，可表示如下：

$$M = (R_n + H + \lambda E + S - G) / L \tag{10-12}$$

式中，M 是消融量（mm/d）；R_n 是净辐射（MJ/d）；H 是雪面感热通量（向下为正）（MJ/d）；λE 是凝结或凝华潜热通量（MJ/d）；S 是降水在雪面上释放的能量（MJ/d）；G 是积雪内部热流量（向下为正）（MJ/d）；L 是冰的融化比热（MJ/kg）。

净辐射占消融能量的主要部分，湍流传热次之。以能量平衡为基础的积雪消融模型具有普适性，但一些理论和技术问题仍待解决。此外，基于气象要素的积雪消融统计模型输入简单，目前仍在水文模型中使用，但需要局地校正，在气候模型中难以使用，下文不再提及。

2）基于物理过程的中等复杂积雪模型

简化的积雪-大气-土壤间输运模型（SAST）属于中等复杂积雪模型，分别刻画了比焓、雪水当量和积雪深度 3 个变量。该模型使用包含了水汽扩散过程的简化方程的有效热传导系数来表征水汽组分对于热输送的贡献，但忽略了对积雪质量平衡的作用，用比焓代替温度建立能量平衡方程，简化了相变计算的复杂性，积雪分层的厚度可变，可采用单步试探法的计算方案（孙菽芬，2005）。

在该模型中，采用比焓（H）代替温度（T）作为预报变量，并定义融点温度下的液态水比焓为 0 来建立能量方程，控制方程为

$$\frac{\partial H}{\partial t}=\frac{\partial}{\partial z}\left\{K\frac{\partial T}{\partial z}-R_{\mathrm{S}}(z)\right\} \tag{10-13}$$

式中，K 为有效热传导系数[W/（m•K）]，包括考虑蒸汽相变及扩散产生的热效应。由于雪对于太阳辐射是透明的，积雪内部太阳辐射通量 R_{S}（W/m^2）遵循 Beer 定律：

$$R_{\mathrm{S}}(z)=R_{\mathrm{S}}(0)\times(1-\alpha)\times\exp(-\lambda z) \tag{10-14}$$

式中，α 是雪面反照率；$\lambda(1/m)$ 为消光系数。

比焓与温度之间的关系为

$$H=C_{\mathrm{v}}(T-273.16)-f_{\mathrm{i}}\times L_{\mathrm{ii}}\times W\times\rho_{\mathrm{l}} \tag{10-15}$$

式中，L_{ii} 为冰融化成水的相变热（J/kg）；ρ_{l} 为水的固有比重（1000 kg/m^3）；W 为体积雪水当量；f_{i} 为总雪质量中干冰的质量比数，其变化在 0（融化水态）~1（干雪态）；C_{v} 为平均体积热容[J/（m^3•K）]，原则上可由各相质量比及其相应比热计算而得。这样，积雪中温度总为融点温度的液态水输运并不引起能量流动，使方程简洁、程序编制简化，节省计算时间。

该模型的质量平衡方程控制总的雪水当量变化，等于液态水及气态水质量之和。雪层的水当量变化仅由降雪、降雨、雪内部融化液态水流进流出、径流及雪表面蒸发所引起。整个积雪分层不超过 3 层(实际分层多少取决于积雪总厚度)。定义第 j 层厚度为 D_{zj}，该层中雪水当量为 W_j，则表层（$j=1$）雪水当量变化方程为

$$\frac{\partial(w_1 D_{z1})}{\partial t}=p_{\mathrm{snow}}+\mathrm{IF}_0-\mathrm{IF}_1-\mathrm{RF}_1-E_0 \tag{10-16}$$

而表层之下各层（$j=2,3,\cdots$）的方程则为

$$\frac{\partial(w_j D_{zj})}{\partial t}=\mathrm{IF}_{j-1}-\mathrm{IF}_j-\mathrm{RF}_j \tag{10-17}$$

式中，E_0 为积雪表层的蒸发量（m/s）；RF_j 为从每一层下界面处流出径流量速率；IF_j 为液态水在每一层上界面实际入渗速率（m/s）；p_{snow} 为干降雪降到表面堆积在表层的速率；IF_0 则为降雨产生下渗到表层的速率。

积雪的毛细作用由引入的持水能力表征。积雪压实及雪密度变化、雪粒直径、雪面反照率与雪龄的关系等物理过程均在该模型中进行了考虑。

5. 海冰模式

海冰是气候系统的重要组成部分，主要通过反照率正反馈效应、盐析作用和对海洋深对流的调制作用，对极地、中高纬度以及全球的环流与能量收支产生影响。其中，其辐射效应和正反馈作用为主要关注的特征，而海冰盐度、动力学模型建模在 20 世纪 80 年代及之前均有一系列的理论工作。但由于其计算复杂、并未能在地球系统模式层面进行耦合。从 20 世纪 90 年代起，随着拥有大气、海洋、陆地三圈层的耦合模式形成，海冰也逐渐作为一个单独的要素或作为海洋模式的一个子模块出现在耦合模式中。海冰模式的发展经历了几个阶段：热力学海冰模式阶段、动力学海冰模式阶段、动力和热力海冰模式阶段。最初的海冰模式仅有成冰与融冰的简单热力学过程，而并未考虑水平平流、流变学等动力因素。这种简单模型也常见于单独海洋模式的调试中。随着计算能力的增强、流变学及相关数值算法的发展，现代气候系统模式中的海冰模式均含有热力与动力过程，其中热力过程主要包括：温度（或焓）模拟、盐度模拟、积雪与融池过程、短波反照率方案、短波穿透、 边界层热量通量交换等部分。动力过程则主要包括：海冰流体变形学（rheology）、边界层动量交换、海冰成脊（ridging and rafting）、平流等过程。

海冰模式中的主要预报变量为海冰的厚度分布（ice thickness distribution，ITD）、热容量（焓，enthalpy）、速度、积雪厚度与热容等，此外由于设置不同，比较复杂的模式还预报盐度、积雪分布、融池分布等。对厚度分布的模拟这些预报变量或过程之间的相互关系如图 10.2 所示。图 10.2 中灰色部分是当前模式中尚未完整刻画的部分，如积雪在冰面的重分布，融池厚度分布，盐度的动态发展等。目前在耦合气候系统模式中，如CMIP5（coupled model inter-comparison project，phase 5）主流分辨率为 0.5°~1°，其水平网格往往与相耦合的海洋模式相同、往往采用转置网格或三极点网格以回避北极奇点，并且均具备上述的动力与热力学过程。对于预报模式或极区区域模式而言，水平分辨率可达到 0.1°甚至更高。垂直方向上，一般通过将海冰厚度离散化为几个厚度范围（传统意义下的 bin 方案），同时在各厚度范围内分别发展厚度分布，依照热力和动力过程使其相互转化。气候系统模式中一般选择 5 类或更多的厚度类型。

海冰厚度分布 g 的预报方程主要可由式（10-18）概括：

$$\frac{\partial g}{\partial t}=-\nabla\bullet(gu)-\frac{\partial}{\partial h}(fg)+\Psi \tag{10-18}$$

其中，海冰厚度的变化由平流过程、热力学过程和动力学成脊过程所决定，集中体现在图 10.2 中厚度分布的相关过程中。其中与厚度以及各状态量相关的热力学过程主要包括：边界层热量交换、反照率、短波穿透、盐度方案，温度扩散方案，侧向融化/生长方案。

其中海气边界的热量交换是成冰的物理基础，其也会影响海冰的垂直生长和消融。反照率方案是影响辐射平衡的主要因素，将决定短波辐射量进入和返回大气的比例。海冰表面辐射平衡主要可由式（10-19）描述：

$$F_0 = F_s + F_l + F_{L\downarrow} + F_{L\uparrow} + (1-\alpha)(1-i_0)F_{sw} \tag{10-19}$$

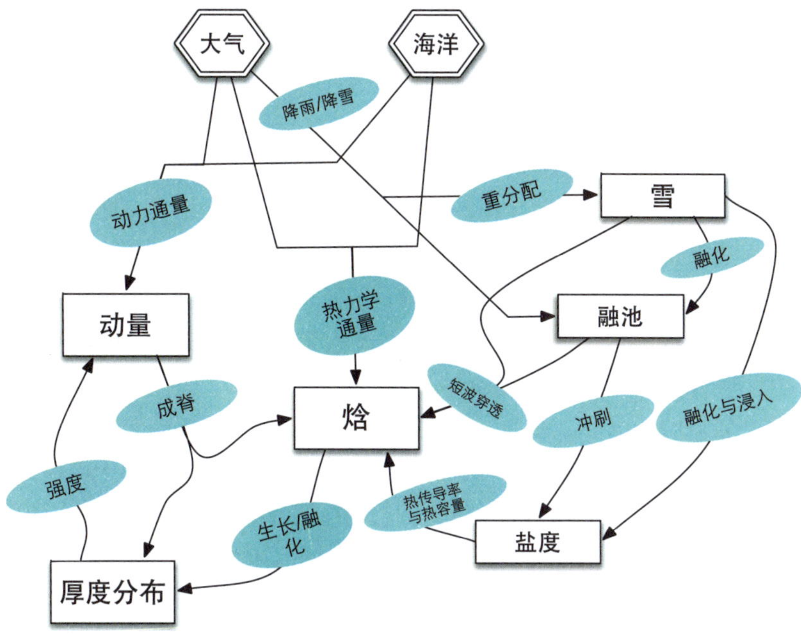

图 10.2　海冰模式主要预报变量及其相互关系

Figure 10.2　Main prediction variables in sea ice model and their relationships

从大气进入海冰内部的能量及辐射通量 F_0 主要由感热 F_s、潜热 F_l、向下 $F_{L\downarrow}$ 和向上 $F_{L\uparrow}$ 的长波辐射平衡，以及由反照率 α 和穿透率 i_0 主导的短波辐射平衡 F_{sw} 过程决定。现阶段主流的反照率方案（如 CCSM3）均包含积雪、融池、裸露冰面对反照率的影响。短波穿透方案主要决定短波在冰内部的热量分配，常见的短波穿透方案包括基于 Beer's Law 的简单指数递减方案，或基于 delta-eddington 的复杂散射模型。盐度方案则主要模拟海冰中盐分的析出过程，盐度及其发展受温度的影响较大，同时也会影响热传导率、多孔性（porosity）等。简单的垂直盐度廓线方案忽略盐度随时间变化的变化特性，现正为更复杂的时间发展方案所代替。侧向融化/生长方案主要模拟在给定的厚度分布和密集度，以及浮冰尺寸分布的情况下，侧向（在冰间和冰缘区域）的融化/生长过程，这个方案现阶段主要受制于对浮冰尺寸观测有限等现实，如目前应用于模式的观测往往来自于北极区域，对于南大洋并不一定适用，因而也是未来改进的方面之一。

近几年来，热力过程相关参数化研究主要的发展趋势表现在：①如何更真实地描述积雪及其对辐射的影响（包括风如何重分配积雪、干雪湿雪的反照率特征等）；②融池及其厚度的精确刻画，使其正确反映对辐射的正反馈作用；③动态盐度方案，影响析盐过程以及海洋边界层，影响内部热传导率和消光性质；④浮冰大小分布，影响侧向生长与消融，进一步可通过影响冰间水道内的热量收支以调制海气相互作用；⑤更准确的边界层过程，主要包括动量和热量输入及其与海冰表面特征的关系。这些也是国际主流的海冰模式，如 CICE（Los Alamos sea ice model），LIM（Louvain-la-Neuve sea ice model）等是在现阶段集中精力重点发展的主要方面。

海冰的动力学过程主要刻画海冰在碰撞和挤压过程中的动力特性，以及在不同应力作用下如何产生厚冰（成脊过程）。海冰的动量方程可由式（10-20）概括：

$$m\frac{\partial u}{\partial t}=\nabla\cdot\sigma+\vec{\tau}_{\mathrm{a}}+\vec{\tau}_{\mathrm{w}}-\hat{k}\times \mathrm{mfu}-mg\nabla H \tag{10-20}$$

其中对速度u的改变主要由公式右端的各项所描述：流变学过程$\nabla\cdot\sigma$、大气$\vec{\tau}_{\mathrm{a}}$及海洋$\vec{\tau}_{\mathrm{w}}$对海冰拖曳、科氏力$\hat{k}\times \mathrm{mfu}$，以及海表梯度项$mg\nabla H$。其主要驱动力来自于大气及海洋的拖曳作用，而海冰与其他流体（如大气和海洋）不同的方面主要体现在流体变形学模型中，即如何描述海冰的非牛顿流体特性。海冰成脊过程由于非线性较强、直接计算量很大，一般是基于海冰脊的厚度观测设计参数化方案来处理，因而具有较大的不确定性。经过 SIMIP 计划评估，VP（viscous plastic，即黏滞-塑性）模型是当前流变学模型中最合理的。当前的气候系统模式中，应用最为广泛的是 EVP（elastic viscous-plastic）方案，它是 VP 模型的一个变种：在密集度较低的情况下，海冰为一种黏性流体；在密集度较高的情况下体现塑性；由于塑性所造成的问题刚性很强、显式求解需要极小的时间步长，因此 EVP 模型为传统 VP 模型引入虚假的发展项以缓解时间步长较小的问题，这一项体现为弹性波（EVP 中 elastic 部分）。EVP 由于实现简单、效率比较高，因而广泛流行，CMIP5 模式中九成以上均采用了此方案。但 EVP 方案其收敛性和正确性取决于虚假的弹性波发展项是否能有效收敛，这要求发展方程的时间步长足够小，其在高分辨率情况下所引入的较高的计算量不可忽视。与基于流变学模型的动量方程不同，海冰动力成脊过程则主要通过参数化的方式处理，即基于对海冰冰脊的统计观测（如脊厚度分布）、通过调整预报变量海冰厚度分布（ITD）以反映海冰挤压和剪切过程中生成的冰脊。目前在海冰动力学方面也存在一系列科学前沿，如高分辨率海冰模式中的流变学及其求解方案，如何设计更为合理的海冰成脊方案，等等。在高分辨率下（10 km 或更高），海冰动力模型中诸如海冰为连续介质等假设将受到挑战，某些重要动力学特征如冰间水道的刻画、流变学的各向异性等将突显，这是当前高分辨率海冰模式，尤其是预报业务模式亟须解决的科学与建模问题。

6. 河湖冰模式

淡水冰主要包括湖冰、河冰和水库冰。只有较大面积的淡水冰生消会对整个地球系统，或者气候有反馈，其他影响较小。湖冰、河冰的生消过程主要受热力学支配，其模式涉及气象条件和湖泊、河流自身形态参数。作为地球系统的一部分，河湖冰模式的核心是对接大气的雪/冰表面热平衡模式，雪/冰内部热传导模式和冰底面水体热通量模式。

1）雪/冰表面热平衡方程

雪/冰表面热平衡方程：

$$(1-\alpha)Q_{\mathrm{s}}-I_0+Q_{\mathrm{d}}-Q_{\mathrm{b}}(T_{\mathrm{sfc}})+Q_{\mathrm{h}}(T_{\mathrm{sfc}})+Q_{\mathrm{le}}(T_{\mathrm{sfc}})+F_{\mathrm{c}}(T_{\mathrm{sfc}})-F_{\mathrm{m}}=0 \tag{10-21}$$

其中雪/冰表面，在冰上有积雪存在时为雪表面，无积雪时为冰表面；α 为表面反照率；Q_s 为入射短波辐射；I_0 为穿过表层渗透进雪/冰下层的短波辐射；$(1-\alpha)Q_s - I_0$ 为用于表面热平衡部分的短波辐射，其值取决于表层厚度；Q_d 和 Q_b 分别为入射长波辐射和反射长波辐射；Q_h 和 Q_{le} 分别为感热通量和潜热通量；F_c 为表面下传递到表面的热通量；F_m 为用于表面融化的热通量。所有通量指向雪/冰表面方向为正方向。式中，Q_b、Q_h、Q_{le} 和 F_c 是关于雪/冰表面温度（T_{sfc}）的函数。计算表面热通量和表面温度需要的气象强迫项为风速、气温、相对湿度、云量和降雪。

2）雪/冰热力学模式

1891 年，Stefan 最先给出了计算冰厚度的解析模式，即斯蒂芬公式：

$$\frac{dh_i}{dt} = -\frac{k_i}{h_i \rho_i L_i}(T_{sfc} - T_f) \tag{10-22}$$

式中，h_i 为冰厚；t 为时间；k_i，ρ_i 和 L_i 为冰热传导系数、冰密度和冰融解潜热；T_{sfc} 为冰表面温度；T_f 为冰底温度，即冰点（结冰温度）。

设 t_f 为计算终端时刻，将 Stefan 公式两边对时间 $t \in I = [0, t_f]$ 积分得

$$\frac{1}{2}h_i^2 = \frac{k_i}{\rho_i L_i}\int_I (T_f - T_{sfc})\,\mathrm{d}t \tag{10-23}$$

令：

$$\mathrm{FDD} = \int_I (T_f - T_{sfc})\,\mathrm{d}t \tag{10-24}$$

当积分时间步长 $\mathrm{d}t = 1$ 天时，FDD 为累积冰冻度日。此时，冰厚 h_i 计算公式为

$$h_i = \sqrt{h_0^2 + a^2\mathrm{FDD}} \tag{10-25}$$

$$a = \sqrt{2k_i/\rho_i L_i} \tag{10-26}$$

式中，h_0 为初始计算冰厚。

由于观测困难和受到现场观测条件约束，通常用气温替代冰表面温度。这种简单的替代通常会令冰厚计算值因气温和冰表面温度之间的差异产生偏差。为了减小计算冰厚的偏差，Zubov 在 1945 年总结北极海冰的现场观测数据，提出了修正的 Stefan 公式：

$$h_i = \sqrt{(h_0 + 25)^2 + a^2\mathrm{FDD}} - 25 \tag{10-27}$$

1993 年 Leppäranta 根据气-冰间的热传导通量，结合气-冰间的热传导方程，提出了修正 Stefan 公式：

$$k_a(T_a - T_{sfc}) = k_i\frac{(T_{sfc} - T_f)}{h_i} \tag{10-28}$$

$$h_i = \sqrt{h_0^2 + a^2\mathrm{FDD} + (k_i/k_a)^2} - (k_i/k_a) \tag{10-29}$$

式中，k_a 表示大气边界层热交换系数。

20 世纪 80 年代起，湖冰半经验解析模式被广泛应用。其原理 Stefan 公式，气温是

影响雪冰热力学过程的关键参数，通过累积冰冻度日计算冰厚。

而实际雪/冰的热力学过程是气-冰-水三者相对复杂的热力学过程。因此，在最初的解析模式基础上，发展出了数值模式。由于湖冰和海冰热力学生消过程具有相似性，很多湖冰热力学数值模式均是在海冰热力学数值模式基础上发展而来的。

3）雪/冰底面热平衡方程

湖冰冰底热通量是冰数值预报的重要内容之一。它因观测的难度以及冰底影响因素的不确定性，观测数据较少。雪/冰数值模式中对其的处理通常有两种方式：①假定为常值；②经验公式计算得到。其中被广泛使用的经验计算公式包括：涡动法、体积块法和剩余能量法。然而这些经验公式主要依赖于温度（冰底温度，水温等）的观测数据，并根据不同区域给定经验参数的取值，往往由于观测温度的缺乏和参数的不确定性，导致计算热通量难以进行。

剩余能量法，其基本原理认为冰竖直方向上的温度梯度变化远远大于水平方向，仅考虑竖直方向上的热通量。冰底薄层能量平衡方程如下：

$$\begin{aligned}-\rho_{\mathrm{i}}L_{\mathrm{f}}\frac{\partial(h_{\mathrm{a}}+h_{\mathrm{b}})(z,t)}{\partial t}&=-k_{\mathrm{i}}\frac{\partial T[(h_{\mathrm{a}}+h_{\mathrm{b}})(z,t),t]}{\partial z}-\frac{\partial q[(h_{\mathrm{a}}+h_{\mathrm{b}})(z,t),t]}{\partial z}\\&+F_{\mathrm{w}}(z,t)\quad(z,t)\in Q\end{aligned}\tag{10-30}$$

式中，$-\rho_{\mathrm{i}}L_{\mathrm{f}}\,\partial(h_{\mathrm{a}}+h_{\mathrm{b}})(z,t)/\partial t$ 为等价的融解潜热通量，即冰底生长或融化的相变过程中所释放或吸收的热量；$k_{\mathrm{i}}\,\partial T[(h_{\mathrm{a}}+h_{\mathrm{b}})(z,t),t]/\partial z$ 为冰底热传导通量；$\partial q[(h_{\mathrm{a}}+h_{\mathrm{b}})(z,t),t]/\partial z$ 该项为太阳辐射渗透量通量；ρ_{i}、L_{f} 和 k_i 分别为冰的密度、融解潜热和热传导系数；$F_{\mathrm{w}}(z,t)$ 为海洋热通量。由于考察的冰底薄层厚度很小，因此可将冰底边界上的海洋热通量在冰底薄层能量平衡方程中以热源项形式给出。

对于厚冰（h>50 cm），则冰底薄层热力系统的能量平衡方程中不需考虑太阳辐射渗透量的影响，即太阳辐射渗透量不能传递到冰底薄层。

河冰因为水流提供热量，因此在冰底热通量上需要考虑同湖冰的差异。其他基本相同。

10.2 冰冻圈过程的模拟

10.2.1 冰川物质平衡模拟

目前，能量平衡模型已较广泛地用于单条冰川的物质平衡研究当中，并取得一系列成果。例如，人们发现乞力马扎罗山 Kersten 冰川的净短波辐射主要由冰面反照率决定；祁连山“七一”冰川物质平衡高度结构主要受反照率高度结构的影响，且其分布式能量-物质平衡模型对气温垂直递减率、降水梯度、降水固/液态划分指标等参数较敏感；在南亚季风时节，西藏帕龙四号冰川的云量和冰面反照率对冰面能量平衡具有很大影响，且南亚季风很可能会加速消融区冰面的消融。

利用能量平衡模型对冰川消融的模拟研究正逐渐向冰川分布式能量平衡模型研究过渡。除了应用观测数据，还可将遥感反演数据同化到冰川消融模型中。这对那些因无法接近而缺乏详细地面观测资料的冰川流域具有重大的现实意义。随着技术和观测手段的提高，将单点模型推广到整个冰川流域的分布式模型是今后冰川水文发展的重要方向。

10.2.2　冰盖物质平衡模拟

1. 格陵兰冰盖

受气候再分析数据所限，格陵兰地区的物质平衡研究集中在大约 1958 年以后。在此之前的物质平衡资料需要通过重建获取。例如，我们可以应用 20 世纪再分析资料和欧洲中尺度天气预报中心气象再分析资料重建了格陵兰冰盖 1870~2010 年的表面物质平衡。再分析资料不仅应用于过去，还可应用于未来。应用区域气候模式 MAR 以及 ERAINTERIM 的再分析资料在不同空间尺度上（15~50 km）上对格陵兰冰盖在 1990~2010 年的物质平衡进行了模拟，我们可发现：①年际间表面物质平衡分量的变化在不同空间分辨率下具有一致性；②随着空间分辨率降低，MAR 模式可以模拟出更大的降水；③除降水外的表面物质平衡各分量可以通过低精度下特定的插值方法模拟得到。格陵兰冰盖春季消融事件的发生会降低冰面反射率，从而引发正反馈机制，使得物质平衡量趋于负值。若不考虑冰盖动力过程，未来格陵兰冰盖因升温而导致的消融将超过因水汽增加而导致的降水的增大。

2. 南极冰盖

虽然目前普遍认为气候模式会在不同程度上低估南极的物质积累，但对实测物质平衡数据进行质量控制之后发现，人们可能过高估计了南极物质平衡模拟值与实测值之间的偏差，即气候模式模拟的物质平衡或许并没有被过分低估。事实上，由于时空分布的不均匀，模式的模拟能力也同样具有不均匀性。比如，区域气候模式 RACMO2/ANT 可能会低估东西南极内陆高海拔处的物质平衡，但也可能会高估沿海附近坡度较大处的物质平衡。在影响南极冰盖物质平衡各因素之中，风吹雪过程作用显著。由于风吹雪物理过程的影响，南极半岛地区和西南极沿海附近呈现出较高的物质积累率。在南极大部分内陆区域，物质积累率较低，降雪年际间变化较小而季节性变化较大，主要的消融过程是风吹雪的升华作用。同时，风吹雪过程可以和大气层相互作用，影响大气层底部的湿度并减少南极表面的升华作用，使得在大气接近饱和地区的降雪量减少。

10.2.3　冻土分布与气候响应模拟

一个模型的价值取决于它对确定目标的效果而非其复杂程度，所以有时简单的模型可能比包括许多过程的模型还要有效，特别是在缺乏数据的区域。由于冻土模式种类较多且相互间差异较大，本节仅对各个模型的适用情况做简要介绍。

1. 活动层厚度

Stenfan 的近似解是应用最为广泛的估算空间活动层厚度的方法，通过在站点上获得的夏季气温记录和活动层数据，进行土壤参数的经验估算，即可模拟活动层厚度的空间分布特征。在它基础上发展起来的冻结数模型常被用来判断多年冻土是否存在。但冻结数模型只有当冻结指数和融化指数都可靠才可应用，对局地因子的过度简化使得冻结数模型只能用于小比例尺制图。Kudryavtsev 模型和 TTOP 模型近年来也得到了广泛的应用，它们在计算活动层地板温度方面具有巨大的优势。

2. 多年冻土分布模拟

MAAT 是判断温度较稳定的高纬地区多年冻土存在的可靠指标。高海拔地区不稳定型和过渡型类型多年冻土居多，冻土本身极不稳定，局地条件对土壤温度模式影响又极大，以 MAAT 对多年冻土进行指示，可能会引起较大误差。MAGT 是多年冻土分带分区方案中起主导作用的指标，该方案很好地反映了冻土能量的高低，而且表征了多年冻土发育和存在状况、垂向分布特征。但高海拔和高纬度多年冻土在分布模式上很不一致，程国栋（1984）提出根据年平均地温划分高海拔多年冻土为极稳定型（<–5℃）、稳定性（–5~–3℃）、亚稳定型（–3~–1.5℃）、过渡型（–1.5~–0.5℃）、不稳定型（–0.5~0.5℃）、极不稳定型六大类。BTS 方法较好地解决了高山地区难以开展钻探等地球物理勘探方法的困难，以测量的雪底温度作为冻土温度的替代指标，在冬季积雪较厚的高山区有着较好的应用。但 BTS 方法有其适用条件，积雪以超过 80 cm 为佳，且无降水及雪崩等的干扰；在我国东北地区有很好的应用价值，但在青藏高原地区由于积雪普遍较薄不具备应用条件。

3. 多年冻土对气候变化的响应

目前为止，预估多年冻土对气候变化的响应通常都在 GCM 之外，仅用 GCM 的结果来驱动地表条件。主要是由于 GCM 不能很好地描述多年冻土过程。Koven 等（2013）对 CMIP5 模型的结果分析发现，多个模型对于土壤温度的模拟结果差异极大，其中最大的问题出在地气之间热量传输过程尤其是冬季积雪的调节过程，其次有机质层的影响也很大。在加上目前的模型在物理过程的考虑并不完善且差异很大，致使从模型模拟的地温状况获取的现在及未来的活动层厚度和多年冻土面积等信息差异极大且具有非常高的不确定性。因而学者们常结合 GCM 或 RCM 的结果，利用 Stefan 方程模拟活动层厚度。冻结数模型和 TTOP 模型也常被用来用 GCM 的输出结果对未来气候变化情境下的北半球多年冻土状况进行预估。而 Kudryavtsev 模型常与 GIS 技术相结合，被广泛地用于估计不同气候变化情景下环北极地区和大陆尺度的活动层厚度变化，及活动层增厚的潜在影响。

大尺度的多年冻土模型是用于描述多年冻土与气候相互关系最有效的手段，但受到数据资料及许多重要过程存在空间差异的限制，极大降低了它们的空间分辨率和精度。

最大的不确定性来自于大范围的地表（植被、积雪）和土壤（成分和含水量）状况的空间分布是未知的。研究发现使用 GCM 数据驱动的小比例尺多年冻土模型在估算多年冻土面积时误差最高达到 20%，与近百年来多年冻土的变化预期相当。

10.2.4 积雪模拟

自从 IPCC AR4 以来，积雪范围和消融模拟日益受到重视，主要是因为它们可以强烈地反馈于气候变化。不同复杂程度的模型，其性能也会不同。在北半球 5 个积雪站点的多模型对比实验表明（IPCC AR5，2013）：大多数模型在裸地或者低矮植被上可以得到与观测一致的结果，但森林站点的积雪模拟相互之间差异很大，主要是由于植被冠层和积雪之间的复杂相互作用尚难以正确描述。尽管如此，CMIP5 的多模式集合预报可以再现大尺度的积雪变化特征。尽管集合预报有不错的模拟性能，但各种模式在一些区域模拟的春季积雪覆盖范围差异很大。具体而言，各种模式可以再现北半球北部区域的积雪季节变化，但在偏南的区域（主要是中国和蒙古国），积雪本身比较分散，难以准确模拟，可能是由于模式无法正确模拟积雪开始和融化的时间。此外，模式能再现北半球积雪范围与年均地表气温的线性关系，但是 CMIP3 和 CMIP5 均低估了最近观测到的春季积雪范围的减少率，主要是因为低估了北半球地表升温。

积雪模型的发展仍然存在的一些难点，如下所述：

（1）雪面反照率的参数化。雪面反照率决定了能量平衡，其精确参数化对融雪模拟至关重要。雪面反照率受到诸多因素的影响，其中主要包括新雪覆盖厚度、雪龄老化、云对太阳光谱的改变、太阳高度角、下垫面反照率等。目前的参数化方案往往只考虑了部分主要因素，致使模拟的反照率有偏差，或者不能反映日变化，或者变化过于剧烈等。

（2）湍流传热的参数化。近冰面层大气以稳定条件下的弱湍流为基本特征，相对于充分发展湍流而言，对弱湍流的观测和理论认识尚很有限。目前，研究人员多借助湍流通量的整体输送公式之简化形式，即忽略大气稳定度对整体输送系数的影响且假设动力学与热力学粗糙度为同一常数，间接获取冰面热通量。然而，观测研究证实两种粗糙度并非等同，而是湍流特征尺度的函数。一些评估显示基于裸地或者矮小植被表面观测资料发展的传热方案可能适用于冰川湍流传热模拟，但由于对冰雪界面湍流通量的观测分析很少，已有方案仍需广泛评估。

（3）对降水类型的判断。降雨和降雪对地表能量平衡和径流产生起着近乎相反的作用。降雨可以减小反照率，增加短期径流；降雪显著增加反照率，减弱雪面能量平衡，从而减小短期径流。尽管降水类型极其重要，但目前的常规观测资料往往只有降水量，而缺乏降雪观测。因此，模型使用者往往以温度作为判断雨雪的指标，但降水类型还依赖于水汽含量和海拔等。当空气比较干燥时，降水类型以雨和雪两种类型为主，不易形成雨夹雪，只需要一个临界温度区别雨雪，该临界温度取决于海拔。当空气比较湿润时，容易形成雨夹雪，需要两个临界温度区分 3 种降水类型，临界温度取决于水汽含量和海拔。

（4）对降雪量的校正。由于受到地形、风速和观测手段等的影响，降雪量观测值往往严重偏低。这可能是水文模型中积雪消融往往比实际消融时间提前的原因。引进卫星观测的积雪范围变化信息可有效校正现有的地面降雪观测数据，从而提高对春季融雪径流的预报。

10.2.5 海冰模拟

海冰模式是研究海冰的有利工具，它具有以下优点：①可以模拟计算出不易被观测的许多重要物理过程和变量的变化；②根据模拟的海冰变化，可以促进物理和动力过程的诊断分析；③有与海洋和大气模式耦合的潜力，可以用来研究彼此之间的相互作用。

目前的海冰模式均可以较好地刻画海冰调节气候变化的两个正反馈过程：①海冰的形成减少了海-气之间的热量输送，抑制了海洋通过局地热量储存、侧向热量输送来调节气候的正常能力；②海冰的形成导致大部分太阳辐射反射回太空，并导致大气变冷、海冰增多。绝大多数海冰模式能够成功地模拟北极海冰的年变化（9 月最小，3 月最大），与实测的月份完全吻合。但把模拟的海冰范围与实测海冰范围相比较，发现仍存在某些差距，尤其在北大西洋地区，那里模拟的海冰比实测海冰更均匀，主要原因很可能是大气-海洋边界条件表达的不合适以及缺少海洋作用力的影响。感热和潜热被假定为不依赖于冰的增长及其物理状态，这对薄冰和迅速增长的冰是不实际的。

现有的海冰模式成功地再现了北极海冰漂流特征，尤其是波弗特海上存在一个显著的顺时针涡流。加入 Hibler 海冰动力学后，最厚的海冰立即出现在格陵兰北部，而不是在北极盆地，比较热力学海冰模式结果，海冰边缘位置只是略有改进。

目前，耦合气候模式中海冰反照率的处理还不理想。表面反照率被指定为外部参数，反照率在春、秋季节是一致的，但夏季值取得过高（0.64）。实际上，由于融化的影响，夏季测得的反照率接近 0.5。射入冰内的短波辐射取 17%，比测得值 18%~35%明显偏低。有试验结果表明，当长波、短波辐射各减少 5%，海冰厚度分别增加 1.4 m 和 4.4 m；云量扰动时，夏季海冰范围剧烈变化，这种对太阳辐射和云的敏感性意味着海冰模拟更多地依赖于指定的云条件和太阳辐射。尽管有了卫星观测，但在整个极区，卫星观测的云量通常比地面观测少 5%~35%，区域差别可高达 45%，所以卫星观测的云量也有适用性问题。云和太阳辐射可以改变，但表面强迫却固定，这种不协调只能通过与大气环流模式耦合来改善。

10.2.6 河/湖冰模拟

近年来，淡水冰的热力学数值模式得到了较快的发展，同时发现影响其发展的主要问题不是模式结构本身，而是数值算法的优化和其中多元参数的参数化方案以及在运算条件允许范围内运用高分辨率计算，进而从本质上改善数值模拟的精度。

河冰模拟存在的特殊性限制着模拟能力。这些限制有：①水和渠底的热交换，它们包含了水与底部土壤之间的热传导及河水与地下水之间的热交换。从水体热平衡诸因素的影响程度看，水与渠底的热交换的作用很小，故人们常常忽略不计。但在河流封冻以后，这部分能量就成为水体增热的主要来源之一。②水与冰盖之间的热交换。当水体表面形成冰盖后，水-气间的热交换变为水-冰间的热交换。这种热交换，对冰盖形成、冰盖厚度及冰盖的消融有很大的影响。它取决于水体的湍流作用。除了上述各种热交换外，还有支流加入热量，水流动力加入热量，降水失去热量等。在水流热平衡中，这些项可视河流的具体情况决定取舍。③水温是冰情研究中重要的组成部分。水面初冰是水体表面温度降到 0℃的结果。水温在冰情发生、发展和消失的过程中一直起着重要的作用。

尽管近年来河冰水力学的研究日益受到重视，取得了不少进展。许多方面还有待于深入的研究，如冰期河道阻力的机制、水冰的相互作用等。

相比海冰的动力学过程，湖冰相对静止，湖冰下界面的湍流不明显，因此湖冰的雪/冰生消过程中热力学过程起主导作用。利用模式模拟芬兰 Vanajavesi 湖冬季雪/冰厚度变化，并选取 2008~2009 年冬季作为模拟区间，结果发现 2008~2009 年冬季是相对暖冬年，观测到的初冰日和融冰日分别是 2009 年 1 月 1 日和 4 月 30 日，冰季持续 4 个月。根据观测初冰日，确定模式运行起始时间为 2009 年 1 月 1 日，初始雪、冰厚度分别为 0.5 cm 和 2 cm，模式计算时间步长为 1 h，计算得到的平均融冰日为 2009 年 4 月 29 日。

冰厚模拟结果如图 10.3 所示，模拟冰厚接近湖面站位观测冰厚数据，尤其是模拟融冰日与观测值十分吻合。12 月末气温骤降到冰点以下，湖水开始冷却。1 月初，湖水快速冻结，Vanajavesi 湖进入冻结期，随后湖冰进入快速生长期。雪厚累积到约 10 cm，由于雪的隔热作用，冰生长率逐渐减小，湖冰生长趋缓。4 月初开始，随着雪的全部消融，湖冰开始进入融化期。

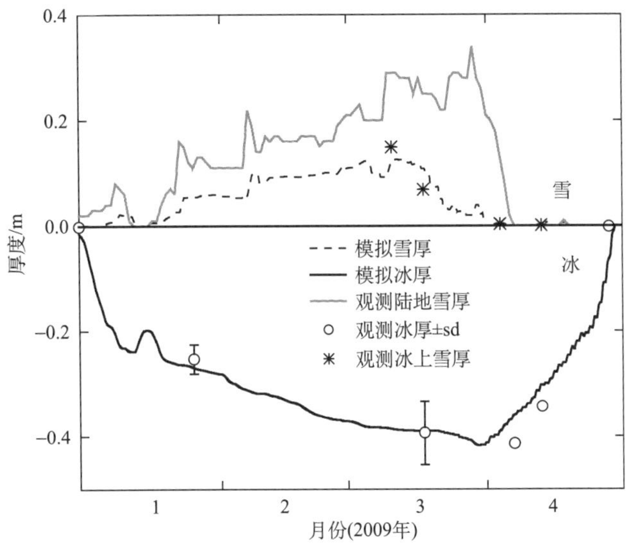

图 10.3　观测和模拟芬兰 Vanajavesi 湖雪、冰厚度

Figure 10.3　Observed and simulated snow and ice thickness of Vanajavesi Lake in Finland

计算结果与观测值较大差异的原因是由于湖上观测站点不是定点观测。在整个湖区，对于雪泥冰和层化冰的观测每次仅有一个观测点。虽然 3 次观测都为近岸边，但观测的位置不同，而整个湖区范围内由于地理位置差异，天气状况也不完全相同，导致雪泥冰和层化冰的厚度也不尽相同。

也有学者根据观测和模拟得到Pääjärvi湖冬季冰底处冰-水间的热传导通量变化范围为 3~10 W/m^2。淡水密度在 4℃时达到最大值。湖水在初冬冻结前，湖水水温充分混合，保持在 1~4℃。具体水温取决于秋季风力大小、湖面积以及湖周围地理情况。一旦湖水开始结冰，湖水的混合过程仅局限于 4℃左右的变化，冰下的水温趋于稳定。这表明冰-水间热传导不明显，冰-水间热传导通量较小。不过也存在个例，如在湖和河的交界处的水流动力作用会加大冰-水界面的热传导通量。

10.3　冰冻圈变化的预估

10.3.1　IPCC 和排放情景

冰冻圈各要素变化的预估有两种途径，一种是用耦合冰冻圈模式的全球气候（地球）系统模式直接对冰冻圈要素变化进行预估，另一种是先用全球气候（地球）系统模式预估气候变化，再利用气候变化情景驱动冰冻圈模式进行冰冻圈要素变化的预估。为此，首先简要介绍一下有关气候变化评估的一些背景知识。

1. 政府间气候变化专门委员会（IPCC）

IPCC 是 WMO 和 UNEP 于 1988 年共同建立的政府间气候变化科学评估机构，负责组织由各国政府推荐的科学家团队对气候变化科学认识、气候变化影响、适应、脆弱性和减缓气候变化对策进行评估。IPCC 主席团和评估报告编写队伍的组织方式是政治平衡和地理平衡；评估报告的编写秉承严格（rigor）、确凿（robustness）、透明（transparency）和全面（comprehensiveness）的原则。IPCC 分别于 1990 年、1995 年、2001 年、2007 年和 2014 年发布了 5 次评估报告，此间还编写了一系列与气候变化相关的特别报告、技术报告和方法学报告等。这些报告极大地推动了人类对气候系统变化认识的不断深入，已成为国际社会应对气候变化的主要科学依据。IPCC 下设三个工作组和一个专题组，第一工作组（WGI）是评估气候系统和气候变化的科学问题；第二工作组（WGII）是评估社会经济体系和自然系统对气候变化的脆弱性、气候变化正负两方面的后果和适应气候变化的选择方案；第三工作组（WGIII）是评估限制温室气体排放并减缓气候变化的选择方案；国家温室气体清单专题组是负责 IPCC《国家温室气体清单》计划。每个工作组（专题组）设两名联合主席，分别来自发展中国家和发达国家。

2. 典型浓度路径排放情景

温室气体排放情景是预估未来气候变化的基础。IPCC 推荐了 IS92a、SRES 和典型浓度路径（representative concentration pathways, RCPs）四套排放情景，供全世界的气候模式组用以强迫气候系统模式开展气候变化预估。其中 RCPs 情景于 2011 年推出（van Vuuren et al.，2011），包括 RCP8.5、RCP6、RCP4.5 及 RCP2.6 四种情景。其简单情况如表 10.1 所列。

表 10.1　典型浓度路径

Table 10.1　Representative concentration pathways（RCPs）

情景	描述
RCP8.5	辐射强迫上升至 8.5W/m^2，2100 年 CO_2 相当于浓度达到约 1370 ppm
RCP6.0	辐射强迫稳定在 6W/m^2，2100 年后 CO_2 相当于浓度稳定在约 850 ppm
RCP4.5	辐射强迫稳定在 4.5W/m^2，2100 年后 CO_2 相当于浓度稳定在约 650 ppm
RCP2.6	辐射强迫在 2100 年之前达到峰值，到 2100 年下降到 2.6W/m^2，CO_2 相当于浓度峰值约 490 ppm

资料来源：van Vuuren et al., 2011

RCP8.5 是最高的温室气体排放情景。这个情景假定人口最多、技术革新率不高、能源改善缓慢，所以收入增长慢。这导致长时间高能源需求及高温室气体排放，而缺少应对气候变化的政策。这个情景是根据国际应用系统分析研究所（International Institute for Applied Systems Analysis, IIASA）的综合评估框架（integrated assessment framework）和 MESSAGE（model for energy supply strategy alternatives and their general environmental impact）模式建立的。与过去的情景比较，有两点重要改进：①建立了大气污染预估的空间分布图；②加强了土地利用和陆面变化的预估。

RCP6.0 这个情景反映了长期存在的全球温室气体和存在期短的物质排放，以及土地利用/陆面变化，导致到 2100 年把辐射强迫稳定在 6 W/m^2。根据亚洲-太平洋综合模式（Asia-Pacific integrated model，AIM），温室气体排放的峰值大约出现在 2060 年，以后持续下降。2060 年前后能源改善强度每年 0.9%~1.5%。通过全球排放权的交易，任何时候减少排放均物有所值。用生态系统模式估算地球生态系统之间通过光合作用和呼吸交换的 CO_2。

RCP4.5 这个情景是 2100 年辐射强迫稳定在 4.5 W/m^2。用全球变化评估模式（global change assessment model，GCAM）模拟，这个模式考虑了与全球经济框架相适应的，长期存在的全球温室气体和存在期短的物质排放，以及土地利用、陆面变化。模式的改进包括历史排放及陆面覆盖信息。并遵循用最低代价达到辐射强迫目标的途径。为了限制温室气体排放，要改变能源体系，多用电能、低排放能源技术、开展碳捕获及地质储藏技术。通过降尺度得到模拟的排放及土地利用的区域信息。

RCP2.6 是把全球平均温度上升限制在 2℃之内的情景。无论从温室气体排放，还是从辐射强迫看，这都是最低端的情景。在 21 世纪后半叶能源应用为负排放。应用的是全球环境评估综合模式（integrated model to assess the global environment, IMAGE）采用中等排放基准，假定所有国家均参加。从 2010~2100 年累计温室气体排放比基准减少 70%。为此要彻底改变能源结构及 CO_2 外的温室气体的排放。特别提倡应用生物能、恢复森林。但是，仍有许多工作要做，如研究气候系统对辐射强迫峰值的反映，社会对削减排放率的能力，以及进一步减排非 CO_2 温室气体的能力等。

为了对这 4 种情景下温室气体排放有一个概括的认识，图 10.4 给出 21 世纪 CO_2、CH_4、N_2O 浓度的预估（van Vuuren et al., 2011），CO_2 自然 RCP8.5 最高，RCP2.6 最低，后者在 2050 年前后达到峰值以后有下降趋势，浓度在 400 ppm 左右。CH_4 由于生存时间短，趋势变化更显著，峰值出现时间比 CO_2 早。N_2O 则更接近常数，因为其生存时间较长。

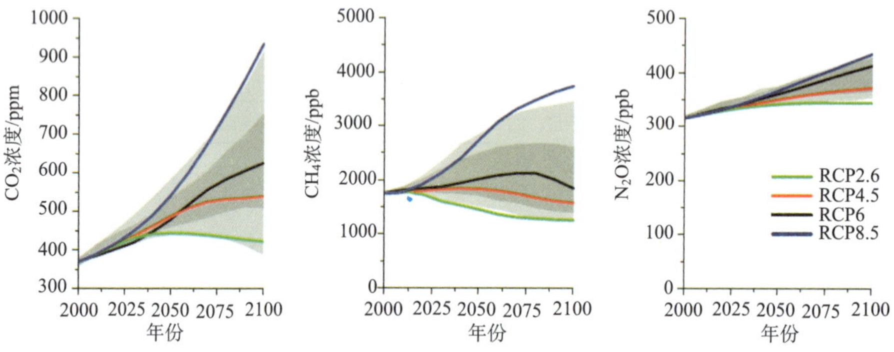

图 10.4　21 世纪二氧化碳、甲烷、氧化亚氮浓度预估（van Vuuren et al.，2011）

Figure 10.4　projection of CO_2、CH_4、N_2O concentration in the 21st century（van Vuuren et al., 2011）

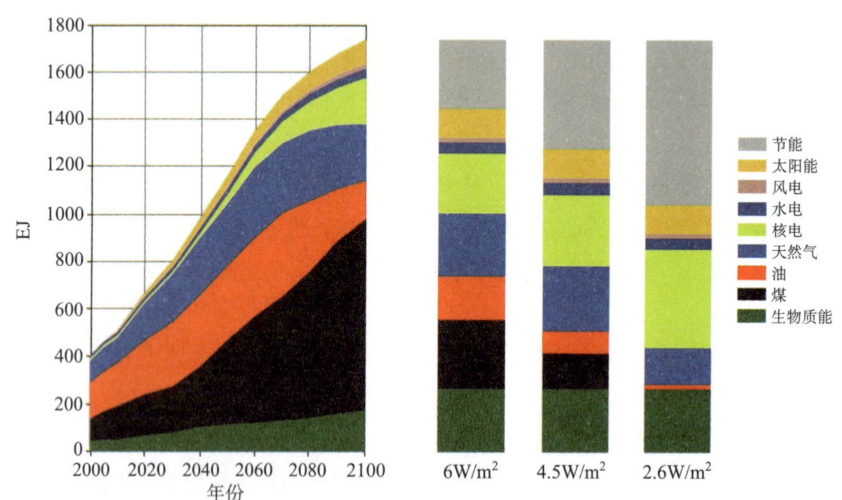

图 10.5　2000~2100 年 RCP8.5 情景下的能源结构（左）及 RCP6、RCP4.5 及 RCP2.6 情景下 2100 年的能源结构（右）（van Vuuren et al.，2011）

Figure 10.5　Energy structure under RCP8.5 during 2000~2100（left）and under RCP6, RCP4.5 and RCP2.6 in 2100（right）（van Vuuren et al., 2011）

到 2100 年的能源结构由图 10.5 给出。图中为 RCP8.5（最左）及其他 3 种情景下能源结构的预估（van Vuuren et al., 2011）。由于 RCP8.5 情景下人口与经济增长，但是能源效率增长缓慢，能源需求增长了 3 倍，这里有两个主要原因：①非化石燃料开发慢；②有大量的非常规化石能源。煤的增长几乎达到 10 倍。核电与生物能源在 2050 年之后的非化石能源中逐渐占主导地位。图中右侧给出另外 3 种情景 2100 年能源结构，可以作为比较。

10.3.2 冰冻圈变化的预估

1. 冰川变化的预估

由于不同地区气候背景各异，冰川地形也千差万别，目前关于冰川未来变化特征的研究仅限于有限的冰川条数，其流域变化特征还有待研究。同时，由于数据或方法所限，不同冰川采用的预估模型也会不同。因而，对冰川的预估性研究尚存在一定的不确定性。

例如，在阿拉斯加地区，Columbia 冰川是对海平面上升贡献最大的一条冰川，其贡献大约占 2003~2007 年观测到的海平面总体上升的 0.6%。可根据目前获取的地形、冰川流速观测数据率定出适宜的模型参数组合作为一维流线型冰流模型的输入和控制条件，进而对 Columbia 冰川的过去以及未来的变化进行模拟。Columbia 冰川可能会在 2020 年左右达到新的平衡态。在 2020 年以后 Columbia 冰川的末端位置、冰流通量（损耗）将出现较为稳定的特征。

相比大规模的 Columbia 冰川，小型山地冰川的数据更容易获取，使用的模型也会更为复杂。例如，根据现有地形和物质平衡资料，应用三维 Stokes 模型对瑞士的一条山地冰川（Rhonegletscher 冰川）在 1874~2007 年的变化进行模拟发现，在 2025~2050 年和 2075~2100 年时间段内，Rhonegletscher 冰川体积：①在冷湿条件下分别减少 0.16 km^3（7.7%）和 0.33 km^3（19%）；②在中间态条件下分别减少 0.54 km^3（28%）和 0.52 km^3（84%）；③在暖干条件下分别减少 0.95 km^3（59%）和 0.09 km^3（100%）。这表明 Rhonegletscher 冰川对温度变化更为敏感。其在 21 世纪末期将只存留少量冰体。瑞士 Grosser Aletschgletscher 冰川也具有类似表现，其在 2100 年末将后退约 6 km 并损失大约 90%的冰体积。

除了应用冰川流动模型，还可通过物质平衡对冰川变化进行大致的预估。比如，根据 3 种不同的方法：算术平均、冰川测高和多重回归分析，并基于已有的观测数据，Huss 等（2012）对欧洲阿尔卑斯山脉所有的冰川在 1900~2100 年的物质平衡进行了插值分析，估算了在 2020~2040 年、2040~2060 年、2060~2080 年和 2080~2100 年 4 个不同时间段内，阿尔卑斯冰川物质平衡平均值和面积在 RCP2.6、RCP4.5、RCP6.0 和 RCP8.5 四种排放情景下的变化情形，发现阿尔卑斯冰川呈消亡之势（表 10.2）。总体而言，相较 2003 年，阿尔卑斯冰川面积在 2100 年末会减少 4%~18%。

表 10.2 2020~2100 年不同排放情景下阿尔卑斯山脉冰川变化特征

Table 10.2 Projected changes of Alps glaciers under different emission scenarios in 2020~2100

时间段	排放情景	物质平衡/（m w.e./a）	冰川面积/km^2
2020~2040 年	RCP2.6	−1.31	1251.8
2040~2060 年	RCP2.6	−1.08	809.5
2060~2080 年	RCP2.6	−0.67	547.6
2080~2100 年	RCP2.6	−0.06	395.5
2020~2040 年	RCP4.5	−1.03	1380.4
2040~2060 年	RCP4.5	−1.19	937.5
2060~2080 年	RCP4.5	−1.04	576.4
2080~2100 年	RCP4.5	−0.67	349.0
2020~2040 年	RCP6.0	−1.00	1350.2
2040~2060 年	RCP6.0	−1.21	922.5
2060~2080 年	RCP6.0	−1.42	521.7
2080~2100 年	RCP6.0	−1.28	244.2
2020~2040 年	RCP8.5	−1.09	1348.4
2040~2060 年	RCP8.5	−1.66	832.5
2060~2080 年	RCP8.5	−2.07	351.0
2080~2100 年	RCP8.5	−2.14	127.0

相对于阿尔卑斯山脉区域，其他山脉区域的冰川变化模拟研究较少。在亚洲，若温度在 21 世纪末分别上升 3℃、4.5℃和 6℃，且降水保持在 1980~1999 年的平均水平，那么尼泊尔喜马拉雅冰川 AX010 将可能分别在 2083 年、2056 年和 2049 年左右消亡。在北美洲，在 RCP4.5 和 RCP8.5 排放情景下，加拿大洛基山脉的 Haig 冰川将可能在 2080 年左右消亡。

2. 冰盖变化的预估

1）格陵兰冰盖

根据气候模式 AOGCMs 对物质平衡的模拟，格陵兰冰盖未来近期的表面物质平衡变化速率可能与 20 世纪 30 年代的值相似。在 IPCC AR4 的气候情景 A2 和 B2 下，格陵兰东部将会有约 650 km^3/a 的淡水在 2071~2100 年流入北大西洋，其中 70%来源于格陵兰冰盖。在 RCP4.5 和 RCP8.5 情景下，冰盖边缘消融增强，物质损耗，而在冰盖内部降水增大，物质增加，在 2070~2099 年格陵兰冰盖分别约 300 Gt/a 和 800 Gt/a。不同的模型可能会导致不同的模拟结果。例如，若假设未来气候条件保持不变，100 年后三维 Stokes 冰流模型预估格陵兰冰盖将有约 6 cm s.l.e 的物质增加，而浅冰近似冰流模型却预估约 3 cm s.l.e 的物质损失。同时，不同的气候情景导致不同的模型敏感性，如将冰盖底部滑动速率加倍，Stokes 冰流模型的敏感性比浅冰近似模型增大约 43%。总体而言，格陵兰物质损耗速率可能随时间增加而变大。

2）南极冰盖

与格陵兰冰盖情形类似，南极冰盖未来的变化同样具有不确定性。未来 100 年内，南极物质平衡变化主要取决于降水，并以约 32 mm w.e./a 的速率增加，从而使得海平面以大约 1.2 mm/a 的速率下降。未来 2 个世纪内，影响南极冰盖表面物质平衡的因素中，升华作用所占比例会增加 25%~50%，但降雪依然占主导作用。但与此同时，由于冰盖边缘处动力不稳定性，其周边冰川的流动会加速冰流入海洋。因此，冰架底部的消融也可能是南极冰盖的主要物质损失来源。事实上，在冰架底部因洋流作用而消融的同时，冰盖本身还会产生相应的动力学响应，从而导致更多的冰经接地线流入海洋。随着气候变暖，冰流速度会持续增大，南极冰盖物质也会加速损耗，从目前到 2100 年冰盖物质损耗速率可能为 160~220 km^3/a。

3）未来冰冻圈变化对海平面变化的贡献

海平面未来的变化基于模型模拟，多模式模拟的平均结果表明，整个 2006~2100 年，冰川变化导致的海平面上升估计为（155±41）mm（RCP4.5）至（216±44）mm（RCP8.5）之间，相当于目前全球冰量减少 29%~41%。 最大的贡献是加拿大和俄罗斯北极、阿拉斯加及南极和格陵兰冰盖周围的冰川，尽管中欧、南美低纬地区、高加索、中亚及加拿大和美国的冰川预估对海平面上升贡献较小，但其体积损失量到 2100 年可达到 80%以上。由于选择的气候模型和排放情景不同，预估的结果存在差异。用一系列敏感性试验定量给出由有限物质平衡观测校验带来的不确定性，由此可得出，到 2100 年，对海平面上升每个预估的最大不确定性的上限值范围为±84 mm。这一结果与稍早的研究结果基本一致，当时利用 15 个气候模式给出的预估为（166±42）mm（RCP4.5）和（217 ± 47）mm（RCP8.5）。

IPCC AR5 的评估基于过程的全球海平面上升预估，主要利用了 21 个 CMIP5 AOGCMs 模型获得的结果，针对各种 RCP 计算。冰川和冰盖表面物质平衡由全球平均地表温度预估结果驱动。根据 IPCC AR5 的评估结果，全球平均地表温度的变化可能在 5%~95%信度区间，因此，以下对全球平均海平面上升贡献的评估均来自于 CMIP5 模拟结果，其信度范围均处于 5%~95%。

到 2100 年冰盖动力的可能变化主要根据已有文献，其只根据特殊情景提供了部分预估结果，因此除格陵兰冰盖出流量在 RCP8.5 情景下用较高变化速率外，其他均作为独立情景处理。每种 RCP 情景所给出的全球平均海平面上升的可能范围均包含了 CMIP5 集合模型所获得的全球气候变化的不确定性。与全球气候变化幅度相关的不确定性部分在情景处理中得到校正，而方法的不确定性独立处理。

预估贡献的总量给出了未来全球平均海平面上升的可能范围，由于气候预估结果的差异，由海平面变化的时滞特征产生滞后效应，到 21 世纪中叶，各种情景的中值预估位于 0.05 m 的范围内。到 21 世纪末（2081~2100 年 20 年平均和 1986~2005 年 20 年平均之间的 95 年时间），用 RCP2.6 给出的最小值（0.40 [0.26~0.55] m）和 RCP8.5 给出的最大值（0.63 [0.45~0.82] m），中值预估则相差大约 0.25 m，RCP4.5 和 RCP6.0 给出的 21 世纪末的结果很类似，分别为 0.47 [0.32~0.63] m 和 0.48 [0.33~0.63]，但 RCP4.5 较 RCP6.0 上升速率在较早期显著（图 10.6 和表 10.3）。到 2100 年，可能的范围为 0.44 [0.28~0.61] m（RCP2.6），0.53 [0.36~0.71] m（RCP4.5），0.55 [0.38~0.73] m（RCP6.0）和 0.74 [0.52~0.98] m（RCP8.5）。

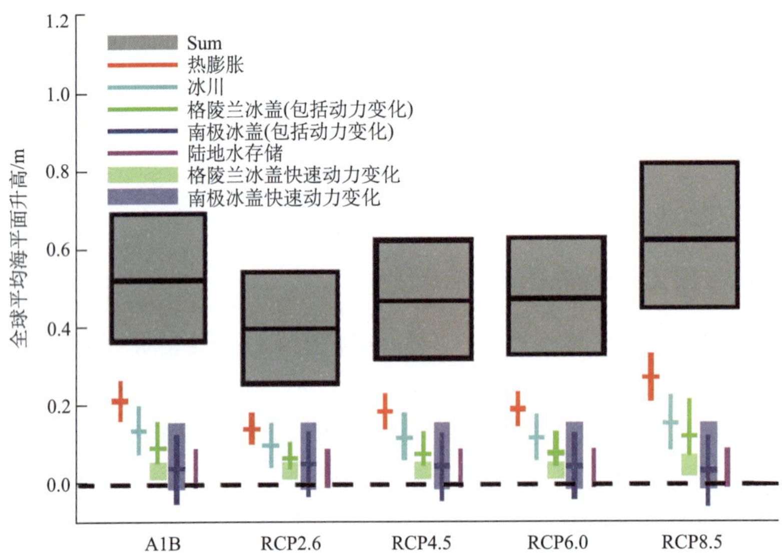

图 10.6 基于过程模型预估全球平均海平面上升及其贡献的中值及范围（2081~2100 年相对于 1986~2005 年），分别用 4 个 RCP 情景和 AR4 中的 A1B 情景。冰盖的贡献包括冰盖快速动力变化，并分别给出。冰盖快速动力变化和人类活动影响的陆地水储量变化用均等概率分布处理，并将其作为独立情景

Figure 10.6 Projection of global sea level rise and the median and scope of each contributor（2081~2100 relative to 1986~2005）using four RCP scenarios and A1B scenario in AR4 based on process model

表 10.3 2081~2100 年相对于 1986~2005 年全球平均海平面上升及其贡献预估的中值和可能变化范围

Table 10.3 Projection of global sea level rise and the median and scope of each contributor （2081~2100 relative to 1986~2005）（单位：mm/a）

	SRES A1B	RCP2.6	RCP4.5	RCP6.0	RCP8.5
热膨胀	0.21 [0.16~0.26]	0.14 [0.10~0.18]	0.19 [0.14~0.23]	0.19 [0.15~0.24]	0.27 [0.21~0.33]
冰川 [a]	0.14 [0.08~0.21]	0.10 [0.04~0.16]	0.12 [0.06~0.19]	0.12 [0.06~0.19]	0.16 [0.09~0.23]
格陵兰冰盖表面物质平衡 [b]	0.05 [0.02~0.12]	0.03 [0.01~0.07]	0.04 [0.01~0.09]	0.04 [0.01~0.09]	0.07 [0.03~0.16]
南极冰盖表面物质平衡 [c]	−0.03 [−0.06~−0.01]	−0.02 [−0.04~−0.00]	−0.02 [−0.05~−0.01]	−0.02 [−0.05~−0.01]	−0.04 [−0.07~−0.01]
格陵兰冰盖快速动力	0.04 [0.01~0.06]	0.04 [0.01~0.06]	0.04 [0.01~0.06]	0.04 [0.01~0.06]	0.05 [0.02~0.07]
南极冰盖快速动力	0.07 [−0.01~0.16]	0.07 [−0.01~0.16]	0.07 [−0.01~0.16]	0.07 [−0.01~0.16]	0.07 [−0.01~0.16]

续表

	SRES A1B	RCP2.6	RCP4.5	RCP6.0	RCP8.5
陆地水储量	0.04 [−0.01~0.09]	0.04 [−0.01~0.09]	0.04 [−0.01~0.09]	0.04 [−0.01~0.09]	0.04 [−0.01~0.09]
2081~2100 年全球平均水平面上升	0.52 [0.37~0.69]	0.40 [0.26~0.55]	0.47 [0.32~0.63]	0.48 [0.33~0.63]	0.63 [0.45~0.82]
格陵兰冰盖	0.09 [0.05~0.15]	0.06 [0.04~0.10]	0.08 [0.04~0.13]	0.08 [0.04~0.13]	0.12 [0.07~0.21]
南极冰盖	0.04 [−0.05~0.13]	0.05 [−0.03~0.14]	0.05 [−0.04~0.13]	0.05 [−0.04~0.13]	0.04 [−0.06~0.12]
冰盖快速动力	0.10 [0.03~0.19]	0.10 [0.03~0.19]	0.10 [0.03~0.19]	0.10 [0.03~0.19]	0.12 [0.03~0.20]
全球平均海平面上升速率	8.1 [5.1~11.4]	4.4 [2.0~6.8]	6.1 [3.5~8.8]	7.4 [4.7~10.3]	11.2 [7.5~15.7]
2046~2065 年全球平均海平面上升	0.27 [0.19~0.34]	0.24 [0.17~0.32]	0.26 [0.19~0.33]	0.25 [0.18~0.32]	0.30 [0.22~0.38]
2100 年全球平均海平面上升	0.60 [0.42~0.80]	0.44 [0.28~0.61]	0.53 [0.36~0.71]	0.55 [0.38~0.73]	0.74 [0.52~0.98]

由于模拟贡献的不确定性作为不相关来处理，模拟贡献总量的下限值与总量的下限值相等，上限值情形也类似，同时取值精度的差异也使得中值总量不完全相同。冰盖的净贡献（表面物质平衡+动力变化）及两个冰盖总的快速动力变化贡献。

3. 冻土变化的预估

在 21 世纪多年冻土面积的变化趋势预估上，多数陆面过程模型有着高度统一的趋势判断，一致认为其会随着气温的快速升高显著减少。LPJWHyMe 模型预估在 B1 和 A2 情景下 2100 年多年冻土面积将分别减少 30%和 47%。而 Marchenko 等计算的结果为截至 2100 年阿拉斯加地区 2 m 以上的多年冻土将减少 57%。在不同的 RCP 情景下，CMIP5 多模式集合的模拟结果也体现出相同的变化趋势。到 2099 年时，近地表多年冻土面积在 RCP2.6、RCP4.5、RCP6.0 和 RCP8.5 情景下平均分别减少至 10.0×10^6 km^2、7.5×10^6 km^2、5.9×10^6 km^2 和 2.1×10^6 km^2。其中到 2099 年，多年冻土的面积在 RCP2.6 和 RCP4.5 情景下已趋于稳定，而在 RCP6.0 和 RCP8.5 情境下仍处在进一步减少的趋势中（图 10.7）。

图 10.8 所示为不同 RCP 情景下 CMIP5 模式预估的近地表多年冻土面积状况，不同的颜色代表预估格点存在多年冻土的模式个数。在 RCP2.6 情景下，绝大部分目前的连续多年冻土区除了部分转变为不连续多年冻土区外仍将很可能保留下来。在 RCP4.5 和 RCP6.0 情景下，随着增温速率升高多年冻土区向北后退更加显著，尤其是在阿拉斯加地区。而在 RCP8.5 情景下，除了几个预估升温较低的，其他大多数模型预估欧亚大陆和加拿大的几乎全部冻土都将不复存在。但在加拿大北极群岛、西伯利亚高地东部，俄罗斯北极沿海和部分青藏高原地区仍将有多年冻土的遗留。但值得注意的是，鉴于目前的陆面过程模型通常的模拟深度为 2~4 m，上述模拟结果仅反映 2 m 以上多年冻土面积的变化状况，并不能代表实际的多年冻土面积变化。

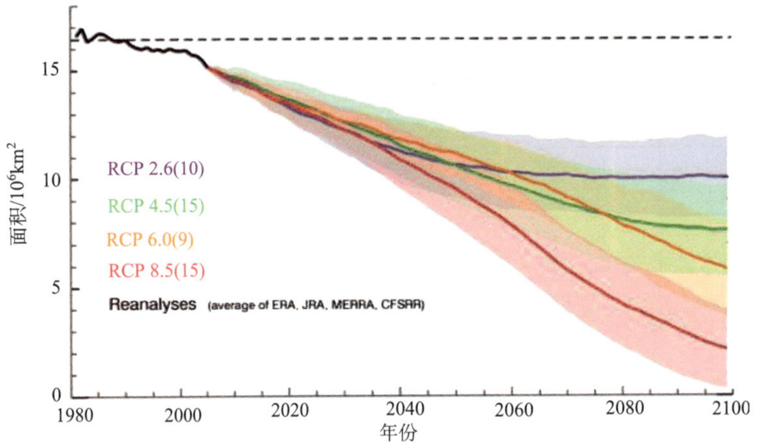

图 10.7　CMIP5 模型预估的多年冻土面积变化（Slater and Lawrence，2013）

Figure 10.7　Projected change in permafrost area in CMIP5 models（Slater and Lawrence, 2013）

图中括号内数字表示模式数

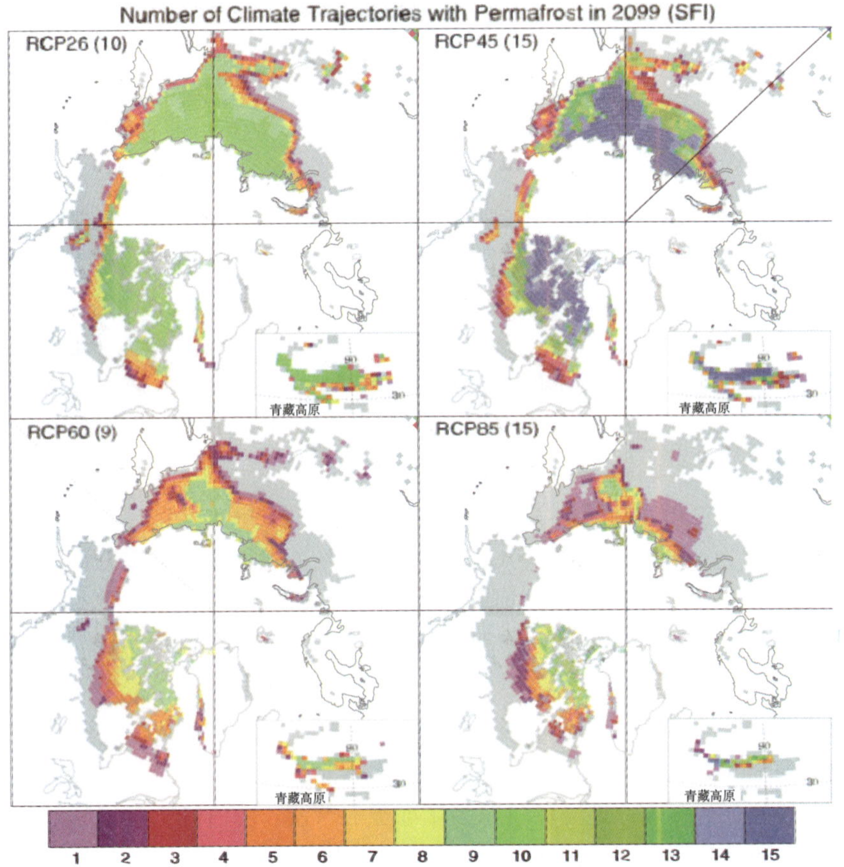

图 10.8　预估 2099 年存在多年冻土的 CMIP5 模型数目（Slater and Lawrence，2013）

Figure 10.8　The number of CMIP5 models with sustainable permafrost in 2099（Slater and Lawrence, 2013）

图中括号内数字表示模式数

尽管各模式在预估多年冻土面积减小趋势上较为一致，但是各模式所模拟的冻土退化速率之间的差异幅度极大，如 RCP4.5 情景下模拟的多年冻土面积减少的比率范围从 15%~87%不等，而 RCP8.5 情景下的变化范围则在 30%~99%。这也体现出由于 10.2.3 节中提到的诸多原因，目前的模式尚不能很好地模拟多年冻土物理过程及变化特征，仍需进一步提高和改进。

4. 积雪变化的预估

1986~2005 年北半球春季（3~4 月）平均积雪范围为 32.6×10^6 km^2。北半球的积雪范围具有很大的季节变化以及对气候变化的敏感响应。根据 IPCC AR5 报告，自 20 世纪中叶以来，北半球积雪范围已缩小。在 1967~2012 年，北半球 3 月和 4 月平均积雪范围每 10 年缩小 1.6%（0.8%~2.4%），6 月每 10 年缩小 11.7%（8.8%~14.6%）。在此期间，北半球积雪范围在任何月份都没有具有统计意义的显著增加。基于 CMIP3 和 CMIP5，IPCC 对不同情景下北半球 21 世纪末的积雪覆盖和雪水当量作了预估，主要结论如下：

（1）积雪范围非常可能缩小，但具体减少量仅具有中等信度。积雪的变化取决于降水和消融的平衡。不管是 CMIP3 还是 CMIP5 都模拟出全球升温背景下北半球大范围的积雪范围在未来非常可能减小。北半球高纬度的降水增加可能导致较冷的区域有更多的降雪，而较暖的区域则因为温度过高而致降雪量减少。更暖的气候意味着秋季的积雪日会推迟，春季的融雪会发生得更早，而积雪范围的缩小与季节性积雪期的缩短密切相关。以 1986~2005 的模拟积雪范围为参考值，CMIP5 模型模拟显示 21 世纪中叶春季积雪范围将平均减小 5%~10%，到 21 世纪末春季积雪范围将平均减小 10%~30%，取决于温室气体排放情景（图 10.9）。这一点在所有的模式中具有相当的一致性，但减少幅度仅具有中等信度（medium confidence），因为模型间的离散度还比较大且当前模型对雪的各种过程存在强烈简化。

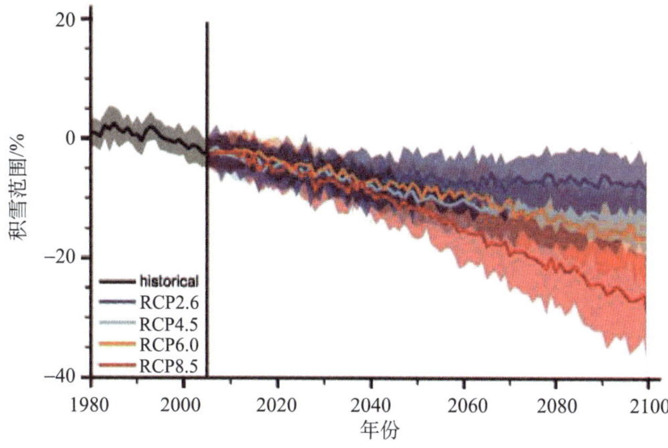

图 10.9　CMIP5 模型预估的北半球春季（3~4 月）积雪范围相对于 1986~2005 年模拟值的变化

Figure 10.9　Snow cover area changes in spring（March and April）of Northern Hemisphere projected by CMIP5（relative to 1986~2005 simulations）（after IPCC AR5 WGI, 2013）

黑线代表多模式平均，阴影代表模式间 1 个标准偏差的离散度（IPCC AR5 WGI, 2013）

（2）雪水当量对降雪量更敏感，其变化取决于纬度带。升温将导致降水中降雪比例减小，且增加了融雪强度，但是情景分析中北半球高纬度冬季降水量的增加又会有助于积雪量的增加。雪水当量是否增加取决于这些因素之间的平衡。CMIP3 和 CMIP5 的模拟研究显示：在最冷的区域，年最大雪水当量倾向于增加或者不显著的减少，但在季节性积雪区域的南端，年最大雪水当量倾向于减少。应该注意到，相对于积雪范围变化的预估，现有模型对年最大雪水当量的情景分析具有更大的离散度，仅有中等信度。

总之，在 IPCC 考虑的排放情景下，北半球春季积雪范围在 21 世纪末非常可能减少。年最大雪水当量受多种因素的综合影响（消融发生更早，而固态降水增加），对其沿纬度变化的预估（在最冷区域增加或者变化很小，往南减少）只有中等信度。变暖背景下北半球春季融雪的提前将改变春季河流径流的峰值，从而减少晚些时候的流量，可能影响到水资源管理。同时，积雪范围的减小也不利于多年冻土保持稳定。

5. 海冰变化的预估

全球变暖导致北极气温升高和北极海冰范围减少。20 世纪 90 年代后期以来，9 月北极海冰范围频繁出现创纪录的低值。2007 年 9 月，北极海冰范围是 4.3×10^6 km^2，只有 1979~2010 年平均 9 月海冰范围（6.52×10^6 km^2）的 66%。2012 年 9 月平均北极海冰范围是 3.61×10^6 km^2，为有卫星观测纪录以来最低值，导致了北极西北和东北两条航道全线开通。伴随着北极海冰的消融，北极的气候和生态环境正在发生令人瞩目的变化，而这种变化通过复杂的反馈过程，对欧亚大陆的大气环流和气候正在产生显著的影响。因此，人们特别关注何时夏季北极海冰会消失？

2009 年，Wang 和 Overland 通过分析模式预估结果（CMIP3），指出到 21 世纪 30 年代，夏季北冰洋将成为无冰的海洋（海冰范围小于 1×10^6 km^2）。2012 年，Wang 和 Overland 进一步分析了参加 CMIP5 计划的 26 个耦合模式的输出结果。在 RCP8.5 排放情景下，所有模式模拟结果的平均值在 20 世纪 80 年代以前与观测的 9 月北极海冰范围接近，此后则比观测范围大。在 RCP4.5 排放情景下，多数模式预估结果表明，到 21 世纪末，9 月海冰范围依然大于 2×10^6 km^2。为减少不同模式模拟结果的发散性，Wang 和 Overland 选择较好地模拟了当代海冰演变的 7 个耦合模式。这 7 个耦合模式的集成预估结果表明，在 RCP8.5 排放情景下，到 21 世纪 40~60 年代，9 月北极海冰将消失（海冰范围小于 1×10^6 km^2）。在 RCP8.5 排放情景下，Wang 和 Overland 计算了这 7 个耦合模式预估海冰从 4.5×10^6 km^2 减少到 1×10^6 km^2 所需时间是 14~36 年，中间值是 28 年。他们认为，如果以 2007 年为参考时间点，到 21 世纪 30 年代 9 月北极海冰范围将消失（图 10.10）。

需要强调的是，耦合模式预估未来夏季北极海冰消失的时间存在非常大的不确定性。产生不确定性的原因主要包括以下几个方面：①排放情景的不确定性，目前所有排放情景均不能代替未来的真实的排放。②每一个耦合模式由于其自身的动力学框架和物理过程的特殊性，即使在特定排放情景下预估未来夏季北极海冰的消失时间也是不确定的，而多模式集成只能是减少不确定性。③全球变暖导致北极海冰消融，其中，人类排放的温室气体很可能是导致全球增暖的主要原因。但是，我们不能否认，气候系统中自然变

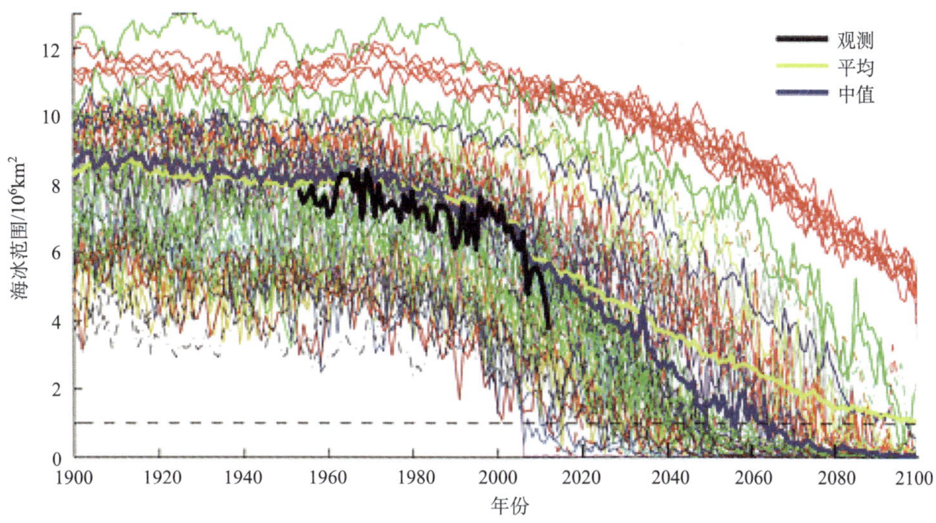

图 10.10　在 RCP8.5 排放情景下，由 36 个 CMIP5 模式 89 个集成样本数模拟得到的 9 月北极海冰范围

Figure 10.10　Sea ice extent in September under RCP8.5 integrated by 89 samples from 36 CMIP5 models

每条细彩色线代表一个集成数，粗黄色线代表所有集成样本的算术平均，蓝色线是它们的中间值，粗黑色线代表观测值。水平黑色虚线表示 1×10^6 km^2，该值代表夏季近似无冰北冰洋

率的调节作用。近 30 年人类活动向大气中排放了大量的温室气体，而自 20 世纪 90 年代后期以来，全球增暖却出现了停滞。诸多研究表明，热带太平洋表层海温的降低以及硫酸盐气溶胶的排放有利于全球增暖的趋缓。地球气候系统的自然变率对海冰消融产生非常大的影响。④尽管自 2007 年以来，夏季北极海冰范围一直维持异常偏少状态，但是，近年来夏季海冰范围不但没有继续减少，反而呈现增加趋势。近期的研究表明，春、夏季节北极表面风场在 20 世纪 90 年代后期经历了年代际变化，从而导致夏季北极海冰快速消融。可以预期，未来北极表面风场的年代际变化必然对夏季海冰产生重要影响[在北极区域广泛存在低频（50~80 年）变化过程]，从而调节海冰的消融历程。

6. 河湖冰变化的预估

河湖冰的分布面积不很集中，相对面积较小。因此，气候变化对其有影响，但它对气候无反馈。由于气候的变化，湖冰也发生变化。这个变化预估的是否准确，取决于气象指标预估的是否准确。目前假设冬季平均气温高或者低 1℃，5℃时，芬兰 Vanajavesi 湖冰的变化（Yang et al., 2012）。将 1971~2000 年 30 年间月平均气温进行±1℃和±5℃的变化，模拟冰厚结果见图 10.11。气温变化 1℃，初冰日、融冰日和冰期相应地分别改变 5 天、8 天和 13 天。全球气候变暖势必对湖冰生消造成影响，秋季湖水存储的热量值和气温的下降速率直接影响湖的封冻时间（初冰日）。数值模拟结果表明融冰日对于气温变化较初冰日敏感。同时气温变化 1℃，冬季平均冰厚在 36 cm 基础上改变±6 cm（占总冰厚的±17%）。

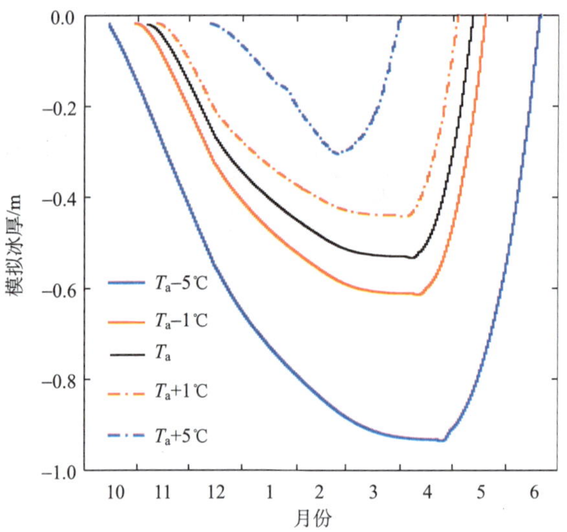

图 10.11　气温年际变化下的芬兰 Vanajavesi 湖模拟冰厚（杨宇等，2012）

Figure 10.11　Inter-annual variance of simulated ice thickness of Vanajavesi Lake in Finland（Yang et al, 2012）

图中 T_a 表示空气温度

10.3.3　冰冻圈变化预估的不确定性

气候变化研究领域的不确定性问题广泛存在于气候系统观测、气候变化的检测和归因以及未来气候变化预估等多个方面。就冰冻圈预估的不确定性而言，大体可归结为：①观测信息的匮乏。用于冰冻圈预估的气候系统/地球系统模式需要利用空间和时间足够充分的观测资料进行约束和评估，但在 20 世纪 70 年代发展起来的卫星观测技术手段之前，对冰冻圈许多要素的系统性观测数据非常缺乏；即使在目前，由于冰冻圈一般处于高纬度和高海拔地区，远离人居，因此对冰冻圈某些要素的观测依然是空白，覆盖度、准确率和精确性问题依然较为严重，很难量化全球和区域相关要素或指标的长期趋势和短期变率。②冰冻圈过程和机制认识不足。例如，冰川冰盖消融作用的量化分等。③气候系统/地球系统模式的模拟性能还需要进一步提高，冰冻圈模式的模拟能力也需进一步改进。例如，模式中包含的气候系统要素不完备，依靠目前的模式还不能分析造成南极冰盖和格陵兰冰盖发生的巨大、迅速、动力变化的关键过程，模式分辨率的限制依然是研究区域气候变化及其归因的制约因素之一，模式模拟内部气候变率的不确定性仍然制约着归因研究的某些方面。④排放情景的不确定性。未来温室气体和气溶胶等人为影响因子的假定，会直接影响到未来气候变化预估结果。其不确定性来源主要包含：化石燃料燃烧的 CO_2 排放量、固定源和流动源的 CH_4 和 N_2O 等排放量的计算方法，政策、技术进步和新型能源开发等对温室气体排放量估算的影响，未来温室气体排放清单与排放构想等因素。当前在气候变化预估研究中，为降低预估结果的不确定性，多采用多模式集合预估的方式，一般认为要优于单个模式的预估效果。

思 考 题

1. 当前在冰冻圈预估研究中，为降低预估结果的不确定性，多采用多模式集合预估的方式，一般认为要优于单个模式的预估效果。主要原因是什么？

2. 简述冰冻圈分量模式在气候系统/地球系统模式中的地位和作用。

延 伸 阅 读

1. 全球社会经济排放情景

对未来气候变化的预估首先需要设计未来温室气体排放情景，而未来温室气体排放情景的设计是建立在对全球社会经济排放情景构建的基础上。社会经济排放情景的构建主要需要考虑以下因子：人口和人力资源的发展与变化，社会经济发展，特别是能源生产和使用的变化带来的能源排放的变化（包括温室气体和气溶胶等），技术变化和改革与进步，土地利用与覆盖的变化，农业、林业和草地等的变化，环境和自然资源的变化，政策和机构管理的变化以及生活方式的变化等。由于这些因素的变化，造成大气中微量气体和颗粒物的改变，从而影响到辐射的变化，以及相关联的海洋、陆地、冰冻圈等的变化，进而造成气候变化。社会经济排放情景的构建有许多具体的方法，主要通过设计各种综合评估模型（IAM），根据上述因素的过去情况和设计的未来发展情况，再通过综合评估模型计算而得来。

对于未来的发展可以提出不同的全球发展特征，如人口增长率为低、中或高；经济发展速度为非常快、快、中速、慢，或慢到快；技术进步为快、中、慢或慢到快；环境技术发展为快、中、慢或中到快；环境保护为被动、主动、积极主动或主动被动兼有；贸易为全球化、贸易壁垒或弱全球化；政策与管理为市场开放、强或弱全球管理，或地方管理；脆弱性为低、中或高。而经济社会发展框架又可以设计为经济优化、市场改革、全球可持续发展、区域可持续发展、区域竞争和常规商业等。

IPCC 组织各国专家先后给出了不同的温室气体排放情景。1992 年 IPCC 发布了第一个对温室气体排放估计的全球情景，即 IS92 系列情景，用来驱动全球模式模拟未来气候变化情景。依据未来不同社会经济、环境状况，IS92 可划分为 6 种排放情景（IS92a~IS92f）。其中，IS92a 情景下的辐射强迫与 CO_2 浓度以每年 1%速度增加情景相当。虽然 IS92 系列情景仅考虑了与能源、土地利用等相关的 CO_2、CH_4、N_2O 和 S 排放，但其 CO_2 排放曲线能够较合理地反映现有各种排放情景研究所得出的 CO_2 排放趋势。因此，IS92 情景推进了气候模式对未来气候变化的预估研究，方便了对气候变化影响的评估。

随着对未来温室气体排放和气候变化认识的加深，未来排放情景的估计也发生了变化。2000 年 IPCC FAR 公布了《排放情景特别报告》（SRES），发布了一系列新的排放情景，即 SRES 情景。SRES 设计了 4 种世界发展模式，即 A1：假定世界人口趋于稳定，高新技术广泛应用，全球合作，经济快速发展；A2：人口持续增长，新技术发展缓慢，注重区域性合作；B1：世界人口趋于稳定，清洁能源的引用，生态环境得到改善；B2：人口以略低于 A2 的速度增长，注重区域生态改善。依据上述发展模式，SRES 确定了 40 种不同的排放情景。其中，A1 根据能源系统的不同发展方向可分成 3 个情景组：高强度的矿物燃料使用（A1FI）、非矿物能源（A1T）、各种能源的平衡发展（A1B）。为方便使用，开发者从 6 个情景组（A1B、A1T、A1FI、A2、B1、B2）中分别指定一种情景作为代表，即说明性情景（illustrative scenarios）。这些情景能够涵盖 SRES 中 40 个情景的大部分排放范围，被 SRES 工作组推荐作为未来社会排放量评估基线。对说明性的 SRES 排放情景，到 2100 年大气 CO_2 浓度为 540~970 ppm（比 1750 年 280 ppm 浓度高出 90%~250%）。与 IS92 排放情景相比，SRES 排放情景扩展了累积排放量的高限，而低限类似，并且涵盖了人口、经济、技术等方面的未来温室气体和硫排放驱动因子，因此 SRES 情景比 IS92 情景应用更为广泛。

2011 年 IPCC 推出了典型浓度路径（representative concentration pathways，RCPs）4 套排放情景，供全世界的气候模式组用以强迫气候系统模式开展气候变化预估。表 10.4 给出 RCPs 情景全球 2100 年的人口，GDP 和 CO_2 排放量。从表中看到，在最低排放路径 RCP2.6 时，预计 2100 年全球人口大约为 93 亿人，而最高排放路径 RCP8.5 时，预计 2100 年全球人口大约为 110 亿人，对于不同的情景相应 CO_2 排放量差异很大。在设计的最高排放 RCP8.5 路径下，到 2100 年，辐射强迫将达到 8.5 W/m^2，中等稳定排放 RCP6.0 和 RCP4.5 路径下，辐射强迫在 2100 年后将分别稳定在 6.0 W/m^2 和 4.5 W/m^2，而最低的排放路径 RCP2.6，在 2100 年前接近 3 W/m^2，此后下降，到 2100 年接近 2.6 W/m^2。RCP 的 4 种情景，其中前三个情景大体与此前 SRES A2、A1B 和 B1 相对应。

表 10.4　RCPs 情景全球 2100 年人口、GDP、和 CO_2 排放量

Table 10.4　Global population, GDP and CO_2 emission amount under RCP scenarios

排放情景	人口/亿	GDP	CO_2 排放量/（10^9tC）
RCP2.6	93（71~105）	9.4（7.2~12.1）	−0.21（−3.8~1.7）
RCP4.5	97（71~148）	9.9（6.1~15.7）	5.6（3.1~8.4）
RCP6.0	104（71~151）	12.5（7.2~20.1）	12.7（8.7~16.9）
RCP8.5	110（71~151）	13.4（7.5~20.5）	34.2（27.9~39.7）

注：2100 年的 GDP 描述使用与 2000 年的比率，即相当于 2000 年 GDP 的倍数

资料来源：van Vuuren et al.，2012

表 10.5 列出了 IPCC 5 次评估报告所使用的社会经济排放情景以及大气 CO_2 浓度加倍时的大致时间。

从实际观测到的 1990~2012 年大气 CO_2 浓度来看，均落在 IPCC 前四次评估报告所使用的不同排放情景设计下的预估范围内（图 10.12）。

表 10.5　IPCC 5 次评估报告所使用的社会经济排放情景

Table 10.5　Social economic emission scenarios used in five IPCC assessment reports

IPCC 报告	社会经济情景构建	达到 CO_2 加倍时间
第一次	BEST 继续照常排放	2030~2040 年
第二次	IS92（a,b,c,d,e,f） 每年增加 1%	大约 2070 年
第三次	SRES（A1, A1FI, A2, A1B, B1, B2）	2070 年~达不到
第四次	SRES（A1, A1FI, A2, A1B, B1, B2）	2070 年~达不到
第五次	RCP（8.5, 6.0, 4.5, 2.6）	21 世纪中后期~达不到

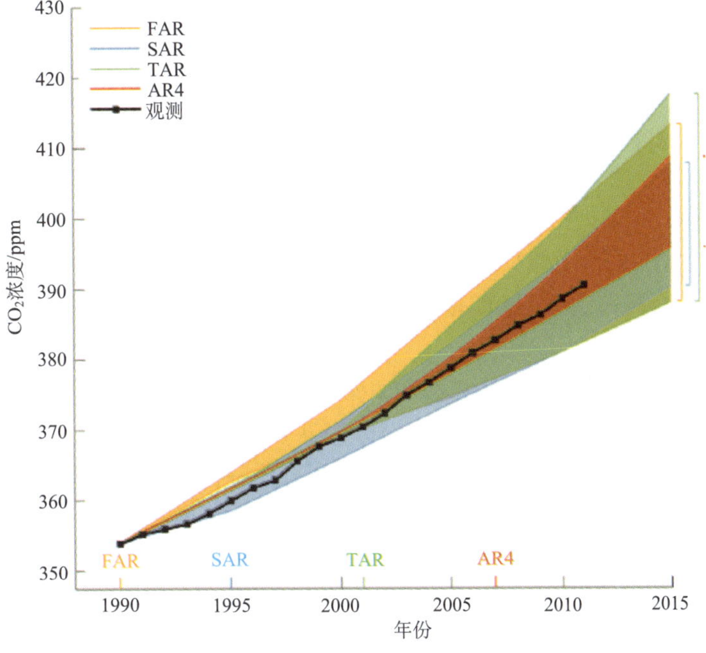

图 10.12　IPCC 四次评估报告（FAR, SAR, TAR, AR4）预估 1990~2015 年与观测的 1990~2012 年大气二氧化碳浓度变化曲线（IPCC AR5 WGI, 2013）

Figure 10.12　changes of atmospheric CO_2 concentration projected by IPCC FAR, SAR, TAR, AR4 in 1990~2015 and observed in 1990~2012（after IPCC AR5 WGI, 2013）

2. 耦合模式比较计划（CMIP）

由 WCRP 推动制定的耦合模式比较计划（CMIP），是一整套耦合地球系统或者气候系统模式的比较计划。该计划旨在通过比较模式的模拟能力来评价模式的性能，促进模式的发展；同时也为生态、水文、社会经济诸学科在气候变化背景下预估未来可能变化提供科学依据。CMIP 计划经历了 CMIP1、CMIP2、CMIP3、CMIP5 几个阶段的发展，并已为模式研究提供了迄今为止时间最长、内容最为广泛的模式资料库。

耦合模式比较计划第一阶段（CMIP1）对各模式模拟的地表气温评估指出，耦合模式整体性能得到很大提高，在没有使用通量订正的前提下，模式均能成功地模拟出较小的时间尺度变率，如季节循环。该计划第二阶段（CMIP2）引用 16 个模式模拟的地面气温场非常接近观测场，二者相关系数大都在 0.95 以上；而气压场稍差，降水场的模拟问题较大。耦合模式比较计划第三阶段（CMIP3）对模式则有着更高的要求，希望各个参加比较计划的模式可更加真实地模拟出 20 世纪的观测气候，以期使得模式可以更好地预估未来 21 世纪气候的变化。

新一轮耦合模式比较计划 CMIP5 的目的是：①判断由于对碳循环及云有关的反馈了解不够而造成的模式差异的机制；②研究气候可预报性，开发模式预测年代尺度的能力；③确定为什么类似的强迫在不同的模式中得到不同的响应。CMIP5 的模式比较结果为 IPCC AR5 所采用。

参加 CMIP5 比较的耦合模式是以 CMIP3 的全球海气耦合模式为基础，但又做了许多改进，如改进物理参数化、提高模式分辨率等。其中，最大的发展是 CMIP5 中开始建立地球系统模式（earth system model，ESM）。ESM 包括气候系统对各种外强迫的响应，如碳循环、气溶胶、甲烷循环、植被及野火、土地利用、臭氧、大陆冰盖等。目前有全球 23 个模式组的 50 多个气候模式参加 CMIP5，其中包括中国发展的 6 个模式（国家气候中心 BCC_CSM1.1 和 BCC_CSM1.1-M、中国科学院大气物理研究所 FGOALS-s2 和 FGOALS-g2、北京师范大学 BNU-ESM、国家海洋局第一海洋研究所 FIO-ESM）。

为了预估未来气候的可能变化，在 CMIP5 中专门设计了长期气候模拟（long-term simulations）试验，包括历史气候模拟和未来气候变化预估（RCPs 情景）。与 CMIP3 相比，CMIP5 中对于历史气候模拟各模式组进行更多的模拟试验，除进行长期历史气候模拟（historical）外，还将进行自然强迫模拟试验（historicalNat）、温室气体强迫模拟试验（historicalGHG）以及其他强迫模拟试验（historicalMisc）等（Taylor 等，2012），这更有利于开展气候变化检测和归因研究。未来气候变化预估试验将以 RCPs 情景为强迫，进行 RCP2.6、RCP4.5、RCP8.5 试验，部分模式进行 RCP6.0 预估试验；目前 40 多个全球气候模式进行了 RCP4.5、RCP8.5 模拟试验，大约 30 个全球气候模式进行了 RCP2.6 模拟试验，20 多个模式进行了 RCP6.0 模拟试验。

第 11 章 冰冻圈科学观测和实验技术

主笔：康世昌　李新　孙波

主要作者：孙俊英　徐柏青　吴青柏　车涛　杨建平

冰冻圈科学的迅速发展受益于不断革新的野外观测和实验方法与技术。冰冻圈科学研究的基础是通过野外观测和实验室分析测试获得冰冻圈各要素的各类数据，然后通过模型模拟分析，获得冰冻圈自身过程的机制及其与其他圈层的相互作用的认识。本章介绍了冰冻圈区域野外气象和水文观测的通用技术和方法，以及钻探与坑探、电磁、穿透雷达等勘测技术，并分别对冰冻圈各要素（冰川、积雪、冻土、海冰、河冰、湖冰）特殊的观测方法和冰冻圈影响区社会经济调查方法做了阐述。在实验室分析技术方面，介绍了冰冻圈研究中涉及的力学、热学、光学方法，阐述了冰冻圈的物理结构、化学成分、年代学技术与方法。鉴于近几十年来遥感技术在冰冻圈科学研究中的广泛应用，本章详述了光学遥感、微波遥感、高度计、无线电回波探测以及重力卫星的原理、方法和应用。

11.1 观测和实验技术在冰冻圈科学发展中的作用

早期的冰冻圈研究针对冰冻圈单个要素，诸如冰川（冰盖）、积雪、冻土、河冰、湖冰、海冰以及古冰缘地貌等简单的人工观测和调查分析。例如，19 世纪晚期以来在阿尔卑斯山脉开展的冰川长度、面积、物质平衡、温度、运动等人工观测；积雪天数、厚度、密度等物理参数的观测；河（湖）冰的初（终）冰期、面积、厚度、密度等，以及海冰类型、密集度、厚度、冰间河与湖观测等。然而，人工观测费时费力，覆盖的冰冻圈区域小、获得的资料少，一些偏远地方无法到达而缺少资料，这些都极大地限制了全面认识冰冻圈各要素过程和机制的研究。

20 世纪 70 年代以来，遥感技术的应用促进了冰冻圈科学的研究。利用航空和卫星遥感开展的冰冻圈观测，涵盖可见光、近红外、热红外、微波、激光、无线电和重力等技术，可以高效地获取大范围高分辨率的冰冻圈要素的几何、物质和能量等各类参数，结合实地观测和验证资料，有效地提高了冰冻圈各类参数的精度。同时，野外观测中其他高技术的应用，如钻探与坑探技术、探地雷达、高密度电法、瞬变电磁法、频率域电磁等方法提高了冰冻圈要素微观和宏观上的物理和化学特性观测，各类自动观测（如自动气象站、涡动相关系统、自动摄影等）也极大地促进了冰冻圈物质和能量过程观测的效率和精度。近年来，在关注全球环境变化的国际合作组织 IGOS 推动下，成立了冰冻圈主题组并推出了冰冻圈专题报告，从“地–空–天”一体化观测冰冻圈要素及其变化，目标是在全球范围创建冰冻圈观测框架，建立一个完整的、协同的、综合的冰冻圈观测体系，为冰冻圈科学基础研究和业务服务提供所需要的完备和详细的冰冻圈资料和信息。上述全球一体化观测体系将会推进冰冻圈科学的迅猛发展。

经过近几十年的发展，针对冰冻圈各环境要素的实验室分析技术，在采样流程、样品处理，实验室分析理论及技术等方面均日益成熟和完善。力学、热学、光学、物理结构和电磁学等先进的理论和方法应用于环境样品的理化参数分析。随着检测精度的提高、仪器设备的快速更新以及分析方法的创新，给冰冻圈科学研究带来了新的机遇。同时，模式模拟方法已经广泛应用于冰冻圈各组分的变化模拟、归因和预估，包括全球（区域）气候模式、冰川物质平衡模式、冰川（盖）动力学模式、冻土模式、积雪模式、海冰模式和河、湖冰模式等。通过冰冻圈各分量模式与气候系统模式的耦合，可以预估未来不同气候情景下冰冻圈的动态变化过程等。应用于冰冻圈科学研究的相关模式将由简单逐渐到复杂，越来越多的物理、化学和生物过程被引入到模式中来，而且相关模式向着积分时间更长、空间分辨率更小、对各子系统描述更全面的方向发展。总之，高技术的应用和冰冻圈模式的发展，实现了冰冻圈科学的集成研究，促进了冰冻圈科学的快速发展。

11.2　野外观测和勘测方法与技术

11.2.1　通用方法和技术

1. 气象观测

冰冻圈区域气象观测不同于普通的气象台站，测点布置要灵活，仪器要轻便，气象要素的观测有特殊的规范。冰冻圈气象观测的目标主要为：①影响冰川、积雪、冻土过程及雪冰融水径流的常规气象因素；②冰川、积雪、冻土区的小气候特征；③冰川、冻土表面的能量–物质交换特征。冰冻圈气象观测主要由自动气象站（automantic weather station, AWS）来实施（图 11.1），观测参数包括气温、相对湿度、风速风向、气压、四分量辐射、雪深、总雨量（T200B 或国家标准总雨雪量）以及蒸发量（蒸发皿）等。此外，利用涡动系统观测雪（冰）–气和地–气界面能量传输。气象观测的传感器需要耐低温、测量范围较宽、精度高、较易维护等特点。气象测量传感器的工作原理及适用范围见表 11.1。

A

B

C

D

图 11.1　冰冻圈自动气象观测仪器

Figure 11.1　Automatic weather observation equipments in cryosphere

A.冰面自动气象站（1.避雷针, 2.风速风向传感器, 3.雪深传感器, 4.数据采集器, 5.电瓶, 6.温湿度传感器, 7.太阳能板, 8.四分量辐射）； B.冰面涡动系统（1.避雷针, 2.温湿度传感器, 3.数据采集器, 4.数据处理器, 5.三维超声风速风向传感器,6.电瓶）；C.T200B 雨量计（1.太阳能板, 2.数据采集器, 3.防风护栏, 4.雨雪量计容器）；D.冻土区气象观测场（1.避雷针，2.太阳能板，3.风速风向传感器，4.数据采集器，5.雪深传感器， 6.温湿度采集器，7.防风护栏，8.雨雪量计容器，9.数据处理器，10.CO_2/H_2O分析仪，11.三维超声风速风向传感器）。A 和 B 由陈记祖提供，C 由张国帅提供，D 由杜二计提供

表 11.1　冰冻圈自动气象观测系统

Table 11.1　Automatic weather observation system in the cryosphere

类别	观测参数	工作原理	适用范围
自动气象站	温度、湿度	温度传感器是利用铂电阻随温度变化的原理，具有灵敏度高、性能稳定、精度高及复现性好的特点。湿度传感器利用高分子聚合物的介电常数随着环境湿度变化而变化的原理，环境湿度影响湿敏原件的电容量，将其转换成电压量变化，对应于相对湿度的变化	温度： 校准测量范围为–50~ 60℃，在 0℃的精度为±0.3~±0.1℃ 湿度： 测量范围为 0~100%，精度为 1%，长期稳定性（RH/a）为<1%
	风速、风向	风速传感器通过螺旋桨旋转在静止线圈中产生可变频率信号，将原始信号转换成数字串口输出。风向传感器是一个耐用的模塑风向标，通过编码器输出风向	风速为 0~100 m/s，风向为 0º~360º
	四分量辐射	以电热偶为连接，将太阳暴晒程度通过屏蔽通电接收器转化为加热电流的功率，从而得到单位时间接收的太阳辐射量	光谱范围： 短波 300~2800 nm， 长波 4.5~42 μm； 灵敏度：5~20 μV/（W・m^2）（短波），5~15 μV/（W・m^2）（长波） 工作环境：–40~80℃，0~100% RH 视角：短波辐射传感器 180º，长波辐射传感器向下 150º，长波辐射传感器向上 180º
	雪深	声波测距传感器是通过测量超声波脉冲发射和返回的时间测量出距离，同时需要测量温度用来修正声速在空气中的变化	测量范围：0.5~10 m 精度：±1.0 cm 操作温度: –45~50℃

续表

类别	观测参数	工作原理	适用范围
自动气象站	气压	传感器是利用环境压力变化导致可移动电极上的薄膜弯曲，进而影响固定电极间的电容的原理，压强数字可转变为电信号，从而检测出压力的大小	量程：500~110 hPa 校准精度：±0.07 总精度：±0.25 长期稳定性（hPa/a）：±0.1 工作温度：−40~60℃
冻土观测系统	冻土地温	热敏电阻传感器，主要通过数据采集器或者高精度万用表测量土壤电阻值，实验室内标定方程换算获得温度值	测量范围：+30~−30℃， 测量精度：±0.05℃
	土壤热通量	土壤热通量传感器采用热电堆测量温度梯度，该热电堆由两种不同的金属材料组成。热电堆探测器接收热辐射，热辐射能使两个不同材料结点之间产生温差电势，以电压的形式输出	精度：±5% 测量范围：−500~500 W/m^2
	土壤水分	时域反射（TDR）或频域反射（FDR）传感器，通过数采仪直接测量并换算出土壤的未冻水含量。TDR 通过探测器发出的电磁波在不同介电常数物质中传输时间的不同而计算含水量。FDR 通过探测器发出的电磁波在不同介电常数物质中传播频率的不同计算含水量	TDR：0~100%VWC*，精度 0.3%VWC FDR：0~100%VWC，精度 0.05%VWC
	降水量（翻斗式雨雪量计）	由感应器及信号记录器组成的遥测雨量仪器。当雨水由最上端的承水口进入承水器，落入接水漏斗，经漏斗口流入翻斗，当积水量达到一定高度时，翻斗失去平衡翻倒。每一次翻斗倾倒，开关接通电路，向记录器输送一个脉冲信号，记录器控制自记笔记录降水量	承雨口内径：Φ200 mm 仪器分辨力：0.5 mm（1 型）； 降雨强度测量范围： 0.01~4 mm/min； 工作环境温度：−10~50℃
	降水量（T200B 总雨雪量计）	加装防风护栏，保证测量的准确性和可靠性。降水被收集在雨雪量计容器内，通过弦振荷载传感器称重，然后输出一个为电压函数的频率，通过它即可计算出降水量	容积：600 mm 采集面积：200 cm^2 灵敏度：0.05 mm 温度范围：−40~60℃
	蒸发	通过测量蒸发皿内水位的变化来计算蒸发量。电位计输出一个与浮子位置呈比例关系的电阻信号，该信号可以通过数据采集器来测量并记录。雪冰下垫面采用绝热性较好的塑料器皿，利用高精度电子秤在规定时间（每日 8:00）测量	精度：0.25% 工作温度范围：−40~60℃
	反照率	以太阳辐射为光源，利用响应度定标数据，测量并获得地物目标的光谱辐亮度。利用漫反射参考板对比测量，获得目标的反射率光谱信息。通过对经过标定的漫反射参考板的测量，获得地面的总照度以及直射、漫射照度光谱信息从而获取反照率	波长范围：350~2500 nm
	红外辐射温度	基于四次方定律，通过检测物体辐射的红外线能量，获得物体的辐射温度。在红外热辐射温度传感器中，作为测量元件的热电堆将红外线的能量转换为热电，经过信号处理后作为检测信号输出	测量范围：−50±3000℃， 波长范围：0.18~14μm 响应时间：<200 ms 精度：<0.2℃

续表

类别	观测参数	工作原理	适用范围
涡动系统	三维风速、CO_2和H_2O通量	三维超声风速仪测量空气的三维风速及超声虚温。开路分析仪测量空气中的CO_2和H_2O气体含量。这两种传感器测得的数据构成了涡动协方差系统的原始数据。经过数据采集器在线计算或离线处理，可得到CO_2通量、潜热通量、显热通量、空气动量通量、摩擦风速等	风速测量范围：0~65 m/s 风速测量精度：12 m/s 风向分辨率：0.1° 声速分辨率：0.1 m/s 声速温度范围：–40~70℃ 可承受降雨强度：300 mm/h CO_2： 标定范围：0~3000 ppm 精度：1% H_2O： 标定范围：0~60 ppt 精度：2%

*VWC 是体积含水量

2. 水文观测

冰冻圈水文过程及影响因素有其独特性，观测的主要目标是获得冰川、冻土和积雪融水的径流量。冰冻圈区水文监测主要包括水位、流速、水温、水化学及同位素等基本要素，这些指标均需注意低温、河道碎石等极端因素。因此，在传感器的选择上要求较高（表 11.2）。

表 11.2　冰川区水文观测

Table 11.2　Hydrology measurements in glacier area

观测参数	工作原理	适用范围
水位、水温	采集器有温度和压力传感器，温度传感器测量环境温度，压力传感器测量水位	水位： 精度：±0.3 cm 分辨率：0.14 cm 爆破压力：310 kPa； 水温： 工作范围：–20~50℃ 测量精度：±0.37℃ 误差：0.1℃
流速	某一声源（超声波）发出的声波被另一个接收体（水中的悬浮物）反射，利用接收体接收的声波频率与声源的发射频率之间的差异计算水流速度	量程：±10 m/s 精度：读数的 1% 或±0.5 cm/s 工作温度：–4~30℃

高寒山区河流径流观测与常规水文观测基本相同。由于冰川作用区或冻土覆盖的山坡流域面积较小，一般可以用测流堰作为水文观测断面。在测流断面旁设水尺建自记水位计，或水位计测量径流深，在低、中、高水位分别进行测流，建立水位流量关系曲线。在较大的流域，可选择顺直天然河段，或在公路桥附近上、下河段作为测流断面，在近河岸设水尺、自记水位计。冰川区河段一般为间歇性河流，冬半年冻结，夏半年解冻。解冻期开始测量。盛夏水量较大，测流难度较大，如果遇到山洪暴发断面被冲坏，可用

洪痕法估算其洪峰流量。

此外，也可以利用盐溶液法观测径流，该方法是较为简单、效果较好的山区测流方法之一。在没有水文测流断面的小溪或山区小河，可以采用该方法。其基本原理是投入河流中的溶质总量与流出河段测流断面的总溶质含量相等。

$$M = \overline{Q}\int_0^{t_1} N(t)\,\mathrm{d}t\text{，即 }\overline{Q} = M \Big/ \int_0^{t_1} N(t)\,\mathrm{d}t \qquad (11\text{-}1)$$

式中，M 为总盐量（kg）；$N(t)$ 为测流断面河段水的含盐浓度（g/L）；$\overline{Q}$ 为断面平均流量（m^3/s）。

从投放溶液处到测流断面的距离选取较顺直，溶液能充分混合。为检验溶液法测流的精度可在有水文点断面附近进行测流，与流速仪测流进行对比。在上游断面投放溶液，然后下游断面观测人员在相应地点测出水的电导率。通过计算电导率变化的时间获得断面平均流量。

同位素水文学是根据稳定同位素和放射同位素在自然界水体中的丰度变化来研究水循环。最常用的稳定同位素是 δD 和 δ^{18}O，而放射性同位素为氚（T）和 ^{14}C。20 世纪 70 年代以后，同位素技术被逐渐地应用到流域径流过程形成、水流路径和流域滞留时间中。同位素技术的出现也为流量过程线的划分提供了完善的物理基础。同位素示踪剂径流分割，目前国际上比较认可的有 3 种划分方法:

第一类为时间源划分方法（图 11.2），将径流划分为新水（new water）和旧水（old water），新水一般由降雨产生，而旧水是指降雨事件前已经储存在含水层中的水分。第二类是地理源划分方法，它是根据水流到达河道之前地理位置的不同来划分，如图 11.2 所示。第三类是按产流机制的划分方法，一般将径流分为霍顿坡面径流、变源坡面径流或饱和坡面径流、壤中流、地下径流、栖息饱和径流等。

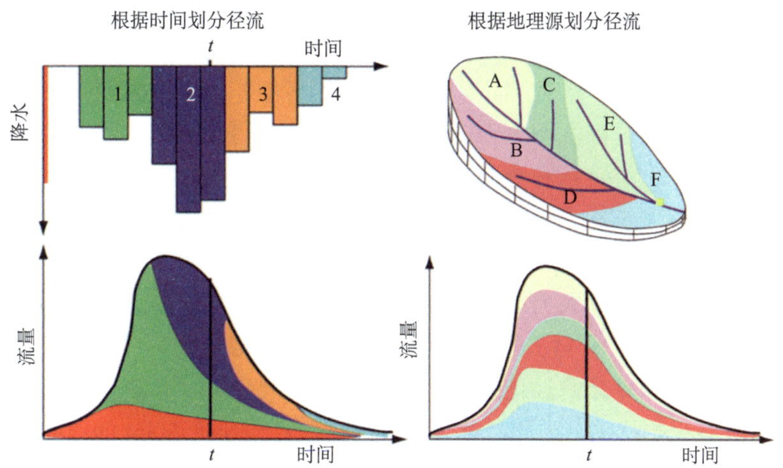

图 11.2　依据时间源和地理源划分径流示意图

Figure 11.2　Sketch of runoff division based on time and location

利用降水过程中 $\delta^{18}O$，δD 和水化学变化分析降水径流过程，基于质量平衡方程和浓度平衡方程，进行二水源流量过程线分割。伴随着同位素示踪剂和地球化学示踪剂的联合应用，用降雨、土壤水、地下水 3 种水源的 $\delta^{18}O$ 与水化学离子示踪剂结合的模型来推求各种水源对流量过程线的贡献，即三水源流量过程线分割。而后利用多种示踪剂和多水源，建立在多元统计学和径流端元分析基础上的端元混合分析法（end member mixing Analysis，EMMA），已成功应用于多种自然条件下径流成分的分割，并研究径流分割中的误差和不确定性。该方法划分的水源数量无须人为确定，可以按照流域水源成分在出口断面形成的流量过程特征差异，自动分析确定应该有的水源数、水源量及各种水源在出口断面形成的流量过程。由于划分方法完全以物理定律为基础，方法的合理性和效果较好因而被广泛应用。

3. 钻探与坑探技术

冰冻圈内（如冰川和多年冻土）蕴藏有大量的古气候和环境信息，冰冻圈钻探与坑探技术是获得气候环境信息的基础。钻探技术是指以获取一定深度内物质量作为研究介质的野外勘探技术，所钻取物质可用于实验室内各项理化参数的分析测量；同时，通过钻探还可获得研究对象表层以下较深连续观测剖面，用于各项深部观测研究。坑探技术是指以获取研究对象直观观测剖面或较浅深度处研究介质的野外观测与勘探技术。总体来看，冰冻圈钻探与坑探技术的应用对象主要为多年冻土和冰川。而针对不同的应用对象，钻探与坑探技术的特点又不尽相同。其中，冻土钻探技术主要以人力或机械钻取为主；坑探则主要依靠人力或机械挖掘坑槽。冰川钻探技术主要分为人力手摇、机械及热力钻取 3 种方式；坑探技术主要有：浅坑挖掘、机械及热力孔钻 3 种。

1）冻土坑探和钻探技术

冻土坑探主要依靠人力或机械，按野外调绘和观测需要，从地表向下挖掘一定宽度及深度（一般在 3 m 以内）的坑槽，现场对坑槽内多年冻土层剖面的多种理化参数进行观察和测量。此外，通过在坑槽内不同深度布置多种观测仪器（如温、湿度传感器等），可进行后续长期的冻土层定点观测研究。冻土坑探技术一般应用于探测季节冻结深度或季节融化深度、了解多年冻土上限附近地下冰分布特征及浅层冻土的物理参数与化学组分的分析研究。

冻土钻探技术主要依靠人力或机械动力旋转空心钻杆下端的圆环状钻头（一般为金刚石材质），同时下压钻杆，自多年冻土表面垂直向下钻取一定深度的圆柱状样品，用于各项理化参数的测量和安装测温传感器。为了较好地通过钻探岩芯了解土体的冻结和含冰状态，应尽量减少热扰动。因此，对于多年冻土区孔深小于 30 m 的浅孔，一般采用干钻，不应采用钻井液，且钻进回次应小于 0.8~1.0 m；大于 30 m 的深孔，可采用钻井液降低钻进过程中的温度，但为了较好了解多年冻土特性，采用双管钻进取芯方法。与坑探技术相比，钻探技术所获取的冻土样品深度可达多年冻土层底部，从而有助于全面、深入认识施钻区多年冻土层的整体物理结构性状及化学组分特征。在钻探获取深部样品后，在钻孔内沿不同深度布置温度传感器，并进行多年冻土变化长期定点观测研究。

2）冰川钻探技术

主要包括浅坑挖掘、机械和热力孔钻 3 种方式。浅坑挖掘一般在积雪区或表面有积雪覆盖的冰川面上开展，主要采用人力或借助小型电动工具挖掘一定深度的雪坑，获得观测剖面，对雪层的多项物理参数（如密度、粒雪组构、污化层等）进行观测（图 11.3A）。同时，可沿雪坑垂直剖面按一定的间隔采集雪样品，用于后期实验室内各项理化参数的分析。

图 11.3　冰川坑探及钻探技术

Figure 11.3　Illustration of snow pit sampling and ice core drilling techniques

在冰川上利用环形钻头和中空钻杆，通过人力摇动、机械转动或热力下融的方式自上而下获取连续的圆柱状冰芯（图 11.3B），并同时得到一定深度的钻孔用以观测研究。其中，人力手摇或机械钻取技术（图 11.3C）是依靠人力或机械旋转中空钻杆，通过钻杆下端钻头上的切刀，旋转下切粒雪或冰层，而保留提取钻杆中部的雪冰样品，提取后用于各项理化参数的分析测定。通常，人力手摇钻所钻取的冰芯深度相对较浅（50 m 以内），其钻探过程与冻土钻探过程类似，动力输出装置均架设于钻孔外部，依靠不断增加钻杆以传输旋转动力与下压力，实现深度钻取，钻取装置的总长度随钻探深度的加深而增长。冰芯机械钻探技术则与上述技术有所区别。主要体现为钻取装置整体长度相对较短且保持不变，动力发生装置整合于钻取装置内部，通过电缆与冰面上电力和起降装置连接，随钻探过程不断上下往复于冰川表面与钻孔内。冰芯热力钻取技术（图 11.3D）则通过电力加热钻杆下端的环状热力钻头，从而融化钻头表面所接触的雪冰，实现垂直钻进。由于热钻头的环状加热构造，热钻在下融冰体时，只融环状融化钻头所接触的冰体，随热钻头的不断下融，其中间留存的圆柱状冰将进入中空钻杆，并被提取用于各项理化参数的分析测定。热力钻取装置的整体结构设计理念与冰芯机械钻相似，即钻取装置整体长度较短且保持不变，依靠电缆实现电力传输及传动在冰川钻孔内的升降。

此外，还可以用热力钻技术仅仅获得钻孔而不采集冰芯样品，其利用钻头喷出热水（称为热水钻）或高压水蒸气（称为蒸汽钻）向下融化冰层，以获取一定深度的钻孔。在山地冰川，可利用蒸汽钻获得 10 m 左右的钻孔；而在极地使用的大型热水钻可以获得数百米的钻孔。

受人力手摇、机械和热力钻探技术各自工作原理差异影响，人力钻探主要用于浅冰芯样品的钻取；机械钻探主要用于大陆型冷性冰川深冰芯样品的钻取；热力钻探装置则通常应用于海洋型暖性冰川深冰芯的钻取。当前，美国、日本等国家及欧洲均具备千米以上深冰芯钻取技术，而中国冰芯钻取技术则发展相对较滞后，主要为中国科学院寒区旱区环境与工程研究所自 20 世纪 80 年代以来开发的系列机械钻和近年来中国科学院青藏高原研究所开发的机械浅钻和电热力深钻技术，钻取深度均在 300 m 以内。

4. 电磁方法

1）高密度电法（electrical resistivity tomography, ERT）

通过两个电极向地表供电测量电流强度，同时用另外两个电极测量其电势差，依据电势差与电流强度的比值，再乘以与排列方式和地形相关的系数 K，获得视电阻率。在地下地层的电性结构不是均匀半空间的情况下，视电阻率不能反映地层真实电阻率，需对视电阻率值进行反演计算得到地层的电阻率分布信息。由于冰为非导体，土体冻结后，尤其是其中含有大量的冰，厚层地下冰电阻率较融土会有几十或百倍的增加。由于多年冻土上限附近往往有地下冰层或透镜体的存在，冻土这些特性为冻土的电法勘探提供了较好的物质基础。因此，在地下冰探测相关研究方面高密度电法已被广泛应用，如冰碛层、石冰川的地下冰以及岩屑坡中的地下冰等领域；根据冻融界面处的电阻率值显著差异，结合地温观测和高密度电法测量推测多年冻土下限的深度，测量精度在几米到 20 m 范围内，应用高密度电法对青藏高原冻土下限深度探测结果与测温得到的冻土下限深度吻合较好。因此，ERT 可较好地反映多年冻土上限、地下冰分布和冻土厚度等信息。

高密度电法在深部与浅部均有较好的分辨率，且不易受电磁噪声干扰，对冻土勘测的最大深度能达到百米数量级，是对冻土厚度勘测的有效方法。但高含冰量冻土层直流电的传播电阻大，探测深度会受到影响，且冬季探测时需要解决好接地电阻过大的问题。

2）瞬变电磁法（time-domain electromagnetic, TEM）

瞬变电磁法的基本原理是电磁感应定律。由于在阶跃脉冲作用下地质体电导率越高，产生的涡旋电流强度越大，激发的二次电磁场强度也就越大。应用瞬变电磁法采集数据时，利用接地导线或不接地回线向地下发送一次脉冲电磁场，在一次断电后，通过观测及研究二次涡流场随时间变化的变化规律来探测介质的电性特征。早期的电磁场相当于频率域中的高频成分，衰减快，趋肤深度小；而晚期成分则相当于频率域中的低频成分，衰减慢，趋肤深度大。

3）频率域电磁法（frequency-domain electromagnetic, FEM）

频率域电磁法同样采用供电线圈回路为发射源，但与瞬变电磁法不同的是电流以某一频率呈正弦变化。接收到的信号具有与发射电流相同的频率，且可以分为一次场和二次场。一次场由发射源激发，在地质体中没有导电性介质时仍存在，二次场由导电体在一次场激发下产生的电流所致。二次场具有与一次场相同的频率，但在时间上有滞后。分析二次场特征即可对地质体的地电结构进行研究。该方法应用电磁感应的趋肤效应，由高到低改变工作频率，以达到由浅入深探测地质目标的目的。

上述两种电磁感应方法在极地地区冰川及冰缘环境研究中已得到了广泛的应用，国外研究人员分别对比了瞬变电磁法、频率域电磁法及高密度电法在高山多年冻土及石冰川研究中的应用效果。频率域电磁法被应用于探测石冰川中的地下冰、欧洲阿尔卑斯山的浅层地下冰、挪威高山多年冻土分布下界。瞬变电磁方法被应用于落基山石冰川中地下冰分布和青藏高原温泉地区的多年冻土的探测，获取了该区多年冻土分布特征、上下限深度及多年冻土厚度。

对多年冻土区而言，由于冻土层高电阻率的特性，对低频电磁波的衰减小，因而可以达到较大的探测深度。且上述两种电磁感应方法均采用不接地回线方式激发信号，避免了直流电探测方法供电接地电阻过高的问题。但对频率域电磁法来说，不同的地表条件可能对探测结果产生很显著的影响，且由于观测到的信号强度小，仪器性能导致的数据误差可能导致错误的观测结果；瞬变电磁法在浅层 5~10 m 的分辨率较低。两种方法均存在的缺点是易受外界电磁信号的干扰。

5. 穿透雷达技术

穿透雷达技术是基于地下介质的电学差异，利用反射电磁波的动力学特征和到达时间、信号处理及成像等技术方法，用于探测和识别冰冻圈各类介质的空间分布、形态和物理性质。从雷达探测技术原理上可分为两类：

1）探地雷达（ground penetrating radar, GPR）

属单脉冲雷达制式，是通过发射和接收高频电磁波（常用频率在兆赫兹范围），利用电磁波在介质中的传播时间和振幅等信息，得到地层或目标体的介电常数，从而对其进行地质解释。由发射天线发射的电磁波经过浅地表、地下介电常数界面的反射或折射等途径到达接收天线的波分别为地表直达波、反射波和折射波。不同类型的波其产生条件及探测深度存在差异，由于反射波对地下介质反射面的反映较为直观，数据处理较简单，是多年冻土勘测中最为常用的方法。与其他地球物理方法相比，探地雷达具有数据采集速度快、分辨率高的优点，操作便捷、商品化程度高。探地雷达在表层电导率较大（含水量高、细颗粒沉积物或者含盐量高）时探测深度较浅，在各向异性特征显著的地质环境中的适用性相对较差。

2）测冰雷达（ice radar）

又称为无线电回波探测（radio-echo sounding, RES）或探冰雷达（ice-penetrating

radar)，属于调频脉冲压缩雷达制式。相比于探地雷达，其穿透能力更强，多用于极地冰盖厚度、内部结构，冰下地形和冰岩界面过程及环境特征探测领域。冰雷达数据主要以雷达图像（radargram）的方式来呈现。雷达图像主要有两种格式，分别为单道波形图（A-scope）和多道叠加剖面影像（Z-scope）。冰雷达现场观测的搭载平台有车载和机载两种。车载冰雷达覆盖面小，但探测精度和定位精度较高，适合冰下情况复杂的小范围冰盖调查；机载冰雷达覆盖面广，探测效率高，不过存在姿态稳定性差和定位能力弱的缺点，通常用于冰盖大面积的调查。冰雷达的发展主要以提高探测深度为主，其主要方法包括调整发射功率、发射脉冲宽度、带宽等。进入 21 世纪，冰雷达技术性能向着更高分辨类、更深探测能力、合成孔径技术、更小天线体积、多频多极化信号处理等方面发展。2004 年，中国 21 次南极科学考察（CHINARE 21）内陆冰盖考察队首次引入冰雷达开展冰盖探测研究，对南极冰盖的早期起源与演化研究取得突破。近年来，中国南极冰盖考察已着手自主研制冰盖深部和底部探测的冰雷达系统，并在南极冰盖考察中投入使用取得成功，使中国成为国际上少数能够自主研制冰雷达系统的国家之一。

11.2.2　冰冻圈要素监测

冰冻圈各要素，包括冰川（冰盖）、积雪、多年冻土、河冰、湖冰、海冰的野外观测和勘测技术具有一定的差异性，具体方法和技术见表 11.3。

表 11.3　冰冻圈野外观测和勘测技术

Table 11.3　Field observation and survey techniques in the cryosphere

冰冻圈要素	观测项目	观测方法和技术
冰川	物质平衡	花杆雪坑法、重复地面立体摄影测量法、水量平衡法
	冰川面积	地面摄影法、航空摄影测量、遥感技术
	冰川厚度	热钻法、地震法、重力法、电测法及理论估算法、遥感技术
	冰川表面流速	经纬仪前方交会法、GPS 测量、重复地面立体摄影测量、遥感技术
	冰川温度	钻孔温度测量、非接触式辐射温度计测量
	成冰过程	雪坑层位观测法、冰芯观测法
积雪	积雪深度	花杆、超时雪深探测仪
	积雪密度	测量体积和称重法
	雪水当量	雪枕、宇宙射线仪
	积雪粒径	光学显微镜、米格纸、CT 扫描仪
	积雪硬度	冲力硬度计
	液态水含量	雪特性分析仪
	积雪温度	热红外温度计、针式温度计
	杂质元素	过滤、称重、化学成分分析

续表

冰冻圈要素	观测项目		观测方法和技术
多年冻土	季节冻结 季节融化深度		探地雷达、机械探测法、地温法
	冻土地温		热敏电阻温度探头法、热电偶温度探头法、分布式光纤温度计
	冻土水分		烘干法、介电常数法[时域反射（TDR）或频域反射（FDR）水分传感器]、电阻法、张力计、中子散射法、γ 射线法
	多年冻土上限		探地雷达、高密度电法、坑探、钻探、地温法
	冻土厚度		地温法、高密度电法、钻探、电导率成像法
	冻土地下冰		坑探、钻探、高密度电法
河/湖冰	封河期	冰厚度	钻孔人工测量、冰雷达、定点自动化监测仪器
		冰　量	目测
		水内冰	钻冰取样
		冰花厚度	冰花尺
		冰塞	地电法
	开河期	冰密度	钻冰取样称重
		流冰面积	目测及图像法
		流冰速度	流速测量仪
	流凌期	冰凌密度	目估法、统计法和摄影法
		冰量大小	目测法
	湖冰	厚度	钻孔人工测量、冰雷达、定点自动化监测仪器
海冰	海冰范围		卫星遥感
	海冰厚度		船（机）载 EM、钻孔人工测量、冰雷达、定点监测仪器
	密集度		卫星遥感
	密度		取样称重
	盐度		取样分析、电导率测量法

1. 冰川观测方法

现代冰川观测是研究冰川变化的基础，是认识冰川对气候的响应和预测冰川未来变化的基础。冰川观测主要包括冰川物质平衡观测和冰川长度、面积、体积等的观测。

1）冰川物质平衡

冰川物质平衡是冰川积累和消融的代数和，是冰川对气候变化响应的最直接参数。物质平衡各分量的量纲，一般以单位面积上的水体质量或水层深表示（g/cm^2 或 mm）。物质平衡及其积累与消融则是某一时段的积分。根据不同时段冰川的补给程度分为冬季补给型和夏季补给型冰川。冬季补给型冰川多分布于欧洲和北美洲。而中国冰川主要属于夏季补给型冰川，其积累与消融季节都是夏季。冰川物质平衡时段的基本单位是年度，即以水文年为标准。在北半球水文年的时间为 10 月 1 日至翌年 9 月 30 日。冰川物质平衡的观测主要有直接观测法（测杆和雪坑法）、重复地面立体摄影测量法、水量平衡法和飞行勘测法等。

（1）测杆和雪坑法：是直接在冰川上布设测杆（花杆），进行系统的定期观测，然后综合各测点的结果计算出整个冰川或冰川上某一部分在全年或某一时段的物质平衡及其各分量。观测冰川其面积及高程不宜太大，冰川形态较为规则，表面比较平坦，未被表碛覆盖。在冰盖上，测点则较为稀疏，按观测的条件，测点之间的距离为数千米至数十千米，观测时间也在数月或者数年以上。具体方法是，在冰川消融区，测杆垂直插入冰内，采用测杆观测冰川表面的变化。测杆上均漆有刻度，便于识别及读数。若在两次观测的间隔较长时，还应采用分节套长的金属或塑料测杆。每次读数均以测杆顶部为零计算到达冰面的距离，两次观测读数之差便是该时段冰融化的深度。当冰川表面有积雪（粒雪）及附加冰时，还要分别记录它们的厚度（h）及平均密度（ρ）。冰川积累区主要是雪及粒雪层，主要利用雪坑法观测，测杆作为辅助方法。雪坑按层位测定密度和厚度，计算出该年层的纯积累量。

（2）水量平衡法：当冰川面积较大，地形复杂，直接观测难以实现时，可应用水文学方法来测量整个冰川流域的物质平衡。其基本原理是流域的水量平衡公式：

$$B = P - R - E - I$$
$$B_{\mathrm{g}} = B / k \tag{11-2}$$

式中，B、P、R、E、I 分别为全流域的水量平衡、平均降水量、平均蒸发量、平均径流深和渗透水量；B_{g} 为全流域所有冰川及积雪的物质平衡；$k = S_{\mathrm{g}}/S$ 为冻结系数，S_{g} 为流域内的冰川面积，S 为全流域面积。

测取全流域的平均降水量、径流深、蒸发量、渗透水量及流域内冰川面积等指标，通过水量平衡计算冰川物质平衡。当融水渗透量不大时，渗透水量常忽略不计。在海洋型冰川上，蒸发与凝结常相互抵消，可忽略不计。在大陆型冰川上，蒸发量可通过试验估算，在亚大陆型冰川上，考虑蒸发的径流深的修正系数大致为 0.95，在极大陆型冰川上，径流深的修正系数为 0.90。

应用水文学法，关键是建立冰川流域的水文观测站，进行全年的水文要素观测。在夏季消融期，流量的观测要加密，以免漏掉洪峰。高山地区降水受地形影响很大，而固体降水又受风速的影响大，因此，为准确测定整个流域的降水量，常常需要进行一些专门的试验，以获取各种条件下的修正系数。在海洋型冰川中，有部分融水被储存在冰内腔洞或冰下、冰内湖中，这部分水当年并不流出。因此，应用水文学方法时，应注意因冰内储水而造成的误差。

（3）勘测法：该方法可以估计一个地区冰川物质平衡状态。利用夏末航空照片或卫星影像资料来判读平衡线的高度（ELA），并计算积累区面积比率（AAR）的变化。当 ELA 较高而 AAR 较小时，该地区冰川可能处于负平衡，反之，则处于正平衡。该方法对海洋型冰川比较适用，因为平衡线与粒雪线是一致的，在航片上易于识别。但在极地冰帽或大陆性冰川上，在粒雪线与平衡线之间，还发育有一个附加冰带，在航片上难以区分新形成的附加冰和老冰川冰的界线，由此得到的 ELA 及 AAR 的误差较大。

（4）遥感技术：卫星测高技术和卫星重力测量技术可应用于冰川物质变化监测，前者对高程变化敏感，主要通过光学立体摄影、InSAR 和激光测高等技术获取地面高程，监测不同时期冰川表面高程变化，进而估算冰川冰量变化和物质变化；后者对物质变化敏感，通过监测重力场变化，可以分析研究区内的物质变化。卫星重力测量技术的优势在于监测几百千米或者更大尺度区域内的物质变化，如南极和格陵兰冰盖，但是不能确定区域内物质损失所出现的具体地点，也不能区分地面和地下的物质变化状况。

（5）极地冰盖物质平衡观测方法：分量法是计算极地冰盖物质平衡的常用方法。极地冰盖上物质的收入，几乎全部来自大气固体降水，观测方法与山地冰川相似，即用测杆法、雪坑法，有时也可利用浅孔冰芯记录，如放射性同位素（如氚）的峰值，计算多年积累量的平均值及其大致的年际变化。冰盖物质的支出项可分冰山的裂解、表面消融、风吹雪、冰床及冰架底部的消融。冰盖上的凝结及蒸发被认为是相互抵消的，因此可忽略不计。冰山崩解的测量主要是通过航空相片或卫星影像判读，同时要估算其厚度和生存期限。冰架底部消融量的估算比较困难，目前还没有好的方法。冰盖上的消融只发生在其最边缘部分，而且相当多的融水又重新渗入粒雪层变成内补给。

冰流量法是通过测量冰盖边缘冰的流量，间接计算每年冰山的崩解量。以冰的厚度乘以该处的平均流速，可以得到边缘线单位宽度的冰流量，再与冰盖的积累量相对比，得到冰盖的物质平衡。

整体法是不分别估算物质的收入和支出项，而直接测量冰盖体积的变化。其具体方法：一是用卫星测高法测量冰盖高程的变化，同时估算地面均衡调整或与构造有关的垂向运动，最后估算冰盖体积的变化；二是用重力法，直接估算冰盖的物质平衡。空间技术的发展和新技术的应用，为这个方法提供了广阔的前景。

2）冰川面积

对冰川面积的观测，最有效的方法是地面立体摄影测量。应用大地测量和地面立体摄影测量，可以得到整个冰川的规模（长度、面积、体积）及形态变化的准确数据。而地面测量法测量及成图比较复杂，费用较高，目前只应用于重点研究冰川，其精度高于航空测量及卫星遥感图像。

利用卫星遥感技术测量冰川面积已经得到了广泛的应用。卫星遥感监测方法可以分为两类：基于目视解译的信息提取和计算机辅助分类法。目视解译精度高，却耗时费力，主要应用于精度要求较高的工作中。计算机辅助分类也相对成熟，目前，遥感影像数据中提取冰川边界的常用方法有：比值阈值、非监督分类、监督分类、主成分分析、积雪指数、基于地理信息系统（GIS）的模糊数学与数字高程模型（DEM）等方法。上述方法都不能很好地提取表碛覆盖型冰川的边界，于是提出一种基于遥感和 DEM 相结合的半自动分类法。该方法虽然在一些研究区取得了很好的效果，但很难被推广应用到其他地区。目前对表碛覆盖冰川的边界提取尚未有通用的、较成熟的方法，在实际操作过程中，可以尝试多种方法并进行比较，以选择其中合适的技术。

3）冰川运动

传统的方法多采用经纬仪前方交会法测量冰川运动速度。近年来，全球定位系统（GPS）应用于冰川运动速度观测，可利用静态、动态模式观测，其中静态模式重复多次观测，可提高测量精度，而动态模式则通过已知基准点与测点距离的时段间隔变化来求算流速变化。重复地面立体摄影测量亦能表征冰川运动矢量特征。

4）冰川厚度

冰川厚度测量先后采用过多种方法。单条冰川获取厚度分布为最直接有效的方法，包括热钻法、地震法、重力法和电测法等。其中，最准确的为热钻法，然而钻孔的钻取较困难，只能获知很有限的若干离散点的冰川厚度；地震法根据弹性震动在冰中的分布特征来观测冰川的厚度与结构。它比钻孔法简单、便宜，但设备重而复杂，且必须使用爆炸物质，当冰川厚度较小时难以测量；重力法是把冰川厚度看作是在冰川上得到的负重力异常的函数，其精度逊于地震法，但更简便。应用重力法计算确定剖面冰川厚度时，必须预先知道此剖面某一点的冰厚度；目前广泛使用的是电测法，即无线电回波探测（雷达探测），它比地震法更为优越。对于低于融点的冰，电磁波在其中传播时衰减很小，即具有较强的穿透能力，因此雷达（包括探地雷达和机载探空雷达）探测方法广泛应用于冰川与冰盖的厚度测量。应用上述方法获得的冰川厚度资料通过空间插值得到整条冰川的厚度，特别是在大陆型冰川的测厚方面取得了较好的资料。

5）冰川温度

冰川表面温度测量，目前还没有一种精度较高的非接触式辐射温度计，一般参照气象站常规地表温度观测办法。在需要测温的冰川表面选择没有粗颗粒表碛且较平坦的区域，将精密热敏电阻温度单探头的感应头部分朝向东，并将其和导线一半埋入冰雪或细表碛中，另一半露出表面。探头与下垫面必须密贴，不可留有空隙。雪坑剖面温度测量目前采用精密热敏电阻测温单探头组测量。一般在观测地段挖一个测温雪坑，保留朝向北的垂直剖面，将温度计组的探头按一定间距由上向下布设。钻孔冰温测量，则是将若干冰温探头组成一条电缆线，放入冰钻孔中或放入冰孔中下端密封的 PE 塑料管中。

2. 积雪观测方法

积雪从形成到融化，或者转化成冰粒，一直处于连续不断地变化中。由于降雪过程的间断性、风的作用和积雪的变质过程，不同地区和同一地区不同雪层的积雪具有各自不同的物理特征，包括积雪深度和积雪微观结构等。雪水当量在积雪水文研究中意义显著，也是目前积雪观测中的重要参数之一。

1）积雪深度

积雪深度是指积雪的总高度。量雪尺是测定积雪深度一种直接而轻便的方法，量雪尺是一木制的有厘米刻度的直尺，表面涂以油漆，尺的最下部 5 cm 长削成棱形，以便观测时插入雪中。为了连续测量较大范围多个点的积雪雪深，可在测量区布设若干花杆，目测或用望远镜读数。这种方法对于山区积雪深度测量更为常见。超声雪深监测仪是一种采用超声波遥测技术对降雪过程监测、记录、分析设备。它通过向被测目标发射一个超声波脉冲，然后再接收其反射回波，测量出超声波的传播时间，再根据超声波在空气中的传播速度计算出传感器与被测目标之间的距离。由于超声波在空气中的传播速度与空气温度有关，因此传感器还集成有温度传感器，通过测量温度对超声波速度进行修正。超声雪深监测仪测量雪深的范围一般在 0~2.5 m，精度高达毫米级，另外还具有功耗小、免维护、体积轻巧安装方便、测量结果稳定并可通过 GPRS 通信方式实时传输，可长期连续地测量积雪深度、时段降雪量等特点，适用于无人值守的野外监测，可以实现人工雪深自动化的连续监测。

2）积雪密度

即单位体积积雪的质量，以 g/cm^3 为单位。湿雪和干雪的密度不同。湿雪密度的测量包括雪的所有组成部分（冰、液态水和空气），而干雪密度测量时只包括冰基质和空气。虽然密度是一个体积特性，但其准确数值对于积雪微观结构的基础研究也是必需的。

体积量雪器是测量雪压用的一种仪器，雪压为单位面积上积雪的质量，以 g/cm^2 为单位，雪密度可以由雪压和雪深的商获得。它由一个内截面积为 100 cm^2 的金属筒、小铲、带盖的金属容器和量杯组成。雪压测量时，将量雪器垂直插入雪中，直至地面，将小铲沿量雪器口插入，连同量雪器一起拿到容器上，等雪融化后，就可以用量杯测量其容积，计算其质量，除以 100 之后就可以获得雪压。将雪压与该点的雪深观测相除就可以获得雪密度值。当雪深超过量雪器金属筒高度时，应分几次取样。称雪器也是一种测量雪压和雪密度的仪器，由带盖的圆筒、称和小铲等组成。圆筒取样，称重后通过计算积雪重量与圆筒内截面面积、积雪深度的比值，获得积雪密度。

雪特性分析仪是一种测量积雪密度和特性的仪器，它的主要组成部分包括一个读数表和探头，探头为一钢质、叉形的微波共振器，可以测量共振频率、衰减度和 3 分贝带宽 3 个电参数，用于精确计算积雪的介电常数，并且通过半经验公式来计算雪密度和液态水含量。

3）雪水当量

根据积雪密度和雪深可以计算雪水当量，即雪水当量＝积雪密度×积雪深度。因此上述测量积雪密度的仪器，如传统的体积量雪器、称雪器和雪特性分析仪等都可以用于雪水当量的计算。雪枕（snow pillow）是一种传统的测量积雪层中雪水当量的方法。最普通的雪枕是用橡胶材料制成的直径为 3.7 m 的圆而扁平的容器，其中充有甲醇与水混合的或甲醇–乙醇–水溶液的防冻液。雪枕安装在地面上，与地齐平，或者埋在一薄层土或砂下。为了避免雪枕受损坏和使积雪保持其自然状态，最好在安置场地周围用栅栏围住。雪枕内的液体静压力，是测量雪枕上积雪重量的量度，此液体静压力通过浮筒式液位记录器或者压力传感器测量，从而可以连续测量积雪的水当量。使用雪枕时，应将连接测量单元的连通管装在可控温的保护管内或埋入地中以减少温度的影响。

宇宙射线仪是一种可以替代传统的利用雪枕测量雪水当量的先进仪器，它通过测量被积雪层吸收的地面释放的宇宙射线（如伽马射线）的量来获得雪水当量，因此不会对积雪样本造成破坏。其原理在于积雪层对土壤顶层自然辐射元素发射的宇宙射线具有衰减能力，地面自然辐射出的伽马射线的量取决于放射源（即地面）与探测器之间介质的水含量，因此雪层的雪水当量越多，射线的衰减就越多。由于上层 10~20 cm 深的土壤的湿度会有变化、宇宙射线的背景辐射也会变化以及仪器漂移和降水中的氡气（伽马辐射源）随降水进入土壤或雪中等等，所以还必须对读数修正，以获取雪水当量的绝对估计。

4）积雪粒径

传统的基于地面观测的雪粒径一般指的是粒径的物理尺寸，而目前基于遥感电磁波方法的雪粒径，大多使用的是积雪的光学粒径，光学粒径是散射概率（如气泡或内部颗粒边界）间距离的函数，包括光学有效粒径和光学等效粒径等。其中光学有效粒径可以用 NIR 波段与可见光波段反照率的比值来计算，光学等效粒径则可用雪粒的体积–表面积比等参数来表示。米格纸，即毫米格网法是测量积雪粒径一种简单易行的方法，它将积雪样本放在毫米格网板上，通过积雪粒径和格网板上的格网线间距比较估算平均积雪粒径和平均最大积雪粒径。利用显微镜测量积雪粒径时多采用光学显微镜，分为手持和带支架的两种，其中手持显微镜轻巧、便于携带，是最常使用的积雪粒径观测仪器。观测时，将取来的积雪样本放置在阴影下，在尽可能短的时间内读取积雪粒径值，并对其求平均以降低观测误差。电子显微镜也可用于积雪粒径的观测，不过受温度等的影响，其观测精度不稳定。CT 扫描仪是目前最好的积雪粒径测量方法，它通过提取积雪样本，在低温实验室采用立体测量技术进行观测，该技术不仅可以观测积雪粒径，还可以得到积雪颗粒及积雪体的三维立体形态，从而计算出雪粒的体积和表面积。

5）积雪硬度

积雪硬度测量常用冲力硬度计。这种硬度计的上端有活动的金属砝码，根据砝码的质量和下降高度，以及硬度计被打入雪层的深度，可以计算出雪层的硬度。也可用落锤式圆盘硬度计来测量积雪的硬度。若是手头没有合适仪器，且所需数据又不要求十分精确时，也可以采用一种经验型的简易硬度测试，将自然积雪的硬度分为四级。第一级称为松雪，除大姆指外的四个手指并拢，不费劲就能够插入雪层。第二级称为稍硬雪，一个指头可以插入。第三级称为坚雪，削尖的铅笔才可插入。第四级称为坚实雪，只有锋利的刀片才能插入。

6）液态水含量

积雪中精确的液态水含量可以由雪特性分析仪获取，液态水含量用体积或质量百分比来表示。表 11.4 给出了积雪液态水含量的按体积分数分类的划分标准。

表 11.4　积雪液态水含量分类标准

Table 11.4　Classification of snow cover by liquid water content

术语	描述	液态含水量大致范围
干	雪层温度通常低于 0℃，干雪中松散的雪粒间黏性很小，即使用力挤压，也很难将干雪做成雪球	0%
微湿	雪层温度为 0℃，即使将其放大 10 倍也观察不到水的存在，轻轻挤压时，雪很容易团到一起	<3%
湿	雪层温度为 0℃，放大 10 倍后可以观察到雪粒间半月形水痕的存在，但是用手对雪轻挤、微甩时不会产生水	3%~8%
很湿	雪层温度为 0℃，用手对雪轻挤时会产生水，但雪的孔隙中仍有相当多的空气	8%~15%
极湿	雪层温度为 0℃，雪被水浸泡，且雪孔隙中空气含量仅占 20%~40%	>15%

7）积雪温度

积雪表层温度一般用热红外温度计进行测量，它由光学系统、光电探测器、信号放大器及信号处理、显示输出等部分组成，通过对物体自身辐射红外能量的测量来准确测定其表面温度。雪层内部温度可用针式温度计和温度探头等进行测量，它们均以热敏电阻为原件，利用金属导体或半导体在温度变化时本身电阻随之发生变化的特性来测量温度，其中针式温度计设计小巧、携带方便，而温度传感器探头则可以长时间地置于野外进行连续的积雪温度观测。

8）杂质元素

当积雪中杂质的种类和数量影响到积雪的物理特性时，还需要对这些杂质元素进行分类和测量。少量的杂质对积雪物理特性的影响并不大，但它们在水文和环境研究中十分有用。积雪中常见的杂质包括粉尘、沙粒、烟尘、生物质、有机物等。杂质类型和数量的测量一般是通过实地雪样收集和实验室化学分析获得。

3. 冻土观测方法

冻土观测内容主要包括冻土特征参数和活动层水热状态、冻土热状态等动态过程的观测。冻土特征参数主要包括：季节冻结和季节融化深度、冻土年变化深度、冻土年平均地温、多年冻土下限、多年冻土厚度等基本特征参数。

1）季节冻结和融化深度

季节冻土区观测季节冻结深度，多年冻土区观测季节融化深度。多年冻土区季节融化深度也称为多年冻土上限。一般有 3 种观测方法，即机械探测、土体温度观测和可视化观测方法。

机械探测方法主要采用冻土器和融化管来观测。冻土器主要用于观测季节冻结深度，由外管和内管组成，冻土器外管内径 30 mm，外径 40 mm。外管为一标有 0 刻度线的硬橡胶管，内管为一根有厘米刻度的软橡胶管（管内有固定冰柱用的链子或铜丝、线绳），底端封闭，顶端与短金属管、木棒及铁盖相连。内管中灌注当地干净的一般用水（保证水含量盐较低）至刻度的 0 线处。冻土器长度规格可变，可根据当地可能出现的最大冻结深度选用适当的规格。一般采用钻孔法将冻土器垂直埋入土体中，并保证外管四周与周围土层紧密接触。观测时将内管提出读出冰上下两端相应的刻度。融化管用来观测季节融化深度，其结构与冻土器结构类似。融化管内管内置的水冻结成冰后，在融化季节开始前置于钻孔内，并需固定在多年冻土层中，观测时主要读取管内冰融化成水的位置。对于主要细颗粒土为主的活动层土体且基本饱和，可以采用融化探针的方法对季节融化深度进行探测，将 1 cm 粗细的金属探针插入土体，遇到阻力无法继续插入的位置，即为季节融化深度。一般利用这些方法获取最大季节融化深度应在 9~10 月。与通过测温来获得季节冻结和季节融化深度相比，这种方法存在一定的误差。

土体温度观测主要通过测量活动层内土体的热敏电阻值经换算为土体温度来确定季节冻结和融化深度。由于季节冻结深度或季节融化深度数年内会发生变化，因此，一般观测深度需超过最大季节冻结深度或最大季节融化深度一定范围。根据土体温度观测，季节冻结深度和融化深度通过活动层内土体温度廓线与深度坐标轴的交点来获得，一般是通过 0℃以上和以下两个临近点的线性内插来估计的。根据一年内土体温度观测资料，在季节冻土区，在地表开始冻结时可获得季节冻结深度，至翌年的 3~4 月可达到最大季节冻结深度。在多年冻土区，当地表开始融化时可获取季节融化深度，至 9~10 月可达最大季节融化深度，有些场地可持续到 11 月甚至 12 月才达到最大融化深度。

可视化观测方法主要通过坑探或钻探方法来确定，这种方法主要用于一次性观测最大季节冻结深度和季节融化深度。在季节冻土区，一般在 3 月中旬或 4 月初通过坑探和钻探确定冻结和融土的界限深度。在多年冻土区，一般是在 9 月下旬至 10 月初通过上限附近存在厚层地下冰的特征来确定最大融化深度。

2）冻土年变化深度、冻土年平均地温、多年冻土下限或多年冻土厚度

主要通过一定深度范围内的冻土热敏电阻温度串的电阻值观测经计算来获得。冻土年变化深度存在着区域差异，一般在 10~20 m 变化，因此，一般冻土温度观测深度至少需要大于 10~20 m。根据一年内土体温度连续观测资料来确定冻土年变化深度，确定年变化深度就可确定冻土年平均地温（年变化深度处的地温）。另外，冻土年变化深度也可通过一次钻孔温度测量结果依据相关计算方法来估算。若要通过土体温度来获得多年冻土下限或多年冻土厚度观测值时，冻土温度观测深度至少应该大于冻土下限深度。但根据冻土温度观测结果计算获得冻土地温梯度，可近似推测多年冻土下限深度或多年冻土厚度。

3）冻土热状态

冻土热状态为各深度上冻土温度的时空变化特征，可以通过不同深度的热敏电阻温度串量测的电阻值换算成温度来获得。依据冻土观测目的，可以制作不同深度和不同观

测间隔的热敏电阻温度串。一般热敏电阻观测可采用两种方法，一是可采用分辨率为±1μV 的高精度万用表进行手动观测，然后依据标定方程换算成温度值。二是可采用数据采集仪进行自动观测。观测时间可依据不同的观测目的和要求来设置。浅层温度（一般 5 m 深度以内）观测时间间隔 1 日内可每小时观测一次，一般应采用自动数据采集仪观测。对深部温度可每日观测一次，温度观测超过年变化深度后可每年观测 5~10 次，一般可采用手动进行观测。对于不能够采用自动数据采集仪观测，至少需考虑 1 月内观测 2~3 次。

4）*活动层水热过程*

土体温度可采用热敏电阻或铂电阻或热电偶等来观测，水分可采用时域反射（TDR）或频域反射（FDR）或其他类型的水分传感器来观测。由于浅层土体温度和水分具有强烈的时空变化，因此，一般活动层内土体水热观测传感器间隔可采用 5 cm、15 cm、30 cm、50 cm、80 cm、120 cm、180 cm、240 cm、300 cm，最深达到多年冻土上限位置即可。一般观测应采用自动数据采集仪进行，观测频率为每 30 分钟 1 次。

4. 河、湖冰观测方法

河、湖冰的观测分为冰情目测、人工测量和自动化观测等。湖冰的观测主要包括初冰期、完全封闭期、消冰期、完全解冻期、冰厚等。河冰观测的主要内容为冰情观测，根据凌情演变的 3 个时期，观测项目各不相同。流凌期，主要观测河流结冰流凌的状况，即流凌密度、冰花、冰块大小、冰量大小、岸冰变化等。封河期，主要观测封冻河段起讫地点、位置、长度、宽度、段数、封冻态势（平封、立封等）、冰厚、冰量、冰下过水断面面积、水内冰态、冰塞情况、河槽蓄水量等。开河期，主要观测冰质、冰色变化、岸冰脱边、滑动，解冻开河位置、时间、长度、段落、流冰面积、速度，冰凌卡塞、堆积情况、冰坝形成位置、阻塞程度及其发展变化、河水漫滩、串水偎堤情况等项目。以上各阶段所测要素，大部分需要人工目测或手工测量。随着科技的发展，国外开发了一些新的原型观测仪器。20 世纪 90 年代初期，开发了 ice jam profiler（IJP）的冰塞厚度测量仪，其缺点是不能测量横断面的冰塞厚度，而且得到的冰塞厚度轮廓线是不完全的。此后，使用先进的 SWIPS 系统测量水温、海冰的生长和消融速度、河床温度等，该系统的优点在于可以用于封河期和开河期的水内冰冰花的形成，悬浮冰盘的发展，海冰下冰花输移等恶劣条件下的原型观测。中国在专用观测仪器上的发展一直比较落后，近几年对一些冰情要素也逐渐采用自动化监测仪器进行观测。

1）*河、湖冰厚度*

河、湖冰厚度定点监测可利用磁致伸缩式冰厚测量传感器、电阻率冰厚测量传感器等。磁致伸缩式冰厚测量系统（图 11.4）由仪器箱和测量杆两个硬件部分组成。仪器箱和测量杆之间采用导气管和电缆连接，导气管用于连接气缸和下磁环机构内的气囊，电缆用于连接液位传感器和卷扬器电机的电气部分。测量杆上有一个固定磁环和两个可活动磁环，仪器的测量过程主要是通过控制两个可活动磁环的运动来完成。测量时，下磁环在重锤重力的作用下向下运动，并放置在冰/雪面上；下磁环的运动通过气动方式来控制，下磁环带有一个气囊，气囊通过导气管与气缸连接，当气缸在减速电机的驱动下压缩空气时，气囊膨胀，下磁环机构浮力和重力的合力将其浮起，与冰层的底面接触。这时，利用磁致伸缩传感器探测固定磁环与上磁环的距离以及固定磁环与下磁环的距离，得到冰/雪表面和冰底面的位置，测量值存储在数据记录仪内。河冰冰厚的监测，必须符合水文监测规范。河段冰厚测量的范围应包括河流的顺直段、弯道、深槽、浅滩以及平封立封等情况，获得的平均冰厚和冰量具有代表性。冰厚测量的断面应在两岸设置固定标志、建立引测高程断面。

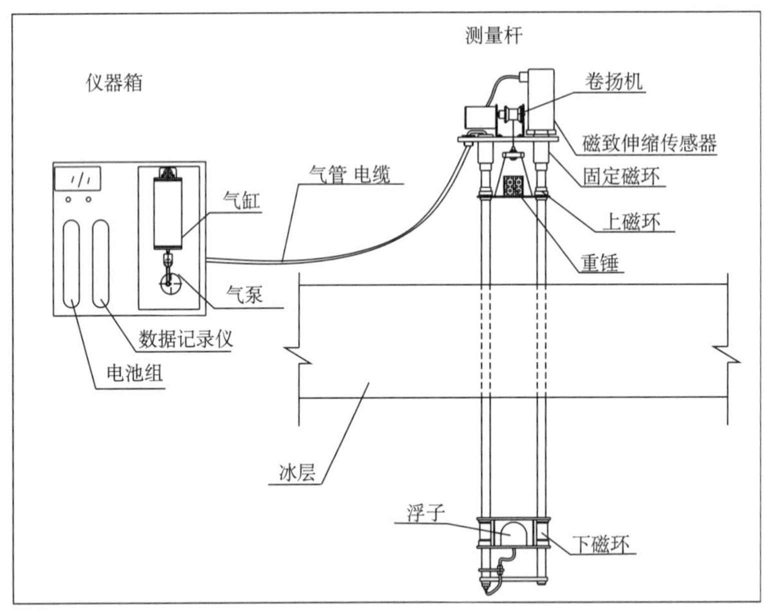

图 11.4　磁致伸缩式冰厚测量系统原理图

Figure 11.4　Schematic diagram of magnetostriction measuring system on ice thickness

2）冰凌密度

流凌密度的自动化监测主要采用图像法，即在岸边设置高精度摄像机拍摄图片，并通过远程数据传输到监测中心，进行图像处理，分析冰凌的密度。流凌密度随着气温、水温的降低而逐渐加大。

3）冰流速

冰流速的实时监测也可以采用图像法，但由于红外烟杆图像监测流速的方法还不成熟，图像法在夜晚监测流速便很困难。目前，一些新的流速监测仪器也相继出现，如 ADCP（acoustic Doppler current profiler）技术。此外，有一些小型监测传感器，如携带速度计的无线监测 Zigbee 技术等。

5. 海冰观测方法

海冰观测包括海冰范围、密集度、厚度、形态和类型等，主要通过考察船、冰站和浮标的海冰现场观测技术（图 11.5）。

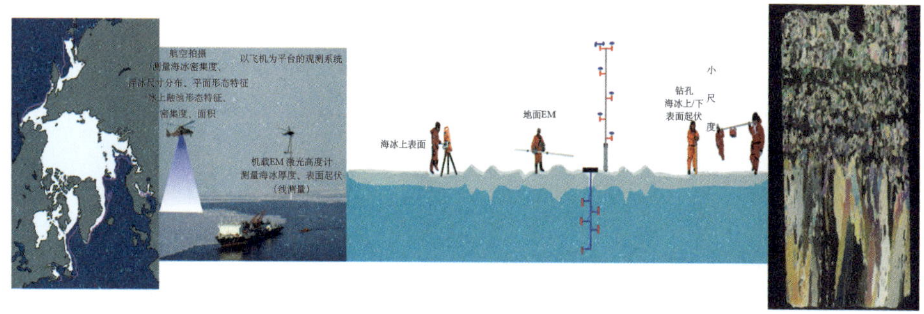

图 11.5　基于卫星遥感、船舶、直升机、冰站以及冰芯的海冰观测体系

Figure 11.5　Observation system of sea ice based on remote sensing, shipping, helicopter, stations, and ice coring

1）船基海冰观测

破冰船作为移动的平台，冰区航行期间的海冰观测有利于获得大范围的观测数据，同时保证一定的观测精度，是连接卫星遥感和冰面观测的桥梁。基于考察船的海冰观测主要体现为形态学参数的观测，如海冰密集度、厚度、融池覆盖率和冰脊分布等。主要的观测技术包括：根据观测规范的人工观测，基于电磁感应技术的海冰厚度观测以及基于图像识别的海冰形态观测等。

WMO 针对海冰的分类和形态等参数进行了定义（图 11.6），采用了卵形记录方法（egg code）对海冰分 3 类进行记录。船基人工观测和记录有利于获得海冰基本物理参数的空间分布信息，优化卫星遥感产品的解译算法，反馈到海冰预报系统，提高后者的预报精度。

基于南极海冰的特点，在卵形记录方法基础上，ASPeCt 细化了对冰脊形态、开阔水形态以及积雪类型的描述和记录方法。该观测协议被广泛应用于各国的考察船上。一年海冰表面冰脊棱角分明，并多数还保留线性分布，表面融池多为长条形，走向较为一致；多年海冰表面冰脊风化程度较高，多呈冰丘状，表面融池多彼此连通，从破冰船压翻的海冰厚度断面来看，上层海冰脱盐明显，晶体破坏成粒化，多呈白色，易与积雪层混淆，中下层海冰多为蓝绿色。WMO 卵形记录方法划分海冰生消阶段的标准见表 11.5。

除了人工观测外，依托考察船，还能布放一系列外挂设备对海冰物理特性进行连续观测。如图 11.7 所示，在中国雪龙号考察船上，布设了红外温度测量仪对海冰/海水表面温度进行测量、利用向外倾斜的自动摄影相机对海冰密集度和表面形态进行监测、利用垂直向下录像机对破冰船压翻的海冰厚度断面进行监测（通过对比厚度断面和悬挂至冰面的标志物得到海冰厚度）以及利用电磁感应测量仪 EM-31 对海冰厚度进行观测。

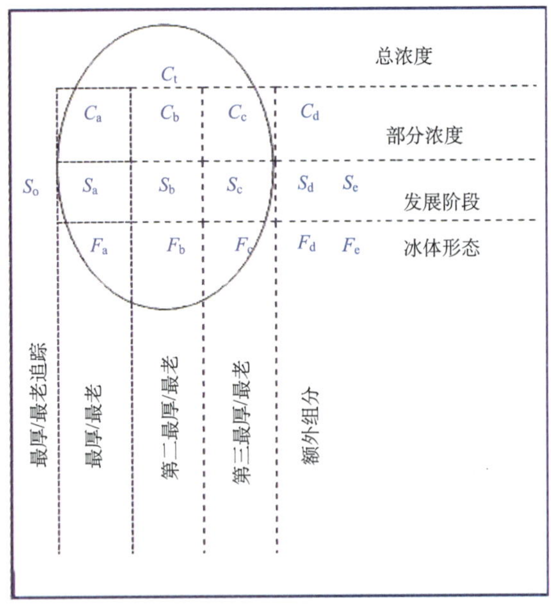

图 11.6　WMO 定义的卵形海冰分类记录法

Figure 11.6　Methods of classification and record on ovoid sea ice（based on WMO）

C_t 表示研究区域海冰的总密集度（total concentration）；C_a，C_b，C_c，C_d 表示局部或部分海冰密集度（partial concentration）；根据海冰厚度变化，将海冰分为不同的发展阶段 S_a，S_b，S_c，S_d，S_e（stage of development）；根据浮冰的大小，将海冰分为不同类型 F_a，F_b，F_c，F_d，F_e，F（form of ice）；在多种研究应用中，因不同的研究区域以及不同的研究目标会有不同等级的分类：o 表示的厚度比 a 表示的厚度还要稍微厚些（a trace of thickest/oldest）；a，b，c 分别表示三种级别厚度的海冰（thickest/oldest、second thickest/oldest、third thickest/oldest）；d，e 表示厚度比 c 表示厚度还要更薄（additional groups）

表 11.5　海冰的分类

Table 11.5　Classification of sea ice

分类	冰花	冰屑/脂状冰	尼罗冰	饼冰	初冰（灰冰）
英文名称	Frazil	Shuga/ Grease	Nilas	Pancakes	Young grey ice
厚度	/	<0.05 m	0.05~0.10 m	<0.30 m	0.10~0.15 m
分类	初冰（灰白冰）	薄一年冰	一年冰	厚一年冰	多年冰
英文名称	young grey-white ice	thin first-year ice	first-year ice	thick first-year ice	multi-year ice
厚度	0.15~0.30 m	0.30~0.70 m	0.70~1.20 m	>1.20 m	> 2.50 m

电磁感应技术被广泛应用到海冰厚度观测领域，该技术属非接触式、观测较方便实施、数据精度较高，可适用于多种场合，包括冰面观测、船载悬挂式观测和机载观测。如图 11.8 所示，EM-31 发射线圈首先产生一个低频电磁场（一次磁场），一次磁场在冰下的海水中感应出涡流电场，由此涡流产生一个二次磁场并被接收线圈检测和记录。视电导率 σ_a 所表示的二次磁场与一次场的比值是对仪器下面半空间综合导电性的体现，若将海水与海冰的电导率视为恒定不变，σ_a 的大小仅取决于仪器距离海水表面即海冰下表面的高度。视电导率 σ_a 与高度之间呈负指数关系。因此，在已知海水电导率的情况下可

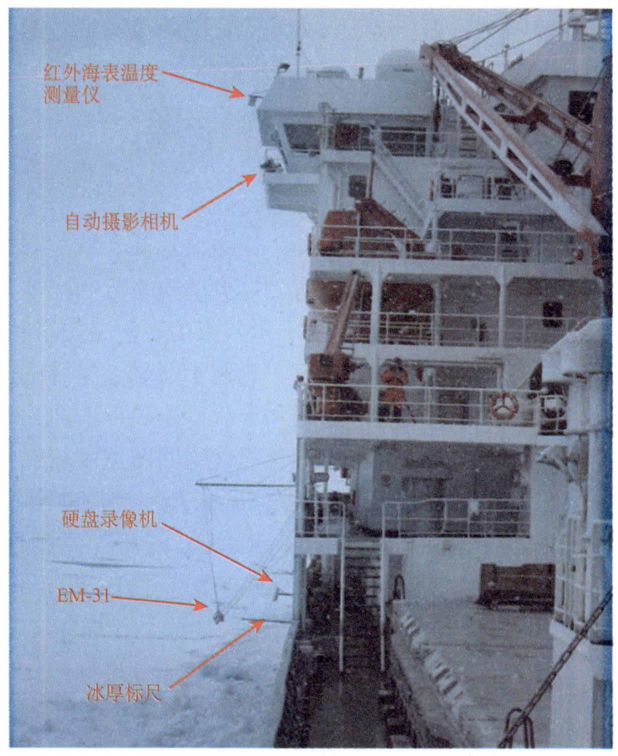

图 11.7　基于雪龙号考察船的海冰观测系统

Figure 11.7　Observation system of sea ice on Snow Dragon ship of Chinese Antarctic expedition

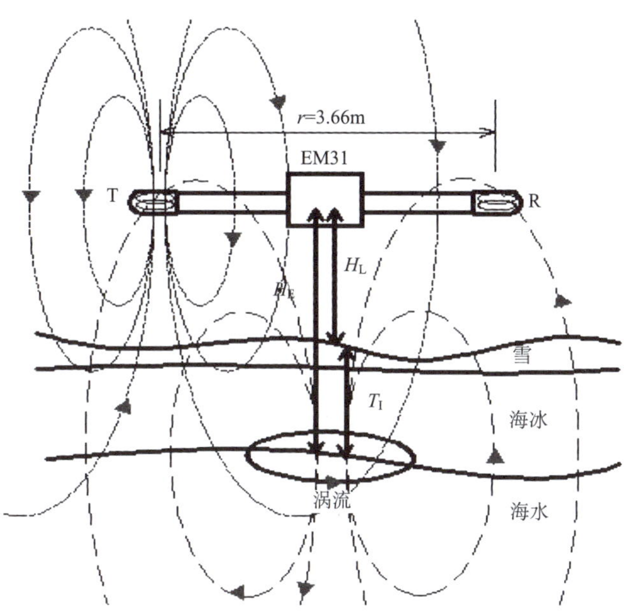

图 11.8　EM31 测量海冰厚度原理示意图

Figure 11.8　Schematic diagram on measuring thickness of sea ice using EM31

T：发射线圈，R：接收线圈，H_E：仪器至冰水交界面的高度，H_L：距离海冰上表面的高度，T_I：海冰厚度，r：仪器的发射线圈与接收线圈的距离。

以通过视电导率 σ_a 的换算得到仪器位置至冰水交界面的距离。通过激光测距仪或超声测距仪可以得到 EM-31 至冰面的距离。EM-31 和测距仪观测结果相结合就可得到积雪–海冰层的厚度。EM 电磁感应海冰厚度探测仪也常被搭载于固定翼飞机和直升机上，被称为 EM-bird。

水下仰视声呐也是观测海冰厚度的主要自动化技术之一。仰视声呐搭载的平台包括：锚系潜标、冰基浮标、潜艇以及水下机器人等。锚系潜标属于欧拉观测，测量的是特定地理位置的海冰厚度，结合海冰漂移速度能得到冰脊的概率分布；冰基浮标属于拉格朗日测量，能观测某浮冰的生消过程；潜艇和水下机器人的观测与船基和机载的观测类似，属于快照式的观测。潜艇的观测属于海盆尺度，有利于得到大范围的海冰厚度分布，水下机器人的观测一般只局限于百米尺度，但有利于获得冰底形态的三维结构。

无论是船基观测还是潜艇观测，都不可避免航线空间覆盖率较低的问题。因此，船舶和潜艇的观测都只能作为卫星遥感观测的补充，后者能实施海盆全覆盖的观测。然而，从分析长期变化趋势的角度，对于海冰厚度，ICESat 的激光高度计的有效工作期是 2003~2008 年，CryoSat-2 雷达高度计的有效工作期间是 2010 年至今，2003 年以前和 2008~2010 年的数据空白期只能依靠考察船和潜艇的观测进行插补。

2）冰基海冰观测

冰基海冰观测主要是建立冰站，实施海冰多要素观测。短期冰站观测侧重于冰芯样品的采集和物理结构的测定，长期冰站侧重于气–冰–海相互作用过程的观测。长期冰站的观测项目包括中底层大气垂直结构、大气边界层结构、气–冰界面的辐射和湍流通量、积雪–海冰层的物质平衡、积雪–海冰层的物理结构、冰底的短波辐射传输、冰底上层海洋层化和流场以及海冰的运动等。对应观测技术包括系留汽艇/GPS 探空、气象梯度塔、EM-31 电磁感应冰厚测量仪、光谱通量仪、水下机器人等。

3）冰基浮标观测

冰基浮标观测与浮冰站观测类似，属拉格朗日观测，有利于获得气–冰–海相互作用关键过程的观测数据。浮标属无人值守观测，从而大大降低了建立和维护浮冰站的人力和物力成本，因此被广泛应用到南、北极海冰观测中。冰基浮标观测参数包括大气边界层、积雪–海冰的物质平衡、海冰的运动和冰场变形、冰底湍流和短波辐射通量以及上层海洋的层化结构和海流等。海冰运动在 20 世纪一般通过 ARGOS 卫星定位，定位精度较差，在百米量级，2000 年以后的浮标一般采用 GPS 定位，定位精度 10~20 m。相对其他观测参数，海冰运动最易观测，因此历史观测数据也最为丰富。

美国陆军寒区研究与工程实验室（Cold Region Research and Engineering Laboratory）倡导了 IMB 浮标计划（图 11.9），观测参数包括气温/气压，积雪/海冰厚度、积雪–海冰垂向温度廓线以及冰下 2~3 m 的水体温度等。对应装配有铂电阻气温传感器、观测积雪积累和融化的声呐、观测海冰底部生消的声呐、一套传感器垂向间隔 10 cm、总长 4.5 m 的温度链以及数据采集器、锂电池组、GPS 定位系统和铱星数据传输模块。

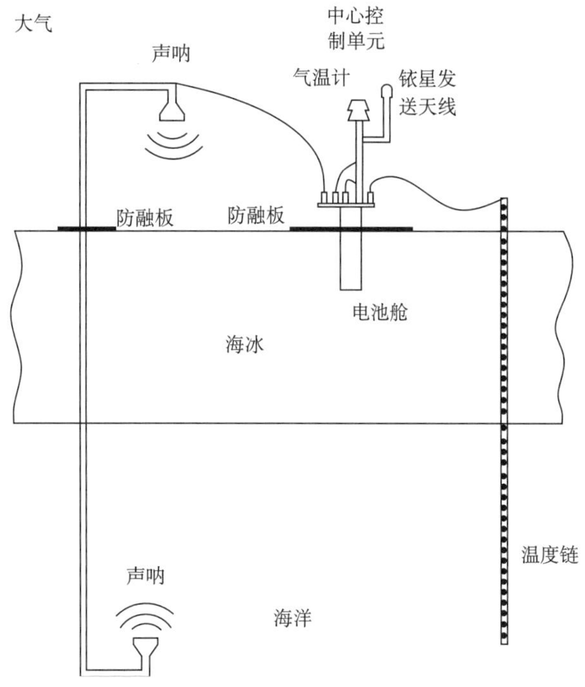

图 11.9　海冰物质平衡浮标结构图

Figure 11.9　Structure of float measuring mass balance in sea ice

冰上观测大气边界层的自动气象站改良于常规自动气象站，主要考虑霜冻或积雪对传感器的影响以及低温功耗问题。冰底短波辐射通量和湍流对冰底能量平衡和物质平衡至关重要，然而上述观测传感器都较难维护，尽管在有人维护的冰站观测时，都曾获得较好的观测数据，目前还没有成型的观测浮标。在分析冰基浮标观测数据时，最大的问题是没有对海冰状况的详细记录，从而难以确定引起观测数据异常的原因。因此，在北极的一些观测中，实施浮标体系布放时都增加了遥控监视技术监测冰面和浮标状态的变化。该技术对于监测冰面融池的形成和发展，分析其对浮标工作和观测结果的影响尤为重要。

6. 冰冻圈社会经济调查方法

冰冻圈社会经济调查方法是指调查者应用特定的方法和手段在冰冻圈核心区、作用区与影响区搜集有关冰冻圈变化及其对人员、生计、资源、基础设施、社会、经济等的影响、传统适应知识、现有适应措施的信息资料，并对其进行审核、整理、分析与解释的方法。

1）冰冻圈社会调查研究的原则

（1）客观性原则：冰冻圈变化对自然环境与经济社会的影响不仅复杂多样，而且区域差异显著。故在调查时应根据研究内容的着重点与预期目的，从具体情况出发选择调查地区，确定调查对象，充分搜集客观材料，探寻冰冻圈变化与社会经济之间的因果联系与作用规律。

（2）真实性原则： 调查研究是否科学主要取决于搜集资料的真实性。我国冰冻圈主要位于西部高山高原地区，偏远不易到达，且多为少数民族地区，这些因素，尤其是语言障碍严重影响调查进程与获取资料的真实性。因此，在开展社会调查时应预判调查地区可能存在的各种情况，尽可能提前做好准备工作，比如将问卷翻译成调查地区语言文字，或者通过当地政府联系翻译人员等，力争获取真实数据。

（3）准确性原则： 主观性被认为是社会调查研究的一大缺陷，要克服之，在社会调查时就必须实事求是准确描述调查事实，尤其是涉及数据时，要力求达到准确。

2）常用的冰冻圈区域社会调查方法

（1）确定调查对象的方法： 包括普遍调查、典型调查、抽样调查、个案调查 4 种，在冰冻圈社会调查中主要采用抽样调查方法。

（2）调查和收集资料： 冰冻圈区域社会调查方法有问卷法与访谈法（表 11.6）。问卷的设计要充分考虑调查目的、调查内容、样本的性质、资料处理及分析方法、财力、人力和时间，以及问卷的使用方式。调查问卷主要包括封面信、指导语、问题及答案、编码等几个部分（表 11.7）。问卷设计步骤、要求与注意事项见表 11.8。问卷调查可以分为准备阶段、调查阶段、分析阶段和总结阶段（表 11.9）。

表 11.6　常用的冰冻圈社会调查方法

Table 11.6　Common social survey methods in the cryospheric region

	问卷法	访谈法
概念	调查者应用统一设计的问卷向被选取的调查对象了解情况或征询意见的调查方法	由访谈者根据调查研究所确定的要求与目的，按照访谈提纲或问卷，通过个别访问或集体交谈的方式，系统而有计划地收集资料的一种调查方法
分类	直接发送法和间接发送法	按照操作方式和内容可以分为结构式访谈和非结构式访谈
	自填式和代填式	个别访谈和集体访谈

表 11.7　调查问卷的构成及其概念、作用、优缺点

Table 11.7　Conception, function and advantage and disadvantage of questionnaire

调查问卷的构成	概念	作用
封面信	致被调查者的短信，常放在问卷的封面	①通过自我介绍和说明，可使对方形成一定的心理准备，以便进入交谈过程； ②通过自我介绍和说明，可取得对方信任，使对方愿意进入交谈过程； ③可体现出礼貌和尊重人的态度，使对方乐于合作，给予帮助

续表

调查问卷的构成		概念	作用
指导语		告诉被调查者如何正确填答问卷，或提示访问员如何正确完成问卷调查的工作语句	限定回答范围、指导回答方法与过程、规定或解释概念和问题的含义
问题及答案	开放型问题	不为回答者提供可选择答案，而由回答者自由填答的问题	优点是允许被调查者按自己的方式，充分自由地对问题作出回答，不受任何限制，所得资料更为丰富、生动； 缺点是对回答者要求高，限制了调查范围和对象，耗时耗力，统计结果困难，易出现许多与研究无关的资料
	封闭型问题	给提出的问题提供若干个答案，让被调查者选择回答问题	优点是回答者填写问卷、回答问题方便容易，结果便于统计处理和定量分析，资料集中； 缺点是回答受到限制，回答中的偏误难以避免
	混合型问题	封闭型问题与开放型问题的结合，实质上是半封闭、半开放的问题，它综合了开放型问题与封闭型问题的优点，同时又避免了两者的缺点，具有非常广泛的用途	
编码		给问题和答案编码，便于统计处理和分析	编码工作既可以在设计问卷时进行，称为预编码，也可在问卷收回后进行，称为后编码。以封闭式问题为主的问卷，往往采取预编码形式；以开放式问题为主的问卷，一般采取后编码
其他资料		包括问卷的名称、编号、问卷发放及回收日期、调查员和审核员姓名、被调查者住址等	

表 11.8　问卷设计步骤、要求与注意事项

Table 11.8　Procedure, request and items of questionnaire

步骤顺序	要求与注意事项
设计准备	在调查问卷设计之前，要先熟悉被调查地区的自然环境、社会经济概况，明确调查的总体目标，了解调查对象的基本情况，确定所需要的信息范围，确定问卷调查的具体形式
概念操作化	对调查研究所使用的抽象概念给予明确的定义，并确定其边界和测量指标
初步探索	问卷设计者亲自进行一定时间的非结构性访问，围绕所要研究的问题同各类型的调查对象交流
设计问卷初稿	基于对调查地区、调查对象的初步了解，以及经过访谈交流所得到的信息，依据研究的内容与目的设计问卷。设计的问题要紧密围绕研究内容与目的，问题要尽可能具体、明确，不能抽象笼统，要避免提复合性问题，问题要适合被调查者的特点，尽可能做到通俗易懂
试用与修改	将设计的问卷进行预调查，检验问卷的整体结构、问题顺序、有无理解歧义以及问答难易程度，从而对问卷进行修改，删除不必要的问题，调整问题顺序、修改问题的形式

表 11.9　问卷调查基本程序与主要内容

Table 11.9　Basic procedures and major contents of questionnaire

调查程序	主要内容
准备阶段	① 确定调查问题； ② 选定调查对象； ③ 选定调查方法； ④ 设计调查问卷，问卷长度以 15 分钟左右，20 道题左右为参考标准； ⑤ 制订调查方案，包括调查目的和任务；调查对象与范围；调查方法与手段；调查时间和地点；调查步骤与日程安排；调查的组织领导与工作分工

续表

调查程序		主要内容
调查阶段		① 培训调查员：介绍调查研究的计划、内容、目的、方法，及其与调查项目有关的其他情况，以便调查人员对该项调查工作有一个整体性的了解；介绍和传授一些基本的和关键的调查方法；开展预调查，发现调查中存在的问题，交流调查经验，以便后续调查工作顺利开展。 ② 联系被调查者：通过正式机构、当地部门等或直接与被调查者联系。 ③ 调查资料的搜集：主要使用一对一的当面访问法、集中填答法以及自填问卷法（适用于个别文化程度高的被调查者）
分析阶段	调查资料整理	① 誊录：把调查所得到的资料进行质量控制以数字、文字或图表形式直接录入计算机； ② 分类：将已经表述的资料按照一定的标准进行分类； ③ 归档：将已经分类的资料归档，以便以后在对调查资料进行研究时能够方便地进行检索
	分析研究	对已经进行整理的资料进行分析，以便从调查资料中得出结论，解决调查之前提出的问题
总结阶段		在资料分析基础上撰写调查报告，完成调查

11.3　实验室分析技术

11.3.1　力学

1. 单轴试验

主要用于开展冻土和冰等材料的无侧向抗压强度试验。一般单轴压缩试验采用试样直径为 61.8 mm，高度为 125 mm，符合高径比大于 2 的要求。试样制备可采用扰动样和原状样两种。用于冻土和冰单轴试验仪器一般采用材料试验机改装而成，包括可控温试验箱、轴向加压设备、轴向应力和变形量侧系统。根据不同的试验要求，使用不同的加载控制方式，强度试验最常用的是恒应变速率，蠕变试验采用的是恒荷载试验。对于单轴强度试验，可获得单轴压缩强度（无侧向抗压强度）。对于单轴蠕变实验，可获得蠕变三要素（冻土的破坏时间、破坏应变和最小蠕变速率）、长期强度曲线和长期强度极限。

2. 三轴试验

主要用于开展冻土和冰等材料的三轴压缩试验，试样尺寸与单轴一样。试样制备可采用扰动样和原状样两种。用于冻土三轴仪器有两个特殊要求，一是压力室必须是可控温的；二是仪器提供的轴压和围压比常规土的三轴试验仪要大，如最大轴向力为 5 t、10 t 和 15 t；最大围压为 5 MPa、10 MPa 和 20 MPa。用于冻土三轴试验仪主要包括压力室、轴向加压系统、围压系统、反压力系统、孔隙水压力测量系统、轴向变形和体积变化量测系统。根据不同的试验要求，使用不同的加载控制方式，强度试验最常用的是恒应变速率，蠕变试验采用的是恒荷载试验。对于强度试验，可获得冻土的三轴强度、强度参数（如黏聚力和内摩擦角）、弹性参数（如弹性模量和泊松比）。对于蠕变实验，可获得蠕变三要素（冻土的破坏时间、破坏应变和最小蠕变速率）、长期强度曲线和长期强度极限。

11.3.2　热学

热学是研究物质处于热状态时的有关性质和规律，是人类对冷热现象的探索。热学的主要参数有：导热系数、导温系数和比热容（或比热），三者之间存在密切的关系{$\alpha = \lambda / \rho C$，$\alpha$ 为导温系数（m/h）；λ 为导热系数[W/（m • K）]；ρ 为密度（kg/m^3）；C 为比热容[J/（kg·K）]}。只要能实测两个参数，则第三个参数便可计算求得。

1. 导热系数

实验室内主要采用稳态法和非稳态法对物质的导热系数进行测定。稳态法是用热源对测试样品进行加热，样品内部的温差使热量从高温处向低温传导，其内部各点的温度将随加热快慢和传热快慢的影响而变化；在控温条件下，热传导过程将达到平衡状态而形成稳定的温度分布，根据热量、样品厚度、样品面积、时间和温度等的关系，来计算导热系数。稳态法包括纵向热流法、径向热流法、直接电加热法、热电法和热比较法。智能型双平板导热系数测定仪对保温材料导热系数的测试，使用的是稳态法（纵向热流法–绝对法）。非稳态法是用热源对测试样品进行短时间加热，使样品温度瞬时发生变化，根据其变化的特点和时间的关系，通过导热微分方程的解计算出试验样品的导热系数。非稳态法包括周期热流法、瞬时热流法、径向热流法、热线法、探针法、可动热源法和比较法。实验室仪器设备主要有热传导率测定装置和热参数分析仪，但对于不同材料，应使用不同方法和仪器设备。

对保温材料、岩土的导热系数测试，可采用非稳定态法中的瞬时热流法–热线法。热线法的原理为，一根细长的金属丝埋在初始温度分布均匀的试样内部，突然在金属丝两端加上电压后（电流可控），金属丝温度瞬时升高，其升温速率与试样的导热性能有关，根据其温度的变化与时间的关系，从而计算试样的导热系数。实验室仪器设备为 LFA457 激光法导热分析仪。对金属、岩土、液体和粉末的导热系数测试，使用的是非稳定态法中的瞬时热流法–闪光法（激光脉冲法）。

2. 导温系数

导温系数可以在已知导热系数和比热容的条件下求得，也可直接试验得到。实验室内主要采用圆柱体瞬态热流法，岩土在室内采用正规状态法，野外采用温度波法和薄板法。其基本原理：将初始温度均匀的试样，迅速置于温度较高（或较低）的恒温湍流环境中。根据试样新的温度随时间变化的变化规律确定试样的导温系数。 LFA457 激光法导热分析仪可对金属、岩土、液体和粉末的导温系数进行测试，使用的是非稳定态法（瞬时热流法–闪光法也称为激光脉冲法）。

3. 比热容

实验室内主要采用传统的比热容测试仪、平板导热系数测试仪和热分析法；其中热分析方法使用最为标准和普遍。Q2000 差示扫描量热仪可对金属、岩土、液体和粉末的比热容进行测试，使用的是热分析法。在程序控温过程中，始终保持试样和参比物温度相同，并保持试样一侧以给定的程序控温，通过变化参比物一侧的加热量来达到补偿的作用。从而记录热流量对温度的关系曲线，就可以分析比热容随温度变化关系。

11.3.3 光学

1. 单颗粒烟尘光度计技术（single particle soot photometer, SP2）

单颗粒烟尘光度计（SP2）由激光发射器（Nd: YAG crystal，1064 nm）、流量控制系统、4 个光信号检测器以及信号存储系统组成。激光发射器为 TEM00 模式，即发射激光径向强度呈高斯分布。激光发射器发射激光并经过高反射镜面多次反射，在气溶胶颗粒和激光作用的位置信号强度增强。含气溶胶颗粒的喷气由进样口进入仪器腔内，垂直穿过激光束中心，接受强激光束的照射，吸收能量、温度上升；黑炭颗粒散射激光，辐射 400~650 nm 的白炽光；4 个透镜等间距固定于仪器四周，捕获 $\pi/2$ 立体角内的光子，经由过滤器聚焦到光信号探测器上。将光信号与已知标样黑炭颗粒释放的光信号对比，即可推断单个气溶胶颗粒中黑炭的含量；再将一定时段内所有气溶胶颗粒中黑炭积分，除以相应时段内通过仪器的气溶胶体积，可得到大气中黑炭含量水平。由于所有颗粒都能散射照射到颗粒表面的激光，经过探测反射光的信号强度还可以确定气溶胶颗粒的粒径、分析黑炭颗粒被包裹与否。该技术测试颗粒粒径信号范围为 200~700 nm，检测底限为 0.3 ng/m^3。鉴于 SP2 测量的黑炭与光学信号的对应关系是由测量已知黑炭含量和包裹状态的颗粒的光学信号确定，SP2 的定标准确与否直接影响分析结果的精确性。黑炭颗粒粒径分布将黑炭密度视为单一值（1.8 g/cm^3），且假定为无孔的圆形颗粒，非黑炭部分根据光的散射光强、分布和散射理论得到粒径分布，所用折射系数依据假设的颗粒组分计算得到，并未考虑到颗粒组分及光学特性差异；进样过程中黑炭也可能附着于管壁上；上述因素可能导致黑炭含量和粒径分布与其真实值偏移，引起测量误差。

SP2 可以测量分析单颗粒气溶胶中的黑炭含量，不受黑炭形态、黑炭与其他组分的混合状态的影响。该仪器也可用于分析液态水样中黑炭含量，水样被蠕动泵输入到超声雾化器转化为气态，经干燥后进入 SP2 进行分析。超声雾化过程可能发生黑炭颗粒的丢失，特别是大颗粒的黑炭雾化效率远远低于小颗粒的黑炭，雾化器内部气流的高速旋转也可能清除掉大颗粒。但只要对各个粒径的黑炭与光信号准确定标，仍能准确测试水样的黑炭含量。

2. 激光微粒粒径测量技术

利用均匀的液态样品中微粒对激光的背散射参数在一定粒径和浓度范围内与微粒粒

径和浓度呈线性变化的特征，测量不同散射角的散射微粒光强，即可确定微液态样品中微粒的浓度和粒径分布参数。其工作原理是来自 He-Ne 激光器的光经扩束镜扩束后照射到被测颗粒物样品上，被测颗粒在激光照射下产生散射现象，散射光的强度及空间分布与被测颗粒的粒径及其分布有关。散射光由变换透镜聚焦后被位于其后焦面上的光电探测器接收，并转换成电信号输出，经放大和模数转换后送入计算机，即可获得被测颗粒的直径及直径分布。由于该测量原理是针对各向同性的均匀介质球在平行光照射下的 Maxwell 方程的严格数学解，只要将样品较好地分散于待测悬浮液中，放入分析仪中，仅需几秒时间就可以得到粒度分布数据表、分布曲线等，在小颗粒范围内也能给出颗粒散射光分布的精确值，因而这种方法的测量精度高，测量粒度范围广。该技术主要用于分析雪冰和水体样品的微粒粒径及数量。

3. 衍射技术

利用 X 射线照射粉末样品，随照射角度变化，衍射出特征的矿物衍射花纹，是定量定性分析矿物成分与组成的主要设备，可以获得矿物的结构特征。当 X 射线沿某一方向入射到晶体时，晶体的每个原子的核外电子产生的相干波彼此发生干涉，每两个相邻波源的波峰与波峰相互叠加得到最大限度的加强，由于晶体点阵结构中具有周期性排列的原子或电子散射的次生 X 射线间相互干涉，决定了 X 射线在晶体中的衍射方向，所以，通过对 X 射线衍射方向的测定，可以得到晶体的点阵结构、晶胞大小和形状等信息。X 射线衍射数据的采集方法分为二维成像法和衍射仪扫描法，其中依靠测角仪通过扫描方式进行测量的扫描法使用最为普遍。二维成像法采集衍射数据主要通过平面探测器，如二维多斯正比计数器探测器、成像屏（image plate）、电感耦合器件（CCD）面探测器等。X 射线衍射分析方法简单、分析成本低、分析速度快、分析范围广，且对样品无损害、数据稳定性高，在岩石学和矿物学研究中被广泛应用。随着实验技术的发展，X 射线衍射除在矿物种属确定、类质同像和结晶度研究、岩石组学研究和有序/无序测定等传统领域发挥重要作用外，在矿物结晶过程研究、矿物表面研究、矿物定量分析和矿物晶体结构测定方面均有新的应用。

4. 光学物理影像技术

显微镜包括电子显微镜、生物显微镜、体视镜等，以及各类大型荧光显微镜等。电子显微镜与电子探针利用电子束对样品成像，反映样品的表面微观特征，配合波谱仪或能谱仪，能定量计算微区元素分布。扫描电子显微镜（SEM）通过探测样品原子外层电子束轰击时逃逸出来的电子（二次发射电子和背散射电子）和激发后跃迁的电子回迁时发出的光能，并将它们转换成图像，从而可在纳米尺度显示样品的微观结构。在扫描电镜进行高倍率图像采集时，探针电流（probe current，PC）的选择非常重要，直接影响束斑的尺寸，而束斑的尺寸决定了图像的分辨率，束斑尺寸越小，图像的分辨率越高。通常，理想的束斑尺寸是指相邻的扫描线接触得非常好，图像能聚焦得很清楚。要得到理想的扫描电镜图像，必须对影响其图像质量的操作参数加以控制，如加速电压、像散和工作距离等。扫面电镜配有两种检测器（二次电子检测器和背散射电子检测器），其中，二次电子是在入射电子束的作用下，被轰击出来并离开样品表面的原子核外电子。由于它的能量较小，一般只有在表层 5~10 nm 的深度范围才能发射出来，所以它对样品的表面十分敏感，能有效地显示样品表面形貌。但二次电子的产额与原子序数无关。背散射电子是被样品中的原子核反弹回来的一部分入射电子，包括弹性散射和非弹性散射，弹性散射的电子远比非弹性散射的数量多。弹性散射电子来自样品表层几百纳米的深度范围，由于它的产额随样品原子序数增大而增多，所以不仅可用来分析形貌，还可用来分析成分。在实际操作过程中，要针对图像出现的问题进行原因分析，选择合适的工作条件和检测器，采取相应的解决办法进行调整，以便拍摄出真实、清晰和理想的电镜照片。电子显微镜技术主要用于矿物、岩石形貌特征、结构与构造等分析。

11.3.4　微观物理结构

依据冰冻圈的组成要素分类，可将其物理结构分析技术分为两大类：第一类是雪冰（包括积雪、冰川冰及河、湖与海冰）物理结构分析检测技术；第二类为冻土物理结构分析检测技术。

针对雪和冰的微观物理结构检测主要包括雪冰二者的晶体形态、组构及粒径，以及形态检测包括粒雪孔隙度与成冰深度，雪冰密度，二者混合结构形态，雪冰中混合杂质的浓度，粒雪成冰过程中所封存气泡的数量、形状、尺寸、分布状态等。雪冰微观物理结构分析检测仪器设备主要有称重计、放大镜与数码影像提取设备，以及高倍显微镜和电子显微镜成像仪及激光粒型粒度仪等。其中，冰组构分析利用冰的各向异性特征，在可见光下对冰的粒径大小、晶面朝向进行统计，分析结晶轴的方向、获得冰晶体生长方向、后期的变化等参数。此外，冰芯物理参数扫描技术是利用特征波长的单色光，对冰芯进行扫描，得到冰芯的完整图像、再现冰芯物理特征，能够清晰反映冰芯中污化层、白冰层、冰片与粒雪层等。冰晶粒径反映成冰的温度环境，冰晶 C 轴可以反映成冰作用的各种过程。

冻土的微观物理结构检测主要包括冻土的岩性特征、含水率、密度、色泽、厚度等，其次为岩土与水分的混合结构、未冻结水组分在冻土内的分布特征、冻结冰缘的结构、土壤土质类型及其冷生构造等，以及土壤颗粒物形态、粒径组构、孔隙度、分凝冰透镜体结构等。所采用的主要仪器有数码影像提取设备、高倍显微镜、电子显微镜成像仪、激光粒型粒度仪、脉冲核磁共振仪、全自动比表面积及孔隙度分析仪等。

11.3.5　化学成分

1. 离子色谱技术（ion chromatograph，IC）

离子色谱技术是分析离子成分的一种液相色谱方法。根据分离机制，离子色谱可分为高效离子交换色谱（HPLC）、离子排斥色谱（HPIEC）和离子对色谱（MPIC）。离子交换色谱是最常用的离子色谱，分离机制主要是离子交换，采用低交换容量的离子交换树脂来分离离子，其主要填料类型为有机离子交换树脂，以苯乙烯二乙烯苯共聚体为骨架，在苯环上引入磺酸基，形成强酸型阳离子交换树脂，引入叔胺基而形成季胺型强碱性阴离子交换树脂，此交换树脂具有大孔或薄壳型或多孔表面层型的物理结构，以便于快速达到交换平衡，离子交换树脂耐酸碱可在任何酸度（pH）范围内使用，易再生处理、使用寿命长，缺点是机械强度差、易溶胀、易受有机物污染。离子色谱的最重要的部件是分离柱、高效柱和特殊性能分离柱。柱管材料一般使用惰性材料。离子色谱可同时检测样品中的多种成分，具有选择性好、灵敏度高、分析快速等优点。对常见阴离子（F^-、Cl^-、Br^-、NO_2^-、NO_3^-、SO_4^{2-}、PO_4^{3-}）和阳离子（Li^+、Na^+、NH_4^+、K^+、Mg^{2+}、Ca^{2+}）的平均分析时间小于 15 分钟。对常见阴离子的检出限小于 10μg/L。离子色谱分析法广泛用于雪冰样品中主要可溶性离子成分的分析。

2. 电感耦合等离子体质谱技术（inductively coupled plasma mass spectrometry，ICP-MS）

20 世纪 80 年代发展起来的无机元素和同位素分析测试技术，它以独特的接口技术将电感耦合等离子体的高温电离特性与质谱仪的灵敏快速扫描的优点相结合而形成一种高灵敏度的分析技术。质量分析器多采用四极杆质谱，也有采用具有高分辨的双聚焦扇形磁场质谱、飞行时间质谱等。该技术的特点：灵敏度高；速度快，可在几分钟内完成几十个元素的定量测定；谱线简单，干扰相对于光谱技术要少；线性范围可达 7~9 个数量级；样品的制备和引入相对于其他质谱技术简单；既可用于元素分析，还可进行同位素组成的快速测定；主要应用于雪冰中元素和同位素的分析测试。

3. 有机碳/元素碳（OC/EC）热光分析技术

有机碳（OC）和元素碳（EC）分析方法，首先在系统中通入氦气，在无氧的环境下程序升温，逐步加热颗粒物样品，使样品中有机碳挥发，之后通入 2%氧/氦混合气，在有氧环境下继续加热升温，使得样品中的元素碳完全氧化成 CO_2。无氧加热释放的有机碳经催化氧化炉转化生成的 CO_2，和有氧加热时段生成的 CO_2，均在还原炉中被还原成 CH_4，再由火焰离子化检测器（FID）定量检测。无氧加热时的焦化效应（charring，也称为碳化）可使部分有机碳转变为裂解碳（OPC）。为检测出 OPC 的生成量，用 633 nm 激光检测样品加热升温过程中反射光强（或透射光强）的变化，以初始光强作为参照，确定 OC 和 EC 的分离点。该方法的测量范围为 0.2~750 μg C /cm^2，最低检测限为总有机碳 0.82 μg C /cm^2，总元素碳 0.20 μg C /cm^2。该技术可以应用于水及各类沉积物中有机碳和元素碳含量的分析检测。

4. 气体稳定同位素比质谱技术（isotope ratio mass spectrometer, IRMS）

根据带电粒子在电磁场中偏转的原理，按物质原子、分子或分子碎片的质量差异进行分离和检测物质组成的分析技术。质谱仪以离子源、质量分析器和离子检测器为核心。离子源使试样分子在高真空条件下离子化，电离后的分子因接受了过多的能量会进一步碎裂成较小质量的多种碎片离子和中性粒子。它们在加速电场作用下获取具有相同能量的平均动能而进入质量分析器。质量分析器是将同时进入其中的不同质量的离子，按质荷比 *m/z* 大小分离的装置。分离后的离子依次进入离子检测器，采集放大离子信号，经计算机处理，绘制成质谱图。离子源、质量分析器和离子检测器都各有多种类型。质谱仪按应用范围分为同位素质谱仪、无机质谱仪和有机质谱仪；同位素质谱分析法的特点是测试速度快，结果精确，样品用量少（微克量级）。能精确测定元素的同位素比值。广泛用于核科学、地质年代测定、同位素稀释质谱分析、同位素示踪分析等。

5. 冷原子荧光光谱技术（cold vapor atomic fluorescence spectroscopy, CVAFS）

原子荧光光谱法的一种，通过测定待测元素的原子蒸气在辐射能激发下发射的荧光强度进行定量分析的方法，于 20 世纪 60 年代应用于化学成分分析。该方法具有灵敏度高、检出限低、稳定性好、线性范围宽且谱线较为简单等优势，是目前国际通用的测定各类环境样品中汞（Hg）含量的方法。将样品中不同形态的汞转化为原子汞并以高纯氩气将汞蒸气载入检测器，基态汞原子受到波长 253.7 nm 的紫外线激发，激发态汞原子可辐射出相同波长的荧光，利用荧光强度与汞含量成正比的关系确立待测样品中汞的含量，检测下限可达 ppt 级。冷原子荧光光谱法可以检测雪冰中各种形态汞的浓度。

6. 激光同位素比分析技术

基于光腔衰荡光谱法（CRDS）的同位素分析技术，该方法具有测量速度快、灵敏度高、量程大等优点。CRDS 的主要部件是激光源、一对高反射性镜面形成的光共振腔和光探测器。在光腔衰荡光谱法中，一小部分脉冲激光会进入光腔并且由高反射性镜面反复多次反射，每次都有少量的光透过镜面而离开光腔，这部分光就构成了光衰荡信号，它的强度变化可以简单地用单指数衰减来描述。目前利用此技术的同位素测量包括液态水与气态水同位素比、温室气体同位素比等气态小分子同位素比。例如，利用水同位素分子对激光的差异吸收定量分析水同位素比的组成（如 $^{18}O/^{16}O$ 和 $^{2}H/^{1}H$ 等）。

7. 在线连续融化分析方法（continuous flow analysis，CFA）

该方法是在线连续融化冰芯样品技术与连续进样分析法，或其他在线样品前处理装置和在线分析设备的集合。通过计算机优化控制冰芯样品的融化速度达到为在线快速分析系统提供样品，实现快速分析的效果。该方法可以获得高分辨率冰芯样品，也极大提高了大批量冰芯样品分析的效率，比较适合在冰芯钻取现场开展分析，避免了后续运输和处理过程中可能的污染。流动注射分析法是 20 世纪 90 年代中期诞生并迅速发展起来的溶液自动在线处理及测定的分析技术，具有以下优点：①测量在动态条件下进行，反应条件和分析操作能自动保持一致，结果重现性好；②分析速度快，特别适合于大批量样品分析；③不仅易于实现连续自动分析，且有流动注射分光光度法、流动注射原子光谱法、流动注射电化学分析法、流动注射酶分析法、流动注射荧光及化学发光法等，可用于雪冰中多种离子和元素的测定。

8. 气相色谱分析法（gas chromatography，GC）

需要分离的诸组分在流动相（载气）和固定相两相间的分配存在差异（有不同的分配系数），当两相做相对运动时，这些组分在两相间的分配反复进行，即使组分的分配系数只有微小的差异，最后可使这些组分得到分离。气相色谱的流动相为惰性气体，气–固色谱法中以表面积大且具有一定活性的吸附剂作为固定相。当多组分的混合样品进入色谱柱后，由于吸附剂对每个组分的吸附力不同，经过一定时间后，各组分在色谱柱中的运行速度也就不同。吸附力弱的组分容易被解析下来，最先离开色谱柱进入检测器，而吸附力最强的组分最后离开色谱柱。这样，各组分得以在色谱柱中彼此分离，顺次进入检测器。常用的检测器有热导检测器（TCD）、氢火焰离子化检测器（FID）、电子捕获检测器（ECD）、质谱检测器（MSD）等。热导检测器（TCD）属于浓度型检测器，基于不同物质具有不同的热导系数，几乎对所有的物质都有响应，是目前应用最广泛的通用型检测器。氢火焰离子化检测器（FID）利用有机物在氢火焰的作用下化学电离而形成离子流，是有机化合物检测常用的检测器。电子捕获检测器（ECD）是通过测定电子流进行检测的，对含卤素、硫、氧、羰基、氨基等的化合物有很高的响应。质谱检测器（MSD）是一种质量型、通用型检测器，这将色谱的高分离能力与质谱的高灵敏度和较强的结构鉴定能力结合在一起，也常被称为色谱–质谱联用（GC-MS）分析。该方法可以用于雪冰和环境样品中有机物的分析检测。

11.3.6　测年方法与技术

测年方法与技术是开展冰冻圈长期演化研究的基础。相对于冰芯而言，河、湖与海冰的年代尺度一般较短，通常所讲的冰冻圈测年技术主要是指冰芯定年和沉积物（或堆积物）定年。

1. 冰芯定年法

目前，冰芯定年所采用的技术方法主要有 5 种，分别为季节参数法、参考层位法、放射性同位素法、理论模式法及气候事件比较限定法。

1）季节性参数法

其定年精度最高，广泛应用于冰芯上部定年。采用的主要参数包括氢、氧稳定同位素比值、可溶性离子浓度、不溶性微粒含量、pH 及电导率（ECM）等。其基本原理为，不同季节降水中的化学组分和大气环流携带的尘埃或杂质浓度存在差异，从而造成一年内不同季节的冰雪中所含物质的相对比值或含量存在较大差异，因此可以根据冰芯中各参数的显著季节变化，通过数年层的方法进行定年。随冰芯深度的增加，受冰川动力学过程的影响，年层厚度减薄，当冰芯中年层厚度不足以分割代表不同季节的样品时，各类理化参数的季节信号被平滑，不能区分季节变化，从而不能进行数年层法定年。

2）参考层位

主要针对某一特定年代进行定年。采用的主要参数有放射性物质（氚含量和 β 活化度）和火山事件等。其定年机制为已知某些自然界或人类活动特定事件的年代，同时在冰芯中找到这些事件造成影响的确切信息及其对应深度，由此确立该深度的冰层年代，并为其他连续冰层定年（如季节性参数法）方法提供参考和限定。此类方法能对某一特定标志层冰芯进行精确的绝对年龄限制，使冰芯高精度定年（±1 年）成为可能。然而，由于千年及千年以上尺度内特定事件的记载非常稀少，因此该方法对较长时间尺度冰芯年龄的确定存在不足，目前一般用于百年尺度内冰芯特定层位绝对年龄的限定。

3）放射性同位素

放射性同位素可由宇宙辐射产生（如 ^{12}S、^{37}Ar、^{14}C、^{10}Be、^{81}Kr），也可由核试验产生（如 ^{3}H、^{137}Cs、^{90}Sr），还可由核工业（^{85}Kr）产生的自然衰变系列的产物（如 ^{210}Pb）辐射到大气之中形成。通过测定不同层位冰芯在沉积过程中所保存的放射性同位素强度，结合各放射性核素的衰变周期来进行冰芯年代的确定。随着测量技术的进步，近年来该方法在冰芯定年工作中得到了较广泛应用。例如，^{210}Pb 已被成功地用来研究冰芯过去 100~200 年积累量的变化；^{10}Be 在南极冰盖深冰芯定年中也取得了很好的结果。但同时此类定年方法受冰芯实际样品含量、样品前处理及放射性核素检测手段等综合限制。

4）理论模式

在冰芯（尤其为深部冰芯）定年工作中有着较广泛应用。其原理为，由冰川形成的基本积累流动规律可知，降雪在沉降到冰川表面后，经密实化成冰作用会逐渐积累变厚，并会随时间向下部或离开分水岭的方向运动。在假定了冰是不可压缩体后，则冰川中雪在变成冰后产生的仅为塑性变形，即上部垂直压力引起冰在水平方向的扩展。冰体上部压实力可根据实测的密度随深度变化的变化规律进行计算。由于冰层的不断减薄，冰川内每一年层冰均在相对向下运动。在相对稳定状态的冰盖或冰帽中心处，冰体质点的年垂直速度必然等于一个冰当量年层厚度。因此，在冰床以上距离冰当量 y 处的年龄可用公式表示为

$$t = \int_{H}^{y} V^{-1} d \tag{11-3}$$

式中，H 为冰当量厚度；年龄 t 则根据变薄速率 V 与冰当量深度 y 之间的某种假设的相互关系进行计算。而冰川流动模式测年的方法就是寻找合适的这种关系进行年代计算。因而，后期基于上述公式这一理论基础，出现了各种用于冰川定年的模式。其中，目前使用较普遍的理论模式为 Nye 时间尺度、后期由 Nye 时间尺度演化而来的 Nye 时间模式

和内插模式、Dansgaard-Johnsen 时间模式、Bolzan 模式等。上述各模式中，对于冰川积累和运动采用的前提假设存在差异。其中，前 3 种理论模式主要应用于两极地区冰原或冰帽的定年工作，而 Bolzan 流动模式则是针对中低纬度地区冰川定年而设计的理论模式，并且在后来对中纬度秘鲁 Quelceaya 冰川和中国祁连山敦德冰帽的冰芯定年工作中给出了较好的年代概念和时间尺度，为中低纬度地区冰川冰芯定年提供了较可靠的时间模拟方程。目前，在两极冰帽和中纬度山地冰川分别利用多种理论年代模式，对多支冰芯进行了定年。但此方法对冰芯底部年代的确定往往会存在较大误差。

5）气候事件比较

该方法主要针对冰芯底部模式定年发生较大偏差且又无特定层位绝对年龄进行限制的情况。这时可以根据冰芯中各参数指示的极端气候事件，与进行过较准确定年的介质（如已有的冰芯、深海沉积物、湖芯、石笋、树轮等）记录的相同极端气候事件年代进行对照，以建立冰芯的总体年代序列。用该方法所确定的年代一般分辨率较低，只用于粗略年代概念的事件性气候环境变化讨论。

2. 古冰川测年

第四纪冰川年龄测定是第四纪冰川研究中最基本的问题之一，是解决第四纪冰川演化的关键。近年来，宇宙成因核素（cosmogenic radionuclide，CRN）或陆生就地成因核素（terrestrial in situ cosmogenic nuclides，TCN）、光释光（optically stimulated luminescence，OSL）、电子自旋顺磁共振（electron spin resonance，ESR）等可对冰川侵蚀与堆积地形进行直接定年的测年技术的发展与应用，以及与地衣年代测定法（lichenometry）、常规 ^{14}C 与加速器质谱 ^{14}C（accelerator mass spectrometry ^{14}C，AMS^{14}C）、40K/40Ar、40Ar/39Ar、U 系、古地磁、热释光（thermoluminescence，TL）等的结合推动了第四纪冰川研究的深入发展。而且这些测年技术有其最佳年代测试范围（图 11.10）。几种测年技术在测试范围上有可相互印证的重叠部分，对于同一次冰川作用可以应用不同测年方法进行综合定年，以期提高测年精度与测试年龄的可信度。

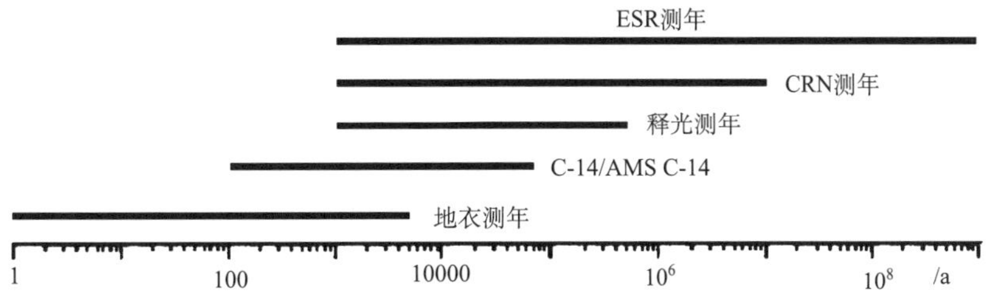

图 11.10　古冰川测年最佳年代测试范围

Figure 11.10　Measuring range of optimal chronology paleo-glaciation

1）地衣测年

地衣测年出现于 20 世纪 50 年代，是测定新近冰川与冰缘沉积物的一种简捷而有效的方法。冰川退缩或冰碛沉积并稳定后，地衣等一些先锋性低等植物能很快地着生并定居下来。时间越长，定居的植物种群组成就越丰富，地衣也长得越大。冰川作用区冰碛或基岩面上最大地衣体的生长时间基本上能代表冰碛沉积或冰川退缩至今的时间，通过测量研究区域选定样方特定种类地衣的最大个体，并参照该地衣的生长速率就可以得出冰碛沉积或冰川退缩至今的年龄。测年范围从数年到 5000 年，可测定全新世中新冰期与 LIA 冰进的年代。最大的优势是测定 LIA 的冰进年龄，弥补距今 200~500 年的测年空白。在我国青藏高原、天山等地区已有地衣测年的成功应用范例。

2）^{14}C 测年

^{14}C 测年是发展最早、最成熟、测年结果最可靠的测年方法。常规 ^{14}C 测年具有测年精度高、可测样品种类多（有机物质或无机含碳物质）、取样简单等特点。随着科学技术的发展，20 世纪 70 年代末发展起来的 AMS^{14}C 还具有用样量少、灵敏度高、测定上限增大（理论上限可达 100 ka）、测量时间短等优点。^{14}C 测年的基本原理是：宇宙射线同地球大气发生作用产生中子，中子同大气中 ^{14}N 发生核反应产生放射性的碳同位素 ^{14}C。^{14}C 与氧结合形成 $^{14}CO_2$，含有放射性 ^{14}C 的 $^{14}CO_2$ 与大气中的 CO_2 混合。大气中的 CO_2 通过碳循环扩散到整个生物圈、水圈等一切与 CO_2 发生交换的含碳物质中，使这些含碳物质都含有放射性 ^{14}C。这些物质一方面从大气中不断得到新的放射性 ^{14}C 的补充；另一方面因放射性 ^{14}C 的衰变而不断减少。补充与衰变使 ^{14}C 在所有含碳物质中保持动态平衡。如果某种含碳物质停止了与大气的交换（如生物体死亡，碳酸盐物质沉积埋藏等），那么 ^{14}C 就按其衰变规律衰变减少，只要测出样品中 ^{14}C 的减少量就可以推算出生物体的死亡或沉积物埋藏至今（before present, B.P.，起算点为 1950 年）的年龄。冰川发育在高海拔或高纬度气候寒冷的地方，能够在冰川沉积中保存下来的有机物很少且很难被发现，因此，多数情况下是利用 ^{14}C 进行间接地测定冰川沉积或冰水沉积。因 ^{14}C 的半衰期（$T_{1/2}$＝5730 年）比较短，影响 ^{14}C 测年在第四纪冰川研究中的应用。

3）释光测年

释光测年技术包括热释光测年（TL）与光释光测年（OSL）。释光测年的基本原理是：自然界中的矿物因光热事件（如火山活动、天然火灾或人类用火）或风化、侵蚀与搬运过程的曝光，释光信号回零，这是释光测年的零点。沉积物沉积后，矿物（石英及长石等）在自身和其所在环境中放射性元素（U、Th、^{40}K 等）衰变所产生的 α、β、γ 及宇宙射线等的辐射下产生电离或电子被激发到高能态形成游离态自由电子，自由电子在矿物晶格内运动时能被晶体中的晶格缺陷捕获形成缺陷电子。缺陷电子个数与矿物沉积后埋藏时间成正比，沉积时间越长，缺陷电子的数量就越多（在没有达到饱和之前），储存的能量也越大，这是释光测年的基础。矿物在加热激发或者用一定波段的光来照射激发就可以将其储存的能量以光能的形式释放出来。光能的大小与矿物接受到的总辐射剂量成正比，只要测定出样品接受到的总辐射剂量，并采用一定的理化分析法测算出样品所在环境中的年剂量，就可以得到沉积物沉积至今的年龄。TL 与 OSL 激发的机制不同，因为沉积物中存在着 TL 信号不能完全回零问题，加之测定结果误差较大等原因而逐渐淡出了第四纪沉积研究领域。OSL 是在 TL 基础上发展起来的。报道的测年结果主要是十几万年以来的年龄数据，即理论上该测年技术可对倒数第二次冰川作用以来的冰川沉积进行有效测定。冰碛的样品采集需要绝对避光。

4）电子自旋共振（ESR）测年

电子自旋共振，也称为电子顺磁共振（electron paramagnetic resonance，EPR）。ESR 测年的基本原理是：自然界中的矿物因地壳运动（断层活动等）的剪切压力、机械碰撞（如泥石流、太阳照晒）、受热（地热、火山喷发、自然火灾和人类用火）与矿物的重结晶等，全部或部分 ESR 信号回零，即成为 ESR 测年的零点，计时从沉积物沉积的时候开始。沉积物沉积后，某些矿物在自身和其所在环境中放射性元素（U、Th、^{40}K 等）衰变所产生的 α、β、γ 以及宇宙射线等的辐射下，形成自由电子和空穴心，这些自由电子能被矿物颗粒中杂质（Ge、Ti、Al）与晶格缺陷（原先存在的晶格缺陷或者由辐射产生的晶格缺陷）捕获而形成杂质心与缺陷中心，缺少电子的空穴形成空穴心。这些杂质心与空穴心都是顺磁性的，称为顺磁中心。顺磁中心可用 ESR 谱仪进行测定。顺磁中心个数与沉积时间成正比，沉积时间越长，顺磁中心的数量就越多（在顺磁中心没有饱和之前）。通过测定顺磁中心个数从而达到测定沉积物年龄的目的。顺磁中心的数量与矿物颗粒自沉积以来所接受的总的辐射剂量成正比，只要测出沉积物中矿物颗粒所接受的总累积剂量，并采用一定的理化分析方法测算出矿物颗粒所在环境中的年剂量率，就可以算出样品的年龄。ESR 测年技术具有测定年龄跨度大，从数千年到数亿年；样品的制备相对简便，可在室内自然光下进行，在野外样品采集时只要避免阳光的直接照射即可进行样品采集。Ge 心具有测定风成沉积物的应用前景，冰碛物可作为 ESR 测年选用材料。在中国第四纪冰川测年方面取得的研究进展主要是使用对光照与研磨都较为敏感的 Ge 心取得。

5）宇宙成因核素测年

宇宙成因核素测年法，又称为陆源就地宇宙成因核素（terrestrial *in situ* cosmogenic nuclides, TCN）测年法，是近 20 多年来伴随高能加速器质谱仪发展而兴起的一种新的同位素地质年代法。与常规 ^{14}C 与 AMS^{14}C、OSL、ESR 等测年技术相比较，CRN 不仅可以测定地表物质的暴露年龄，也可以测定陆源沉积物的埋藏年龄或沉积年龄。

宇宙成因核素是由来自宇宙空间的初始的、高能量的质子、氦核和一些较高原子序数的重核与大气物质相互作用产生中子、光子和正负介子等次生宇宙射线粒子再与暴露于地表的物质作用而形成的。宇宙成因核素的形成速率与宇宙射线的强度及地表物质中靶元素的含量成正比，地表物质中宇宙成因核素的累积量与其暴露的时间长短有关，暴露时间越长，宇宙成因核素的累积量越大。通过测定样品中宇宙成因核素的浓度并计算宇宙成因核素的生成速率就可以测算出样品的年龄。用于测年的宇宙成因核素有 ^{3}He、

^{10}Be、^{14}C、^{21}Ne、^{26}Al 与 ^{36}Cl 6 种（应用最多的是 ^{10}Be），有效的测年范围为 10^3~10^7 年。

在第四纪冰川测年方法中，CRN 测年法是迄今为止在冰川地貌研究中应用最成功的方法之一，不但可以测定冰川漂砾或冰蚀地形等的暴露年龄，还可以测定冰碛物或冰蚀地形的埋藏年龄。不过应用比较多的是测定漂砾与冰蚀地形（如上下镶嵌的冰川槽谷、羊背石、鲸背岩、基岩刻槽等）的暴露年龄，CRN 测年技术对这些地形进行年代测定的重要前提是：它们在暴露时的初始 CRNs 为零。冰川漂砾表面的擦面有力地说明漂砾在搬运过程中表层已被磨蚀掉，冰蚀地形形成时表层被磨蚀的量更大，因此，冰川侵蚀地形与冰碛物满足初始 CRNs 为零的测年要求。特别是在一些冰川沉积物保存不太理想，但冰川侵蚀地形出露显著的冰川作用区尤能发挥该测年技术的优势。当然，对于巨厚的冰川沉积，埋藏年龄的测定有助于冰川层序的建立。一般冰川作用区的冰川侵蚀地形或冰碛物的岩性中都会有含有石英成分的石英岩脉、花岗岩、片麻岩、石英砂岩等，非常适宜 CRN 技术的应用。

11.4 遥感技术

冰冻圈严酷的环境给实地观测带来困难，使得航空、卫星遥感成为其研究的重要技术手段。冰冻圈遥感手段涵盖可见光、近红外、热红外、微波、激光、无线电等常规遥感探测方法，同时重力卫星、星载/机载无线电回波探测等新方法手段加快了冰冻圈遥感的快速发展。根据研究内容不同特点与要求，综合运用多种遥感手段提高对冰冻圈要素的监测精度已经成为冰冻圈遥感新发展趋势（图 11.11）。卫星摄影成像具有稳健的重复

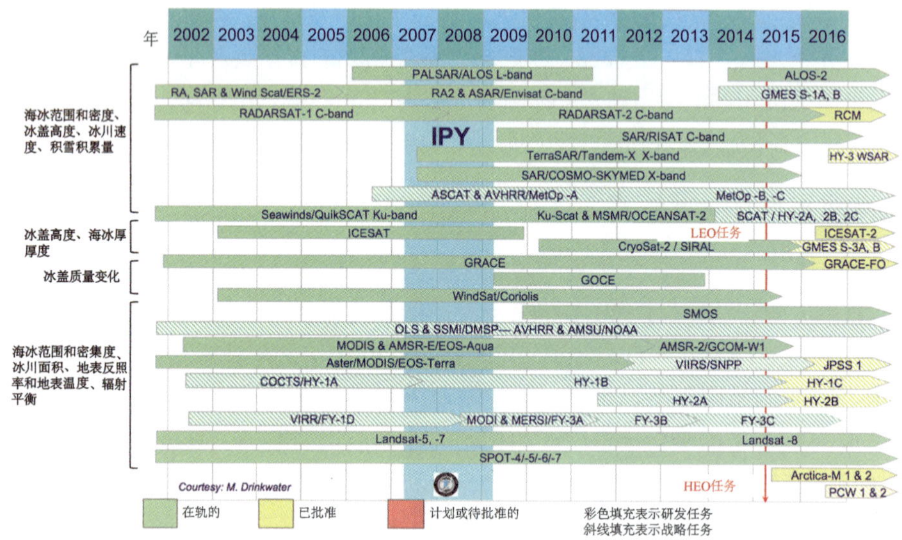

图 11.11　冰冻圈遥感卫星任务与计划

Figure 11.11　Projects and mission of satellite on remote sensing in cryosphere

（http://globalcryospherewatch.org/satellites/overview.html）

观测能力，克服了航空遥感成像面积小、重复观测能力低等缺陷，已经成为冰冻圈遥感的重要手段。目前，卫星遥感可监测的冰冻圈要素如表 11.10 所示。

表 11.10　冰冻圈要素的遥感监测一览表

Table 11.10　Measurements of cryosphere components by remote sensing

冰冻圈要素	参数	遥感资料
冰川	反照率、面积、编目	可见光\近红外遥感
	体积	可见光\近红外摄影测量、雷达\激光高度计
	物质平衡	可见光\近红外、热红外及激光遥感、重力卫星
	高程、厚度	可见光\近红外摄影测量、SAR、InSAR、雷达\激光高度计、无线电回波探测
	运动	可见光\近红外遥感、SAR、InSAR、雷达\激光高度计
	冰裂隙等表面形态	可见光\近红外遥感、激光高度计
	表面温度	可见光\近红外、热红外遥感
积雪	范围、覆盖度、反照率	可见光\近红外、热红外遥感
	粒径	可见光\近红外、高光谱遥感
	表面温度	热红外遥感
	雪深\雪水当量	主被动微波遥感、激光雷达
	湿度	主被动微波遥感
	密度	主动微波遥感
冻土	地表冻融	主被动微波遥感
	制图	可见光\近红外、热红外遥感、SAR
	形变	可见光\近红外摄影测量、InSAR
河、湖冰	密集度	可见光\近红外遥感、主动微波遥感
	面积	可见光\近红外遥感、主动微波遥感
	厚度	主被动微波遥感、激光雷达遥感
	封冻\解冻期	可见光\近红外、热红外、主被动微波遥感
	温度	热红外遥感
	表面粗糙度	激光雷达遥感
	冰塞和凌汛	可见光\近红外和 SAR 遥感
海冰	制图	可见光\近红外遥感、雷达高度计
	表面温度、反照率	可见光\近红外、热红外遥感
	运动	可见光\近红外、热红外遥感、主被动微波遥感、高度计
	厚度	主被动微波遥感、激光高度计
	密度	可见光\近红外遥感、主被动微波遥感
	冰塞和凌汛	可见光\近红外和 SAR 遥感

11.4.1 光学遥感

1. 可见光\近红外遥感（VIR）

可见光\近红外遥感是指利用可见光和近红外波段进行遥感探测的技术。除冻土外，冰冻圈其他要素在可见光波段反射率较高，使其在卫星图像上容易识别并进行制图。因此，早期的卫星传感器主要集中在可见光和近红外波段来探测冰冻圈特征。可见光\近红外遥感主要用于获取积雪范围、亚像元积雪范围比例、积雪表面反照率、积雪粒径等；开展冰川编目与制图、监测冰川带冰裂缝等活动；进行冻土与冰缘地貌制图，获取与冻土分布有关的地表能量、植被分布和地形高程等信息，同时进行冻土变形（冻胀、融沉和蠕变）监测；进行海冰制图与海冰运动监测；获取河湖冰密集度与面积，监测冰塞和凌汛灾害、冰川湖泊及其溃决洪水等。

1）冰川制图

冰川在可见光波段反射率较高，与周围其他地物呈现明显的高反差。根据主光轴与铅垂线的夹角关系将航空摄影分为垂直摄影和倾斜摄影。其中，垂直摄影具有较高的几何精度而应用较为广泛，利用研究区多时相单幅影像或根据立体摄影测量（stereophotography）方法，绘制冰川表面地形图、监测冰川质量平衡等。除直接利用地物反射波谱特性差异外，图像增强、假彩色合成等数字图像处理技术能够突出冰雪高亮度区细微结构、易于识别冰川表面沉积物及消融状况，对直观准确提取冰冻圈要素信息同样重要。目前，全球常用冰川制图研究的高分辨率卫星有 IKONOS、QuickBird、GeoEye、WorldView、资源三号等（表 11.11）。

表 11.11　常用高分辨率卫星列表

Table 11.11　Frequently-used high-resolution satellites

卫星	多光谱/全色空间分辨率（星下点）/m	立体观测能力	重访周期/天	发射时间（年.月）
Landsat MSS	78	无	18	1972.07
Landsat TM	30	无	16	1982.07
Landsat ETM	30/15	无	16	1999.04
Landsat OLI	30/15	无	16	2013.02
SPOT 1-4	20/10	有	26	1986.02
SPOT 5	10/2.5	有	5	2002.05
SPOT 6	6/1.5	有	5	2012.09
CBERS-02B	19.5/2.4	无	26	1999.10
QuickBird	2.44/0.61	有	1~6	2001.10
IKONOS	4/1	有	3	1999.09
ASTER	30/15	有	16	1999.02

续表

卫星	多光谱/全色空间分辨率（星下点）/m	立体观测能力	重访周期/天	发射时间（年.月）
IRS-P5	10/2.5	有	5	2005.05
ALOS	10/2.5	有	2	2006.01
WorldView-2	1.85/0.46	有	3.7	2007.09
ZY-3（资源三号）	5.8/2.1	有	5	2012.01
高分一号	8/2	无	4	2013.04

利用 VIR 遥感影像进行冰川制图的原理在于冰川高反射特性、容易识别、影像解译直观。在冰川编目及面积变化方面，20 世纪 80 年代遥感图像开始应用在冰川编目中。波段比、监督分类及非监督分类等遥感图像处理方法逐步替代了传统的基于地形图、航片以及目视判读量算方法。随着遥感技术的发展，借助 GIS 平台及各空间分辨率的 DEM 数据，不仅能获取冰川条数、范围、面积、形态及许多冰川特征界线（雪线、冰舌末端）等二维参数，还能获得这些界线含高程的三维参数。USGS 以 Terra 搭载的 ASTER 及 Landsat-7 ETM+为基础，在 DEM 及 GIS 支持下完成了全球三维陆地冰体编目“全球陆地冰川空间测量”（GLIMS）计划。中国研究人员在第一次中国冰川目录基础上，利用遥感数据建成了配有矢量地图的中国冰川编目数据集，并在寒区旱区科学数据中心免费发布。通过多期的遥感资料对比可以获得冰川面积的变化。

雷达干涉测量技术是监测冰川表面形态及其变化的重要手段。近年来，由于高分辨率光学遥感影像提供了冰川更为详细的表面信息，根据其上特殊的图像特征，较容易识别出冰裂隙、雪丘、表面融化特征等。此外，在倾斜摄影获得的立体像对上，还可以根据太阳的遮阳技术，获得冰雪区垂直方向厘米级精度的表面模型，用于冰面地形特征、冰面断裂线监测等冰川表面形态研究。

2）冰湖监测

冰湖溃决洪水（GLOF）为区域最严重的灾害之一。高分辨率 DEM 等地形资料和遥感影像判读经验成为冰湖调查和监测的有效手段，同时遥感影像增强处理对解译冰川和冰湖很有帮助。例如，在 Landsat 标准假彩色影像上，湖水表现为淡蓝–蓝–黑，而冰川湖冻结情况下表现为白色，利用标准差水体指数（NDWI）可以探测冰湖变化。利用水体两个反射率差异最大的通道即蓝通道（水体最大反射率）和近红外通道（NIR）（水体最小反射率），区分冰湖与其他地表类型。在 VIR 卫星影像上，依据较亮色调及河岸侵蚀和堆积等影像信息识别冰湖溃决洪水；利用溃决后冰碛坝通常成为小丘分隔的终绩，有的伴有小水塘以及粗糙纹理等特征判别曾经溃决的冰湖。

3）积雪范围监测

利用 VIR 遥感手段获取积雪范围，如 NOAA-AVHRR、GOES、Landsat-TM/ETM+/OLI、

EOS-MODIS、SPOT-VEGETATION 影像等开展积雪制图。针对这些卫星遥感数据源发展了多种识别积雪的方法：如积雪指数法、亮度阈值法、图像监督分类法、目视判读法、辐射传输模型法等。前 3 种方法被广泛采用，尤其是积雪指数判别方法。积雪指数（normalized difference snow index，NDSI）是指将积雪在可见光波段高反射与近红外波段低反射进行归一化处理，突出积雪特征，其计算公式：

$$\mathrm{NDSI}=\frac{\mathrm{VIS}-\mathrm{NIR}}{\mathrm{VIS}+\mathrm{NIR}}$$

式中，VIS，NIR 分别代表可见光波段和近红外波段，如 TM 的 2 波段和 5 波段；NOAA/AVHRR 的 1 通道和 2 通道；Terra 卫星搭载的 MODIS 可选择 4 波段和 6 波段等。

在区域积雪范围产品中，美国国家应用水文遥感中心（NOHRSC）利用静止卫星 GOES 和 NOAA-AVHRR 数据结合，制作了美国和加拿大部分地区逐日的空间分辨率为 1 km 积雪范围图；此后，利用 NDSI 识别方法发展了“SNOWMAP”自动提取 Landsat-TM 积雪范围图；自 MODIS 获得数据以来，NASA 利用 MODIS 遥感资料制作全球范围的逐日的空间分辨率为 500 m 的积雪产品 MOD10A1/MYD10A1。中国国家气象卫星中心利用 FY-2C 卫星每日多时相数据，生成逐日的覆盖我国范围的空间分辨率为 0.5°× 0.5°的积雪产品。

在全球和大尺度区域，积雪范围计算方法较为成熟。但在局地小尺度，积雪范围提取方法还在不断发展与改进。在日本，发展了一个可见光和两个近红外波段反射率比值算法的 S3 积雪指数模型并应用到 Landsat-5/TM 的积雪范围提取，有效地提高植被覆盖下积雪制图的精度。在中国，基于 MODIS 数据发展了一个积雪范围融合算法，通过 NDSI 阈值调整改进山区的积雪识别，并通过多源、多时空数据融合提供逐日无云积雪范围产品。

4）冻土监测

遥感技术冻土制图的原则是形态发生法，即通过对冷生形成作用的区分和对冷生过程的解释建立判别标准。我国应用遥感技术冻土制图有 3 个方面：①根据积雪、裸露基岩及寒冻风化碎屑堆积物、生长于多年冻土地区的高山草甸等地貌和植被特征确定多年冻土的范围；②根据卫星影像进行断裂构造判读并确定构造地热融区；③根据航空相片识别石冰川等冰缘地貌。冻土蠕变是冻土形变监测的重要内容。传统的定点观测方法精度很高，但无法测量到整个速度场的三维空间分布，高分辨率的航空摄影测量和高分辨率卫星遥感因而成为监测冻土蠕变的重要方法。例如，用多期 ASTER 正射图像测量地形水平变形位移，精度可达到 7~15 m（半个像元）；而 IKONOS 的测量精度可以达到 1~2 m，适合于监测变化较快的石冰川。此外，差分干涉雷达用于冻土蠕变的监测，其分辨率被证实高于航空摄影测量方法。

5）海冰监测

海冰在可见光和近红外反照率比开阔水域高很多。海冰遥感主要是获得海冰范围、海冰类型（一年冰或多年冰，甚至更细的海冰类型）、海冰密集度、海冰厚度以及冰间水道大小分布等物理参数。海冰范围可以较容易地从无云 VIR 图像中直接确定。相同日照及冰面污化环境下，各类海冰因其结构及表面粗糙度不同，它们反射 0.4~1.1 μm 尤其 0.4~0.7 μm 太阳辐射的能力将会出现差异。在 Landsat TM 或 NOAAAVHRR 相应波段图像上形成一定灰阶差，结合背景资料等辅助信息便可确定区分海冰类型的灰阶阈值。例如，国家海洋局海洋环境监测中心经多次航空与卫星彩色增强遥感影像对比分析，建立了辽东湾海区海冰类型的卫星影像解译标志，以便用 AVHRR 彩色增强图像及时判读该区海冰类型及其空间分布。

2. 热红外遥感（TIR）

热红外遥感的工作波长在 8~14 μm，主要用于探测地表物体发射率和反演表面温度，且能在无日照条件下获得长序列观测资料。TIR 遥感主要用来获取冰川、积雪和海冰等温度、表面辐射与物质平衡；多年冻土监测，海冰冰面首次融化出现日等。早期 Nimbus-7 搭载的温度湿度红外辐射计（THIR）11.7 μm 热红外通道的亮温测量，首次成功获得南极冰盖大范围表面温度分布。积雪的热红外数据不仅能辅助辨别雪与非雪的边界和识别雪云，而且可以估算雪表面温度。在地中海安第斯山脉，利用 ASTER 白天和夜间的图像数据与近地表地温测量值统计关系，区分了山区表碛物覆盖的冰川与冰碛物地貌的差异。此外，基于白天和晚上两套 MODIS 数据，提出了局部分裂窗算法用于同步提取地表比辐射率和地表温度，其成果被美国宇航局 MODIS 数据组采纳，生产并发布了分辨率为 1 km 的 MODIS LST 产品。

11.4.2 微波遥感

微波遥感是指通过探测地物对微波的反射或者自身的微波辐射来提取地物几何与物理信息。微波遥感不受太阳光照条件限制，不受云雾等天气影响，具有全天候、全天时的特点，正好弥补了光学遥感的缺陷。此外，微波对雪冰等要素具有较强的穿透深度，能够探测来自冰雪层内的信息，弥补在可见光/近红外高反射率特点，容易辨识冰、雪等要素，但无法进一步获得要素冰川厚度等详细信息。例如，从 TM 图像可以判读冰裂隙，但依然不能监测冰川（冰盖）动力学研究所需的裂隙深、间距和分布密度等参数。

根据工作方式的不同，微波遥感可分为两大类：一是主动微波遥感，如合成孔径雷达等；二是被动微波遥感，如微波辐射计等。微波遥感主要以积雪制图、雪深、雪密度、雪湿度等积雪参数的估算为目标。利用合成孔径雷达（SAR）干涉测量法、雷达高度计和激光雷达开展冰川地形测绘；通过 SAR 数据监测冰川带和雪线、冰舌末端及冰盖前缘变化、冰面湖、冰裂隙和冰川表面冰碛、冰面运动速度、应变率及冰力学等参数；采用主被动微波遥感监测地表及浅层土壤的冻融状态和冻融循环；通过主被动微波遥感的时序图像监测海冰运动，监测河湖冰厚度、封冻和解冻日期；利用激光雷达获取表面粗糙度；合成孔径雷达监测冰塞和凌汛灾害、冰川湖泊及其溃决洪水。

1. 被动微波遥感

1）主要传感器

被动微波因其时间分辨率高，被广泛地应用于全球或区域冰冻圈要素尤其是积雪监测。国际上星载被动微波传感器包括：Nimbus-7 卫星携带的扫描式多通道微波辐射计（scanning multichannel microwave radiometer，SMMR），美国国防气象卫星计划（DMSP）的微波成像专用传感器（special sensor microwave imager，SSM/I）和微波成像/发声专用传感器（special sensor microwave imager/sounder，SSMI/S），EOS 系列 Aqua 上先进的微波扫描辐射计（advanced microwave scanning radiometer-earth observing system，AMSR-E），以及中国风云气象卫星上的微波成像仪（microwave radiation imager，MWRI）。主要参数见表 11.12。

表 11.12 被动微波传感器 SMMR、MWRI、SSM/I 和 AMSR-E 的主要特征

Table 11.12 Parameters of passive microwave sensors of AMMR, MWRI, SSM/I and AMSR-E

传感器	SMMR	SSM/I	SSMIS	AMSR-E	MWRI
平台	NIMBUS-7	DMSP	DMSP	EOS-Aqua	FY3B
运行时间（年.月）	1978.10~ 1987.08	1987.07~ 2009.04	2003.10~	2002.06~ 2011.10	2010.11~
运行高度/km	955	833	855	705	836
频率/GHz: FOV/（km× km）	6.6: 148×95	19.35: 69×43	19.35: 69×43	10.65: 29×51	10.65: 51×85
	10.7: 91×59	22: 60×40	22: 60×40	18.7: 16×27	18.7: 30 ×50
	18.7: 55×41	37: 37×28	37: 37×28	23.8: 18 ×32	23.8: 27 ×45
	21: 46×30	85: 16×14	85: 16×14	36.5: 8.8×14.4	37: 18×30
	37: 27×18		37: 37×28	89: 4×4.5	89: 9×15
极化	V & H*	V & H	V & H	V & H	V & H
采样间隔 /（km× km）	26×26	25×25	25×25	25×25	10×10
视角/（°）	50.2	53.1	53.1	55	45
数据采集频率	两天一次	每天	每天	每天	每天
带宽/km	780	1400	1700	1445	1400

*V&H 意思是垂直极化（vertical polarization）和水平极化（horizontal polarization）

2）雪深和雪水当量

利用被动微波反演雪深/雪水当量的核心理论是积雪中雪粒子的散射特性。从雪下土壤发射出的微波信号经过积雪层被散射削弱，信号的衰减程度与散射粒子数量有关，积雪越深或是雪水当量越大，微波信号经过雪粒子越多，即微波信号的衰减程度与雪深或雪水当量相关。此外，散射强度随着频率的增加而增强，频率越高，微波亮度温度越低。因此，低频和高频的亮温差随着雪深或雪水当量的增加而增加。这种亮温梯度法被广泛地用于雪深或雪水当量的反演。早先从理论上探讨了雪深和雪水当量与亮度温度差之间的关系，发展了 NASA 算法。然而，亮温不仅受雪粒子的数量或是雪深的影响，同时还受到积雪分层、雪粒大小、积雪密度、温度、液态水含量等其他积雪物理特性以及植被覆盖（尤其是森林）的影响，这使得利用被动微波反演雪深变得更加复杂。在中国，考虑积雪特性在时间上的变化，利用辐射传输模型模拟不同积雪特性下的亮度温度，建立了雪深动态反演方法。由于液态水的存在，湿雪的微波辐射特性和干雪不同，微波无法穿透湿雪层，反映不出积雪的散射特点。因此，被动微波无法获取湿雪的雪深和雪水当量。目前的雪深和雪水当量产品包括 NSIDC 的全球雪水当量产品和 ESA 的北半球雪水当量产品以及中国西部数据中心的中国地区雪深产品，这些产品已将湿雪剔除。

3）地表冻融

由于大多数遥感手段只能感知到地表非常浅的部分，因此，冻土遥感的最直接手段是对地表冻融状态的观测。影响冻土的介电常数的因素较为复杂，除受频率、温度、土壤类型等因素影响外，还受土壤颗粒、冰、自由水、结合水等自身比例成分变化的制约。冻土冻融过程对土壤的微波辐射和散射特性有着显著的影响，土壤冻结后发射率增大，而其后向散射系数会显著降低。因此，主被动微波遥感是监测地表冻融研究的重要手段。冻土对微波信号的影响包括：热力学温度较低、发射率较高、微波在冻土内的穿透/发射深度较大，需要考虑冻土的体散射效应。以上 3 个特征结合起来可以很好地区分冻土，37GHz 亮温阈值和 18 GHz 与 37 GHz 亮温谱梯度阈值成为区分土壤的冻融状态的有效手段，如图 11.12 所示。针对 SMMR 和 SSM/I 数据分别提出了冻融分类阈值算法，中国学者针对青藏高原实际情况对以上冻融算法进行了修正。

4）海冰密集度

海冰密集度是指单位面积上海冰所占的比例，即海冰在空间上所占的平均比例，可在区分海冰与海水面的基础上获得。早期基于可见光/近红外影像阈值区分法获取海冰密集度，但因其较粗空间分辨率带来的海冰判读误差，导致海冰密集度结果具有较大的偏差。而冰和水体在微波波段的介电特性具有显著差异，因此利用 SMMR 和 SSM/I 等被动微波传感器亮温和极化特征反演海冰密集度的算法已被广泛应用，如 NASA 算法等。

2. 主动微波遥感

主动微波遥感是一种有源传感器（成像雷达、散射计、高度计等），根据地物反射或散射的回波信号来反演地表信息。与可见光/近红外遥感相比，主动微波遥感不仅具有较高空间分辨率，确定位置更准确，而全天时全天候提供冰雪等时空分布的细节信息，在山区积雪制图、融雪径流模拟等方面都可以发挥重要的作用。

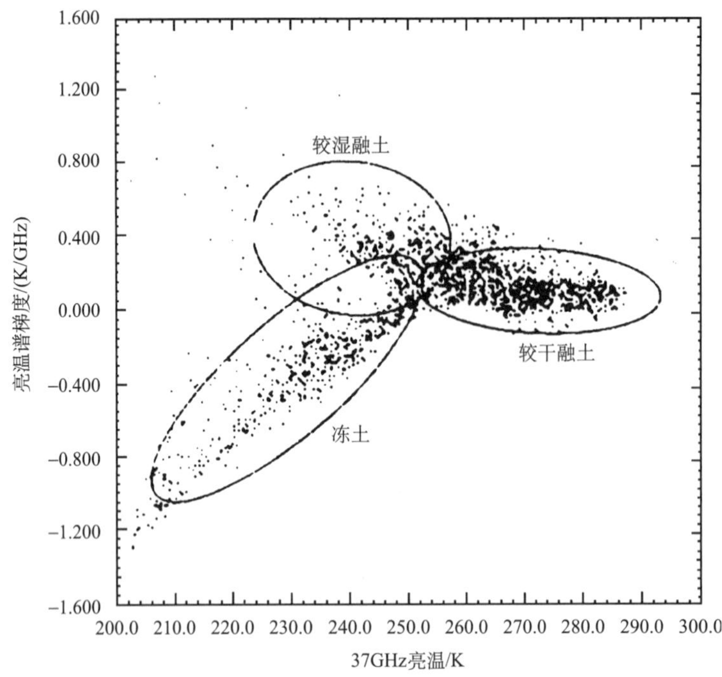

图 11.12　冻土和融土的聚类分析图（England et al., 1991）

Figure 11.12　Cluster of permafrost and thawed soil（After England et al., 1991）

1）合成孔径雷达（SAR）

SAR 是一种通过飞行平台向前运动实现合成孔径的雷达技术，将小孔径的雷达天线虚拟成一个大孔径的天线，获得类似大孔径天线探测能力。地物电磁波特性与入射电磁波的频率、极化及入射角都有着密切的关系，因此 SAR 技术充分利用不同频率、不同极化以及不同入射角的电磁波对地物进行观测，能够得到更加丰富的地物信息。由于雪中水分含量的变化对雪介电常数影响较大，随着积雪的消融，雪中的水分含量增加，其介电常数的实部迅速增大，而虚部则呈数量级的增大，电磁波在雪中的穿透深度急剧减小，后向散射系数明显降低。根据这一原理，发展了利用多频率、多极化 SAR 资料进行积雪制图的分类器。另外，SAR 在估计雪深、雪水当量等积雪参数方面具有重要的意义。积雪参数的估计分为两步：首先用 L 波段的双极化信息估计雪的密度以及下伏土壤层的粗糙度和土壤体积含水量；然后再使用 C 和 X 波段的观测估计雪深和雪水当量。

同时，微波具有极化特性，不同极化状态同一入射角照射下，较厚一年冰与多年冰后向散射系数的差别。多种极化模式可以改进地物的区分识别与分类的能力，可以直接通过 3 个极化的彩色合成影像对海冰进行分类（图 11.13）。海冰物理特性较为复杂，无论可见近红外图像的灰阶还是微波遥感图像的亮温或后向散射系数，都不随海冰厚度变化呈简单的线性关系，因而用它们反演冰厚度很困难。不过，海水开始冻结成冰时伴有快速排盐过程，使冰面物理性质明显与下伏冰层不同，表面介电常数异常高，其微波辐射、散射及传输特性较特殊。航空 SAR 极化主动微波传感器监测这类薄海冰，时序 SAR

图像还用于监测海冰表面位移。

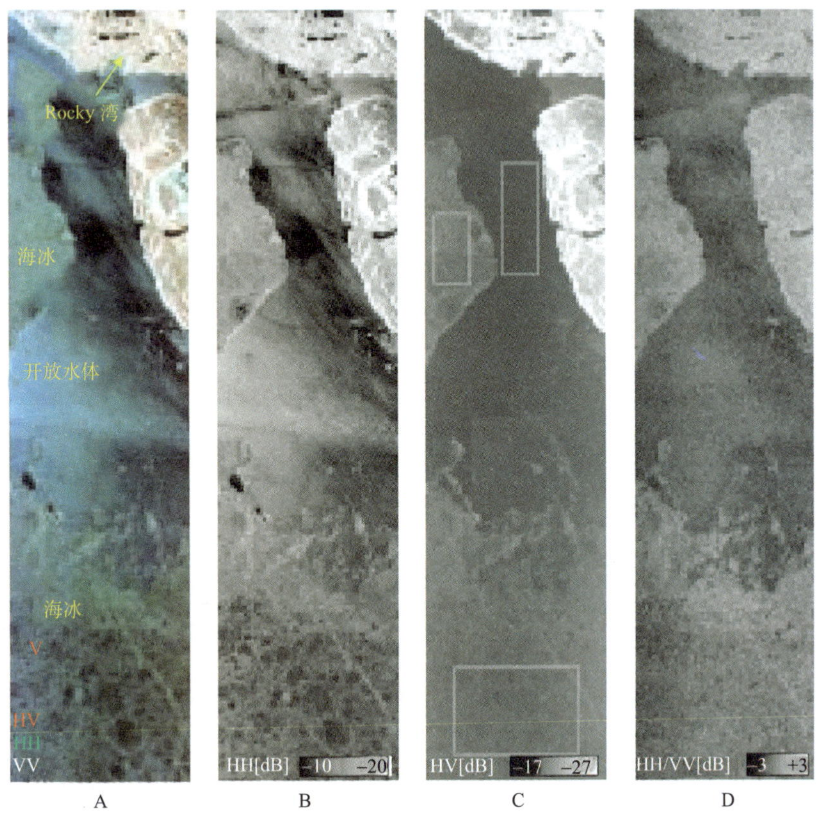

图 11.13 SAR 海冰分类影像图（RADARSAT-2）（Scheuchl et al., 2001）

A.三个通道 RGB 合成图像；B.HH 影像；C.HV 影像；D.HH/VV 影像

Figure 11.13 Classification image of sea ice using SAR（RADARSAT-2）（after Scheuchl et al., 2001）

A.Image synthesis from 3-channel RGB; B.HH image; C.HV image; D. HH/VV image

无人机遥感系统是继传统航空、航天遥感平台之后的第三代遥感平台。由于低空飞行拥有较高的空间分辨率，能够在云下飞行弥补传统光学卫星数据受云影响的缺陷，能够实现大区域、长航线及定点、定区域遥感监测，以其诸多难以替代的遥感平台优势，对于海冰、河湖冰等小尺度冰冻圈要素监测具有广阔而深远的发展空间和应用前景。

2）合成孔径干涉雷达（InSAR）

InSAR 结合了合成孔径雷达成像技术和干涉测量技术，解决了 SAR 对地物第三维信息（高程信息或速度信息）的提取，已经成为 SAR 技术发展的重要领域。利用两副天线同时观测（单轨双天线模式）或两次近平行观测（重复轨道模式）获得同一地区的两景数据，通过获取同名点地物对应两个回波信号之间的相位差，并结合轨道数据来获取高精度、高分辨率的冰川等高程信息。类似航片利用光学像对提供的视差测量地面高程，InSAR 是利用卫星或飞机合成孔径雷达（SAR）接收到的复图像提供干涉相位差，经换算即可获取数字高程模型或者地表形变图。

目前 InSAR 有以下 3 种形式：①单道干涉，将双天线刚性安装在一个飞行平台上，在一次飞行中完成干涉测量，又称为空间基线方式；②双道干涉，属于单天线结构，分时进行两次测量，要求两次飞行轨道相互平行，又称为时间基线方式；③差分干涉，在航迹正交向安装双天线的单道干涉与第 3 个测量相结合，测量微小起伏和移位的干涉。

干涉方法发展用于机载地表地形测绘，现在机载 InSAR 仍然是重要的研究工具。最早星载 InSAR 用于绘制地形图的数据来自航天飞机雷达任务和 Seasat。表 11.13 为几种用于 InSAR 应用的星载 SAR 系统。InSAR 是一种应用于测绘和遥感的雷达技术。InSAR 是大范围监测，GPS 是定点监测，GPS 的平面检测精度要比 InSAR 的高，但是垂直分量监测精度却很低，与 InSAR 是互补的关系。这种测量方法使用两幅或多幅合成孔径雷达影像图，理论上此技术可以测量数日或数年间厘米级的地表形变。

表 11.13　用于 InSAR 应用的星载 SAR 系统

Table 11.13　Satellite SAR system using InSAR application

卫星传感器	扫描宽度/km	空间分辨率/m	重访周期/天	发射日期（年.月）
ERS-1/SAR	100	25	35	1991~2000
ERS-2/SAR	100	25	35	1995~2011
ERS-1/-2/Tandem	100	25	1	1995~2000.02
JERS-1	75	18	44	1992~1994
SRTM/C-band SAR	225	30，90（DEM）	/	2000.02~11.22
SRTM/X-SAR	50	25（DEM）	/	2000.02~11.22
Radarsat-1/SAR	50~500	10~100	24	1995
Radarsat-2/SAR	10~500	3~100	24	2007
Envisat/ASAR	70~400	25~150	35	2002~2012
ALOS/PALSAR	70~350	10~100	46	2006
Cosmo-Skymed/SAR	10~200	1~30	16	2007
TerraSAR-X	10~100	1~16	11	2007
TanDEM-X	10~100	1~16	11	2009.10

资料来源：Rott，2009

11.4.3　高度计

高度计是指机载或星载传感器发射脉冲并接收来自地表反射回波信号，根据回波信号时间间隔测量飞行器与脉冲照射点的距离，从而测量地表高程。按照工作波段分为激光高度计和雷达高度计，两者基本原理相同，均能够直接测量地表绝对高程，是其他测量无法比拟的优势。利用高度计获取冰川（冰盖）等高程的精确变化量，同时结合冰雪密度分布，通过求积法可以获得该地区冰雪物质平衡。因此，星载/机载高度计已成为测量冰川（冰盖）表面高程及编制地形图的主要传感器。高度计空间分辨率在垂直方向较高（厘米级），但在水平方向较低（雷达高度计为千米级），激光高度计提高了水平方向分辨率。雷达高度计尤其机载激光高度计为定量监测冰裂隙的主要观测手段。

1. 雷达高度计

雷达高度计不仅能测得地面绝对高程，类似冰盖下湖泊，冰架下水面也会影响冰面地形，因而也可以根据雷达高度计所测地形变化，探测冰盖接地线位置等。激光雷达只能获取冰层的表面信息。对于冰雪三维分布信息，如海冰积雪厚度、冰盖厚度、基底地貌特征等特征测量则成为雷达探测的优势。表 11.14 为几种星载雷达高度计参数。所有这些运行雷达高度计测量充分显示了它们监测冰盖表面高程的明显优势。

表 11.14　典型星载雷达高度计

Table 11.14　Typical satellite radar altimeter

雷达高度计	Skylab	GEOS3	Seasat	Geosat	ERS-1/RA	TOPEX/Poseidon	ERS-2/RA	GFO	Jason-1/Poseidon-2	Envisat/RA-2
发射时间（年份）	1973	1974	1978	1985	1991	1992	1995	1998	2001	2002
轨道高度/km	435	840	800	800	800	1300	800	800	1300	800
功率 RF/W	2000	2000	2000	20	50	20/5	50	75.5	70	50
光束宽度（deg）	1.5	2.6	1.6	2.1	1.3	1.1	1.3	/	/	1.3
脚印/km	8	3.6	1.7	1.7	1.7	2.2	1.7	2	/	1.7
脉冲宽度/ns	100	12.5	3	3	3	3	3	/	3	3
测高精度/cm	85~100	25~50	20~30	10~20	10	6	10	2.5~3.5	4.2	2.5
周期/天	/	/	17	17	35	10	35	17	10	35

2. 激光高度计

激光高度计发射激光脉冲束，同一高度平台下，激光高度计照射的面积远比雷达高度计小，从而提高了观测精度。因此，通过同一地点多时相回波点云信息对比，可以获得更加详细冰面的变化信息。与机载雷达高度计相比，星载激光高度计发展较晚，2003 年 1 月至 2010 年 8 月，激光高度计 GLAS 搭载于冰云和陆地高程卫星 ICESat-1 上，其发射的激光束散度仅为 0.11 mrad，600 km 高空星下点照射面积的直径仅 70 m，垂直分辨率约 5 cm。可以提供相当准确的极地冰盖地形信息，极大满足冰盖物质平衡和动力模型研究的需求。例如，ICESat 卫星携带的激光高度计 GLAS 可以观测南极洲和格陵兰冰盖的高程变化，并测量表面粗糙度，积雪和海冰表面特性（http://glas.gsfc.nasa.gov/）。与 ICESat-1 相似，但 ICESat-2 将加载第二代激光高度计 3 维成像激光雷达 sigma-space，这项冰冻圈领域新技术已被用于 ICESat-2 的研发任务。

11.4.4　无线电回波探测

无线电回波探测（RES）又称为冰雷达，根据电磁波在成层性或均匀性冰盖内部衰减回波信号的不同，有效探测冰层厚度、冰下地形、冰层及冰底状况、冰川流速等下伏界面参数。从 20 世纪 60 年代，冰雷达被首次引入南极和北极格陵兰冰盖调查，主要用于绘制冰厚及冰下地形图。1967~1979 年，英国剑桥大学第一台冰雷达系统 SPRI 工作频率为 60MHz 和 300MHz，脉冲宽度 250 ns，冰内垂向分辨率为 40 m，最大探测深度超过 4000 m。目前 RES 发展较快，工作频率范围由最初的 VHF（甚高频）频段扩展至 HF（高频）、UHF（超高频）频段；雷达体制从单脉冲发展到脉冲调制、冲激型、调频连续波以及合成孔径等；雷达的峰值功率、带宽、脉冲宽度以及脉冲重复周期等；雷达探测方式从单基、多基探测发展至多频多极化同步测量等。

11.4.5　重力卫星

由于激光雷达只能测量冰的表面特征，虽然雷达能穿透冰层测得冰层间特征、冰下地貌，但无法测得冰下水量等特征。地球重力仪利用水比岩石质量轻而具有较低的引力特征，用于揭示冰下物质，估算冰川冰盖质量的变化。同时，重力仪对同一地区进行重复观测求得重力异常差异，通过积分法可以直接获得该区域冰雪物质平衡。重力卫星探测技术开始于 20 世纪 50 年代末，经历了 3 个发展阶段：①光学技术，全球大地水准面的精度为米级；②利用多种面跟踪和卫星对地观测技术，属于距离交会法测定卫星位置，卫星雷达测高必须对测高卫星精密定轨；③以星载 GPS 精密跟踪定轨为主要定轨技术，受大气影响较小，测定精度可以达到厘米级。主要的低轨重力卫星包括 CHAMP（德国航天中心，2000 年 7 月 15 日）、GRACE（美德联合研制，2002 年 3 月 17 日）和 GOCE（欧洲太空局，2009 年 3 月 17 日）重力卫星计划。利用地球重力场模型的基本原理，由重力卫星对重力场重复观测反演地球质量变化，从而反演地球冰盖质量变化及融化研究。

思　考　题

1. 最近数十年来哪些关键因素促进了冰冻圈科学的迅速发展？
2. 利用遥感技术监测冰冻圈主要有哪些方法？

延　伸　阅　读

1. 瑞士保罗谢尔研究所

瑞士保罗谢尔研究所（Paul Scherrer Institute，PSI）位于瑞士北部的苏黎世和巴塞尔之间的阿勒河畔，是瑞士最大的国家研究所，科学和技术的多学科研究中心。PSI 以瑞士物理学家保罗谢尔（Paul Scherrer，1890~1969 年）的名字命名。保罗谢尔在世界著名的瑞士联邦理工学院进行教学和研究，对瑞士自然科学研究作出很大贡献。PSI 在固态物理、材料科学、基本粒子物理、生命科学和环境学的研究中非常活跃。放射化学和环境化学实验室（Laboratory for Radiochemistry and Environmental Chemistry）是 PSI 诸多著名的实验室之一。在冰芯定年、雪冰中非传统重金属元素同位素研究等领域开展大量的方法创新与技术革新工作，极大提升了全球雪冰化学领域的研究水平。在与国内外大学、其他研究机构和工业界的合作中，目前 PSI 已同我国多所大学和研究院所等建立了良好的合作关系。

2. NASA 冰桥工程（IceBridge）

2009~2015 年，为了填补 2009 年 ICESat-1 卫星停运到 2016 年 ICESat-2 发射期间数据间隙，美国宇航局 NASA 在地球南北两极开展了规模最大的航空遥感科学观测冰桥（IceBridge）工程，主要采用的航空传感器如表 11.5 所示。用于监测南北极冰盖和冰川表面变化测量、海冰高度测量、监测冰盖等要素物质平衡季节与年际变化、地表过程及冰流之间净物质平衡的产期变化等。冰桥计划将激光雷达传感器作为数据采集的主要传感器，同时利用 AIRGrav 航空重力测量系统来评估冰舌下海水对冰架消融作用，辅助雷达冰厚测量，冰下基底测绘以及海洋峡湾物探。

表 11.5　冰桥采用的主要航空遥感传感器

Table 11.5　Main sensorsofairborne remote sensing adopted by ice bridge

传感器名称	用途
DMS（Digital Mapping System Camera）	地表成像
CAMBOT（Continuous Airborne Mapping by Optical Translator）	地表成像
ATM（Airborne Topography Mapper）	地形测量
LVIS（Laser Vegetation Imaging Sensor）	地形测量
UAF Lidar（University of Alaska Fairbanks Glacier Lidar）	冰川测量
Sigma-Space Lidar（Sigma Space Photon Counting Imaging Lidar）	地形测量
Ku-band Radar Altimeter	高程测量
Snow Radar	冰上雪深测量
Accumulation Radar	年雪层厚度测量
MCoRDS（Multichannel Coherent Radar Depth Sounder）	冰厚测量
PARIS（Pathfinder Advanced Radar Ice Sounder）	冰剖面测量
AIRGrav（Sander/LDEO Airborne Gravimeter）	重力异常测量
BGM-3（Bell BGM-3 Airborne Gravimeter）	重力异常测量
POS/AV510（Position /Avionics）	飞机位置姿态测量
AMET NSERC（Airborne Meteorological Instruments）	气象参数获取
UCAR/EOL（Atmospheric Chemistry Instruments）	大气成分获取

参 考 文 献

白珊, 刘钦政, 吴辉碇, 等. 2001. 渤海、北黄海海冰与气候变化的关系. 海洋学报, 23(5): 33-41.

程国栋. 1984. 我国高海拔多年冻土地带性规律之探讨. 地理学报, 39(2): 185-193.

崔托维奇 H A. 1985. 冻土力学. 张长庆, 朱元林译. 北京: 科学出版社.

崔之久, 赵亮, Vandenberghe J, 等. 2002. 山西大同、内蒙古鄂尔多斯冰楔、砂楔群的发现及其环境意义. 冰川冻土, 24(6): 708-716.

方精云, 位梦华. 1998. 北极陆地生态系统的碳循环与全球温暖化. 环境科学学报, 18(2): 113-120.

何丽烨, 李栋梁. 2011. 中国西部积雪日数类型划分及与卫星遥感结果的比较. 冰川冻土, 33(2): 237-345.

李培基, 米德生. 1983. 中国积雪的分布. 冰川冻土, 5(4): 9-18.

李铁刚, 孙荣涛, 张德玉, 等. 2007. 晚第四纪对马暖流的演化和变动: 浮游有孔虫和氧碳同位素证据. 中国科学(D 辑: 地球科学), 37(5): 660-669.

刘潮海. 1992. 乌鲁木齐河源 1 号冰川物质平衡过程观测研究(1991/1992). 天山冰川站年报, 11.

刘时银, 姚晓军, 郭万钦, 等. 2015. 基于第二次冰川编目的中国冰川现状. 地理学报, 70(1): 3-16.

佩特森 WSB. 1987. 冰川物理学. 张祥松, 丁亚梅译. 北京: 科学出版社.

蒲健辰, 姚檀栋, 张寅生, 等. 1995. 冬克玛底冰川和煤矿冰川的物质平衡(1992/1993 年). 冰川冻土, 17(2): 138-143.

秦大河, 姚檀栋, 丁永建, 任贾文. 2016. 冰冻圈科学辞典. 北京: 气象出版社.

秦善. 2011. 结构矿物学. 北京: 北京大学出版社.

施雅风. 2005. 简明中国冰川编目. 上海: 上海科学普及出版社.

孙菽芬. 2005. 陆面过程的物理、生化机理和参数化模型. 北京: 气象出版社.

吴紫汪, 马巍. 1994. 冻土强度与蠕变. 兰州: 兰州大学出版社.

效存德, 秦大河, 任贾文, 李忠勤, 王晓香. 2002. 冰冻圈关键地区雪冰化学的时空分布及环境指示意义. 冰川冻土, 24(5): 492-499.

谢自楚, 刘潮海. 2010. 冰川学导论. 上海: 上海科学普及出版社.

徐鹏, 朱海峰, 邵雪梅, 等. 2012. 树轮揭示的藏东南米堆冰川 LIA 以来的进退历史. 中国科学: 地球科学, 42(3): 380-389.

徐斅祖, 王家澄, 张立新. 2001. 冻土物理学. 北京: 科学出版社.

杨思忠, 金会军. 2010. 大兴安岭伊图里河地区的冰楔冰氢、氧同位素记录及其反映的古温度变化. 中国科学(D 辑: 地球科学), 40(2): 1710-1717.

姚济敏, 谷良雷, 赵林, 等. 2013. 多年冻土区与季节冻土区地表反照率对比观测研究. 气象学报, 71(1): 176-184.

姚檀栋, 段克勤, 田立德, 等. 2000. 达索普冰芯积累量记录和过去 400 a 来印度夏季风降水变化. 中国科学(D 辑: 地球科学), 30(06): 619-626.

张廷军, 钟歆玥. 2014. 欧亚大陆积雪分布及其类型划分. 冰川冻土, 36(3): 481-490.

张正斌, 刘莲生. 2004. 海洋化学. 济宁: 山东教育出版社.

赵希涛. 1996. 中国海面变化. 济南: 山东科学技术出版社: 1-464.

周幼吾, 郭东信, 邱国庆, 程国栋, 李树德. 2000. 中国冻土. 北京: 科学出版社.

Aellen M, Funk M. 1988. Annual survey of Swiss glaicers. Ice, (3): 3.

Allen P A, Etienne J L. 2008. Sedimentary challenge to Snowball Earth. Nature Geosciences, 1: 817-825.

Andams W P, Lasenby D C. 1985. The roles of snow, lake ice and lake water in the distribution of major ions in the ice cover of a lake. Ann. Glaciol. , 7: 202-207.

Anderson E A. 1976. A point energy and mass balance model of a snow cover. NOAA Technical Report NWS, 19, Office of Hydrology, National Weather Service, Silver Spring, MD.

Belzie C, Gibson J A E, Vincent W F. 2002. Colored dissolved organic matter and dissolved organic carbon exclusion from lake ice: Implication for irradiance transmission and carbon cycling. Limnol. Oceanogr. , 47: 1283-1293.

Bennett K E, Prowse T D. 2010. Northern Hemisphere geography of ice-covered rivers. Hydrological Processes, 24: 235-240.

Bond G C, Lotti R. 1995. Iceberg discharges into the North Atlantic on millennial time scales during the last glaciation. Science, 267: 1005-1010.

Bond G, Showers W, Cheseby M, et al. 1997. A pervasive millennial scale cycle in the North Atlantic Holocene and glacial climates. Science, 294: 2130-2136.

Broecker W S, Peng T-H. 1982. Tracers in the sea. Palisades: Eldigio Press: 690.

Cuffry K M, Paterson W S B, 2010. The Physics of Glaciers(Fourth Edition). Amsterdam, Boston, Elsevier.

Echelmeyer K, Wang Zhongxiang. 1987. Direct observation of basal sliding and deformation of basal drift at sub-freezing temperatures. Journal of Glaciology, 33(113): 83-98

England A, Galantowicz J, Zuerndorfer B. 1991. A volume scattering explanation for the negative spectral gradient of frozen soil. Proc. IGARSS', 91 Symp. : 1175-1177.

EPICA community members. 2004. Eight glacial cycles from an Antarctic ice core. Nature, 429: 623-629.

EPICA community members. 2006. One-to-one coupling of glacial climate variability in Greenland and Antarctica. Nature, 444: 195-198.

Fierz C, Armstrong R L, Durand Y, et al. 2009. The International Classification for Seasonal Snow on the Ground. IHP-VII Technical Documents in Hydrology N° 83, IACS Contribution N° 1, UNESCO-IHP, Paris.

Flavio L, Christoph C R, Dominik H, et al. 2012. The freshwater balance of polar regions in transient simulations from 1500 to 2100 AD using a comprehensive coupled climate model. Clim Dyn. , 39: 347-363.

Frakes L A. 1979. Climates throughout Geologic time. Amsterdan: Elsevier.

Frederking R M W, Timco G W. 1984. Measurement of shear strength of granular/discontinuous columnar sea ice. Cold Regions Science and Technology, 9(3): 215-220.

Gibson J J, Prowse T D. 2002. Stable isotopes in river ice: identifying primary over-winter streamflow signals and their hydrological significance. Hydrological Processes, 16: 873-890.

Grenfeell T C, Maykut G A, 1977. The optical properties of ice and snow in the Arctic Basin. Journal of Glaciology, 18(80): 445-463.

Grootes P M, Stuiver M, White J W C, et al. 1993. Comparison of oxygen isotope records from the GISP2 and GRIP Greenland ice cores. Nature, 366: 552-554.

Hays J D, Imbrie J, Shackleton. 1976. Variations in the earth's orbit: pacemaker of the ice ages. Science, 194: 1121-1132.

Hobbs P V. 1974. Ice Physics. Oxford: Clarendon Press.

Hoffman P F, Kaufman A J, Halverson G P, et al. 1998. A Neoproterozoic snowball Earth. Science, 281: 1342-1346.

Ims R A, Ehrich D. 2012. Arctic Biodiversity Assessment, Terrestrial Ecosystems. CAFF.

IPCC AR4 WGI. 2007. Climate Change 2007: the Physical Science Basis. Contribution of Working Group I to the fourth Assessment Report of the Intergovernmental Panel on Climate Change. Edited by Susan Solomon, Dahe Qin, Martin Manning, Melinda Marquis, Kristen Averyt, Melinda M B Tignor, Henry LeRoy Miller, Jr, Zhenlin Chen. Cambridge: Cambridge University Press.

IPCC AR5 WGI. 2013. Climate Change 2013: the Physical Science Basis. Contribution of Working Group I to the fifth Assessment Report of the Intergovernmental Panel on Climate Change. Edited by Thomas Stocker, Dahe Qin, Gian-Kasper Plattner, Melinda M B Tignor, Simon K Allen, Judith Boschung, Alexander Nauels, Yu Xia, Cincent Bex, Pauline M Midgley. Cambridge: Cambridge University Press.

Ivanova E V. 2009. The Global Thermohaline Paleocirculation. Springer Science+ Business Media B. V. : DOI 10. 1007/978-90-481-2415-2_1.

Jordan R. 1991. A one-dimensional temperature model for a snow cover. CRREL, Special Report: 9-16.

Kamarainen J. 1993. Studies in ice mechanics. Helsinki University of Technology, Report, 15: 184.

Kang S, Zhang Q, Kaspari S, et al. 2007. Spatial and seasonal variations of elemental composition in Mt. Everest(Qomolangma)snow/firn. Atmospheric Environment, 41: 7208-7218.

Koven C D, Riley W J, Stern A. 2013. Analysis of permafrost thermal dynamics and response to climate change in the CMIP5 Earth System Models. J. Clim. , 26: 1877-1900.

Kwok R, Rothrock D A. 2009. Decline in Arctic sea ice thickness from submarine and ICES at records: 1958—2008. Geophysical Research Letters, 36(15), L15501, DOI: 10. 1029/2009GL039035.

Leng W, Ju L, Gunzburger M, et al. 2012. A parallel high-order accurate finite element nonlinear stokes ice sheet model and benchmark experiments. J. Geophys. Res. , 117(F1): doi: 10. 1029/2011JF001962.

Leppäranta M. 1993. A review of analytical models of sea-ice growth. Atmosphere-Ocean, 31(1): 123-138.

Li X, Cheng G D, Jin H J, et al. 2008. Cryospheric change in China. Global and Planetary Change, 62(3~4): 210-218.

Loth B, Graf H F. 1993. Snow cover model for global climate simulation. J. Geophys. Res. , 98(D6): 10451-10464.

Makarevich K. 1985. Tuyuksu Glacier. Alma-Ata: Institute of Philosopy, Russian Academy of Sciences,

Kainar Press.

Ming J, Xiao C, Cachier H, et al. 2009. Black Carbon(BC)in the snow of glaciers in west China and its potential effects on albedos. Atmospheric Research, 92: 114-123.

Oerlemans J. 2005. Extracting a climate signal from 169 glacier records. Science, 308: 675-677.

Osterkamp T E. 2001. Sub-sea permafrost. *In*: John H Steele, Karl K Turekian, Steve A Thorpe. Encyclopedia of Ocean Sciences. Boston, Mass: Academic Press. 3399.

Paterson W S B. 1994. The physics of glaciers. 3 nd edition. Oxford: Pergamon Press.

Peltier W. 2004. Global Glacial Isostasy and the Surface of the Ice-Age Earth: The ICE-5G(VM2)Model and GRACE. Annu. Rev. Earth Planet. Sci. , 32: 111-149.

Pewe T L. 1983. Alpine Permafrost in the Contiguous United States: A review. Arctic and Alpine Research, 15(2): 145-156.

Ren G Y, Beug H G. 2002. Mapping Holocene pollen data and vegetation of China. Quaternary Science Reviews, 21: 1395-1422.

Rignot E, Jacobs S, Mouginot J, et al. 2003. Ice-shelf melting around antarctica. Science, 341: 266-270.

Romanovsky V E, Smith S L, Christiansen H H. 2010. Permafrost Thermal State in the Polar Northern Hemisphere during the International Polar Year 2007-2009: a Synthesis10, Permafrost and Periglacial Process. 21: 106-116. Published online in Wiley Inter Science(www. interscience. wiley. com)doi: 10. 1002/ppp. 689.

Rott H. 2009. Advances in interferometric synthetic aperture radar(InSAR)in earth system science. Progress in Physical Geography, 33(6): 769-791.

Scheuchl B, Caves R, Cumming I et al. 2001. Automated sea ice classification using spaceborne polarimetric SAR data. In Geoscience and Remote Sensing Symposium, 2001. IGARSS'01. IEEE 2001 International, 7: 3117-3119.

Schuur Edward A G, JamesCanadell J G Bockheim, E Euskirchen, C B Field, S V Goryachkin, S Hagemann, P Kuhry, P M Lafleur, H Lee, G Mazhitova, F E Nelson, A Rinke. 2008. Vulnerability of permafrost carbon to climate change: Implications for the global carbon cycle, BioScience, 58: 701-714, doi: 10. 1641/B580807.

Schwerdtfeger P. 1963. Theoretical derivation of the thermal conductivity and diffusivity of snow. IASH Publ. 61: 75-81

Shur Y L, Jorgenson M T. 2007. Patterns of permafrost formation and degradation in relation to climate and ecosystems. Permafrost Periglac. Process. , 18(1): 7-19.

Shutov A Vladimir. 2009. Snow and its distribution in Igor Alekseevich Shiklomanov edited, Hydrological Cycle Volume II. pp. 364. ISBN: 978-1-84826-025-2 (eBook). Encyclopedia of Life Support Systems, United Nations Educational Scentific and Cultrual Organization.

Slater A G, Lawrence D M. 2013. Diagnosing present and future permafrost from climate models. Journal of Climate. doi: 10. 1117/JCLI-D-12-00341.1.

Sloan E D, Koh C A. 2007. Clathrate Hydrates of Natural Gases. Third Edition. New York: CRC Press: 1-703.

Sturm M, Holmgren J, Liston G E. 1995. A seasonal snow cover classification system for local to global applications. Journal of Climate, 8: 1261-1283.

Tarnocai C, Canadel J G, Schuur E A G, et al. 2009. Soil organic carbon pools in the northern circumpolar permafrost Region. Global Biogeochemical Cycles, 23: GB2023. doi: 10. 1029/2008GB003327.

Thomas D N, Dieckmann G. 2003. Sea Ice: An Introduction to Its Physics, Chemistry, Biology, and Geology. Hoboken: Wiley-Blackwell.

Thompson L G, Davis M E, Mosley-Thompson E, et al. 2005. Tropical ice core records: Evidence for asynchronous glaciation on Milankovitch timescales. Journal of Quaternary Science, 20(7-8): 723-733.

Turcotte B, Morse B. 2013. A global river ice classification model. Journal of Hydrology, 507: 134-148.

UNEP. 2007. Global outlook for ice and snow. Nairobi: United Nations Environment Programme.

Untersteiner N. 1961. On the mass and heat budget of Arctic sea ice. Archives for meteorology, geophysics, and bioclimatology, Series A, 12(2): 151-182.

van Vuuren D P, Edmonds J A, Kainuma M, et al. 2011. The representative concentration pathways: an overview. Climatic Change, 109: 5-31.

Vandenberghe J, French H M, Gorbunv A, et al. 2014. The Last Permafrost Maximum(LPM)map of the Northern Hemisphere: permafrost extent and mean annual air temperatures, 25-17 ka BP. Boreas, doi: 10. 1111/bor. 12070.

Vincent W F, Gibson J A E, Jeffries M O. 2001. Ice-shelf collapse, climate change, and habitat lossin the Canadian high Arctic. Polar Record, 37(201): 133-142.

Walker D A, Halfpenny J C, Walker M D, et al. 1993. Long-term studies of snow-vegetation interactions. Biology Science, 43: 287-301.

Wang Y J, Cheng H, Edwards D L, et al. 2005. The Holocene Asian monsoon: links to solar changes and North Atlantic climate. Science, 308: 854-875.

Whitlow S, Mayewski P, Dibb J. 1992. A comparison of major chemical species seasonal concentration and accumulation at the South Pole and Summit, Greenland. Atmospheric Environment 26: 2045-2054.

Xie Z C, Han J K, Liu C H, et al. 1999. Measurement and estimative models of glacier mass balance in China. Geografiska Annaler, 81A(4): 791-796.

Yang Y, Leppäranta M, Cheng B, et al. 2012. Numerical modelling of snow and ice thickness in Lake Vanajavesi, Finland. Tellus A, 64, doi: 10. 3402/tellusa. v64 i0. 17202.

Yen Y-C, Cheng K C, Fukusako S. 1991/1992. A Review of Intrinsic Thermophysical Properties of Snow, Ice, Sea Ice, and Frost. The Northern Engineer, 23(4)and 24(1): 53-74.

Yu G, Xu J, Kang S, et al. 2013. Lead isotopic composition of insoluble particles from widespread mountain glaciers in western China: Natural vs. anthropogenic sources. Atmospheric Environment, 75: 224-232.

Zachos J C, Pagani M, Sloan L, et al. 2001. Trends, rhythms, and aberrations in global climate 65 Ma to present. Science, 292: 686-693.

Zhang T, Barry R G, Knowles K, et al. 2008. Statistics and characteristics of permafrost and ground-ice distribution in the Northern Hemisphere. Polar Geography, 31(1): 47-68.

Zhou Y W, Guo D X. 1982. Principal characteristics of permafrost in China. Journal of Glaciology and Geocryology, 4(1): 1-19.

Zhu H, Xu P, Shao X, et al. 2013. Little Ice Age glacier fluctuations reconstructed for the southeastern Tibetan Plateau using tree rings. Quaternary International, 283: 134-138.